TRAITÉ

DE MÉCANIQUE.

TRAITÉ

DE

MÉCANIQUE;

PAR S. D. POISSON,

Membre de l'Institut, du Bureau des Longitudes et de l'Université de France ; des Sociétés royales de Londres et d'Édimbourg ; des Académies de Berlin, de Stockholm, de Saint-Pétersbourg, de Boston, de Turin, de Naples, et de plusieurs autres villes d'Italie ; de l'Université de Wilna ; des Sociétés, italienne, astronomique de Londres, philomatiques de Paris et de Varsovie, et des Sciences et Arts d'Orléans.

SECONDE ÉDITION,

CONSIDÉRABLEMENT AUGMENTÉE.

TOME SECOND.

PARIS,

BACHELIER, IMPRIMEUR-LIBRAIRE

POUR LES MATHÉMATIQUES,

QUAI DES AUGUSTINS, N° 55.

1833

TABLE DES MATIÈRES

CONTENUES DANS LE SECOND VOLUME.

LIVRE QUATRIÈME.

DYNAMIQUE,

SECONDE PARTIE.

---

a

CHAPITRE II. *Détermination des momens d'inertie et des axes principaux,* page 42

a..

CHAPITRE III. *Du mouvement d'un corps solide autour d'un axe fixe,* page 77

CHAPITRE VII. *Du choc des corps de forme quelconque,*   page 254

(*) Le numéro qui devrait se trouver au bas de la page 247 a été omis par erreur, et l'on est obligé de répéter le numéro précédent.

CHAPITRE VIII. *Exemples du mouvement d'un corps flexible,* page 292

§ Ier. *Vibration d'une corde flexible,* ibid.

CHAPITRE IX. *Équations et propriétés générales du mouvement d'un système de corps,* page 395

LIVRE CINQUIÈME.

HYDROSTATIQUE.

CHAPITRE III. *De l'équilibre des fluides pesans,*
page 554

CHAPITRE IV. *De l'équilibre et du mouvement des corps flottans,*
page 579

CHAPITRE V. *De la mesure des hauteurs par l'observation du baromètre,* page 609

LIVRE SIXIÈME.

HYDRODYNAMIQUE.

CHAPITRE Iᵉʳ. *Équations générales du mouvement des fluides,* page 663

CHAPITRE II. *De la propagation du son,* page 693

On explique en quoi consiste cette hypothèse, qui ne peut conduire qu'à une solution approximative ; elle est connue

ADDITION .

Relative à l'usage du principe des forces vives dans le calcul des machines en mouvement.

FIN DE LA TABLE DES MATIÈRES DU SECOND VOLUME.

Supplément à l'errata du premier volume.

Page xxvi, lignes 7 et 8, chemins de fer, *lisez* ponts suspendus
    13, ligne   4, les perpendiculaires, *lisez* la perpendiculaire
    17,   8, $x = 0$, *lisez* $x = a$
   157,   1re en remontant, bc, *lisez* $\sqrt{bc}$
   180,   10, l'axe Ox, *lisez* l'axe Dx
   186,   2 en remontant, u, *lisez* r (dans les trois équations)
   348,   6 en remontant, $c = \frac{1}{2} a$, *lisez* $c = \frac{1}{2} a^2$
   410,   9 en descendant, et 1re en remontant, cos c doit être au numérateur, au lieu d'être au dénominateur.
   417,   5, il faut excepter la planète Mercure, dont l'excentricité surpasse un cinquième.
   419,   1re, 50″,22427, *lisez* 50″,23427
   424,   cos δ, *lisez* sin δ
   436,   4, $nt + \epsilon$, *lisez* $nt + \epsilon - \omega$
   510,   1re en remontant, n° 24, *lisez* n° 261

Errata du second volume.

Page 230, ligne 5 en remontant, G, *lisez* G′
   247,   4 en remontant, *ajoutez* n° 463 *bis*
   250,   9, CG, *lisez* KG
   289,   1re, KG′, *lisez* K′G′
              2, K′C′, *lisez* K′C
             15, GK′, *lisez* G′K′
   301,   3, AGH, *lisez* ACH
              5, DG, *lisez* DC
   302,   9, la pointe, *lisez* les points
   447,   3, § II, *lisez* § III
   598,   7, AB, *lisez* AC

TRAITÉ DE MÉCANIQUE.

LIVRE QUATRIÈME.

DYNAMIQUE,
SECONDE PARTIE.

CHAPITRE PREMIER.
PRINCIPE GÉNÉRAL DE LA DYNAMIQUE.

350. Lorsque des points matériels, soumis à des forces données, sont liés entre eux d'une manière quelconque, ils prennent, à chaque instant, des vitesses infiniment petites, différentes de celles que ces forces leur imprimeraient s'ils étaient libres. Ces forces étant connues, ces dernières vitesses le sont aussi ; et le problème général de la Dynamique consiste à en déduire, en grandeur et en direction,

les accroissemens de vitesse qui ont réellement lieu. Sa solution dépend d'un principe très simple que l'on doit à D'Alembert, et d'après lequel on ramène toutes les questions relatives au mouvement, à de simples questions d'équilibre, toujours résolubles par les règles exposées dans le livre précédent.

Pour énoncer ce principe d'une manière précise, soient m la masse d'un des points matériels que l'on considère, et $u\tau$ la vitesse que la force qui le sollicite lui imprimerait, s'il était libre, dans un temps τ infiniment petit. Appelons $q\tau$ l'accroissement de vitesse qui aura également lieu pendant ce même instant, et dont la direction différera, en général, de celle de la vitesse donnée $u\tau$. Par la règle du parallélogramme des forces, qui s'applique également aux vitesses (n° 145), décomposons $u\tau$ en deux autres vitesses, dont l'une soit $q\tau$, et l'autre sera représentée par $p\tau$. La force motrice appliquée au mobile aura le produit mu pour mesure ; celles qui seraient capables des vitesses $q\tau$ et $p\tau$, auront pour valeurs mq et mp ; et nous pourrons regarder la force donnée mu comme la résultante de la force mq, à laquelle est dû l'accroissement de vitesse qui a réellement lieu, et de la force mp, dont l'effet est détruit par la liaison des points du système. Nous appellerons cette dernière la *force perdue*.

Désignons par les mêmes lettres avec des accens, savoir, m', u', q', p' ; m'', u'', q'', p'', etc., les quantités analogues à m, u, q, p, qui répondent aux autres points du système. Quels que soient leur nombre et leur liaison mutuelle, il est évident que les forces perdues mp, $m'p'$, $m''p''$, etc., devront se faire équilibre ; car si cet équilibre n'avait pas lieu, ces forces produiraient de certaines vitesses infiniment petites pendant l'instant τ, et, par conséquent, $q\tau$, $q'\tau'$, $q''\tau''$, etc., ne seraient plus, contre l'hypothèse, les accroissemens de vitesse qui ont réellement lieu.

C'est en cela que consiste le principe de D'Alembert. Au lieu des forces mp, $m'p'$, $m''p''$, etc., on peut mettre, dans les équations d'équilibre du système que l'on considère, les quantités de mouvement $mp\tau$, $m'p'\tau$, $m''p''\tau$, qui leur sont proportionnelles, et alors on dit qu'il y a équilibre entre les quantités de mouvement infiniment petites, perdues dans chaque instant par tous les points du système, en vertu de leur liaison mutuelle.

351. On peut changer cet énoncé général en un autre qui sera souvent plus commode.

Observons, pour cela, que mu étant la résultante de mq et mp, chacune de ces composantes, la seconde par exemple, est aussi la résultante de mu et de l'autre composante mq, prise en sens contraire de sa direction ; en remplaçant ainsi chacune des forces perdues mp, $m'p'$, $m''p''$, etc., par les deux forces dont elle est la résultante, nous voyons que le principe de D'Alembert revient à dire qu'il y a constamment équilibre entre les forces données, qui agissent sur tous les points d'un système de points matériels en mouvement, et les forces auxquelles sont dus les accroissemens infiniment petits de vitesse qui ont lieu à chaque instant, ces dernières forces étant prises en sens contraire de leurs directions. On remplacera, si l'on veut, les premières forces par les quantités de mouvement $mu\tau$, $m'u'\tau$, $m''u''\tau$, etc., et les dernières par $mq\tau$, $m'q'\tau$, $m''q''\tau$, etc., en donnant à chacune des vitesses q, q', q'', etc., une direction contraire à la sienne, et laissant à u, u', u'', etc., leurs propres directions.

Ce second énoncé a l'avantage de conduire immédiatement à des équations entre les inconnues q, q', q'', etc., et les données du problème, qui sont les vitesses u, u', u'', etc. Ces équations résulteront, soit des conditions d'équilibre, soit des liaisons qui auront lieu, dans chaque cas, entre les points du système ; elles seront toujours en même nombre que les coordonnées de tous ces points (n° 342), et, conséquemment, en même nombre que les composantes des vitesses q, q', q'', etc., parallèles aux axes de ces coordonnées ; en sorte qu'elles feront connaître, en grandeur et en direction, les accroissemens de vitesse de tous les mobiles à chaque instant ; ce qui est, comme nous l'avons dit, la solution générale du problème de la Dynamique. Remonter ensuite de ces accroissemens infiniment petits aux vitesses et aux coordonnées du mobile en fonctions du temps, est une question de calcul intégral.

352. Lorsque les forces mq, $m'q'$, $m''q''$, etc., auront été déterminées, si on les prend en sens contraire de leurs directions, et qu'on les compose avec les forces données mu, $m'u'$, $m''u''$, etc., on aura les forces perdues mp, $m'p'$, $m''p''$, etc. C'est à ces dernières forces que sont dues les tensions des fils, des verges élastiques et de tous les liens physiques qui

peuvent exister entre les différens points du système, ainsi que les pressions exercées sur les surfaces et les courbes données qu'ils peuvent être obligés de parcourir; et, d'après le premier énoncé du principe de D'Alembert, ces pressions ou tensions se détermineront, dans l'état de mouvement de système, par les règles de la Statique appliquées aux forces perdues (n° 343).

Pendant le mouvement, une partie de la force donnée, qui agit sur chaque mobile, est donc employée à faire varier sa vitesse, et n'a aucune influence sur les pressions ou tensions dont il s'agit; et l'autre partie, qu'on regarde comme détruite ou perdue, produit ces tensions ou pressions, et n'influe nullement sur la vitesse. Lorsque le système est parvenu à un état permanent dans lequel tous les points qui le composent se meuvent uniformément, la première partie de chaque force est nulle, et la force entière est détruite, c'est-à-dire, employée à produire les pressions contre les obstacles fixes, et les tensions des liens physiques, comme si ce système était en équilibre.

Supposons, d'après cela, qu'une corde soit en mouvement suivant sa longueur, et que des forces données agissent à ses deux bouts suivant ses prolongemens. Si ce mouvement demeure uniforme, les deux forces seront égales, et leur valeur commune exprimera la tension de la corde ; si, au contraire, les deux forces sont inégales, l'excès de la plus grande sur la plus petite sera employé à accélérer ou à retarder le mouvement de la corde, et sa tension aura pour mesure la partie de la plus grande force détruite par la plus petite, ou égale et contraire à celle-ci. Par exemple, lorsqu'un cheval traîne un fardeau sur une route, et que le mouvement du système demeure uniforme, l'effort du cheval, parallèlement à la route, est égal au poids du fardeau décomposé suivant cette direction, plus le frottement du fardeau contre la route; il est constant quand l'état de la route et son inclinaison ne varient pas; si on le suppose transmis au fardeau par le moyen de plusieurs cordons parallèles entre eux et à la route, l'effort total sera égal à la somme des tensions de tous ces cordons; et, dans la pratique, on mesure l'effort exercé suivant chaque cordon par l'extension d'un ressort interposé suivant sa longueur. L'inclinaison et l'état de la route ne changeant pas, si les efforts de l'animal augmentent ou diminuent, le mouvement du système s'accélère ou se ralentit, sans que les tensions éprouvent aucune variation. Lorsque la route est horizontale, le frottement insensible, et le mouvement uniforme, le cheval n'a d'autre force à développer que celle qui est nécessaire pour sa propre marche; il n'exerce aucun effort suivant les cordons attachés au fardeau, et leurs tensions sont constamment nulles.

353. Le principe de D'Alembert a aussi lieu relativement aux quantités de mouvement finies, perdues par des corps liés entre eux d'une manière quelconque, et sur lesquels on exerce des percussions simultanées, qui ne sont autre chose que des forces motrices agissant sur les mobiles avec de très

grandes intensités et pendant de très courts intervalles de temps (n° 126).

Ainsi, supposons qu'une force de cette nature agisse sur le point dont la masse est m, pendant un temps fini, mais assez petit pour que le point m et tous les autres points du système ne changent pas sensiblement de position dans cet intervalle de temps. Représentons-le par ε, et par U la vitesse de grandeur finie que cette force imprimerait au point m, s'il était libre; et soit aussi Q la vitesse qu'elle lui imprime réellement, de sorte qu'au bout du temps ε il se trouve animé de la vitesse qu'il avait auparavant, de la vitesse Q, et de celle qui lui est communiquée, pendant le même temps, par les forces motrices qui peuvent agir sur le sytème, indépendamment des percussions. Décomposons la vitesse U en deux autres, l'une égale à Q, et l'autre que je représenterai par P. Faisons des suppositions semblables à l'égard des autres points m', m'', etc., du système, et désignons, par rapport à ces points, par U', Q', P'; U'', Q'', P'', etc., les quantités analogues à U, Q, P. L'équilibre existera dans le système, soit au commencement, soit à la fin du temps ε, entre les quantités de mouvement perdues mP, m'P', m''P'', etc.

En effet, décomposons la durée ε des percussions en un nombre infini d'instans infiniment petits. Soient τ l'un de ces instans, $m\varpi\tau$, $m'\varpi'\tau'$, $m''\varpi''\tau''$, etc., les parties infiniment petites de mP, m'P', m''P'', etc., perdues pendant cet instant, et, comme précédemment, $mp\tau$, $m'p'\tau'$, $m''p''\tau''$, etc., les quantités infiniment petites de mouvement, provenant des forces motrices, et perdues dans ce même instant. D'après l'énoncé du n° 350, il y aura équilibre, dans le système, entre ces deux groupes de quantités de mouvement ; chacune des équations relatives à cet équilibre sera de la forme :

$$A m \varpi \tau + A' m' \varpi' \tau + A'' m'' \varpi'' \tau + \text{etc.}$$
$$+ B m p \tau + B' m' p' \tau + B'' m'' p'' \tau + \text{etc.} = 0,$$

en désignant par A, A', A'', etc., B, B', B'', etc., des coefficiens dépendans des positions des mobiles ; et cette équation subsistera pendant toute la durée ε des percussions. La somme des valeurs de son premier membre qui répondent à tous les instans de cette durée, sera donc égale à zéro ; mais, dans cette sommation, on pourra regarder les coefficiens comme invariables, puisque, par hypothèse, les positions des points m, m', m'', etc., ne changent pas sensiblement pendant toute la durée des percussions ; de plus, les sommes des valeurs de $m \varpi \tau$, $m' \varpi' \tau$, $m'' \varpi'' \tau$, etc., seront les quantités de mouvement mP, m'P', m''P'', etc. ; celles de $m p \tau$, $m' p' \tau$, $m'' p'' \tau$, etc., pourront être négligées par rapport aux premières, parce que les effets des forces motrices, telles que des poids et des attractions dirigés vers des centres fixes ou mobiles, pendant les durées des percussions, sont généralement insensibles par rapport aux effets de ces autres forces ; par conséquent, nous aurons

$$A m \text{P} + A' m' \text{P}' + A'' m'' \text{P}'' + \text{etc.} = 0.$$

Il en sera de même à l'égard de toutes les équations d'équilibre du système, qui subsisteront toutes entre les quantités de mouvement perdues $m\mathrm{P}$, $m'\mathrm{P}'$, $m''\mathrm{P}''$, etc. ; ce qu'il s'agissait de faire voir.

A cause de l'invariabilité des coefficiens A, A', A'', etc., pendant la durée des percussions, ces équations se rapportent indifféremment au commencement ou à la fin du temps ε. Pour plus de commodité, on a supposé cette durée la même pour toutes les percussions ; ce qui est permis évidemment, pourvu que ε soit la durée la plus longue des percussions que l'on considère en même temps.

Ces percussions proviendront, en général, des chocs des mobiles entre eux ou contre des obstacles fixes. Il pourra arriver que pendant le temps ε, ces corps glissent un tant soit peu l'un contre l'autre ou contre ces obstacles ; ils éprouveront alors des frottemens qui leur enleveront de certaines quantités de mouvement : or, on ne peut pas négliger ces quantités comme celles qui proviennent de la pesanteur et des attractions ; car le frottement est une force proportionnelle à la pression, c'est-à-dire, une force qui enlève aux mobiles, dans chaque instant, des quantités de mouvement infiniment petites, proportionnelles à celle que la pression pourrait leur imprimer dans le même instant ; d'où il résulte que les effets des frottemens, pendant le temps ε, peuvent être comparables à ceux des percussions. Ainsi, quand il y aura un glissement des mobiles pendant la durée des percussions, il faudra établir l'équilibre entre les quantités de mouvement perdues par les frottemens et celles que nous avons représentées par $m\mathrm{P}$, $m'\mathrm{P}'$, $m''\mathrm{P}''$, etc. On pourra, si l'on veut, remplacer les vitesses P, P′, P″, etc., par leurs composantes, c'est-à-dire, par des vitesses égales et contraires à Q, Q′, Q″, etc., et par les vitesses U, U′, U″, etc., prises dans leurs propres directions.

Cette extension du principe général de la Dynamique aux quantités de mouvement de grandeur finie, servira à déterminer les vitesses des corps d'un système, soit à l'origine du mouvement, soit pendant sa durée, quand ils se rencontrent ou qu'ils viennent choquer des obstacles fixes, et, généralement, lorsque les vitesses des mobiles éprouvent ce qu'on appelle des *changemens brusques*.

354. Les différentes applications du principe général de la Dynamique, que nous aurons à faire dans la suite de ce Traité, seront relatives à des mobiles entre lesquels il existe des liens physiques quelconques, qui agissent, en outre, l'un sur l'autre par voie d'attraction ou de répulsion à distance, et qui éprouvent des percussions à des instans particuliers. Mais avant d'aller plus loin, je crois utile de donner, dans ce chapitre, un exemple simple de chacune de ces trois circonstances, pour servir de développement aux généralités qu'on vient d'exposer.

Considérons d'abord, comme dans le quatrième cas du n° 329, deux corps pesans, attachés aux extrémités d'un fil qu'on regarde comme inextensible, et posés sur deux plans inclinés, adossés l'un à l'autre. Soient h la hauteur commune de ces deux plans, l la longueur de l'un d'eux, l' celle de l'autre, m la masse du corps posé sur le premier, m' celle du corps posé sur le second, et g la gravité.

Si l'on fait abstraction du frottement, la force accélératrice du premier mobile sera égale à la composante de la pesanteur suivant le premier plan, laquelle est égale à $\frac{gh}{l}$, et la force accélératrice du second mobile sera de même $\frac{gh}{l'}$. Désignons, au bout du temps t, par v la vitesse commune à tous les points de m, et par v' celle de tous les points de m'; et convenons de regarder ces vitesses comme positives ou comme négatives, selon que les mobiles descendent ou s'élèvent. Pendant l'instant dt, v et v' augmenteront de dv et dv'; mais, pendant ce même instant, les forces accélératrices imprimeraient aux mobiles, s'ils étaient libres, les vitesses positives $\frac{gh}{l}dt$ et $\frac{gh}{l'}dt$: en vertu de la liaison des deux corps, les vitesses qu'ils perdent pendant l'instant dt sont donc $\frac{gh}{l}dt - dv$ et $\frac{gh}{l'}dt - dv'$. Or, pour que les deux quantités de mouvement correspondantes se fassent équilibre (n° 350), il faut évidemment qu'elles soient égales ; par conséquent, on aura

$$m\left(\frac{gh}{l}dt - dv\right) = m'\left(\frac{gh}{l'}dt - dv'\right). \quad (1)$$

De plus, les deux vitesses v et v' sont égales et de signe contraire ; car, dans le mouvement dont il s'agit, l'une des deux masses descend et l'autre s'élève, en parcourant des espaces égaux sur les plans inclinés. On a donc

$$v' = -v, \quad dv' = -dv.$$

Je substitue cette valeur de dv dans l'équation (1);
d'où je déduis ensuite

$$dv = \frac{(ml' - m'l)\,h}{(m + m')\,ll'}\,g\,dt,$$

et, en intégrant,

$$v = \frac{(ml' - m'l)\,h}{(m + m')\,ll'}\,gt + c;$$

c étant la constante arbitraire.

Si l'on multiplie par dt et qu'on intègre de nouveau, on aura l'espace parcouru par m sur son plan incliné ; mais cette valeur de v suffit pour montrer que son mouvement est uniformément accéléré ou retardé, selon qu'on a $ml' > m'l$ ou $ml' < m'l$. En vertu de l'équation $v' = -v$, le contraire a lieu à l'égard de m'.

J'appelle T la tension du fil auquel les deux mobiles sont attachés, laquelle est due à la force perdue à chaque instant par chacun de ces deux corps. Cette force motrice a pour valeur l'une des quantités de mouvement qui forment les deux membres de l'équation (1), divisée par dt ; par conséquent, on a

$$T = m\left(\frac{gh}{l} - \frac{dv}{dt}\right);$$

et, en mettant pour dv sa valeur précédente, il vient

$$T = \frac{(l + l')\,mm'hg}{(m + m')\,ll'};$$

valeur qui se réduit à $\dfrac{mhg}{l}$, comme cela devait être.

dans le cas de $ml' = m'l$, qui est celui de l'équilibre. Quant à la pression exercée sur chaque plan incliné, elle est due à la composante perpendiculaire à ce plan, du poids du corps qu'il supporte, et la même que dans l'état d'équilibre.

555. La constante c est la vitesse initiale de m; si les deux corps sont partis de l'état de repos, on a $c = 0$; mais si l'un d'eux, ou tous les deux, ont éprouvé une percussion à l'origine du mouvement, il faudra en déduire leurs vitesses initiales.

Supposons donc qu'à l'origine du mouvement les mobiles m et m' ont éprouvé simultanément des percussions qui auraient imprimé, suivant les prolongemens du fil auquel ils sont attachés, une vitesse a à tous les points de m, et une vitesse a' à tous les points de m', si ces deux corps eussent été libres. Comme leurs vitesses initiales sont c et $-c$, il s'ensuit qu'à cette origine les quantités de mouvement perdues ont été, en grandeur et en direction, $m(a - c)$ et $m'(a' + c)$; pour qu'elles se fassent équilibre, d'après le n° 353, il faudra qu'elles soient égales; on aura donc

$$m(a - c) = m'(a' + c);$$

d'où l'on tire

$$c = \frac{ma - m'a'}{m + m'}.$$

La percussion que le fil a subie à cet instant, suivant chacun de ses prolongemens, est due à l'une ou l'autre de ces quantités de mouvement perdues, dont la valeur commune est

$$\frac{mm'\,(a+a')}{m+m'}\,;$$

en sorte que la percussion initiale du fil est la même que s'il était suspendu verticalement à un point fixe, et qu'un corps attaché à son extrémité inférieure fût frappé, dans le sens de la pesanteur, par un second corps animé de cette quantité de mouvement et qui se réunit au premier.

356. Au lieu de deux corps pesans, on en pourrait considérer trois ou un plus grand nombre, posés sur une suite de plans inclinés, et dont chacun serait lié au suivant par un fil inextensible : le mouvement de ce système de corps serait de la même nature et se déterminerait de la même manière que précédemment.

On peut aussi remplacer les deux corps que l'on vient de considérer, par une chaîne pesante, posée sur les deux plans inclinés. En la supposant homogène et d'une épaisseur constante, et désignant, au bout du temps t, par x et x' les longueurs de ses deux parties, leurs masses seront entre elles comme ces quantités, de sorte qu'il faudra d'abord remplacer, dans l'équation (1), m et m' par x et x'. De plus, pendant l'instant dt, la première de ces deux parties augmente de l'élément dx, qui prend la vitesse v commune à tous ses points; pour cette raison, la quantité de mouvement perdue par cette partie sera diminuée d'une quantité positive ou négative, et égale à vdx. Par une raison semblable, la quantité de mouvement perdue par la seconde partie

de la chaîne pendant le même instant, devra être diminuée d'une quantité égale à $v'dx'$: il faudra donc,
en outre, retrancher vdx et $v'dx'$ du premier et du
second membre de cette équation (1), qui deviendra,
de cette manière,

$$x\left(\frac{gh}{l}dt - dv\right) - vdx = x'\left(\frac{gh}{l'}dt - dv'\right) - v'dx'.$$

Si l'on appelle λ la longueur constante de la chaîne
entière, on aura

$$x + x' = \lambda, \quad dx + dx' = 0;$$

les vitesses v et v' de ses deux parties seront d'ailleurs

$$v = \frac{dx}{dt}, \quad v' = \frac{dx'}{dt};$$

d'où il résulte $dx' = -dx$ et $vdx = v'dx'$; et, en éliminant x' et dv' de l'équation du mouvement, il vient

$$\frac{d^2x}{dt^2} - \alpha^2 x + \mathcal{C} = 0,$$

où l'on a fait, pour abréger,

$$\frac{gh(l + l')}{\lambda ll'} = \alpha^2, \quad \frac{gh}{l'} = \mathcal{C}.$$

L'intégrale complète de cette équation linéaire est

$$x = ae^{\alpha t} + be^{-\alpha t} + \frac{\lambda l}{l + l'},$$

en désignant par e la base des logarithmes népériens, et par a et b les deux constantes arbitraires,
dont on déterminera les valeurs d'après celles de x et

$\frac{dx}{dt}$, qui répondent à $t = 0$. Lorsque toute la chaîne se trouvera sur un même plan, c'est-à-dire, lorsque la différence $x - x'$ sera devenue égale à $\pm \lambda$, le mouvement changera de nature, et deviendra uniformément accéléré.

Pour que la chaîne demeurât en repos, il faudrait qu'on eût $a = 0$ et $b = 0$; d'où l'on conclut

$$x = \frac{\lambda l}{l + l'}, \qquad x' = \frac{\lambda l'}{l + l'};$$

ce qui fait voir que dans l'état d'équilibre les deux parties x et x' de la chaîne sont entre elles comme les longueurs l et l' des plans inclinés sur lesquels elles sont posées; en sorte que ses deux extrémités se trouvent dans une même droite horizontale. Réciproquement, si cette condition est remplie à un instant déterminé, et qu'à cet instant les points de la chaîne ne reçoivent aucune vitesse, l'équilibre aura lieu; car la proportion

$$x : \lambda - x :: l : l',$$

donnant $\frac{\lambda l}{l + l'}$ pour la valeur de x, on aura, à l'instant dont il s'agit,

$$ae^{\alpha t} + be^{-\alpha t} = 0;$$

et la vitesse étant supposée nulle, on aura, en même temps,

$$\frac{dx}{dt} = a\alpha e^{\alpha t} - b\alpha e^{-\alpha t} = 0;$$

d'où il résulte $a = 0$ et $b = 0$.

357. Pour second exemple de l'application du principe général de la Dynamique, considérons le mouvement de deux points matériels soumis à leur répulsion mutuelle; et, pour réduire la question au cas le plus simple, supposons qu'on ne leur imprime aucune vitesse initiale, perpendiculaire à la droite qui va de l'un à l'autre; en sorte que leurs mouvemens aient lieu sur une même ligne droite, donnée de position.

Soient m et m' leurs masses; au bout du temps t, désignons par x et x' leurs distances à un point fixe, pris sur cette ligne, et par v et v' leurs vitesses, de sorte qu'on ait, à cet instant,

$$v = \frac{dx}{dt}, \qquad v' = \frac{dx'}{dt}.$$

En même temps, soit R la force répulsive agissant en sens opposés sur m et m', et qui tendra, pour fixer les idées, à augmenter la distance x' et à diminuer la distance x. Pendant l'instant dt, cette force motrice imprimera une vitesse $\frac{Rdt}{m'}$ à la masse m'; et, comme l'augmentation de vitesse de m' est réellement dv', il s'ensuit que sa vitesse et sa quantité de mouvement perdues pendant cet instant seront $\frac{Rdt}{m'} - dv'$ et $Rdt - m'dv'$. La quantité de mouvement perdue par m, dans le même sens et dans le même instant, sera aussi $- Rdt - mdv$. Or, ces deux points matériels étant d'ailleurs entièrement libres, il faudra, pour l'équilibre de ces quantités de mouvement, qu'elles soient séparément nulles;

par conséquent, on aura

$$md\nu + \mathrm{R}dt = 0, \quad m'd\nu' - \mathrm{R}dt = 0.$$

Soit r la distance comprise entre les deux points matériels m et m', de sorte qu'on ait

$$x' - x = r, \quad dx' - dx = dr.$$

A cause de $dx = \nu dt$ et $dx' = \nu' dt$, on tirera des équations précédentes

$$md\nu + m'd\nu' = 0, \quad 2m\nu d\nu + 2m'\nu' d\nu' = 2\mathrm{R}dr.$$

En intégrant et désignant par c et c' les deux constantes arbitraires, on aura donc

$$m\nu + m'\nu' = c, \quad m\nu^2 + m'\nu'^2 = 2\int \mathrm{R}dr + c'.$$

La force R sera une fonction donnée de r; on pourra donc obtenir l'intégrale $\int \mathrm{R}dr$ exactement ou par approximation; et si l'on désigne par α la valeur de r à l'origine du mouvement, et qu'on suppose cette intégrale nulle quand $r = \alpha$, sa valeur, à un instant quelconque, sera une fonction de r et α que je représenterai par $f(r, \alpha)$. Soient aussi a et a' les vitesses initiales de m et m'; on aura, à la fois,

$$r = \alpha, \quad f(r, \alpha) = 0, \quad \nu = a, \quad \nu' = a',$$

et, conséquemment,

$$c = ma + m'a', \quad c' = ma^2 + m'a'^2;$$

d'où il résultera, à un instant quelconque,

$$\left. \begin{aligned} m\nu + m'\nu' &= ma + m'a', \\ m\nu^2 + m'\nu'^2 &= 2f(r, \alpha) + ma^2 + m'a'^2. \end{aligned} \right\} \quad (1)$$

Ces dernières équations feront connaître, à chaque instant, les vitesses des deux mobiles en fonctions de leur distance mutuelle : on en conclut que toutes les fois que cette distance redeviendra la même , les carrés v^2 et v'^2 reprendront aussi les mêmes valeurs, et que chaque mobile reprendra une égale vitesse, dans le même sens ou en sens contraire.

Connaissant v et v' en fonctions de r, on aura

$$dt = \frac{dr}{v' - v},$$

pour déterminer, par une nouvelle intégration, la valeur de t en fonction de r, ou réciproquement. D'ailleurs, en multipliant la première des équations (1) par dt, intégrant et désignant par b la constante arbitraire, il vient

$$mx + m'x' = (ma + m'a')\, t + b.$$

On connaîtra b d'après les positions initiales des deux mobiles; et cette équation, jointe à $x' - x = r$, fera connaître leurs positions à un instant quelconque, c'est-à-dire, les valeurs de x et x' en fonctions de r ou de t; ce qui sera la solution complète du problème.

Si l'action mutuelle des deux mobiles était attractive, il faudrait changer le signe de R, et par suite celui de $f(r, \alpha)$, dans les formules précédentes. Si cette force était une répulsion à certaines distances , et une attraction à d'autres distances, on prendrait pour R une fonction de r qui changerait de signe dans l'étendue des valeurs de la variable. Dans tous les cas, il résulte de l'équation précédente que l'action mutuelle des deux mobiles n'altère pas le mouvement de leur centre de gravité; car son premier membre, divisé par $m + m'$, exprime la distance de ce centre à l'origine fixe des x et x'; en sorte que le mouvement du centre de gravité est uniforme et indépendant de la force R.

358. Les équations (1) conviennent aussi au mouvement de deux corps solides, de grandeur quelconque, soumis à la force R, et dont les masses sont m et m', pourvu que les vitesses de tous les points de ces deux corps soient constamment parallèles à une droite donnée. Cette force R, répulsive ou attractive, peut alors provenir d'un ressort qui se dilate ou se contracte entre les deux mobiles contre lesquels il est appuyé par ses extrémités; ou bien encore, on peut supposer que la force R provient d'un fluide élastique qui se développe entre ces deux corps, et les repousse en sens contraire l'un de l'autre.

Ce dernier cas est celui du mouvement du boulet et du canon, pendant que le premier parcourt l'*âme* de la pièce. On prendra alors pour m la masse du boulet, et pour m' celle du canon. Il faudra, pour faire usage des formules précédentes, supposer que la totalité de la poudre se réduit en gaz à l'origine du mouvement. La longueur de la *charge* sera la distance initiale α des deux mobiles; et quand cette distance sera devenue r, la force R exprimera la pression que le gaz, ainsi dilaté, exercera sur chacun de ces deux corps. Il faudra, en outre, faire une supposition sur la valeur de R en fonction de r. Or, si la température du gaz demeurait constante pendant sa dilatation, la force R, d'après la loi de Mariotte, serait en raison inverse des espaces qu'il occuperait dans l'intérieur du canon. Soit donc k la pression rapportée à l'unité de surface, exercée par le gaz à l'instant où la poudre vient de s'enflammer et où il occupe encore le même espace que la charge. Désignons par ω la section de la charge perpendiculaire à sa longueur, qui est aussi la section intérieure de la pièce ; $k\omega$ sera la valeur de R à l'origine du mouvement ; et, dans le cas de la température constante, on aurait

$$R = \frac{k\omega\alpha}{r},$$

à l'instant qui répond à la distance r des deux mobiles ; car, à ces deux époques, les espaces occupés par le gaz sont entre eux comme les longueurs α et r.

Cette expression de R est celle qu'on a généralement adoptée, quoiqu'elle soit fondée sur deux hypothèses inexactes : la totalité de la charge ne se réduit pas en gaz avant le départ du boulet ; et pendant sa dilatation dans l'âme de la pièce, le gaz formé doit éprouver de très grandes diminutions de température. Mais ces deux causes influent en sens contraire sur le décroissement de la valeur de R : la seconde tend évidemment à rendre ce décroissement plus rapide, tandis que l'effet de la première doit être de le ralentir, à raison des nouvelles quantités de gaz qui viennent successivement s'ajouter à la quantité initiale.

On suppose que ces deux causes contraires se compensent à peu près, et l'on fait abstraction de leur influence sur l'expression de R en fonction de r.

Cela étant, d'après la valeur de R qu'on vient d'écrire, on aura

$$f(r,\ a) = k\omega\alpha \log \frac{a}{r},$$

en observant que l'intégrale $f(r,\ \alpha)$ est supposée nulle pour $r = \alpha$. On regarde comme nulles les vitesses initiales du boulet et du canon (*); en faisant donc $a = 0$ et $a' = 0$ dans les équations (1), et y substituant cette valeur de $f(r,\ \alpha)$, nous aurons

$$mv + m'v' = 0,\quad mv^2 + m'v'^2 = 2k\omega\alpha \log \frac{a}{r}.$$

Soient l la longueur de l'âme, V la vitesse du boulet à la bouche du canon, V′ la vitesse correspondante du *recul*; on aura, à la fois,

$$r = l,\quad v = V,\quad v' = V';$$

et l'on déduira des équations précédentes

$$V^2 = \frac{2m'k\omega\alpha}{m\,(m+m')} \log \frac{l}{\alpha};$$

ce qui fera connaître la vitesse de projection V. Abstraction faite du signe, celle du recul sera égale à cette vitesse V multipliée par le rapport $\frac{m}{m'}$.

(*) *Voyez* l'examen de ce point de la question dans le 21ᵉ cahier du *Journal de l'École Polytechnique*, page 191.

En égalant à zéro la différentielle de V^2 par rapport à α, on déterminera la longueur de la charge qui répond, toutes choses d'ailleurs égales, au *maximum* de la vitesse de projection. On a, de cette manière,

$$\log \frac{l}{\alpha} = 1 ;$$

et comme ce logarithme est népérien, il s'ensuit qu'en désignant, à l'ordinaire, par e la base de ces logarithmes, on aura $l = e\alpha$; de sorte que la valeur de α dont il s'agit surpassera un peu le tiers de la longueur l de la pièce.

359. La masse m' comprenant celle de la pièce et de l'affût, est toujours très grande par rapport à celle du boulet; en réduisant donc à m' le diviseur $m + m'$ de la valeur de V^2, on aura simplement

$$V^2 = \frac{2k\omega\alpha}{m} \log \frac{l}{\alpha}. \qquad (2)$$

Pour faire usage de cette formule, il sera nécessaire de connaître la constante k, qui représente la force élastique de la poudre réduite en gaz, à l'instant de sa plus grande intensité. Soit, pour cela, D la densité de la poudre dans son état naturel; la masse de la charge sera $D\omega\alpha$; en supposant son poids égal au tiers du poids du boulet, on aura donc

$$m = 3D\omega\alpha ;$$

et l'on tirera de l'équation (2)

$$k = \frac{3\mathrm{D}\mathrm{V}^2}{2\log\frac{l}{\alpha}}.$$

Cette quantité k sera la pression *maxima* du gaz de la poudre, rapportée à l'unité de surface; pour la comparer à la pression atmosphérique, soient ϖ cette autre pression, h la hauteur barométrique, μ la densité du mercure, et g la gravité; on aura

$$\varpi = g\mu h.$$

Soient aussi M le module des tables de logarithmes ordinaires, et λ le logarithme de $\frac{l}{\alpha}$ pris dans ces tables, de sorte qu'on ait

$$\lambda = \mathrm{M}\log\frac{l}{\alpha};$$

il résultera de ces valeurs

$$\frac{k}{\varpi} = \frac{3\mathrm{M}\mathrm{D}\mathrm{V}^2}{2\lambda\mu g h}.$$

A la température ordinaire d'environ 18°, je prends pour les densités de la poudre et du mercure

$$\mathrm{D} = 0{,}8335, \quad \mu = 13{,}548;$$

on a aussi

$$g = 9^{\mathrm{m}}{,}80896, \quad h = 0^{\mathrm{m}}{,}76;$$

et à cause de

$$\mathrm{M} = 0{,}4342945,$$

la formule précédente deviendra

$$\frac{k}{\varpi} = (0{,}0053761)\,\frac{\mathrm{V}^2}{\lambda}.$$

Dans le cas de la pièce de 24, chargée au tiers du poids du boulet, on a

$$V = 463^m, \qquad \frac{l}{a} = \frac{1368}{134} ;$$

et il en résulte

$$k = 1142.\varpi.$$

Relativement à la pièce de 12, on a de même

$$V = 493^m, \qquad \frac{l}{a} = \frac{1248}{99} ;$$

ce qui donne

$$k = 1187.\varpi.$$

En prenant la moyenne de ces deux valeurs de k, qui devraient être égales si la théorie était rigoureuse et que les données fussent exactes, nous aurons donc

$$k = 1165.\varpi.$$

Telle serait la valeur de k qu'il faudrait employer dans la formule (2); mais cette expression de V^a ne peut être regardée que comme une formule empirique, d'abord à raison des hypothèses sur lesquelles elle est fondée, et, en outre, parce que dans le calcul direct du mouvement du boulet dans l'âme de la pièce, il aurait fallu avoir égard à la masse de la poudre réduite en gaz. En même temps que ce fluide pousse en sens opposés le boulet et le canon, une partie de la force qu'il développe est employée à transporter sa propre masse, qui n'est pas négligeable par rapport à celle du projectile; et l'on conçoit qu'il en doit résulter une vitesse de projection moindre que si, la force élastique de la poudre restant la même, sa masse était insensible, comme le suppose l'analyse précédente. Cette remarque, due à Lagrange, prouve la nécessité de considérer à la fois les mouvemens de la poudre et des deux masses m et m', pendant que le boulet est dans la pièce; mais alors la question se complique, et la difficulté du calcul ne permet guère d'arriver à aucun résultat utile pour la pratique. C'est donc à l'expérience qu'il vaudra mieux recourir pour déterminer les vitesses de projection des corps lancés par les bouches à feu. Indépendamment de la considération des portées, que nous avons déjà indiquée (n° 216), il existe un autre moyen d'obtenir ces vitesses, dont il sera question dans un des chapitres suivans.

360. Appliquons encore le principe de D'Alembert au cas le plus simple du choc des corps, et supposons qu'il s'agisse de deux sphères homogènes, dont les centres se meuvent sur une même ligne droite, et dont tous les points décrivent des parallèles à cette droite.

Soient m et m' les masses de ces deux corps; désignons par v et v' leurs vitesses, lorsqu'ils commencent à se toucher, c'est-à-dire, au premier instant du choc : v et v' seront de même signe ou de signes contraires, selon que les deux mobiles iront à la suite ou au-devant l'un de l'autre. Dans les deux cas, nous regarderons la vitesse v comme positive; et, après le choc, la vitesse de chacun des deux mobiles sera positive ou négative, suivant qu'elle sera dirigée dans le sens de cette vitesse de m avant le choc ou en sens contraire.

Quelque durs que soient les deux mobiles, ils sont toujours plus ou moins compressibles; à raison de la différence de leurs vitesses v et v', ils vont donc se comprimer, en s'appuyant l'un contre l'autre ; et, pendant cette compression, la vitesse de l'un des deux corps, de m, par exemple, diminuera par degrés infiniment petits, et celle de m' augmentera de même, jusqu'à ce que ces deux vitesses soient devenues égales. Or, à partir de cet instant, il y aura deux cas distincts à considérer.

1°. Si les deux sphères sont entièrement dénuées d'élasticité, elles cesseront d'agir l'une sur l'autre à l'instant où leurs vitesses se seront ainsi nivelées, et continueront de se mouvoir avec une vitesse commune, en restant juxtaposées et conservant les formes que la compression leur aura données.

2°. Si, au contraire, les deux sphères sont élastiques, elles tendront à reprendre leur forme naturelle ; en y revenant, et s'appuyant toujours l'une contre l'autre, la vitesse de m continuera de décroître graduellement, et celle de m' continuera d'augmenter : il y aura enfin un instant où ces deux corps se sépareront, et ce sera la fin du choc. Or, dans le cas d'une parfaite élasticité, on suppose que la seconde partie du choc est tout-à-fait semblable à la première ; qu'à la fin du choc, les deux corps ont repris exactement leur forme sphérique, et une vitesse commune à tous les points de chacun d'eux ; et que, pendant sa seconde partie, ils perdent ou gagnent des quantités de mouvement égales à celles qu'ils ont déjà perdues ou gagnées pendant la première.

Le problème du choc de deux sphères ne présenterait aucune difficulté nouvelle, et rentrerait dans celui du n° 357, si leurs rayons étaient infiniment petits. Pour le résoudre complètement, lorsque leurs rayons ont une grandeur finie, il faudrait avoir égard à la propagation du mouvement dans leurs masses, et déterminer l'état des deux corps à un instant quelconque de la durée du phénomène ; ce qu'on peut regarder comme impossible, dans l'état actuel de la science. Nous admettrons donc les suppositions qu'on vient d'expliquer comme étant les données de la question dont nous allons nous occuper ; et en combinant ces données avec le principe de D'Alembert, appliqué aux quantités de mouvement de grandeur finie, il ne s'agira plus que de déterminer les vitesses des deux sphères à la fin du choc, d'après leurs masses et leurs vitesses primitives, soit quand ces deux corps sont entièrement dénués d'élasticité, soit quand ils sont parfaitement élastiques. Il n'y a que les corps *mous* qui n'aient pas d'élasticité sensible ; la plupart des corps *durs* reviennent à leur forme primitive, lorsqu'ils ne sont pas brisés par le choc.

361. Dans le cas des corps mous, soit u la vitesse après le choc, laquelle est commune aux deux sphères ; la vitesse perdue par m sera $v - u$, et la vitesse gagnée par m' sera $u - v'$. Si donc ces deux corps allaient au-devant l'un de l'autre avec ces vitesses $v - u$ et $u - v'$, il faudrait, d'après le principe du n° 353, qu'ils se fissent équilibre ; ce qui exige (n° 127) que les quantités de mouvement correspondantes à ces vitesses soient égales. Nous au-

rons donc

$$m\,(v - u) = m'\,(u - v');$$

d'où l'on tire

$$u = \frac{mv + m'v'}{m + m'}, \qquad (a)$$

pour la valeur de u qu'il s'agissait d'obtenir.

Si m' est en repos avant le choc, et qu'à raison de sa densité, cette masse soit extrêmement grande et comme infinie, par rapport à m, on aura sensiblement $u = 0$. La masse m' représentera alors un obstacle fixe ; et le corps, dénué d'élasticité, sera réduit au repos par le choc contre cet obstacle.

On appelle *force vive* d'un point matériel, ou, plus généralement, d'un corps dont tous les points ont la même vitesse, le produit de sa masse par le carré de cette vitesse. La somme des forces vives de m et m' est donc $mv^2 + m'v'^2$ avant le choc, et $mu^2 + m'u^2$ après le choc. Or, il résulte de la formule (a) que la seconde somme est toujours moindre que la première ; car, sans altérer leur différence

$$mv^2 + m'v'^2 - mu^2 - m'u^2,$$

on peut en retrancher la quantité

$$2u\,(mv + m'v' - mu - m'u),$$

qui est nulle, en vertu de l'équation (a) ; et cette différence devient alors

$$m\,(v - u)^2 + m'\,(u - v')^2,$$

qui est une quantité positive.

Il y a donc toujours perte de force vive dans le choc de deux sphères dont la matière est dénuée de toute élasticité ; et cette perte est égale, comme on voit, à la somme des forces vives dues aux vitesses $v - u$ et $u - v'$, perdue et gagnée par ces deux corps. Ce résultat est un cas particulier d'un théorème général qui est dû à Carnot, et que nous démontrerons par la suite.

362. Dans la première partie du choc, c'est-à-dire, jusqu'à l'instant de la plus grande compression, les deux sphères se comportent toujours de même, quel que soit leur degré d'élasticité ; en sorte que la vitesse u qu'on vient de déterminer, est toujours celle qui leur est commune à cet instant. Pendant cette première partie, la diminution de la vitesse de m et l'augmentation de celle de m' sont donc $v - u$ et $u - v'$. Or, si ces deux sphères sont parfaitement élastiques, m éprouvera, dans la seconde partie du choc, une seconde diminution de vitesse égale à la première, et, conséquemment, sa vitesse à la fin du choc sera $v - 2(v - u)$ ou $2u - v$. En même temps, m' éprouvera une seconde augmentation de vitesse égale à $u - v'$, et sa vitesse finale sera $v' + 2(u - v')$ ou $2u - v'$. Si donc on appelle V et V$'$ les vitesses de m et m', après le choc, on aura

$$V = 2u - v, \quad V' = 2u - v' ;$$

la valeur de u étant toujours donnée par la formule (a).

En retranchant ces vitesses l'une de l'autre, on a

$$V - V' = v' - v ;$$

ce qui montre que dans ce choc la vitesse relative des deux mobiles change de signe et conserve la même grandeur.

Si la masse m' est regardée comme infinie, à raison de sa densité, par rapport à la masse m, et qu'on ait $v' = 0$, on aura $u = 0$, et, par conséquent, $V = -v$; d'où il résulte que quand une sphère, douée d'une élasticité parfaite, vient frapper un obstacle fixe, elle est réfléchie avec une vitesse égale et contraire à celle qu'elle avait avant le choc. S'il s'agit, par exemple, d'une sphère pesante, qui tombe dans le vide, sur un plan horizontal et inébranlable, elle devra remonter à sa hauteur primitive.

La somme des forces vives sera la même avant et après le choc, ou, autrement dit, on aura

$$mv^2 + m'v'^2 = m(2u - v)^2 + m'(2u - v')^2;$$

équation qui se réduit à

$$4u(mu + m'u - mv - m'v') = 0,$$

et qui est identique, en vertu de la formule (a).

Il n'y a donc aucune perte de force vive dans le choc de deux sphères parfaitement élastiques; et ce résultat, comme celui que présente le choc de deux sphères non élastiques, est compris dans un théorème général, qu'on démontrera aussi dans un autre chapitre.

563. Si l'on suppose $m' = m$, on aura

$$2u = v + v', \quad V = v', \quad V' = v.$$

Il y a donc échange de vitesse dans le choc de deux

sphères parfaitement élastiques, dont les masses sont égales; et si l'une des deux est en repos avant le choc, l'autre demeurera en repos après le choc, et la première prendra la vitesse primitive de la seconde.

Il suit de là que si l'on a une série de billes égales en masse, et dont les centres soient rangés en ligne droite; que la première soit seule en mouvement, et que sa vitesse, qui sera désignée par v, soit dirigée suivant cette droite et du côté des autres billes; cette première bille sera réduite au repos en choquant la deuxième; celle-ci prendra la vitesse v, avec laquelle elle ira choquer la troisième, et sera ensuite réduite au repos; la troisième prendra la vitesse v, qu'elle perdra en choquant la quatrième; et ainsi de suite, jusqu'à la dernière, qui conservera la vitesse v. Après cette suite de chocs, toutes les billes seront donc en repos, excepté la dernière, qui se trouvera animée de la vitesse que la première avait primitivement; et comme ce résultat est indépendant de la grandeur des intervalles compris entre les billes consécutives, il est naturel d'en conclure qu'il aura encore lieu quand ces intervalles disparaîtront, et que les billes, choquées par la première, seront en contact.

Ainsi, lorsqu'une série d'un nombre quelconque de billes parfaitement élastiques, en repos, juxtaposées, égales en masse, et dont les centres sont en ligne droite, sera choquée par une autre bille élastique, égale à chacune d'elles, et en mouvement suivant la ligne des centres, celle-ci se réunira à la série qui demeurera en repos, excepté la bille placée à l'autre extrémité, laquelle se détachera seule avec la vitesse de la bille choquante : c'est, en effet, ce qu'on a souvent l'occasion de vérifier, avec des billes de billard, par exemple.

En général, les lois du choc des corps sphériques, mous ou durs, qui sont les conséquences des hypothèses du n° 360, ont été confirmées par de nombreuses expériences, faites sur des billes égales ou inégales, de même matière ou de matière différente, et dont les vitesses avaient entre elles différens rapports.

364. Le mouvement du centre de gravité d'un système de corps n'est jamais altéré par le choc ou toute autre action mutuelle des mobiles. On démontrera par la suite, dans toute sa généralité, cette importante proposition, dont on a déjà vu le cas le plus simple dans le n° 357, et qu'on peut aussi vérifier dans le choc des corps sphériques, mous ou parfaitement élastiques.

Pour cela, soient x et x', au bout du temps t, les distances des centres de m et m' à un point fixe de la droite sur laquelle ils se meuvent. Soit aussi, à cet instant, $x_{\prime}$ la distance au même point du centre de gravité de m et m'; nous aurons (n° 65)

$$(m + m')\, x_{\prime} = mx + m'x'.$$

On en déduit, en différentiant ,

$$(m + m')\, \frac{dx_{\prime}}{dt} = m\frac{dx}{dt} + m'\,\frac{dx'}{dt}; \quad (b)$$

équation qui fera connaître la vitesse $\dfrac{dx_,}{dt}$ du centre de gravité, correspondante aux vitesses des deux sphères. Or, avant le choc, on a

$$\frac{dx}{dt} = v, \qquad \frac{dx'}{dt} = v';$$

et, conséquemment,

$$\frac{dx_,}{dt} = \frac{mv + m'v'}{m + m'}.$$

Après le choc, on a

$$\frac{dx}{dt} = \frac{dx'}{dt} = u,$$

dans le cas des corps mous, et

$$\frac{dx}{dt} = 2u - v, \qquad \frac{dx'}{dt} = 2u - v',$$

dans le cas des corps élastiques. En substituant successivement ces valeurs dans l'équation (b), et ayant égard à l'équation (a), on en déduit $\dfrac{dx_,}{dt} = u$ dans les deux cas; ce qui est la même valeur qu'avant le choc, en vertu de cette équation (a). Par conséquent, le choc de deux sphères ne change rien au mouvement de leur centre de gravité.

Comme la vitesse de ce point est toujours la somme des quantités de mouvement des corps, divisée par la somme de leurs masses, cela revient à dire que dans le choc de deux corps sphériques, mous ou élastiques, la somme des quantités de mouvement ne change pas, en ayant égard, dans cette somme, aux signes des vitesses.

Si la vitesse v' de m' est nulle, et que cette masse soit très petite par rapport à m, la quantité de mouvement imprimée à m' et enlevée à m, sera, à très peu près, $m'v$ ou $2m'v$, selon que ces corps seront dénués d'élasticité ou parfaitement élastiques.

365. Jusqu'à présent, on a assimilé la résistance des fluides à une suite de chocs du mobile contre les molécules du milieu qu'il traverse ; quoique, selon moi, la théorie de la résistance fondée sur cette considération doive être abandonnée, il est bon, cependant, de l'expliquer ici en peu de mots.

Supposons que le mobile soit un cylindre droit qui se meut dans le sens de sa longueur. Soit ω l'aire de sa base, perpendiculaire à cette dimension et à la direction du mouvement; soient aussi m la masse du mobile, et ρ la densité du fluide, liquide ou aériforme, dans lequel il se meut. Au bout du temps t, appelons v sa vitesse, et x la distance de sa base antérieure à un point fixe, pris sur la perpendiculaire à ce plan, de sorte qu'on ait $dx = vdt$. Dans l'instant dt, cette base parcourra l'espace dx; le mobile frappera donc tous les points matériels du fluide, compris dans une tranche dont la base est ω, la hauteur dx, et la masse $\rho\omega dx$. Or, on considère tous ces points comme isolés et n'ayant aucune action sur le fluide environnant; et, dans cette hypothèse, on prend pour la diminution de la quantité de mouvement éprouvée par le mobile pendant cet instant dt, le produit de sa vitesse v et de la masse frappée

3..

$\rho \omega dx$, ou le double de ce produit, selon que l'on compare ce choc à celui des corps dénués de toute élasticité, ou qu'on l'assimile au choc des corps parfaitement élastiques. La première valeur $v\rho\omega dx$ est celle qui s'écarte le moins de l'expérience ; en l'adoptant donc, et observant que mdv éprouve la variation de la quantité de mouvement de la masse m, dans l'instant dt, nous aurons

$$mdv = - v\rho\omega dx ;$$

et en mettant pour dx sa valeur vdt, et divisant par dt, il en résulte

$$m\frac{dv}{dt} = - \rho\omega v^2 ,$$

pour la force motrice provenant de la résistance exercée sur une surface plane, perpendiculaire à la direction du mouvement.

Cette résistance est, comme on voit, proportionnelle à la densité du fluide, à la surface sur laquelle elle s'exerce, et au carré de la vitesse du mobile. En appelant h la hauteur due à cette vitesse, et g la gravité, c'est-à-dire, en faisant $v^2 = 2gh$, sa valeur devient $2g\rho\omega h$; en sorte qu'elle est égale au poids d'un cylindre du fluide qui aurait pour base la surface perpendiculaire à la direction de la vitesse, et pour hauteur le double de celle dont un corps pesant devrait tomber dans le vide, pour acquérir cette même vitesse.

Si la direction du mouvement n'est pas perpendiculaire à la surface plane qui éprouve la résistance, on décompose la vitesse du mobile en deux autres, l'une perpendiculaire, et l'autre parallèle à ce plan; on suppose que la vitesse parallèle ne donne lieu qu'à un frottement dont on fait abstraction, et que la résistance proprement dite est la même que si la vitesse normale existait seule : c'est pourquoi l'on substitue cette composante à la vitesse v dans la valeur précédente de la résistance, qui devient alors $\rho\omega v^2 \cos^2 i$; i étant l'angle que fait la normale à la surface ω, avec la direction de la vitesse v.

366. En admettant ce résultat, et l'étendant aux élémens infiniment petits des surfaces courbes, on en conclut, par le calcul intégral, la résistance éprouvée par un corps solide de forme quelconque.

Pour plus de simplicité, supposons qu'il s'agisse d'un solide de révolution, dont tous les points décrivent, avec la vitesse v, des parallèles à son axe de figure. Soient AB cet axe (fig. 1re), et AMB sa courbe génératrice; prenons cet axe pour celui des abscisses; et appelons x et y l'abscisse CP et l'ordonnée PM d'un point quelconque M de cette courbe. Supposons que la plus grande section du solide, perpendiculaire à l'axe de figure, soit celle qui répond au point C, origine des coordonnées, et que CD soit, en conséquence, la plus grande ordonnée de la courbe AMB. Le mouvement ayant lieu de B vers A, la portion de la surface qui éprouvera la résistance du milieu sera celle qui répond à la partie DMA de cette courbe. Soit ds l'élément différentiel de cette courbe au point quelconque M; on aura

$$\cos i = \frac{dy}{ds},$$

pour le cosinus de l'angle que la normale en ce point, fait avec l'axe des x, c'est-à-dire, avec la direction du mouvement ; et cet angle sera le même dans toute l'étendue de la zone engendrée par ds en tournant autour de AB, dont la surface est $2\pi y\, ds$. Chacun des élémens plans de cette zone éprouvera donc une résistance normale qui sera égale au produit de cet élément, multiplié par $\rho v^2 \cos^2 i$. En décomposant cette force en deux autres, l'une perpendiculaire et l'autre parallèle à l'axe AB, il est évident que les composantes perpendiculaires à AB se détruiront deux à deux ; d'ailleurs, chaque composante parallèle à AB aura pour valeur la résistance normale à la zone, multipliée par $\cos i$; par conséquent, la somme de ces composantes, pour la zone entière, sera égale au produit de la surface $2\pi y\, ds$, de $\rho v^2 \cos i$, et de $\cos i$, ou à $2\pi \rho v^2 y \dfrac{dy^3}{ds^2}$, d'après la valeur de $\cos i$.

Il suit de là qu'en appelant R la résistance totale éprouvée par le solide en sens contraire de son mouvement, et faisant $CA = a$, nous aurons

$$R = 2\pi \rho v^2 \int_0^a y\, \frac{dy^3}{ds^2}, \qquad (c)$$

pour la valeur de cette force motrice.

Si le mobile est une sphère, le point C sera son centre, et a son rayon. En désignant par θ l'angle

MCA, on aura

$$y = a \sin \theta, \quad dy = a \cos \theta d\theta, \quad ds = a d\theta;$$

et il en résultera

$$R = 2\pi \rho v^2 a^2 \int_0^{\frac{1}{2}\pi} \cos^3 \theta \sin \theta d\theta = \tfrac{1}{2} \pi \rho a^2 v^2;$$

ce qui montre que la résistance éprouvée par une sphère est la moitié de celle qui aurait lieu sur le cylindre circonscrit, dont πa^2 serait la base perpendiculaire à la direction du mouvement.

367. C'est à Newton qu'est dû ce premier essai sur la résistance des fluides; et c'est lui qui a déterminé, le premier, le mouvement des corps soumis à une force dépendante de leur vitesse. En comparant le résultat de son calcul au temps observé de la chute d'une sphère qui tombe dans l'air, d'une grande hauteur, il a reconnu qu'il faudrait, pour accorder l'un avec l'autre, réduire à moitié la valeur précédente de R.

D'après d'autres expériences, faites par Borda, cette valeur doit être seulement réduite aux trois cinquièmes; ce qui donne

$$R = \frac{3}{10} \pi \rho a^2 v^2.$$

En appelant D la densité de la sphère, sa masse sera $\frac{4\pi D a^3}{3}$; et si l'on divise R par cette masse, et qu'on appelle φ la force accélératrice qui en proviendra, on aura

$$\varphi = \frac{9\rho v^2}{40 D a};$$

ce qui est, effectivement, l'expression de la résistance que les auteurs de Balistique ont adoptée le plus généralement, et que nous avons citée dans le n° 216.

En vertu de la formule (c), la détermination du solide de révolution qui éprouve la moindre résistance, consiste à trouver la courbe génératrice de ce solide pour laquelle l'intégrale $\int_0^a y \, \frac{dy^3}{ds^2}$ est un *minimum;* problème qu'on résoudra sans difficulté par les règles du calcul des variations, et dont Newton a donné la solution avant que d'autres géomètres se fussent occupés de ce genre de questions, mais sans indiquer la méthode qu'il a suivie pour y parvenir.

Cette théorie de la résistance repose, comme on l'a vu, sur une comparaison vague de l'action du fluide au choc des corps, et sur la supposition inadmissible que, dans ce choc, les molécules du fluide agissent isolément sur le mobile et nullement l'une sur l'autre. Elle est démentie par l'observation, quant à la grandeur absolue que le calcul donne à peu près double de celle qui résulterait de l'expérience ; elle l'est aussi par rapport à la loi de la résistance en fonction de la vitesse, qui serait toujours proportionnelle au carré de la vitesse, suivant cette théorie, tandis qu'il résulte du décroissement observé des amplitudes, dans les très petites oscillations du pendule (n° 187), que cette force est seulement proportionnelle aux très petites vitesses. La résistance qu'un fluide, liquide ou aériforme, oppose au mouvement d'un corps solide, se compose d'un frottement contre la surface, et de la résultante des pressions que ce fluide exerce sur cette surface tout entière. Pour déterminer convenablement cette seconde partie, qui est la résistance proprement dite, il faut considérer à la fois les mouvemens du corps et du fluide, comme je l'ai fait dans le mémoire déjà cité (n° 191). Cette force peut être différente dans le mouvement oscillatoire et dans le mouvement progressif, dans les liquides et dans les gaz ; et, dans ceux-ci, elle peut dépendre de leur température, et non pas seulement de leur densité ; ce qui serait important à vérifier par l'expérience.

CHAPITRE II.

DÉTERMINATION DES MOMENS D'INERTIE ET DES AXES PRINCIPAUX.

368. Dans les chapitres suivans, nous considére-rons les différens cas du mouvement d'un corps so-lide. Pour former les équations de son mouvement, nous le diviserons en parties insensibles, mais de grandeur finie, comprenant néanmoins des nombres immenses de molécules. Quoique ce corps soit formé de molécules disjointes, les sommes relatives à ses parties insensibles pourront être changées, sans er-reur appréciable, en intégrales définies, comme dans le n° 98; et, dans tout ce qui va suivre, on pourra traiter les parties dont il s'agit comme des infiniment petits.

Les intégrales définies que les équations du mou-vement renfermeront seront au nombre de neuf, savoir :

$$\int x\,dm, \quad \int y\,dm, \quad \int z\,dm,$$
$$\int xy\,dm, \quad \int zx\,dm, \quad \int yz\,dm,$$
$$\int z^2\,dm, \quad \int y^2\,dm, \quad \int x^2\,dm;$$

dm étant l'élément différentiel de la masse, qui ré-pond aux trois coordonnées rectangulaires x, y, z, et les intégrales s'étendant à la masse entière du mo-bile, que nous désignerons par M.

Les trois premières dépendent de la position du centre de gravité ; et si l'on appelle x_i, y_i, z_i, ses trois coordonnées, on aura (n° 91)

$$\int x\,dm = \mathrm{M} x_i, \quad \int y\,dm = \mathrm{M} y_i, \quad \int z\,dm = \mathrm{M} z_i;$$

en sorte que chacune de ces intégrales sera nulle, lorsqu'on prendra ce point pour l'origine des coordonnées.

Quelle que soit cette origine, on prouvera plus loin qu'on peut toujours déterminer la direction des trois axes de manière qu'on ait

$$\int xy\,dm = 0, \quad \int zx\,dm = 0, \quad \int yz\,dm = 0.$$

Les trois axes rectangulaires des x, y, z, qui font ainsi disparaître ces trois intégrales, s'appellent des *axes principaux.*

Quant aux trois dernières des neuf intégrales, on les exprimera au moyen de trois autres que nous représenterons par A, B, C, et qui seront

$$A = \int (y^2 + z^2)\,dm, \quad B = \int (z^2 + x^2)\,dm, \quad C = \int (x^2 + y^2)\,dm;$$

d'où l'on tire

$$2\int z^2\,dm = A + B - C,$$
$$2\int y^2\,dm = C + A - B,$$
$$2\int x^2\,dm = B + C - A.$$

On appelle, en général, *moment d'inertie* d'un corps par rapport à une droite quelconque, la somme des élémens de sa masse, multipliés par les carrés de leurs distances à cette droite. Ainsi, A, B, C, seront les momens d'inertie du mobile par rapport aux axes des x, y, z; car, par exemple, $y^2 + z^2$ est le carré de la distance de dm à l'axe des x. Lorsque ces droites seront des axes principaux, nous appellerons A, B, C, des momens d'inertie *principaux*.

Le centre de gravité et les axes principaux ont l'avantage de simplifier les équations du mouvement, en faisant disparaître une partie de leurs termes, quand on les prend pour origine et pour axes des coordonnées; ils jouissent, en outre, de propriétés très importantes dans la Dynamique, ainsi qu'on le verra par la suite.

369. La détermination des momens d'inertie est un problème de calcul intégral, que l'on résoudra toujours exactement ou par la méthode des quadratures.

L'exemple le plus simple est le calcul du moment d'inertie d'un parallélépipède rectangle et homogène, par rapport à l'une de ses arêtes. Prenons trois de ses arêtes adjacentes pour axes des x, y, z, et désignons par a, b, c, leurs longueurs; puis divisons chacune de ces trois droites en une infinité de parties infiniment petites. En menant par tous les points de division, des plans parallèles aux faces du parallélépipède, on aura trois séries de plans qui le partageront en élémens infiniment petits dans leurs trois dimensions. Le volume de l'élément qui répond aux trois coordonnées x, y, z, sera évidemment $dx\,dy\,dz$; on aura donc pour sa masse

$$dm = \rho\,dx\,dy\,dz;$$

ρ étant la densité du parallélépipède, que l'on suppose constante. Par conséquent, le moment d'inertie C, par rapport à l'arête qu'on a prise pour axe des z, et dont la longueur est c, sera

$$C = \rho \iiint (x^2 + y^2)\, dx\, dy\, dz.$$

On étendra cette intégrale triple à tous les élémens du parallélépipède donné, en intégrant, dans un ordre quelconque, depuis $x = 0$, $y = 0$, $z = 0$, jusqu'à $x = a$, $y = b$, $z = c$; ce qui donne, sans aucune difficulté,

$$C = \rho \left(\frac{a^3 bc}{3} + \frac{ab^3 c}{3} \right),$$

ou, ce qui est la même chose,

$$C = \tfrac{1}{3} M (a^2 + b^2);$$

M étant la masse du corps, de sorte qu'on ait

$$M = \rho abc.$$

On aura de même

$$B = \tfrac{1}{3} M (c^2 + a^2), \qquad A = \tfrac{1}{3} M (b^2 + c^2),$$

pour les momens d'inertie du même corps, par rapport aux arètes dont les longueurs sont b et a.

370. Pour second exemple, calculons le moment d'inertie d'un ellipsoïde homogène par rapport à l'un de ses trois axes de figure.

L'équation de sa surface sera

$$\frac{x^2}{a^2} + \frac{y^2}{b^2} + \frac{z^2}{c^2} = 1, \qquad (a)$$

en désignant par $2a$, $2b$, $2c$, les longueurs de ses

trois diamètres principaux, que l'on prend pour axes des x, y, z. Son moment d'inertie, par rapport à l'axe des z, sera exprimé par la même intégrale triple que dans le problème précédent ; la constante ρ étant toujours la densité du corps. Pour obtenir cette intégrale triple, qui doit être étendue à la masse entière de l'ellipsoïde, j'intégrerai d'abord par rapport à z, en regardant x et y comme des constantes ; ensuite, par rapport à y, en continuant de regarder x comme constante, et, enfin, par rapport à x. On peut suivre l'ordre qu'on veut dans ces trois intégrations successives ; celui que je choisis revient à concevoir l'ellipsoïde partagé en une infinité de tranches elliptiques, parallèles au plan des y et z ; chaque tranche partagée de même en une infinité de parallélépipèdes parallèles à l'axe des z, et terminés à la surface ; et chaque parallélépipède en élémens infiniment petits dans leurs trois dimensions. Les limites de l'intégrale relative à z seront les deux valeurs de cette variable qui sont données par l'équation (a) ; cette intégrale définie exprimera, en fonction de x et y, le moment d'inertie de l'un quelconque des parallélépipèdes. L'intégrale relative à y aura pour limites les deux valeurs de cette variable, qui répondent à la même valeur de x, dans l'équation de la section de l'ellipsoïde par le plan des x et y ; elle exprimera le moment d'inertie de la tranche parallèle au plan des y et z, qui se trouve à la distance x de ce plan. Enfin, l'intégrale relative à x sera prise depuis $x = -a$ jusqu'à $x = a$, et elle exprimera le moment d'inertie de l'ellipsoïde entier.

En intégrant par rapport à z, il vient

$$(x^2 + y^2)\, z\, dx\, dy + \text{constante}.$$

Les deux limites données par l'équation (a) sont

$$z = \pm\, c\, \sqrt{1 - \frac{y^2}{b^2} - \frac{x^2}{a^2}}\,;$$

l'intégrale définie sera donc

$$2\rho c x^2 \sqrt{1 - \frac{y^2}{b^2} - \frac{x^2}{a^2}}\, dx\, dy + 2\rho c y^2 \sqrt{1 - \frac{y^2}{b^2} - \frac{x^2}{a^2}}\, dx\, dy.$$

Si l'on fait, pour abréger,

$$b^2 - \frac{b^2 x^2}{a^2} = r^2,$$

l'intégrale relative à y de la première partie de la formule précédente, deviendra

$$\frac{2\rho c x^2 dx}{b} \int \sqrt{r^2 - y^2}\, dy.$$

L'équation de la section de l'ellipsoïde par le plan des x et y, savoir :

$$\frac{y^2}{b^2} + \frac{x^2}{a^2} = 1,$$

donne $y = \pm\, r$ pour les deux limites de l'intégrale relative à y ; et, comme on a

$$\int_{-r}^{r} \sqrt{r^2 - y^2}\, dy = \frac{1}{2}\, \pi r^2,$$

il en résulte, en remettant pour r^2 sa valeur,

$$2\rho c x^2 dx \int \sqrt{1 - \frac{y^2}{b^2} - \frac{x^2}{a^2}}\, dy = \frac{\pi \rho b c}{a^2}\, (a^2 x^2 - x^4)\, dx.$$

En intégrant par rapport à x depuis $x = -a$ jusqu'à $x = a$, on aura donc

$$2\rho c \iint x^2 \sqrt{1 - \frac{y^2}{b^2} - \frac{x^2}{a^2}}\, dx\, dy = \frac{4\pi\rho a^3 bc}{15};$$

sans nouveaux calculs, et par de simples changemens de lettres, on aura de même

$$2\rho c \iint y^2 \sqrt{1 - \frac{y^2}{b^2} - \frac{x^2}{a^2}}\, dx\, dy = \frac{4\pi\rho b^3 ac}{15};$$

par conséquent, le moment d'inertie C par rapport à l'axe des z, qui est la somme de ces deux dernières intégrales, aura pour valeur

$$C = \frac{4\pi\rho abc}{15}(a^2 + b^2).$$

On obtiendra de même les momens d'inertie B et A par rapport aux axes des y et des x. La masse de l'ellipsoïde étant M, on aura, d'après son volume (n° 89)

$$M = \frac{4\pi\rho abc}{3};$$

et les trois momens d'inertie, par rapport aux diamètres $2a$, $2b$, $2c$, seront

$$A = \tfrac{1}{5}M(b^2 + c^2), \quad B = \tfrac{1}{5}M(c^2 + a^2), \quad C = \tfrac{1}{5}M(a^2 + b^2).$$

Ces diamètres sont les trois axes principaux du corps, qui se coupent à son centre de gravité ; car en les prenant pour axes des x, y, z, les trois intégrales $\int xy\, dm$, $\int zx\, dm$, $\int yz\, dm$, étendues à l'ellipsoïde entier, sont zéro, puisque chacune d'elles se compose d'élémens qui sont, deux à deux, égaux et de signe contraire.

On voit que parmi les trois quantités A, B, C, la plus grande et la plus petite sont celles qui répondent au plus petit et au plus grand des trois diamètres; ce qui est d'ailleurs évident, par la définition des momens d'inertie.

371. Dans le cas d'une sphère, on a $a = b = c$; les trois momens d'inertie deviennent égaux entre eux, et sont exprimés par $\frac{8\pi}{15}\rho a^5$. Si le rayon a augmente d'un infiniment petit, et se change en $a + da$, l'accroissement correspondant de ce moment d'inertie de la sphère, savoir, $\frac{8\pi}{3}\rho a^4 da$, exprimera le moment d'inertie de la couche sphérique, dont les rayons intérieur et extérieur sont a et $a + da$. Maintenant, supposons que la sphère ne soit pas homogène, mais qu'elle soit seulement composée de couches concentriques et homogènes, de manière qu'en appelant r le rayon d'une couche quelconque, la densité ρ soit une fonction donnée de r. Pour avoir le moment d'inertie de la sphère entière, il faudra intégrer celui de cette couche quelconque, savoir, $\frac{8\pi}{3}\rho r^4 dr$, par rapport à r, et étendre l'intégrale au rayon entier de la sphère; donc, en désignant ce rayon par c, on aura

$$\frac{8\pi}{3}\int_0^c \rho r^4 dr,$$

pour le moment d'inertie demandé.

Si on le compare à celui d'une sphère homogène du même rayon, et dont la densité soit égale à la densité moyenne de celle que l'on considère, il est aisé de voir qu'il devra être, par la définition des momens d'inertie, et qu'il sera effectivement, d'après son expression, plus grand ou plus petit, selon que la densité ρ croîtra ou décroîtra continuellement du centre à la surface.

372. Le calcul du moment d'inertie d'un corps homogène, terminé par une surface de révolution, se réduit à une seule intégration dépendante de la courbe génératrice, quand on le prend par rapport à l'axe de figure. On décomposera alors le solide en anneaux circulaires, d'une épaisseur et d'une largeur infiniment petites, dont chacun ait son centre dans l'axe, et soit compris, d'une part, entre deux plans perpendiculaires à l'axe, et d'une autre part, entre deux surfaces cylindriques, dont cette droite sera l'axe commun. En appelant r le rayon de la surface intérieure, $r + dr$ celui de la surface extérieure, et dx la distance des deux plans, le volume d'un anneau sera $\pi\,(r + dr)^2 dx - \pi r^2 dx$, ou $2\pi r\,dr\,dx$, en négligeant le terme infiniment petit du troisième ordre. Sa masse sera donc $2\pi\rho r\,dr\,dx$, en désignant par ρ la densité du corps; et comme tous les points de cet anneau sont à la même distance r de l'axe de figure, le produit $2\pi\rho r^3 dr\,dx$, de cette masse et de r^2, exprimera son moment d'inertie par rapport à cet axe. Donc si cet axe et la courbe génératrice sont la droite AB et la ligne AMB (fig. 1re), et qu'on fasse

$$AP = x, \qquad PM = y,$$

on aura le moment d'inertie de la tranche infiniment
mince du solide de révolution, perpendiculaire à AB
et correspondante au point P, en intégrant $2\pi\rho r^3 drdx$
depuis $r = 0$ jusqu'à $r = y$, ce qui donne $\frac{1}{2}\pi\rho y^4 dx$.
Donc aussi, si l'on désigne par l la longueur de l'axe
AB, et par μ le moment d'inertie du solide entier, on
obtiendra la valeur de μ en intégrant cette différentielle $\frac{1}{2}\pi\rho y^4 dx$, depuis $x = 0$ jusqu'à $x = l$, et il en
résultera

$$\mu = \frac{1}{2}\pi\rho \int_0^l y^4 dx. \qquad (b)$$

Si l'on désigne par α et ϵ des valeurs données de
x, telles que l'on ait $\alpha < \epsilon$ et $\epsilon < l$, il suffira d'intégrer depuis $x = \alpha$ jusqu'à $x = \epsilon$, pour avoir le
moment d'inertie de la tranche du solide comprise
entre les deux plans perpendiculaires à l'axe, dont α
et ϵ sont les distances au point A. Si ce corps est un
solide creux, compris entre deux surfaces de révolution qui ont le même axe AB, on aura son moment
d'inertie, en regardant ce corps comme la différence
de deux solides de révolution, dont on retranchera,
l'un de l'autre, les momens d'inertie relatifs à l'axe
commun. Enfin, si l'on demandait le moment d'inertie d'une portion du solide de révolution, comprise
entre deux plans menés par l'axe de figure, il est
évident que ce moment, par rapport à cet axe, serait
à celui du solide entier comme l'angle des deux plans
est à quatre angles droits.

373. En prenant la demi-circonférence d'un cercle
pour la génératrice AMB, et désignant le rayon par
a, on aura

$$y^2 = 2ax - x^2,$$

pour la valeur de y^2 qu'il faudra substituer dans la formule (b); et si l'on demande le moment d'inertie du segment sphérique dont la flèche est α, pris par rapport au diamètre perpendiculaire à sa base, il faudra intégrer, dans cette formule, depuis $x = 0$ jusqu'à $x = \alpha$; ce qui donne

$$\mu = \frac{1}{2}\pi\rho\alpha^3\left(\frac{4a^2}{3} - a\alpha + \frac{\alpha^2}{5}\right).$$

Dans le cas de la sphère entière, on fera $\alpha = 2a$, et il en résultera $\mu = \dfrac{8\pi\rho a^5}{15}$, comme précédemment.

Si la génératrice est une droite passant par le point A, et qui fasse, avec l'axe AB, un angle dont la tangente soit θ, on aura

$$y = \theta x.$$

Je substitue cette valeur dans l'équation (b), et j'intègre depuis $x = \alpha$ jusqu'à $x = \mathcal{C}$; il vient

$$\mu = \frac{1}{10}\pi\rho\theta^4\left(\mathcal{C}^5 - \alpha^5\right).$$

Cette valeur sera celle du moment d'inertie d'un cône tronqué, pris par rapport à son axe de figure. En appelant a et b les rayons de ses deux bases, et h sa hauteur, nous aurons

$$\theta\alpha = a, \quad \theta\mathcal{C} = b, \quad \mathcal{C} - \alpha = h;$$

et nous pourrons écrire la valeur de μ sous la forme

$$\mu = \frac{1}{10}\pi\rho h\left(a^4 + a^3 b + a^2 b^2 + a b^3 + b^4\right).$$

Dans le cas d'un cône entier, on fera $b = 0$; et M étant sa masse, on aura

$$M = \tfrac{1}{3}\pi\rho h a^2, \qquad \mu = \tfrac{3}{10} M a^2.$$

Quand le cône tronqué se changera en un cylindre, on fera $b = a$; et la masse étant toujours M, il en résultera

$$M = \pi\rho h a^2, \qquad \mu = \tfrac{1}{2} M a^2.$$

374. Connaissant le moment d'inertie d'un corps par rapport à un axe passant par le centre de gravité, on en conclut aisément le moment d'inertie du même corps, rapporté à tout autre axe parallèle au premier.

En effet, plaçons l'origine des coordonnées au centre de gravité, et prenons le premier axe pour celui des z. Soient α et ς les coordonnées du point où le second axe coupe le plan des x et y, auquel ce second axe est aussi perpendiculaire. Désignons par a la distance du centre de gravité au second axe ; par r la distance d'un élément quelconque dm du corps au premier axe ; par r' la distance du même point matériel au second axe. Le moment d'inertie connu sera $\int r^2 dm$, et celui qu'on demande sera $\int r'^2 dm$; ces intégrales s'étendant à la masse entière du solide. Or, nous aurons

$$r'^2 = (x-\alpha)^2 + (y-\varsigma)^2 = x^2 + y^2 - 2\alpha x - 2\varsigma y + \alpha^2 + \varsigma^2 ;$$

en multipliant par dm, intégrant et observant que

$$x^2 + y^2 = r^2, \qquad \alpha^2 + \varsigma^2 = a^2,$$

on aura donc

$$\int r'^2 dm = \int r^2 dm - 2a\int x\,dm - 2b\int y\,dm + a^2\int dm;$$

mais les intégrales $\int x\,dm$ et $\int y\,dm$ sont nulles, à cause que le centre de gravité est sur l'axe des z (n° 368); de plus, $\int dm$ est la masse entière du corps, que je représenterai par M; par conséquent, l'équation précédente se réduit à

$$\int r'^2 dm = \int r^2 dm + Ma^2.$$

Ainsi l'on aura le moment d'inertie demandé, en ajoutant à celui qui est donné la masse du corps, multipliée par le carré de la distance du centre de gravité au nouvel axe.

D'après cette règle, on aura immédiatement le moment d'inertie d'une sphère homogène ou composée de couches concentriques, par rapport à un axe quelconque, puisque ce moment est connu par rapport à tous les axes passant par le centre de figure, qui est aussi le centre de gravité.

Dans un corps quelconque, le moment d'inertie par rapport à un axe passant par son centre de gravité, sera plus petit que par rapport à tout autre axe parallèle à celui-là. Les momens d'inertie d'un même corps seront égaux, par rapport à tous les axes parallèles entre eux, et également éloignés du centre de gravité : leur valeur commune augmentera à mesure qu'ils s'éloigneront de ce point.

375. Non-seulement le moment d'inertie d'un corps varie avec la position absolue de l'axe auquel on le rapporte, mais il change aussi avec la direction

de cette droite. Pour montrer comment cette direction influe sur la grandeur du moment d'inertie d'un corps quelconque, proposons-nous de trouver celui de la masse M par rapport à un axe mené par l'origine des coordonnées, et qui fasse avec les axes des x, y, z, les trois angles donnés α, β, γ.

Soient p la perpendiculaire abaissée de l'élément dm sur le nouvel axe, D la distance de ce point matériel à l'origine des coordonnées, δ l'angle compris entre la ligne D et le nouvel axe. Les coordonnées de dm étant x, y, z, les cosinus des angles que fait la direction de son rayon vecteur D avec les axes de ces coordonnées, seront $\frac{x}{D}$, $\frac{y}{D}$, $\frac{z}{D}$; par conséquent, on aura (n° 9)

$$\cos \delta = \frac{x}{D} \cos \alpha + \frac{y}{D} \cos \beta + \frac{z}{D} \cos \gamma.$$

D'ailleurs, on a

$$p = D \sin \delta, \qquad p^2 = D^2 - (D \cos \delta)^2 ;$$

en substituant donc pour D cos δ la formule précédente, multipliée par D, et mettant $x^2 + y^2 + z^2$ au lieu de D^2, il en résultera

$$p^2 = x^2 \sin^2 \alpha + y^2 \sin^2 \beta + z^2 \sin^2 \gamma$$
$$- 2xy \cos \alpha \cos \beta - 2xz \cos \alpha \cos \gamma - 2yz \cos \beta \cos \gamma ;$$

d'où l'on conclut

$$\int p^2 dm = \sin^2 \alpha . \int x^2 dm + \sin^2 \beta . \int y^2 dm + \sin^2 \gamma . \int z^2 dm$$
$$- 2\cos \alpha \cos \beta . \int xy\, dm - 2 \cos \alpha \cos \gamma . \int xz\, dm$$
$$- 2 \cos \beta \cos \gamma . \int yz\, dm.$$

Au moyen de cette formule, on aura donc le moment d'inertie $\int p^2 dm$, relatif à un axe de direction donnée, et passant par l'origine des coordonnées, quand on connaîtra les six intégrales $\int x^2 dm$, $\int y^2 dm$, $\int z^2 dm$, $\int xy\,dm$, $\int xz\,dm$, $\int yz\,dm$, étendues à la masse entière du corps, et relatives aux axes des coordonnées. Si ces trois droites sont des axes principaux, les trois dernières intégrales seront nulles (n° 368), et la formule précédente se réduira à

$$\int p^2 dm = \sin^2\alpha \cdot \int x^2 dm + \sin^2 \beta \cdot \int y^2 dm + \sin^2\gamma \cdot \int z^2 dm.$$

Mais, en vertu de l'équation

$$\cos^2\alpha + \cos^2\beta + \cos^2\gamma = 1,$$

nous avons

$$\sin^2\alpha = \cos^2\beta + \cos^2\gamma,$$
$$\sin^2\beta = \cos^2\gamma + \cos^2\alpha,$$
$$\sin^2\gamma = \cos^2\alpha + \cos^2\beta ;$$

ce qui change la valeur de $\int p^2 dm$ en celle-ci :

$$\int p^2 dm = (\int y^2 dm + \int z^2 dm)\cos^2\alpha,$$
$$+ (\int z^2 dm + \int x^2 dm)\cos^2\beta,$$
$$+ (\int x^2 dm + \int y^2 dm)\cos^2\gamma ;$$

donc en réunissant chaque couple d'intégrales en une seule, et désignant par A, B, C, comme dans le n° 368, les momens d'inertie par rapport aux axes des x, y, z, nous aurons finalement

$$\int p^2 dm = A\cos^2\alpha + B\cos^2\beta + C\cos^2\gamma. \quad (c)$$

Ainsi, il suffira de connaître les trois momens

d'inertie relatifs aux trois axes principaux qui se coupent en un point donné, pour en conclure immédiatement le moment d'inertie correspondant à un axe quelconque, passant par ce point; et, en combinant ce résultat avec celui du numéro précédent, on voit que le calcul de tous les momens d'inertie d'un même corps se réduira à déterminer les trois momens d'inertie principaux qui répondent à son centre de gravité. Ayant calculé, par exemple (n° 370), les valeurs de ces trois momens d'inertie, dans le cas de l'ellipsoïde homogène, nous pouvons regarder comme connu le moment d'inertie de ce corps, par rapport à un axe quelconque.

376. Le plus grand et le plus petit des trois momens d'inertie principaux A, B, C, qui entrent dans la formule (c), sont aussi le plus grand et le plus petit de tous les momens d'inertie du même corps, par rapport aux axes passant par l'origine des coordonnées.

Soit, en effet, A la plus grande des trois quantités A, B, C; en mettant $1 - \cos^2 \mathcal{C} - \cos^2 \gamma$ à la place de $\cos^2 \alpha$ dans l'équation (c), on aura

$$\int p^2 dm = A - (A - B) \cos^2 \mathcal{C} - (A - C) \cos^2 \gamma;$$

d'où l'on conclut que $\int p^2 dm$ est moindre que A, quels que soient les angles $\mathcal{C}$ et γ. De même, C étant la plus petite des trois quantités A, B, C, si l'on met l'équation (c) sous la forme

$$\int p^2 dm = C + (A - C) \cos^2 \alpha + (A - B) \cos^2 \mathcal{C},$$

on voit qu'on a constamment $\int p^2 dm > C$.

Dans le cas particulier où les trois quantités A, B, C, sont égales, on a aussi $\int p^a dm = $ A, quelle que soit la direction de l'axe auquel le moment d'inertie $\int p^a dm$ est rapporté; donc alors les momens d'inertie sont égaux par rapport à tous les axes passant par l'origine des coordonnées. Ce cas est celui de la sphère homogène ou composée de couches concentriques, lorsque l'origine des coordonnées est placée à son centre; il a également lieu pour le cube, l'octaèdre régulier et d'autres corps homogènes, dont les trois momens d'inertie principaux ne peuvent différer entre eux, en plaçant toujours l'origine des coordonnées à leur centre de figure.

Si l'on a seulement A = B, l'équation (*c*) se réduira à

$$\int p^a dm = \text{A} \sin^a \gamma + \text{C} \cos^a \gamma\,;$$

et cette valeur de $\int p^a dm$ étant indépendante des angles α et $\mathcal{6}$, le moment d'inertie sera le même par rapport à tous les axes menés par l'origine des coordonnées, qui font un même angle γ avec l'axe des z. Ce cas est celui d'un solide de révolution homogène, quand cette droite est son axe de figure.

D'après ce qu'on a déjà vu dans le n° 374, nous pouvons dire, maintenant, que le plus petit de tous les momens d'inertie qu'un même corps puisse avoir, répond à l'un des trois axes principaux qui se coupent à son centre de gravité. Ainsi, par exemple, le plus petit de tous les momens d'inertie d'un ellipsoïde homogène, se rapporte au plus grand de ses trois diamètres conjugués rectangulaires.

377. Nous allons actuellement démontrer l'existence des axes principaux que nous avons supposée jusqu'à présent, et déterminer leur direction pour chaque point d'un corps de forme quelconque; mais, pour cela, il est nécessaire de rappeler les formules générales de la transformation des coordonnées, dont nous aurons besoin, d'ailleurs, dans d'autres occasions.

Soient x, y, z, les trois coordonnées d'un point quelconque M, rapportées aux axes rectangulaires Ox, Oy, Oz (fig. 2). Désignons par $x_{,}$, $y_{,}$, $z_{,}$, les coordonnées du même point, ayant la même origine, et rapportées aux trois axes $Ox_{,}$, $Oy_{,}$, $Oz_{,}$, qui sont aussi perpendiculaires entre eux. Du point M, abaissons des perpendiculaires MP et MK sur l'axe Ox et sur le plan des $x_{,}$ et $y_{,}$, et du point K, une perpendiculaire KH sur l'axe $Ox_{,}$; en sorte qu'on ait

$$OP = x, \quad OH = x_{,}, \quad KH = y_{,}, \quad MK = z_{,}.$$

La projection sur l'axe Ox, de la ligne brisée MKHO, sera OP; les projections de ses parties OH, KH, MK, seront égales à ces droites, multipliées par les cosinus des angles que les axes des $x_{,}$, $y_{,}$, $z_{,}$, font avec l'axe Ox; en en faisant la somme, on aura donc

$$x = x_{,} \cos xOx_{,} + y_{,} \cos xOy_{,} + z_{,} \cos xOz_{,}.$$

La figure suppose ces trois angles aigus, et les trois coordonnées $x_{,}$, $y_{,}$, $z_{,}$, positives; auquel cas leurs projections tombent sur la direction même de Ox, et doivent s'ajouter en grandeur absolue; mais il est facile de s'assurer que cette équation subsistera dans tous les cas, en ayant égard aux signes des coordonnées x_i, y_i, z_i, des cosinus, et de l'abscisse x. Par exemple, on verra aisément que si l'abscisse x_i est négative, et l'angle xOx_i aigu, ou bien, si cette abscisse est positive, et cet angle obtus, la projection de OH tombera sur le prolongement de Ox, et la valeur absolue de cette projection devra être retranchée ; et l'on verra, au contraire, qu'elle devra être ajoutée, quand cette abscisse x_i sera négative, et qu'en même temps l'angle xOx_i sera obtus ; ce qui s'accorde, dans les deux cas, avec le signe du produit $x_i \cos xOx_i$.

On verra de même que les projections de la ligne brisée MKHO sur les axes Oy et Oz, ou sur leurs prolongemens, sont toujours égales à y et z. Cela étant, si nous faisons

$$\cos xOx_i = a, \quad \cos xOy_i = b, \quad \cos xOz_i = c,$$
$$\cos yOx_i = a', \quad \cos yOy_i = b', \quad \cos yOz_i = c',$$
$$\cos zOx_i = a'', \quad \cos zOy_i = b'', \quad \cos zOz_i = c'',$$

nous aurons

$$\left. \begin{array}{l} x = ax_i + by_i + cz_i, \\ y = a'x_i + b'y_i + c'z_i, \\ z = a''x_i + b''y_i + c''z_i. \end{array} \right\} \quad (1)$$

Ces neufs cosinus a, b, etc., sont liés entre eux par six équations, savoir :

$$\left. \begin{array}{ll} a^2 + a'^2 + a''^2 = 1, & ab + a'b' + a''b'' = 0, \\ b^2 + b'^2 + b''^2 = 1, & ac + a'c' + a''c'' = 0, \\ c^2 + c'^2 + c''^2 = 1, & bc + b'c' + b''c'' = 0. \end{array} \right\} \quad (2)$$

La première, par exemple, résulte de ce que a, a',

a'', sont les cosinus des angles que fait une même droite Ox_i avec les trois axes rectangulaires Ox, Oy, Oz; et la quatrième, de ce que cette droite Ox_i et la ligne Oy_i, à laquelle répondent les cosinus b, b', b'', sont perpendiculaires l'une à l'autre. On obtient aussi ces six équations en substituant les valeurs de x, y, z, dans l'équation

$$x^2 + y^2 + z^2 = x_i^2 + y_i^2 + z_i^2,$$

dont les deux membres sont le carré de OM, et qui doit être identique.

En ayant égard aux équations (2), les équations (1) donnent, réciproquement,

$$\left. \begin{array}{l} x_i = ax + a'y + a''z, \\ y_i = bx + b'y + b''z, \\ z_i = cx + c'y + c''z; \end{array} \right\} \quad (3)$$

et l'on peut remplacer les équations (2) par celles-ci :

$$\left. \begin{array}{ll} a^2 + b^2 + c^2 = 1, & aa' + bb' + cc' = 0, \\ a'^2 + b'^2 + c'^2 = 1, & aa'' + bb'' + cc'' = 0, \\ a''^2 + b''^2 + c''^2 = 1, & a'a'' + b'b'' + c'c'' = 0. \end{array} \right\} \quad (4)$$

La comparaison de ces formules avec celles du n° 277 montre clairement l'analogie qui existe entre les projections des lignes droites et celles des surfaces planes, d'où résulte l'identité de la composition des forces représentées par des portions de droites, avec la composition des momens représentés par des aires planes.

378. Dans la transformation des coordonnées, on devra donc considérer six des neuf coefficiens a, b, etc., comme des fonctions des trois autres, déterminées

soit par les équations (2), soit par les équations (4); mais il vaudra mieux exprimer ces neuf coefficiens, au moyen de trois nouvelles quantités, par des formules qui satisferont aux équations (2) ou (4).

Pour cela, supposons que la droite NON′ (fig. 3) soit l'intersection du plan des $x_{,}$ et $y_{,}$ avec le plan des x et y; et faisons

$$\mathrm{NO}x = \psi, \quad \mathrm{NO}x_{,} = \varphi, \quad \mathrm{ZO}z_{,} = \theta :$$

ces trois angles ψ, φ, θ, détermineront, sans ambiguité, la position des axes des $x_{,}$, $y_{,}$, $z_{,}$, par rapport à ceux des x, y, z, pourvu que l'on convienne préalablement du sens dans lequel ces angles seront comptés. Pour plus de commodité, je supposerai que le plan des x et y soit horizontal, et que l'axe vertical des z positives soit dirigé dans le sens de la pesanteur.

L'angle θ s'étendra depuis zéro jusqu'à 180°; selon qu'il sera aigu ou obtus, l'axe $\mathrm{O}z_{,}$ sera situé au-dessous ou au-dessus du plan des x et y : pour $\theta = 0$, $\mathrm{O}z_{,}$ coïncidera avec $\mathrm{O}z$, et pour $\theta = 180°$, $\mathrm{O}z_{,}$ tombera sur le prolongement de $\mathrm{O}z$.

Dans le mouvement d'un corps solide autour du point O, les axes $\mathrm{O}x_{,}$, $\mathrm{O}y_{,}$, $\mathrm{O}z_{,}$, seront des droites fixes dans son intérieur et mobiles avec lui, et les axes $\mathrm{O}x$, $\mathrm{O}y$, $\mathrm{O}z$, seront des droites fixes dans l'espace. Il pourra alors arriver que les angles ψ et φ soient positifs ou négatifs, et qu'ils comprennent une ou plusieurs circonférences; mais, à un instant quelconque, on aura toujours

$$\psi = 2n\pi + u, \qquad \varphi = 2i\pi + v,$$

en désignant par n et i des nombres entiers, positifs ou négatifs, ou zéro, et par u et v des variables positives et moindres que 2π. Or, l'angle u sera compté, à partir de la droite Ox, dans le sens indiqué par la flèche s; de sorte que, par exemple, la droite ON coïncidera avec Ox pour $u = o$, avec le prolongement de Oy pour $u = 90°$, avec celui de Ox pour $u = 180°$, et avec Oy pour $u = 270°$. L'angle v sera compté, à partir de ON, au-dessus du plan des x et y, de manière que l'axe $Ox_{,}$ se trouvera au-dessus de ce plan, quand v sera moindre que $180°$, et au-dessous quand cet angle surpassera $180°$. Pour $v = o$, l'axe $Ox_{,}$ coïncidera avec la droite ON, et pour $v = 180°$, avec le prolongement ON' de ON. Dans tous les cas, l'angle θ, aigu ou obtus, sera l'angle dièdre dont l'arête est ON, et dont les faces sont les angles NOx et $NOx_{,}$, réduits à leurs parties u et v. La figure suppose que les trois angles u, v, θ, soient aigus.

Cela posé, lorsque l'angle ψ sera donné, on portera sa partie u sur le plan horizontal, à partir de l'axe Ox, et dans le sens de la flèche s ; ce qui déterminera la position de la droite ON. L'angle φ étant aussi donné, on portera d'abord sa partie v sur le plan horizontal, à partir de la droite ON, et dans le sens de la flèche s', c'est-à-dire, en sens contraire de s ; ensuite, on fera tourner le plan de l'angle φ autour de ON, de manière que la partie de φ adjacente à ON s'élève au-dessus du plan horizontal. Quand ce plan aura décrit l'angle donné θ, l'autre côté de l'angle φ sera la véritable position de l'axe $Ox_{,}$, au-dessus ou au-dessous du plan horizontal, suivant qu'on aura

$v < 180°$ ou $v > 180°$. En augmentant, dans son plan, l'angle u de 90°, on aura la position de l'axe $Oy_{,}$; et après avoir mené une perpendiculaire à ce plan, on prendra pour $Oz_{,}$ la partie de cette droite, comprise au-dessous ou au-dessus du plan horizontal, selon que l'angle θ sera aigu ou obtus.

Les trois axes $Ox_{,}$, $Oy_{,}$, $Oz_{,}$, étant ainsi complètement déterminés par rapport aux axes Ox, Oy, Oz, au moyen des angles ψ, φ, θ, il faut que les neuf cosinus a, b, etc., soient des fonctions de ces trois angles; et, en effet, en leur donnant les directions qu'on vient d'expliquer, on a

$$\left.\begin{aligned}
a &= \cos\theta \sin\psi \sin\varphi + \cos\psi \cos\varphi, \\
b &= \cos\theta \sin\psi \cos\varphi - \cos\psi \sin\varphi, \\
c &= \sin\theta \sin\psi, \\
a' &= \cos\theta \cos\psi \sin\varphi - \sin\psi \cos\varphi, \\
b' &= \cos\theta \cos\psi \cos\varphi + \sin\psi \sin\varphi, \\
c' &= \sin\theta \cos\psi, \\
a'' &= -\sin\theta \sin\varphi, \\
b'' &= -\sin\theta \cos\varphi, \\
c'' &= \cos\theta.
\end{aligned}\right\} \quad (5)$$

On vérifie aisément que ces valeurs de a, b, etc., rendent identiques les équations (3) et (4), et qu'il n'en résulte aucune relation entre les angles ψ, φ, θ.

379. Quoique ces formules (5) soient généralement connues, il ne sera pas inutile d'indiquer la manière suivante d'y parvenir.

On sait que α, ϵ, γ, étant les trois angles d'un triangle sphérique quelconque, et A l'angle opposé au côté α, on a

$$\cos \alpha = \cos A \sin \mathfrak{b} \sin \gamma + \cos \mathfrak{b} \cos \gamma.$$

Or, si nous imaginons une sphère décrite du point O comme centre, et d'un rayon quelconque, nous aurons d'abord sur cette surface un triangle formé par les trois arcs qui répondent aux angles NOx, $NOx_{,}$, $xOx_{,}$, dans lequel l'angle opposé au dernier côté sera égal à θ; donc, à cause de $NOx = \psi$ et $NOx_{,} = \varphi$, on aura

$$\cos xOx_{,} = a = \cos \theta \sin \psi \sin \varphi + \cos \psi \cos \varphi.$$

Cette équation ayant lieu pour des valeurs quelconques de φ et ψ, on peut supposer que φ devienne $\varphi + 90°$; alors, l'axe $Ox_{,}$ prendra la place de $Oy_{,}$, l'angle $xOx_{,}$ deviendra $xOy_{,}$, et l'on aura

$$\cos xOy_{,} = b = \cos \theta \sin \psi \cos \varphi - \cos \psi \sin \varphi.$$

De même, en mettant $\psi + 90°$ à la place de ψ, dans l'équation précédente, l'axe Ox se changera dans l'axe Oy, et l'angle $xOx_{,}$ deviendra $yOx_{,}$; de sorte que l'on aura

$$\cos yOx_{,} = a' = \cos \theta \cos \psi \sin \varphi - \sin \psi \cos \varphi.$$

Et si l'on met à la fois dans cette équation précédente $\psi + 90°$ et $\varphi + 90°$ au lieu de ψ et φ, l'angle $xOx_{,}$ sera remplacé par l'angle $yOy_{,}$, et il en résultera

$$\cos yOy_{,} = b' = \cos \theta \cos \psi \cos \varphi + \sin \psi \sin \varphi.$$

Considérons de même le triangle sphérique dont les trois côtés répondent aux angles NOx, $NOz_{,}$,

$xOz_{,}$. L'angle opposé au dernier côté est $90° - \theta$; de plus, on a $NOx = \psi$ et $NOz_{,} = 90°$. En faisant $A = 90° - \theta$, $\mathcal{C} = \psi$, $\gamma = 90°$, $a = xOz_{,}$, l'équation générale se réduira donc à

$$\cos xOz_{,} = c = \sin \theta \sin \psi \, ;$$

d'où l'on conclut aussi

$$\cos yOz_{,} = c' = \sin \theta \cos \psi \, ,$$

en mettant $\psi + 90°$ à la place de ψ ; ce qui change l'axe Ox dans Oy, et l'angle $xOz_{,}$ dans l'angle $yOz_{,}$.

Enfin, dans le triangle sphérique dont les côtés répondent aux angles NOz, $NOx_{,}$, $zOx_{,}$, l'angle opposé au dernier côté est égal à $\theta + 90°$, et l'on a $NOz = 90°$ et $NOx_{,} = \varphi$. Si donc on fait $A = 90° + \theta$, $\mathcal{C} = 90°$, $\gamma = \varphi$, $a = zOx_{,}$, dans l'équation générale, on aura

$$\cos zOx_{,} = a'' = - \sin \theta \sin \varphi.$$

En mettant $\varphi + 90°$ à la place de φ, dans ce résultat, l'axe $Ox_{,}$ se changera en $Oy_{,}$, et l'angle $zOx_{,}$ en $zOy_{,}$; par conséquent, nous aurons aussi

$$\cos zOy_{,} = b'' = - \sin \theta \cos \varphi.$$

Quant au neuvième cosinus c'', on a

$$c'' = \cos zOz_{,} = \cos \theta.$$

380. Supposons maintenant que les axes des coordonnées $x_{,}$, $y_{,}$, $z_{,}$, soient les axes principaux qui se coupent au point O ; d'après leur définition (n° 368), on aura

$$\int x_{,}y_{,}dm = 0, \quad \int z_{,}x_{,}dm = 0, \quad \int y_{,}z_{,}dm = 0; \quad (a)$$

et il s'agira de prouver que ces trois équations donnent toujours pour les angles φ, ψ, θ, des valeurs réelles.

En faisant, pour abréger,

$$X = x \cos \psi - y \sin \psi,$$
$$Y = x \cos \theta \sin \psi + y \cos \theta \cos \psi - z \sin \theta,$$

et substituant les formules (5) dans les équations (3), nous aurons

$$x_{,} = Y \sin \varphi + X \cos \varphi,$$
$$y_{,} = Y \cos \varphi - X \sin \varphi,$$
$$z_{,} = x \sin \theta \sin \psi + y \sin \theta \cos \psi + z \cos \theta.$$

Au moyen de ces valeurs, la première équation (a) prend la forme

$$\sin 2\varphi \int (X^2 - Y^2)\,dm = 2 \cos 2\varphi \int XY\,dm, \quad (b)$$

et les deux dernières deviennent

$$\cos \varphi \int Y z_{,}dm - \sin \varphi \int X z_{,}dm = 0,$$
$$\sin \varphi \int Y z_{,}dm + \cos \varphi \int X z_{,}dm = 0.$$

En ajoutant ces dernières équations après les avoir multipliées par $\cos \varphi$ et $\sin \varphi$, ou par $- \sin \varphi$ et $\cos \varphi$, elles seront remplacées par celles-ci :

$$\int Y z_{,}dm = 0, \quad \int X z_{,}dm = 0,$$

qui ne contiennent plus l'angle φ. J'y mets pour X, Y, $z_{,}$, leurs valeurs, et je fais

$$\int x^2 dm = f, \quad \int y^2 dm = g, \quad \int z^2 dm = h,$$
$$\int yz\,dm = f', \quad \int zx\,dm = g', \quad \int xy\,dm = h';$$

ces six intégrales s'étendant à la masse entière du corps que l'on considère. Il en résulte

$$(f\sin^2\psi + 2h'\sin\psi\cos\psi + g\cos^2\psi - h)\sin\theta\cos\theta$$
$$+ (g'\sin\psi + f'\cos\psi)(\cos^2\theta - \sin^2\theta) = 0,$$
$$[h'(\cos^2\psi - \sin^2\psi) + (f-g)\sin\psi\cos\psi]\sin\theta$$
$$+ (g'\cos\psi - f'\sin\psi)\cos\theta = 0.$$

Or, si nous faisons

$$\operatorname{tang}\psi = u, \quad \sin\psi = \frac{u}{\sqrt{1+u^2}}, \quad \cos\psi = \frac{1}{\sqrt{1+u^2}},$$

la seconde de ces deux équations donnera

$$\operatorname{tang}\theta = \frac{(f'u - g')\sqrt{1+u^2}}{h'(1-u^2) + (f-g)u}, \qquad (c)$$

et la première prendra la forme

$$[(f-h)u^2 + 2h'u + g - h]\frac{\operatorname{tang}\theta}{\sqrt{1+u^2}}$$
$$+ g'u + f' = (g'u + f')\operatorname{tang}^2\theta.$$

En y mettant pour $\operatorname{tang}\theta$ sa valeur, elle devient

$$[(f-h)u^2 + 2h'u + g - h](f'u - g')$$
$$+[h'(1-u^2)+(f-g)u](g'u+f') = \frac{(g'u+f')(f'u-g')^2(1+u^2)}{h'(1-u^2)+(f-g)u};$$

son premier membre est la même chose que

$$[hg' - gg' + f'h' - (hf' - ff' + g'h')u](1+u^2);$$

par conséquent, on aura finalement

$$[gg'-hg'-f'h'+(hf'-ff'+g'h')u][h'(1-u^2)+(f-g)u]$$
$$+ (g'u+f')(f'u-g')^2 = 0. \qquad (d)$$

Ainsi, les équations (a) sont remplacées par les équations (b), (c), (d). Or, cette dernière étant du troisième degré, elle aura au moins une racine réelle ; on aura donc une valeur réelle de u ou tang θ, à laquelle répondront un angle ψ moindre que $\frac{1}{2}\pi$, et un autre égal au premier augmenté de π, qui appartiendront aux deux parties ON et ON$'$ de l'intersection du plan inconnu des $x_{\prime}$ et $y_{\prime}$, avec le plan donné des x et y. A cause du radical $\sqrt{1+u^2}$, l'équation (c) donnera ensuite deux valeurs de tang θ, égales et de signe contraire, qui appartiendront à un angle aigu et à son supplément, et, conséquemment, à l'axe $Oz_{\prime}$ et à son prolongement. Enfin, on tirera de l'équation (b) une valeur réelle de tang 2φ, à laquelle répondront deux valeurs de φ, dont l'une sera moindre que $\frac{1}{2}\pi$, et l'autre égale à la première augmentée de $\frac{1}{2}\pi$. La première étant prise pour la valeur de l'angle NO$x_{\prime}$, la seconde sera celle de l'angle NO$y_{\prime}$; et, en effet, tout étant semblable par rapport aux deux axes $Ox_{\prime}$ et $Oy_{\prime}$, ils devaient être déterminés par une même équation.

On voit de même que les trois racines de l'équation (d) devront être réelles, et qu'elles représenteront les tangentes des angles compris entre l'axe Ox et les trois droites suivant lesquelles les plans des coordonnées $x_{\prime}$, $y_{\prime}$, $z_{\prime}$, viennent couper le plan des x et y ; car ces trois tangentes doivent être données par une même équation, puisqu'on ne saurait exprimer, dans le calcul, aucune différence entre les trois axes principaux dont on cherche la position.

Nous conclurons donc de cette analyse qu'il existe toujours trois axes principaux rectangulaires qui se coupent en un point donné O, et qu'en général ce système d'axes principaux est unique. Pour qu'il en existât plusieurs, il faudrait que l'équation (d) fût d'un degré supérieur au troisième, et qu'elle eût trois fois autant de racines réelles qu'il y aurait de ces systèmes; mais, dans certains cas, les équations dont dépendent les valeurs de ψ, θ, φ, deviennent identiques, et alors les axes principaux sont en nombre infini. Nous pourrions déterminer ces cas particuliers par l'examen des équations dont il s'agit; mais on y parviendra plus facilement par les considérations suivantes.

381. D'après les formules (1) et les équations (a), qui caractérisent les axes principaux $Ox_{,}$, $Oy_{,}$, $Oz_{,}$, on a évidemment

$$\int xy\,dm = aa'\int x_{,}^{2}dm + bb'\int y_{,}^{2}dm + cc'\int z_{,}^{2}dm,$$
$$\int zx\,dm = aa''\int x_{,}^{2}dm + bb''\int y_{,}^{2}dm + cc''\int z_{,}^{2}dm,$$
$$\int yz\,dm = a'a''\int x_{,}^{2}dm + b'b''\int y_{,}^{2}dm + c'c''\int z_{,}^{2}dm.$$

Or, si les trois intégrales $\int x_{,}^{2}dm$, $\int y_{,}^{2}dm$, $\int z_{,}^{2}dm$, sont égales, ces valeurs de $\int xy\,dm$, $\int zx\,dm$, $\int yz\,dm$, se réduisent à zéro, en vertu des trois dernières équations (4); par conséquent, dans ce cas, les droites Ox, Oy, Oz, forment un second système d'axes principaux; et comme leur direction reste absolument indéterminée par rapport aux axes $Ox_{,}$,

$Oy_{\prime}$, $Oz_{\prime}$, il s'ensuit que tous les systèmes d'axes rectangulaires qu'on peut mener par le point O, sont des axes principaux. Ce cas est celui où les trois momens d'inertie principaux sont égaux ; car, de ce qu'on suppose

$$\int x_{\prime}^2 dm = \int y_{\prime}^2 dm = \int z_{\prime}^2 dm ,$$

il en résulte

$$\int (x_{\prime}^2 + y_{\prime}^2)\, dm = \int (x_{\prime}^2 + z_{\prime}^2)\, dm = \int (y_{\prime}^2 + z_{\prime}^2)\, dm.$$

Si deux seulement des trois momens d'inertie principaux sont égaux, par exemple, ceux qui se rapportent aux axes $Ox_{\prime}$ et $Oy_{\prime}$, de manière qu'on ait

$$\int (y_{\prime}^2 + z_{\prime}^2)\, dm = \int (x_{\prime}^2 + z_{\prime}^2)\, dm ,$$

il existera encore un nombre infini de systèmes d'axes principaux, qui auront tous un axe commun, savoir, l'axe $Oz_{\prime}$. En effet, dans ce cas, les deux intégrales $\int y_{\prime}^2 dm$ et $\int x_{\prime}^2 dm$ seront égales ; et, en vertu des dernières équations (4), les valeurs de $\int xy\, dm$, $\int zx\, dm$, $\int yz\, dm$, pourront se mettre sous la forme :

$$\int xy\, dm = cc'\left(\int z_{\prime}^2 dm - \int x_{\prime}^2 dm\right),$$
$$\int zx\, dm = cc''\left(\int z_{\prime}^2 dm - \int x_{\prime}^2 dm\right),$$
$$\int yz\, dm = c'c''\left(\int z_{\prime}^2 dm - \int x_{\prime}^2 dm\right).$$

Or, si l'on fait coïncider l'axe Oz avec l'axe principal $Oz_{\prime}$, les angles $xOz_{\prime}$ et $yOz_{\prime}$ seront droits ; on aura donc $c = 0$ et $c' = 0$, et, par conséquent,

$$\int xy\, dm = 0 , \quad \int zx\, dm = 0 , \quad \int yz\, dm = 0.$$

Donc, dans ce cas, tout système formé de l'axe Oz, et de deux autres axes rectangulaires, menés arbitrairement par le point O dans le plan $y_{,}Ox_{,}$, sera un système d'axes principaux.

Enfin, lorsque les trois momens d'inertie principaux sont inégaux, on peut être certain qu'il n'existe qu'un seul système d'axes principaux ; car, soit A le plus grand de ces trois momens inégaux ; supposons, pour un moment, qu'il existe un second système d'axes principaux, et désignons par A' le plus grand des trois momens qui s'y rapportent : il faudrait, d'après le théorème du n° 376, qu'on eût à la fois $A > A'$ et $A' > A$; ce qui est impossible, et rend inadmissible la supposition d'un second système d'axes principaux.

382. Les points d'un corps, quand il en existe, pour lesquels les trois momens d'inertie principaux, et, par conséquent, tous les momens d'inertie, sont égaux, jouissent, comme on le verra par la suite, d'une propriété remarquable, relativement à la rotation de ce corps. Il est donc utile de les déterminer ; et voici comment on y parvient.

Supposons que l'origine des coordonnées x, y, z, soit placée au centre de gravité du mobile, et que ces coordonnées soient rapportées aux trois axes principaux qui se coupent en ce point ; désignons par A, B, C, les momens d'inertie relatifs à ces axes des x, y, z ; nous aurons (n° 368)

$$\int x\,dm = 0, \quad \int y\,dm = 0, \quad \int z\,dm = 0,$$
$$\int yz\,dm = 0, \quad \int zx\,dm = 0, \quad \int xy\,dm = 0,$$
$$\int (y^2 + z^2)\,dm = A, \int (x^2 + z^2)\,dm = B, \int (x^2 + y^2)\,dm = C;$$

toutes ces intégrales s'étendant à la masse entière du mobile.

Soient α, ζ, γ, les coordonnées inconnues d'un des points demandés, rapportées aux axes des x, y, z, de sorte qu'on ait, pour ce point particulier, $x = \alpha$, $y = \zeta$, $z = \gamma$. Transportons-y l'origine des coordonnées, sans changer la direction des axes ; les coordonnées de l'élément dm deviendront $x - \alpha$, $y - \zeta$, $z - \gamma$. Mais si l'on veut que les momens d'inertie relatifs à toutes les droites qui passent par cette nouvelle origine soient égaux, il faut que toutes ces droites soient des axes principaux, puisque, d'après le numéro précédent, l'une de ces conditions est une suite nécessaire de l'autre. Les axes des coordonnées $x - \alpha$, $y - \zeta$, $z - \gamma$, étant donc des axes principaux, on aura

$$\int(x-\alpha)(y-\zeta)dm = \int xy\,dm - \alpha\int y\,dm - \zeta\int x\,dm + \alpha\zeta\int dm = 0,$$
$$\int(z-\gamma)(x-\alpha)dm = \int zx\,dm - \gamma\int x\,dm - \alpha\int z\,dm + \gamma\alpha\int dm = 0,$$
$$\int(y-\zeta)(z-\gamma)dm = \int yz\,dm - \zeta\int z\,dm - \gamma\int y\,dm + \zeta\gamma\int dm = 0;$$

équations qui se réduisent à

$$\alpha\zeta = 0, \quad \gamma\alpha = 0, \quad \zeta\gamma = 0,$$

en vertu des précédentes. Or, pour satisfaire à ces équations, il est nécessaire que deux des trois quantités α, ζ, γ, soient nulles. Si donc le point demandé existe, il ne peut se trouver que sur l'un des axes des coordonnées x, y, z, c'est-à-dire, sur l'un des trois axes principaux qui se coupent au centre de gravité.

Je fais $\zeta = 0$ et $\gamma = 0$; ce qui revient à supposer le point demandé, sur l'axe des x, à une distance α

de ce centre. Alors les momens d'inertie relatifs à ce point, seront A, par rapport à l'axe des x, et, en vertu du théorème du n° 374, $B + Ma^2$ et $C + Ma^2$, par rapport aux parallèles aux axes des y et des z, en désignant par M la masse du corps. D'après la condition du problème, on aura donc

$$B + Ma^2 = C + Ma^2 = A\,;$$

mais pour que ces équations soient possibles, il faut qu'on ait $B = C$; et quand ces deux quantités seront effectivement égales, on aura

$$Ma^2 = A - C\,;$$

il faudra donc encore qu'on ait $A > C$, afin que la quantité a soit réelle. Cela étant, on aura pour a deux valeurs réelles, égales et de signe contraire, savoir :

$$a = \pm \sqrt{\frac{A - C}{M}}\,; \qquad (e)$$

par conséquent, il existera deux points qui jouiront de la propriété demandée, et seront situés sur l'axe des x, à égale distance de part à d'autre du centre de gravité.

Ainsi, lorsque les trois momens d'inertie A, B, C, d'un corps, relatifs aux axes principaux qui se coupent à son centre de gravité, sont égaux, il n'existe aucun autre point du corps pour lequel les momens d'inertie soient tous égaux; mais si deux de ces trois momens sont égaux, et que le moment inégal soit le plus grand des trois, il existe, sur l'axe du plus grand moment, deux points pour lesquels tous les momens d'inertie seront égaux, et dont les positions sont déterminées par la formule (e).

383. En appliquant ces résultats à l'ellipsoïde homogène, on voit que s'il s'agit d'un ellipsoïde quelconque dont les trois diamètres principaux sont inégaux, il n'y aura aucun point, en dedans ou en dehors du corps, par rapport auquel tous les momens d'inertie soient égaux ; mais si l'on considère un ellipsoïde de révolution engendré par une ellipse tournant autour de son petit axe, il y aura deux points sur cet axe ou sur son prolongement, qui jouiront de la propriété dont il s'agit ; car, dans ce cas, deux des trois momens relatifs aux diamètres principaux seront égaux, et le moment inégal répondant au plus petit diamètre, sera le plus grand des trois.

Si l'on appelle a et b les demi-axes de l'ellipse génératrice, et qu'on suppose $a < b$, de sorte que a soit le demi-axe de révolution, on aura

$$A = \tfrac{2}{5} M b^2, \qquad B = C = \tfrac{1}{5} M (a^2 + b^2),$$

en faisant $b = c$ dans les formules du n° 370 : d'après la formule (e), on aura donc

$$\alpha = \pm \sqrt{\frac{b^2 - a^2}{5}},$$

pour la distance des points demandés au centre de l'ellipsoïde. Selon qu'on aura $b^2 > 6a^2$ ou $b^2 < 6a^2$, ces points se trouveront sur le prolongement de l'axe de révolution, en dehors du corps, ou sur l'axe même, en dedans du corps; dans le cas de $b^2 = 6a^2$, ces deux points se trouveront à la surface, et coïncideront avec les pôles de l'ellipsoïde.

Les axes principaux d'un parallélépipède rectangle, qui se coupent à son centre de gravité, sont évidemment parallèles à ses arêtes. En appelant donc a, b, c, les demi-longueurs de ses trois côtés adjacens, les momens d'inertie relatifs à ces axes se déduiront de ceux du n° 369, qui répondent à ses arêtes, en y mettant $2a$, $2b$, $2c$, au lieu de a, b, c, et en en retranchant, d'après le théorème du n° 374, les produits $M(b^2 + c^2)$, $M(c^2 + a^2)$, $M(a^2 + b^2)$. De cette manière, on aura

$$A = \tfrac{1}{3}M(b^2 + c^2), \quad B = \tfrac{1}{3}M(c^2 + a^2), \quad C = \tfrac{1}{3}M(a^2 + b^2);$$

M étant toujours la masse du parallélépipède, dont le volume est maintenant $\tfrac{1}{8}abc$. Je suppose donc qu'on ait $b = c$, afin de rendre égaux les momens d'inertie B et C, et, de plus, $a < b$, pour que A soit plus grand que C. L'équation (e) donne alors

$$\alpha = \sqrt{\frac{b^2 - a^2}{3}};$$

et selon qu'on aura $b > 2a$, $b = 2a$, $b < 2a$, les deux points demandés seront situés en dehors du mobile, à sa surface, ou dans son intérieur.

CHAPITRE III.

DU MOUVEMENT D'UN CORPS SOLIDE AUTOUR D'UN AXE FIXE.

§ Ier. *Mouvement de rotation uniforme.*

384. Lorsqu'un système de points matériels, liés entre eux d'une manière invariable, tourne autour d'un axe fixe, auquel ils sont aussi invariablement attachés, ils décrivent des cercles perpendiculaires à cet axe, et qui ont leurs centres sur cette droite. Les arcs décrits dans le même temps par deux points différens, sont semblables et d'un même nombre de degrés ; leurs vitesses absolues sont entre elles comme leurs distances à cet axe ; et l'on appelle *vitesse angulaire* du système, la vitesse absolue des points dont la distance à l'axe est l'unité. En la désignant par ω, et la distance d'un point quelconque à l'axe de rotation par r, la vitesse absolue de ce point sera $r\omega$. Cette quantité ω, commune à tous les points, variera avec le temps, quand les points du système seront soumis à des forces motrices, qui produiront un mouvement varié ; elle demeurera constante dans le cas du mouvement uniforme, produit par des percussions exercées simultanément sur les différentes par-

ties du système, qui aura ensuite été abandonné à lui-même. C'est de ce dernier cas que nous allons d'abord nous occuper.

385. Soient m, m', m'', etc., les masses des points matériels que nous considérons, et r, r', r'', etc., leurs distances à l'axe de rotation. Supposons que des percussions simultanées soient exercées sur tous ces points; chacune de ces forces se décomposera en deux autres, l'une parallèle à l'axe, l'autre dirigée dans un plan perpendiculaire à cette droite; et l'on pourra faire abstraction de la première, dont l'effet sera évidemment détruit par la résistance de l'axe fixe. Soient donc v, v', v'', etc., les vitesses dirigées dans des plans perpendiculaires à l'axe fixe, qui seraient imprimées à m, m', m'', etc., si ces points matériels étaient libres. En désignant par ω la vitesse angulaire du système qui en résultera, ces points prendront des vitesses $r\omega$, $r'\omega$, $r''\omega$, etc., perpendiculaires à l'axe et aux rayons r, r', r'', etc.; et, d'après le principe du n° 353, il y aura équilibre entre les quantités de mouvement mv, $m'v'$, $m''v''$, etc., prises dans leurs directions données, et les quantités de mouvement circulaire $mr\omega$, $m'r'\omega$, $m''r''\omega$, etc., prises en sens contraire du mouvement du système, qui aura réellement lieu.

Pour former l'équation de cet équilibre, projetons les points m, m', m'', etc., et les directions des vitesses que nous considérons, sur un plan perpendiculaire à l'axe fixe. Soit Oz cet axe (fig. 4); faisons passer le plan de projection par le point O; sur ce plan, soient P la projection de m, PA la projection

de la vitesse v, et PN celle de la vitesse $r\omega$, laquelle
est perpendiculaire au rayon r ou OP. Soit aussi p la
perpendiculaire OF, abaissée de O sur la droite PA ;
les momens des forces mv et $mr\omega$, projetées suivant
PA et PN, seront mvp et $mr^2\omega$; et si l'on appelle
aussi p', p'', etc. , les perpendiculaires abaissées du
même point O sur les projections des autres vitesses
v', v'', etc., on aura

$$mr^2\omega + m'r'^2\omega + m''r''^2\omega + \text{etc.}$$
$$= mvp + m'v'p' + m''v''p'' + \text{etc.,}$$

pour l'équation d'équilibre demandée (n° 267).

Lorsque parmi les percussions simultanées, il y en
aura qui tendront à faire tourner le système dans un
sens, et d'autres dans le sens opposé, il faudra prendre, avec des signes contraires, les momens des unes
et des autres dans le second membre de cette équation. Le système tournera dans le sens des forces qui
donneront la plus grande somme de momens, abstraction faite du signe. En représentant par L la
somme, positive ou négative, de tous ces momens
pris avec des signes convenables, on tirera de l'équation précédente

$$\omega = \frac{L}{\Sigma m r^2} ;$$

Σ indiquant une somme qui s'étend à tous les points
du système.

Si toutes les vitesses v, v', v'', etc., sont égales, L sera
le produit de leur valeur commune v et de la somme
$mp + m'p' + m''p'' + \text{etc.}$; si, de plus, ces vitesses
sont toutes parallèles entre elles, et qu'on mène par

l'axe Oz, un plan parallèle à leur direction commune, p, p', p'', etc., seront les distances des points m, m', m'', etc., à ce plan ; et, d'après les signes qu'on donnera aux termes de L, il faudra les considérer comme positives ou comme négatives, selon que les points m, m', m'', etc., seront situés d'un côté ou de l'autre de ce plan. Par conséquent, M désignant la somme des masses m, m', m'', etc., et q la distance positive ou négative de son centre de gravité à ce même plan, nous aurons (n° 65)

$$mp + m'p' + m''p'' + \text{etc.} = Mq \,;$$

il en résultera $L = Mvq$, et la valeur de ω deviendra

$$\omega = \frac{Mvq}{\Sigma m r^2}.$$

Si la vitesse v est imprimée seulement à une partie des points du système, et qu'on ne communique directement aucune vitesse à l'autre partie, on aura de même

$$\omega = \frac{\mu v f}{\Sigma m r^2} \,;$$

μ étant la somme des masses qui ont reçu la vitesse v, et f la distance du centre de gravité de cette partie du système au plan mené par l'axe fixe, parallèlement à la direction de v.

386. Supposons actuellement que le système des points m, m', m'', etc., soit un corps solide ; il suffira alors de changer, dans les formules précédentes, la masse m d'un point quelconque dans l'élément différentiel de la masse du corps, que nous repré-

senterons par dm, et la somme Σ en une intégrale. La quantité $\Sigma m r^2$ deviendra donc l'intégrale
$\int r^2 dm$, étendue à la masse entière du corps, et elle
exprimera son moment d'inertie par rapport à l'axe
de rotation ; par conséquent, la dernière formule se
changera en celle-ci :

$$\omega = \frac{\mu v f}{\int r^2 dm}. \qquad (1)$$

Cette formule se rapportera au cas d'un corps solide
retenu par un axe fixe, et frappé par un autre corps qui
s'attache au premier, de sorte que ces deux corps n'en
forment plus qu'un seul, tournant autour de l'axe fixe
avec la vitesse angulaire ω. La masse du corps choquant est μ, sa vitesse avant le choc, qui était commune
à tous ses points et perpendiculaire à la direction de
l'axe fixe, est v, et f exprime la distance de son
centre de gravité à un plan parallèle à cette vitesse et
passant par l'axe de rotation. L'intégrale $\int r^2 dm$ devra
s'étendre aux deux masses réunies après le choc. Si
le corps choquant ne restait pas attaché à l'autre
après le choc, la détermination de la vitesse angulaire de celui-ci serait un problème différent, dont
nous nous occuperons dans un autre chapitre.

Quand le corps retenu par un axe fixe sera choqué
simultanément par plusieurs masses μ, μ', μ'', etc.,
animées de vitesses v, v', v'', etc., perpendiculaires
à la direction de l'axe, qui se réuniront à ce corps
après le choc, on aura, pour la vitesse angulaire
qui sera produite,

$$\omega = \frac{\mu v f + \mu' v' f' + \mu'' v'' f'' + \text{etc.}}{\int r^2 dm};$$

l'intégrale s'étendant à la masse totale, et f, f', f'', etc., désignant les distances des centres de gravité de μ, μ', μ'', etc., à des plans menés par l'axe de rotation, parallèlement aux vitesses v, v', v'', etc. Ayant pris avec le signe $+$ le premier terme du numérateur de cette formule, on prendra les autres termes avec le signe $+$ ou avec le signe $-$, selon que les percussions correspondantes tendront à faire tourner dans le sens de celle qui répond au premier terme, ou dans le sens opposé; et selon que la valeur de ω se trouvera positive ou négative, la rotation aura lieu dans le sens de cette force ou en sens contraire. Quand on aura $\omega = 0$, le système restera en repos, et toutes les percussions se feront équilibre. Au lieu d'être simultanées, si elles sont successives, la valeur de ω, après tous les chocs, sera encore donnée par la formule précédente; car après un premier choc le mouvement est le même à chaque instant, que si ce choc avait lieu actuellement; par conséquent, on peut supposer qu'il ait lieu à l'instant du second choc, pour déterminer la vitesse angulaire après la seconde percussion; et ainsi de suite.

387. Lorsque le mouvement de rotation commence autour d'un axe fixe, cette droite éprouve des percussions qu'il est important de déterminer; elles sont dues aux quantités de mouvement perdues, à cette époque, par les différens points du mobile, qui se font équilibre au moyen de l'axe fixe, et doivent, conséquemment, se réduire à des percussions dont les directions rencontrent cet axe, ou lui sont pa-

rallèles. Les percussions parallèles se déterminent immédiatement ; ce sont les composantes, suivant cette direction, des quantités de mouvement qui ont été imprimées au mobile : nous en ferons abstraction, comme dans le n° 385 ; et nous supposerons que le mouvement de rotation soit celui qui a été produit par un choc perpendiculaire à la direction de l'axe fixe, et auquel répond la formule (1).

Prenons le point P pour le centre de gravité de μ, et la droite PA pour la direction de sa vitesse avant le choc, de manière que f soit la distance OF de cette droite à l'axe Oz. Dans le plan perpendiculaire à cet axe fixe, et comprenant la droite PA, menons par le point O de cet axe deux autres axes rectangulaires Ox et Oy. Soient x, y, z, les trois coordonnées de dm, rapportées aux axes Ox, Oy, Oz ; la vitesse $r\omega$ de ce point matériel étant perpendiculaire au rayon r et parallèle au plan des x et y, il est aisé de voir que les cosinus des angles qu'elle fait avec ces trois axes sont $-\dfrac{y}{r}$, $\dfrac{x}{r}$ et zéro, en supposant que la rotation ait lieu dans le sens indiqué par la flèche s ; par conséquent, elle se décomposera en deux vitesses $-y\omega$ et $x\omega$, parallèles aux axes Ox et Oy. Les composantes des quantités de mouvement de tous les points du corps suivant ces directions, seront donc $-\omega\int y\,dm$ et $\omega\int x\,dm$, ou, ce qui est la même chose, $-\omega M y_{\prime}$ et $\omega M x_{\prime}$, en désignant toujours par M la masse entière après le choc, et représentant par $x_{\prime}$ et $y_{\prime}$ les valeurs de x et y qui répondent à son centre

6..

de gravité. Les sommes des momens de toutes ces quantités de mouvement, par rapport au plan des x et y, seront $-\omega\int yz\,dm$ et $\omega\int xz\,dm$; elles devront être égales (n° 54) aux momens des forces totales $-\omega\int y\,dm$ et $\omega\int x\,dm$, par rapport au même plan, c'est-à-dire, à $-\omega M y_{,}z'$ et $\omega M x_{,}z''$, en appelant z' et z'' les distances de ces deux forces à ce plan ; on aura donc

$$M y_{,}z' = \int yz\,dm, \qquad M x_{,}z'' = \int xz\,dm, \qquad (2)$$

pour déterminer ces deux quantités z' et z'', positives ou négatives.

Cela posé, les quantités de mouvement perdues par tous les points de la masse M, et qui se font équilibre au moyen de l'axe fixe, pourront être remplacées par une force $\omega M y_{,}$, parallèle à l'axe des x et située à la distance z' du plan des x et y, par une force $-\omega M x_{,}$, parallèle à l'axe des y et située à la distance z'' de ce plan, et par la force μv, à laquelle on conserve sa direction, du point P vers le point A. Ces trois forces se réduiront au moins à deux, qui rencontreront l'axe fixe, et exprimeront les percussions qu'il éprouve, perpendiculairement à sa longueur. Quand elles se réduiront à une seule, l'axe éprouvera une percussion unique, et il suffira que le point où il sera rencontré par cette force soit supposé fixe, pour que cet axe puisse résister.

388. Si la droite Oz est un des trois axes principaux de M, qui se coupent au point O, on aura

$$\int xz\,dm = 0, \qquad \int yz\,dm = 0.$$

Les distances z' et z'' seront donc nulles ; et les forces $\omega M y_,$ et $- \omega M x_,$, ainsi que la force μv, étant toutes trois comprises dans le plan des x et y, la percussion unique, à laquelle elles se réduiront, passera par le point O. Pour en déterminer la grandeur et la direction, soient R cette force, a et b les angles qu'elle fait avec les axes Ox et Oy, α et $\mathfrak{C}$ les angles que fait la droite PA avec des parallèles à ces axes, menées par le point P ; nous aurons

$$R \cos a = \mu v \cos \alpha + \omega M y_,,$$
$$R \cos b = \mu v \cos \mathfrak{C} - \omega M x_, ;$$

et comme la valeur de ω est donnée par la formule (1), et que les coordonnées $x_,$ et $y_,$ du centre de gravité de M sont aussi connues, il n'y aura rien d'inconnu dans ces valeurs des deux composantes de la force R.

Puisque cette résultante doit passer par le point O, il faudra que la somme des momens de ses trois composantes, par rapport à ce point, soit égale à zéro. Or, en désignant par y' et x' les distances aux axes Ox et Oy des forces $\omega M y_,$ et $- \omega M x_,$, parallèles à ces droites, et ayant égard au sens dans lequel ces deux forces et la percussion μv tendront à faire tourner autour du point O, on en conclura

$$\omega M y_, y' + \omega M x_, x' - \mu v f = 0 ;$$

f étant toujours la perpendiculaire OF abaissée du point M sur la droite PA. C'est, en effet, ce qu'il est aisé de vérifier; car en considérant les momens par rapport aux plans des x et z et des y et z, de toutes les quantités de mouvement parallèles à ces plans, dont les sommes sont $-\omega M y_{\prime}$ et $\omega M x_{\prime}$, on aura

$$M y_{\prime} y' = \int y^2 dm, \qquad M x_{\prime} x' = \int x^2 dm;$$

et ces valeurs, jointes à celles de ω, rendent identique l'équation précédente.

Pour que l'axe fixe n'éprouve aucune percussion, il est aisé de voir qu'il faut d'abord que les distances z' et z'' soient nulles; en vertu des équations (2), cela ne peut donc arriver que quand la droite Oz est un des axes principaux qui se coupent au point O, ainsi que nous venons de le supposer. Cette condition remplie, il faut, en outre, que la force R soit nulle; ce qui exige qu'on ait

$$\mu v \cos \alpha = -\omega M y_{\prime}, \qquad \mu v \cos \zeta = \omega M x_{\prime}.$$

On en déduit

$$\frac{x_{\prime}}{y_{\prime}} \frac{\cos \alpha}{\cos \zeta} + 1 = 0;$$

équation qui exprime que la droite PA doit être perpendiculaire au plan passant par l'axe fixe et par le centre de gravité de M. De plus, en désignant par $r_{\prime}$ la distance de ce point à cet axe, les équations précédentes donneront

$$\mu^2 v^2 = \omega^2 M^2 (x_{\prime}^2 + y_{\prime}^2) = \omega^2 M^2 r_{\prime}^2;$$

et si l'on met pour ω sa valeur fournie par la formule (1), on en conclura

$$f = \frac{\int r^2 dm}{M r_{,}}.$$

Ainsi, quand un corps solide, retenu par un axe fixe, est frappé par un second corps dont la masse demeure attachée à celle du premier, il faut, pour qu'il n'y ait aucune percussion sur l'axe fixe, 1°. que le choc soit dirigé dans le plan de deux droites qui font, avec l'axe fixe, un système rectangulaire d'axes principaux du corps formé des deux masses réunies; 2°. que sa direction soit perpendiculaire au plan du centre de gravité de ce corps et de l'axe fixe; 3°. que cette direction PA rencontre ce plan en un point dont la distance f à l'axe de rotation est donnée par la formule précédente. Ce point est ce qu'on appelle le *centre de percussion*.

389. Pendant qu'un corps solide tourne autour d'un axe fixe, les forces centrifuges de ses différens points exercent sur cet axe des pressions que nous allons déterminer, et qui sont les seules qui aient lieu dans le mouvement uniforme où les points du mobile ne sont sollicités par aucune force motrice.

En conservant les notations précédentes, on aura $r\omega^2 dm$ (n° 169) pour la force centrifuge de l'élément dm, dont la vitesse est $r\omega$, et qui décrit un cercle du rayon r; et comme cette force est dirigée suivant le prolongement de r, les cosinus des angles qu'elle fait avec les axes des x, y, z, seront $\frac{x}{r}$, $\frac{y}{r}$ et zéro. Si donc on la transporte au point où sa direction rencontre l'axe Oz, elle pourra être remplacée par deux forces comprises dans les plans xOz et yOz, parallèles aux axes Ox et Oy, et égales à $x\omega^2 dm$ et $y\omega^2 dm$. La même chose ayant lieu pour tous les élémens du mobile, on en conclut que l'axe Oz sera tiré, suivant ces directions, par des forces qui auront pour valeurs $\omega^2 \int x\, dm$ et $\omega^2 \int y\, dm$, ou, ce qui est la même chose, $\omega^2 Mx_{,}$ et $\omega^2 My_{,}$, d'après les notations précédentes. On voit aussi que les distances z' et z'' de ces deux pressions totales, au plan des x et y, seront données par les équations

$$ Mx_{,}z' = \int xz\,dm, \qquad My_{,}z'' = \int yz\,dm, \qquad (3) $$

inverses des équations (2) relatives aux percussions.

Lorsqu'on aura $z' = z''$, les deux pressions $\omega^2 Mx_{,}$ et $\omega^2 My_{,}$, seront appliquées en un même point de l'axe Oz; elles se réduiront à une seule force perpendiculaire à cette droite, dirigée dans le plan qui comprend le centre de gravité du mobile, et dont $\omega^2 Mr_{,}$ sera la valeur; $r_{,}$ étant la distance de ce centre à l'axe fixe.

Ce cas aura lieu toutes les fois que Oz sera un des trois axes principaux qui se coupent au point O. Dans ce cas, les seconds membres des équations (3) seront nuls, et l'on aura $z' = 0$ et $z'' = 0$. La pression unique que l'axe éprouvera pendant le mouvement de rotation passera donc par le point O; en sorte qu'il suffira que ce point soit fixe, pour que cette pression soit détruite, et que l'axe demeure immobile. Quel que soit le point fixe O appartenant à un corps solide, ou lié invariablement à ce corps, il y a donc toujours trois droites rectangulaires, passant par ce point, autour desquelles le corps peut tourner, sans que ces axes de rotation se déplacent, et comme s'ils étaient entièrement fixes.

Telle est la propriété relative au mouvement uniforme de rotation, dont jouissent les droites que nous avons nommées *axes principaux*. Elle leur appartient exclusivement; car si le corps tourne autour d'une droite Oz, qui ne soit pas un des trois axes principaux relatifs au point fixe O, les deux pressions $\omega^2 Mx_{,}$ et $\omega^2 My_{,}$ seront, en général, irréductibles à une seule, ou bien, si elles se réduisent à une seule, à cause de $z' = z''$, cette pression unique passera par un point différent de O; par conséquent, il faudra qu'un second point, ou l'axe entier, soit supposé fixe, pour que les pressions dues aux forces centrifuges soient détruites, et que l'axe de rotation ne soit pas déplacé pendant le mouvement.

Quand un corps retenu par un point fixe O, et qui n'est soumis à aucune force motrice, aura commencé à tourner autour d'un des trois axes qui se coupent en ce point, le mouvement continuera indéfiniment autour de cette droite. Cela aura lieu, par exemple, si le mobile est mis en mouvement par un choc dirigé dans le plan des deux autres axes principaux relatifs à ce point O, puisqu'alors, d'après le numéro précédent, les percussions qu'éprouvera l'axe, dans le premier moment, se réduiront à une seule qui passera par ce point fixe, et sera détruite par sa résistance. Si O est un des points particuliers pour lesquels tous les momens d'inertie sont égaux, l'axe autour duquel le corps commencera à tourner sera nécessairement un axe principal ; et, de quelque manière que le corps soit mis en mouvement autour de ce point fixe, l'axe de rotation demeurera immobile. Ainsi, un ellipsoïde de révolution, ou un parallélépipède, retenu par un des points dont nous avons déterminé précédemment la position (n° 383), tournera toujours autour d'un axe immobile. Il en sera de même à l'égard d'une sphère dont le centre est fixe, ou d'un cube retenu par le point situé à l'intersection de ses trois diagonales ; et de plus, dans ces deux derniers cas, le point fixe étant le centre de gravité, l'axe de rotation demeurera encore immobile, quoique le corps soit pesant. Dans le cas général, les forces motrices qui agiront sur le mobile, produiront, comme les forces centrifuges, des pressions sur l'axe de rotation, qui contribueront à le déplacer, quand elles ne se réduiront pas à une seule force passant par le point fixe.

390. Si la droite Oz est un des trois axes principaux qui se coupent au centre de gravité G du corps que l'on considère, elle sera encore un des trois axes principaux de ce même corps au point quelconque O de sa direction. En effet, soit γ la distance OG de ce centre au point O. Sans changer la direction précédente des coordonnées x, y, z, transportons leur origine au point G ; celles de l'élément quelconque dm deviendront $x, y, z - \gamma$; et, d'après la définition des axes principaux, on aura

$$\int x (z - \gamma)\, dm = \int xz\, dm - \gamma \int x\, dm = 0 ,$$
$$\int y (z - \gamma)\, dm = \int yz\, dm - \gamma \int y\, dm = 0.$$

De plus, le point G étant sur l'axe des z, on a $\int x\,dm = 0$ et $\int y\,dm = 0$; il en résulte donc $\int xz\,dm = 0$ et $\int yz\,dm = 0$; d'où l'on conclut que Oz est un des trois axes principaux qui se coupent au point O.

On déterminera la direction des deux autres axes principaux dans le plan des x et y, par la transformation des coordonnées. Soient x' et y' celles de dm par rapport à ces deux autres axes; il faudra qu'on ait

$$\int x'y'\,dm = 0, \quad \int x'z\,dm = 0, \quad \int y'z\,dm = 0;$$

mais si l'on appelle θ l'angle compris entre l'axe des x' et celui des x, on aura

$$x' = x \cos\theta - y \sin\theta, \quad y' = x \sin\theta + y \cos\theta;$$

or, en substituant ces valeurs dans les équations précédentes, les deux dernières disparaissent à cause de $\int xz\,dm = 0$ et $\int yz\,dm = 0$; la première devient

$$(\cos^2\theta - \sin^2\theta)\int xy\,dm + \sin\theta \cos\theta \left(\int x^2\,dm - \int y^2\,dm\right) = 0;$$

et l'on en tirera la valeur de θ. Les intégrales que cette équation renferme pourront changer de valeur avec la position du point O; en sorte que le long de l'axe Oz, les deux autres axes principaux ne seront pas, en général, parallèles à eux-mêmes.

Les quatre équations

$$\int x\,dm = 0, \quad \int xz\,dm = 0, \quad \int y\,dm = 0, \quad \int yz\,dm = 0,$$

ayant lieu en même temps, il suit des deux premières que les pressions parallèles et comprises dans le plan des x et z, qui proviennent des forces centrifuges, se réduisent à deux forces égales et directement opposées; et en vertu des deux dernières équations, la même chose a lieu à l'égard des composantes comprises dans le plan des y et z. Par conséquent, lorsqu'un corps tourne autour de l'un des trois axes principaux qui se coupent à son centre de gravité, les forces centrifuges de tous ses points ne produisent aucune pression sur l'axe de rotation; et si le mouvement a commencé autour d'un tel axe, il continuera indéfiniment, sans que cette droite ait aucun point fixe, en supposant toujours qu'aucune force motrice n'agit sur le mobile.

Ce résultat est évident dans le cas d'un ellipsoïde tournant autour d'un de ses trois axes de figure; car tout étant symétrique autour de chacune de ces droites, il n'y aurait pas de raison pour qu'elle éprouvât une pression dans un sens plutôt que dans le sens opposé.

§ II. *Mouvement de rotation varié.*

591. Soit toujours dm un élément quelconque de la masse du mobile, tournant autour de l'axe fixe Oz (fig. 5). Par un point O, pris arbitrairement sur cette droite, menons deux autres axes fixes Ox et Oy, perpendiculaires entre eux et à l'axe Oz; et au bout du temps quelconque t, désignons par x, y, z, les trois coordonnées de dm, rapportées à ces axes Ox, Oy, Oz. Au même instant, les composantes de la vitesse, parallèles à ces droites, seront

$\frac{dx}{dt}$, $\frac{dy}{dt}$, $\frac{dz}{dt}$. Or, quelles que soient les forces appliquées à l'élément dm, je les décompose parallèlement à ces mêmes axes; et, au bout du temps t, je désigne par $\mathbf{X}$, $\mathbf{Y}$, $\mathbf{Z}$, les composantes suivant les x, y, z, positives, de la force accélératrice donnée qui agit sur ce point matériel. Si ce point était libre, les composantes $\frac{dx}{dt}$, $\frac{dy}{dt}$, $\frac{dz}{dt}$, de la vitesse, augmenteraient de $\mathbf{X}dt$, $\mathbf{Y}dt$, $\mathbf{Z}dt$, pendant l'instant dt (n° 147); mais ces fonctions du temps augmentent réellement de leurs différentielles $d.\frac{dx}{dt}$, $d.\frac{dy}{dt}$, $d.\frac{dz}{dt}$; par conséquent, les vitesses perdues pendant l'instant dt, suivant les directions des coordonnées, sont

$$\mathbf{X}dt - d.\frac{dx}{dt}, \quad \mathbf{Y}dt - d.\frac{dy}{dt}, \quad \mathbf{Z}dt - dt.\frac{dz}{dt}.$$

En les multipliant par dm, et divisant par dt, on aura

$$\left(\mathbf{X} - \frac{d^2x}{dt^2}\right)dm, \quad \left(\mathbf{Y} - \frac{d^2y}{dt^2}\right)dm, \quad \left(\mathbf{Z} - \frac{d^2z}{dt^2}\right)dm,$$

pour les composantes de la force perdue par l'élément dm, pendant cet instant dt, à raison de sa liaison avec les autres points du corps et avec l'axe de rotation. Donc, en vertu du principe du n° 350, l'équilibre devra avoir lieu autour de cet axe fixe, entre de semblables forces appliquées à tous les points du mobile.

Pour former l'équation de cet équilibre, il suffira

de mettre les deux premières des trois forces précédentes à la place de $P\cos\alpha$ et $P\cos\mathfrak{6}$, dans le premier terme de l'équation (5) du n° 266, et d'égaler ensuite à zéro la somme des valeurs de cette quantité, pour tous les points du corps, laquelle somme sera une intégrale étendue à la masse entière. En faisant passer les différentielles dans le premier membre et les forces données dans le second, nous aurons, de cette manière,

$$\int\left(x\frac{d^2y}{dt^2}-y\frac{d^2x}{dt^2}\right)dm=\int(xY-yX)\,dm\,,\quad(1)$$

pour l'équation demandée, qui sera celle du mouvement de rotation autour de l'axe des z.

392. Soit ω la vitesse angulaire au bout du temps t; et supposons que l'on considère cette quantité comme positive ou comme négative, selon que le mouvement de rotation aura lieu dans le sens indiqué par la flèche s, ou dans le sens opposé. Soit aussi r le rayon du cercle que décrit dm, ou la perpendiculaire abaissée de ce point sur l'axe Oz; sa vitesse absolue sera $r\omega$, et l'on aura

$$\frac{dx}{dt}=-y\omega,\quad\frac{dy}{dt}=x\omega,$$

pour les valeurs de ces deux composantes. En effet, si P est la projection de dm sur le plan des x et y, et qu'on tire le rayon OP et la perpendiculaire QPP′ à OP, laquelle coupe en Q et Q′ les axes Ox et Oy, on aura

$$OP=r,\quad \cos xQP=-\frac{y}{r},\quad \cos yQ'P'=\frac{x}{r};$$

et comme la vitesse $r\omega$ sera parallèle à la droite QPP', ce sera par ces cosinus qu'il faudra la multiplier, pour avoir les valeurs de ses composantes $\frac{dx}{dt}$ et $\frac{dy}{dt}$.

En observant que $x^2 + y^2 = r^2$, on déduit de ces valeurs

$$x\,dy - y\,dx = r^2\omega\,dt. \qquad (2)$$

Je différentie par rapport à t; à cause que le rayon r est constant, on a

$$x\,d^2y - y\,d^2x = r^2 d\omega\,dt;$$

et $d\omega$ étant une quantité commune à tous les points du corps, qui doit être regardée comme constante dans l'intégration relative à dm, l'équation (1) devient

$$\frac{d\omega}{dt}\int r^2 dm = \int(x\mathrm{Y} - y\mathrm{X})\,dm; \qquad (3)$$

ce qui fera connaître la valeur de $d\omega$, correspondante à une position donnée du mobile.

Si l'on décompose la force accélératrice qui agit sur dm en deux autres, l'une parallèle à l'axe Oz, et l'autre comprise dans un plan perpendiculaire à cette droite, on pourra faire abstraction de la première, qui ne peut contribuer au mouvement de rotation; la seconde, que j'appellerai φ, sera la résultante de X et Y. Je projette les trois forces X, Y, φ, sur le plan des x et y; je suppose que PC soit la direction de φ ainsi projetée; et j'appelle h la perpendiculaire OH abaissée du point O sur PC ou sur son prolongement. En considérant les momens par rapport au point O, on aura (n° 46)

$$x\mathrm{Y} - y\mathrm{X} = \pm\, h\varphi,$$

selon que la force φ tendra à faire tourner dans le sens de la flèche s, ou dans le sens opposé. J'appelle aussi δ l'angle Q'PC que fait la droite PC avec la perpendiculaire PQ' au rayon OP, menée dans le sens indiqué par la flèche s. Cet angle sera aigu ou obtus, selon qu'on devra prendre le signe supérieur ou le signe inférieur dans l'équation précédente ; à cause de $\mathrm{OP} = r$, on aura donc toujours

$$\pm\, h = r \cos \delta\,;$$

et, au moyen de ces valeurs, l'équation (3) deviendra

$$\frac{d\omega}{dt}\int r^{2}dm = \int r\varphi \cos \delta\, dm.$$

Or, si les forces données n'agissent sur le mobile que pendant un temps très court ; qu'elles soient néanmoins capables de produire, pendant cet intervalle de temps, des vitesses données qui ne soient pas très petites ; et que pendant ce même temps les directions de ces forces, non plus que les positions des points du mobile, ne changent pas sensiblement, on aura, en intégrant par rapport à t les deux membres de cette équation,

$$\omega\int r^{2}dm = \int r v \cos \delta\, dm\,;$$

v étant l'intégrale $\int\varphi dt$ pendant la durée de l'action des forces, c'est-à-dire, la vitesse que la percussion exercée sur dm imprimerait à ce point matériel, s'il était entièrement libre. Cette équation est celle du mouvement uniforme de rotation, et l'on en déduira, sans difficulté, les formules du n° 386.

Dans le mouvement varié, l'équation (3) se change en une équation différentielle du second ordre, de laquelle dépend la position du mobile à chaque instant, et sa vitesse en fonction du temps, ainsi qu'on le verra tout à l'heure par un exemple; mais auparavant il convient de déterminer les pressions que l'axe de rotation éprouve pendant la durée du mouvement.

393. Je considérerai seulement les pressions perpendiculaires à cet axe Oz, qui sont dues aux composantes parallèles aux axes Ox et Oy, des forces perdues par tous les points du mobile, dont les résultantes devront couper l'axe fixe.

En appelant U et V les sommes de toutes ces forces, on aura, d'après le n° 391,

$$U = \int \left(X - \frac{d^2x}{dt^2} \right) dm, \quad V = \int \left(Y - \frac{d^2y}{dt^2} \right) dm;$$

et si l'on désigne par u et v les distances des forces totales U et V au plan des x et y, on aura aussi (n° 54)

$$Uu = \int \left(X - \frac{d^2x}{dt^2} \right) z\,dm, \quad Vv = \int \left(Y - \frac{d^2y}{dt^2} \right) z\,dm.$$

En vertu des valeurs précédentes de $\frac{dx}{dt}$ et $\frac{dy}{dt}$, on a

2.

7

$$\frac{d^2x}{dt^2} = -y\,\frac{d\omega}{dt} - \omega\,\frac{dy}{dt} = -y\,\frac{d\omega}{dt} - x\omega^2,$$

$$\frac{d^2y}{dt^2} = x\,\frac{d\omega}{dt} + \omega\,\frac{dx}{dt} = x\,\frac{d\omega}{dt} - y\omega^2.$$

J'élimine $\frac{d\omega}{dt}$ au moyen de l'équation (3) ; je désigne par $x_{,}$ et $y_{,}$ les valeurs de x et y qui répondent au centre de gravité du mobile, et par M sa masse, de sorte qu'on ait

$$\int x\,dm = Mx_{,}, \qquad \int y\,dm = My_{,} ;$$

en substituant ensuite les valeurs de $\frac{d^2x}{dt^2}$ et $\frac{d^2y}{dt^2}$ dans les formules précédentes, elles deviennent

$$U = Mx_{,}\omega^2 + \int X\,dm + \frac{y_{,}\int(xY - yX)\,dm}{\int r^2\,dm},$$

$$V = My_{,}\omega^2 + \int Y\,dm - \frac{x_{,}\int(xY - yX)\,dm}{\int r^2\,dm},$$

$$Uu = \omega^2\int xz\,dm + \int zX\,dm + \frac{\int yz\,dm . \int(xY - yX)\,dm}{\int r^2\,dm},$$

$$Vv = \omega^2\int yz\,dm + \int zY\,dm - \frac{\int xz\,dm . \int(xY - yX)\,dm}{\int r^2\,dm}.$$

Quand la vitesse angulaire ω sera connue, ces équations feront connaître les pressions U et V parallèles aux axes Ox et Oy, que l'axe Oz aura à supporter, et les distances u et v comprises entre le point O et les points d'application de U et V sur cet axe. Lorsque les forces X et Y sont nulles, ces résultats coïncident avec ceux du n° 389. Quand la droite Oz passe par le centre de gravité du mobile, on a $x_{,} = 0$ et

$y_{,} = 0$, et, conséquemment,

$$U = \int X dm, \quad V = \int Y dm;$$

en sorte que la charge totale de l'axe fixe est la même que dans l'état d'équilibre ; mais elle est, en général, autrement distribuée. Si l'axe fixe est, en outre, un des axes principaux qui se coupent au centre de gravité, on a aussi $\int xz dm = 0$ et $\int yz dm = 0$; il en résulte

$$Uu = \int z X dm, \quad Vv = \int z Y dm;$$

et la charge de l'axe se trouve partagée, dans l'état de mouvement, comme dans l'état d'équilibre.

394. Appliquons actuellement l'équation (3) au cas d'un corps pesant, tournant autour d'un axe horizontal.

Si l'on désigne par g la pesanteur, et qu'on suppose l'axe Oy vertical et dirigé dans le sens de cette force, on aura

$$X = 0, \quad Y = g;$$

et, à cause de $\int x dm = M x_{,}$, l'équation (3) se réduira à

$$\frac{d\omega}{dt} \int r^2 dm = g M x_{,}. \qquad (4)$$

Au bout du temps t, désignons par θ l'angle compris entre le plan mobile qui passe par le centre de gravité du corps et le plan fixe des y et z ; angle que nous regarderons comme positif ou comme négatif, selon que le plan mobile se trouvera, relativement au plan fixe, du côté de l'axe des x positives ou du côté opposé. Soit a la distance constante du centre de gravité à l'axe Oz; on aura

$$x_{\prime} = a \sin \theta;$$

et, d'après le sens de la vitesse ω, positive ou négative, on aura aussi

$$\omega = -\frac{d\theta}{dt};$$

ce qu'on déduit également de l'équation (2), appliquée au centre de gravité, c'est-à-dire, aux valeurs $x \sin \theta$, $y \cos \theta$, a, de x, y, r. Soit enfin Mk^2 le moment d'inertie du corps par rapport à un axe passant par son centre de gravité et parallèle à Oz; k sera une ligne de grandeur donnée; et, d'après le théorème du n° 374, nous aurons

$$\textstyle\int r^2 dm = M(a^2 + k^2),$$

pour le moment d'inertie par rapport à l'axe de rotation.

Au moyen de ces valeurs de $x_{\prime}$, ω, $\int r^2 dm$, l'équation (4) devient

$$\frac{d^2\theta}{dt^2} = -\frac{ga \sin \theta}{a^2 + k^2}.$$

En multipliant par $2d\theta$, et intégrant, on aura donc

$$\frac{d\theta^2}{dt^2} - \frac{2ga \cos \theta}{a^2 + k^2} = c;$$

c étant la constante arbitraire. Si l'on suppose qu'on ait, à l'origine du mouvement,

$$= \alpha, \quad \frac{d\theta}{dt} = -\Omega,$$

cette constante aura pour valeur

$$c = \Omega^2 - \frac{2ga \cos \alpha}{a^2 + k^2} \, ;$$

et il en résultera, à un instant quelconque,

$$\frac{d\theta^2}{dt^2} + \frac{2ga\,(\cos \alpha - \cos \theta)}{a^2 + k^2} = \Omega^2. \qquad (a)$$

Cette équation est celle du mouvement d'un pendule de forme quelconque, tournant autour d'un axe horizontal. Dans son état d'équilibre, le plan passant par son centre de gravité et par l'axe fixe est horizontal, et l'on a $\alpha = 0$, $\Omega = 0$, $\theta = 0$. On écarte le corps de cette position, de sorte que ces deux plans comprennent un angle donné α. Si on l'abandonne ensuite à lui-même, on aura $\Omega = 0$; si, au contraire, le mobile éprouve une percussion à l'origine de son mouvement, la vitesse initiale Ω devra être déterminée par les règles du n° 386, ou donnée d'une manière quelconque; et, dans tous les cas, l'équation (a) fera connaître la vitesse angulaire du mobile à un instant quelconque, d'après la position de son centre de gravité. En la résolvant par rapport à dt, et intégrant, on aura la valeur de t en fonction de θ, ou réciproquement; ce qui déterminera la position variable de ce centre, et, par conséquent, celle du mobile à chaque instant.

595. Si ce corps pesant se réduit à un point matériel, attaché à l'axe Oz par un fil inextensible et inflexible, dont on néglige la masse, et qui soit perpendiculaire à Oz, on aura le cas du pendule simple, d'après la défi-

nition du n° 179. En appelant l sa longueur, on aura $a = l$; M sera la masse du point matériel; et le moment d'inertie $M(a^2 + k^2)$ devra se réduire au produit de cette masse et du carré de sa distance l à l'axe fixe. On aura donc $k = 0$; par conséquent, l'équation (a), appliquée à ce cas particulier, deviendra

$$\frac{d\theta^2}{dt^2} + \frac{2g}{l}(\cos\alpha - \cos\theta) = \Omega^2; \quad (b)$$

et, en effet, il est aisé de vérifier qu'elle s'accorde avec l'équation (1) du n° 180, relative au mouvement du pendule simple.

En comparant les équations (a) et (b), on voit que ce mouvement coïncidera avec celui d'un pendule quelconque, toutes les fois que les coefficiens $\frac{2g}{l}$ et $\frac{2ga}{a^2 + k^2}$, par lesquels ces deux équations diffèrent l'une de l'autre, seront égaux, c'est-à-dire, lorsqu'on aura

$$l = a + \frac{k^2}{a}. \quad (c)$$

C'est donc d'après cette formule que l'on calculera, ainsi que nous l'avons annoncé dans le n° 179, la longueur du pendule simple, correspondant à un pendule donné; les deux quantités a et k qu'elle renferme pourront toujours se déterminer exactement, ou par approximation, au moyen des règles connues, quand on connaîtra la forme du pendule composé.

Lorsque ce pendule fera de très petites oscillations, il en sera de même à l'égard du pendule simple. Si l'on désigne par T la durée d'une oscillation entière, on aura donc (n° 182)

$$T = \pi \sqrt{\frac{l}{g}}, \quad g = \frac{\pi^2 l}{T^2}.$$

En comptant, pendant un temps considérable, le nombre des oscillations du pendule composé, et divisant le temps total par ce nombre, on aura la valeur de T; et en la substituant, dans cette dernière formule, avec la valeur de l correspondante au pendule qu'on aura employé, on en conclura, comme nous l'avons déjà expliqué (n° 192), la mesure de la pesanteur g avec une extrême précision. Les longueurs du pendule simple étant entre elles comme les carrés des durées des petites oscillations, si l'on appelle λ la longueur du pendule à secondes, et qu'on prenne la seconde pour unité, on aura aussi

$$\lambda = \frac{l}{T^2},$$

pour calculer la valeur de λ d'après celles de l et T.

396. Si l'on trace dans l'intérieur du pendule composé, au-dessous de son centre de gravité et dans le plan de ce centre et de l'axe de rotation, une droite parallèle à cet axe, dont l soit la distance à ce même axe, le mouvement des points de cette parallèle ne sera ni accéléré ni retardé par leur liaison avec les autres points du corps. Parmi tous les points de cette droite, on appelle proprement *centre d'os-cillation* le point situé sur la même perpendiculaire à l'axe que le centre de gravité.

Soient ABD (fig. 6) la section du pendule perpendiculaire à l'axe de rotation et passant par son centre de gravité, G ce centre, et C le point où cette section est coupée par l'axe ; prolongeons la droite CG jusqu'en O, de sorte qu'on ait

$$ CG = a, \quad GO = \frac{k^2}{a}, $$

et, conséquemment,

$$ CO = a + \frac{k^2}{a} = l. $$

Le point O sera le centre d'oscillation ; et après avoir fait osciller le pendule donné autour de l'axe perpendiculaire à la section ABD et passant par le point C, si on le renverse et qu'on le fasse osciller de nouveau autour de l'axe passant par le point O et perpendiculaire à cette même section, le point C deviendra le centre d'oscillation ; théorème que l'on énonce ordinairement en disant que les centres C et O de suspension et d'oscillation, sont réciproques l'un de l'autre.

En effet, dans les deux cas, le moment d'inertie Mk^2 est le même, puisqu'il se rapporte toujours à l'axe perpendiculaire à ABD et passant par le point G ; en sorte que la quantité k ne changera pas. De plus, soit O′ le point du prolongement de OG qui sera le centre d'oscillation, quand O sera devenu le centre de suspension ; en appelant l' la distance OO′, sa valeur se déduira de la formule (c), en y mettant OG au lieu de CG, c'est-à-dire, $\frac{k^2}{a}$ au lieu de a ; on aura donc

$$l' = \frac{k^2}{a} + a = l, \qquad OO' = CO ;$$

et, conséquemment, le point O' coïncidera avec le point C.

397. La durée des oscillations très petites, autour des deux axes perpendiculaires à ABD et passant par les points C et O, est la même et égale à $\pi\sqrt{\dfrac{l}{g}}$; l étant toujours la distance CO. Réciproquement, si la durée des oscillations très petites est la même autour de deux axes parallèles, dont le plan contient le centre de gravité G, et qui n'en sont pas équidistans, leur distance mutuelle sera la longueur l du pendule simple qui oscille aussi dans le même temps.

En effet, soient a et a' les distances inégales du centre de gravité à ces deux droites parallèles, et, conséquemment, $a + a'$ leur distance mutuelle ; soit aussi Mk^2 le moment d'inertie par rapport à l'axe parallèle passant par le centre de gravité. Puisque la durée des oscillations est la même autour des deux droites, il faudra qu'on ait

$$a' + \frac{k^2}{a'} = a + \frac{k^2}{a} ;$$

d'où l'on tire

$$a' = a \quad \text{ou} \quad a' = \frac{k^2}{a} ;$$

donc, en rejetant la première valeur de a', nous aurons

$$a + a' = a + \frac{k^2}{a}.$$

Par conséquent, si l'on mesure la distance $a + a'$ des deux axes synchrones, on aura la longueur du pendule simple qui correspond à la durée commune de leurs oscillations.

Ce moyen a été employé avec succès, en Angleterre, pour déterminer la longueur du pendule simple, sans aucun calcul relatif à la forme du pendule composé (*).

398. Il y a une infinité d'axes différens autour desquels les petites oscillations d'un même corps sont d'égale durée.

D'abord, il est évident que la valeur de l et la durée des oscillations seront les mêmes pour tous les axes de suspension parallèles entre eux et équidistans du centre de gravité, puisque, pour tous ces axes, les quantités k et a, comprises dans la formule (c), ne varient pas. On peut aussi changer la direction de ces axes et leur distance au centre de gravité, sans que la valeur de l soit changée; car si l'on appelle α, β, γ, les angles que la parallèle à l'axe de suspension, menée par le centre de gravité, fait avec les trois axes principaux qui se coupent en ce point, et que l'on désigne par A, B, C, les momens d'inertie relatifs à ces axes, et par Mk^2, comme précédemment, celui qui répond à la parallèle, on aura, d'après l'équation (c) du n° 375,

---

(*) *Transactions philosophiques*, année 1818.

$$M k^2 = A \cos^2 \alpha + B \cos^2 \varsigma + C \cos^2 \gamma,$$

et, par conséquent,

$$l = a + \frac{A \cos^2 \alpha + B \cos^2 \varsigma + C \cos^2 \gamma}{M a}.$$

Or, on peut évidemment donner à a, α, ς, γ, une infinité de valeurs différentes, pour lesquelles cette valeur de l restera la même.

Si l'on voulait que cette fonction l fût un *minimum* par rapport aux variables a, α, ς, γ, il résulte de sa forme qu'en supposant A la plus petite des trois constantes A, B, C, il faudrait d'abord qu'on eût $\alpha = 0$, $\varsigma = 90°$, $\gamma = 90°$, et, conséquemment,

$$l = \frac{M a^2 + A}{M a};$$

d'où l'on conclut, par la règle ordinaire, $a = \sqrt{\dfrac{A}{M}}$ pour la valeur de a qui répond au *minimum*, et $l = 2 \sqrt{\dfrac{A}{M}}$ pour ce *minimum*.

399. Nous savons que la résistance d'un milieu n'influe pas sur la durée des petites oscillations du pendule simple, d'une longueur donnée (n° 190); mais il faut aussi prouver que cette force ne change pas non plus la longueur du pendule simple, dont le mouvement est le même dans l'air que celui d'un pendule donné, dans ce même fluide.

Or, pour déterminer ce mouvement, il faut joindre aux forces Xdm et Ydm, que renferme le second membre de l'équation (3), et qui agissent sur tous les points de la masse du mobile, les composantes de la résistance de l'air, exercée sur les élémens de sa surface. Supposons donc que cette résistance soit exprimée, généralement, par la somme de plusieurs puissances de la vitesse, et, pour une vitesse quelconque v, représentons-la, sur l'unité de surface, par

$$Av^\alpha + Av^{\alpha'} + Av^{\alpha''} + \text{etc.} ;$$

A, A', A'', etc., α, α', α'', etc., étant des constantes données. Soit ρ la distance d'un point M de la surface du pendule, à l'axe de rotation ; sa vitesse, au bout du temps t, sera $\rho\omega$, en désignant toujours par ω la vitesse angulaire à cet instant. Si l'on appelle ε l'angle que fait sa direction avec la partie intérieure de la normale en ce point, on aura $\rho\omega\cos\varepsilon$ pour sa composante suivant cette droite ; et, d'après ce qu'on a dit précédemment (n° 365), c'est cette composante normale qu'il faudra employer pour la vitesse v, dans l'expression de la résistance qui répond au point M. En appelant $d\sigma$ l'élément différentiel de la surface, en ce même point, et $Rd\sigma$ la résistance exercée sur cet élément, on aura donc

$$R = A\rho^\alpha\omega^\alpha\cos^\alpha\varepsilon + A'\rho'^{\alpha'}\omega^{\alpha'}\cos^{\alpha'}\varepsilon + \text{etc.}$$

Je désigne par μ et v les angles que fait la normale intérieure au point M, avec des parallèles aux axes des x et des y, menées par ce point ; les composantes de la résistance suivant ces droites seront $R\cos\mu\,d\sigma$ et $R\cos v\,d\sigma$; et si l'on appelle x' et y' les valeurs de x et y qui répondent au point M, on aura

$$x'R\cos v\,d\sigma - y'R\cos\mu\,d\sigma,$$

pour la partie du second membre de l'équation (3), relative à l'élément $d\sigma$; par conséquent, en prenant l'intégrale de cette quantité dans toute la portion de la surface du mobile qui éprouve la résistance du milieu, on aura la quantité qu'on devra ajouter à ce second membre, pour avoir égard à cette résistance. Je fais, pour abréger,

$$x' \cos \nu - y' \cos \mu = \zeta,$$

et cette quantité aura pour expression :

$$A \omega^\alpha \int \zeta \rho^\alpha \cos^\alpha \varepsilon\, d\sigma + A' \omega^{\alpha'} \int \zeta \rho^{\alpha'} \cos^{\alpha'} \varepsilon\, d\sigma + \text{etc.}$$

Il est visible que ζ est la longueur de la plus courte distance entre l'axe de suspension et la direction de la vitesse $\rho\omega$ du point M, comprise dans un plan perpendiculaire à cet axe ; ζ ne dépend donc pas du temps, non plus que l'angle ε et le rayon ρ ; par conséquent, si l'on fait

$$\int \zeta \rho^\alpha \cos^\alpha \varepsilon\, d\sigma = \gamma, \quad \int \zeta \rho^{\alpha'} \cos^{\alpha'} \varepsilon\, d\sigma = \gamma', \text{ etc.},$$

ces intégrales γ, γ', γ'', etc., seront des constantes dépendantes de la forme du corps, et dont les valeurs pourront être différentes dans deux oscillations consécutives. Pour déterminer leurs limites, on circonscrira au mobile, dans sa position d'équilibre, un cylindre perpendiculaire au plan vertical passant par l'axe fixe ; la courbe de contact de ce cylindre avec la surface du corps divisera cette surface en deux parties, dont l'une éprouvera la résistance de l'air, pendant que le mobile se mouvra dans un sens, et l'autre, pendant qu'il se mouvra dans le sens opposé ; ces intégrales devront donc s'étendre à l'une de ces deux parties pour une oscillation entière, et à l'autre partie pour l'oscillation suivante; et quand ces deux parties seront différentes, les valeurs de γ, γ', γ'', etc., le seront aussi dans deux oscillations consécutives. Ces valeurs ne changeront pas, dans le cas d'un mouvement révolutif.

Cela posé, après avoir ajouté la quantité précédente au second membre de l'équation (3), ou, ce qui est la même chose, après avoir retranché cette quantité divisée par le moment d'inertie $M(a^2 + k^2)$, de la valeur de $\frac{d^2\theta}{dt^2}$ du n° 394, nous aurons

$$\frac{d^2\theta}{dt^2} = -\frac{ga\sin\theta}{a^2 + k^2} - \frac{A\gamma}{M(a^2+k^2)}\omega^\alpha - \frac{A'\gamma'}{M(a^2+k^2)}\omega^{\alpha'} - \text{etc.},$$

pour l'équation du mouvement d'un pendule quelconque dans un milieu résistant. On aura de même

$$\frac{d^2\theta}{dt^2} = -\frac{g}{l}\sin\theta - B\omega^\alpha - B'\omega^\alpha - \text{etc.},$$

pour l'équation du mouvement du pendule simple dont la longueur est l; B, B', B'', etc., désignant des coefficiens constans.

Les vitesses et les positions initiales des deux mobiles étant supposées les mêmes, si l'on veut que leurs mouvemens le soient aussi, il suffira et il sera nécessaire de prendre

$$\frac{g}{l} = \frac{ga}{a^2 + k^2}, \quad B = \frac{A\gamma}{M(a^2 + k^2)}, \quad B' = \frac{A'\gamma'}{M(a^2 + k^2)}, \quad \text{etc.};$$

ce qui détermine la valeur de l, qui coïncidera avec la formule (c), et celles de B, B', B'', etc., pour toute la durée de chaque oscillation.

Ainsi, quelles que soient la forme d'un pendule et la loi de la résistance du milieu dans lequel il se meut, on voit qu'il y a toujours un pendule simple dont le mouvement est le même que celui du pendule donné; que la résistance du milieu dans lequel le pendule simple doit se mouvoir, se déduit de celle du milieu donné, et de la forme du pendule composé; et que la longueur du pendule simple ne dépend que de cette forme, et nullement de la résistance.

Toutefois, il n'en résulte pas que la longueur de ce pendule correspondant à un pendule donné, soit la même dans l'air et dans le vide : la perte de poids que le pendule composé éprouve dans l'air, et qui n'est pas la même dans l'état de mouvement que dans l'état de repos, influe sur la longueur du pendule simple, réduite au vide, ainsi que nous l'avons déjà dit (n° 191).

400. Pour déterminer le mouvement d'un treuil et de deux poids suspendus, l'un à la roue et l'autre au cylindre, on formera, comme dans le n° 591 , la somme des momens des forces perdues à chaque instant par tous les points du treuil, puis on ajoutera à cette somme les momens des forces perdues dans le même instant par ces deux poids, et on égalera à zéro la somme totale de tous ces momens. Or, supposons qu'une corde soit enroulée sur la roue et attachée par un bout à un point de sa circonférence, et désignons par m la masse du corps suspendu verticalement à l'autre bout; soit aussi m' la masse du corps suspendu verticalement à l'extrémité d'une

seconde corde enroulée sur le cylindre et attachée par l'autre extrémité à sa surface ; au bout du temps t, si l'on appelle u et u' les distances des centres de gravité de m et m' au plan horizontal passant par l'axe du treuil, les forces perdues par ces masses pendant l'instant dt, seront $m\left(g - \dfrac{d^2u}{dt^2}\right)$ et $m'\left(g - \dfrac{d^2u'}{dt^2}\right)$; leurs momens par rapport à l'axe du treuil, se déduiront de ces forces en multipliant la première par le rayon de la roue que j'appellerai c, et la seconde par le rayon du cylindre que je désignerai par c' ; et parce que ces forces tendent à faire tourner le treuil en sens contraire l'une de l'autre, il faudra donner le signe $+$ au moment de l'une, et le signe $-$ au moment de l'autre. Pour fixer les idées, je supposerai que ce soit la première force qui tende à faire tourner le treuil dans le sens où il tourne réellement, ou, autrement dit, je supposerai que ce soit la masse m qui descende et la masse m' qui s'élève. On en conclut que le second membre de l'équation (3) se trouvera augmenté de $gmc - gm'c'$, et son premier membre, de $m\dfrac{d^2u}{dt^2}c - m'\dfrac{d^2u'}{dt^2}c'$; d'ailleurs l'intégrale que contient le second membre sera zéro, parce qu'elle doit s'étendre à tous les points du treuil, dont le centre de gravité est sur l'axe de rotation ; on aura donc

$$\frac{d\omega}{dt}\int r^2 dm + mc\,\frac{d^2u}{dt^2} - m'c'\,\frac{d^2u'}{dt^2} = g(mc - m'c'),$$

pour l'équation du mouvement du treuil et des deux masses m et m'.

Pendant toute la durée de ce mouvement, la vitesse $\frac{du}{dt}$ de m est égale à la vitesse $c\omega$ du point de la roue où la corde commence à se détacher de sa circonférence, et dont le rayon est horizontal; la vitesse $\frac{du'}{dt}$ de m' est de même égale et contraire à la vitesse $c'\omega$ du point de la surface du cylindre, dont le rayon est aussi horizontal, et qui est situé de l'autre côté de l'axe : on a donc constamment

$$\frac{du}{dt} = c\omega, \qquad \frac{du'}{dt} = - c'\omega ;$$

au moyen de quoi, l'équation précédente devient

$$(Mk^2 + mc^2 + m'c'^2)\,\frac{d\omega}{dt} = g(mc - m'c'),$$

en désignant par M la masse du treuil, et par Mk^2 son moment d'inertie par rapport à l'axe de rotation.

Si l'on suppose nulles, pour plus de simplicité, les vitesses initiales du treuil et des masses m et m', on aura, à un instant quelconque,

$$\omega = \frac{(mc - m'c')gt}{Mk^2 + mc^2 + m'c'^2} ;$$

et, sans aller plus loin, on voit que le mouvement du treuil sera uniformément accéléré.

Les tensions des cordes auxquelles les masses m et m' sont attachées, auront pour mesure les forces perdues par ces masses; en les désignant par T et T', on aura donc

$$T = m\left(g - \frac{d^2u}{dt^2}\right), \qquad T' = m'\left(g - \frac{d^2u'}{dt^2}\right) ;$$

2. 8

et si l'on appelle p, p', P, les poids de ces corps et du treuil, de sorte qu'on ait

$$p = mg, \quad p' = m'g, \quad p = Mg,$$

on conclura des équations précédentes

$$T = p - \frac{(pc - p'c')pc}{Pk^2 + pc^2 + p'c'^2}, \quad T' = p' + \frac{(pc - p'c')p'c'}{Pk^2 + pc^2 + p'c'^2}.$$

A cause que le poids p descend, ce qui suppose $pc > p'c'$, la tension T sera moindre que ce poids, qui serait sa valeur dans l'état d'équilibre, et la tension T' sera plus grande que p'.

Les pressions exercées sur l'axe du treuil par les forces centrifuges de ses différens points, se détruisent évidemment deux à deux, à cause de la symétrie de ce corps autour de cette droite. La charge totale que l'axe éprouvera pendant le mouvement, se composera donc seulement du poids du treuil et des tensions T et T'; de sorte qu'en appelant Π cette force verticale, on aura

$$\Pi = P + T + T'.$$

En substituant pour T et T' leurs valeurs, il en résultera

$$\Pi = P + p + p' - \frac{(pc - p'c')^2}{Pk^2 + pc^2 + p'c'^2};$$

ce qui montre que cette charge est toujours moindre que celle qui a lieu dans l'état d'équilibre, et qui est égale à $P + p + p'$.

401. On appliquera ces différentes formules à la

machine d'*Athood*, en y faisant $c' = c$; et elles feront connaître toutes les circonstances du mouvement des deux poids inégaux p et p', dont l'un monte et l'autre descend dans cet appareil.

Si l'on appelle, par exemple, h la hauteur dont le poids p descend dans un temps donné θ, on aura la valeur de h en intégrant celle de du ou de $c\omega dt$, depuis $t = o$ jusqu'à $t = \theta$; ce qui donne

$$h = \frac{\frac{1}{2}(p - p')c^2 g\theta^2}{\mathrm{P}k^2 + (p + p')c^2}.$$

Les poids P, p, p', ainsi que le rayon de la roue, sont donnés; la quantité k^2 peut être calculée d'après la forme de la roue; et l'on peut mesurer la hauteur h. Par conséquent, si le temps θ est donné par l'observation, cette formule fera connaître la valeur de g. Mais quelque soin qu'on apporte dans cette expérience, elle ne sera jamais susceptible d'une précision comparable à celle du pendule; car, dans celle-ci, la durée de chaque oscillation s'obtient en divisant le temps pendant lequel le pendule a oscillé, par le nombre très grand des oscillations qu'il a faites; ce qui rendra toujours l'erreur à craindre, sur la durée d'une seule oscillation, beaucoup moindre que l'erreur inévitable sur la mesure du temps θ dans la machine d'*Athood*.

On fait ici abstraction de la masse du fil auquel sont suspendus les deux poids p et p'; il serait facile d'y avoir égard de la même manière que dans le problème du n° 356; mais alors la loi du mouvement serait plus compliquée. On néglige aussi la résistance que l'air oppose aux mouvemens des deux poids p et p' : pour en atténuer l'effet, et aussi pour rendre le temps θ plus facile à mesurer, on ralentira ces mouvemens, en diminuant l'excès de l'un de ces poids sur l'autre.

402. On a aussi employé le pendule pour déterminer la vitesse des projectiles de l'artillerie. Cette machine est ce qu'on appelle le *pendule de Robins*, du nom de l'ingénieur qui en a le premier fait usage : elle consiste en une masse très considérable, retenue par un axe horizontal solidement fixé. Le boulet dont on veut connaître la vitesse, pénètre dans cette masse sans la traverser, et met le pendule en mouvement ; on mesure la grandeur de l'arc que décrit un point déterminé de la masse totale ; d'où l'on conclut facilement sa quantité de mouvement, et, conséquemment, la vitesse du boulet à l'instant où il a atteint le pendule.

Soient, en effet, AEBF (fig. 7) une section du pendule par un plan perpendiculaire à l'axe fixe et par son centre de gravité, G ce centre, O le centre d'oscillation (n° 396), C le point où cette section coupe l'axe, de sorte que CGO soit une droite verticale, dans l'état d'équilibre. Soient aussi B le point où le prolongement de cette droite rencontre la surface inférieure du pendule, BB′ l'arc de cercle qui sera décrit par ce point B et dont C est le centre, E le centre de l'ouverture circulaire que le boulet fait à la surface du pendule, ou, plus généralement, la projection de ce point sur le plan de la section AEBF. Appelons μ la masse du boulet, v sa vitesse à l'instant du choc, f la perpendiculaire abaissée du point C sur la direction de v, projetée sur le plan de AEBF, M la masse du pendule et du boulet, a la distance du centre de gravité de M à l'axe fixe, $M(a^2 + k^2)$ son moment d'inertie par rapport à cet axe ; nous aurons (n° 386)

$$\Omega = \frac{\mu v f}{M(a^2 + k^2)},$$

pour la valeur de Ω qu'il faudra substituer dans l'équation (a) du n° 394, dans laquelle on fera aussi $\alpha = 0$, puisque le pendule part de sa position d'équilibre. Il s'en écartera jusqu'à ce que la vitesse angulaire soit nulle ; par conséquent, si l'on désigne par ε l'angle BCB′, on aura, d'après cette équation (a),

$$\frac{\mu^2 v^2 f^2}{M^2(a^2 + k^2)} = 2ga\,(1 - \cos \varepsilon);$$

g étant la gravité. En désignant par b la corde de l'arc BB′, et par c le rayon CB, nous aurons

$$\cos \varepsilon = 1 - \frac{b^2}{2c^2}.$$

Je substitue cette valeur dans l'équation précédente, et j'en déduis ensuite celle de v^2 ; ce qui donne

$$v^2 = \frac{n^2 g a b^2}{f^2 c^2}\,(a^2 + k^2);$$

n étant le rapport de M à μ, qui sera un très grand nombre donné.

Toutes les autres quantités contenues dans cette formule seront aussi connues. La distance c se mesure immédiatement; la corde b est donnée au moyen d'un ruban attaché au point B, et passant dans un anneau fixement attaché au terrein: la partie de ce ruban qui se déroule et traverse l'anneau pendant l'élévation du pendule, est effectivement égale à b. Si le tir est horizontal, la quantité f est la distance de l'axe de la pièce à l'axe de rotation; si le tir s'écarte un peu de l'horizontalité, auquel cas la droite qui va du point E à la bouche du canon n'est plus horizontale, il est facile de calculer, avec une approximation suffisante, la quantité qu'il faut ajouter à la distance des deux axes, ou qu'il en faut retrancher, pour avoir la valeur de f. Quant aux quantités a et k, on peut les calculer d'après la forme du pendule et les densités de ses parties; mais leurs valeurs s'obtiennent aussi par l'expérience.

On attache une corde à la partie inférieure du pendule; on fait passer cette corde sur une barre fixe, parallèle à l'axe de ce mobile, et élevée à la même hauteur, au-dessus du terrein; puis, à l'autre bout de la corde, on suspend un poids qui soulève le pendule jusqu'à ce que son centre de gravité se trouve au niveau de l'axe et de la barre. Dans cette position, si l'on appelle M′ le poids suspendu à la corde, et a' la distance donnée de la barre à l'axe, on a cette proportion:

$$a : a' :: \mathrm{M'} : \mathrm{M},$$

qui fait connaître la valeur de a.

Si l'on fait faire au pendule de petites oscillations, et qu'on appelle T la durée d'une oscillation entière, et l la distance du centre d'oscillation à l'axe de suspension, on aura (n° 395)

$$ T = \pi \sqrt{\frac{l}{g}}, \quad l = \frac{a^2 + k^2}{a}; $$

d'où l'on tire

$$ a^2 + k^2 = \frac{g T^2 a}{\pi^2}; $$

et la valeur de k sera connue d'après celle de a. Au moyen de cette valeur de $a^2 + k^2$, on aura, plus simplement,

$$ v = \frac{ng T ab}{\pi fc}, \qquad (a) $$

pour l'expression de la vitesse du boulet.

403. Si la bouche du canon n'est pas très éloignée du pendule, la valeur de v, donnée par cette formule, différera peu de la vitesse de projection du boulet ; et en supposant connu le coefficient de la résistance de l'air, il sera facile de calculer, au moyen de la formule (5) du n° 212, la quantité dont on devra augmenter cette quantité v, pour avoir la vitesse de projection. Mais on obtiendra immédiatement la grandeur de cette dernière vitesse, en attachant fixement le canon au pendule : la quantité de mouvement imprimée au pendule, ainsi composé, sera alors la masse μ du boulet, multipliée par la vitesse du boulet à la bouche du canon, dont le *recul*, à raison de la compressibilité de la matière, ne commencera pas sensiblement avant que le projectile ait parcouru toute la longueur de la pièce ; par conséquent, la valeur de v, donnée par la formule (a), sera celle

de la vitesse de projection, sans aucune correction, et sans qu'on ait besoin de connaître le coefficient de la résistance.

En tirant successivement à différentes distances données du pendule, avec un même canon, chargé de la même manière, on aura autant de valeurs de v, dont les différences entre elles et avec celle que l'on obtient quand le canon fait partie du pendule, pourront servir à vérifier la loi de la résistance de l'air, sur laquelle est fondée la formule (5) du n° 212, et à déterminer le coefficient de cette résistance.

On a fait, en Angleterre, un grand nombre d'expériences au moyen du pendule de Robins, employé des deux manières que nous venons d'indiquer (*). Une des conséquences les plus générales qu'on en a déduites, consiste en ce que, toutes choses d'ailleurs égales, les carrés des vitesses de projection sont à peu près entre eux comme les poids des charges, et que ce rapport approche d'autant plus d'être exact, que la longueur de la charge est moins considérable, relativement à celle du canon.

(*) *Nouvelles expériences d'Artillerie*, par Ch. Hutton; ouvrage traduit de l'anglais, la première partie par Villantroys, et la seconde par M. Terquem.

CHAPITRE IV.

DU MOUVEMENT D'UN CORPS SOLIDE AUTOUR D'UN POINT FIXE.

§ Ier. *Formules préliminaires.*

404. Considérons d'abord en lui-même, et indépendamment des forces qui le produisent, le mouvement de rotation d'un corps solide de figure quelconque, autour d'un point fixe appartenant à ce corps, ou qui y soit invariablement attaché.

Soient O (fig. 3) ce point; Ox, Oy, Oz, trois axes fixes et rectangulaires, choisis arbitrairement; $Ox_{\prime}$, $Oy_{\prime}$, $Oz_{\prime}$, trois autres axes rectangulaires, fixes dans le corps, et mobiles avec lui autour du point O. Dans la suite, nous supposerons que ces dernières droites sont les axes principaux du corps; mais maintenant leurs directions sont entièrement arbitraires. Soient aussi x, y, z, les coordonnées d'un point quelconque M du corps, rapportées aux premiers axes, et $x_{\prime}$, $y_{\prime}$, $z_{\prime}$, ses coordonnées rapportées aux axes $Ox_{\prime}$, $Oy_{\prime}$, $Oz_{\prime}$. En conservant toutes les notations du n° 377, nous aurons

$$x = ax_{\prime} + by_{\prime} + cz_{\prime},$$
$$y = a'x_{\prime} + b'y_{\prime} + c'z_{\prime},$$
$$z = a''x_{\prime} + b''y_{\prime} + c''z_{\prime};$$

et les neuf coefficiens a, b, etc., seront liés entre eux par les équations (2), ou par les équations (4), de ce numéro.

Il est évident que ces quantités a, b, etc., sont les mêmes, à chaque instant, pour tous les points du corps; mais elles varient pendant le mouvement, et l'on doit les considérer comme des fonctions du temps. Au contraire, les coordonnées $x_{\prime}$, $y_{\prime}$, $z_{\prime}$, varient d'un point à un autre du mobile; mais elles restent constamment les mêmes pour un même point, et ne varient pas avec le temps. En représentant donc le temps par t, et différentiant par rapport à cette variable, on aura

$$\frac{dx}{dt} = x_{\prime}\frac{da}{dt} + y_{\prime}\frac{db}{dt} + z_{\prime}\frac{dc}{dt},$$

$$\frac{dy}{dt} = x_{\prime}\frac{da'}{dt} + y_{\prime}\frac{db'}{dt} + z_{\prime}\frac{dc'}{dt},$$

$$\frac{dz}{dt} = x_{\prime}\frac{da''}{dt} + y_{\prime}\frac{db''}{dt} + z_{\prime}\frac{dc''}{dt}.$$

Ces valeurs de $\frac{dx}{dt}$, $\frac{dy}{dt}$, $\frac{dz}{dt}$, exprimeront, à un instant quelconque, les composantes parallèles aux axes Ox, Oy, Oz, de la vitesse du point M. Si donc on veut connaître les points du corps dont la vitesse est nulle à cet instant, on les déterminera en égalant ces quantités à zéro ; ce qui donne

$$\left.\begin{array}{l} x_{\prime}da + y_{\prime}db + z_{\prime}dc = 0, \\ x_{\prime}da' + y_{\prime}db' + z_{\prime}dc' = 0, \\ x_{\prime}da'' + y_{\prime}db'' + z_{\prime}dc'' = 0. \end{array}\right\} \quad (1)$$

Or, en ajoutant ces équations, après les avoir multipliées par c, c', c''; faisant, pour abréger,

$$cdb + c'db' + c''db'' = pdt, \quad cda + c'da' + c''da'' = -qdt;$$

et observant que l'équation $c^2 + c'^2 + c''^2 = 1$ donne $cdc + c'dc' + c''dc'' = 0$, il vient

$$py_{,} - qx_{,} = 0.$$

Si l'on ajoute ces mêmes équations (1), après les avoir multipliées par b, b', b'', on trouve

$$rx_{,} - pz_{,} = 0,$$

en faisant, pour abréger,

$$bda + b'da' + b''da'' = rdt,$$

et observant que l'équation $b^2 + b'^2 + b''^2 = 1$ donne $bdb + b'db' + b''db'' = 0$, et que, d'après l'équation $bc + b'c' + b''c'' = 0$ du n° 377, on a aussi

$$bdc + b'dc' + b''dc'' = -cdb - c'db' - c''db'' = -pdt.$$

Enfin, les équations (1) étant multipliées par a, a', a'', et ensuite ajoutées, il en résulte

$$qz_{,} - ry_{,} = 0;$$

car on a $ada + a'da' + a''da'' = 0$, à cause de $a^2 + a'^2 + a''^2 = 1$; et, de plus, les équations $ba + b'a' + b''a'' = 0$ et $ca + c'a' + c''a'' = 0$ du numéro cité donnent

$$adb + a'db' + a''db'' = -bda - b'da' - b''da'' = -rdt,$$

$$adc + a'dc' + a''dc'' = -cda - c'da' - c''da'' = qdt.$$

Au lieu des équations (1), nous aurons, de cette

manière,

$$py_{,} - qx_{,} = 0, \quad rx_{,} - pz_{,} = 0, \quad qz_{,} - ry_{,} = 0. \quad (2)$$

Chacune de celles-ci est comprise dans les deux autres; et elles appartiennent à une droite passant par l'origine O des coordonnées.

Il suit donc de cette analyse que tous les points du corps, dont la vitesse est nulle à un instant quelconque, sont rangés sur une droite passant par le centre de rotation. Cette droite peut être regardée comme immobile pendant un instant infiniment petit; donc, pendant cet instant, le corps tourne autour de cette droite comme autour d'un axe fixe; et l'on doit se représenter le mouvement de rotation d'un corps solide autour d'un point fixe, comme ayant lieu, à chaque instant, autour d'un axe qui reste immobile pendant un intervalle de temps infiniment petit. En général, la position de cet axe dans l'intérieur du corps change, d'un instant à l'autre, pendant le mouvement; et, pour cette raison, on l'appelle *l'axe instantané de rotation*.

405. Supposons que la droite IOI' soit cet axe au bout du temps t; les équations (2) seront celles de ses projections sur les trois plans des coordonnées $x_{,}$, $y_{,}$, $z_{,}$; d'où l'on conclut facilement

$$\left. \begin{aligned} \cos \mathrm{IO}x_{,} &= \frac{p}{\sqrt{p^2 + q^2 + r^2}}, \\ \cos \mathrm{IO}y_{,} &= \frac{q}{\sqrt{p^2 + q^2 + r^2}}, \\ \cos \mathrm{IO}z_{,} &= \frac{r}{\sqrt{p^2 + q^2 + r^2}}. \end{aligned} \right\} \quad (3)$$

Lors donc que les trois quantités p, q, r, seront connues, on pourra assigner la position de l'axe instantané, par rapport aux axes mobiles $Ox_{,}$, $Oy_{,}$, $Oz_{,}$; et, d'après le signe qu'on donnera au radical, la partie OI de cette droite, à laquelle ces formules appartiendront, sera complètement déterminée : dorénavant, nous regarderons toujours ce radical comme une quantité positive.

Toutes les fois que p, q, r, seront des constantes, l'axe de rotation restera fixe dans le corps, c'est-à-dire, qu'il le traversera constamment dans les mêmes points. Or, les points du corps dont la vitesse est nulle à chaque instant, étant toujours les mêmes, ils demeureront immobiles pendant toute la durée du mouvement; donc, dans ce cas, l'axe de rotation sera aussi une droite fixe dans l'espace.

D'après l'équation (2) du n° 9, et les notations du n° 377, on aura

$$\cos \mathrm{IO}x = a \cos \mathrm{IO}x_{,} + b \cos \mathrm{IO}y_{,} + c \cos \mathrm{IO}z_{,},$$
$$\cos \mathrm{IO}y = a' \cos \mathrm{IO}x_{,} + b' \cos \mathrm{IO}y_{,} + c' \cos \mathrm{IO}z_{,},$$
$$\cos \mathrm{IO}z = a'' \cos \mathrm{IO}x_{,} + b'' \cos \mathrm{IO}y_{,} + c'' \cos \mathrm{IO}z_{,};$$

en vertu des équations (3), on aura donc

$$\left. \begin{aligned} \cos \mathrm{IO}x &= \frac{ap + bq + cr}{\sqrt{p^2 + q^2 + r^2}}, \\ \cos \mathrm{IO}y &= \frac{a'p + b'q + c'r}{\sqrt{p^2 + q^2 + r^2}}, \\ \cos \mathrm{IO}z &= \frac{a''p + b''q + c''r}{\sqrt{p^2 + q^2 + r^2}}, \end{aligned} \right\} \quad (4)$$

pour déterminer la direction de l'axe instantané, par

rapport aux axes fixes Ox, Oy, Oz. Il en résulte que quand p, q, r, seront des quantités constantes, les numérateurs de ces formules devront aussi être indépendans de t; ce qu'on vérifiera, effectivement, dans la suite.

406. Puisqu'à chaque instant le mouvement a lieu autour de la droite IOI' comme autour d'un axe fixe, il en résulte que tous les points du corps ont, pendant un instant infiniment petit, une même vitesse angulaire autour de cet axe (n° 384). Pour en déterminer la valeur, considérons le point qui se trouve sur l'axe $Oz_{,}$, à une distance du point O égale à l'unité; nous aurons, relativement à ce point, $x_{,}=0$, $y_{,}=0$, $z_{,}=1$; sa vitesse absolue sera donc

$$\sqrt{\frac{dx^2}{dt^2} + \frac{dy^2}{dt^2} + \frac{dz^2}{dt^2}} = \sqrt{\frac{dc^2 + dc'^2 + dc''^2}{dt^2}},$$

d'après les valeurs précédentes de $\frac{dx}{dt}$, $\frac{dy}{dt}$, $\frac{dz}{dt}$; et l'on aura, pour sa distance à l'axe de rotation,

$$\sin IOz_{,} = \sqrt{1 - \cos^2 IOz_{,}} = \frac{\sqrt{p^2 + q^2}}{\sqrt{p^2 + q^2 + r^2}};$$

donc, en divisant la vitesse absolue par cette distance, nous aurons

$$\frac{\sqrt{dc^2 + dc'^2 + dc''^2}}{\sqrt{p^2 + q^2}\,dt}\sqrt{p^2 + q^2 + r^2},$$

pour la vitesse angulaire. Or, nous avons

$$-p\,dt = b\,dc + b'\,dc' + b''\,dc'', \quad q\,dt = a\,dc + a'\,dc' + a''\,dc'':$$

d'où l'on déduit, en ayant égard aux équations du n° 377,

$$(p^2+q^2)dt^2=dc^2+dc'^2+dc''^2-(cdc+c'dc'+c''dc'')^2;$$

quantité qui se réduit à $dc^2+dc'^2+dc''^2$, à cause de $cdc+c'dc'+c''dc''=0$. Donc, en appelant ω la vitesse angulaire au bout du temps t, et la considérant comme une quantité positive, on aura simplement

$$\omega = \sqrt{p^2+q^2+r^2}.$$

On voit que cette vitesse sera constante toutes les fois que la position de l'axe de rotation sera invariable; mais la proposition inverse n'est pas également vraie; et il est possible que l'axe instantané change de position, sans que la vitesse angulaire change de valeur, ou, autrement dit, il est possible que les quantités p, q, r, soient variables, et que la valeur de ω demeure constante.

407. On appelle p, q, r, les composantes rectangulaires de la vitesse de rotation ω autour des axes $Ox_,$, $Oy_,$, $Oz_,$; et l'on dit aussi que chacune de ces trois quantités est la vitesse angulaire du mobile autour de l'axe correspondant.

Or, les équations (3) peuvent être remplacées par

$$p = \omega \cos \mathrm{IO}x_,, \quad q = \omega \cos \mathrm{IO}y_,, \quad r = \omega \cos \mathrm{IO}z_,;$$

et l'on peut écrire les équations (4) sous cette forme :

$$\omega \cos \mathrm{IO}x = ap + bq + cr,$$
$$\omega \cos \mathrm{IO}y = a'p + b'q + c'r,$$
$$\omega \cos \mathrm{IO}z = a''p + b''q + c''r;$$

d'où l'on conclut que la décomposition des vitesses de rotation suit les mêmes lois que celle des vitesses de translation, en remplaçant les directions de celles-ci par les directions des axes de rotation.

La résultante ω étant une quantité positive, et ayant pris la partie déterminée OI de la droite IOI' pour l'axe auquel elle se rapporte, les composantes p, q, r, dont les axes sont $Ox_{,}$, $Oy_{,}$, $Oz_{,}$, seront positives ou négatives, selon que ces droites feront des angles aigus ou obtus avec l'axe OI; et généralement, on devra regarder comme égales, mais de signes contraires, les composantes de ω rapportées aux deux parties d'une même droite, ou dont les axes seront le prolongement l'un de l'autre.

408 Non-seulement on peut, au moyen des trois quantités p, q, r, déterminer la vitesse angulaire du corps et la position de son axe de rotation, par rapport aux axes mobiles $Ox_{,}$, $Oy_{,}$, $Oz_{,}$, mais on peut aussi exprimer les vitesses et les forces accélératrices de ses différens points, décomposées suivant ces trois axes; ce qui nous servira, comme on le verra bientôt, à trouver de la manière la plus directe, les équations de son mouvement de rotation.

En effet, les composantes de la vitesse du point M étant $\dfrac{dx}{dt}$, $\dfrac{dy}{dt}$, $\dfrac{dz}{dt}$, par rapport aux axes fixes Ox, Oy, Oz, il s'ensuit que les composantes de la même vitesse, par rapport aux axes $Ox_{,}$, $Oy_{,}$, $Oz_{,}$, seront

$$a \frac{dx}{dt} + a' \frac{dy}{dt} + a'' \frac{dz}{dt},$$

$$b \frac{dx}{dt} + b' \frac{dy}{dt} + b'' \frac{dz}{dt},$$

$$c \frac{dx}{dt} + c' \frac{dy}{dt} + c'' \frac{dz}{dt},$$

d'après les notations du n° 377, et parce que la composition des vitesses suit les mêmes lois que celle des forces. Or, en substituant dans ces expressions les valeurs de $\frac{dx}{dt}$, $\frac{dy}{dt}$, $\frac{dz}{dt}$, du n° 404, et effectuant des réductions qu'on a déjà faites dans ce numéro, on trouve

$$a \frac{dx}{dt} + a' \frac{dy}{dt} + a'' \frac{dz}{dt} = qz_, - ry_,,$$

$$b \frac{dx}{dt} + b' \frac{dy}{dt} + b'' \frac{dz}{dt} = rx_, - pz_,,$$

$$c \frac{dx}{dt} + c' \frac{dy}{dt} + c'' \frac{dz}{dt} = py_, - qx_,,$$

par conséquent, les trois quantités $qz_, - ry_,$, $rx_, - pz_,$, $py_, - qx_,$, qui sont nulles pour tous les points du corps situés sur l'axe instantané de rotation, expriment, pour un autre point quelconque M, les composantes de sa vitesse, parallèles aux droites $Ox_,$, $Oy_,$, $Oz_,$.

On tire de ces dernières équations, en ayant égard à celles du n° 377,

$$\frac{dx}{dt} = a\,(qz_, - ry_,) + b\,(rx_, - pz_,) + c(py_, - qx_,),$$

$$\frac{dy}{dt} = a'(qz_, - ry_,) + b'(rx_, - pz_,) + c'(py_, - qx_,),$$

$$\frac{dz}{dt} = a''(qz_, - ry_,) + b''(rx_, - pz_,) + c''(py_, - qx_,);$$

et en différentiant par rapport à t, il vient

$$\frac{d^2x}{dt^2}=a\,(z_{,}dq-y_{,}dr)+b(x_{,}dr-z_{,}dp)+c(y_{,}dp-x_{,}dq)$$
$$+(qz_{,}-ry_{,})da+(rx_{,}-pz_{,})db+(py_{,}-qx_{,})dc\,,$$
$$\frac{d^2y}{dt^2}=a'(z_{,}dq-y_{,}dr)+b'(x_{,}dr-z_{,}dp)+c'(y_{,}dp-x_{,}dq)$$
$$+(qz_{,}-ry_{,})da'+(rx_{,}-pz_{,})db'+(py_{,}-qx_{,})dc',$$
$$\frac{d^2z}{dt^2}=a''(z_{,}dq-y_{,}dr)+b''(x_{,}dr-z_{,}dp)+c''(y_{,}dp-x_{,}dq)$$
$$+(qz_{,}-ry_{,})da''+(rx_{,}-pz_{,})db''+(py_{,}-qx_{,})dc''.$$

Les quantités $\dfrac{d^2x}{dt^2}$, $\dfrac{d^2y}{dt^2}$, $\dfrac{d^2z}{dt^2}$, sont les composantes parallèles aux axes fixes Ox, Oy, Oz, de la force accélératrice du point M; si donc on désigne par $p_{,}$, $q_{,}$, $r_{,}$ les composantes de la même force, parallèles aux axes $Ox_{,}$, $Oy_{,}$, $Oz_{,}$, on aura

$$p_{,} = a\,\frac{d^2x}{dt^2} + a'\,\frac{d^2y}{dt^2} + a''\,\frac{d^2z}{dt^2},$$
$$q_{,} = b\,\frac{d^2x}{dt^2} + b'\,\frac{d^2y}{dt^2} + b''\,\frac{d^2z}{dt^2},$$
$$r_{,} = c\,\frac{d^2x}{dt^2} + c'\,\frac{d^2y}{dt^2} + c''\,\frac{d^2z}{dt^2}.$$

Or, en substituant les valeurs précédentes de $\dfrac{d^2x}{dt^2}$, $\dfrac{d^2y}{dt^2}$, $\dfrac{d^2z}{dt^2}$, et faisant des réductions semblables à celles du n° 404, on trouve

$$p_{,}dt=z_{,}dq-y_{,}dr+(py_{,}-qx_{,})qdt+(pz_{,}-rx_{,})rdt\,,$$
$$q_{,}dt=x_{,}dr-z_{,}dp+(qz_{,}-ry_{,})rdt+(qx_{,}-py_{,})pdt\,,$$
$$r_{,}dt=y_{,}dp-x_{,}dq+(rx_{,}-pz_{,})pdt+(ry_{,}-qz_{,})qdt\,;$$

et en divisant par dt, on aura les valeurs de $p_{,}$, $q_{,}$, $r_{,}$, exprimées au moyen des variables p, q, r, et de leurs différentielles.

409. Si l'on considère à un instant quelconque les quantités de mouvement dont tous les points du corps sont animés, leur moment par rapport à chacun des trois axes $Ox_{,}$, $Oy_{,}$, $Oz_{,}$, suivant la définition du n° 273, pourront encore s'exprimer au moyen des quantités p, q, r.

Pour le faire voir, soit dm l'élément différentiel de la masse du corps qui répond au point M, et dont les coordonnées sont $x_{,}$, $y_{,}$, $z_{,}$; les composantes parallèles aux axes $Ox_{,}$, $Oy_{,}$, $Oz_{,}$, de sa quantité de mouvement seront les produits des vitesses $qz_{,} - ry_{,}$, $rx_{,} - pz_{,}$, $py_{,} - qx_{,}$, multipliées par dm; en désignant par L, M, N, les momens par rapport aux axes $Oz_{,}$, $Oy_{,}$, $Ox_{,}$, des quantités de mouvement de tous les points du corps, on aura donc, d'après ce qu'on a vu dans le n° 274,

$$L = \int [(rx_{,} - pz_{,})x_{,} - (qz_{,} - ry_{,})y_{,}]dm,$$
$$M = \int [(qz_{,} - ry_{,})z_{,} - (py_{,} - qx_{,})x_{,}]dm,$$
$$N = \int [(py_{,} - qx_{,})y_{,} - (rx_{,} - pz_{,})z_{,}]dm;$$

les intégrales s'étendant à la masse entière du mobile. On simplifiera ces valeurs en prenant pour $Ox_{,}$, $Oy_{,}$, $Oz_{,}$, les trois axes principaux du corps qui se coupent au point O; ce qui rendra nulles les trois intégrales $\int x_{,}y_{,}dm$, $\int z_{,}x_{,}dm$, $\int y_{,}z_{,}dm$; et en désignant par A, B, C, les trois momens d'inertie principaux, de sorte qu'on ait

$$\int (y_{,}^{2} + z_{,}^{2})dm = A,$$
$$\int (z_{,}^{2} + x_{,}^{2})dm = B,$$
$$\int (x_{,}^{2} + y_{,}^{2})dm = C,$$

on aura simplement

$$L = Cr, \quad M = Bq, \quad N = Ap.$$

Les quantités r, q, p, auront donc constamment les mêmes signes que L, M, N; par conséquent, leurs signes dépendront du sens dans lequel le corps tournera autour de chacun des trois axes principaux : selon, par exemple, que le corps tournera, parallèlement au plan $x_,Oy_,$, de $Ox_,$ vers $Oy_,$, ou dans le sens opposé, le moment L (n° 274) et par suite la vitesse r, seront des quantités positives, ou des quantités négatives; et, réciproquement, le signe de r fera connaître, à chaque instant, le sens de rotation autour de $Oz_,$.

D'après les théorèmes du n° 281, si l'on désigne par G le moment principal des quantités de mouvement que nous considérons, on aura

$$G = \sqrt{A^2 p^2 + B^2 q^2 + C^2 r^2};$$

en regardant ce radical comme une quantité positive; si la droite Om (fig. 8) est l'axe de ce moment, sa direction par rapport aux axes mobiles $Ox_,$, $Oy_,$, $Oz_,$, sera déterminée par les formules

$$\cos mOx_, = \frac{Ap}{G}, \quad \cos mOy_, = \frac{Bq}{G}, \quad \cos mOz_, = \frac{Cr}{G}; \quad (5)$$

et pour déterminer sa direction par rapport aux axes fixes Ox, Oy, Oz, on aura

$$\left. \begin{array}{l} G \cos mOx = Apa + Bqb + Crc, \\ G \cos mOy = Apa' + Bqb' + Crc', \\ G \cos mOz = Apa'' + Bqb'' + Crc''; \end{array} \right\} \quad (6)$$

équations dont les seconds membres sont les momens des quantités de mouvement du mobile par rapport aux axes fixes Ox, Oy, Oz.

410. La position de ce mobile à chaque instant, par rapport aux axes fixes, dépend des trois angles ψ, θ, φ, du n° 378 ; car au moyen de ces angles, les trois sections du corps que l'on a prises pour les plans mobiles des coordonnées $x_{\prime}$, $y_{\prime}$, $z_{\prime}$, sont déterminées de position à l'égard de ces plans fixes ; et il suffit même de connaître la position de deux sections non parallèles d'un corps solide, pour que les positions de tous les points de ce corps soient entièrement connues. D'ailleurs, quand les angles ψ, θ, φ, seront connus, les coefficiens a, b, etc., le seront aussi, et l'on connaîtra, par conséquent, les coordonnées x, y, z, d'un point quelconque du mobile. Le problème du mouvement de rotation autour d'un point fixe se réduit donc, en dernière analyse, à déterminer en fonctions du temps, les valeurs de ψ, θ, φ. Or, quand les valeurs de p, q, r, sont connues, celles de ces trois angles dépendent de trois équations du premier ordre, que l'on obtiendra en substituant les valeurs de a, b, etc. (n° 378), en fonctions de ψ, θ, φ, et celles de leurs différentielles, dans les valeurs de pdt, qdt, rdt, savoir :

$$pdt = -\, bdc \,-\, b'dc' \,-\, b''dc'',$$
$$qdt = adc \,+\, a'dc' \,+\, a''dc'',$$
$$rdt = bda \,+\, b'da' \,+\, b''da''.$$

Les valeurs de c, c', c'', ne contenant pas l'angle φ, il s'ensuit que celles de pdt et qdt ne contiendront pas sa différentielle ; et comme les valeurs de b, b', b'', se déduisent de celles de a, a', a'', en augmentant φ d'un angle droit, la valeur de $-pdt$ se déduira de même de celle de qdt. Le coefficient de $d\varphi$ sera l'unité dans la valeur de rdt; car d'après les formules du n° 378, on a

$$\frac{da}{d\varphi} = b, \quad \frac{da'}{d\varphi} = b', \quad \frac{da''}{d\varphi} = b'';$$

d'où il résulte

$$b\,\frac{da}{d\varphi} + b'\,\frac{da'}{d\varphi} + b''\,\frac{da''}{d\varphi} = b^2 + b'^2 + b''^2 = 1,$$

pour la valeur de ce coefficient. Toutes réductions faites, la substitution des valeurs de a, b, etc., dans celles de pdt, qdt, rdt, donne

$$\left.\begin{array}{l}
pdt = \sin\varphi\sin\theta\,d\psi - \cos\varphi\,d\theta, \\
qdt = \cos\varphi\sin\theta\,d\psi + \sin\varphi\,d\theta, \\
rdt = d\varphi - \cos\theta\,d\psi.
\end{array}\right\} \quad (7)$$

On peut remarquer que l'angle ψ n'entre pas dans ces formules; et, en effet, l'angle ψ ou NOx étant compté à partir d'un axe Ox entièrement arbitraire, les valeurs de p, q, r, ne doivent pas changer quand on augmente ou diminue cet angle d'une quantité constante.

Puisque r est la vitesse angulaire du mobile autour de l'axe Oz_i, il s'ensuit que rdt doit être l'angle décrit dans le plan des x_i et y_i pendant l'instant dt, par chacun des axes Ox_i et Oy_i; cet angle serait $d\varphi$, si la droite ON, à partir de laquelle on compte l'angle φ dans ce même plan, était immobile; mais dans l'instant dt, l'angle NOx augmente de $d\psi$, dont la projection est $\cos\theta\,d\psi$ sur le plan des x_i et y_i; et, selon que l'angle θ est aigu ou obtus, il est aisé de voir que la différentielle $d\varphi$ doit être diminuée ou augmentée de cette projection, pour avoir le déplacement de $Ox_{,}$ ou $Oy_{,}$, par rapport à une droite fixe dans le plan de ces axes. Par conséquent on aura, dans tous les cas, $rdt = d\varphi - \cos\theta\, d\psi$, comme on vient de le trouver.

411. Il existe entre les cosinus a, b, etc., et les quantités p, q, r, des relations qui peuvent être utiles dans beaucoup d'occasions, et qui sont exprimées par les équations différentielles

$$\left.\begin{array}{l} dc = (aq-bp)dt, \quad dc'=(a'q-b'p)dt, \quad dc''=(a''q-b''p)dt, \\ db=(cp-ar)dt, \quad db'=(c'p-a'r)dt, \quad db''=(c''p-a''r)dt, \\ da=(br-cq)dt, \quad da'=(b'r-c'q)dt, \quad da''=(b''r-c''q)dt. \end{array}\right\} \quad (8)$$

On obtient les trois premières de ces équations, en ajoutant les équations

$$adc + a'dc' + a''dc'' = qdt,$$
$$bdc + b'dc' + b''dc'' = -pdt,$$
$$cdc + c'dc' + c''dc'' = 0,$$

après les avoir multipliées respectivement, soit par a, b, c, soit par a', b', c', soit par a'', b'', c'', et en ayant égard aux équations du n° 377. On obtient les trois suivantes, en opérant d'une manière analogue sur les équations

$$cdb + c'db' + c''db'' = pdt,$$
$$adb + a'db' + a''db'' = -rdt,$$
$$bdb + b'db' + b''db'' = 0;$$

et en opérant de même sur les équations

$$bda + b'da' + b''da'' = rdt,$$
$$cda + c'da' + c''da'' = -qdt,$$
$$ada + a'da' + a''da'' = 0,$$

on parvient aux trois dernières équations (8).

On a encore les équations

$$pda + qdb + cdr = 0,$$
$$pda' + qdb' + cdr' = 0,$$
$$pda'' + qdb'' + cdr'' = 0,$$

qui sont une conséquence immédiate des neuf équations (8), et qui servent à vérifier l'invariabilité des numérateurs des formules (4), lorsque p, q, r, sont des quantités constantes.

§ II. *Équations du mouvement de rotation autour d'un point fixe.*

412. **Tout** ce qui précède étant établi, supposons maintenant que des forces motrices données agissent sur tous les élémens du mobile, et cherchons, en ayant égard à ces forces, les équations différentielles de son mouvement autour du point fixe O.

Au bout du temps t quelconque, désignons par $X_{/}dm$, $Y_{/}dm$, $Z_{/}dm$, les trois composantes parallèles aux axes principaux $Ox_{/}$, $Oy_{/}$, $Oz_{/}$, de la force motrice de l'élément dm. Si ce point matériel était libre, ces forces lui imprimeraient, dans l'instant dt, suivant leurs directions, les vitesses $X_{/}dt$, $Y_{/}dt$, $Z_{/}dt$. Les accroissemens de vitesse qu'il reçoit réellement, suivant ces directions, sont les quantités $p_{/}dt$, $q_{/}dt$, $r_{/}dt$, du n° 408 ; les composantes de la force perdue par l'élément dm, pendant l'instant dt, sont donc

$$(X_{/} - p_{/})\, dm, \quad (Y_{/} - q_{/})\, dm, \quad (Z_{/} - r_{/})\, dm.$$

Le corps sera donc en équilibre (n° 350), en supposant tous ses élémens sollicités par de semblables forces. Or, les équations d'équilibre d'un corps solide, autour d'un point fixe, sont au nombre de trois (n° 266), qui seront, relativement à ces forces,

$$\int [(Y_, - q_,) x_, - (X_, - p_,) y_,] \, dm = 0,$$
$$\int [(X_, - p_,) z_, - (Z_, - r_,) x_,] \, dm = 0,$$
$$\int [(Z_, - r_,) y_, - (Y_, - q_,) z_,] \, dm = 0 ;$$

les intégrales s'étendant à la masse entière du mobile.

La considération des axes principaux simplifie les termes résultant de la substitution des valeurs de $p_,$, $q_,$, $r_,$, sous les signes $\int$. En observant qu'alors les intégrales $\int x_, y_, dm$, $\int z_, x_, dm$, $\int y_, z_, dm$, sont nulles, et désignant par A, B, C, les trois momens d'inertie principaux du mobile, de sorte que A, B, C, représentent les mêmes intégrales que dans le n° 409, et qu'on ait, par conséquent,

$$\int (x_,^2 - y_,^2) \, dm = B - A,$$
$$\int (z_,^2 - x_,^2) \, dm = A - C,$$
$$\int (y_,^2 - z_,^2) \, dm = C - B,$$

les trois équations précédentes deviendront

$$\left. \begin{array}{l} C dr + (B - A)\, pq dt = R dt, \\ B dq + (A - C)\, rp dt = Q dt, \\ A dp + (C - B)\, qr dt = P dt, \end{array} \right\} \quad (a)$$

où l'on a fait, pour abréger,

$$\int (x_, Y_, - y_, X_,) \, dm = R,$$
$$\int (z_, X_, - x_, Z_,) \, dm = Q,$$
$$\int (y_, Z_, - z_, Y_,) \, dm = P.$$

413. Les composantes $X_{,}$, $Y_{,}$, $Z_{,}$, étant celles des forces données, suivant les axes mobiles $Ox_{,}$, $Oy_{,}$, $Oz_{,}$, leurs valeurs dépendront de la direction de ces droites dans l'espace, ou des trois angles ψ, θ, φ; les quantités P, Q, R, seront donc des fonctions de ψ, θ, φ, données dans chaque cas particulier; par conséquent, le problème du mouvement de rotation d'un corps solide autour d'un point fixe, conduit à six équations différentielles du premier ordre, entre les six inconnues p, q, r, ψ, θ, φ, et la variable t, savoir, les trois équations (a), jointes aux trois équations (7) du n° 410. En éliminant, dans les premières équations, les trois inconnues p, q, r, au moyen des dernières équations, on obtiendrait trois équations différentielles du second ordre, relatives à ψ, θ, φ, qui sont les inconnues définitives du problème; mais il vaut mieux conserver les six équations du premier ordre.

Nous nous bornerons à considérer le cas où la pesanteur est la seule force qui agisse sur les points du mobile. Prenons, dans ce cas, l'axe Oz vertical et dirigé dans le sens de cette force constante, que nous représenterons par g; ses trois composantes suivant les axes $Ox_{,}$, $Oy_{,}$, $Oz_{,}$, seront

$$X_{,} = ga'', \quad Y_{,} = gb'', \quad Z_{,} = gc'',$$

à cause de (n° 377)

$$a'' = \cos zOx_{,}, \quad b'' = \cos zOy_{,}, \quad c'' = \cos zOz_{,};$$

et si l'on désigne par M la masse du mobile, et par α, $\mathfrak{6}$, γ, les trois coordonnées constantes de son centre de gravité, par rapport à ces axes mobiles, de sorte qu'on ait

$$\int x_{/}dm = \mathrm{M}\alpha, \quad \int y_{/}dm = \mathrm{M}\mathcal{C}, \quad \int z_{/}dm = \mathrm{M}\gamma,$$

il en résultera

$$\mathrm{R} = (\alpha b'' - \mathcal{C}a'')\,\mathrm{M}g,$$
$$\mathrm{Q} = (\gamma a'' - \alpha c'')\,\mathrm{M}g,$$
$$\mathrm{P} = (\mathcal{C}c'' - \gamma b'')\,\mathrm{M}g.$$

Les équations (a) deviendront donc

$$\left.\begin{array}{l} \mathrm{C}dr + (\mathrm{B} - \mathrm{A})\,pqdt = (\alpha b'' - \mathcal{C}a'')\,\mathrm{M}gdt, \\ \mathrm{B}dq + (\mathrm{A} - \mathrm{C})\,rpdt = (\gamma a'' - \alpha c'')\,\mathrm{M}gdt, \\ \mathrm{A}dp + (\mathrm{C} - \mathrm{B})\,qrdt = (\mathcal{C}c'' - \gamma b'')\,\mathrm{M}gdt, \end{array}\right\} (b)$$

auxquelles il faudra joindre les équations (7) et celles-ci (n° 378) :

$$a'' = -\sin\theta\sin\varphi, \quad b'' = -\sin\theta\cos\varphi, \quad c'' = \cos\theta. \quad (c)$$

414. On parvient facilement à intégrer les équations (b), lorsque leurs seconds membres sont nuls ; ce qui a lieu quand on fait abstraction de la pesanteur, ou bien, lorsque le point fixe O est le centre de gravité du mobile, et où l'on a, conséquemment, $\alpha = 0, \mathcal{C} = 0, \gamma = 0$.

Les équations (b) se réduisent alors à

$$\left.\begin{array}{l} \mathrm{C}dr + (\mathrm{B} - \mathrm{A})\,pqdt = 0, \\ \mathrm{B}dq + (\mathrm{A} - \mathrm{C})\,rpdt = 0, \\ \mathrm{A}dp + (\mathrm{C} - \mathrm{B})\,qrdt = 0. \end{array}\right\} (d)$$

Or, si on les multiplie par r, q, p, et qu'on les ajoute, il vient

$$Crdr + Bqdq + Apdp = 0;$$

et, en intégrant, on a

$$Cr^2 + Bq^2 + Ap^2 = h; \qquad (e)$$

h étant une constante arbitraire. Si l'on ajoute ces mêmes équations, après les avoir multipliées par Cr, Bq, Ap, il en résulte

$$C^2rdr + B^2qdq + A^2pdp = 0;$$

d'où l'on tire, en intégrant,

$$C^2r^2 + B^2q^2 + A^2p^2 = k^2; \qquad (f)$$

k^2 étant une seconde constante arbitraire, qui ne peut être qu'une quantité positive, ainsi que la première.

Ces équations (e) et (f) donnent

$$p^2 = \frac{k^2 - Bh + (B - C)Cr^2}{(A - B)A}, \qquad q^2 = \frac{k^2 - Ah + (A - C)Cr^2}{(B - A)B}.$$

En substituant les valeurs de p et q dans la première équation (d), et la résolvant ensuite par rapport à dt, on a

$$dt = \frac{\pm\sqrt{AB}.Cdr}{[k^2 - Bh + (B - C)Cr^2]^{\frac{1}{2}}[Ah - k^2 + (C - A)Cr^2]^{\frac{1}{2}}}. \quad (g)$$

On regardera le dénominateur comme une quantité constamment positive; et l'on prendra, au numérateur, le signe $+$ ou le signe $-$, selon que la différentielle dr sera positive ou négative, afin que le temps soit toujours croissant, et sa différentielle toujours positive.

En intégrant cette formule (g), on aura la valeur de t en fonction de r; d'où l'on conclura, réciproquement, la valeur de r en fonction de t : les valeurs des trois quantités p, q, r, peuvent donc être censées connues en fonctions de cette variable, ou du moins elles ne dépendent plus que d'une seule intégrale, qui se réduira toujours aux fonctions elliptiques (*).

On obtiendra cette intégrale sous forme finie, sans le secours de ces fonctions, lorsque deux des trois momens d'inertie A, B, C, seront égaux, ou lorsque la constante k^2 sera égale à l'une des trois quantités Ah, Bh, Ch.

415. Si l'on examine avec attention la forme des équations (d), et qu'on ait égard aux formules (8) du n° 411, on parvient à découvrir d'autres équations immédiatement intégrables.

En effet, j'ajoute les équations (d), après les avoir multipliées par c, b, a; ce qui donne

$$[cdr + (aq - bp)rdt]\,C + [bdq + (cp - ar)\,qdt]\,B + [adp + (br - cq)\,pdt]\,A = 0,$$

ou bien, en vertu des trois premières formules (8),

$$Cd.cr + Bd.bq + Ad.ap = 0.$$

On trouvera semblablement

$$Cd.c'r + Bd.b'q + Ad.a'p = 0,$$
$$Cd.c''r + Bd.b''q + Ad.a''p = 0.$$

(*) *Voyez*, sur ce point, le premier volume de la *Théorie des Fonctions elliptiques.*

En intégrant, on aura donc

$$\left.\begin{array}{l} Crc + Bqb + Apa = l, \\ Crc' + Bqb' + Apa' = l', \\ Crc'' + Bqb'' + Apa'' = l'', \end{array}\right\} \quad (h)$$

l, l', l'', étant des constantes arbitraires.

Ces trois intégrales ne sont pas des équations distinctes entre elles ; car si l'on ajoute leurs carrés, on trouve, en ayant égard aux équations du n° 377,

$$C^2 r^2 + B^2 q^2 + A^2 p^2 = l^2 + l'^2 + l''^2 \, ;$$

résultat qui rentre dans l'équation (f), et d'où l'on conclut, entre les constantes k, l, l', l'', la relation

$$l^2 + l'^2 + l''^2 = k^2.$$

Si l'on substitue dans ces équations (h), à la place de a, b, etc., leurs valeurs en fonctions de ψ, θ, φ (n° 378), on obtiendra trois équations entre les six variables ψ, θ, φ, p, q, r, et les constantes arbitraires l, l', l'', qui devront être des intégrales des équations (7) du n° 410 ; et c'est, en effet, ce qu'il est aisé de vérifier. Comme ces trois intégrales n'équivalent qu'à deux équations réellement distinctes, il s'ensuit qu'il doit exister une troisième intégrale des équations (7) ; mais avant de la chercher, il est nécessaire de voir ce que signifient les équations (h).

416. D'après ce qu'on a vu dans le n° 409, elles montrent que les momens des quantités de mouvement de tous les points du mobile, par rapport aux axes fixes Ox, Oy, Oz, sont constans et égaux à l, l', l'', pendant toute la durée du mouvement. En les

comparant aux formules (6) de ce numéro, et observant qu'en vertu de l'équation (f), le moment principal G est égal à la constante k, regardée comme positive, on aura

$$\cos mOx = \frac{l}{k}, \quad \cos mOy = \frac{l'}{k}, \quad \cos mOz = \frac{l''}{k},$$

pour déterminer la direction de l'axe Om de ce moment, qui demeurera immobile, ainsi que le plan perpendiculaire à cette droite. La position de l'axe Om changera par rapport aux axes mobiles $Ox_{,}$, $Oy_{,}$, $Oz_{,}$; mais on la retrouvera, à chaque instant, au moyen des formules (5) du n° 409, dans lesquelles on peut supposer connues les quantités p, q, r. On pourra donc assigner, à un instant quelconque, le point où cette droite rencontre la surface du mobile, et la trace, sur cette surface, de la section du plan mobile perpendiculaire à cette droite.

Ainsi, lorsqu'un corps solide tourne autour d'un point fixe, en vertu d'une ou plusieurs impulsions primitives, sans qu'aucune force motrice agisse sur ses points, il existe un plan passant par le point fixe, qui demeure invariable pendant le mouvement, et dont on peut déterminer la position, à chaque instant, par rapport aux plans mobiles des axes principaux du corps.

Nous aurons occasion, dans la suite, de généraliser ce théorème ; maintenant, il va nous servir à trouver la troisième intégrale des équations (7).

417. L'axe Om étant immobile, nous pouvons le prendre pour l'axe fixe Oz, dont la direction est ar-

bitraire; nous aurons alors

$$\cos mOx_{,} = \cos zOx_{,} = a'',$$
$$\cos mOy_{,} = \cos zOy_{,} = b'',$$
$$\cos mOz_{,} = \cos zOz_{,} = c''.$$

A cause de $G = k$ et des formules (5) du n° 409, il en résultera

$$a'' = \frac{Ap}{k}, \quad b'' = \frac{Bq}{k}, \quad c'' = \frac{Cr}{k};$$

les équations (c) deviendront donc

$$\sin\theta\sin\varphi = -\frac{Ap}{k}, \quad \sin\theta\cos\varphi = -\frac{Bq}{k}, \quad \cos\theta = \frac{Cr}{k}; \quad (i)$$

elles s'accorderont entre elles, en vertu de l'équation (f), et serviront à déterminer les angles φ et θ, en fonctions du temps, d'après les valeurs de p, q, r.

Maintenant, si l'on élimine $d\theta$ entre les deux premières équations (7) du n° 410, on aura

$$\sin^2\theta\, d\psi = \sin\theta\sin\varphi\, pdt + \sin\theta\cos\varphi\, qdt;$$

d'où l'on tire, en vertu des équations précédentes,

$$d\psi = -\frac{Ap^2 + Bq^2}{k^2 - C^2 r^2}\, kdt;$$

donc, à cause de l'équation (e), on aura

$$d\psi = -\frac{h - Cr^2}{k^2 - C^2 r^2}\, kdt; \qquad (k)$$

et en substituant la formule (g) à la place de dt, il en résultera une valeur de $d\psi$, dont l'intégration se ré-

duira aussi aux fonctions elliptiques, et qui s'obtiendra sous forme finie dans les mêmes cas que l'intégrale de dt. De cette manière, on connaîtra donc la
valeur du troisième angle ψ en fonction de r, et, par
conséquent, en fonction de t.

Les quantités $h - Cr^2$ et $k^2 - C^2r^2$ étant positives,
en vertu des équations (e) et (f), et k étant aussi
une quantité positive, il en résulte que la vitesse angulaire $\dfrac{d\psi}{dt}$ sera toujours négative, et que le mouvement de la droite ON aura constamment lieu dans le
même sens. A cause que l'angle ψ est compté dans le
sens indiqué par la flèche s (n° 578), ce mouvement
se fera en sens contraire, c'est-à-dire, de l'axe Ox
vers l'axe Oy; sa direction constante dépendra donc
du sens de l'axe Oy, que nous déterminerons tout à
l'heure.

418. Les valeurs des six variables p, q, r, ψ, θ, φ,
résultant de notre analyse, seront des fonctions du
temps, qui contiendront, en outre, quatre constantes
arbitraires, savoir, k, h, et les deux constantes qui
seront introduites par l'intégration des formules (g)
et (k). Les intégrales complètes des équations (7) et
(d), dont ces valeurs dépendent, devraient renfermer six constantes arbitraires; mais le choix que nous
venons de faire, de l'axe Om du moment principal,
pour l'un des axes des coordonnées x, y, z, a fait
disparaître deux de ces constantes; car, Om coïncidant avec Oz, les angles mOx et mOy sont droits, et,
d'après les formules du n° 416, il en résulte $l' = 0$ et
$l'' = 0$. Nous n'avons donc plus, pour achever la so-

lution complète du problème, qu'à déterminer, au moyen des données initiales du mouvement, les quatre constantes restantes, et les parties des droites passant par le point O, auxquelles répondent les angles variables, pendant toute la durée du mouvement.

Pour cela, supposons que le mobile dont on considère le mouvement de rotation, soit formé, comme dans le n° 386, de deux corps, dont l'un était en repos et retenu par le point fixe O, et dont l'autre, animé d'une vitesse donnée, est venu frapper le premier, et s'y attacher. Soient μ la masse du corps choquant, v la vitesse commune à tous ses points avant le choc, FE la direction initiale de son centre de gravité, HEK la section du mobile par le plan de cette droite FE et du point O, et f la longueur de la perpendiculaire OL, abaissée de ce point sur cette droite. La percussion qui a produit le mouvement de rotation sera dirigée suivant FE, et égale à μv. D'après le principe du n° 353, si l'on prend en sens contraire de leurs directions les quantités de mouvement de tous les points du mobile, qui auront lieu immédiatement après le choc, l'équilibre devra exister entre ces quantités de mouvement finies et la force μv prise dans sa direction; or, pour cet équilibre, il faudra (n° 282) que le moment $\mu v f$ de cette force soit égal au moment principal de ces quantités de mouvement, et que les axes de ces deux momens soient dans le prolongement l'un de l'autre. Puisque ce moment principal, qu'on a appelé G, est constamment égal à k (n° 416), on aura donc d'abord

$$k = \mu v f,$$

pour la valeur de cette constante positive.

De plus, si l'on mène par le point O l'axe du moment $\mu v f$, perpendiculaire à la section donnée EHK du mobile, cette droite sera aussi l'axe du moment principal, que nous avons pris pour l'axe Oz ; les directions $Ox_{\prime}$, $Oy_{\prime}$, $Oz_{\prime}$, des trois axes principaux du mobile, seront également données à l'origine du mouvement ; les angles que font ces droites avec Oz seront donc connus ; et, d'après le numéro précédent, nous aurons

$$p = \frac{k \cos zOx_{\prime}}{A}, \quad q = \frac{k \cos zOy_{\prime}}{B}, \quad r = \frac{k \cos zOz_{\prime}}{C}, \quad (l)$$

pour les valeurs initiales de p, q, r. En les substituant dans l'équation (e), on aura la valeur de la constante h.

On prendra arbitrairement pour les droites $Ox_{\prime}$, $Oy_{\prime}$, $Oz_{\prime}$, les parties qu'on voudra des axes principaux du mobile qui se coupent au point O ; mais après les avoir choisies, et avoir fixé les points de la surface du mobile où ces portions de droites viennent aboutir, elle ne devront plus changer pendant le mouvement.

Le sens de la percussion exercée sur le mobile, suivant la direction FE, déterminera celui de la rotation autour de chacun des axes $Ox_{\prime}$, $Oy_{\prime}$, $Oz_{\prime}$, à l'origine du mouvement, et, par conséquent, les signes des valeurs initiales de p, q, r (n° 409). On saura donc aussi, d'après les équations précédentes, si les angles $zOx_{\prime}$, $zOy_{\prime}$, $zOz_{\prime}$, sont d'abord aigus ou obtus ; et il suffira d'avoir égard à l'un de ces angles, plus petit ou plus grand que 90°, pour déterminer la partie de la perpendiculaire au plan de la section HEK, qu'on devra prendre pour l'axe Oz ou Om, et qui sera, pendant toute la durée du mouvement, l'axe du moment principal des quantités de mouvemens de tous les points du mobile.

L'intersection NON' du plan de la section HEK et du plan des axes $Ox_{,}$ et $Oy_{,}$, sera aussi connue, à l'origine du mouvement. Pour connaître la partie ON de cette droite, à laquelle répondent constamment les angles ψ et φ, il suffira donc de savoir si, à cette époque, φ ou $NOx_{,}$ est un angle aigu, ou un angle aigu augmenté de 180°; et comme on a

$$\cos zOx_{,} = -\sin\theta\sin\varphi, \quad \cos zOy_{,} = -\sin\theta\cos\varphi,$$

il suffira d'avoir égard au signe de l'un de ces cosinus, ou de la valeur initiale d'une des quantités p et q.

La droite fixe Ox est entièrement arbitraire dans le plan de la section HEK. Pour plus de simplicité, je supposerai qu'elle coïncide avec la position initiale de ON. En faisant $\psi = 0$ dans les valeurs de a', b', c', du n° 378, on aura, à l'origine du mouvement,

$$\cos yOx_{,} = \cos\theta\sin\varphi, \quad \cos yOy_{,} = \cos\theta\cos\varphi, \quad \cos yOz_{,} = \sin\theta.$$

Connaissant les valeurs initiales des angles θ et φ, aigus ou obtus, il suffira donc de considérer le signe de $\cos yOx_{,}$ ou $\cos yOy_{,}$, pour connaître la partie de la perpendiculaire à Ox ou ON, qu'on devra prendre pour l'axe fixe Oy, et, par conséquent, le sens de la vitesse $\frac{d\psi}{dt}$, qui aura lieu de ON vers Oγ, et restera le même pendant tout le mouvement.

Toutes choses restant d'ailleurs les mêmes, si le sens du choc primitif est seul changé, les valeurs initiales de p, q, r, changeront toutes trois de signe; en supposant que les angles primitifs θ et φ fussent aigus avant ce changement, ils deviendront $\pi-\theta$ et $\pi+\varphi$; et les droites Oz et ON se changeront dans leurs prolongemens. En mettant $\pi-\theta$ et $\pi+\varphi$ au lieu de θ et φ dans les équations précédentes, il n'en résultera aucun changement pour les valeurs initiales des angles γO$x_{,}$, γO$\gamma_{,}$, γO$z_{,}$. La droite Oγ restera donc la même; mais la vitesse angulaire $\frac{d\psi}{dt}$ étant toujours négative et dirigée de Ox vers Oγ, et Ox coïncidant actuellement avec ON$'$, le sens de cette vitesse aura changé avec celui de la percussion primitive.

Enfin, on déterminera les constantes arbitraires qui seront ajoutées aux intégrales des formules (g) et (k), de manière qu'on ait $t=0$ et $\psi=0$, à l'origine du mouvement, c'est-à-dire, pour la valeur initiale et donnée de r.

419. Maintenant, nous ferons remarquer quelques propriétés générales du mouvement que nous venons de déterminer.

1°. D'après les formules du n° 408, le carré de la vitesse de l'élément dm du mobile, à un instant quelconque, a pour expression

$$(qz_{,}-ry_{,})^2+(rx_{,}-pz_{,})^2+(py_{,}-qx_{,})^2.$$

En multipliant cette quantité par dm, on aura la force

vive de ce point matériel (n° 361); et en intégrant ensuite, dans toute l'étendue de la masse du corps, on obtiendra la somme des forces vives dont il est animé au bout du temps t. Or, en supprimant les termes multipliés par $\int x_{,} y_{,} dm$, $\int z_{,} x_{,} dm$, $\int y_{,} z_{,} dm$, à cause que les coordonnées $x_{,}$, $y_{,}$, $z_{,}$, sont rapportées à des axes principaux, et ayant égard aux valeurs des momens d'inertie A, B, C, on a, pour cette somme,

$$Ap^2 + Bq^2 + Cr^2;$$

donc, en vertu de l'équation (e), la somme des forces vives de tous les points du mobile est constante pendant le mouvement.

2°. Si l'on appelle ϖ la vitesse angulaire autour de l'axe du moment principal, qui coïncide constamment avec Oz, cette composante de la vitesse ω, relative à l'axe instantané, se déduira de celle-ci, en la multipliant par le cosinus de l'angle que fait l'axe instantané avec l'axe Oz; d'après le n° 407, on aura donc

$$\varpi = a''p + b''q + c''r;$$

et si l'on substitue pour a'', b'', c'', leurs valeurs trouvées dans le n° 417, et qu'on ait égard à l'équation (e), il en résultera

$$\varpi = \frac{h}{k}.$$

La vitesse angulaire du mobile, parallèlement au plan dans lequel la percussion primitive a eu lieu, est donc constante et égale à la somme des forces vives de tous les points du corps, divisée par le moment de cette percussion par rapport au centre fixe.

3°. Soient x', y', z', les coordonnées d'un point quelconque de l'axe instantané, rapportées aux axes $Ox_{,}$, $Oy_{,}$, $Oz_{,}$, et u la distance de ce point à leur origine O. En observant que $\frac{p}{\omega}$, $\frac{q}{\omega}$, $\frac{r}{\omega}$, sont les cosinus des angles que font ces droites avec l'axe instantané (n° 407), on aura

$$ x' = \frac{pu}{\omega}, \quad y' = \frac{qu}{\omega}, \quad z' = \frac{ru}{\omega} ; $$

si donc on multiplie les équations (e) et (f) par $\frac{u^2}{\omega^2}$, elles deviendront

$$ Ax'^2 + By'^2 + Cz'^2 = \frac{hu^2}{\omega^2}, $$

$$ A^2x'^2 + B^2y'^2 + C^2z'^2 = \frac{k^2u^2}{\omega^2} ; $$

et si l'on élimine $\frac{u^2}{\omega^2}$ entre celles-ci, on aura

$$ A(k^2 - Ah)x'^2 + B(k^2 - Bh)y'^2 + C(k^2 - Ch)z'^2 = 0 ; $$

d'où l'on conclut que l'axe instantané de rotation demeure toujours sur la surface d'un cône du second degré, que l'on peut tracer dans l'intérieur du mobile, lorsque les constantes h et k sont connues. Ce cône se change en un plan, quand le carré de k est égal à l'un des produits Ah, Bh, Ch; il devient un cône droit à base circulaire, ayant pour axe l'un des trois axes principaux relatifs à ce point, toutes les fois que deux des coefficiens de l'équation précédente sont égaux.

4° L'axe Om ou Oz du moment principal des quantités de mouvement, étant immobile, la suite des droites suivant lesquelles il traverse le corps pendant le mouvement, se trouvera sur un cône qui a le point O pour sommet. Or, ce cône est aussi du second degré, comme le précédent. En effet, si l'on appelle x'', y'', z'', les trois coordonnées d'un point quelconque de l'axe Om, rapportées aux axes $Ox_{,}$, $Oy_{,}$, $Oz_{,}$, et si l'on désigne par $u_{,}$ la distance de ce point à l'origine O , on aura

$$x'' = a''u_{,}, \quad y'' = b''u_{,}, \quad z'' = c''u_{,},$$

et, par conséquent,

$$Ap = \frac{kx''}{u_{,}}, \quad Bq = \frac{ky''}{u_{,}}, \quad Cr = \frac{kz''}{u_{,}}.$$

En substituant ces valeurs dans les équations (e) et (f), il vient

$$\frac{k^2 z''^2}{C} + \frac{k^2 y''^2}{B} + \frac{k^2 x''^2}{A} = hu_{,}^2,$$

$$z''^2 + y''^2 + x''^2 = u_{,}^2;$$

et par l'élimination de $u_{,}^2$, on en conclut :

$$\frac{k^2 - Ah}{A} x''^2 + \frac{k^2 - Bh}{B} y''^2 + \frac{k^2 - Ch}{C} z''^2 = 0,$$

pour l'équation de la surface du cône dont il s'agit.

5°. Pour que ce cône et le précédent ne soient pas imaginaires, il faudra que les quantités $k^2 - Ah$, $k^2 - Bh$, $k^2 - Ch$, ne soient pas toutes trois de même signe. Cela étant, si A est le plus grand et C le plus petit des trois momens d'inertie principaux, les

deux quantités $k^2 - Ah$ et $k^2 - Ch$ devront être de signes contraires. Or, selon que la troisième quantité
$k^2 - Bh$ aura le même signe que $k^2 - Ah$ ou $k^2 - Ch$,
les sections de ces deux cônes seront des ellipses perpendiculaires à l'axe du plus grand ou à l'axe du
plus petit moment d'inertie. Par conséquent, pendant
toute la durée du mouvement, l'axe instantané de
rotation ne s'écartera de l'un de ces deux axes principaux, que de quantités limitées; et, en même
temps, cet axe principal ne s'écartera non plus que
de quantités limitées, de l'axe Om perpendiculaire au
plan de la percussion primitive et du point O.

420. Lorsque l'axe instantané de rotation OI (fig. 3)
s'écarte très peu de l'un des trois axes principaux,
par exemple de l'axe $Oz_{\prime}$, pendant toute la durée du
mouvement, on peut déterminer sa position et celle
du mobile à un instant quelconque, d'une manière
très simple, et sans recourir aux fonctions elliptiques. A la vérité, cette autre solution du problème
n'est qu'approchée ; mais on pourra pousser l'approximation aussi loin qu'on voudra : celle à laquelle
nous nous arrêterons suffira pour compléter ce qui a
été dit dans le n° 389, sur les propriétés mécaniques
des axes principaux.

Nous avons (n° 406)

$$\sin \mathrm{I}Oz_{\prime} = \frac{\sqrt{p^2 + q^2}}{\sqrt{p^2 + q^2 + r^2}} \;;$$

l'angle $\mathrm{I}Oz_{\prime}$ étant très petit par hypothèse, p et q seront deux fractions très petites de r; si l'on néglige
leur produit, la première équation (d) se réduit

à $dr = 0$, et donne $r = n$; n étant une constante arbitraire qui exprimera la vitesse de rotation du corps, ou la valeur de $\sqrt{p^2 + q^2 + r^2}$, en négligeant aussi les carrés de p et q. Les deux autres équations (d) deviendront

$$\left. \begin{array}{l} Bdq + (A - C)npdt = 0, \\ Adp + (C - B)nqdt = 0. \end{array} \right\} \quad (1)$$

Pour les intégrer, je fais

$$p = \mathfrak{C} \sin(n't + \gamma), \quad q = \mathfrak{C}' \cos(n't + \gamma);$$

$\mathfrak{C}$, $\mathfrak{C}'$, γ, n', étant des quantités constantes. En substituant ces valeurs de p et q dans les équations (1), et supprimant ensuite le sinus ou cosinus qui se trouve facteur commun à tous leurs termes, il vient

$$B\mathfrak{C}'n' - (A - C)\mathfrak{C}n = 0, \quad A\mathfrak{C}n' - (B - C)\mathfrak{C}'n = 0;$$

d'où l'on tire

$$n' = n\sqrt{\frac{(A - C)(B - C)}{AB}},$$
$$\mathfrak{C}' = \alpha\sqrt{A(A - C)},$$
$$\mathfrak{C} = \alpha\sqrt{B(B - C)};$$

α étant une constante qui restera arbitraire, ainsi que γ. Si donc on fait, pour abréger,

$$\sqrt{\frac{(A - C)(B - C)}{AB}} = \delta,$$

il en résultera

$$\left. \begin{array}{l} p = \alpha\sqrt{B(B - C)} \sin(\delta nt + \gamma), \\ q = \alpha\sqrt{A(A - C)} \cos(\delta nt + \gamma), \end{array} \right\} \quad (2)$$

pour les intégrales complètes des équations (1).

Si l'on projette l'axe instantané OI sur le plan des x_i et y_i, et qu'on appelle ζ l'angle que fait cette projection avec l'axe des y_i, on aura

$$\tang \zeta = \frac{q}{p};$$

de plus, la valeur de sin IOz, se réduit à

$$\sin \text{IO} z_i = \frac{1}{n}\sqrt{p^2 + q^2},$$

au degré d'approximation où l'on s'est arrêté ; par conséquent, les valeurs précédentes de p et q feront connaître immédiatement, à chaque instant, la position de l'axe de rotation dans l'intérieur du mobile. On va voir les conséquences qui en résultent.

421. Si, à l'origine du mouvement, cette droite a coïncidé exactement avec l'axe Oz_i, il faudra qu'on ait $p = 0$ et $q = 0$, quand $t = 0$; ce qui exige que la constante α soit nulle. Alors on aura constamment $p = 0$ et $q = 0$; et l'axe instantané OI coïncidera, pendant toute la durée du mouvement, avec l'axe Oz_i, qui demeurera immobile (n° 405). Lors donc que le corps retenu par le point fixe O aura commencé à tourner autour de l'un des trois axes principaux qui se coupent en ce point, il continuera indéfiniment à tourner autour de cet axe, comme s'il était entièrement fixe ; ce qui est la proposition du n° 389.

Mais, si à l'origine du mouvement l'axe OI s'écartait un peu de Oz_i, les valeurs initiales de p et q, et, conséquemment, la constante α, seront seulement très petites. Or, pour que les valeurs de p et q demeurent toujours très petites, il faut que la constante δ soit réelle ; car, lorsqu'elle est imaginaire, le sinus et le cosinus contenus dans les équations (2) se changent, par les formules connues, en exponentielles réelles, et les valeurs de p et q, qui en résultent, croissent indéfiniment avec le temps t. La réalité de δ exige que le moment principal C soit le plus grand ou le plus petit des trois momens d'inertie A, B, C. Donc, quand l'axe instantané de rotation a été un tant soit peu écarté de l'axe principal qui répond au moment d'inertie moyen, cet écart augmente avec le temps, et ne reste pas renfermé entre de très petites limites ; et, au contraire, lorsqu'on l'a un peu écarté de l'axe principal auquel répond le plus grand ou le plus petit moment d'inertie, il s'en éloigne très peu, et ne fait que de très petites oscillations pendant toute la durée du mouvement.

Il y a donc une différence essentielle entre les trois axes principaux du mobile qui se coupent au point fixe O : en supposant que A soit la plus grande, et C la plus petite des trois quantités A, B, C, le mouvement de rotation est *stable* autour des axes $Ox_{\prime}$ et $Oz_{\prime}$, et ne peut être qu'instantané autour de l'axe $Oy_{\prime}$. S'il s'agit, par exemple, d'un ellipsoïde homogène, retenu par son centre de figure, le mouvement est stable autour du plus grand ou du plus petit de ses trois diamètres principaux, et non stable autour de son diamètre moyen.

422. Dans le cas de l'instabilité du mouvement, les formules (2) n'exprimeront les valeurs approchées de p et q que pendant les premiers instans du

mouvement, et tant qu'elles seront très petites, comme le supposent les équations (1), dont elles sont déduites. Pour avoir les valeurs de p, q, r, à un instant quelconque, il faudra alors recourir à la solution rigoureuse du problème. Dans le cas de la stabilité, les valeurs approchées de p et q, données par les équations (2), subsisteront pendant toute la durée du mouvement; et l'on déterminera de la manière suivante celles des trois angles ψ, θ, φ.

Je supposerai, comme dans le n° 418, que le mouvement a été produit par le choc d'une masse μ, dont tous les points avaient une vitesse v, parallèle à une droite FE (fig. 8), passant par le centre de gravité de μ, et comprise dans le plan des x et y. Les équations (i) auront lieu comme précédemment; et en désignant toujours par f la distance de cette droite au point O, la quantité k qu'elles renferment sera encore le moment $\mu v f$ de la percussion initiale. Au moyen de $r = n$ et des formules (2), ces équations (i) deviendront

$$\left.\begin{aligned}
\sin\theta\sin\varphi &= -\,\alpha\,\frac{A\sqrt{B(B-C)}}{\mu v f}\sin(\int nt + \gamma),\\[4pt]
\sin\theta\cos\varphi &= -\,\alpha\,\frac{B\sqrt{A(A-C)}}{\mu v f}\cos(\int nt + \gamma),\\[4pt]
\cos\theta &= \frac{Cn}{\mu v f}.
\end{aligned}\right\}\ (3)$$

Les angles θ et φ étant donnés à l'origine du mouvement, si l'on fait $t = 0$ dans les deux premières de ces équations, on en déduira les valeurs des deux constantes α et γ. Ces deux équations feront ensuite connaître les valeurs de φ et θ à un instant quelconque, après que la constante n aura aussi été déterminée. Il faudra que α soit une quantité très petite, pour que les valeurs de p et q, données par les équations (2), soient très petites, comme on l'a supposé. Cela étant, θ sera constamment un très petit angle, et l'axe principal $Oz_{\prime}$, dont s'écarte très peu l'axe instantané de rotation, s'écartera lui-même très peu de l'axe Oz perpendiculaire à la direction FE de la percussion primitive.

En négligeant le carré de θ, la troisième équation (3) se réduit à

$$\mu v f = Cn \, ;$$

ce qui fera connaître la constante n, qui sera, à très peu près, la vitesse angulaire du mobile autour de l'axe instantané.

La troisième équation (7) du n° 410 se réduira de même à

$$ndt = d\varphi - d\psi \, ;$$

d'où l'on tire

$$\psi = c + \varphi - nt \, ;$$

c étant une constante arbitraire, que l'on déterminera d'après les valeurs initiales de φ et ψ. Cette dernière équation fera ensuite connaître l'angle ψ à un instant quelconque ; ce qui complète la solution du problème.

423. Lorsque le mobile est un solide de révolution, dont $Oz_{\prime}$ est l'axe de figure, on a $B = A$; la première équation $(d_{\prime}$ se réduit à $dr = o$; r est donc une constante arbitraire n ; et toutes les formules du

n° 420, ainsi que les équations (3), ont lieu rigoureusement.

L'angle θ n'est plus assujetti à être très petit ; mais, en vertu de la troisième équation (3), sa valeur est constante pendant le mouvement ; en sorte que l'axe de figure du mobile décrit un cône droit à base circulaire, autour de la droite Oz perpendiculaire à la direction FE du choc primitif. En désignant par ε la valeur constante et donnée de cet angle θ, on aura

$$\mu vf \cos \varepsilon = Cn,$$

pour déterminer la constante n. D'après les deux premières équations (3), on aura aussi

$$u^2 v^2 f^2 \sin^2 \varepsilon = \alpha^2 A^3 (A - C),$$

pour déterminer la constante α ; et en vertu des équations (2) la vitesse angulaire ω autour de l'axe instantané sera (n° 406)

$$\omega = \sqrt{n^2 + \frac{\mu^2 v^2 f^2}{A^2} \sin^2 \varepsilon} ;$$

ce qui montre que cette vitesse sera constante, de manière que le mobile tournera uniformément, soit autour de l'axe instantané, en vertu de cette vitesse, soit autour de son axe de figure, en vertu de la vitesse n.

Les deux premières équations (3) donnent aussi

$$\tan \varphi = \tan (\delta nt + \gamma), \qquad \varphi = \delta nt + \gamma.$$

La troisième équation (7) du n° 410 devient

$$ndt = \delta ndt - \cos \varepsilon\, d\psi ;$$

en désignant par c une constante arbitraire, on en déduit

$$\psi = c - \frac{(1 - \delta)\,nt}{\cos \varepsilon} = c - \frac{\mu \omega f}{A}\,t\,;$$

par conséquent, l'angle φ, compté sur un plan perpendiculaire à l'axe de figure, et l'angle ψ, compté sur le plan du choc primitif et du point O, varient l'un et l'autre uniformément.

424. La stabilité du mouvement autour des axes principaux du plus grand et du plus petit moment d'inertie, ayant été conclue des équations (2), qui ne sont qu'approchées, on pourrait conserver quelque doute sur l'exactitude de cette conclusion ; mais on démontre rigoureusement la stabilité dont il s'agit, au moyen des intégrales exactes (e) et (f) des équations du mouvement.

En effet, en multipliant la première par C, et la retranchant de la seconde, on a

$$A\,(A - C)\,p^2 + B\,(B - C)\,q^2 = D\,; \qquad (4)$$

D désignant, pour abréger, la constante $k^2 - Ch$. Si donc l'axe instantané s'écarte très peu de l'axe principal Oz, à l'origine du mouvement, de sorte que les quantités p et q soient très petites à cette époque, la constante D sera aussi très petite ; d'où je conclus que les valeurs de p et q devront rester très petites pendant toute la durée du mouvement, lorsque les deux différences $A - C$ et $B - C$ seront de même signe ; car il faudra, en vertu de l'équation (4), que leurs carrés, multipliés par des quantités de même signe, et ensuite ajoutés, donnent constamment une somme très petite. On peut même, dans ce cas, fixer des limites aux valeurs de p et q, et l'on voit qu'on aura toujours

$$p^2 < \frac{D}{A\,(A-C)}, \quad q^2 < \frac{D}{B\,(B-C)}.$$

Mais si les différences $A-C$ et $B-C$ sont de signe contraire, et que la constante D soit encore supposée très petite, on conçoit que l'équation (4) pourra néanmoins être satisfaite, sans que les valeurs de p et q soient astreintes à demeurer constamment très petites ; et, en effet, l'analyse du n° 420 montre qu'alors ces valeurs ne sauraient être supposées très petites pendant toute la durée du mouvement.

Au reste, les axes principaux relatifs au point fixe O sont les seuls axes qui puissent rester les mêmes dans l'intérieur du mobile, et demeurer en repos, quand ils ne sont pas entièrement fixes, ainsi qu'on l'a déjà vu dans le n° 389. Cela résulte actuellement des équations (d). En effet, pour que l'axe instantané de rotation conserve toujours la même position, il faut que les trois quantités p, q, r, soient constantes. On a donc $dp = 0$, $dq = 0$, $dr = 0$; ce qui réduit les équations (d) à

$$(B-A)\,pq = 0, \quad (A-C)\,rp = 0, \quad (C-B)\,qr = 0.$$

Si les trois momens d'inertie A, B, C, sont inégaux, il faudra supposer nulles deux des trois quantités p, q, r, pour satisfaire à ces équations ; et alors l'axe instantané coïncidera avec l'un des trois axes $Ox_{,}$,

$Oy_{,}$, $Oz_{,}$. Si deux de ces trois momens d'inertie sont égaux, de sorte que l'on ait $B = A$, par exemple, la première équation disparaîtra, et l'on satisfera aux deux autres en prenant $r = 0$. L'axe instantané sera donc alors situé dans le plan des deux axes $Ox_{,}$ et $Oy_{,}$; mais on sait que, dans un pareil cas, toutes les droites comprises dans ce plan, et passant par le point O, sont des axes principaux ; l'axe de rotation immobile sera donc encore un axe principal. Enfin, lorsqu'on a $A = B = C$, ces trois équations sont identiques, et l'on peut prendre les valeurs de p, q, r, arbitrairement ; mais aussi, dans ce cas particulier, toutes les droites qui passent par le point O sont des axes principaux ; par conséquent, dans tous les cas, l'axe de rotation, s'il demeure immobile, ne pourra être qu'un axe principal.

§ III. *Solution d'un cas particulier de mouvement de rotation d'un corps pesant.*

425. Lorsque le point fixe O n'est pas le centre de gravité du mobile, et qu'on ne fait point abstraction de la pesanteur, on n'est parvenu, jusqu'à présent, à intégrer le système des équations (7) et (*b*) des n°ˢ 410 et 413, que quand le mobile est un solide de révolution, et que le point O appartient à son axe de figure. C'est ce cas particulier que nous allons maintenant considérer.

Supposons que l'axe principal $Oz_{,}$ soit l'axe de figure, et qu'on ait, par conséquent, $B = A$. Supposons aussi que le centre de gravité G du mobile (fig. 9) appartienne à l'axe des z, positives, de sorte qu'on ait (n° 413) $\alpha = 0$ et $\mathscr{C} = 0$, et que γ soit une quantité positive et donnée, qui représente la distance OG. L'axe Oz étant vertical et dirigé dans le sens de la pesanteur, l'angle θ ou zOz, sera aigu ou obtus, selon que le point G se trouvera au-dessous ou au-dessus du plan horizontal mené par le point O. Dans ces deux cas, les équations (b) deviendront

$$\left. \begin{aligned} \mathrm{C}dr &= 0, \\ \mathrm{A}dq - (\mathrm{C} - \mathrm{A})\,rp\,dt &= \gamma a''\mathrm{M}g\,dt, \\ \mathrm{A}dp + (\mathrm{C} - \mathrm{A})\,rq\,dt &= -\gamma b''\mathrm{M}g\,dt; \end{aligned} \right\} \quad (1)$$

les quantités a'' et b'' qu'elles renferment étant, d'après les équations (c),

$$a'' = -\sin\theta \sin\varphi, \qquad b'' = -\sin\theta \cos\varphi.$$

Nous appellerons *équateur* du mobile la section perpendiculaire à son axe de figure, et passant par le point O. Soient NEN'E' cette section, et NON' la droite suivant laquelle elle coupe le plan horizontal mené par ce point fixe. Toutes les droites qui passent par ce point et sont comprises dans cette section, étant des axes principaux, l'angle φ pourra se rapporter à l'une quelconque d'entre elles ; et E étant un point déterminé du mobile, on pourra prendre pour φ l'angle NOE. L'angle ψ, dont la troisième équation (7) renferme la différentielle, sera l'angle NOx, compté à partir d'une droite fixe Ox, menée arbitrairement dans le plan horizontal. On aura donc, à un instant quelconque,

$$z\mathrm{O}z_{,} = \theta, \quad \mathrm{NOE} = \varphi, \quad \mathrm{NO}x = \psi;$$

et l'on a suffisamment expliqué, dans le n° 378, comment la position du mobile sera déterminée, sans aucune ambiguité, au moyen des trois angles ψ, φ et θ.

426. En désignant par n une constante arbitraire, on aura $r = n$, d'après la première équation (1). Le mouvement de rotation du corps sera donc uniforme, parallèlement à son équateur. Pour définir la direction de ce mouvement, nous supposerons que le point N soit le *nœud ascendant* de l'équateur; en sorte que, quand le point E parviendra au point N, son rayon EO s'élevera au-dessus du plan horizontal, en vertu de la vitesse angulaire n, qui sera alors une quantité positive. En effet, d'après la troisième équation (7) du n° 410, on aura

$$d\varphi = ndt + \cos\theta \, d\psi. \qquad (2)$$

Lorsque le point E est en N, l'angle φ est zéro ou un multiple de 2π; et, dans l'instant suivant, il s'élevera ou s'abaissera, selon que l'angle φ augmentera ou diminuera (n° 378); donc, pour que le point E s'élève comme on le suppose, en ayant seulement égard au mouvement du corps parallèlement à son équateur, il faudra que le premier terme de $d\varphi$ soit positif.

Cela étant, si son second terme est aussi positif, il augmentera la valeur de $d\varphi$, qui sera donc plus grande que si le nœud N était immobile; par conséquent, son mouvement projeté sur l'équateur sera *rétrograde,* ou en sens contraire du mouvement du corps, parallèlement à ce plan. Le contraire aura lieu, et le

mouvement du nœud sera *direct*, lorsque le second
terme de la valeur de $d\varphi$ sera négatif. Dans le second
cas, si le second terme l'emportait sur le premier, la
valeur complète de $d\varphi$ serait négative, et le point E,
parvenu en N, s'abaisserait au-dessous du plan horizontal, au lieu de s'élever au-dessus ; mais cela n'em-
pêcherait pas que N ne fût toujours le nœud ascendant, eu égard au mouvement du corps autour de
son axe de figure.

Ainsi, le sens du mouvement du nœud ascendant
N dépendra du signe qu'aura, à chaque instant, le
produit de $\cos\theta$ et $d\psi$; et ce mouvement sera direct
ou rétrograde, selon que $\cos\theta$ et $d\psi$ seront de signe
contraire ou de même signe.

427. En ajoutant les équations (1), après les avoir
multipliées par c'', b'', a'', les seconds membres des
deux dernières se détruisent, et l'on trouve, comme
dans le n° 415,

$$Cd.rc'' + Ad.qb'' + Ad.pa'' = 0 ;$$

donc, à cause de $r = n$, $c'' = \cos\theta$, et des valeurs de
a'' et b'', on aura, en intégrant,

$$Cn\cos\theta - A(p\sin\theta\sin\varphi + q\sin\theta\cos\varphi) = l ; \quad (3)$$

l étant une constante arbitraire, qui exprimera,
comme dans le numéro cité, le moment des quantités de mouvement de tous les points du corps par
rapport à l'axe Oz. Dans le mouvement que nous considérons, le moment de ces quantités de mouvement
est donc une quantité constante, mais seulement par

rapport à l'axe vertical, et non plus par rapport à tous les axes passant par le point O.

J'ajoute encore les deux dernières équations (1), après les avoir multipliées par q et p ; ce qui donne

$$A\,(p\,dp + q\,dq) = \gamma\,(\,p \sin\theta \cos\varphi - q \sin\theta \sin\varphi\,)\,Mg\,dt.$$

Mais, en vertu des deux premières équations (7) du n° 410, on a

$$p \sin\theta \cos\varphi - q \sin\theta \sin\varphi = -\sin\theta \frac{d\theta}{dt} ;$$

on aura donc

$$A\,(p\,dp + q\,dq) = -\,Mg\gamma \sin\theta\,d\theta ;$$

et en intégrant et désignant par h la constante arbitraire, il en résultera

$$A\,(p^2 + q^2) = 2Mg\gamma \cos\theta + h. \qquad (4)$$

D'après les équations (7) qu'on vient de citer, on a d'ailleurs

$$p \sin\theta \sin\varphi + q \sin\theta \cos\varphi = \sin^2\theta \frac{d\psi}{dt},$$

$$p^2 + q^2 = \sin^2\theta \frac{d\psi^2}{dt^2} + \frac{d\theta^2}{dt^2},$$

au moyen de quoi les équations (3) et (4) pourront être changées en celles-ci :

$$\left. \begin{array}{l} Cn \cos\theta - A \sin^2\theta \dfrac{d\psi}{dt} = l, \\[2mm] A\left(\sin^2\theta \dfrac{d\psi^2}{dt^2} + \dfrac{d\theta^2}{dt^2}\right) = 2Mg\gamma \cos\theta + h. \end{array} \right\} \quad (5)$$

Les équations (2) et (5) donneront des valeurs de

dt, $d\psi$, $d\varphi$, dont chacune sera de la forme $F\theta d\theta$; il ne s'agira donc plus que d'intégrer ces trois formules différentielles, pour avoir les valeurs de t, ψ, φ, en fonctions de θ; or, leurs trois intégrales se réduiront, dans tous les cas, aux fonctions elliptiques. Mais, sans recourir à ces fonctions, on pourra aussi obtenir des valeurs approchées de ψ, φ, θ, en fonctions de t, dans les exemples que nous donnerons plus bas, après avoir déterminé les trois constantes arbitraires n, l, h, que contiennent les équations précédentes. Les trois nouvelles constantes qui seront renfermées dans leurs intégrales, se détermineront d'après les valeurs de ψ, φ, θ, qui répondent à $t = 0$: celle de θ sera donnée ; on prendra, si l'on veut, $\psi = 0$ et $\varphi = 0$, pour les valeurs initiales de ψ et φ.

428. Quelles que soient les quantités de mouvement que prendront les points du corps à l'origine du mouvement, leur moment principal relatif au point O, et la direction de son axe, seront connus, d'après les percussions qu'on aura exercées sur le mobile à cet instant, et auxquelles ces quantités de mouvement inconnues, prises en sens contraire de leurs directions, devront faire équilibre (n° 353).

Par la règle du n° 281, je décompose ce moment principal en trois autres momens, dont les axes rectangulaires soient la partie Oz, de l'axe de figure qui comprend le centre de gravité G, une droite perpendiculaire à Oz, et contenue dans le plan vertical de Oz et $Oz_{,}$, et une droite horizontale perpendiculaire à ce plan. Ces trois droites étant des axes principaux, le moment par rapport à Oz, aura Cr ou Cn pour va—

leur (n° 409); il ferait donc connaître la valeur de n; mais je supposerai, au contraire, cette vitesse donnée directement, et je prendrai Cn pour ce moment.

Je désignerai par μ le moment par rapport au second axe, et par m le moment par rapport à l'axe horizontal; en sorte que la valeur initiale du moment principal sera $\sqrt{C^2 n^2 + \mu^2 + m^2}$; à cause de $B = A$ et $r = n$, son carré est $A^2 (p^2 + q^2) + C^2 n^2$ (n° 409), à un instant quelconque; si donc on appelle α la valeur initiale de l'angle θ, on aura, en vertu de l'équation (4),

$$(2Mg\gamma \cos \alpha + h) A = \mu^2 + m^2,$$

à l'origine du mouvement; ce qui donne

$$h = \frac{\mu^2 + m^2}{A} - 2Mg\gamma \cos \alpha.$$

L'axe du moment désigné par μ fera un angle $\alpha + 90°$ avec Oz; l'axe du moment m étant perpendiculaire à cette verticale, ce moment n'influera pas sur le moment l par rapport à Oz; d'après l'expression générale de E du n° 281, nous aurons donc simplement

$$l = Cn \cos \alpha - \mu \sin \alpha.$$

On devra se rappeler que dans ces valeurs de h et l, l'angle α sera aigu ou obtus, selon qu'à l'origine du mouvement, le centre de gravité G du mobile se trouvera au-dessous ou au-dessus du plan horizontal, passant par le point O.

429. Pour vérifier ces différentes formules, je

suppose que la masse M du mobile soit concentrée à son centre de gravité, et qu'il se change en un pendule simple dont γ sera la longueur.

Dans ce cas, on n'aura point à considérer l'angle φ, et le mouvement dépendra seulement des angles ψ et θ. Si le point matériel G a reçu, à l'origine, une vitesse k' perpendiculaire à GO et dirigée dans le plan GOz, et une vitesse k perpendiculaire à ce plan, on aura

$$\mu = M\gamma k, \quad m = M\gamma k'.$$

On aura aussi

$$C = 0, \quad A = M\gamma^2.$$

Il en résultera

$$h = (k^2 + k'^2 - 2g\gamma \cos \alpha)\,M, \quad l = -M\gamma k \sin \alpha;$$

les équations (5) deviendront

$$\gamma \sin^2 \theta\, \frac{d\psi}{dt} = k \sin \alpha,$$

$$\gamma^2 \left(\sin^2 \theta\, \frac{d\psi^2}{dt^2} + \frac{d\theta^2}{dt^2} \right) = k^2 + k'^2 + 2g\gamma(\cos \theta - \cos \alpha);$$

et il est aisé de les faire coïncider avec les équations (5) et (6) du n° 205.

La première, multipliée par $\frac{1}{2}\gamma dt$, exprime que l'aire décrite autour du point O pendant l'instant dt, par la projection horizontale du rayon vecteur GO du mobile, est constante et égale à sa valeur initiale $\frac{1}{2}\gamma k \sin \alpha$. Le premier membre de la seconde est le carré de la vitesse de ce point matériel, au bout du temps t; et $k^2 + k'^2$ étant le carré de cette vitesse à l'origine du mouvement, cette équation est la formule du n° 159.

430. Dans le cas d'un corps qui ne se réduit pas à un point matériel, si l'on écarte le mobile de sa position d'équilibre, qu'on lui imprime une vitesse de rotation autour de son axe de figure, et qu'on l'abandonne ensuite à lui-même, les deux quantités μ et m seront nulles, on aura

$$l = Cn \cos \alpha, \quad h = -2Mg\gamma \cos \alpha,$$

et les équations (5) deviendront

$$\left.\begin{aligned}
\sin^2 \theta \, \frac{d\psi}{dt} &= \frac{Cn}{A} (\cos \theta - \cos \alpha), \\
\sin^2 \theta \, \frac{d\psi^2}{dt^2} + \frac{d\theta^2}{dt^2} &= \frac{2Mg\gamma}{A} (\cos \theta - \cos\alpha).
\end{aligned}\right\} \quad (6)$$

En vertu de la seconde, la différence $\cos\theta - \cos\alpha$ est toujours positive; en vertu de la première, la différentielle $d\psi$ le sera donc aussi; par conséquent (n° 426), le mouvement du nœud ascendant N sera direct, quand $\cos\theta$ sera négatif, ce qui suppose le centre de gravité G au-dessus du plan horizontal passant par le point O; et ce mouvement sera rétrograde, lorsque G sera au-dessous de ce plan, ce qui répond à $\cos\theta$ positif.

Quand n sera zéro, la différentielle $d\psi$, et par suite la différentielle $d\varphi$ donnée par l'équation (2), seront zéro; les angles ψ et φ seront donc constans, et pourront être supposés nuls; le mouvement se changera dans celui du pendule ordinaire, autour d'un axe horizontal par rapport auquel le moment d'inertie est A; et, effectivement, en faisant $d\psi = o$ dans la seconde équation (6), elle se réduit à l'équation (a) du n° 394., quand on suppose dans celle-ci la vitesse initiale égale à zéro.

L'élimination de $\dfrac{d\psi}{dt}$ entre les deux équations (6) donne

$$\sin^2\theta\,\frac{d\theta^2}{dt^2} = \frac{2g}{\lambda}\left[\sin^2\theta - 2\mathfrak{C}^2(\cos\theta - \cos\alpha)\right](\cos\theta - \cos\alpha),\ (7)$$

en faisant pour abréger,

$$\frac{M\gamma}{A} = \frac{1}{\lambda}, \quad \frac{C^2 n^2}{A^2} = \frac{4g\mathfrak{C}^2}{\lambda},$$

où l'on peut remarquer que λ est la longueur du pendule simple qui ferait ses oscillations dans le même temps que le mobile, si la vitesse n était nulle. En même temps, la première équation (6) deviendra

$$\sin^2\theta\,\frac{d\psi}{dt} = 2\mathfrak{C}\sqrt{\frac{g}{\lambda}}\,(\cos\theta - \cos\alpha),\quad (8)$$

en regardant $\mathfrak{C}$ comme une quantité positive et donnée.

Les valeurs approchées de θ et t qu'on tirera de ces équations (7) et (8), et celle de φ qui résultera de l'équation (2), s'exprimeront aisément sous forme finie, dans les deux cas dont nous allons nous occuper.

431. Je suppose d'abord que la partie Oz, de l'axe de figure qui contient le centre de gravité G du mobile ait été très peu écartée de la verticale Oz à

l'origine du mouvement, de sorte que l'angle α soit très petit ; l'angle θ le sera aussi, puisqu'on a toujours $\cos\theta > \cos\alpha$; et, en négligeant les quatrièmes puissances de α et θ dans les développemens de $\cos\alpha$ et $\cos\theta$, les équations (7) et (8) deviendront

$$\left.\begin{aligned}
\theta^2\,\frac{d\theta^2}{dt^2} &= \frac{g}{\lambda}\left[(1 + \mathcal{C}^2)\theta^2 - \mathcal{C}^2\alpha^2\right](\alpha^2 - \theta^2)\,,\\
\theta^2\,\frac{d\psi}{dt} &= \mathcal{C}\sqrt{\frac{g}{\lambda}}(\alpha^2 - \theta^2)\,,
\end{aligned}\right\}\ (9)$$

La première montre que θ, qui doit toujours être une quantité positive (n° 378), n'excédera jamais α, et ne sera pas moindre que $\dfrac{\mathcal{C}\alpha}{\sqrt{1 + \mathcal{C}^2}}$. En la résolvant par rapport à dt, on a

$$dt = \frac{\mp\sqrt{\dfrac{\lambda}{g}}\,\theta d\theta}{\sqrt{\left[(1 + \mathcal{C}^2)\theta^2 - \mathcal{C}^2\alpha^2\right](\alpha^2 - \theta^2)}}\,,$$

où l'on regardera toujours le dénominateur comme une quantité positive, et l'on prendra le signe inférieur ou le signe supérieur, selon que θ croîtra ou décroîtra.

Pour faciliter l'intégration, je fais

$$\theta = \alpha\,\sin u,\quad d\theta = \alpha\,\cos u\,du;$$

il en résulte

$$\sqrt{\frac{g}{\lambda}}\,dt = \pm\,\frac{d.\cos u}{\sqrt{1 - (1 + \mathcal{C}^2)\cos^2 u}}.$$

En intégrant, on aura donc

$$t\sqrt{\frac{g}{\lambda}}\,\sqrt{1 + \mathcal{C}^2} = c \pm \operatorname{arc}\left(\sin = \sqrt{1 + \mathcal{C}^2}\,\cos u\right);$$

c étant la constante arbitraire. Pour $t = 0$, on a $\theta = \alpha$ et $\cos u = 0$; l'angle qui répond au sinus zéro est zéro ou un multiple quelconque de π; on a donc $c = i\pi$, en désignant par i un nombre entier positif, négatif ou zéro; et en remettant pour $\cos u$ sa valeur, on aura

$$t \sqrt{\frac{g}{\lambda}} \sqrt{1 + \mathcal{C}^2} = i\pi \pm \mathrm{arc}\left(\sin = \sqrt{\frac{1 + \mathcal{C}^2}{\alpha}} \sqrt{\alpha^2 - \theta^2}\right).$$

L'angle θ décroissant d'abord depuis $\theta = \alpha$ jusqu'à $\theta = \dfrac{\mathcal{C}\alpha}{\sqrt{1 + \mathcal{C}^2}}$, on prendra le signe supérieur et $i = 0$; croissant ensuite depuis cette dernière valeur jusqu'à $\theta = \alpha$, on prendra le signe inférieur et $i = 1$; décroissant de nouveau, depuis $\theta = \alpha$ jusqu'à $\theta = \dfrac{\mathcal{C}\alpha}{\sqrt{1 + \mathcal{C}^2}}$, on prendra le signe supérieur et $i = 2$; et ainsi de suite. C'est de cette manière qu'on doit déterminer la constante arbitraire, ajoutée à un arc de cercle que l'on considère comme une fonction de son sinus; mais il est plus simple de passer de l'arc au sinus, avant cette détermination.

A un instant quelconque, on aura, d'après l'équation précédente,

$$\theta^2 = \alpha^2 - \frac{\alpha^2}{1 + \mathcal{C}^2} \sin^2 t \sqrt{\frac{g(1 + \mathcal{C}^2)}{\lambda}}.$$

En appelant T le temps pendant lequel l'angle θ passera de sa plus grande valeur α à sa plus petite valeur, qui suit immédiatement, ou reviendra de la plus petite à la plus grande, on en conclut

$$T = \tfrac{1}{2}\pi \sqrt{\frac{\lambda}{g(1 + \theta^2)}}.$$

Au moyen de cette valeur de θ^2, celle de $d\psi$, qui est donnée par la seconde équation (9), sera

$$d\psi = \frac{\theta \sqrt{\frac{g}{\lambda}}\,(1 + \theta^2)\,dt}{\theta^2 + \cos^2 t \sqrt{\frac{g(1 + \theta^2)}{\lambda}}} - \theta \sqrt{\frac{g}{\lambda}}\,dt\,;$$

en intégrant et supposant qu'on ait $\psi = 0$ quand $t = 0$, on en déduit

$$\psi = \mathrm{arc}\left[\tang = \frac{\theta\,\tang t\,\sqrt{\frac{g(1 + \theta^2)}{\lambda}}}{\sqrt{1 + \theta^2}}\right] - \theta t \sqrt{\frac{g}{\lambda}}\,;$$

formule qui déterminera le mouvement rétrograde du nœud ascendant N sur le plan horizontal passant par le point O. Si la constante θ n'est pas nulle, les valeurs de l'arc compris dans cette formule seront

$$\mathrm{arc}\,(\tang = \infty) = \tfrac{1}{2}\pi, \quad \mathrm{arc}\,(\tang = 0) = \pi,$$
$$\mathrm{arc}\,(\tang = -\infty) = \tfrac{3}{2}\pi, \quad \text{etc.,}$$

au bout des premier, deuxième, troisième, etc., intervalles de temps T ; par conséquent, l'arc parcouru par le point N pendant le premier intervalle de temps T, sera

$$\psi = \tfrac{1}{2}\pi - \frac{\tfrac{1}{2}\pi\theta}{\sqrt{1 + \theta^2}}\,;$$

pendant les deux premiers intervalles T, il sera

$$\psi = \pi - \frac{\pi\theta}{\sqrt{1 + \theta^2}}\,;$$

au bout des trois premiers, on aura

$$\psi = \frac{3}{2}\pi - \frac{\frac{3}{2}\pi\mathcal{C}}{\sqrt{1+\mathcal{C}^2}};$$

et ainsi de suite. Il en résulte que les arcs parcourus par le nœud N pendant les intervalles T successifs seront tous égaux entre eux, et auront pour valeur commune

$$\frac{\frac{1}{2}\pi}{(\mathcal{C}+\sqrt{1+\mathcal{C}^2})\sqrt{1+\mathcal{C}^2}},$$

laquelle est d'autant moindre, que la constante $\mathcal{C}$ sera un plus grand nombre.

Quant à la valeur de φ, si l'on néglige le carré de θ dans l'équation (2), et qu'on suppose $\varphi = 0$ quand $t = 0$, on aura

$$\varphi = nt + \psi;$$

ce qui achevera de déterminer la position du mobile à un instant quelconque.

432. Quel que soit l'angle α, supposons actuellement que l'angle θ demeure à peu près constant, et par conséquent très peu différent de α, pendant toute la durée du mouvement. Faisons donc

$$\theta = \alpha - u, \quad d\theta = -du;$$

et considérons u comme une variable très petite. En négligeant les puissances de u supérieures au carré, on aura

$$\sin^2\theta = \sin^2\alpha - u\sin 2\alpha + u^2\cos 2\alpha,$$
$$\cos\theta - \cos\alpha = u\sin\alpha - \tfrac{1}{2}u^2\cos\alpha;$$

et à ce degré d'approximation, l'équation (7) donne

$$\frac{\lambda}{g}\,\frac{du^2}{dt^2} = 2u\sin\alpha - u^2(\cos\alpha + 4\mathcal{C}^2);$$

d'où l'on tire

$$\sqrt{\frac{g}{\lambda}}\,dt = \frac{du}{\sqrt{2u\sin\alpha - u^2\,(\cos\alpha + 4\mathcal{C}^2)}}.$$

En intégrant et observant que $u = 0$ quand $t = 0$, il vient

$$t\sqrt{\frac{g}{\lambda}\,(\cos\alpha + 4\mathcal{C}^2)} = \mathrm{arc}\left[\cos = 1 - \frac{u(\cos\alpha + 4\mathcal{C}^2)}{\sin\alpha}\right],$$

et, par conséquent,

$$u = \frac{\sin\alpha}{\cos\alpha + 4\mathcal{C}^2}\left[1 - \cos t\sqrt{\frac{g}{\lambda}\,(\cos\alpha + 4\mathcal{C}^2)}\right].$$

Pour que la variable u soit toujours très petite, comme je l'ai supposé, il faudra que la quantité $\mathcal{C}$ soit très grande; ce qui exige, en général, qu'on ait imprimé au mobile une très grande vitesse de rotation autour de son axe de figure. On pourra alors mettre $4\mathcal{C}^2$ à la place de $\cos\alpha + 4\mathcal{C}^2$, et l'on aura, plus simplement,

$$u = \frac{1}{2\mathcal{C}^2}\sin\alpha\,\sin^2\mathcal{C}t\sqrt{\frac{g}{\lambda}}.$$

En mettant $\alpha - u$ au lieu de θ dans l'équation (8), négligeant le carré de u, et supposant que l'angle α ne soit pas nul, ce qui permet de supprimer le facteur $\sin^2\alpha$, commun aux deux membres, nous aurons

$$\frac{d\psi}{dt} = \frac{1}{\mathcal{C}}\sqrt{\frac{g}{\lambda}}\sin^2\mathcal{C}t\sqrt{\frac{g}{\lambda}};$$

d'où l'on tire

$$\psi = \frac{1}{2c}\, t \sqrt{\frac{g}{\lambda}} - \frac{1}{4c^2} \sin 2c t \sqrt{\frac{g}{\lambda}}.$$

En vertu de l'équation (2), on aura, en même temps,

$$\varphi = nt + \psi \cos \alpha,$$

en supposant les angles φ et ψ nuls à l'origine du mouvement; et la position du mobile, à un instant quelconque, sera complètement déterminée.

On conclut de $\theta = \alpha - u$, et de cette valeur de ψ, 1°. que quand le mobile que nous considérons a reçu une très grande vitesse de rotation autour de son axe de figure, après que cette droite a été écartée de la direction verticale, son équateur conserve une inclinaison à peu près constante, sur le plan horizontal passant par le point O, pendant toute la durée du mouvement qui en résulte; 2°. qu'en même temps l'intersection de ces deux plans prend un mouvement à très peu près uniforme, très lent par rapport à la rotation du mobile, et qui est direct ou rétrograde, comme on l'a déjà dit (n° 430), selon que le centre de gravité du corps est au-dessus ou au-dessous du plan horizontal. Pourvu que l'angle α ne soit pas zéro, l'angle ψ et le mouvement du nœud sont indépendans de sa grandeur. L'inégalité u de l'inclinaison de l'équateur, et celle qui a lieu dans le mouvement du nœud, sont d'autant moins sensibles, que la rotation est plus rapide, et la quantité c un plus grand nombre.

Il existe, dans beaucoup de cabinets de physique, une machine de Bohnenberger, qui représente fidèlement toutes les circonstances de ce mouvement de rotation, de même que la machine d'Athood montre aux yeux toutes les circonstances du mouvement des corps graves. Le mouvement de rotation est produit au moyen d'un fil enroulé sur l'équateur du mobile, et attaché à l'un de ses points, que l'on déroule rapidement, comme dans le jeu de la *toupie*.

On remarquera que quand α est zéro, θ l'est aussi; ce qui rend l'équation (8) identique, et l'angle ψ indéterminé; l'angle $\varphi - \psi$, égal à nt, représente alors le mouvement du corps autour de son axe de figure, qui demeure constamment vertical.

CHAPITRE V.

DU MOUVEMENT D'UN CORPS SOLIDE ENTIÈREMENT LIBRE.

433. Pour se représenter avec plus de facilité le mouvement d'un corps solide dans l'espace, on y substitue deux autres mouvemens, l'un de *rotation*, autour d'un des points du mobile, et l'autre de *translation*, commun à tous ses points. Cela revient évidemment à regarder, à un instant quelconque, la vitesse de chaque point comme la résultante de deux autres vitesses, dont l'une soit égale et parallèle à celle du point que l'on prend pour centre du mouvement de rotation, et dont l'autre soit particulière à chaque point du mobile : en ayant seulement égard aux vitesses particulières, le corps tourne autour du centre, comme autour d'un point fixe ; et, en vertu de la vitesse commune, tous ses points sont transportés dans l'espace, d'un mouvement commun qui n'altère en aucune manière le mouvement de rotation.

Le mouvement de translation peut être révolutif autour d'un autre corps en repos ou lui-même en mouvement. Il n'y a pas de rotation toutes les fois qu'une face ou une section déterminée du mobile reste constamment parallèle à elle-même ; il y a, au contraire, rotation dans le même temps que la révolution, lorsque le mobile tourne constamment la même face vers le corps central. C'est ce second cas qui a lieu dans le mouvement des satellites autour de leurs planètes. La lune tourne toujours la même face vers la terre ; et le rayon vecteur qui va du centre de la terre au centre de la lune, rencontre toujours en un même point la surface du satellite (n° 141) ; d'où il résulte que la rotation de la lune sur elle-même et sa révolution autour de la terre, s'achèvent dans un même temps, lequel est $27^j,32166$. On démontre, dans la *Mécanique céleste*, que l'égalité de ces deux mouvemens subsistera toujours, quoique le mouvement révolutif s'accélère de siècle en siècle (n° 244) ; en sorte que le mouvement de rotation participe également à cette accélération, dont Laplace a assigné la cause.

Tant qu'on aura seulement pour but de décompo-ser le mouvement d'un corps en deux mouvemens plus simples et plus faciles à concevoir, on pourra choisir arbitrairement le centre du mouvement de rotation ; mais lorsqu'il s'agira de déterminer effec-tivement ces deux mouvemens, nous prendrons pour ce point le centre de gravité du mobile, parce qu'a-lors, dans le premier instant, ces deux mouvemens se détermineront indépendamment l'un de l'autre, et qu'il en sera de même, dans plusieurs cas, pendant toute leur durée : le choix de ce centre de rotation rendra toujours plus simples les équations différen-tielles des deux mouvemens, ainsi qu'on va le voir.

434. Appelons G le centre de gravité du mobile, M sa masse, et dm un élément quelconque de M. Au

bout du temps t, compté depuis l'origine du mouvement, désignons par x, y, z, les trois coordonnées rectangulaires de ce point matériel, et par x_i, y_i, z_i, celles du point G par rapport aux mêmes axes. Nous aurons

$$\mathrm{M} x_i = \int x\, dm, \quad \mathrm{M} y_i = \int y\, dm, \quad \mathrm{M} z_i = \int z\, dm,$$

en étendant les intégrales à la masse entière. Si l'on différentie ces équations par rapport à t, on pourra effectuer cette opération sous les signes $\int$. On aura, de cette manière,

$$\mathrm{M}\frac{dx_i}{dt}=\int \frac{dx}{dt} dm, \ \ \mathrm{M}\frac{dy_i}{dt}=\int \frac{dy}{dt} dm, \ \ \mathrm{M}\frac{dz_i}{dt}=\int \frac{dz}{dt} dm; \ (1)$$

et, pour en conclure les composantes de la vitesse initiale du centre de gravité, il suffira de connaître les valeurs de ces dernières intégrales à l'origine du mouvement.

Pour cela, supposons qu'à cette époque des parties μ, μ', μ'', etc., de M, reçoivent des vitesses qui soient les mêmes pour tous les points de chacune d'elles, et que nous représenterons par v, v', v'', etc.; en sorte qu'elles prendraient les quantités de mouvement μv, $\mu'v'$, $\mu''v''$, etc., si elles étaient libres. D'après le principe du n° 353, l'équilibre doit exister entre ces quantités de mouvement, prises en sens contraire de leurs directions, et celles que prendront réellement, dans le premier moment, tous les points du mobile, lesquelles seront, parallèlement aux axes x, y, z, les valeurs initiales de $\frac{dx}{dt} dm$, $\frac{dy}{dt} dm$, $\frac{dz}{dt} dm$, relativement à l'élément *dm*. Or, les directions des vitesses v, v', v'', etc., étant données, on pourra décomposer, parallèlement à ces axes, les quantités de mouvement qui leur correspondent. Si donc on désigne par P, Q, R, les sommes de ces composantes, suivant les directions des x, y, z, positives, et si l'on observe que, par hypothèse, le mouvement est entièrement libre, il faudra qu'on ait, pour l'équilibre dont il s'agit,

$$\int \frac{dx}{dt}\, dm = P, \quad \int \frac{dy}{dt}\, dm = Q, \quad \int \frac{dz}{dt}\, dm = R,$$

pour la valeur particulière $t = 0$. Les équations (1) deviendront donc

$$M \frac{dx_{\prime}}{dt} = P, \quad M \frac{dy_{\prime}}{dt} = Q, \quad M \frac{dz_{\prime}}{dt} = R, \quad (2)$$

à l'origine du mouvement; et l'on en conclut que la vitesse initiale du centre de gravité sera la même, en grandeur et en direction, que si la masse entière M du mobile y était concentrée, et que toutes les quantités de mouvement μv, $\mu' v'$, $\mu'' v''$, etc., ou leurs composantes P, Q, R, y fussent appliquées parallèlement à leurs directions respectives.

435. On peut supposer que μ, μ', μ'', etc., sont les masses de corps animés des vitesses v, v', v'', etc., qui sont venus frapper simultanément un autre corps en repos, et y sont restés attachés, pour former une masse totale M, dont le centre de gravité G a pris la vitesse qui a pour ses trois composantes les valeurs de $\frac{dx_{\prime}}{dt}$, $\frac{dy_{\prime}}{dt}$, $\frac{dz_{\prime}}{dt}$, données par les équations (2).

Le problème serait différent si les corps choquans ne restaient pas attachés au corps choqué après les percussions. Concevons qu'une masse M en repos soit frappée par un autre corps en mouvement, qui touche M en un seul point E (fig. 10) de sa surface ; supposons, de plus, que pendant la durée du choc il n'y ait pas de glissement de l'un des corps sur l'autre, ou du moins, s'il y en a un d'une très petite étendue, faisons abstraction du frottement considérable auquel il pourrait donner lieu (n° 353); supposons, enfin, que EF soit la normale en E à la surface de M, et comprise dans l'intérieur du corps. On verra, dans un autre chapitre, que le mouvement de M sera le même que si une certaine partie μ de la masse, dont le centre de gravité serait situé sur EF, recevait, suivant cette direction, une certaine vitesse v, commune à tous ses points. La droite EF est donc la direction du choc ; et son intensité, c'est-à-dire, la quantité de mouvement μv, sera déterminée, dans ce chapitre, d'après le mouvement du corps choquant et la forme des deux corps, élastiques ou non élastiques.

Cela étant, si l'on appelle V la vitesse que prendra le centre de gravité G de M, elle sera dirigée suivant la droite GD, parallèle à EF, et elle aura pour valeur le rapport de μv à M, de sorte que l'on aura

$$MV = \mu v.$$

Réciproquement, si la vitesse V du centre de gravité est donnée par l'observation, en la multipliant par M, on aura la quantité de mouvement qui a été imprimée au corps choqué, suivant la partie intérieure de la normale à la surface, menée par le point E où le choc a eu lieu ; propriété qui appartient exclusivement au centre de gravité G, et qui n'aurait pas lieu, en général, pour la vitesse que prend le point E, ou tout autre point de M, situé ou non sur la direction du choc.

436. Afin que l'on voie plus clairement comment le mouvement de rotation d'un corps se trouve simplifié, quand on le rapporte à son centre de gravité, supposons d'abord que l'on veuille déterminer ce mouvement autour d'un point déterminé C (fig. 11) de ce corps, que nous ferons ensuite coïncider avec son centre de gravité G.

Soient CA, en grandeur et en direction, la vitesse du point C, et BD celle d'un autre point quelconque B du mobile. Par le point B, tirons une droite BE égale et parallèle à CA, et achevons le parallélogramme BEDF. On pourra remplacer la vitesse BD par ses deux composantes BE et BF ; et si l'on décompose de même les vitesses de tous les points du mobile, ils auront tous une vitesse commune, égale et parallèle à CA, et chacun d'eux aura, en outre, une vitesse particulière. Or, si l'on imprime au point B et à tous les autres points du corps, une vitesse égale, parallèle et contraire à CA, on réduira le point C au repos, sans altérer le mouvement de rotation autour de ce point, qui sera dû aux vitesses particulières des autres points, savoir, BF pour le point B. Pour déterminer ce mouvement, on pourra donc considérer C comme un point fixe, après avoir imprimé à tous les élémens du corps, des quantités de mouvement

égales aux produits de leurs masses et de la vitesse
CA, et dirigées en sens contraire de CA. Or, la résultante de toutes ces forces parallèles et proportionnelles aux masses, sera égale à leur somme, et passera par le centre de gravité G, comme la résultante des forces qui proviennent de la pesanteur ;
par conséquent, si l'on désigne par U la vitesse CA,
et toujours par M la masse du mobile, il suffira de
joindre aux quantités de mouvement données, qui
peuvent être imprimées simultanément à différentes
parties de M, une autre quantité de mouvement
MU, dirigée suivant la droite GA', parallèle et contraire à CA. On déterminera ensuite le mouvement
de rotation autour du point C, par les règles du
chapitre précédent, et comme si C était un point
fixe.

Cette détermination exigera donc que l'on connaisse la vitesse U du point C ; mais lorsque ce
point sera le centre de gravité G, il est évident
qu'après avoir appliqué au mobile la quantité de
mouvement MU, dont la direction passera par ce
point G, on en pourra faire abstraction ; car une
force quelconque, passant par le centre d'un mouvement de rotation, ne peut influer en aucune manière sur ce mouvement, puisqu'elle ne saurait faire
tourner le corps autour de ce point, plutôt dans un
sens que dans le sens opposé.

Concluons donc que quand on imprime simultanément des quantités de mouvement données, en grandeur et en direction, à différentes parties d'un corps
solide, le mobile commence à tourner autour de son

centre de gravité, comme autour d'un point fixe, et sans qu'on soit obligé d'ajouter aucune autre quantité de mouvement à celles qui sont données.

437. En combinant ce théorème avec ce qui précède, on déterminera complètement le mouvement initial d'un corps solide de forme quelconque, de quelque manière qu'il soit produit.

Pour fixer les idées, supposons que le mobile dont le centre de gravité est G (fig. 10), et dont la masse est M, soit frappé en un point E de sa surface par un autre corps qui s'en détache après le choc. En prenant pour son mouvement de translation celui du point G, et ayant seulement égard à ce mouvement, tous les points du mobile décriront, dans le premier instant, des droites parallèles à la normale EF ; on pourra toujours, comme on l'a dit tout à l'heure, déterminer leur vitesse commune, qui sera la vitesse complète du point G ; mais, pour plus de simplicité, je la supposerai donnée par l'observation, et je la représenterai par V. Indépendamment de ce mouvement de translation, le corps tournera autour du point G comme s'il était fixe, et qu'une partie de la masse M, dont le centre de gravité serait sur la droite EF, reçût une quantité de mouvement équivalente à MV. Par conséquent, dans le premier moment, la direction de l'axe instantané de rotation et la vitesse angulaire du mobile autour de cet axe, se détermineront d'après les équations (*l*) du n° 418, dans lesquelles on fera

$$ k = \mathrm{MV}f; $$

f étant la perpendiculaire GL, abaissée du point G sur la droite EF.

Appelons, pour cela, ω cette vitesse angulaire, et α, β, γ, les angles que fait la direction de l'axe instantané avec les trois axes principaux du mobile qui se coupent au point G ; soit aussi HEK la section du mobile qui renferme le point G et la droite EF ; par le point G, élevons sur ce plan une perpendiculaire, et représentons par a, b, c, les angles qu'elle fera avec les axes auxquels répondent α, β, γ : d'après les équations (l) et les formules (3) du n° 405, nous aurons

$$A\omega\cos\alpha = k\cos a, \quad B\omega\cos\beta = k\cos b, \quad C\omega\cos\gamma = k\cos c;$$

A, B, C, étant les trois momens d'inertie du mobile par rapport aux mêmes axes. On en déduit

$$\omega^2 = \frac{k^2\cos^2 a}{A^2} + \frac{k^2\cos^2 b}{B^2} + \frac{k^2\cos^2 c}{C^2}.$$

Les valeurs de a, b, c, seront données dans chaque cas ; on connaîtra donc la vitesse ω ; et les équations précédentes détermineront les angles α, β, γ, c'est-à-dire, la direction de l'axe instantané.

Si la perpendiculaire à la section HEK coïncide avec l'un des trois axes principaux, de sorte qu'on ait, par exemple, $a = 90°$, $b = 90°$, $c = 0$, il en résultera $\alpha = 90°$, $\beta = 90°$, $c = 0$, et l'axe instantané coïncidera aussi avec le même axe principal ; d'où il suit qu'un corps libre, qui est frappé dans le plan de deux des trois axes principaux relatifs à son centre de gravité, commencera à tourner autour du troisième axe. En mettant pour k sa valeur, celle de la vitesse initiale de rotation sera, dans ce cas,

$$\omega = \frac{MVf}{C}.$$

Réciproquement, il est aisé de conclure des équations précédentes que le mobile ne peut commencer à tourner autour de la perpendiculaire au plan de la section HEK, de manière que α, $\mathcal{6}$, γ, soient égaux aux angles a, b, c, ou à leurs supplémens, à moins que cette perpendiculaire ne soit un des axes principaux qui se coupent au point G.

Lorsque le mobile sera une sphère homogène ou composée de couches concentriques, la perpendiculaire EF passera par le point G, qui sera son centre de figure. On aura donc $f = 0$, $k = 0$, $\omega = 0$; en sorte que le mobile ne prendra aucun mouvement de rotation. Quand on parvient, par une percussion, à faire tourner sur elle-même une sphère entièrement libre, c'est toujours parce que le corps choquant glisse plus ou moins sur cette sphère, et le mouvement de rotation est alors produit par le frottement qui a lieu pendant la durée du choc.

Quelle que soit la forme du corps choqué, si le corps choquant s'y attache, les formules précédentes auront encore lieu, en y mettant la quantité de mouvement du second corps avant le choc, à la place de MV, et prenant pour f la perpendiculaire abaissée du centre de gravité des deux masses, sur la direction primitive du centre de gravité du second corps : A, B, C, seront alors les momens d'inertie principaux du corps formé des deux masses réunies.

438. Occupons-nous maintenant du mouvement de la masse M au bout d'un temps quelconque t, et considérons successivement ses mouvemens de translation et de rotation, rapportés l'un et l'autre à son centre de gravité.

1°. A cet instant, soient X, Y, Z, les composantes parallèles aux axes des x, y, z, de la force accélératrice donnée qui agit sur l'élément quelconque dm; les forces perdues par ce point matériel, pendant l'instant dt, seront (n° 391)

$$\left(X - \frac{d^2x}{dt^2}\right)dm, \quad \left(Y - \frac{d^2y}{dt^2}\right)dm, \quad \left(Z - \frac{d^2z}{dt^2}\right)dm,$$

parallèlement aux mêmes axes. Le mobile étant entièrement libre, il faudra pour l'équilibre des forces perdues par tous ses élémens, que les intégrales de ces quantités, étendues à la masse entière, soient égales à zéro ; par conséquent, on aura

$$\int \frac{d^2x}{dt^2}dm = \int X dm, \int \frac{d^2y}{dt^2}dm = \int Y dm, \int \frac{d^2z}{dt^2}dm = \int Z dm.$$

Mais en différentiant de nouveau les équations (1), on a

$$M\frac{d^2x_1}{dt^2} = \int \frac{d^2x}{dt^2}dm, M\frac{d^2y_1}{dt^2} = \int \frac{d^2y}{dt^2}dm, M\frac{d^2z_1}{dt^2} = \int \frac{d^2z}{dt^2}dm;$$

il en resultera donc

$$M\frac{d^2x_1}{dt^2} = \int X dm, \quad M\frac{d^2y_1}{dt^2} = \int Y dm, \quad M\frac{d^2z_1}{dt^2} = \int Z dm; (3)$$

d'où l'on conclut que pendant toute la durée du mouvement, le centre de gravité G du mobile se meut comme si sa masse entière M y était concentrée, et que les forces motrices qui agissent sur tous ses points, ou leurs composantes, y fussent appliquées parallèlement à leurs directions.

2°. Après avoir détruit, comme dans le n° 436, le mouvement de translation initial du mobile, supposons qu'à chaque instant on communique à tous ses points des accroissemens de vitesse infiniment petits, égaux et de direction contraire à celui qui a lieu, au même instant, pour le point G. Ce point sera réduit au repos pendant toute la durée du mouvement; et la rotation autour de ce même point ne sera point altérée. Or, cela revient évidemment à appliquer, pendant toute la durée du mouvement, à tous les élémens du mobile, des forces accélératrices égales et contraires à celle du centre de gravité; les forces motrices correspondantes étant parallèles et proportionnelles aux masses de ces points matériels, leur résultante passera constamment par le point G; on en pourra donc faire abstraction, en déterminant le mouvement de rotation autour de G. Par conséquent, ce mouvement sera le même, à chaque instant, que si G était un point fixe, et que les forces qui agissent, à cet instant, sur le mobile, ne fussent pas changées.

Ces deux théorèmes sont semblables à ceux des n°s 434 et 436, qui se rapportent à l'origine du mouvement; mais il ne s'ensuit pas que pendant toute sa durée, le mouvement de translation du mobile et son mouvement de rotation autour du centre de gravité, soient indépendans l'un de l'autre, et puissent se déterminer séparément, comme à cette origine. Les équations (3) seront celles du mouvement de translation, et les équations (7) et (a) des n°s 410 et 412, celles du mouvement de rotation, en prenant, dans celles-ci, le centre de gravité G pour l'origine des coordonnées. Or, quand les forces motrices appliquées aux différens points du mobile dépendront de leurs positions absolues dans l'espace, les coordonnées de ces points, dont ces forces seront des fonctions données, entreront à la fois dans ces deux systèmes d'équations différentielles, qui ne pourront plus s'intégrer séparément, et les deux mouvemens qui dépendent de ces équations, influeront l'un sur l'autre. On ne pourra, généralement, intégrer ces équations différentielles simultanées et déterminer les deux mouvemens du mobile, que par approximation; toutefois, ils seront indépendans l'un de l'autre dans deux cas particuliers que nous allons considérer.

439. Si le mobile n'est soumis qu'à la seule action de la pesanteur, les équations (3) seront celles du mouvement d'un point matériel pesant, dans le vide; quels que soient la forme du corps solide et son mouvement autour de son centre de gravité, ce point décrira donc dans l'espace une parabole tangente à la direction de sa vitesse initiale, dont le paramètre dépendra de la grandeur de cette vitesse; et son mouvement sur cette courbe sera le même que celui d'un point matériel isolé (n° 208). D'un

autre côté, le poids du corps étant une force appliquée constamment à son centre de gravité, il n'aura aucune influence sur le mouvement de rotation autour de ce point, qui sera uniquement dû aux percussions initiales, et le même que si le centre de gravité ne se déplaçait pas.

Supposons, par exemple, que le corps soit un ellipsoïde homogène, frappé par un autre corps qui le touche au point E de sa surface (fig. 10) ; la droite GD, parallèle à la normale EF, sera la tangente à la parabole que le point G va décrire ; et l'on construira aisément cette courbe, d'après la vitesse initiale du point G, que je représenterai par V. Concevons, de plus, que la section HEK du point G et de la droite EF comprenne deux des axes de figure de l'ellipsoïde ; a et b étant leurs demi-longueurs, C le moment d'inertie par rapport au troisième axe, et M la masse du corps, on aura (n° 370)

$$C = \tfrac{1}{5} M(a^2 + b^2).$$

Or, le mobile devra tourner autour du point G, comme s'il était dénué de pesanteur, et que ce point ne prît aucun mouvement ; mais alors l'axe perpendiculaire à la section HEK demeurerait tout entier immobile (n°° 389 et 437) ; et sa vitesse angulaire de rotation serait donnée par la formule relative au mouvement initial d'un corps solide autour d'un axe fixe. Donc, en la désignant par ω, observant que la quantité de mouvement imprimée au mobile est équivalente à MV, et appelant f la perpendiculaire GI abaissée du point G sur la droite EF, nous aurons, d'après la formule (1) du n° 586,

$$\omega = \frac{MVf}{C},$$

ou bien, en mettant pour C sa valeur,

$$\omega = \frac{5Vf}{a^2 + b^2}.$$

Les deux vitesses ω et V sont ainsi liées l'une à l'autre, parce qu'elles résultent toutes deux d'une même percussion.

Ainsi, tous les points du mobile décriront des paraboles parallèles à la trajectoire de son centre de figure ; et, en même temps, le corps tournera uniformément autour de l'axe perpendiculaire à la section HEK, qui sera emporté en restant constamment parallèle à lui-même.

440. Si le mobile est une sphère homogène ou composée de couches concentriques, dont tous les points soient attirés ou repoussés en raison inverse du carré des distances, par les points d'autres corps en repos ou en mouvement, la résultante de toutes ces forces sera la même que si la masse entière du mobile était réunie à son centre de gravité ; car chacune d'elles sera égale et contraire à la réaction de la sphère sur le centre dont elle émane. Par conséquent, le centre de gravité se mouvra comme un point isolé, soumis à des attractions ou répulsions données ; et le mouvement de rotation du mobile sera indépendant de ces forces, et le même que si le centre de gravité demeurait en repos ; en sorte que,

dans ce cas, les deux mouvemens de translation et de rotation seront encore indépendans l'un de l'autre.

Abstraction faite de la non-sphéricité parfaite des couches de la terre, elle tournerait donc constamment et uniformément autour d'un de ses diamètres, qui serait toujours le même et demeurerait toujours parallèle à lui-même; en même temps le mouvement elliptique de son centre de gravité autour du soleil serait troublé par l'action des autres planètes, mais rigoureusement indépendant du mouvement de rotation.

441. Il n'en est plus de même lorsqu'on a égard à l'aplatissement du sphéroïde terrestre. D'abord, si l'axe de rotation n'a pas coïncidé exactement, à l'origine du mouvement, avec l'axe de figure, l'axe instantané de rotation oscillera autour de cette droite (n° 421), et rencontrera successivement la terre en différens points de sa surface. Les pôles et l'équateur se déplaceraient donc à la surface du globe; et il en résulterait, pour les différens lieux de la terre, des changemens dans leurs latitudes géographiques. L'amplitude de ces oscillations serait arbitraire; mais leur durée dépendrait des différences entre les momens d'inertie de la terre; et, d'après ce qu'on sait sur ces différences, cette durée serait d'un peu moins d'une année. Or, dans cet intervalle de temps, les observations les plus précises ne font connaître aucune variation dans la distance du *zénith* d'un lieu déterminé de la terre au point où l'axe de rotation va rencontrer le ciel. Il en faut donc conclure que les oscillations dont il s'agit, si elles ont existé autre-

fois, sont devenues tout-à-fait insensibles à l'époque actuelle; en sorte qu'il n'existe plus maintenant que les forces permanentes, provenant des attractions du soleil, de la lune et des planètes sur le sphéroïde terrestre, qui puissent faire varier la direction de l'axe de rotation de la terre.

Or, à raison de la non-sphéricité des couches de la terre, ces forces renferment une partie, à la vérité très petite par rapport aux attractions sur le sphéroïde entier, dont la direction ne passe pas constamment par son centre de gravité. C'est cette partie qui produit les perturbations du mouvement de rotation, savoir, la *précession des équinoxes* et la *nutation* de l'axe de la terre.

En vertu de la précession, la rétrogradation annuelle des équinoxes sur l'écliptique fixe de 1800 est de 50″,36482; sur le plan de l'orbite de la terre, rendu mobile par l'action des autres planètes, c'est-à-dire, sur l'écliptique vraie, elle est un peu moindre, et égale à 50″,23427, comme nous l'avons déjà dit dans un autre endroit (n° 219).

La nutation est une oscillation de l'axe de la terre, qui s'approche et s'éloigne alternativement de la perpendiculaire au plan de l'écliptique : elle est due à l'attraction de la lune ; sa période est celle du mouvement des nœuds de l'orbite lunaire, ou d'environ 18 ans ; et son amplitude s'élève à 9″,40 (n° 223), en supposant la masse de la lune égale à un soixante-quinzième de celle de la terre.

Les actions du soleil et de la lune sur le sphéroïde terrestre ne produisent qu'une variation très lente et qui ne sera sensible qu'après une longue suite de siècles, dans l'inclinaison de l'équateur sur l'écliptique; la diminution annuelle de l'obliquité de l'écliptique, que l'on observe et qui s'élevait à $0'',45714$ au commencement du siècle, est due aux actions planétaires qui font varier le plan de l'orbite de la terre (n° 244).

Un examen approfondi de la question a fait voir que les mêmes forces qui produisent les variations que nous venons d'indiquer dans la direction absolue, ou rapportée à des lignes fixes, de l'axe de rotation de la terre, sont impuissantes pour déplacer cet axe, dans l'intérieur du sphéroïde, non plus que pour faire varier sa vitesse de rotation. Ainsi, la terre tourne constamment autour d'un même diamètre, qui est son axe de figure; et son mouvement est uniforme autour de cette droite mobile, dont la direction change continuellement dans l'espace. Le jour sidéral est donc constant; il en résulte que le jour moyen (n° 111) l'est aussi, ou, du moins, il n'est soumis qu'à une variation séculaire tout-à-fait insensible; et l'une ou l'autre de ces durées peuvent être prises pour unité de temps.

Pour tout ce qui concerne cette importante théorie, dont je n'ai pu ici qu'indiquer succinctement les principaux résultats, je renverrai à mon Mémoire *sur le mouvement de la terre autour de son centre de gravité*, inséré dans le tome **VII** des *Mémoires de l'Académie des Sciences*.

442. L'invariabilité du jour est confirmée par les observations les plus anciennes, qui font voir que sa durée n'a pas changé d'un centième de seconde,

par exemple, depuis 2500 ans, ainsi que nous allons l'expliquer.

Si la durée du jour était variable, les longitudes et les latitudes du soleil, de la lune et des autres corps célestes, calculées en la supposant constante, ne s'accorderaient plus avec les longitudes et les latitudes observées ; le mouvement de la lune autour de la terre, à cause de sa rapidité, serait le plus propre à nous éclairer sur ce point ; et si la variation du jour était progressive, les différences entre le calcul et l'observation seraient d'autant plus grandes qu'elles se rapporteraient à des époques plus éloignées de la nôtre.

Cela étant, soient l et l' les longitudes vraies de la lune et du soleil à une époqne déterminée. Si l'on sait qu'à cette époque il y a eu une éclipse de lune ou de soleil, la différence $l - l'$ devra s'écarter d'un multiple de 180°, d'une quantité moindre que la demi-somme des diamètres du soleil et de la lune ; si donc on appelle δ cette différence, abstraction faite du multiple de 180° qu'elle peut contenir, il faudra que δ n'excède pas un demi-degré, et soit même, en général, beaucoup au-dessous de cette limite. Or, on a calculé, dans la *Connaissance des Tems* de 1800, les valeurs de δ qui répondent à 27 éclipses observées par les Chaldéens, les Grecs et les Arabes ; les valeurs qu'on a trouvées pour cette différence sont tantôt en plus, tantôt en moins, et toutes très petites. La plus grande, qui répond à une éclipse observée 382 ans avant l'ère chrétienne, s'élève à — 27′41″; pour l'éclipse la plus ancienne, observée par les Chaldéens 720 ans avant notre ère, la valeur de δ est $2''$ seulement. Cette comparaison prouve l'exactitude des tables lunaires que nous possédons, et la nécessité des inégalités séculaires que Laplace y a introduites. Elle fait aussi voir que la durée du jour, qu'on a supposée constante dans le calcul des longitudes de la lune et du soleil, n'est, en effet, sujette à aucune variation progressive. Mais pour qu'il ne reste aucun doute sur ce point important, calculons la valeur de δ, correspondante à l'éclipse la plus ancienne, qui résulterait d'une semblable variation, si elle existait.

443. Prenons pour unité l'intervalle de temps qui forme aujourd'hui le jour moyen; supposons que, depuis une époque très éloignée, cette durée ait diminué, d'un jour au suivant, de la quantité constante α. Soit n le moyen mouvement de la lune, c'est-à-dire, le nombre de degrés qu'elle décrit dans chaque unité de temps, abstraction faite des inégalités de son mouvement vrai; les arcs parcourus aujourd'hui et les jours précédens seront n, $n(1+\alpha)$, $n(1+2\alpha)$, $n(1+3\alpha)$, etc.; et l'arc décrit pendant un très grand nombre t de jours, sera $nt+\frac{1}{2}\alpha nt(t-1)$, ou, à très peu près, $nt+\frac{1}{2}\alpha nt^2$. Le terme nt est déjà compris dans la valeur de l, calculée d'après les tables, en considérant le jour comme constant; la variation du jour augmenterait donc de $\frac{1}{2}\alpha nt^2$, la longitude vraie de la lune, à une époque séparée de nous par un nombre t de jours. Celle du soleil, à la même époque, serait augmentée de $\frac{1}{2}\alpha n't^2$, en appelant n' le moyen mouvement diurne du soleil; à raison seulement de la variation du jour, on aurait

donc à cette époque

$$\tfrac{1}{2}\alpha(n-n')t^2 = \delta; \qquad (1)$$

et, par rapport à l'éclipse observée 720 ans avant notre ère, ce serait toute la valeur de la différence des longitudes de la lune et du soleil, puisque cette différence, calculée en supposant le jour constant, n'est que de $2''$, ou à peu près nulle.

Soit i le nombre de siècles contenus dans le nombre t de jours; on aura

$$t = (36525)i.$$

Soient aussi

$$\mathcal{C} = (36525)\alpha, \quad m = (36525)n, \quad m' = (36525)n' :$$

l'équation (1) se changera en celle-ci :

$$\tfrac{1}{2}\mathcal{C}(m-m')i^2 = \delta,$$

dans laquelle $\mathcal{C}$ sera maintenant la diminution séculaire du jour, et m et m' représenteront les mouvemens séculaires de la lune et du soleil. D'après leurs valeurs déterminées au moyen des observations modernes, on a

$$m - m' = 445268°,$$

en négligeant les fractions de degrés. Or, si l'on suppose que le jour a diminué d'un dix-millionième depuis la plus ancienne éclipse caldéenne, on aura

$$\mathcal{C}i = 0,0000001, \quad i = 25,32;$$

et il en résultera

$$\delta = 34';$$

valeur qui rendrait impossible l'éclipse observée.

On ne peut donc pas admettre que la durée du jour ait diminué de cette fraction, un peu moindre qu'un centième de seconde, dans un intervalle de temps qui surpasse vingt-cinq siècles. S'il existait des variations périodiques dans la durée du jour, il en résulterait des illusions dans la mesure du temps, qui produiraient des inégalités apparentes dans les mouvemens des astres. Ces inégalités seraient faciles à distinguer, parce qu'elles suivraient toutes la même loi, pour la lune, le soleil et les planètes, et que leurs grandeurs seraient proportionnelles, pour chacun de ces corps, à la rapidité de son mouvement. Les astronomes n'ont reconnu aucune inégalité de cette nature dans les mouvemens des corps célestes. Ainsi l'observation, d'accord avec la théorie, prouve que la durée du jour moyen n'est sujette à aucune variation, périodique ou progressive, qui ait une grandeur sensible.

444. Revenons actuellement à l'objet spécial de ce chapitre.

Lorsqu'un corps solide se meut dans l'air ou dans un autre fluide, les résistances exercées sur tous les points de sa surface doivent être transportées parallèlement à elles-mêmes, avec le poids du corps, à son centre de gravité ; et le mouvement de ce centre est celui d'un point matériel pesant, dans un milieu résistant ; la masse de ce point étant celle du corps, et sa force motrice, provenant de la résistance, une force dont les composantes dépendront de la forme du mobile, des vitesses des différens élémens de sa surface, et des condensations ou dilatations du fluide en contact avec ces élémens. En même temps le mobile tournera autour de son centre de gravité, comme si la vitesse de ce point était nulle, et que les vitesses des points de la surface fussent, néanmoins, celles qui ont réellement lieu à chaque instant. Il en résulte que la résistance du milieu influera, à la fois, sur le mouvement de translation et sur le mouvement de rotation du mobile, et que, pour un corps de forme quelconque, ces deux mouvemens dépendront l'un de l'autre et ne pourront pas être déterminés séparément.

Si le mobile est une sphère homogène ou composée de couches concentriques, à laquelle on n'ait imprimé aucune vitesse de rotation à l'origine du mouvement, il ne s'en produira aucune pendant toute la durée de ce mouvement, qui sera un simple mouvement de translation, dans lequel tous les points du mobile auront à chaque instant des vitesses parallèles et égales entre elles. En effet, si l'on mène alors par le centre de la sphère, une tangente à la courbe qu'il décrit, il est évident que tout sera semblable autour de cette droite, soit pour les vitesses des points de la surface, soit pour les condensations ou dilatations du fluide environnant. Par conséquent, la résultante des résistances exercées sur tous les points de la surface, passera constamment par le centre de figure, qui est aussi le centre de gravité, et elle ne pourra produire aucun mouvement de rotation. Les condensations ou dilatations du fluide en contact avec les élémens de la surface, dépendront de la vitesse commune à tous les points du mobile, et seront, d'ailleurs, différentes pour les différentes sections perpendiculaires à la tangente qu'on a menée par le centre. Donc aussi la résultante des résistances extérieures, qui coïncidera avec cette tangente, ne pourra dépendre que de cette vitesse, de l'étendue de la surface, et de la force élastique naturelle du fluide; et le mouvement du centre de gravité sera celui d'un point matériel isolé, dont la masse est celle du corps, et auquel on applique la résultante dont il s'agit, continuellement dirigée en sens contraire de sa vitesse, et, en outre, le poids du mobile. C'est ce que nous avons supposé dans le n° 210, à l'égard des projectiles de l'artillerie, supposés parfaitement sphériques et homogènes.

Dans ce cas, le centre d'un boulet ne peut pas sortir du plan vertical passant par la direction de sa vitesse initiale, et par rapport auquel tout est semblable d'un côté et de l'autre. Mais si le projectile s'écarte un peu de la forme sphérique, ou s'il n'a pas la même densité dans toute son étendue, la résultante des résistances extérieures, qui sont normales à sa surface, ne passera plus constamment par le centre de gravité; elle produira donc un mouvement de rotation; et si elle n'est pas toujours comprise dans le plan vertical où le centre de gravité commence à se mouvoir, elle le fera sortir de ce plan; en sorte que la trajectoire du projectile, rapportée à son centre de gravité, ne sera plus une courbe plane. Tout cela est facile à concevoir, à l'égard d'un projectile non-sphérique ou non homogène; mais j'ajouterai que, abstraction faite du défaut d'homogénéité ou de sphéricité, si le boulet a reçu, à la bouche du canon, une vitesse de rotation, le frottement de sa surface contre l'air, pendant son mouvement, pourra encore faire sortir d'un plan vertical son centre de gravité et de figure.

445. Pour le faire voir, soient G (fig. 12) le centre de gravité et de figure d'un corps sphérique et homogène, et AGB le diamètre tangent à sa trajectoire. Supposons, pour plus de simplicité, que l'axe de rotation qui passe par le point G, soit perpendiculaire à ce diamètre. Soient ADBE la section du mobile, perpendiculaire à cet axe, et DGE un diamètre de cette section, qui coupe AGB à angle droit. Supposons aussi que le mouvement du point G a lieu de A vers B, ou dans le sens indiqué par la flèche s, et le mouvement de rotation dans le sens indiqué par les flèches placées en A, D, B, E. Le frottement de chaque élément de la surface contre l'air, qui naîtra du mouvement de rotation, sera une force tangente à la surface, et dirigée en sens contraire de ce mouvement. Sur chaque section parallèle à ADBE, il variera d'un point à un autre, à raison de la différence de densité du fluide. En avant du projectile, le fluide sera condensé; en arrière, il sera dilaté; par conséquent, le frottement sera le plus grand du côté du point B, et le plus petit du côté du point

A. On conclut de là que si l'on transporte au point G, parallèlement à elles-mêmes, toutes les forces provenant du frottement exercé à la surface, il en résultera une force dirigée suivant la partie GD du diamètre DGE. J'appellerai F cette force, P le poids du corps, et R la résistance proprement dite du milieu, transportée au point G, et dirigée suivant la partie GA du diamètre AGB. La force motrice du point G sera la résultante des trois forces F, P, R, et sa force accélératrice, cette résultante divisée par la masse du projectile.

Cela posé, si l'axe de rotation est vertical, et compris, par conséquent, dans le plan des deux forces P et R, la direction GD de la force F sera perpendiculaire à ce plan ; elle fera donc sortir le mobile de ce plan vertical, en le poussant du côté du point D ; et, dans ce cas, la trajectoire du point G sera une courbe à double courbure. Si, au contraire, l'axe de rotation est horizontal, la direction GD de la force F sera comprise dans le plan vertical des forces P et R, qui sera celui de la section ADBE ; par conséquent, le point G ne sortira pas de ce plan, et sa trajectoire sera plane.

446. Dans ce dernier cas, on voit que la composante verticale de la force F augmentera ou diminuera le poids P, selon que la flèche A sera dirigée vers le haut ou vers le bas. La force F sera verticale, et cette diminution ou augmentation de poids, la plus grande, quand la direction AB sera horizontale. Ainsi, dans le tir horizontal, et en supposant que le boulet tourne autour d'un axe horizontal, perpen-

diculaire à la direction du tir, le frottement du projectile contre l'air augmentera son poids et diminuera la portée, lorsque la partie antérieure de ce
corps tournera de bas en haut; et quand cette partie tournera de haut en bas, le frottement diminuera le poids et augmentera la portée. Il pourrait
même arriver, dans ce second cas, que la trajectoire devînt convexe vers le terrein : il suffirait,
pour cela, que la rotation fût assez rapide pour
rendre la force F plus grande que le poids P ; mais
alors le frottement diminuerait la vitesse de rotation, la force F décroîtrait, et finirait par devenir moindre que P; ce qui ramenerait la trajectoire
à sa forme concave vers le terrein, comme à l'ordinaire.

Ces considérations, jointes à celles du numéro
précédent, montrent qu'indépendamment du défaut
de sphéricité ou d'homogénéité du boulet, le frottement de sa surface contre l'air, provenant du
mouvement de rotation qu'il peut avoir contracté
en roulant dans l'âme du canon, est une circonstance qui peut influer, soit sur la justesse du tir,
parce que ce frottement fait sortir le centre du
boulet du plan vertical de projection, soit sur l'i-
négalité des portées, à cause que cette force augmente ou diminue le poids du mobile. Toutefois,
on doit observer qu'aucun de ces effets n'aura lieu,
si le boulet tourne autour du diamètre AB, dans
le sens duquel il se meut; car alors le frottement
est égal et contraire pour deux élémens opposés de
chaque section de la surface, perpendiculaire à l'axe

de rotation ; d'où il résulte que les forces provenant du frottement exercé sur tous les élémens, étant transportées au centre de gravité, s'y détruiront deux à deux ; en sorte que le mouvement de ce point ne sera pas dérangé par le frottement total, dû à la rotation.

CHAPITRE VI.

DU MOUVEMENT D'UN CORPS SOLIDE PESANT SUR UN PLAN DONNÉ.

§ Ier. *Cas où l'on n'a pas égard au frottement.*

447. Pour simplifier, je supposerai que le mobile ne touche le plan donné qu'en un seul point, que j'appellerai K, et qui variera, en général, sur sa surface et sur le plan. Les forces perdues dans chaque instant infiniment petit devant se faire équilibre, il faudra qu'elles se réduisent à une seule force, passant par le point K, normale au plan donné, et dirigée de manière qu'elle tende à appuyer le mobile sur ce plan. Cette résultante sera la pression que ce plan éprouvera, et qui sera détruite par sa résistance, que je représenterai par R. En joignant au poids du corps la force R, de grandeur inconnue, on pourra faire abstraction du plan donné, et considérer le mobile comme entièrement libre.

Son centre de gravité, que j'appellerai G, se mouvra donc comme un point matériel isolé, dont la masse serait celle du mobile, et auquel on appliquerait, parallèlement à leurs directions, le poids de ce corps et la force R. Au bout du temps t, je représenterai par x_i, y_i, z_i, les coordonnées du point G, rapportées à des axes fixes et rectangulaires, et par λ, μ, ν, les angles que la direction de la force R fait avec des parallèles à ces axes, menées par le point K. En supposant l'axe des z_i positives, vertical et dirigé de bas en haut, et en appelant g la pesanteur et M la masse du corps, nous aurons

$$\left. \begin{aligned} M\frac{d^2x_i}{dt^2} &= R\cos\lambda, \\[4pt] M\frac{d^2y_i}{dt^2} &= R\cos\mu, \\[4pt] M\frac{d^2z_i}{dt^2} &= R\cos\nu - Mg, \end{aligned} \right\} \qquad (1)$$

pour les trois équations différentielles du mouvement du point G. Si le plan donné est fixe, les angles λ, μ, ν, seront constans et donnés; s'il est en mouvement, nous supposerons que ce mouvement soit connu, et ne puisse pas être modifié par celui du corps : λ, μ, ν, seront alors des fonctions données de t. Le mobile étant un corps pesant, il faudra, pour qu'il ne se détache pas de ce plan, fixe ou mobile, qu'il soit toujours situé au-dessus; en sorte que la composante verticale $R\cos\nu$ de la résistance du plan sera constamment positive, et ν un angle aigu : les deux autres angles donnés λ et μ pourront être aigus ou obtus.

En même temps, le corps tournera autour du point G comme autour d'un point fixe, en vertu des forces R et Mg, appliquées aux points K et G ($n°$ 438); mais le poids Mg n'influera pas sur ce mouvement de rotation, dont les équations différentielles ne dépendront que de la force R. Pour les former, on prendra pour les seconds membres des équations (a) du n° 412, les momens multipliés par dt, de la force R, par rapport aux trois axes principaux du mobile, qui se coupent au point G. En appelant α, $\mathcal{C}$, γ, les coordonnées du point K rapportées à ces axes, et λ', μ', ν', les angles que fait la direction de la force R avec les parallèles à ces mêmes axes, menées par le point K, ces momens seront

$$\alpha R \cos \mu' \;-\; \mathcal{C} R \cos \lambda',$$
$$\gamma R \cos \lambda' \;-\; \alpha R \cos \nu',$$
$$\mathcal{C} R \cos \nu' \;-\; \gamma R \cos \mu',$$

et les équations (a) deviendront

$$\left. \begin{aligned}
Cdr + (B - A)\,pqdt &= R(\alpha \cos \mu' - \mathcal{C} \cos \lambda')dt, \\
Bdq + (A - C)\,rpdt &= R(\gamma \cos \lambda' - \alpha \cos \nu')dt, \\
Adp + (C - B)\,qrdt &= R(\mathcal{C} \cos \nu' - \gamma \cos \mu')dt;
\end{aligned} \right\} \quad (2)$$

A, B, C, désignant les momens d'inertie qui répondent respectivement aux mêmes axes que les angles λ', μ', ν', et que les composantes p, q, r, de la vitesse angulaire de rotation (n° 407).

Il y faudra joindre les équations (7) du n° 410, savoir :

$$\left. \begin{aligned}
pdt &= \sin\theta \sin\varphi\, d\psi - \cos\varphi\, d\theta, \\
qdt &= \sin\theta \cos\varphi\, d\psi + \sin\varphi\, d\theta, \\
rdt &= d\varphi - \cos\theta\, d\psi.
\end{aligned} \right\} \quad (3)$$

Nous supposerons que les neuf cosinus a, b, etc., dont les valeurs en fonctions de φ, ψ, θ, ont été

2.

14

données dans le n° 378, sont ceux des angles que font les axes fixes des coordonnées x_1, y_1, z_1, du point G, avec des parallèles aux axes principaux relatifs à ce point, menées par l'origine de ces coordonnées ; et, d'après la signification des angles λ, μ, v, λ', μ', v', et l'équation (2) du n° 9, nous aurons alors

$$\left. \begin{aligned} \cos \lambda' &= a \cos \lambda + a' \cos \mu + a'' \cos v, \\ \cos \mu' &= b \cos \lambda + b' \cos \mu + b'' \cos v, \\ \cos v' &= c \cos \lambda + c' \cos \mu + c'' \cos v, \end{aligned} \right\} \quad (4)$$

pour les valeurs de $\cos \lambda'$, $\cos \mu'$, $\cos v'$, qu'on devra substituer dans les équations (2).

La position du mobile à un instant quelconque, par rapport aux plans fixes des x_1, y_1, z_1, sera complètement déterminée au moyen de ces coordonnées et des trois angles φ, ψ, θ, précédemment définis (n° 378) ; la position de l'axe instantané de rotation, dans l'intérieur du mobile, et sa vitesse autour de cet axe, dépendront, en outre, des trois quantités p, q, r : la solution du problème consistera donc à déduire des neuf équations (1), (2), (3), les valeurs de ces neuf inconnues en fonctions de t ; mais comme ces équations renferment la force R et les trois coordonnées α, $\mathfrak{b}$, γ, qui sont aussi inconnues, il faudra encore quatre autres équations, que l'on obtiendra de la manière suivante.

448. Soit L une fonction donnée de α, $\mathfrak{b}$, γ, et représentons par $L = o$, l'équation de la surface du mobile, rapportée à ses axes principaux qui se coupent au point G. Si nous faisons

$$V = \left[\left(\frac{dL}{dx}\right)^2 + \left(\frac{dL}{d\varsigma}\right)^2 + \left(\frac{dL}{d\gamma}\right)^2\right]^{-\frac{1}{2}},$$

nous aurons (n° 21)

$$\cos \lambda' = V \frac{dL}{dx}, \quad \cos \mu' = V \frac{dL}{d\varsigma}, \quad \cos \nu' = V \frac{dL}{d\gamma}, \quad (5)$$

où l'on prendra le signe de V de manière que les angles λ', μ', ν', se rapportent à la partie intérieure de la normale à la surface du mobile, qui sera la partie supérieure de la normale au plan donné. L'une de ces équations sera une suite des deux autres. En mettant les formules (4) à la place de $\cos \lambda'$, $\cos \mu'$, $\cos \nu'$, et les joignant ensuite à l'équation $L = 0$, on aura déjà trois des quatre équations demandées.

Si l'on représente par x, y, z, les coordonnées courantes du plan donné, rapportées aux mêmes axes fixes que x_i, y_i, z_i, et en observant que λ, μ, ν, sont les angles que fait la normale à ce plan avec ces axes, on aura, pour son équation,

$$x \cos \lambda + y \cos \mu + z \cos \nu = \zeta;$$

ζ étant une quantité donnée, qui sera constante, quand le plan donné sera fixe, et, généralement, une fonction donnée de t. D'ailleurs, en supposant que x, y, z, répondent au point K qui appartient à ce plan, on aura, d'après les formules du n° 377,

$$\left.\begin{aligned}
x &= x_i + a\alpha + b\varsigma + c\gamma, \\
y &= y_i + a'\alpha + b'\varsigma + c'\gamma, \\
z &= z_i + a''\alpha + b''\varsigma + c''\gamma.
\end{aligned}\right\} \quad (6)$$

Les valeurs de x, y, z, devront donc satisfaire à

14..

l'équation précédente ; en les substituant dans cette équation, et ayant égard aux formules (4), on aura

$$x_{,}\cos\lambda + y_{,}\cos\mu + z_{,}\cos\nu + \alpha\cos\lambda' + \varepsilon\cos\mu' + \gamma\cos\nu' = \zeta, \quad (7)$$

pour la quatrième équation qu'il s'agissait d'obtenir.

Lorsque le mobile sera terminé par une pointe, et qu'il touchera constamment le plan donné par son extrémité, les coordonnées α, ε, γ, du point K seront constantes, et données d'après la position de cette pointe sur la surface et ses distances aux plans des axes principaux du mobile, qui se coupent au point G. Mais les équations (5) n'auront plus lieu en un point de cette nature ; l'équation (7), qui exprime que ce point appartient au plan donné, subsistera toujours ; et il suffira de la joindre aux équations du numéro précédent, pour déterminer les neuf inconnues du problème et la grandeur de la force R que ces équations renferment.

449. Quand le plan donné sera fixe et horizontal, on le prendra pour le plan des coordonnées x et y ; il en résultera

$$\cos\lambda = 0, \quad \cos\mu = 0, \quad \cos\nu = 1, \quad \zeta = 0 ;$$

ce qui réduira les formules (4) à

$$\cos\lambda' = a'', \quad \cos\mu' = b'', \quad \cos\nu' = c''.$$

En vertu des deux premières équations (1), le mouvement horizontal du point G sera rectiligne et uniforme ; sa vitesse, parallèlement au plan donné,

dépendra de la percussion horizontale que le mobile aura éprouvée à l'origine du mouvement. La
troisième équation (1) donnera

$$R = M\left(\frac{d^2 z_\iota}{dt^2} + g\right);$$

ce qui fera connaître la valeur de R, quand celle
de z_ι aura été déterminée. En même temps, les
équations (2) deviendront

$$\left.\begin{aligned}
Cdr + (B - A)\,pqdt &= M\left(\frac{d^2 z_\iota}{dt^2} + g\right)(\alpha b'' - \mathcal{6} a'')dt, \\
Bdq + (A - C)\,rpdt &= M\left(\frac{d^2 z_\iota}{dt^2} + g\right)(\gamma a'' - \alpha c'')dt, \\
Adp + (C - B)\,qrdt &= M\left(\frac{d^2 z_\iota}{dt^2} + g\right)(\mathcal{6} c'' - \gamma b'')dt;
\end{aligned}\right\} \text{(8)}$$

et l'équation (7) se changera en celle-ci :

$$z_\iota + a''\alpha + b''\mathcal{6} + c''\gamma = 0, \qquad (9)$$

de laquelle on tirera la valeur de z_ι, pour la substituer dans les équations précédentes.

Ainsi, dans ce cas, le problème dépendra des
équations (3) et (8), qui serviront à déterminer p,
q, r, φ, ψ, θ, en fonctions de t, comme dans
le mouvement d'un corps solide autour d'un point
fixe. Si le point K varie à la surface du mobile, il
faudra éliminer de ces équations les quantités α,
$\mathcal{6}$, γ, au moyen de $L = 0$ et des formules (5),
qui seront maintenant

$$a'' = V\frac{dL}{d\alpha}, \quad b'' = V\frac{dL}{d\mathcal{6}}, \quad c'' = V\frac{dL}{d\gamma}. \quad (10)$$

Si, au contraire, K est constamment le même point de la surface du mobile, on mettra dans les équations (8), à la place de α, ε, γ, les coordonnées constantes et données de ce point. Ce second cas sera celui du mouvement de la *toupie* sur un plan horizontal, abstraction faite du frottement de la pointe K contre ce plan.

Dans l'état d'équilibre d'un corps pesant sur un plan fixe et horizontal, la droite GK sera verticale ; si cet état est stable, et qu'après en avoir écarté le mobile un tant soit peu, on l'abandonne à lui-même, il fera des oscillations très petites, que l'on déterminera, aussi approximativement qu'on voudra, au moyen des équations précédentes. Je me contente d'indiquer cet exemple, comme un exercice de calcul. On pourra supposer, pour fixer les idées et simplifier la question, que le mobile soit un ellipsoïde homogène, ou bien une sphère dont le centre de gravité ne coïncide pas avec le centre de figure.

450. On peut obtenir deux intégrales premières des équations (8).

D'abord en les ajoutant après les avoir multipliées par c'', b'', a'', leurs seconds membres disparaissent, et, en intégrant, on trouve, comme dans le n° 415,

$$ A a'' p + B b'' q + C c'' r = l ; $$

l étant une constante arbitraire qui exprimera la somme des momens des quantités de mouvement de tous les points du corps, par rapport à un axe vertical passant par le point G.

Pour obtenir une seconde intégrale de ces mêmes équations (8), je les ajoute, après les avoir multipliées par r, q, p ; ce qui donne

$$Crdr + Bqdq + Apdp = M\left(\frac{d^2z_i}{dt^2} + g\right)\left[\alpha(b''r - c''q) + \mathcal{C}(c''p - a''r) + \gamma(a''q - b''p)\right]dt,$$

ou bien, à cause des trois dernières équations (8) du n° 411,

$$Crdr + Bqdq + Apdp = M\left(\frac{d^2z_i}{dt^2} + g\right)(\alpha da'' + \mathcal{C}db'' + \gamma dc'').$$

En différentiant l'équation (9), par rapport à t, on a

$$dz_i + \alpha da'' + \mathcal{C}db'' + \gamma dc'' = -(a''d\alpha + b''d\mathcal{C} + cd''\gamma).$$

Or, le second membre de cette équation est nul, quand K est toujours le même point de la surface du mobile, puisque alors ses coordonnées α, $\mathcal{C}$, γ, sont constantes. Il est encore zéro, lorsque K se déplace à cette surface ; car, en vertu des équations (10), on a

$$a''d\alpha + b''d\mathcal{C} + c''d\gamma = V\left(\frac{dL}{d\alpha}d\alpha + \frac{dL}{d\mathcal{C}}d\mathcal{C} + \frac{dL}{d\gamma}d\gamma\right) = VdL;$$

quantité nulle, à cause que l'on a $L = o$ pendant toute la durée du mouvement, et, conséquemment, $dL = o$. On aura donc, dans ces deux cas,

$$\alpha da'' + \mathcal{C}db'' + \gamma dc'' = -dz_i;$$

d'où il résulte

$$Crdr + Bqdq + Apdp + M\left(\frac{d^2z_i}{dt^2} + g\right)dz_i = o,$$

et, en intégrant,

$$Cr^2 + Bq^2 + Ap^2 + M\left(\frac{dz_i^2}{dt^2} + 2gz_i\right) = h\,;$$

h étant la constante arbitraire.

Ces deux intégrales suffiront pour résoudre le problème, lorsqu'il s'agira d'un solide homogène terminé par une surface de révolution ; ce qui a lieu, par exemple, dans le cas de la toupie. L'axe de figure est la droite GK ; en supposant que C soit le moment d'inertie qui répond à cet axe, on aura

$$B = A, \quad \alpha = o, \quad \mathcal{C} = o\,;$$

γ sera la longueur de GK ; et, d'après l'équation (9) et $c'' = \cos\theta$, on aura

$$z_i = -\gamma\cos\theta,$$

pour l'ordonnée verticale du point G. La première équation (8) donnera $r = n$, en désignant par n une constante arbitraire qui représentera la vitesse de rotation du mobile autour de son axe de figure. Mais d'après les valeurs de a'' et b'' (n° 378), et les deux premières équations (3), on a

$$a''p + b''q = -\sin^2\theta\frac{d\psi}{dt}\,, \quad p^2 + q^2 = \sin^2\theta\frac{d\psi^2}{dt^2} + \frac{d\theta^2}{dt^2}\,;$$

les deux intégrales qu'on a trouvées deviendront donc

$$Cn\cos\theta - A\sin^2\theta\frac{d\psi}{dt} = l\,,$$

$$A\left(\sin^2\theta\,\frac{d\psi^2}{dt^2} + \frac{d\theta^2}{dt^2}\right) + M\left(\gamma^2\sin^2\theta\frac{d\theta^2}{dt^2} - 2\gamma g\cos\theta\right) = h\,,$$

en comprenant $-Cn^2$ dans la constante h.

Ces deux dernières équations feront connaître, au moyen des fonctions elliptiques, les valeurs de ψ et t en fonctions de θ; la troisième équation (3) donnera ensuite la valeur de φ; et le problème sera résolu, comme celui du n° 425, dont nous nous sommes occupés en détail.

451. Le mobile étant toujours un solide de révolution homogène et terminé par une pointe, et ce corps touchant constamment le plan donné, par l'extrémité K de cette pointe, supposons maintenant que ce plan soit en mouvement, de sorte que les angles λ, μ, ν, et la quantité ζ soient des fonctions données de t. L'axe de figure répondant au moment d'inertie C, les deux autres momens B et A seront égaux, les coordonnées α et $\mathcal{6}$ seront zéro, et γ exprimera la longueur de GK. En désignant par n une constante arbitraire, la première équation (2) donnera encore $r = n$; en sorte que la vitesse angulaire du mobile autour de son axe de figure, sera constante, comme dans le cas du plan fixe. Si l'on a égard aux formules (4), les deux autres équations (2) deviendront

$$\left.\begin{array}{l} A\,dq + (A - C)npdt = R\gamma(a\cos\lambda + a'\cos\mu + a''\cos\nu)dt, \\ A\,dp - (A - C)nqdt = -R\gamma(b\cos\lambda + b'\cos\mu + b''\cos\nu)\,dt. \end{array}\right\} \quad (11)$$

L'équation (7) deviendra de même

$$x_{\text{\tiny I}}\cos\lambda + y_{\text{\tiny I}}\cos\mu + z_{\text{\tiny I}}\cos\nu + \gamma(c\cos\lambda + c'\cos\mu + c''\cos\nu) = \zeta; \quad (12)$$

et les équations (1) et (2) ne changeront pas.

Le système des équations (1), (3), (11), (12), devra donc servir à déterminer les neuf inconnues

$p, q, \varphi, \psi, \theta, x_{,}, y_{,}, z_{,}, \mathrm{R}$; mais l'intégration rigoureuse de ces équations est impossible ; et, pour en déduire des valeurs approchées des inconnues, qui ne soient pas très compliquées, on est obligé de restreindre la généralité de la question, par différentes suppositions que l'on énoncera à mesure qu'elles seront nécessaires.

452. Je supposerai, en premier lieu, que la rotation du mobile autour de son axe de figure est très rapide, et que les différens mouvemens du plan donné sont très lents par rapport à cette rotation ; en sorte que, si, par exemple, la perpendiculaire au plan donné, menée par le point K, oscille de part et d'autre ou tourne autour de la verticale qui passe par ce même point, la durée de chaque oscillation ou de chaque révolution soit très grande, relativement à une révolution du mobile autour de l'axe KG ; et de même, si le plan donné exécute des oscillations parallèlement à lui-même.

Je supposerai, secondement, que les angles θ et ψ varient aussi très lentement par rapport à l'angle φ ; hypothèse qui devra être confirmée *à posteriori*, par les valeurs que l'on obtiendra pour ces trois angles.

En négligeant, dans une première approximation, la différentielle $d\psi$ que contient la troisième équation (3), et en supposant qu'on ait $\varphi = 0$ quand $t = 0$, on aura $\varphi = nt$, à un instant quelconque. Au moyen des formules du n° 378, on aura alors

$$a \cos \lambda + a' \cos \mu + a'' \cos \nu = \mathrm{P} \sin nt + \mathrm{Q} \cos nt,$$
$$b \cos \lambda + b' \cos \mu + b'' \cos \nu = \mathrm{P} \cos nt - \mathrm{Q} \sin nt,$$

où l'on a fait, pour abréger,

$$P = \cos \lambda \cos \theta \sin \psi + \cos \mu \cos \theta \cos \psi - \cos \nu \sin \theta,$$

$$Q = \cos \lambda \cos \psi - \cos \mu \sin \psi ;$$

et les équations (11) deviendront

$$A dq + (A - C)npdt = R\gamma(P \sin nt + Q \cos nt)dt ,$$

$$A dp - (A - C)nqdt = R\gamma(Q \sin nt - P \cos nt)dt.$$

Or, dans la seconde hypothèse, les quantités P et Q varieront très lentement ; il en sera de même, comme on le verra tout à l'heure, à l'égard de R ; en intégrant ces équations, on pourra donc considérer, dans une première approximation, P, Q, R, comme des quantités constantes, et n'avoir égard qu'à la variation de $\sin nt$ et $\cos nt$ dans leurs seconds membres. Si m est une très petite fraction de n, et que le coefficient de $\sin nt$ contienne, par exemple, un terme qui ait $\cos mt$ pour facteur, $\sin nt$ devrait être remplacé par $\frac{1}{2} \sin (n + m)t + \frac{1}{2} \sin (n - m)t$; en regardant comme constant le coefficient de $\sin nt$, cela revient donc à négliger mt à l'égard de nt, du moins dans la première approximation.

De cette manière, les intégrales complètes des équations précédentes seront

$$p = D\sin\frac{(A - C)nt}{A} + E\cos\frac{(A - C)nt}{A} - \frac{R\gamma}{Cn}(Q\cos nt + P\sin nt),$$

$$q = D\cos\frac{(A - C)nt}{A} - E\sin\frac{(A - C)nt}{A} + \frac{R\gamma}{Cn}(Q\sin nt - P\cos nt) ;$$

D et E étant les deux constantes arbitraires. Pour les déterminer, je suppose qu'à l'origine du mouvement, l'axe instantané de rotation a coïncidé avec l'axe de figure ; on aura alors $p = 0$ et $q = 0$, quand $t = 0$; et si l'on désigne par P', Q', R', les valeurs de P, Q, R, qui ont eu lieu, à la même époque, il en résultera

$$E = \frac{\gamma R'Q'}{Cn}, \quad D = \frac{\gamma R'P'}{Cn}.$$

Nous aurons donc, à un instant quelconque,

$$p = \frac{\gamma}{Cn}\Big[R'\Big(P' \sin \frac{(A-C)nt}{A} + Q' \cos \frac{(A-C)nt}{A}\Big) - R(P \sin nt + Q \cos nt)\Big],$$

$$q = \frac{\gamma}{Cn}\Big[R'\Big(P' \cos \frac{(A-C)nt}{A} - Q' \sin \frac{(A-C)nt}{A}\Big) - R(P \cos nt - Q \sin nt)\Big].$$

En faisant $\varphi = nt$ dans les deux premières équations (3), on en déduit,

$$\sin\theta\, d\psi = (p \sin nt + q \cos nt)dt,$$
$$d\theta = (q \sin nt - p \cos nt)dt;$$

et en y mettant pour p et q leurs valeurs précédentes, il vient

$$\sin\theta\, d\psi = \frac{\gamma dt}{Cn}\Big[R'\Big(P' \cos \frac{Cnt}{A} + Q' \sin \frac{Cnt}{A}\Big) - RP\Big],$$

$$d\theta = \frac{\gamma dt}{Cn}\Big[R'\Big(P' \sin \frac{Cnt}{A} - Q' \cos \frac{Cnt}{A}\Big) + RQ\Big].$$

Or, si C n'est pas une très petite fraction de A, il faudra, pour que θ et ψ varient très lentement, comme on l'a supposé, que les termes dépendans de

$\sin \dfrac{Cnt}{A}$ et $\cos \dfrac{Cnt}{A}$ disparaissent dans ces formules ; condition que l'on remplira toujours, en supposant qu'à l'origine du mouvement, l'axe de figure KG coïncidait avec la perpendiculaire au plan donné.

En effet, à l'origine du mouvement, soient ε l'angle que la perpendiculaire au plan donné fait avec la verticale, et ε' l'angle que sa projection horizontale fait avec la droite d'où l'on compte l'angle ψ. A cette époque, on aura (n° 8)

$$\cos \nu = \cos \varepsilon, \quad \cos \mu = \sin \varepsilon \cos \varepsilon', \quad \cos \lambda = \sin \varepsilon \sin \varepsilon',$$

et en supposant que ψ' et θ' soient les valeurs initiales de ψ et θ, il en résultera

$$P' = \cos \theta' \sin \varepsilon \cos (\varepsilon' - \psi') - \sin \theta' \cos \varepsilon,$$
$$Q' = \sin \varepsilon \sin (\varepsilon' - \psi').$$

Or, si l'axe de figure a été perpendiculaire au plan donné, quand le mouvement a commencé, on aura $\psi' = \varepsilon'$ et $\theta' = \varepsilon$; d'où il résultera $P' = 0$ et $Q' = 0$; ce qui réduit les formules précédentes à

$$\sin \theta \, d\psi = - \frac{RP\gamma dt}{Cn}, \quad d\theta = \frac{RQ\gamma dt}{Cn}. \quad (13)$$

453. Maintenant, il faut encore supposer que la perpendiculaire au plan donné et l'axe de figure du mobile, s'écartent très peu de la direction verticale, pendant toute la durée du mouvement. Le supplément de l'angle θ sera constamment très petit; car θ est l'angle obtus, compris entre la verticale menée de bas en haut par le point G, et la droite menée de G vers le point K qui est au-dessous de G. Nous

négligerons le carré de sin θ, et nous prendrons cos $\theta = -1$. Les quantités cos λ et cos μ seront très petites ; en négligeant leurs carrés, on aura cos $\nu = 1$. On a d'ailleurs (n° 378)

$$c = \sin\theta\sin\psi, \quad c' = \sin\theta\cos\psi, \quad c'' = \cos\theta = -1.$$

En négligeant donc les produits $\sin\theta\cos\lambda$ et $\cos\theta\cos\mu$, l'équation (12) donnera

$$z_i = \gamma + \zeta - x_i\cos\lambda - \gamma_i\cos\mu.$$

Si donc, indépendamment de la petitesse de cos λ et cos μ, les oscillations verticales du plan donné sont aussi supposées très petites, les variations de z_i le seront également ; la valeur de R, donnée par la troisième équation (1) , savoir,

$$R = Mg + M\frac{d^2 z_i}{dt^2},$$

différera très peu de Mg ; et si l'on néglige les produits de $\frac{d^2 z_i}{dt^2}$ et de chacune des quantités cos λ, cos μ, sin θ, il suffira de mettre Mg à la place de R, dans les équations (13). En y mettant aussi les valeurs de P et Q, elles deviendront

$$\sin\theta\, d\psi = \frac{Mg\gamma}{Cn}(\sin\theta - \cos\lambda\sin\psi - \cos\mu\cos\psi)dt,$$

$$d\theta = \frac{Mg\gamma}{Cn}(\cos\lambda\cos\psi - \cos\mu\sin\psi)dt.$$

Les deux premières équations (1) deviendront, en même temps ,

$$\frac{d^2 x_i}{dt^2} = g\cos\lambda, \quad \frac{d^2 y_i}{dt^2} = g\cos\mu. \quad (14)$$

En différentiant par rapport à t les valeurs de c et c', et mettant $d\theta$ au lieu de $d.\sin\theta$, on a

$$dc = \sin\psi\, d\theta + \cos\psi \sin\theta d\psi,$$
$$dc' = \cos\psi\, d\theta - \sin\psi \sin\theta\, d\psi;$$

et si l'on substitue dans ces formules, à la place de $\sin\theta d\psi$ et $d\theta$, leurs valeurs précédentes, il en résulte

$$\left. \begin{array}{l} dc \;-\; c'mdt = \;-\; m\cos\mu dt, \\ dc' \;+\; cmdt = m\cos\lambda dt, \end{array} \right\} \quad (15)$$

où l'on a fait, pour abréger,

$$\frac{Mg\gamma}{Cn} = m.$$

Ainsi la question est réduite finalement à l'intégration de ces équations linéaires, à coefficiens constans et du premier ordre, par rapport aux inconnues c et c'. C'est aussi en employant ces mêmes inconnues, c'est-à-dire, $\sin\theta \sin\psi$ et $\sin\theta \cos\psi$, dans le problème du mouvement de la lune autour de son centre de gravité, que Lagrange a ramené à la forme linéaire les équations différentielles de ce problème ; ce qui l'a conduit à l'explication complète du phénomène de la *libration*, qu'il n'avait pas donnée dans ses premières recherches sur ce sujet.

454. En intégrant les équations (15) par la méthode ordinaire, désignant par k et k' les deux constantes arbitraires, et remettant pour c et c' ce que ces lettres représentent, on a

$$\left.\begin{aligned}
\sin\theta\sin\psi &= k\sin mt + k'\cos mt\\
&\quad - m\sin mt\textstyle\int(\cos\mu\sin mt - \cos\lambda\cos mt)dt\\
&\quad - m\cos mt\textstyle\int(\cos\mu\cos mt + \cos\lambda\,\sin mt)dt,\\
\sin\theta\cos\psi &= k\cos mt - k'\sin mt\\
&\quad - m\cos mt\textstyle\int(\cos\mu\sin mt - \cos\lambda\cos mt)dt\\
&\quad + m\sin mt\textstyle\int(\cos\mu\cos mt + \cos\lambda\,\sin mt)dt.
\end{aligned}\right\}(16)$$

Je supposerai que les intégrales indiquées dans ces formules commencent avec t, et je représenterai , comme plus haut, par θ' et ψ' les valeurs initiales de θ et ψ ; en faisant $t = 0$, on aura

$$k = \sin\theta'\cos\psi', \quad k' = \sin\theta'\sin\psi',$$

pour les valeurs de k et k', qui seront nulles, lorsque l'axe de figure du mobile sera vertical à l'origine du mouvement , auquel cas on aura $\theta' = 0$.

Lorsque les valeurs de $\cos\lambda$ et $\cos\mu$ en fonctions de t, seront effectivement données , on effectuera les intégrations indiquées, et les équations (16) feront connaître les valeurs de θ et ψ, et, par conséquent, la position de l'axe de figure du mobile, à un instant quelconque. D'après la troisième équation (3) , on aura , en même temps ,

$$\varphi = nt - \psi + \psi',$$

en y faisant $\cos\theta = -1$, et supposant $\varphi = 0$, quand $t = 0$. Les deux premières équations (3) , dans lesquelles on fera simplement $\varphi = nt$, donneront les valeurs de p et q, lesquelles, en les joignant à $r = n$, détermineront, à un instant quelconque, l'axe de rotation et la vitesse angulaire du mobile autour de cet axe. Enfin, par deux intégrations successives, on tirera des équations (14) les valeurs de x_i et y_i en fonctions de t; d'où l'on déduira immédiatement celles de z_i et R.

Les valeurs approchées de toutes les inconnues du problème seront donc déterminées, au moyen des valeurs données de cos λ et cos μ. Au moyen de ces valeurs approchées, on pourra calculer celles des quantités qu'on a négligées dans cette première approximation ; en ayant égard, dans une seconde approximation, à ces quantités ainsi calculées, on parviendra à d'autres valeurs des inconnues, plus approchées que les premières; et, si l'on continue de cette manière, on obtiendra, par le procédé général des approximations successives, des expressions des inconnues, aussi approchées qu'on voudra. Nous nous arrêterons à la première approximation; la seconde et les suivantes n'auraient d'autre difficulté que leur longueur.

455. La vitesse de rotation n, imprimée au mobile autour de son axe de figure, étant supposée très grande, la quantité m sera généralement très petite. Il résulte donc des formules (16) que les variations de cos λ et cos μ, provenant des petites oscillations de la normale au plan donné sur lequel le mobile s'appuie, seront très affaiblies dans la valeur de θ. Par conséquent, si le mobile est terminé à sa partie supérieure par une surface plane perpendiculaire à son axe de figure, et qu'à l'origine du mouvement cette surface soit horizontale et l'axe vertical, ce qui fera disparaître les termes multipliés

par k et k', cette surface conservera sensiblement son horizontalité pendant toute la durée du mouvement, malgré les petites oscillations du plan donné, et cela d'autant plus exactement que la vitesse de rotation imprimée au mobile sera plus considérable. C'est sur ce principe qu'est fondé le moyen qui a été proposé pour obtenir à la mer, indépendamment des mouvemens de *roulis* et de *tangage* du vaisseau, un horizon artificiel qui puisse servir aux observations astronomiques.

A raison de la petitesse de m, on peut considérer $\sin mt$ et $\cos mt$ comme des quantités constantes dans les intégrales que contiennent les formules (16). Ainsi, par exemple, en intégrant par partie, on aura

$$\int \cos\lambda\cos mt\,dt = \cos mt \int \cos\lambda\,dt + m\sin mt \iint \cos\lambda\,dt^2 + \text{etc.};$$

et si les variations de $\cos\lambda$ sont très rapides par rapport à celles de $\sin mt$ et $\cos mt$, quoique très lentes par rapport à la rotation du mobile, cette série sera très convergente et pourra se réduire à son premier terme; ce qui revient à considérer $\cos mt$ comme constant dans l'intégrale $\int \cos\lambda\,\cos mt\,dt$.

De cette manière, et en supposant $k = 0$ et $k' = 0$, les formules (16) se réduiront à

$$\sin\theta \sin\psi = -m\int\cos\mu\,dt, \quad \sin\theta\cos\psi = m\int\cos\lambda\,dt.$$

Si l'on suppose aussi que le centre de gravité du mobile n'ait reçu, à l'origine du mouvement, aucune vitesse horizontale, de sorte qu'on ait $\dfrac{dx_1}{dt} = 0$ et

$\frac{dy_{\iota}}{dt} = 0$, quand $t = 0$, les équations (14) donneront

$$\frac{dx_{\iota}}{dt} = g\int\cos\lambda\,dt, \quad \frac{dy_{\iota}}{dt} = g\int\cos\mu\,dt\,;$$

les intégrales commençant avec t, comme dans les équations précédentes. En les éliminant et remettant pour m sa valeur, on aura donc

$$\sin\theta\sin\psi = -\frac{M\gamma}{Cn}\frac{dy_{\iota}}{dt}, \quad \sin\theta\cos\psi = \frac{M\gamma}{Cn}\frac{dx_{\iota}}{dt}.$$

La différence de signe dans ces deux formules provient de ce que l'angle ψ augmentant de $90°$, l'axe des abscisses positives va tomber sur l'axe des ordonnées négatives, et celui-ci sur l'axe des abscisses positives ($n° 378$); en sorte qu'en mettant $\psi + 90°$ dans la première formule, il y faut, en même temps, changer y_{ι} en $-x_{\iota}$; ce qui donne la seconde formule.

En divisant ces équations l'une par l'autre, il vient

$$\text{tang}\,\psi = -\frac{dy_{\iota}}{dx_{\iota}}.$$

Or, si l'on mène par le point G un plan perpendiculaire à l'axe de figure GK, ψ est l'angle que fait l'intersection de cet équateur du mobile et du plan horizontal des x_{ι} et y_{ι}, avec l'axe des x_{ι}; d'ailleurs, les variables x_{ι} et y_{ι} sont les coordonnées de la projection du point G sur ce plan horizontal; il en résulte donc que cette intersection est constamment parallèle à la tangente à la courbe décrite par la projection horizontale du centre de gravité du mobile. Si l'on appelle u la vitesse horizontale de ce point, de sorte qu'on ait

$$u^2 = \frac{dx_1^2 + dy_1^2}{dt^2},$$

on aura aussi

$$\sin \theta = \frac{M\gamma u}{Cn},$$

pour le sinus de l'inclinaison du mobile sur le plan horizontal, laquelle inclinaison est le supplément de l'angle θ.

Ces différentes formules, et les conséquences qui s'en déduisent, subsisteront tant que la vitesse n de rotation du mobile autour de son axe de figure sera très grande ; mais la résistance de l'air et le frottement de la pointe K contre le plan sur lequel le mobile s'appuie, diminueront continuellement cette vitesse ; et quand elle aura cessé d'être très grande, l'axe GK s'écartera de plus en plus de la direction verticale, et le mobile finira par tomber sur ce plan, comme dans le cas de la toupie ordinaire.

On doit aussi observer que les oscillations verticales du plan donné, d'où il résulte des variations alternatives de la quantité ζ, n'ont aucune influence sur les variations des angles ψ et θ. Mais si le plan donné s'élève au s'abaisse verticalement d'un mouvement uniformément accéléré, la quantité ζ comprise dans son équation (n° 448), renfermera un terme $\pm \frac{1}{2} g' t^2$, dans lequel g' représentera une quantité constante et positive. La valeur de R dont on a fait usage dans le n° 453, au lieu d'être Mg, sera alors $M(g \pm g')$; on devra donc remplacer g par $g \pm g'$

dans la valeur de m; en sorte qu'un mouvement de cette nature influera sur les variations de θ et ψ. Si le plan donné s'abaisse, auquel cas on devra prendre le signe inférieur devant g', il faudra qu'on ait $g' < g$, sans quoi la valeur de R deviendrait négative; ce qui signifierait que le mobile cesserait de s'appuyer sur le plan donné, qui tomberait plus vite que ce corps pesant, et s'en détacherait par conséquent.

§ II. *Cas où l'on a égard au frottement.*

456. Dans l'état actuel de la science, les lois du frottement des corps en mouvement ne peuvent être déterminées que par l'expérience; avant d'introduire cette force, d'un genre particulier, dans les équations du mouvement d'un corps qui s'appuie sur un plan donné, nous allons donc faire connaître les résultats généraux de l'observation sur cette matière (*).

1°. Le frottement d'un corps solide sur un autre est indépendant de la vitesse du mobile;

2°. Il ne dépend pas non plus de l'étendue de la surface frottante;

3°. Il est proportionnel à la pression totale exercée sur cette surface.

Ces deux dernières lois sont celles qui ont aussi lieu dans l'état de repos (n° 269), à l'instant où l'é-

---

(*) Les expériences les plus récentes sur ce sujet important sont celles de M. Morin, officier d'artillerie attaché à l'École de Metz, dont le travail est inséré dans le tome V des Mémoires présentés à l'Académie des Sciences.

quilibre va se rompre, et quand le contact des corps a duré assez long-temps pour que le frottement ait atteint son *maximum*.

Relativement à un fluide qui coule sur un corps solide, le frottement suit des lois différentes. On admet, d'après l'expérience, qu'il est alors proportionnel à la vitesse du fluide et à l'étendue de la surface, et qu'il ne dépend pas de la pression. Quand il s'agit d'un fluide aériforme, il y a lieu de croire que le frottement augmente ou diminue avec la densité, comme nous l'avons supposé dans le n° 444 ; de sorte qu'à température égale, il se trouve dépendre indirectement de la grandeur de la pression.

457. Supposons actuellement qu'un corps solide, dont la base est une surface plane d'une étendue quelconque, soit posé sur un plan fixe et horizontal, et que la verticale menée par son centre de gravité G (fig. 13) rencontre le plan fixe dans l'étendue de cette base, ce qui est la condition nécessaire et suffisante de l'équilibre. Soient M sa masse, et P son poids. En un point A de sa surface, situé dans le plan horizontal mené par le point G, attachons une corde qui vienne passer sur une poulie fixe B, de sorte que BA soit le prolongement de GA. A l'extrémité inférieure C de cette corde, suspendons un autre corps dont la masse soit M′, et le poids P′, et qui ait son centre de gravité G sur la verticale menée par le point C.

L'équilibre subsistera tant que le poids P′, augmenté du poids de la partie verticale de la corde, sera moindre que le frottement de M sur le plan fixe,

et de la corde sur la poulie B; et si P′ augmente
graduellement, l'équilibre se rompra à l'instant où
P′ surpassera cette somme de frottemens, diminuée du
poids de la corde verticale. Si l'on néglige ce dernier
poids relativement à P′, et que l'on désigne par F et
F′ les frottemens de M contre le plan fixe et de la
corde contre la poulie fixe, qui ont lieu immédiatement avant la rupture de l'équilibre, on aura

$$P' = F + F'.$$

La pression exercée sur la base de M est le poids P
de ce corps; le frottement F est donc proportionnel à
P. D'après ce qu'on a vu dans le n° 302, le frottement F′ est aussi proportionnel à la force F; par conséquent, on a

$$F = fP, \quad F' = f'F,$$

en désignant par f et f' des fractions indépendantes
des grandeurs de P et F. Au moyen de ces valeurs,
l'équation précédente devient

$$P' = fP + f'fP;$$

d'où l'on tire

$$f = \frac{1}{1 + f'} \, \frac{P'}{P}.$$

Le poids P′ étant connu à l'instant où l'équilibre
commence à se rompre, cette équation déterminera
la valeur de f, relative au corps M et au plan horizontal sur lequel il est posé, quand on connaîtra la
valeur de f' qui répond à la corde et à la gorge de
la poulie. Le moyen indiqué dans le n° 269 fait con-

naître cette valeur de f, indépendamment d'aucune autre quantité de même nature, d'après l'angle sous lequel le mobile commence à glisser sur un plan que l'on incline graduellement.

458. Dès que le poids P', augmenté du poids de la corde verticale, l'emportera un tant soit peu sur la quantité $F + F'$, l'équilibre sera rompu, et, à plus forte raison, pour un poids P' encore plus grand. Le corps M glissera sur le plan horizontal, et M' descendra verticalement. Pendant ce mouvement, j'appellerai H le frottement de M contre ce plan, qui sera une fraction donnée de la pression P. Quant à la poulie B, on pourra supposer qu'elle est entièrement fixe et demeure immobile, ou bien, qu'elle tourne autour d'un axe horizontal, perpendiculaire au plan de la corde ABC. Dans le premier cas, il y aura, pendant le mouvement, un certain frottement H' contre la poulie, qui sera différent de F', et devra être ajouté à H; dans le second cas, si la corde ne glisse aucunement sur la poulie, il n'y aura aucun frottement de l'une contre l'autre; mais il faudra tenir compte du mouvement communiqué à la poulie par l'intermédiaire de la corde, comme si elle y était attachée. Je supposerai que ce soit le second de ces deux cas qui ait lieu.

Pour former l'équation du mouvement, désignons, au bout du temps quelconque t, par z et z' les parties horizontale et verticale de la corde ABC, et par μ et μ' leurs masses. Les vitesses de M et M', à cet instant, seront $-\dfrac{dz}{dt}$ et $\dfrac{dz'}{dt}$; et l'on pourra représenter par $a\,\dfrac{dz^2}{dt^2}$ et $a'\,\dfrac{dz'^2}{dt^2}$ les résistances de l'air exercées à leurs surfaces; a et a' étant des constantes qui dépendront de leur forme et de leur étendue. Si l'on appelle g la gravité, les forces motrices appliquées au système seront donc le poids $(M' + \mu')\,g$, diminué de la résistance $a'\,\dfrac{dz'^2}{dt^2}$, et la force horizontale H, augmentée de la résistance $a\,\dfrac{dz^2}{dt^2}$. Leurs momens, par rapport à l'axe de la poulie B, devront se retrancher l'un de l'autre; et en appelant c le rayon de cette poulie circulaire, on aura

$$c\left[(M'+\mu')g - a'\,\frac{dz'^2}{dt^2} - H - a\,\frac{dz^2}{dt^2}\right], \quad (a)$$

pour leur différence. Les forces motrices qui auront effectivement lieu seront $(M' + \mu')\,\dfrac{d^2z'}{dt^2}$ dans le sens vertical, $-(M + \mu)\,\dfrac{d^2z}{dt^2}$ dans le sens horizontal, et celles de tous les points de la poulie. Les momens de toutes ces forces par rapport à l'axe de la poulie devront s'ajouter; et la vitesse angulaire de la poulie étant $\dfrac{1}{c}\,\dfrac{dz'}{dt}$, si l'on représente par m sa masse, et par mk^2 son moment d'inertie relatif à son axe, on en conclura, comme dans le n° 392, $\dfrac{mk^2}{c}\,\dfrac{d^2z'}{dt^2}$ pour le moment de ces dernières forces par rapport à cet axe; par conséquent, la somme des momens des forces effectives, par rapport au même axe, sera

$$c\left[\left(M' + \mu' + \frac{mk^2}{c^2}\right)\frac{d^2z'}{dt^2} - (M + \mu)\,\frac{d^2z}{dt^2}\right]. \quad (b)$$

Or, pour que les forces motrices appliquées au système fassent équilibre, au moyen de l'axe de la poulie, aux forces effectives, prises en sens contraire de leur direction, il faudra que les deux quantités (a) et (b) soient égales entre elles ; d'où il résultera

$$\left(M' + \mu' + \frac{mk^2}{c^2} \right) \frac{d^2z'}{dt^2} - (M + \mu) \frac{d^2z}{dt^2}$$
$$= (M' + \mu')g - H - a' \frac{dz'^2}{dt'^2} - a \frac{dz^2}{dt^2}.$$

La corde ABC étant regardée comme inextensible, la somme de ses parties sera constante ; en appelant l sa longueur totale, on aura donc

$$z + z' = l, \quad \frac{dz'}{dt} = - \frac{dz}{dt}, \quad \frac{d^2z'}{dt^2} = - \frac{d^2z}{dt^2}.$$

Soient ϖ le poids de la corde entière, et p le poids de la masse m de la poulie, on aura aussi

$$g\mu = \frac{\varpi z}{l}, \quad g\mu' = \varpi - \frac{\varpi z}{l}, \quad gm = p;$$

on a également

$$gM = P, \quad gM' = P';$$

et parce que le frottement H est proportionnel au poids P, on a, en outre,

$$H = hP,$$

en désignant par h un coefficient indépendant de P. Au moyen de ces différentes valeurs, l'équation du mouvement deviendra

$$\left(\mathrm{P} + \mathrm{P}' + \varpi + \frac{pk^2}{c^2}\right) \frac{d^2z}{dt^2}$$

$$= g\left[h\mathrm{P} - \mathrm{P}' - \varpi + \frac{\varpi z}{l} + (a + a')\frac{dz^2}{dt^2}\right].$$

459. Elle n'est point intégrable sous forme finie, à moins qu'on ne néglige les termes qui proviennent de la résistance de l'air ; ce qui la réduit à

$$\frac{d^2z}{dt^2} - \frac{g\varpi z}{l} + ga = 0,$$

en faisant, pour abréger,

$$\frac{\mathrm{P}' - h\mathrm{P} + \varpi}{\mathrm{P} + \mathrm{P}' + \varpi + \frac{pk^2}{c^2}} = a, \qquad \frac{\varpi}{\mathrm{P} + \mathrm{P}' + \varpi + \frac{pk^2}{c^2}} = 6.$$

Son intégrale complète sera alors

$$z = \mathrm{C}e^{t\sqrt{\frac{6g}{l}}} + \mathrm{C}'e^{-t\sqrt{\frac{6g}{l}}} + \frac{al}{6};$$

C et C′ étant les deux constantes arbitraires, et e la base des logarithmes népériens.

En substituant cette valeur de z dans les termes de l'équation du mouvement qui proviennent de la résistance de l'air, et intégrant de nouveau cette équation, on aura une valeur de z plus approchée ; mais nous nous arrêterons à la précédente ; et pour déterminer les constantes C et C′, j'appellerai γ la valeur initiale de z ; on aura $z = \gamma$ et $\frac{dz}{dt} = 0$, quand $t = 0$; d'où il résulte

$$C + C' + \frac{\alpha l}{\mathfrak{c}} = \gamma, \quad C - C' = 0 ;$$

ce qui donne

$$C = C' = \frac{1}{2}\gamma - \frac{\alpha l}{2\mathfrak{c}},$$

et, par conséquent,

$$z = \frac{1}{2}\Big(\gamma - \frac{\alpha l}{\mathfrak{c}}\Big)\Big(e^{t\sqrt{\frac{\mathfrak{c}g}{l}}} + e^{-t\sqrt{\frac{\mathfrak{c}g}{l}}} \Big) + \frac{\alpha l}{\mathfrak{c}},$$

à un instant quelconque.

Si l'on appelle θ le temps que le poids P emploiera à atteindre la poulie B, c'est-à-dire, à parcourir la distance γ, on aura à la fois $t = \theta$ et $z = 0$; d'où l'on conclut

$$(\alpha l - \mathfrak{c}\gamma)\Big(e^{\theta\sqrt{\frac{\mathfrak{c}g}{l}}} + e^{-\theta\sqrt{\frac{\mathfrak{c}g}{l}}}\Big) = 2\alpha l.$$

Lorsque θ sera donné par l'observation, cette équation servira à déterminer la valeur de α, et, par suite, celle du coefficient h relatif au frottement du poids P en mouvement sur le plan horizontal. Dans cette expérience, on pourra prendre pour P′ un poids quelconque, pourvu qu'il surpasse le frottement qui a lieu dans l'état d'équilibre. Si le poids ϖ est très petit par rapport aux poids P et P′, $\mathfrak{c}$ sera une très petite fraction, et l'on pourra développer les exponentielles en séries très convergentes, suivant les puissances de $\mathfrak{c}$. De cette manière, on aura

$$\gamma = (\alpha l - \mathfrak{c}\gamma)\Big(\frac{g\theta^2}{2l} + \frac{\mathfrak{c}g^2\theta^4}{24 l^2} + \text{etc.}\Big);$$

et si l'on néglige tout-à-fait la quantité $\mathcal{E}$, on aura simplement

$$\gamma = \tfrac{1}{2} g \alpha \theta^2 ;$$

ce qui doit être, en effet, puisque alors le mouvement du poids P est uniformément accéléré.

Quel que soit le mouvement du système que nous considérons, la tension de la partie horizontale de la corde ABC est constamment égale à la plus petite des deux forces qui agissent à ses extrémités (n° 352), c'est-à-dire, au frottement H augmenté de la résistance de l'air, exercée sur la surface de M. Elle est donc constante et égale à H, ou hP, pendant toute la durée du mouvement, lorsqu'on fait abstraction de la résistance de l'air; et sa valeur, mesurée par l'extension d'un ressort placé dans la longueur de cette corde, peut aussi servir à déterminer le coefficient h.

460. Les valeurs que l'expérience a données pour ce coefficient, soit par l'observation du temps θ, soit par la mesure de la tension de la corde, varient avec le degré de poli des surfaces frottantes et la matière des corps ; elles ne dépendent pas, comme celles du coefficient f (n° 269), du temps pendant lequel les corps ont été en contact avant de glisser l'un sur l'autre. Quand celles-ci ont atteint leur *maximum*, elles surpassent toujours les valeurs correspondantes de h ; en sorte que, dans l'état de mouvement, le frottement H est moindre que le frottement F qui a lieu à l'instant où l'équilibre va commencer à se rompre ; et la tension de la corde en mouvement est

aussi plus petite que celle qui avait lieu au dernier moment de l'équilibre.

Le poids P étant en repos, l'équilibre subsiste tant que le poids P' est plus petit que F; mais on a remarqué que si P', quoique moindre que F, surpasse notablement H, il suffit d'agiter un peu le plan horizontal, par de petites percussions, pour que le poids P se mette en mouvement.

Quand le coefficient h est connu, il est facile de déterminer le mouvement du poids P sur un plan incliné. Je désignerai par i l'inclinaison de ce plan sur un plan horizontal, qui devra surpasser l'angle sous lequel l'équilibre commencera à se rompre, ou être tel qu'on ait tang $i > f$ (n° 269). Les composantes de P, parallèles et perpendiculaires à ce plan, seront P sin i et P cos i. La première, diminuée du frottement H, sera la force motrice du mobile, dont M est la masse ; en appelant z l'espace parcouru au bout du temps t, on aura donc

$$M \frac{d^2 z}{dt^2} = P \sin i - H.$$

D'ailleurs, la pression sur ce plan étant l'autre composante P cos i, on aura aussi

$$H = h P \cos i ;$$

à cause de P$=$Mg, l'équation précédente deviendra donc

$$\frac{d^2 z}{dt^2} = (1 - h \cot i) g \sin i ;$$

ce qui montre que le mouvement sera uniformément accéléré, et le même que si le frottement n'existait pas, et que le sinus de l'inclinaison fût diminué dans le rapport de $1 - h \cot i$ à l'unité. Cette quantité $1 - h \cot i$ est positive, puisque l'on a, par hypothèse, $h < f$ et $f \cot i < 1$.

461. Le frottement H étant proportionnel à la pression, et indépendant de l'étendue de la surface frottante, il s'ensuit que les poids P et P' du n° 457, restant les mêmes, le mouvement de P sur le plan horizontal ne changera pas, quelle que soit l'étendue de sa base, pourvu qu'elle ait toujours le même degré de poli. Ainsi, en prenant pour ce corps un parallélépipède rectangle, d'une matière homogène, et dont toutes les faces soient également polies, son mouvement horizontal sera toujours le même, si on le pose successivement sur chacune de ses faces ; et il en sera encore de même, sur un plan incliné, sans le secours du poids P'.

Au reste, cette proposition, que le frottement est indépendant de l'étendue et du contour de la base de P, et simplement proportionnel au poids P, revient à dire qu'à chaque point de cette base, le frottement est proportionnel à la pression relative à ce point. En effet, soient b cette base, $d\sigma$ l'un de ses élémens différentiels, et $p\,d\sigma$ la pression verticale que supporte cet élément, de sorte que p représente la pression rapportée à l'unité de surface. Il faudra que la résultante des pressions exercées sur tous les élémens de b, reproduise le poids P appliqué au centre de gravité G ; il faudra donc qu'on ait

$$\int p\,d\sigma = \mathrm{P}; \qquad (a)$$

et si l'on mène par la projection du point G sur le plan fixe, deux axes horizontaux et rectangulaires, dont l'un sera, par exemple, la projection de la droite GB, et qu'on appelle x la distance de $d\sigma$ à cette projection, et y sa distance à l'autre axe, on devra aussi avoir

$$\int xpd\sigma = 0, \quad \int ypd\sigma = 0; \qquad (b)$$

ces intégrales et celle que contient l'équation (a) s'étendant à la base b tout entière. Cela étant, supposons le frottement de l'élément $d\sigma$ sur le plan fixe, proportionnel à la pression $pd\sigma$ qu'il éprouve, et représentons-le par $hpd\sigma$, en désignant par h un coefficient indépendant de p et relatif à la nature de la surface $d\sigma$; nous aurons

$$H = \int hpd\sigma,$$

pour le frottement total; et comme les frottemens de tous les élémens sont parallèles à la direction GB du mouvement, si l'on appelle $x_{,}$ la distance de leur résultante H au plan vertical passant par la droite GB, on aura également

$$Hx_{,} = \int hxpd\sigma.$$

Or, si la base du mobile a le même degré de poli dans toute son étendue, le coefficient h sera constant, et il en résultera

$$H = h\int pd\sigma = hP, \quad Hx_{,} = h\int xpd\sigma = 0;$$

par conséquent, le frottement total ne dépendra que du poids P, quels que soient l'étendue et le contour de sa base ; et la direction de cette force tombant, à cause de $x_{,} = 0$, dans le plan vertical passant par la droite GB, elle ne pourra imprimer aucune rotation au mobile, dont le mouvement sera parallèle à ce plan, comme on l'a supposé.

Lorsque les centres de gravité du poids P et de la base b sont situés sur une même perpendiculaire à cette base, comme dans le cas d'un prisme ou d'un cylindre vertical, on satisfait aux équations (a) et (b), en supposant la pression p constante et égale au rapport de P à b. Réciproquement, pour une valeur constante de p, les équations (b) donnent

$$\textstyle\int x d\sigma = 0, \qquad \int y d\sigma = 0 ;$$

ce qui exige que le centre de gravité de b coïncide avec la projection horizontale du point G; par conséquent, lorsque cette condition n'est pas remplie, la pression p varie nécessairement d'un point à un autre de la base du mobile. La détermination de sa valeur en un point quelconque est alors un problème très difficile, qu'on ne peut résoudre qu'en ayant égard à la flexibilité de la matière du mobile et à celle du plan horizontal sur lequel il s'appuie, et qui donnerait lieu, sans cette considération, à une indétermination apparente, comme dans le problème du n° 270.

Si l'on suppose que les deux centres de gravité soient sur une même verticale, on aura donc à la fois, quel que soit le coefficient h,

$$p = \frac{P}{b}, \quad H = \frac{P}{b}\int h d\sigma, \quad x_{,}\int h d\sigma = \int h x d\sigma.$$

Par conséquent, la base restant la même, le frottement total H sera proportionnel au poids P, comme si le degré de poli était le même dans toute l'étendue de cette base ; mais, en général, on n'aura plus $x_{,} = o$, la direction de la force H ne coïncidera plus avec la projection horizontale de la droite GB, et quand le poids P′ entraînera le poids P sur le plan horizontal, le frottement fera tourner le mobile autour de la verticale qui passe par son centre de gravité G.

462. Le poids P étant toujours posé sur un plan fixe horizontal, et la projection horizontale du point G coïncidant avec le centre de gravité de la base b, supposons que l'on imprime à ce corps, par un moyen quelconque, des quantités de mouvement parallèles au plan fixe, qui ne le fassent pas trébucher, c'est-à-dire, qui ne détachent pas sa base b de ce plan. Le mobile prendra deux mouvemens horizontaux, l'un de translation, qui sera celui de son centre de gravité G, et l'autre de rotation, autour de la verticale passant par ce point. Or, il s'agit d'examiner l'influence du frottement sur ces deux mouvemens différens.

Représentons par $\dfrac{hP}{b}\,d\sigma$ le frottement éprouvé par l'élément $d\sigma$ de b, et dont la direction sera contraire à celle de la vitesse de cet élément. Appelons r sa distance à l'axe de rotation ; au bout du temps t, désignons par x et y les coordonnées rectangulaires du centre de gravité de b, rapportées à des axes fixes menés arbitrairement dans le plan horizontal, et par θ l'angle que fait r avec le prolongement de x. Les coordonnées de $d\sigma$ seront, au même instant, $x + r \cos \theta$ et $y + r \sin \theta$; et si l'on désigne par v la vitesse, et par α et ς les angles que fait sa direction avec des parallèles aux axes des x et y, on aura

$$v \cos \alpha = \frac{dx}{dt} - r \sin \theta \, \frac{d\theta}{dt}, \left.\begin{array}{c} \\ \\ \end{array}\right\}$$
$$v \cos \varsigma = \frac{dy}{dt} + r \cos \theta \, \frac{d\theta}{dt}, \quad (1).$$

pour les deux composantes de cette vitesse. Celles du frottement seront, en même temps,

$$- \frac{h\mathrm{P}}{b} \cos \alpha d\sigma, \quad - \frac{h\mathrm{P}}{b} \cos \varsigma d\sigma.$$

Or, le mouvement du centre de gravité G étant le même que si la masse du mobile y était concentrée, et que les forces motrices de tous ses points y fussent appliquées parallèlement à leurs directions, nous aurons, pour les équations de ce mouvement,

$$\frac{d^2x}{dt^2} = - \frac{hg}{b} \int \cos \alpha d\sigma, \left.\begin{array}{c} \\ \\ \end{array}\right\}$$
$$\frac{d^2y}{dt^2} = - \frac{hg}{b} \int \cos \varsigma d\sigma, \quad (2)$$

en désignant par g la gravité, de sorte que $\frac{\mathrm{P}}{g}$ soit la masse, et supposant le coefficient h constant dans toute l'étendue de b.

En même temps, le mobile tournera autour de la verticale passant par le point G, comme si cette droite était fixe, et que les forces qui agissent sur ce corps ne fussent pas changées. Le moment du frottement de $d\sigma$ sera égal à la différence des momens de ses deux composantes, et aura pour valeur

$$- \frac{h\mathrm{P} \cos \mathfrak{C} d\sigma}{b}. r \cos \theta + \frac{h\mathrm{P} \cos \alpha d\sigma}{b}. r \sin \theta,$$

en supposant que la rotation a lieu dans le sens où l'angle θ augmente, c'est-à-dire, de l'axe des x positives vers celui des y positives. Cela étant, si l'on désigne par ω la vitesse angulaire du mobile au bout du temps t, et par $\dfrac{\mathrm{P}k^2}{g}$ son moment d'inertie par rapport à l'axe de rotation, on aura (n° 392)

$$k^2 \frac{d\omega}{dt} = - \frac{hg}{b} \int (\cos \mathfrak{C} \cos \theta - \cos \alpha \sin \theta)\, r d\sigma, \quad (3)$$

pour l'équation du mouvement autour de cet axe, dans laquelle on fera $\omega = \dfrac{d\theta}{dt}$, et l'on étendra l'intégrale à la base entière b du mobile.

Dans ces équations (2) et (3), les variables x, y, θ, ne sont pas séparées; les mouvemens de translation et de rotation dépendent ainsi l'un de l'autre, et ne peuvent être déterminés, en général, que par approximation. Il y a deux cas qui peuvent se résoudre aisément, et que nous allons considérer.

463. Si le centre de gravité G demeure en repos, on aura $\dfrac{dx}{dt} = 0$ et $\dfrac{dy}{dt} = 0$; les équations (1) donneront

$$\cos \alpha = - \sin \theta, \quad \cos \mathfrak{C} = \cos \theta, \quad v = r \frac{d\theta}{dt};$$

et pour que les équations (2) soient satisfaites, il faudra que les intégrales $\int \sin \theta\, d\sigma$ et $\int \cos \theta\, d\sigma$ soient nulles ; ce qui ne dépendra que du contour de b, et aura lieu, par exemple, toutes les fois qu'il sera symétrique autour du centre de gravité de cette base. L'équation (3) deviendra

$$ k^a \frac{d\omega}{dt} = - \frac{hg}{b} \int r d\sigma ; $$

d'où l'on tire

$$ \frac{d\omega}{dt} = - \frac{hcg}{bk^a} , $$

en appelant c la constante $\int r d\sigma$. Le mouvement de rotation sera donc uniformément retardé ; et si l'on appelle Ω la vitesse initiale angulaire, on aura, à un instant quelconque,

$$ \omega = \Omega - \frac{hcgt}{bk^a} ; $$

ce qui montre que ce mouvement se terminera au bout d'un temps exprimé par $\dfrac{bk^a\Omega}{hcg}$, pour lequel on aura $\omega = 0$, et le corps sera en repos.

Lorsque la vitesse de rotation sera, au contraire, très petite par rapport à celle du mouvement de translation, et qu'on négligera le carré de $r\dfrac{d\theta}{dt}$, les équations (1) donneront

$$ v^a = u^a - 2\left(\frac{dx}{dt}\sin\theta - \frac{dy}{dt}\cos\theta\right) r\frac{d\theta}{dt}, $$

en désignant par u la vitesse du point G, de sorte

qu'on ait

$$u^2 = \frac{dx^2}{dt^2} + \frac{dy^2}{dt^2}.$$

On déduira de là et des mêmes équations (1)

$$\frac{1}{v} = \frac{1}{u} + \frac{1}{u^3}\left(\frac{dx}{dt}\sin\theta - \frac{dy}{dt}\cos\theta\right)\frac{rd\theta}{dt},$$

$$\cos\alpha = \frac{1}{u}\frac{dx}{dt} - \frac{1}{u^3}\left(\frac{dx}{dt}\cos\theta + \frac{dy}{dt}\sin\theta\right)\frac{dy}{dt}\frac{rd\theta}{dt},$$

$$\cos\mathcal{C} = \frac{1}{u}\frac{dy}{dt} + \frac{1}{u^3}\left(\frac{dx}{dt}\cos\theta + \frac{dy}{dt}\sin\theta\right)\frac{dx}{dt}\frac{rd\theta}{dt}.$$

L'origine des coordonnées polaires r et θ étant le centre de gravité de la base b, on a d'ailleurs

$$\int r\sin\theta\, d\sigma = 0, \quad \int r\cos\theta\, d\sigma = 0.$$

Cela étant, si l'on substitue ces valeurs de $\cos\alpha$ et $\cos\mathcal{C}$ dans les équations (2), et si l'on observe que $\int d\sigma = b$, elles deviendront

$$\frac{d^2x}{dt^2} = -\frac{hg}{u}\frac{dx}{dt}, \quad \frac{d^2y}{dt^2} = -\frac{hg}{u}\frac{dy}{dt}. \quad (4)$$

Pour plus de simplicité, je supposerai la base b symétrique autour de son centre de gravité, de manière qu'on ait

$$\int r^2\cos\theta\sin\theta\, d\sigma = 0, \quad \int r^2\sin^2\theta\, d\sigma = \int r^2\cos^2\theta\, d\sigma = b\gamma^2;$$

γ étant une ligne donnée. Par la substitution des valeurs de $\cos\alpha$ et $\cos\mathcal{C}$, l'équation (3) se réduira alors à

$$k^2\frac{d^2\theta}{dt^2} = -\frac{hg\gamma^2}{u}\frac{d\theta}{dt}, \quad (5)$$

en observant que $\omega = \dfrac{d\theta}{dt}$.

Les intégrales complètes des équations (4) sont

$$\frac{dx}{dt} = (a - hgt)\cos\varepsilon, \quad \frac{dy}{dt} = (a - hgt)\sin\varepsilon;$$

a et ε étant les deux constantes arbitraires. On en déduit

$$u = a - hgt;$$

et l'on voit que le mouvement du point G sera uniformément retardé, et que a et ε seront la vitesse initiale et l'angle que sa direction fait avec l'axe des x. L'équation (5) devient

$$\frac{d^2\theta}{dt^2} = - \frac{hg\gamma^2}{k^2(a-hgt)}\frac{d\theta}{dt};$$

son intégrale complète est donc

$$\frac{d\theta}{dt} = \Omega\left(1 - \frac{hgt}{a}\right)^{\frac{\gamma^2}{k^2}},$$

en désignant par Ω la constante arbitraire, qui exprimera la vitesse angulaire initiale. Les valeurs de u et $\dfrac{d\theta}{dt}$ ou ω, seront d'autant plus approchées, que le produit de Ω et de la plus grande valeur de r sera une plus petite fraction de la vitesse u; elles montrent que les mouvemens de translation et de rotation finiront ensemble, au bout d'un temps égal à $\dfrac{a}{hg}$.

Lorsqu'un corps solide se meut sur un plan fixe, en le touchant constamment par un seul point de sa surface, il peut arriver plusieurs cas qu'il importe de distinguer.

1°. Le corps peut rouler, sans glisser, sur le plan fixe, de manière que les deux courbes tracées sur ce plan et sur la surface du mobile, qui sont les lieux géométriques de leurs points de contact successifs, aient constamment des longueurs égales.

2°. Le mobile peut tourner sur lui-même, en touchant constamment le plan fixe, en un même point de ce plan.

3°. Le corps peut glisser sans tourner, de sorte que le point de contact soit constamment le même point de sa surface.

4°. Enfin, il peut glisser et tourner à la fois sur le plan fixe.

Dans le deuxième et dans le troisième cas, le frottement du mobile contre le plan fixe est le même que si le contact avait une étendue quelconque ; sa grandeur est proportionnelle à la pression qui a lieu au point de contact, et sa direction contraire à celle de la vitesse de ce point. En le désignant par H, et la pression par P, on a $H = hP$; le coefficient h étant le même que dans le n° 458. Cette loi est une conséquence de ce que le frottement est indépendant de l'étendue du contact ; elle aurait besoin, toutefois, d'être vérifiée par des expériences directes. La force H est ce qu'on appelle un *frottement de la première espèce*.

Dans le premier cas, le frottement du mobile contre le plan fixe se nomme un *frottement de seconde espèce*. L'observation fait voir que cette force est généralement très petite, et peut être négligée.

Dans le dernier cas, les deux espèces de frottement

ont lieu en même temps ; on néglige celui de la seconde espèce par rapport au frottement de la première espèce, qui est dirigé, à chaque instant, en sens contraire de la vitesse du point de contact, et toujours proportionnel à la pression en ce point.

Ces résultats ne conviennent pas au cas où le point de contact est l'extrémité d'une pointe, ou quand il appartient à une arète vive ; ils auront encore lieu lorsque le mobile sera un cylindre qui touchera le plan fixe suivant une ligne droite ; et, toutes les fois que sa surface n'aura ni pointes ni arètes vives, ils suffiront pour former les équations différentielles des mouvemens de translation et de rotation. L'exemple suivant montrera comment on en devra faire usage pour cet objet.

464. Je suppose que le mobile soit une sphère homogène, posée sur un plan fixe horizontal. On imprime à ce corps un mouvement de rotation autour d'un diamètre horizontal, et à son centre une vitesse horizontale et perpendiculaire à ce diamètre. Il est évident que le mobile tournera autour de ce diamètre, qui sera transporté parallèlement à lui-même et au plan fixe, et que le centre de figure et de gravité décrira une droite horizontale, dans le plan vertical perpendiculaire à l'axe de rotation. Il s'agit de déterminer, à un instant quelconque, les vitesses de ces deux mouvemens.

La figure 14 représente une section du mobile, perpendiculaire à son axe de rotation et passant par son centre G. La droite AKB est la section du plan fixe ; la parallèle CGD est la droite que décrit le point G, et le contact, au bout du temps quelconque t, a lieu au point K. A cet instant, soient x la distance CG, comptée à partir du point fixe C, $\frac{dx}{dt}$ la vitesse du point G, ω la vitesse angulaire du mobile autour de son axe de rotation, qui sera regardée comme positive ou comme négative, selon que la rotation aura lieu dans le sens indiqué par la flèche s ou en sens contraire. En appelant, au même instant, v la vitesse absolue du point K, et désignant par c le rayon CG de la sphère, on aura

$$v = \frac{dx}{dt} + c\omega.$$

Selon que cette quantité sera positive ou négative, le point K s'avancera vers B ou vers A ; et le frottement qui a lieu en ce point K en sens contraire de v, sera dirigé suivant KA ou suivant KB. Quand on a $v = 0$, le corps roule sans glisser, et le frottement n'est plus que de la seconde espèce.

Cela posé, désignons toujours par P le poids du corps, par g la gravité, par $\frac{Pk^2}{g}$ le moment d'inertie par rapport à l'axe de rotation, et par hP le frottement au point K. En supposant, pour fixer les idées, la vitesse v positive, et, conséquemment, le frottement dirigé suivant KA, les équations différentielles des mouvemens de translation et de rotation seront

$$\frac{d^2x}{dt^2} = -hg, \quad k^2\frac{d\omega}{dt} = -hcg; \quad (a)$$

car le centre G devra se mouvoir comme si la masse

$\frac{p}{g}$ du mobile y était réunie, et que le frottement y fût appliqué parallèlement à sa direction ; et, en même temps, le mobile devra tourner autour de son axe de rotation , comme si cet axe était fixe, et que le point d'application du frottement et le sens de cette force ne fussent pas changés. Le mobile étant une sphère, on a aussi

$$k^2 = \frac{2c^2}{5} ;$$

les équations précédentes auraient encore lieu, mais avec une valeur différente de k^2, si ce corps était un solide de révolution, ou un cylindre droit à base circulaire, tournant, dans ces deux cas, autour de l'axe de figure.

En supposant le coefficient h constant, et intégrant les équations (a), on a

$$\frac{dx}{dt} = a - hgt , \quad \omega = \alpha - \frac{hcgt}{k^2} ; \quad (b)$$

a et α étant les deux constantes arbitraires qui représenteront les valeurs initiales des vitesses $\frac{dx}{dt}$ et ω. On aura , en même temps ,

$$v = a + c\alpha - \left(1 + \frac{c^2}{k^2} \right) hgt.$$

Par hypothèse , la constante $a + c\alpha$ est positive ; la vitesse v l'est donc aussi pendant un temps θ , au bout duquel elle est nulle , et qui a pour valeur

$$\theta = \frac{(a + c\alpha)k^2}{(c^2 + k^2)gh} = \frac{2(a + c\alpha)}{7hg} ,$$

dans le cas de la sphère. Pendant l'intervalle de temps θ, les valeurs précédentes de $\frac{dx}{dt}$ et ω subsisteront, et les deux mouvemens du mobile seront uniformément retardés. Au bout d'un temps égal à $\frac{a}{hg}$, la valeur de $\frac{dx}{dt}$ sera nulle; si donc ce temps est moindre que θ, ce qui aura lieu si l'on a

$$a < \frac{2c\alpha}{5},$$

la vitesse $\frac{dx}{dt}$ deviendra négative au-delà de $t = \frac{a}{hg}$, et le centre de la sphère rétrogradera. C'est ce qui arrive, par exemple, lorsqu'on frappe une bille de billard de manière à la faire tourner rapidement autour d'un diamètre horizontal et à faire avancer en même temps son centre avec une moindre vitesse, en sorte que les quantités a et α soient toutes deux positives et satisfassent à l'inégalité précédente. Le frottement contre le tapis détruit bientôt le mouvement de translation; mais le mouvement de rotation subsistant encore, le frottement continue d'agir en sens contraire de ce dernier mouvement; et c'est cette force, transportée au centre de gravité, qui le ramène vers son point de départ.

Si, à l'origine du mouvement, la sphère ne tourne pas, de sorte qu'on ait $\alpha = 0$, ou, plus généralement, si l'on a

$$a > \frac{2c\alpha}{5},$$

la vitesse $\frac{dx}{dt}$ ne deviendra pas nulle avant la vitesse v, et le centre G ne rétrogradera pas. Mais dans tous les cas, au bout du temps θ, le point d'appui K du mobile n'ayant plus de vitesse, le frottement hP de la première espèce disparaîtra ; la sphère continuera de rouler sans glisser ; et il se produira un frottement qui ne sera plus que de la seconde espèce. Les vitesses $\frac{dx}{dt}$ et ω deviendront constantes, ou ne décroîtront plus que très lentement ; leurs valeurs seront celles des formules (b), qui répondent à $t = \theta$, savoir :

$$\frac{dx}{dt} = \frac{5a - 2c\alpha}{7}, \quad \omega = \frac{2c\alpha - 5a}{7c}.$$

Ainsi, l'effet général du frottement ordinaire ou de la première espèce, est de réduire au repos les corps qui glissent sans tourner, et de réduire seulement à l'uniformité et à l'égalité, en sens opposés, les deux mouvemens des corps qui glissent et roulent en même temps. Dans un vide parfait, le roulement du mobile qui résulte de ces deux mouvemens, subsisterait indéfiniment, et le frottement de la seconde espèce maintiendrait la vitesse v nulle, et les deux vitesses $\frac{dx}{dt}$ et ω égales et contraires. Mais la résistance de l'air trouble cette égalité ; le frottement de la première espèce reparaît, et le concours de ces deux forces finit par réduire le mobile à l'état de repos.

CHAPITRE VII.

DU CHOC DES CORPS DE FORME QUELCONQUE.

465. La position et l'état d'un corps solide en mouvement, sont complètement déterminés à un instant donné, lorsque l'on connaît, à cet instant, les coordonnées de son centre de gravité, les composantes de la vitesse de ce point, les directions des trois axes principaux qui se coupent en ce même point, et les composantes de la vitesse angulaire de rotation autour de ces trois axes. Si ce corps est rencontré par un autre mobile, pour lequel toutes ces choses soient également connues, les composantes de leurs vitesses de translation et de rotation seront changées par le choc, mais non pas les positions de leurs centres de gravité, ni les directions de leurs axes principaux ; car, quoique le choc ne soit pas instantané, cependant la durée de ce phénomène est toujours assez petite pour qu'on puisse faire abstraction du déplacement des différens points des deux mobiles, pendant qu'il s'accomplit, et, par conséquent, pour qu'on puisse considérer comme sensiblement immobiles leurs centres de gravité et les points des deux mobiles qui appartiennent à leurs axes principaux. Le problème du choc des corps aura donc pour objet de déterminer, en grandeur et en direction, leurs vitesses de translation et de rota-

tion après le choc, au moyen de ces mêmes quantités avant le choc, et d'après la forme et la situation relatives des mobiles.

Nous allons donner la solution générale de ce problème, dans les deux cas extrêmes où les mobiles sont mous et dénués d'élasticité, et où ces corps sont au contraire parfaitement élastiques.

466. Supposons d'abord que les mobiles soient au nombre de deux, qu'ils se touchent par un seul point, et qu'ils soient entièrement libres. Soient M et M' leurs masses, G et G' (fig. 15) leurs centres de gravité, K leur point de contact, HKH' la normale à leurs surfaces en ce point. Soient aussi Gx, Gy, Gz, les axes principaux de M, et $G'x'$, $G'y'$, $G'z'$, ceux de M'.

Immédiatement avant le choc, désignons par u, v, w, les composantes de la vitesse de G suivant les axes Gx, Gy, Gz; appelons en même temps ω la vitesse angulaire de M autour de l'axe instantané de rotation, passant par le point G, et p, q, r, les trois composantes de cette vitesse, autour des mêmes axes Gx, Gy, Gz; en sorte que $\frac{p}{\omega}$, $\frac{q}{\omega}$, $\frac{r}{\omega}$, soient les cosinus des angles que l'axe instantané fait avec ces trois droites (n° 407), et qu'on ait

$$\omega^2 = p^2 + q^2 + r^2.$$

Cela étant, si x, y, z, sont les trois coordonnées d'un point quelconque de M, rapportées aux axes Gx, Gy, Gz, les composantes de sa vitesse, parallèles à ces axes et provenant de la rotation du mobile (n° 418) seront $qz - ry$, $rx - pz$, $py - qx$; par conséquent, on aura celles de sa vitesse absolue, en y ajoutant les composantes u, v, w, de la vitesse du point G ; ce qui donne

$$u + qz - ry, \quad v + rx - pz, \quad w + py - qx.$$

Je désigne par $u_{,}$, $v_{,}$, $w_{,}$, $p_{,}$, $q_{,}$, $r_{,}$, ce que deviennent u, v, w, p, q, r, immédiatement après le choc. En observant que le point dont les coordonnées sont x, y, z, ne change pas sensiblement de position pendant le choc, les trois composantes précédentes deviendront

$$u_{,} + q_{,}z - r_{,}y, \quad v_{,} + r_{,}x - p_{,}z, \quad w_{,} + p_{,}y - q_{,}x ;$$

et comme les axes Gx, Gy, Gz, auxquels elles sont parallèles, sont aussi supposés immobiles pendant le choc, on aura les vitesses perdues par ce point suivant ces axes, en retranchant ces dernières quantités des précédentes. Si donc on désigne par dm l'élément de la masse M qui répond aux coordonnées x, y, z, nous aurons

$$[u - u_{,} + (q - q_{,})z - (r - r_{,})y]dm,$$
$$[v - v_{,} + (r - r_{,})x - (p - p_{,})z]dm,$$
$$[w - w_{,} + (p - p_{,})y - (q - q_{,})x]dm,$$

pour les composantes parallèles à Gx, Gy, Gz, de la quantité de mouvement perdue par dm, pendant la durée du choc.

En vertu du principe général de la Dynamique (n° 353), les quantités de mouvement ainsi perdues par M et M′ devront se faire équilibre ; et, d'après ce qu'on a vu dans le n° 265, on formera les équations d'équilibre de ces deux corps solides, appuyés l'un contre l'autre, en considérant chacun d'eux isolément, après avoir joint aux forces relatives à M, une force inconnue N, dirigée suivant KH, et aux forces appliquées à M′, la même force N agissant au point K suivant KH′.

Ces forces N, dirigées suivant KH et KH′, seront les quantités de mouvement imprimées par le choc aux masses M et M′ ; et, avant d'écrire les équations d'équilibre, on peut remarquer que les effets du choc, qu'elles serviront à déterminer, seront les mêmes, pour la masse M, par exemple, que si l'on appliquait à une partie arbitraire μ de cette masse, ayant son centre de gravité sur la droite KH, une vitesse k parallèle à KH, et telle que l'on eût $\mu k = N$; car il est évident que la résultante des quantités de mouvement de μ serait N, en grandeur et en direction : la percussion exercée sur M, suivant KH, équivaut donc toujours, comme nous l'avons dit dans le n° 435, à des vitesses égales, imprimées, parallèlement à cette normale KH, à tous les points d'une partie de M, qui a son centre de gravité sur cette droite.

467. Cela posé, désignons par a, b, c, les trois coordonnées de K, rapportées aux axes Gx, Gy, Gz, et par α, ϵ, γ, les angles que la droite KH fait avec des parallèles à ces axes, menées par le point K ; les six équations d'équilibre des quantités de mouvement perdues par tous les points de M, seront

$$\mathrm{N}\cos\alpha + \int[u - u_{,} + (q - q_{,})z - (r - r_{,})y]\,dm = 0,$$

$$\mathrm{N}\cos\epsilon + \int[v - v_{,} + (r - r_{,})x - (p - p_{,})z]\,dm = 0,$$

$$\mathrm{N}\cos\gamma + \int[w - w_{,} + (p - p_{,})y - (q - q_{,})x]\,dm = 0,$$

$$\mathrm{N}\,(a\cos\epsilon - b\cos\alpha)$$
$$+ \int[v - v_{,} + (r - r_{,})x - (p - p_{,})z]\,x\,dm$$
$$- \int[u - u_{,} + (q - q_{,})z - (r - r_{,})y]\,y\,dm = 0,$$

$$\mathrm{N}\,(c\cos\alpha - a\cos\gamma)$$
$$+ \int[u - u_{,} + (q - q_{,})z - (r - r_{,})y]\,z\,dm$$
$$- \int[w - w_{,} + (p - p_{,})y - (q - q_{,})x]\,x\,dm = 0,$$

$$\mathrm{N}\,(b\cos\gamma - c\cos\epsilon)$$
$$+ \int[w - w_{,} + (p - p_{,})y - (q - q_{,})x]\,y\,dm$$
$$- \int[v - v_{,} + (r - r_{,})x - (p - p_{,})z]\,z\,dm = 0;$$

les intégrales s'étendant à la masse entière M.

A cause que le point G est le centre de gravité de M, et que $\mathrm{G}x$, $\mathrm{G}y$, $\mathrm{G}z$, sont ses axes principaux, on a

$$\int x\,dm = 0, \quad \int y\,dm = 0, \quad \int z\,dm = 0,$$
$$\int yz\,dm = 0, \quad \int zx\,dm = 0, \quad \int xy\,dm = 0.$$

Désignons, de plus, par A, B, C, les momens d'inertie de M par rapport à ces mêmes axes, de sorte qu'on ait

$$\mathrm{A} = \int(y^2 + z^2)\,dm, \quad \mathrm{B} = \int(z^2 + x^2)\,dm, \quad \mathrm{C} = \int(x^2 + y^2)\,dm.$$

En observant que $\int dm = \mathrm{M}$, les six équations d'équilibre se réduiront à

$$\left.\begin{array}{l} \mathrm{N}\cos\alpha + \mathrm{M}(u - u_{\prime}) = 0,\\ \mathrm{N}\cos\mathcal{C} + \mathrm{M}(v - v_{\prime}) = 0,\\ \mathrm{N}\cos\gamma + \mathrm{M}(w - w_{\prime}) = 0,\\ \mathrm{N}(a\cos\mathcal{C} - b\cos\alpha) + \mathrm{C}(r - r_{\prime}) = 0,\\ \mathrm{N}(c\cos\alpha - a\cos\gamma) + \mathrm{B}(q - q_{\prime}) = 0,\\ \mathrm{N}(b\cos\gamma - c\cos\mathcal{C}) + \mathrm{A}(p - p_{\prime}) = 0. \end{array}\right\} \quad (1)$$

Par rapport à M' et à ses axes principaux G'x', G'y', G'z', je désignerai les quantités qui entrent dans ces équations par les mêmes lettres, avec un trait supérieur ; en sorte que, par exemple, α', $\mathcal{C}'$, γ', seront les angles que fait la droite KH' avec des parallèles à ces axes, menées par le point K, et que a', b', c', seront les coordonnées de ce point, rapportées à ces mêmes axes. En observant que la grandeur de N doit être la même pour les deux corps M et M', les équations d'équilibre des quantités de mouvement perdues par M' seront

$$\left.\begin{array}{l} \mathrm{N}\cos\alpha' + \mathrm{M}'(u' - u_{\prime}') = 0,\\ \mathrm{N}\cos\mathcal{C}' + \mathrm{M}'(v' - v_{\prime}') = 0,\\ \mathrm{N}\cos\gamma' + \mathrm{M}'(w' - w_{\prime}') = 0,\\ \mathrm{N}(a'\cos\mathcal{C}' - b'\cos\alpha') + \mathrm{C}'(r' - r_{\prime}') = 0,\\ \mathrm{N}(c'\cos\alpha' - a'\cos\gamma') + \mathrm{B}'(q' - q_{\prime}') = 0,\\ \mathrm{N}(b'\cos\gamma' - c'\cos\mathcal{C}') + \mathrm{A}'(p' - p_{\prime}') = 0. \end{array}\right\} \quad (2)$$

Outre les douze inconnues $u_{\prime}$, $v_{\prime}$, $w_{\prime}$, $u_{\prime}'$, $v_{\prime}'$, $w_{\prime}'$, $p_{\prime}$, $q_{\prime}$, $r_{\prime}$, $p_{\prime}'$, $q_{\prime}'$, $r_{\prime}'$, que contiennent ces douze équations (1) et (2), elles renferment encore l'inconnue N ; elles seront donc en nombre insuffisant pour déterminer ces treize inconnues ; et il y faudra joindre une treizième équation, que l'on obtiendra par la considération suivante, dans le cas des corps dénués d'élasticité.

468. La solution du problème serait, en effet, indéterminée, si l'on considérait les deux mobiles comme absolument durs, et qu'on fît abstraction de la compression qu'ils éprouvent pendant la durée du choc. Mais en ayant égard à cette compression, quelque petite qu'on la suppose, on conçoit qu'elle est due à ce que les points des deux mobiles, par lesquels ils viennent se toucher, n'ont pas la même vitesse suivant la normale commune à leurs surfaces. A raison de la différence des vitesses normales de ces deux points, les deux corps s'appuient et se compriment graduellement l'un contre l'autre ; en même temps, cette différence diminue par degrés infiniment petits, jusqu'à ce qu'elle ait entièrement disparu ; et quand les deux mobiles sont dénués d'élasticité, le phénomène du choc est achevé à l'instant où cette différence est devenue nulle, et ces deux corps conservent la forme qu'ils ont prise à cet instant de leur plus grande compression. C'est cette égalité des vitesses normales des deux points de contact, à la fin du choc, qui fournit la treizième équation demandée, et qui fait disparaître l'indétermination du problème.

En tant que le point K appartient au corps M, ses coordonnées, rapportées aux axes Gx, Gy, Gz, sont a, b, c ; en les substituant à la place de x, y, z, dans les formules du n° 466, on a, immédiatement après le choc, $u_, + q_, c - r_, b$, $v_, + r_, a - p_, c$,

$w_{,} + p_{,}b - q_{,}a$, pour les composantes de sa vitesse parallèles à ces trois axes ; et comme α, $\mathcal{C}$, γ, sont les angles que la droite KH fait avec les directions de ces composantes, on en conclut

$$(u_{,} + q_{,}c - r_{,}b) \cos \alpha + (v_{,} + r_{,}a - p_{,}c) \cos \mathcal{C}$$
$$+ (w_{,} + p_{,}b - q_{,}a) \cos \gamma,$$

pour la vitesse finale de ce point suivant cette droite. Si l'on considère le même point K comme faisant partie du corps M′, sa vitesse après le choc, suivant la direction KH′, sera

$$(u_{,}' + q_{,}'c' - r_{,}'b') \cos \alpha' + (v_{,}' + r_{,}'a' - p_{,}'c') \cos \mathcal{C}'$$
$$+ (w_{,}' + p_{,}'b' - q_{,}'a') \cos \gamma'.$$

Or, pour que, dans les deux cas, la vitesse normale du point K soit la même, et dirigée dans le même sens, il faudra que ces deux dernières quantités soient égales et de signe contraire, ou que leur somme soit nulle ; par conséquent, on aura

$$\left. \begin{array}{l} (u_{,} + q_{,}c - r_{,}b)\cos\alpha + (u_{,}' + q_{,}'c' - r_{,}'b')\cos\alpha' \\ + (v_{,} + r_{,}a - p_{,}c)\cos\mathcal{C} + (v_{,}' + r_{,}'a' - p_{,}'c')\cos\mathcal{C}' \\ + (w_{,} + p_{,}b - q_{,}a)\cos\gamma + (w_{,}' + p_{,}'b' - q_{,}'a')\cos\gamma' = 0. \end{array} \right\} (3)$$

Les équations (1), (2), (3), du premier degré, par rapport aux inconnues N, $u_{,}$, $v_{,}$, etc., donneront, dans chaque cas particulier, des valeurs entièrement déterminées pour ces quantités, qui feront connaître l'état des deux mobiles après le choc, et les quantités de mouvement, égales et contraires, que la percussion leur aura imprimées suivant la normale commune à leurs surfaces.

469. Maintenant, si les deux corps sont élastiques, il faudra distinguer trois époques successives dans le phénomène du choc : la première répondra à l'instant où les deux mobiles commencent à se toucher par un point K de leurs surfaces; la deuxième sera celle de leur plus grande compression, où les vitesses normales du point K seront égales et dans le même sens pour ces deux corps; la troisième sera la fin du choc, où les deux mobiles se sépareront l'un de l'autre, après avoir repris exactement leurs formes primitives, s'ils sont supposés parfaitement élastiques.

Depuis la première jusqu'à la seconde époque, le phénomène est le même que si les deux mobiles étaient dénués d'élasticité. Ainsi, l'on déterminera, au moyen des équations précédentes, les douze composantes $u_{,}$, $v_{,}$, etc., des vitesses de translation et de rotation des mobiles à l'instant de leur plus grande compression, et la quantité de mouvement N que chacun des deux corps aura reçue, suivant KH pour M, et suivant KH′ pour M′. Depuis la deuxième époque jusqu'à la troisième, ces deux corps, en revenant à leurs formes primitives, recevront, suivant ces directions, une nouvelle quantité de mouvement, qui sera encore égale à N, dans le cas d'une parfaite élasticité. Par conséquent, cette seconde partie du phénomène devra être considérée comme une seconde percussion, identique avec la première, mais exercée sur des corps animés des vitesses de translation et de rotation qui ont lieu à la fin de la première partie.

D'après ce principe, conforme à ce qui a déjà été expliqué dans le n° 360, si l'on appelle, à la troisième époque, U, V, W, les composantes de la vitesse du point G, suivant les axes Gx, Gy, Gz, et P, Q, R, les composantes de la vitesse angulaire de M autour des mêmes axes, on aura, pour déterminer ces six inconnues, les six équations

$$N \cos \alpha + M(u_{,} - U) = 0,$$
$$N \cos \beta + M(v_{,} - V) = 0,$$
$$N \cos \gamma + M(w_{,} - W) = 0,$$
$$N(a \cos \beta - b \cos \alpha) + C(r_{,} - R) = 0,$$
$$N(c \cos \alpha - a \cos \gamma) + B(q_{,} - Q) = 0,$$
$$N(b \cos \gamma - c \cos \beta) + A(p_{,} - P) = 0,$$

qui se déduisent des équations (1), en y mettant U, V, W, P, Q, R, à la place de $u_{,}, v_{,}, w_{,}, p_{,}, q_{,}, r_{,},$ et ces dernières quantités au lieu de $u, v, w, p, q, r,$ et en conservant la quantité N.

Pour faire disparaître les inconnues intermédiaires $u_{,}, v_{,}, w_{,}, p_{,}, q_{,}, r_{,},$ j'ajoute chacune de ces six équations à l'équation (1) qui lui correspond ; ce qui donne

$$\left.\begin{aligned}
&2N \cos \alpha + M(u - U) = 0,\\
&2N \cos \beta + M(v - V) = 0,\\
&2N \cos \gamma + M(w - W) = 0,\\
&2N(a \cos \beta - b \cos \alpha) + C(r - R) = 0,\\
&2N(c \cos \alpha - a \cos \gamma) + B(q - Q) = 0,\\
&2N(b \cos \gamma - c \cos \beta) + A(p - P) = 0.
\end{aligned}\right\} \quad (4)$$

Ces équations (4) sont celles de l'équilibre des

quantités de mouvement perdues par M pendant la durée totale du choc, jointes à la quantité de mouvement 2N imprimée à cette masse, suivant la direction KH, pendant cette même percussion. On y mettra pour N la valeur de cette inconnue, qu'on tirera de l'équation (3), après y avoir substitué les valeurs des inconnues $u_{,}$, $v_{,}$, etc., $u_{,}'$, $v_{,}'$, etc., données par les équations (1) et (2). Nous nous dispenserons d'écrire ici l'expression générale de cette quantité N, qui serait très compliquée, et dont on calculera, sans difficulté, la valeur numérique, dans chaque cas particulier. Si les deux mobiles n'étaient pas supposés parfaitement élastiques, N serait moindre dans la seconde partie du choc que dans la première ; il faudrait prendre alors pour sa valeur, dans la seconde partie, une fraction f de sa valeur, déduite des équations (1), (2), (3), et mettre $(1 + f)$N à la place de 2N dans les équations (4). Cette fraction f dépendrait du degré d'élasticité des deux mobiles, et ne pourrait se déterminer que par des expériences faites sur des corps de la même matière, dans le cas le plus simple, par rapport à leur forme et à leur mouvement primitif. Nous nous bornerons à considérer le cas de l'élasticité parfaite, en observant, toutefois, que la remarque qui termine le n° 466 a également lieu, quel que soit le degré de l'élasticité.

Quant au corps M′, si l'on désigne, à la fin du choc, par U′, V′, W′, les composantes de la vitesse de G′ suivant les axes G′x′, G′y′, G′z′, et par P′, Q′, R′, les composantes de la vitesse angulaire de M′ autour de ces axes, on aura pour déterminer ces six

inconnues des équations semblables aux équations (4),
savoir :

$$2\mathrm{N} \cos \alpha' + \mathrm{M}' \, (u' - \mathrm{U}') = 0,$$
$$2\mathrm{N} \cos \mathcal{6}' + \mathrm{M}' \, (v' - \mathrm{V}') = 0,$$
$$2\mathrm{N} \cos \gamma' + \mathrm{M}' \, (w' - \mathrm{W}') = 0,$$
$$2\mathrm{N} \, (a' \cos \mathcal{6}' - b' \cos \alpha') + \mathrm{C}' \, (r' - \mathrm{R}') = 0,$$
$$2\mathrm{N} \, (c' \cos \alpha' - a' \cos \gamma') + \mathrm{B}' \, (q' - \mathrm{Q}') = 0,$$
$$2\mathrm{N} \, (b' \cos \gamma' - c' \cos \mathcal{6}') + \mathrm{A}' \, (p' - \mathrm{P}') = 0.$$

$$(5)$$

Telle est donc la solution complète et générale du
problème du choc, dans le cas de deux corps entièrement libres, dénués de toute élasticité, ou parfaitement élastiques. On l'étendra, sans difficulté, au
choc simultané de trois ou d'un plus grand nombre
de mobiles; nous en donnerons plus bas un exemple.

470. On peut conclure des équations précédentes
que le choc des corps M et M′ n'altère nullement
les vitesses de leurs centres de gravité G et G′, parallèlement au plan tangent commun en K à leurs
deux surfaces.

En effet, par le point G , menons une droite parallèle à ce plan, qui fasse des angles λ, μ, ν, avec
les axes $\mathrm{G}x$, $\mathrm{G}y$, $\mathrm{G}z$; cette droite étant perpendiculaire à la parallèle à KH, menée par le même point G,
on aura

$$\cos \alpha \cos \lambda + \cos \mathcal{6} \cos \mu + \cos \gamma \cos \nu = 0;$$

et, d'après cela, si l'on ajoute les trois premières
équations (1) ou (4), après les avoir multipliées par
$\cos \lambda$, $\cos \mu$, $\cos \nu$, il en résultera

$$u \cos\lambda + v \cos\mu + w \cos\nu = u_{,}\cos\lambda + v_{,}\cos\mu + w_{,}\cos\nu$$
$$= U\cos\lambda + V\cos\mu + W\cos\nu\,;$$

ce qui montre que la vitesse de G, suivant une direction quelconque, parallèle au plan tangent en K, sera la même avant et après le choc des corps mous ou élastiques. Il suffira donc, pour connaître, en grandeur et en direction, la vitesse finale de G, de déterminer, dans chaque cas, la vitesse de ce point après le choc, parallèlement à la normale KH, et de la composer avec la vitesse de G parallèle au plan tangent en K, qui avait lieu auparavant, et qui n'aura pas changé pendant la percussion. La même chose aura lieu relativement au centre de gravité G' de M'.

En ajoutant les trois dernières équations (1) ou (4), après les avoir multipliées par $\cos\gamma$, $\cos\mathfrak{C}$, $\cos\alpha$, il vient

$$Cr\cos\gamma + Bq\cos\mathfrak{C} + Ap\cos\alpha = Cr_{,}\cos\gamma + Bq_{,}\cos\mathfrak{C} + Ap_{,}\cos\alpha$$
$$= CR\cos\gamma + BQ\cos\mathfrak{C} + AP\cos\alpha.$$

Or, ces trois quantités égales sont les momens par rapport à l'axe KH (n° 409), des quantités de mouvement dont sont animés tous les points de M, avant le choc, à l'instant de la plus grande compression, à la fin du choc; d'où il résulte que la percussion ne change rien à la grandeur de ce moment, pour le mobile M, et, de même, pour le mobile M', mous ou élastiques.

471. Appliquons maintenant à différens exemples les équations générales que nous avons obtenues.

Supposons d'abord que la normale KH au point de contact des deux mobiles, passe par le centre de gra-

vité G de M, de manière qu'elle soit la droite KGH
(fig. 16). D'après la signification des lettres α,
ξ, γ, a, b, c, il est aisé de voir qu'on aura, dans
ce cas,

$$a \cos \xi = b \cos \alpha,$$
$$c \cos \alpha = a \cos \gamma,$$
$$b \cos \gamma = c \cos \xi;$$

alors les trois dernières équations (1) et (4) donneront

$$p_{,} = p, \quad q_{,} = q, \quad r_{,} = r, \quad P = p, \quad Q = q, \quad R = r;$$

ce qui signifie que la direction de l'axe instantané de M
et la vitesse de rotation seront les mêmes immédiatement avant et après le choc. Donc, toutes les fois que
la normale au point de contact passe par le centre de
gravité de l'un des deux mobiles mous ou élastiques, le choc ne change rien au mouvement de
rotation de celui-ci, et n'influe que sur son mouvement de translation.

Si la même normale passe aussi par le centre de
gravité G′ de M′, de sorte qu'on ait également

$$a' \cos \xi' = b' \cos \alpha',$$
$$c' \cos \alpha' = a' \cos \gamma',$$
$$b' \cos \gamma' = c' \cos \xi',$$

les vitesses de rotation disparaîtront de l'équation (3),
qui se réduira à

$$u_{,} \cos \alpha + v_{,} \cos \xi + w_{,} \cos \gamma + u_{,}' \cos \alpha'$$
$$+ v_{,}' \cos \xi' + w_{,}' \cos \gamma' = 0;$$

mais les trois premières équations (1) et (2) donnent

$$N=M\left[(u_{,}-u)\cos\alpha+(v_{,}-v)\cos\mathcal{6}+(w_{,}-w)\cos\gamma\right],$$
$$N=M'\left[(u_{,}'-u')\cos\alpha'+(v_{,}'-v')\cos\mathcal{6}'+(w_{,}'-w')\cos\gamma'\right];\Bigg\}(6)$$

et en divisant ces équations par M et M' et les ajoutant ensuite à la précédente , il en résulte

$$\frac{N}{M}+\frac{N}{M'}+u\cos\alpha+v\cos\mathcal{6}+w\cos\gamma+u'\cos\alpha'$$
$$+v'\cos\mathcal{6}'+w'\cos\gamma'=0.$$

Or, si GL et G'L' sont les directions de G et G' avant le choc et θ et θ' leurs vitesses initiales, on aura

$$\theta\cos HGL=u\cos\alpha+v\cos\mathcal{6}+w\cos\gamma,$$
$$\theta'\cos H'G'L'=u'\cos\alpha'+v'\cos\mathcal{6}'+w'\cos\gamma',$$

d'après ce que les lettres u, v, w, α, $\mathcal{6}$, γ, u', v', w', α', $\mathcal{6}'$, γ', représentent. On aura donc

$$N=-\frac{MM'(\theta\cos HGL+\theta'\cos H'G'L')}{M+M'},$$

pour la valeur de N , qui devra être essentiellement positive : lorsqu'elle sera négative, on en conclura qu'il n'y a pas de choc entre les deux mobiles M et M'.

De même, si Gl et G'l' sont les directions de G et G' à l'instant de la plus grande compression des deux mobiles, et $\theta_{,}$ et $\theta_{,}'$ leurs vitesses au même instant, on aura aussi

$$\theta_{,}\cos HGl=u_{,}\cos\alpha+v_{,}\cos\mathcal{6}+w_{,}\cos\gamma,$$
$$\theta_{,}'\cos H'G'l'=u_{,}'\cos\alpha'+v_{,}'\cos\mathcal{6}'+w_{,}'\cos\gamma';$$

et de ces diverses équations, on conclut

$$\theta_{,}\cos HGl=\frac{M\theta\cos HGL-M'\theta'\cos H'G'L'}{M+M'},$$
$$\theta_{,}'\cos H'G'l'=\frac{M'\theta'\cos H'G'L'-M\theta\cos HGL}{M+M'},\Bigg\}(7)$$

pour les composantes des vitesses de G et G′ suivant GH et G′H′, à l'instant que nous considérons. Elles sont, comme on voit, égales et contraires; d'où il suit qu'à l'instant de la plus grande compression, les centres de gravité des deux mobiles ont la même vitesse, en grandeur et en direction, suivant la normale au point de contact K. Dans le cas des corps mous, cette vitesse normale sera celle qui aura lieu après le choc. Lorsque les deux mobiles seront parfaitement élastiques, on aura

$$\theta_{,} \cos HGl = U\cos\alpha + V\cos\beta + W\cos\gamma,$$
$$\theta_{,}'\cos H'G'l' = U'\cos\alpha' + V'\cos\beta' + W'\cos\gamma';$$

en supposant que les vitesses $\theta_{,}$ et $\theta_{,}'$ et les directions Gl et $G'l'$ se rapportent à la fin du choc. Donc, en vertu des trois premières équations (4) et (5), et de la valeur qu'on vient de trouver pour N, nous aurons

$$\theta_{,} \cos HGl = \frac{(M-M')\theta\cos HGL - 2M'\theta'\cos H'G'L'}{M + M'}, \left.\begin{array}{c} \\ \\ \end{array}\right\}$$
$$\theta_{,}'\cos H'G'l' = \frac{(M'-M)\theta'\cos H'G'L'\quad 2M\theta\cos HGL}{M + M'}, \quad (8)$$

pour les composantes des vitesses finales de G et G′ suivant les directions GH et G′H′.

472. Dans le cas particulier où les deux points G et G′ se meuvent, avant le choc, sur la normale HKH′, leurs vitesses perpendiculaires à cette droite seront nulles, et elles le seront encore après le choc; en sorte que l'on aura

$$\cos HGL = \pm 1, \quad \cos HGl = \pm 1,$$
$$\cos H'G'L' = \pm 1, \quad \cos HGl' = \pm 1,$$

selon le sens de leurs directions, en considérant, dans tous les cas, les vitesses θ, θ', $\theta_{/}$, $\theta'_{/}$, comme des quantités positives.

Si G et G' vont dans le même sens avant le choc, par exemple, de H' vers H, l'angle HGL sera zéro, et l'angle H'G'L' égal à deux droits ; en vertu des équations (7), on aura donc

$$\cos \mathrm{HG}l = 1, \quad \cos \mathrm{H'G'}l' = -1, \quad \theta_{/} = \theta'_{/} = \frac{\mathrm{M}\theta + \mathrm{M'}\theta'}{\mathrm{M} + \mathrm{M'}}.$$

Si, au contraire, G et G' vont au-devant l'un de l'autre avant le choc, de manière que le point G se meuve de H vers H', et le point G', de H' vers H, on aura $\cos \mathrm{HGL} = \cos \mathrm{H'G'L'} = -1$, et les équations (7) donneront

$$\cos \mathrm{HG}l = \mp 1, \quad \cos \mathrm{H'G'}l' = \pm 1, \quad \theta_{/} = \theta'_{/} = \pm \frac{\mathrm{M}\theta - \mathrm{M'}\theta'}{\mathrm{M} + \mathrm{M'}};$$

les signes supérieurs ou inférieurs ayant lieu selon que la différence $\mathrm{M}\theta - \mathrm{M'}\theta'$ sera positive ou négative. On appliquera de même les formules (8) à ces deux hypothèses.

Ces résultats coïncident avec ceux qu'on a obtenus dans les n°s 361 et 362, relativement au choc des corps sphériques et homogènes ; mais on voit de plus qu'ils sont indépendans de la forme de ces corps et de leur mouvement de rotation, et qu'ils supposent seulement que les centres de gravité des deux mobiles se meuvent, avant le choc, sur la normale au point de contact.

473. Si l'on suppose $\mathrm{M'} = \mathrm{M}$, les équations (8) deviennent

$$\theta_{,}\cos HGl = -\theta'\cos H'G'L', \quad \theta_{,}'\cos H'G'l' = -\theta\cos HGL,$$

d'où l'on conclut que dans le choc de deux corps parfaitement élastiques et égaux en masses, les centres de gravité des deux mobiles échangent leurs vitesses parallèles à la normale au point de contact, lorsque cette normale, commune aux deux surfaces en ce point, passe à la fois par ces deux centres.

Quand le point G' sera en repos avant le choc, en sorte qu'on ait $\theta' = 0$, et que, de plus, la masse M, à raison de sa densité, sera très petite et négligeable par rapport à M', on aura, en vertu des équations (7)

$$\theta_{,} \cos HGl = 0, \quad \theta_{,}' \cos H'G'l' = 0;$$

en sorte que les centres de gravité G et G' de deux corps mous n'auront, dans ce cas, aucune vitesse normale après le choc. Mais, en vertu des équations (8), si ces corps sont, au contraire, parfaitement élastiques, on aura

$$\theta_{,}' \cos H'G'l' = 0, \quad \theta_{,}\cos HGl = -\theta\cos HGL;$$

ce qui montre que le centre de gravité G' ne prendra aucune vitesse, et que G prendra, après le choc, une vitesse normale égale et contraire à celle qu'il avait auparavant.

Il est aisé d'en conclure que le centre de gravité G sera réfléchi en faisant avec la normale au point de contact des deux mobiles, l'angle de réflexion égal à l'angle d'incidence.

En effet, prenons sur le prolongement de GL (fig. 17), une partie gG pour représenter, avant le choc, la vitesse de G, qui se mouvra de g vers G; soit toujours **GH** la normale au point de contact des deux mobiles , laquelle passe , par hypothèse , par le point G ; décomposons la vitesse gG en deux autres, l'une aG, dirigée suivant cette normale, et l'autre bG parallèle au plan tangent : la seconde ne sera pas changée par le choc, et la première sera changée en une vitesse cG égale et contraire à aG. Donc, si l'on achève le rectangle $Gbdc$, et qu'on prolonge la diagonale Gd d'une quantité $Gl = Gd$, la vitesse du point G, après le choc, sera Gl, en grandeur et en direction ; par conséquent , l'angle de réflexion HGl, sera égal à l'angle d'incidence HGg, et, de plus, la vitesse du mobile aura la même grandeur avant et après le choc. Ce cas est celui d'un corps élastique qui vient rencontrer un obstacle fixe, doué également d'une parfaite élasticité.

474. Lorsque les mobiles sont des sphères homogènes, la condition que la normale HKH' (fig. 16) passe par leurs centres de gravité G et G', est toujours remplie. Par conséquent, si ces corps sont parfaitement élastiques, ils échangeront, en se choquant, leurs vitesses dans le sens de la droite qui va d'un centre à l'autre, et conserveront, sans altération, leurs vitesses perpendiculaires à cette droite ; et, quand ils viendront frapper un obstacle fixe et aussi parfaitement élastique, ils se réfléchiront en faisant l'angle de réflexion égal à l'angle d'incidence.

C'est sur ces principes qu'est fondé le jeu de *billard*; mais il faut observer que non-seulement ils supposent l'élasticité parfaite des *bandes* et des *billes*, mais que la non-altération, par le choc, de la vitesse des mobiles, soit parallèlement à leur plan tangent commun, soit parallèlement aux bandes qu'ils rencontrent, n'a lieu que quand on fait abstraction du frottement provenant de leur rotation et du glissement d'une surface sur l'autre. On va voir, par exemple, que l'angle de réflexion dépend de la rotation de la bille, et qu'il n'est plus égal à l'angle d'incidence, quand on tient compte du frottement de la bille contre la bande. La même chose a lieu dans le *ricochet* d'un boulet : le frottement de ce projectile contre le terrein et sa vitesse de rotation influent aussi sur l'angle de réflexion, qui peut être, pour cette raison, différent de l'angle d'incidence.

Cette question nous fournira l'occasion d'expliquer comment on doit avoir égard au frottement dans le choc des corps, et de compléter ce que nous avons dit, sur ce genre de résistances, dans le second paragraphe du chapitre précédent. Nous allons d'abord exposer les principes qui nous guideront dans cette matière délicate; on y est conduit par l'analogie; mais ils auraient besoin, ainsi que les conséquences qui s'en déduisent, d'être confirmés par des expériences directes.

475. En formant les équations d'équilibre des quantités de mouvement perdues dans le choc, par les deux masses M et M', nous n'avons point tenu compte des quantités de mouvement produites par les poids de ces corps pendant la durée de la percussion, parce que cette durée étant très petite, ces quantités, qui lui sont proportionnelles, sont aussi très petites, et peuvent être négligées par rapport à celles que les

mobiles reçoivent de leur choc mutuel. Mais il n'en est pas de même, comme nous l'avons déjà remarqué (n° 353), à l'égard du frottement qui a lieu pendant le choc, lorsque les surfaces des deux mobiles en contact glissent l'une sur l'autre. Quoiqu'on n'ait pas fait d'observations sur l'intensité de ce frottement, on peut supposer, par induction, qu'il suit les lois générales du frottement des corps soumis à des pressions proprement dites, puisque la percussion n'est autre chose qu'une pression d'une très grande intensité, exercée pendant un temps très court. On peut donc admettre que pendant la durée du choc le frottement, à chaque instant, est proportionnel à la grandeur de la pression normale, qui appuie, à cet instant, les deux mobiles l'un contre l'autre ; qu'il est dirigé, pour chaque mobile, en sens contraire de la vitesse relative du glissement de ce mobile sur l'autre, et indépendant de la grandeur de cette vitesse ; et qu'il disparaît, ou devient négligeable, quand le glissement se change en un simple roulement.

Or, la quantité totale de mouvement imprimée à M suivant la normale KH (fig. 15), a été représentée par N, quand ces deux mobiles sont dénués d'élasticité, ou par $2N$, quand ils sont parfaitement élastiques. Si donc, pendant toute la durée du choc, la surface de M glisse, dans une même direction, sur celle de M′, et qu'on appelle Q la quantité de mouvement imprimée à M par le frottement, en sens contraire de cette direction, on aura $Q = hN$, dans le cas des corps dénués d'élasticité, et $Q = 2hN$, dans le cas des corps parfaitement élastiques ; h étant un coefficient qui ne dépend que de la nature des surfaces dè M et M', au point de contact K, et pour lequel on pourra prendre celui qui a été déterminé par l'expérience, relativement à des pressions ordinaires (n° 459).

Si le glissement a lieu dans un sens pendant une partie du choc, et dans le sens opposé pendant l'autre partie, on aura $Q = h(N' - N'')$, en désignant par N' et N'' les quantités de mouvement produites par la percussion pendant ces deux parties du choc, de sorte que N ou 2N soit leur somme $N' + N''$, et en supposant $N' > N''$. Si, à la fin de la première partie, le glissement se change en un simple roulement, on prendra $Q = hN'$, en négligeant le frottement de la seconde espèce, qui aura lieu pendant la seconde partie.

En appelant Q' ce que Q devient relativement à M', il est évident que Q' sera, dans tous les cas, une quantité de mouvement égale et directement opposée à Q ; car la pression normale que M' exerce sur M pendant toute la durée du choc, est de même grandeur que celle de M sur M', et la vitesse relative du glissement de M' sur M est toujours égale et contraire à celle du glissement de M sur M'.

Il résulte de là que pour former les équations d'équilibre des quantités de mouvement perdues pendant le choc par le corps M, en ayant égard au frottement, il suffira de joindre à la quantité de mouvement N ou 2N, imprimée à ce mobile suivant la normale KH, une autre quantité de mouvement

Q, perpendiculaire à KH, et exprimée comme on vient de le dire ; et que pour obtenir, en même temps, les équations relatives à M′, il faudra joindre à la quantité de mouvement N ou 2N, dirigée suivant KH′, une quantité de mouvement Q′ égale et contraire à Q. C'est ce que nous allons faire, dans le cas du choc d'un projectile sphérique et homogène contre un obstacle fixe.

476. Pour fixer les idées, je supposerai que l'obstacle fixe que la sphère M vient frapper est un plan horizontal, et que cette sphère tourne, avant le choc, autour d'un axe horizontal, perpendiculaire à la direction GH de son centre de gravité. La figure 18 représente une section du plan fixe et de M par ce plan vertical. Tout étant semblable de part et d'autre de cette section, le point G ne s'écartera point de ce dernier plan pendant le choc, M continuera de tourner autour du diamètre perpendiculaire à ce même plan, et le point de contact K glissera, pendant cette percussion, le long de AB, intersection de ce plan vertical et du plan fixe.

Immédiatement avant le choc, j'appelle a la vitesse horizontale de G, dirigée suivant GD, b sa vitesse verticale, dirigée suivant GK, et γ l'angle d'incidence HGK, de sorte qu'on ait

$$\operatorname{tang} \gamma = \frac{a}{b}.$$

Le mobile M étant supposé parfaitement élastique, ainsi que l'obstacle fixe qu'il vient frapper, il perdra d'abord, en se comprimant, sa quantité de mouvement verticale Mb; puis il reprendra, en revenant à sa figure primitive, une quantité de mouvement égale et contraire; en sorte qu'après le choc, le centre de gravité G aura une vitesse verticale b, dirigée suivant le prolongement GE de GK. Si donc on appelle, à cette époque, a' sa vitesse horizontale, dirigée suivant GD, ou en sens contraire, selon qu'elle sera positive ou négative; que GH' soit la direction de ce point, et qu'on désigne par γ' l'angle de réflexion EGH', on aura

$$\operatorname{tang} \gamma' = \frac{a'}{b}.$$

La droite GH' sera située à gauche de la verticale EK, comme la droite GH, ou à droite de EK, selon que la quantité a' sera positive ou négative. Pour que l'angle de réflexion soit égal à l'angle d'incidence, il faudra que cette vitesse a' soit positive et égale à a; la différence $\gamma' - \gamma$ de ces deux angles sera toujours de même signe que $a' - a$; et le point G rétrogradera quand la vitesse a' sera négative.

Soit aussi α la vitesse angulaire de rotation de M avant le choc, laquelle vitesse sera considérée comme positive ou comme négative, selon qu'elle aura lieu dans le sens indiqué par la flèche s, ou dans le sens opposé. Désignons par α' ce que devient cette vitesse angulaire après le choc. Le problème consistera à déterminer les valeurs de a' et α' d'après celles de a et α. Selon que la vitesse absolue du point K sera positive ou négative, c'est-à-dire, dirigée suivant KA ou suivant KB, pendant une partie de la durée du choc, ou pendant sa durée entière, la solution présentera différens cas distincts, que nous allons examiner successivement dans le numéro suivant.

477. Je supposerai, en premier lieu, que la vitesse du point K soit positive, ou dirigée suivant KA, pendant toute la durée du choc. En appelant c le rayon GK de M, cette vitesse sera $a + c\alpha$ au commencement, et $a' + c\alpha'$ à la fin; de sorte que ces deux quantités devront être positives. La quantité totale de mouvement imprimée à M suivant GK, soit pendant que le mobile se comprime, soit pendant qu'il revient à sa figure primitive, étant égale à $2Mb$, la quantité de mouvement provenant du frottement, et dirigée suivant KB, sera $2hMb$, d'après le n° 475; par conséquent, la vitesse horizontale a' du centre de gravité G après le choc, sera la même que si la masse M y était réunie, et que les quantités de mouvement Ma et $2hMb$ y fussent appliquées, en sens contraire l'une de l'autre; ce qui donne

$$a' = a - 2hb.$$

En observant que $\frac{2}{5}Mc^2$ est le moment d'inertie de M par rapport à son axe de rotation, et que $2hMbc$ est le moment, par rapport au même axe, du frottement dirigé suivant KB, on verra, sans difficulté, que la diminution $\alpha - \alpha'$ de la vitesse angulaire de rotation sera déterminée par l'équation

$$\tfrac{2}{5}Mc^2(\alpha - \alpha') = 2hMbc;$$

d'où l'on tire

$$\alpha' = \alpha - \frac{5hb}{c}.$$

De ces valeurs de a' et α', il résultera

$$a' + c\alpha' = a + c\alpha - 7hb ;$$

et cette quantité $a' + c\alpha'$ devant être positive dans le cas que nous examinons, il faudra que la quantité $a + c\alpha$, aussi positive, soit plus grande que $7hb$. Quand cette condition aura lieu, on aura

$$\text{tang } \gamma' = \frac{a}{b} - 2h = \text{tang } \gamma - 2h ,$$

pour déterminer l'angle de réflexion γ' d'après l'angle d'incidence γ et le coefficient h.

Si la vitesse absolue du point K est constamment négative, ou dirigée suivant KB, le frottement sera dirigé suivant KA, et il suffira de changer les signes des termes multipliés par h, dans les formules du cas précédent, qui deviendront

$$a' = a + 2hb, \quad \alpha' = \alpha + \frac{5hb}{c}, \quad \text{tang} \gamma' = \text{tang} \gamma + 2h.$$

Pour que ce cas ait lieu, il faudra que la vitesse initiale du point K soit en sens contraire de celle de G; ce qui suppose que la rotation primitive ait lieu dans le sens opposé à celui qui est indiqué par la flèche s. A cause de

$$a' + c\alpha' = a + c\alpha + 7hb,$$

il faudra, en outre, que cette quantité négative $a + c\alpha$ l'emporte sur le terme positif $7hb$. Dans ce second cas, l'angle de réflexion surpassera l'angle d'incidence, tandis que, dans le premier cas, γ' était moindre que γ.

La vitesse du point K étant positive au commencement du choc, si elle devient zéro à un certain instant de sa durée, et qu'elle reste ensuite nulle jusqu'à la fin, on prendra, d'après le n° 475, $hM(b + b')$ pour l'effet total du frottement, en désignant par b' la vitesse verticale de G à l'instant dont il s'agit, et regardant b' comme une quantité négative ou positive, selon que cet instant arrivera pendant que le mobile se comprime, ou pendant qu'il revient à sa figure primitive. On en conclura, comme dans le premier cas,

$$a' = a - h(b + b'), \quad \alpha' = a - \frac{5h(b + b')}{2c},$$

et, par suite,

$$\operatorname{tang} \gamma' = \operatorname{tang} \gamma - \frac{h(b + b')}{b}.$$

Si la vitesse du point K est zéro dès le commencement du choc, on aura $b' = -b$; et le frottement étant nul, ou de la seconde espèce, pendant toute la durée de la percussion, il n'influera pas sur les valeurs de a', α', $\operatorname{tang} \gamma'$. Si, au contraire, la vitesse de K ne devient nulle qu'à la fin du choc, on aura $b' = b$, et ces formules coïncideront avec celles du premier cas. Généralement, la valeur de b' sera inconnue, et l'on saura seulement qu'elle ne peut pas dépasser $\pm b$; mais comme on suppose nulle la vitesse finale du point K, il faudra qu'on ait

$$a' + c\alpha' = a + ca - \frac{7}{2}h(b + b') = 0 ;$$

d'où l'on tire

$$h(b + b') = \frac{2(a + c\alpha)}{7};$$

et, par conséquent,

$$a' = -c\alpha' = \frac{5a - 2c\alpha}{7}, \quad \tang\gamma' = \tang\gamma - \frac{2(a + c\alpha)}{7b}.$$

La vitesse du point K étant positive dans une première partie du choc, si elle devient négative dans la partie suivante, et que b' soit la vitesse verticale, positive ou négative, de G, à l'instant de ce changement de signe, les quantités de mouvement imprimées à M, suivant la direction de KG, seront $M(b + b')$ et $M(b - b')$ pendant ces deux parties de la percussion. D'après le n° 475, on prendra donc $hM(b + b') - hM(b - b')$ pour la quantité totale de mouvement produite par le frottement suivant la direction KB ou KA, selon qu'elle sera positive ou négative; et comme cette quantité se réduit à $2hMb'$, on en conclut que les formules relatives à ce quatrième cas se déduiront de celles du premier, en y mettant b' au lieu de b. On y changera le signe de h, comme dans le second cas, si la vitesse de K a d'abord été négative, pour devenir ensuite positive. Mais la quantité b' n'étant pas donnée, ces formules ne feront pas connaître la diminution ou l'augmentation de l'angle de réflexion, et l'on saura seulement que l'une ou l'autre est moindre que dans le premier ou le second cas.

La question serait encore plus compliquée, si le projectile tournait autour d'un axe qui ne fût pas perpendiculaire, comme nous l'avons supposé, au plan vertical dans lequel le point G se meut avant le choc. Le frottement ferait alors sortir ce point de son plan pendant la percussion ; et non seulement l'angle de réflexion différerait de l'angle d'incidence, mais encore ces deux angles ne seraient plus compris dans un même plan vertical.

478. Maintenant, pour montrer, indépendamment du frottement, l'influence du choc sur le mouvement de rotation, prenons un exemple simple, dans lequel la normale au point de contact des deux mobiles, qu'on peut regarder comme la direction du choc, ne passe pas par le centre de gravité de l'un de ces deux corps.

Supposons que dans le choc l'axe instantané de rotation de M coïncide avec l'un des axes principaux qui se coupent à son centre de gravité, par exemple, avec l'axe Gz (fig. 15) ; on aura alors $p = 0$ et $q = 0$. Supposons aussi que le point K et la normale commune aux deux surfaces en ce point, soient compris dans le plan des axes Gx et Gy ; ce qui rendra nulles les deux quantités c et $\cos \gamma$. En faisant

$$p = 0, \quad q = 0, \quad c = 0, \quad \cos \gamma = 0,$$

dans les deux dernières équations (1) ou (4), on en conclut $p_{\prime} = 0$ et $q_{\prime} = 0$, ou $P = 0$ et $Q = 0$; en sorte que, dans les deux cas des corps mous et des corps élastiques, l'axe de rotation coïncidera encore, après le choc, avec l'axe Gz, et le choc changera seulement la vitesse de rotation sans changer l'axe.

instantané, conformément à ce que nous avons déjà vu dans le n° 437.

Prenons pour le corps M' une sphère homogène. La direction du choc passera par son centre de gravité ; on aura donc, comme dans le n° 471,

$$a'\cos 6' = b'\cos\alpha', \quad c'\cos\alpha' = a'\cos\gamma', \quad b'\cos\gamma' = c'\cos 6' ;$$

en ayant égard aux suppositions précédentes, l'équation (5) se réduira à

$$(a\cos 6 - b\cos\alpha)r_{,} + u_{,}\cos\alpha + v_{,}\cos 6$$
$$+ u_{,}'\cos\alpha' + v_{,}'\cos 6' + w_{,}'\cos\gamma' = 0 ;$$

et, en la combinant avec les équations (6), on en déduit

$$\frac{N}{M} + \frac{N}{M'} + (a\cos 6 - b\cos\alpha)r_{,} + u\cos\alpha + v\cos 6$$
$$+ u'\cos\alpha' + v'\cos 6' + w'\cos\gamma' = 0.$$

Menons par le point K des parallèles aux directions des vitesses θ et θ' de G et G' avant le choc ; soient δ et δ' les angles que ces parallèles font avec KH ; nous aurons

$$u\cos\alpha + v\cos 6 = \theta\cos\delta,$$
$$u'\cos\alpha' + v'\cos 6' + w'\cos\gamma' = - \theta'\cos\delta',$$

pour les composantes de θ et θ' suivant cette partie de la normale au point K ; et en éliminant $r_{,}$ au moyen de la quatrième équation (1), l'équation précédente deviendra

$$\frac{N}{M} + \frac{N}{M'} + \frac{(a\cos 6 - b\cos\alpha)^2 N}{C} + (a\cos 6 - b\cos\alpha)r$$
$$+ \theta\cos\delta - \theta'\cos\delta' = 0 ;$$

d'où l'on tire

$$N = \frac{MM'C[(b\cos\alpha - a\cos\epsilon)r + \theta'\cos\delta' - \theta\cos\delta]}{(M + M')C + MM'(b\cos\alpha - a\cos\epsilon)^2}.$$

Au moyen de cette valeur de N, les trois premières équations (1) ou (4), selon que les mobiles seront mous ou élastiques, feront connaître les trois composantes $u_{,}$, $v_{,}$, $w_{,}$, ou U, V, W, de la vitesse de G après le choc, et les trois premières équations (2) ou (5) détermineront de même celles de la vitesse finale de G'. Quant à la valeur de r, ou de R, elle se déduira de la quatrième équation (1) ou (4).

La quantité N doit toujours être positive, comme nous l'avons déjà remarqué; et quand sa valeur sera négative, il n'y aura pas de choc entre les deux mobiles. Le dénominateur de cette valeur est positif, ainsi que le facteur $MM'C$ de son numérateur. Les quantités θ et θ', contenues dans l'autre facteur, sont aussi positives; les quantités a, b, $\cos\alpha$, $\cos\epsilon$, $\cos\delta$, $\cos\delta'$, pourront être positives ou négatives; et leurs signes seront donnés dans chaque cas particulier. A cause de $p = 0$ et $q = 0$, r sera, abstraction faite du signe, la vitesse de rotation avant le choc. Pour savoir le signe qu'on devra lui donner dans la valeur de N, je considère un point situé sur l'axe Gx, à l'unité de distance du point G; la vitesse de ce point, parallèlement à l'axe Gy, sera $v + r$ avant le choc (n° 466); d'où l'on conclut que sa partie r devra être positive ou négative, selon que le mouvement de rotation primitif aura eu lieu, de l'axe Gx vers l'axe Gy, ou de l'axe Gy vers l'axe Gx, c'est-à-dire, dans le sens de la flèche s ou dans le sens opposé. Après le choc, la rotation aura aussi lieu dans le premier sens ou dans le second, selon que la valeur de $r_{,}$ ou de R sera positive ou négative.

479. Jusqu'ici nous avons supposé les deux corps M et M′ entièrement libres; mais s'ils sont retenus par un point ou un axe fixe, la détermination de leurs mouvemens après le choc dépendra toujours des mêmes principes, et ne différera que par le nombre des équations qu'on aura à considérer.

Par exemple, si le mobile M est retenu par un point fixe G, les trois premières équations du n° 467 ne seront plus nécessaires pour l'équilibre de M et des quantités de mouvement perdues, pendant le choc, par tous les points de ce corps. Ce point fixe G ne sera pas toujours, comme précédemment, le centre de gravité de M, et les intégrales $\int x\,dm$, $\int y\,dm$, $\int z\,dm$, ne seront plus nulles; mais les six quantités u, v, w, $u_{,}$, $v_{,}$, $w_{,}$, seront zéro; et en prenant pour Gx, Gy, Gz, les trois axes principaux de M qui se coupent en ce point G, les trois dernières équations d'équilibre se réduiront encore à

$$N(a\cos\zeta - b\cos\alpha) + C(r - r_{,}) = 0,$$
$$N(c\cos\alpha - a\cos\gamma) + B(q - q_{,}) = 0,$$
$$N(b\cos\gamma - c\cos\zeta) + A(p - p_{,}) = 0,$$

comme dans le numéro cité. En y joignant les six équations (2) relatives au corps M′, que je continuerai de supposer entièrement libre, et l'équation (3), dans laquelle on fera $u_{,}=0$, $v_{,}=0$, $w_{,}=0$, on aura les dix équations nécessaires pour déterminer la valeur de N, et les mouvemens des deux corps après le choc, lorsqu'on les supposera dénués d'élasticité. Qnand ils seront parfaitement élastiques, on remplacera les trois équations précédentes par les trois dernières équations (4), et l'on fera usage des équations (5) au lieu des équations (2).

Si le corps M est retenu par un axe fixe Gz, qui ne sera plus un axe principal, la quatrième équation du n° 467 sera seule nécessaire pour l'équilibre de N et des quantités de mouvement perdues par M. Comme l'axe de rotation coïncide alors avec Gz, avant et après le choc, on aura $p = 0$, $q = 0$, $p_{,} = 0$, $q_{,} = 0$; et les trois composantes de la vitesse de G étant aussi nulles, cette équation se réduira encore à

$$N(a\cos \varepsilon - b\cos \alpha) + C(r - r_{,}) = 0;$$

C étant toujours le moment d'inertie par rapport à l'axe Gz. On la remplacera par

$$2N(a\cos \varepsilon - b\cos \alpha) + C(r - R) = 0,$$

lorsque les deux mobiles seront parfaitement élastiques; et en y joignant l'équation (3) et celles qui répondent au corps M', on aura toutes les équations nécessaires pour déterminer N et les mouvemens des deux mobiles après le choc.

480. Au lieu de deux corps seulement, si trois ou un plus grand nombre de mobiles se choquent simultanément, on formera les équations d'équilibre des quantités de mouvement perdues, dans le choc, par chacun de ces corps, en le considérant isolément, après avoir joint aux quantités de mouvement perdues par tous ses points, d'au-

tres forces inconnues N, N′, N″, etc., appliquées aux points de contact de ce corps avec tous les autres, et dirigées, de dehors en dedans, suivant la normale à sa surface. Pour tous les mobiles, ces forces inconnues seront en même nombre que les points de contact de ces corps; car elles représenteront des quantités de mouvement égales et contraires pour les deux mobiles qni se touchent en chaque point. Mais, à l'instant de la plus grande compression, c'est-à-dire, à la fin du choc des corps dénués d'élasticité, l'équation (3) aura lieu pour chaque point de contact; d'où il résulte qu'on aura toujours un nombre suffisant d'équations, pour déterminer, à cet instant, l'état de tous les mobiles, et les valeurs de N, N′, N″, etc. Quand les mobiles seront parfaitement élastiques, on obtiendra la solution du problème, pour chacun d'eux séparément, par la considération employée dans le n° 469.

481. Pour donner un exemple simple de cette solution générale, soient M, M′, μ, les masses de trois sphères homogènes, dont les centres sont G, G′, C (fig. 19). Supposons que μ soit en repos avant le choc, et que cette sphère soit frappée simultanément par M et M′, qui la touchent aux points K et K′. Si M et M′ ont un mouvement de rotation avant le choc, il ne sera pas changé par le choc; et μ n'en prenant aucun pendant cette percussion, on aura seulement à déterminer, en grandeur et en direction, les vitesses de G, G′, C, après le choc, au moyen des vitesses et des directions de G et G′ auparavant.

Désignons donc, avant le choc, par a, b, c, les composantes de la vitesse de G, parallèles à trois axes fixes et rectangulaires, Ox, Oy, Oz, et par a', b', c', les composantes de la vitesse de G', parallèles aux mêmes axes. Représentons par u, v, w, u', $v'w'$, ce que deviennent ces six composantes à l'instant de la plus grande compression, et par $u_{\prime}$, $v_{\prime}$, $w_{\prime}$, les composantes suivant les mêmes axes, de la vitesse de C à cet instant. Soient aussi α, ϵ, γ, les angles compris entre le rayon KC et des parallèles aux axes Ox, Oy, Oz, menées par le point K, et α', ϵ', γ', les angles que fait le rayon K'C avec des parallèles à ces axes, menées par le point K'. Appelons, à l'instant dont il s'agit, N la quantité de mouvement communiquée à μ par M suivant KC, ou à M par μ suivant KG, et N' celle qui est communiquée à μ par M' suivant K'C, ou à M' par μ suivant K'G'. Les neuf équations d'équilibre des quantités de mouvement perdues, et des forces N et N', qu'il suffira de considérer, seront

$$
\left.
\begin{aligned}
\mathrm{M}\,(a - u) - \mathrm{N}\cos\alpha &= 0, \\
\mathrm{M}\,(b - v) - \mathrm{N}\cos\epsilon &= 0, \\
\mathrm{M}\,(c - w) - \mathrm{N}\cos\gamma &= 0, \\
\mathrm{M}'(a' - u') - \mathrm{N}'\cos\alpha' &= 0, \\
\mathrm{M}'(b' - v') - \mathrm{N}'\cos\epsilon' &= 0, \\
\mathrm{M}'(c' - w') - \mathrm{N}'\cos\gamma' &= 0, \\
\mathrm{N}\cos\alpha + \mathrm{N}'\cos\alpha' - \mu u_{\prime} &= 0, \\
\mathrm{N}\cos\epsilon + \mathrm{N}'\cos\epsilon' - \mu v_{\prime} &= 0, \\
\mathrm{N}\cos\gamma + \mathrm{N}'\cos\gamma' - \mu w_{\prime} &= 0,
\end{aligned}
\right\} \quad (a)
$$

en observant que KG et KG′ sont les prolongemens de KC et K′C′.

L'équation (3), appliquée aux points K et K′, donnera, en même temps,

$$\left.\begin{array}{l} u_{,}\cos\alpha + v_{,}\cos\varepsilon + w_{,}\cos\gamma = u\cos\alpha + v\cos\varepsilon + w\cos\gamma, \\ u_{,}\cos\alpha' + v_{,}\cos\varepsilon' + w_{,}\cos\gamma' = u'\cos\alpha' + v'\cos\varepsilon' + w'\cos\gamma'; \end{array}\right\}(b)$$

et l'on aura, de cette manière, les onze équations nécessaires et suffisantes pour déterminer les onze inconnues N, N′, u, v, etc.

Si nous faisons

$$\cos\alpha\cos\alpha' + \cos\varepsilon\cos\varepsilon' + \cos\gamma\cos\gamma' = \cos\delta,$$
$$a\cos\alpha + b\cos\varepsilon + c\cos\gamma = k,$$
$$a'\cos\alpha' + b'\cos\varepsilon' + c'\cos\gamma' = k',$$

δ sera l'angle GCG′, et k et k' représenteront les vitesses primitives de G et G′ suivant GK et GK′. En observant que

$$\cos^2\alpha + \cos^2\varepsilon + \cos^2\gamma = 1, \quad \cos^2\alpha' + \cos^2\varepsilon' + \cos^2\gamma' = 1,$$

les équations (a) donneront

$$u\cos\alpha + v\cos\varepsilon + w\cos\gamma = k - \frac{N}{M},$$
$$u'\cos\alpha' + v'\cos\varepsilon' + w'\cos\gamma' = k' - \frac{N'}{M'},$$
$$u_{,}\cos\alpha + v_{,}\cos\varepsilon + w_{,}\cos\gamma = \frac{N + N'\cos\delta}{\mu},$$
$$u_{,}\cos\alpha' + v_{,}\cos\varepsilon' + w_{,}\cos\gamma' = \frac{N' + N\cos\delta}{\mu};$$

au moyen de quoi les équations (b) deviendront

$$M\mu k = N(M + \mu) + N'M \cos \delta,$$
$$M'\mu k' = N'(M' + \mu) + NM' \cos \delta;$$

d'où l'on tire

$$N = \frac{k(M' + \mu)M\mu - k'MM'\mu \cos \delta}{(M + \mu)(M' + \mu) - MM' \cos^2 \delta},$$
$$N' = \frac{k'(M + \mu)M'\mu - kMM'\mu \cos \delta}{(M + \mu)(M' + \mu) - MM' \cos^2 \delta};$$

valeurs qui devront toujours être des quantités positives. Après qu'on les aura substituées dans les équations (a), on en déduira immédiatement les valeurs des neuf composantes u, v, etc., des vitesses de G, G', C, qui auront lieu à la fin du choc, lorsque les trois mobiles seront dénués d'élasticité.

S'ils sont, au contraire, parfaitement élastiques, et qu'on désigne, à la fin du choc simultané de ces trois corps, par U, V, W, les composantes de la vitesse de G, par U', V', W', celles de la vitesse de G', par $U_{,}$, $V_{,}$, $W_{,}$, celles de la vitesse C, on aura, par la considération déjà employée dans le n° 469, ces neuf équations :

$$M(u - U) - N \cos \alpha = 0,$$
$$M(v - V) - N \cos \beta = 0,$$
$$M(w - W) - N \cos \gamma = 0,$$
$$M'(u' - U') - N' \cos \alpha' = 0,$$
$$M'(v' - V') - N' \cos \beta' = 0,$$
$$M'(w' - W') - N' \cos \gamma' = 0,$$
$$N \cos \alpha + N' \cos \alpha' + \mu(u_{,} - U_{,}) = 0,$$
$$N \cos \beta + N' \cos \beta' + \mu(v_{,} - V_{,}) = 0,$$
$$N \cos \gamma + N' \cos \gamma' + \mu(w_{,} - W_{,}) = 0.$$

En ajoutant chacune d'elles à celle qui lui correspond

parmi les équations (a), il vient

$$M(a - U) - 2N \cos \alpha = 0,$$
$$M(b - V) - 2N \cos \varsigma = 0,$$
$$M(c - W) - 2N \cos \gamma = 0,$$
$$M'(a' - U') - 2N' \cos \alpha' = 0,$$
$$M'(b' - V') - 2N' \cos \varsigma' = 0,$$
$$M'(c' - W') - 2N' \cos \gamma' = 0,$$
$$2N \cos \alpha + 2N' \cos \alpha' - \mu U_{\prime} = 0,$$
$$2N \cos \varsigma + 2N' \cos \varsigma' - \mu V_{\prime} = 0,$$
$$2N \cos \gamma + 2N' \cos \gamma' - \mu W_{\prime} = 0;$$

et il ne restera plus qu'à substituer dans ces dernières équations les valeurs précédentes de N et N', pour en déduire ensuite immédiatement les valeurs des neuf inconnues U, V, W, U', V', W', U$_{\prime}$, V$_{\prime}$, W$_{\prime}$.

Les vitesses finales des points G, G', C, seraient encore les mêmes, si les chocs de M et de M' contre μ, au lieu d'être simultanés, se succédaient à un très petit intervalle de temps, de sorte que ces trois points ne se fussent pas sensiblement déplacés pendant ce temps très court. Les durées très courtes des deux chocs, simultanés ou successifs, peuvent aussi être inégales, et l'instant de la plus grande compression n'être pas le même aux points K et K'.

CHAPITRE VIII.

EXEMPLES DU MOUVEMENT D'UN CORPS FLEXIBLE.

§ Ier. *Vibrations d'une corde flexible.*

482. Soit AMB (fig. 20) une corde parfaitement flexible, très peu extensible, homogène et partout de la même épaisseur, tendue suivant sa longueur par une force équivalente à un poids donné ϖ, et attachée par ses deux extrémités à des points fixes A et B. On néglige son poids par rapport à ϖ; et on la regarde, par conséquent, comme rectiligne dans son état d'équilibre. Cela étant, supposons qu'on l'écarte un tant soit peu de cette direction, et qu'on imprime de petites vitesses à tous ses points; cette corde oscillera de part et d'autre de la droite AMB; et il s'agit de déterminer, à un instant quelconque, sa position et les vitesses de ses différens points.

Au bout du temps quelconque t, supposons que cette corde forme la courbe AM'B, plane ou à double courbure, dans laquelle M' est la position qu'a prise le point quelconque M. Soit P la projection de M' sur la droite AMB; faisons

$$AM = x, \quad AP = x + u;$$

et représentons par y èt z les deux autres coordonnées de M′, perpendiculaires entre elles à l'axe AB. Les déplacemens des points de la corde étant supposés très petits, les variables u, y, z, seront aussi très petites, et la question consistera à déterminer leurs valeurs en fonctions de x et t.

Appelons ds l'élément différentiel de la courbe AM′B, qui répond au point M′, et ε la densité de la corde en ce point, multipliée par l'aire de la section perpendiculaire à sa longueur en ce même point, de sorte que εds soit l'élément de sa masse. Dans l'état d'équilibre, les élémens de cette masse sont proportionnels aux longueurs, puisque la corde est homogène et d'une épaisseur constante ; la longueur de l'élément qui répond au point M est dx ; sa masse sera donc $\frac{pdx}{gl}$, en appelant p et l le poids et la longueur de la corde entière, et g la gravité ; et comme la masse de cet élément ne doit pas changer pendant le mouvement, on anra constamment

$$\varepsilon ds = \frac{pdx}{gl}.$$

Si cet élément εds était sollicité par une force motrice donnée, dont les composantes parallèles aux axes des coordonnées fussent représentées par $X\varepsilon ds$, $Y\varepsilon ds$, $Z\varepsilon ds$, les composantes suivant ces axes, de la force perdue pendant l'instant dt, seraient

$$\left(X - \frac{d^2u}{dt^2}\right)\varepsilon ds, \ \left(Y - \frac{d^2y}{dt^2}\right)\varepsilon ds, \ \left(Z - \frac{d^2z}{dt^2}\right)\varepsilon ds\ ;$$

par conséquent, pour avoir les équations d'équilibre

de ces forces, qui seront celles du mouvement de la corde, il faudrait mettre

$$\mathrm{X} - \frac{d^2u}{dt^2}, \quad \mathrm{Y} - \frac{d^2y}{dt^2}, \quad \mathrm{Z} - \frac{d^2z}{dt^2},$$

à la place de X, Y, Z, dans les équations (1) du n° 298, et y substituer pour εds sa valeur précédente. Or, les quantités X, Y, Z, étant nulles, par hypothèse, il en résulte

$$\left. \begin{aligned} d.\frac{\mathrm{T}d(x+u)}{ds} &= \frac{p}{gl}\frac{d^2u}{dt^2}\,dx, \\ d.\mathrm{T}\frac{dy}{ds} &= \frac{p}{gl}\frac{d^2y}{dt^2}\,dx, \\ d.\mathrm{T}\frac{dz}{ds} &= \frac{p}{gl}\frac{d^2z}{dt^2}\,dx; \end{aligned} \right\} \quad (1)$$

T étant la tension de l'élément εds, et en observant que $x+u$ est l'abscisse du point M' auquel ces équations répondent. Elles ne sont intégrables que quand on les a réduites à la forme linéaire, par la considération du peu d'étendue des vibrations de la corde.

483. L'élément de la longueur de la corde étant dx dans l'état d'équilibre et étant devenu ds dans l'état de mouvement, et les tensions qu'il éprouve, dans ces deux états, ayant ϖ et T pour mesures, leur différence $\mathrm{T} - \varpi$ devra être proportionnelle au rapport de son extension $ds - dx$ à sa longueur primitive dx (n° 288); on aura donc

$$\mathrm{T} - \varpi = \frac{q\,(ds - dx)}{dx};$$

q étant un poids constant et donné, qui dépendra de la matière et de l'épaisseur de la corde. D'ailleurs, on a

$$ds^2 = (dx + du)^2 + dy^2 + dz^2;$$

de plus, si non-seulement les points de la courbe AM'B, mais aussi les directions de ses tangentes, s'écartent peu de la droite AMB, les quantités $\frac{dx}{ds}$ et $\frac{dy}{ds}$ seront de très petites fractions ; en négligeant leurs carrés, il en résultera donc

$$ds = dx + du, \quad \mathrm{T} = \varpi + q \frac{du}{dx};$$

et si l'on néglige également les produits $\frac{du}{dx} \frac{dy}{dx}$ et $\frac{du}{dx} \frac{dz}{ds}$, les équations (1) deviendront

$$\frac{d^2u}{dt^2} = \alpha^2 \frac{d^2u}{dx^2}, \quad \frac{d^2y}{dt^2} = a^2 \frac{d^2y}{dx^2}, \quad \frac{d^2z}{dt^2} = a^2 \frac{d^2z}{dx^2}, \quad (2)$$

où l'on a fait, pour abréger,

$$\frac{glq}{P} = \alpha^2, \quad \frac{gl\varpi}{P} = a^2.$$

Les variables u, y, z, étant séparées dans ces équations (2), on en conclut que les vibrations de la corde, parallèles aux axes de x, y, z, seront indépendantes entre elles, et coexisteront ensemble, sans s'influencer mutuellement. On voit, de plus, que les vibrations *transversales* seront les mêmes dans le sens des y et dans le sens des z ; en sorte qu'il suffira de considérer les premières, par exemple. Quant aux vibrations *longitudinales*, nous voyons aussi, en comparant la première des équations (2) à l'une des deux dernières, qu'elles suivront les mêmes lois que les autres, dont elles ne différeront que par la grandeur du coefficient α^2, qui surpassera a^2 dans le rapport de q à ϖ.

484. L'équation aux différences partielles du second ordre

$$\frac{d^2y}{dt^2} = a^2 \frac{d^2y}{dx^2},$$

a pour intégrale complète

$$y = f(x + at) + F(x - at) ; \qquad (3)$$

f et F désignant les deux fonctions arbitraires. En effet, quelle que soit une fonction ψ, on a

$$\frac{d\psi\,(x \pm at)}{dt} = \pm\, a \frac{d\psi\,(x \pm at)}{dx},$$

$$\frac{d^2\psi\,(x \pm at)}{dt^2} = a^2 \frac{d^2\psi\,(x \pm at)}{dx^2};$$

d'où l'on conclut

$$\frac{d^2y}{dt^2} = a^2 \frac{d^2f(x + at)}{dx^2} + a^2 \frac{d^2F(x - at)}{dx^2};$$

et comme on a aussi

$$\frac{d^2y}{dx^2} = \frac{d^2f(x + at)}{dx^2} + \frac{d^2F(x - at)}{dx^2},$$

ces valeurs rendent identique l'équation donnée.

Si le temps t est compté à partir de l'origine du mouvement, et qu'on regarde a, ou $\sqrt{\dfrac{q l \varpi}{p}}$, comme

une quantité positive, $x + at$ sera une quantité positive pendant toute la durée du mouvement, et
$x - at$ une quantité négative, ou une quantité positive et moindre que l. Si donc on désigne par ζ
une variable positive, il suffira, pour pouvoir faire
usage de la formule (3), de connaître les valeurs de
$f\zeta$ et $F(-\zeta)$, depuis $\zeta = 0$ jusqu'à $\zeta = \infty$, et celles
de $F\zeta$, depuis $\zeta = 0$ jusqu'à $\zeta = l$. Or, on déterminera, comme on va le voir, ces valeurs de $f\zeta$ et
$F(\pm\zeta)$, par la condition de l'immobilité des points
A et B pendant tout le mouvement, combinée avec
l'état initial de la corde.

485. Supposons qu'on ait, à l'origine du mouvement,

$$y = \varphi x, \qquad \frac{dy}{dt} = \varphi' x;$$

ces deux fonctions φx et $\varphi' x$ seront nulles pour $x = 0$
et pour $x = l$, et données, depuis $x = 0$ jusqu'à
$x = l$, par la figure initiale de la corde et d'après
les vitesses imprimées, à cette époque, à ses différens
points. En faisant $t = 0$ dans la formule (3) et dans
sa différentielle par rapport à t, on aura

$$\varphi x = fx + Fx, \qquad \varphi' x = a\frac{dfx}{dx} - a\frac{dFx}{dx};$$

et si l'on fait

$$\frac{1}{a}\int \varphi' x \, dx = \Phi x,$$

et qu'on mette ζ au lieu de x, on en déduira

$$f\zeta = \tfrac{1}{2}\varphi\zeta + \tfrac{1}{2}\Phi\zeta, \quad F\zeta = \tfrac{1}{2}\varphi\zeta - \tfrac{1}{2}\Phi\zeta. \quad (4)$$

La fonction $\Phi\zeta$ contiendra une constante arbitraire; mais il est évident qu'elle disparaîtra dans la formule (3), qui se compose de la somme des valeurs de $f\zeta$ et $F\zeta$, relatives à deux valeurs différentes de ζ. On peut donc faire abstraction de cette constante, et supposer, pour fixer les idées, que la fonction $\Phi\zeta$ s'évanouisse, quand $\zeta = 0$. Les équations (4) feront alors connaître les valeurs de $f\zeta$ et $F\zeta$, mais seulement depuis $\zeta = 0$ jusqu'à $\zeta = l$, puisque les fonctions $\varphi\zeta$ et $\Phi\zeta$ ne sont données que dans cet intervalle.

Les points A et B étant fixes, il faudra que les valeurs de y qui répondent à $x = 0$ et $x = l$, soient constamment nulles. En faisant $at = \zeta$, on aura donc, d'après l'équation (3),

$$f\zeta + F(-\zeta) = 0, \quad f(l+\zeta) + F(l-\zeta) = 0, \quad (5)$$

pour toutes les valeurs de la variable positive ζ.

En vertu de la première de ces deux équations, les valeurs de $F(-\zeta)$ seront égales et de signe contraire à celles de $f\zeta$. Si l'on met dans la seconde équation (5), $l+\zeta$ à la place de ζ, et qu'on la retranche ensuite de la première, il vient

$$f(2l + \zeta) = f\zeta;$$

ce qui fera connaître $f\zeta$, depuis $\zeta = 0$, jusqu'à $\zeta = \infty$, quand cette fonction aura été déterminée, depuis $\zeta = 0$ jusqu'à $\zeta = 2l$. Enfin, en supposant $\zeta < l$, et mettant $l-\zeta$ à la place de ζ, dans la seconde équation (5), on a

$$f(2l - \zeta) = -F\zeta.$$

Par conséquent, les valeurs de $f(2l-\zeta)$, depuis $\zeta = 0$ jusqu'à $\zeta = l$, ou, ce qui est la même chose, celles de $f\zeta$ depuis $\zeta = l$ jusqu'à $\zeta = 2l$, seront connues, d'après les valeurs de $F\zeta$, depuis $\zeta = 0$ jusqu'à $\zeta = l$.

Ainsi, les valeurs de $f\zeta$ et $F\zeta$ étant données par les équations (4), depuis $\zeta = 0$ jusqu'à $\zeta = l$, les équations (5) détermineront celles de $f(l+\zeta)$ et de $F(-\zeta)$, depuis $\zeta = 0$ jusqu'à $\zeta = \infty$. On connaîtra donc toutes les valeurs de ces deux fonctions, d'où dépendent celles de y, pour tous les points de la corde et à un instant quelconque du mouvement. Les valeurs correspondantes de $\dfrac{df\zeta}{d\zeta}$ et $\dfrac{dF\zeta}{d\zeta}$, et, par suite, celles de $\dfrac{dy}{dt}$, seront aussi connues; et les valeurs de z et $\dfrac{dz}{dt}$ s'obtiendront de la même manière.

Par conséquent, on connaîtra la figure de la corde, et les vitesses transversales de tous ses points à un instant quelconque; ce qui est la solution complète du problème, en ce qui concerne le mouvement de la corde, perpendiculairement à sa direction naturelle.

Il n'y a rien, dans la question, qui puisse servir à déterminer les valeurs de $f(-\zeta)$, non plus que celles de $F\zeta$, qui répondraient à $\zeta > l$; de sorte que ces parties des deux fonctions arbitraires, dont l'usage de la formule (3) n'exige pas la connaissance, resteront tout-à-fait indéterminées.

486. Pour connaître la valeur de y qui résultera des équations (3), (4), (5), je considérerai successi-

vement la partie de cette valeur provenant de la figure initiale de la corde, ou de la fonction φx, et celle qui provient des vitesses initiales de ses différens points, ou de la fonction $\varphi' x$.

1°. A l'origine du mouvement, soit ACB (fig. 21) la projection donnée de la corde sur le plan des x et y, de sorte qu'en prenant sur AB la partie AD$=x$, l'ordonnée correspondante DC soit φx. Après avoir prolongé AB, je trace la courbe BC'A', égale à ACB, mais inversement placée, de manière que, si l'on prend BD$' =$ BD, l'ordonnée D'C' soit égale et de signe contraire à DC. Sur les deux prolongemens de AA', je répète indéfiniment la courbe ACBC'A'; en sorte que A'C"B'C"'A" soit la position que prendrait ACBC'A', si cette courbe glissait parallèlement à l'axe des x, jusqu'à ce que A vînt en A' et A' en A", et que AC,B,C,,A, soit la position de A'C'BCA, après avoir glissé de même jusqu'à ce que A' vînt en A et A en A,; et de même au-delà de A" et de A,. Cela fait, si l'on prend deux abscisses

$$AE = x + at, \quad AE' = x - at,$$

dont la seconde pourra être positive ou négative, et qu'on élève les ordonnées correspondantes EF et E'F', positives ou négatives, leur demi-somme

$$\tfrac{1}{2}(EF + E'F'),$$

sera la partie de y dépendante de la figure initiale de la corde.

2°. Supposons que les ordonnées de la courbe ACB, au lieu d'être les déplacemens primitifs des points de

la corde, représentent maintenant leurs vitesses initiales, divisées par a; en sorte qu'en prenant $AD = x$,
on ait $DC = \frac{1}{a}\,\varphi'x$. Traçons une autre courbe AGH
(fig. 22), telle qu'à l'abscisse $AD = x$ réponde l'ordonnée $DG = \frac{1}{a}\int \varphi'x\,dx = \Phi x$. L'intégrale commençant avec x, et la fonction $\varphi'x$ étant aussi nulle,
quand $x = 0$, cette courbe touchera l'axe des x au
point A. Si l'on prend $AB = l$, et que BH soit
l'ordonnée correspondante, on aura

$$BH = \frac{1}{a}\int_0^l \varphi'x\,dx,$$

et la tangente en H sera parallèle à l'axe des abscisses, à cause que l'on a $\varphi'x = 0$, quand $x = l$. Je
trace la courbe HC$'$A$'$, égale à ACH, et placée de
manière qu'en prenant $BD' = BD$, on ait $D'C' = DC$;
puis je répète indéfiniment la courbe ACHC$'$A$'$, sur
les deux prolongemens de AA$'$, comme dans la construction précédente; et cela fait, si l'on prend deux
abscisses

$$AK = x + at, \quad AK' = x - at,$$

dont la seconde pourra être positive ou négative, et
qu'on élève les ordonnées correspondantes KL et K$'$L$'$,
positives ou négatives, on aura

$$\tfrac{1}{2}(KL - K'L'),$$

pour la partie de y qui résulte des vitesses initiales
des points de la corde.

La valeur complète de y sera donc

$$y = \tfrac{1}{2}(EF + E'F') + \tfrac{1}{2}(KL - K'L'); \quad (a)$$

et la même construction donnera la valeur correspondante de $\frac{dy}{dt}$. En effet, on a

$$\frac{d.EF}{dt} = a\,\frac{d.EF}{dx}, \qquad \frac{d.E'F'}{dt} = -a\,\frac{d.E'F'}{dx},$$

$$\frac{d.KL}{dt} = a\,\frac{d.KL}{dx}, \qquad \frac{d.K'L'}{dt} = -a\,\frac{d.K'L'}{dx};$$

on aura donc

$$\frac{dy}{dt} = \frac{a}{2}\left(\frac{d.EF}{dx} - \frac{d.E'F'}{dx}\right) + \frac{a}{2}\left(\frac{d.KL}{dx} + \frac{d.K'L'}{dx}\right).$$

Or, si l'on mène par la pointe F, F', L, L' (fig. 21 et 22), les tangentes Ff, $F'f'$, Ll, $L'l'$, et les droites Fx, $F'x$, Lx, $L'x$, parallèles à l'axe des x et dirigées dans le sens des x positives, on aura aussi

$$\frac{d.EF}{dx} = \tang\, xFf, \qquad \frac{d.E'F'}{dx} = \tang\, xF'f',$$

$$\frac{d.KL}{dx} = \tang\, xLl, \qquad \frac{d.K'L'}{dx} = \tang\, xL'l';$$

il en résultera donc

$$\left.\begin{aligned}
\frac{dy}{dt} = \frac{a}{2}\,(\tang\, xFf - \tang\, xF'f'),\\[4pt]
+\, \frac{a}{2}\,(\tang\, xLl + \tang\, xL'l');
\end{aligned}\right\} \quad (b)$$

formule dans laquelle les angles seront toujours aigus, mais positifs ou négatifs; ce que la figure indiquera pour chacun des points F, F', L, L'.

On construira de la même manière les valeurs de z et $\frac{dz}{dt}$.

487. Il résulte de la construction des courbes représentées par les figures 21 et 22, que quand le produit at augmente de $2l$, l'ordonnée y et la vitesse $\frac{dy}{dt}$, exprimées par les formules (a) et (b), reprennent les valeurs qu'elles avaient auparavant. Il en est de même à l'égard des valeurs de z et $\frac{dz}{dt}$. Par conséquent, la corde revient au même état, pour sa forme et pour les vitesses transversales de tous ses points, au bout de chaque intervalle de temps égal à $\frac{2l}{a}$. Dans le vide, et en supposant les points A et B rigoureusement fixes, la corde exécuterait donc une suite indéfinie de petites oscillations dont la durée serait $\frac{2l}{a}$, pour chaque oscillation entière, l'allée et le retour compris. Mais la résistance de l'air et la communication d'une partie du mouvement de la corde à ses points extrêmes A et B, affaiblissent graduellement les amplitudes de ses oscillations, et finissent par les anéantir, sans altérer sensiblement l'isochronisme ; résultat semblable à celui que nous a présenté le mouvement du pendule dans l'air (n° 190), et que je me contente d'indiquer comme une conséquence de l'analyse, confirmée par l'observation.

Si donc on désigne par T la durée d'une vibration ou oscillation entière de la corde, et par n le nombre des vibrations qui auront lieu dans l'unité de temps, on aura

$$T = \frac{2l}{a} = 2\sqrt{\frac{pl}{g\varpi}}, \quad n = \frac{1}{2}\sqrt{\frac{g\varpi}{pl}}.$$

Le *ton* d'une corde sonore est d'autant plus élevé qu'elle fait un plus grand nombre de vibrations en un temps donné; il est donc déterminé par le nombre n, lequel est, comme on voit, indépendant de la grandeur des amplitudes, supposées très petites. Pour une même corde, ce nombre est proportionnel à la racine carrée de la tension ϖ; pour deux cordes d'une même matière et d'une même épaisseur, le poids p est proportionnel à la longueur l, et le nombre n, à tension égale, en raison inverse de cette longueur; enfin, pour deux cordes de même longueur et également tendues, n est en raison inverse des racines carrées de leur poids. Ces différentes lois ont été confirmées depuis long-temps par l'expérience. Toutefois il y a des cas dont nous parlerons bientôt, où la corde, à raison de son état initial, se divise en parties égales, jointes par des points qui demeurent immobiles pendant toute la durée du mouvement; ce qui élève le ton proportionnellement au nombre de ces parties aliquotes.

Si les points de la corde n'ont pas de vitesses initiales, on aura simplement

$$y = \frac{1}{2}\,\mathrm{EF} + \frac{1}{2}\,\mathrm{E'F'}, \quad \frac{dy}{dt} = \frac{a}{2}(\tang x\mathrm{F}f - \tang x\mathrm{F}'f').$$

En considérant avec attention la forme de la courbe représentée par la figure 21, on verra que toutes les fois que at sera un multiple quelconque de l, la vitesse $\frac{dy}{dt}$ sera nulle, et la corde reprendra la même figure, mais située dans des positions alternativement inverses l'une de l'autre. ACB (fig. 23) étant sa figure, quand $t = 0$, ce sera encore sa figure et sa position, quand at sera un multiple pair de l; mais lorsque at sera un multiple impair de l, la corde prendra la position inverse AC′B, telle qu'en faisant AD′ = BD, on ait D′C′ = — DC. Dans ces deux positions extrêmes ACB et AC′B, les vitesses transversales de tous les points de la corde seront zéro; et la corde emploiera le temps $\frac{1}{2}$T d'une demi-vibration, à passer de l'une à l'autre.

488. En général, les parties des lignes que représentent les figures 21 et 22 ne sont pas les prolongemens analytiques l'une de l'autre; ces lignes forment des courbes *discontinues*, c'est-à-dire, des courbes dont tous les points ne sont pas assujettis à la même équation entre l'abscisse et l'ordonnée; mais, aux points de jonction A,, B,, A, B, A′, B′, etc. (fig. 21), A,, H,, A, H, A′, H′, etc. (fig. 22), de deux portions différentes, la tangente est toujours commune aux deux parties adjacentes. La courbe relative à la forme initiale de la corde, et celle qui représente la loi des vitesses imprimées à tous ses points, peuvent aussi être des courbes discontinues, pourvu qu'en chacun des points où leur forme change, la tangente reste néanmoins la même pour les deux parties adjacentes.

Cette restriction est fondée sur ce que par leur

nature, la force accélératrice d'un point matériel et la vitesse dont il est animé, sont toujours des quantités finies, existantes et mesurables; en sorte que, dans les problèmes de **Dynamique**, les fonctions du temps qui expriment les vitesses et les forces accélératrices des différens points d'un mobile, ne doivent jamais devenir infinies. Ici, la condition relative aux vitesses est remplie; car les vitesses transversales s'expriment par la formule (b), au moyen des tangentes de certains angles, multipliées par la constante a; et par hypothèse, ces angles ne s'élèvent jamais à 90°, et sont, au contraire, toujours très petits. Quant aux forces accélératrices, elles deviendraient infinies, dans les points où deux portions de la corde se couperaient sous un angle fini, et ces forces croîtraient sans limite, près de semblables points de jonction.

En effet, soient m et m' (fig. 20) deux points de la corde, très rapprochés de M', et dont nous rendrons ensuite les distances à ce point infiniment petites. Considérons, à un instant quelconque, les forces qui agissent sur la portion mM'm' de la corde, c'est-à-dire, les tensions qui ont lieu à ses extrémités, et sont dirigées suivant les parties mh et $m'h'$ des tangentes en m et m'. Représentons ces tensions par H et H', et par μ la masse de mM'm'. Pour que la force accélératrice, parallèle à AB, de cette petite masse, ne devienne pas infinie, quand μ sera infiniment petite, il faudra que la différence H — H' soit très petite et au moins proportionnelle à μ. De plus, les composantes de H et H' perpendiculaires à AB et parallèles à l'axe des y, seront $H\left(\dfrac{dy}{dx}\right)$ et $H'\left[\dfrac{dy}{dx}\right]$,

en substituant $\dfrac{dy}{dx}$ à $\dfrac{dy}{ds}$, comme dans le n° 483, et

désignant par $\left(\dfrac{dy}{dx}\right)$ et $\left[\dfrac{dy}{dx}\right]$ les valeurs de $\dfrac{dy}{dx}$ qui ré-

pondent à m et m'. La force motrice qui tire μ vers AB, aura alors pour valeur

$$H\left(\dfrac{dy}{dx}\right) - H'\left[\dfrac{dy}{dx}\right].$$

Pour que la force accélératrice correspondante ne soit pas extrêmement grande, et ne devienne pas infinie, quand la masse μ sera infiniment petite, il sera donc nécessaire que cette différence soit aussi très petite, et au moins proportionnelle à μ; et comme les quantités H et H' diffèrent déjà très peu l'une de l'autre, il faudra qu'il en soit de même à l'égard de $\left(\dfrac{dy}{dx}\right)$ et $\left[\dfrac{dy}{dx}\right]$, dont la différence devra être infi-niment petite, quand les points m et m' seront infi-niment rapprochés de M'. Donc, en aucun endroit de la corde et à aucun instant, les tangentes mh et $m'h'$, en deux points infiniment voisins, ne pour-ront se couper sous un angle fini; ce qu'il s'agissait de faire voir.

Cette conclusion aura encore lieu, lorsque la corde sera composée de deux parties de matières diffé-rentes : à leur point de jonction, l'ordonnée y et son coefficient différentiel $\dfrac{dy}{dx}$ devront avoir constamment une même valeur pour ces deux parties; ce qui fournira, comme la fixité des points extrêmes, des équations indispensables pour la détermination des fonctions arbitraires, et sans lesquelles la solution du problème serait indéterminée (*).

489. **D'Alembert** a résolu le premier le problème des cordes vibrantes; la solution qu'il en a donnée est celle qu'on vient d'exposer, et qui est fondée sur l'intégration, sous forme finie, de l'équation $\frac{d^2y}{dt^2} = a^2 \frac{d^2y}{dx^2}$; mais au moyen de la formule (a) du n° 323, on peut aussi résoudre cette question d'une autre manière.

Quelles que soient les fonctions données φx et $\varphi' x$, pourvu qu'elles soient nulles, quand $x = o$ et quand $x = l$, on a, d'après la formule citée,

$$\left. \begin{aligned} \varphi x &= \frac{2}{l} \Sigma \left(\int_o^l \sin \frac{i\pi x'}{l} \, \varphi x' dx' \right) \sin \frac{i\pi x}{l}, \\ \varphi' x &= \frac{2}{l} \Sigma \left(\int_o^l \sin \frac{i\pi x'}{l} \, \varphi' x' dx' \right) \sin \frac{i\pi x}{l}, \end{aligned} \right\} (a)$$

pour toutes les valeurs de x, depuis $x = o$ jusqu'à $x = l$ inclusivement, c'est-à-dire, pour toute la longueur de la corde; i étant un nombre entier et positif, et les caractéristiques Σ indiquant des sommes qui s'étendent à toutes les valeurs de i, depuis $i = 1$ jusqu'à $i = \infty$. D'un autre côté, toute expression telle que

---

$$y = (\text{A} \sin \alpha at + \text{B} \cos \alpha at)\sin (\alpha x + \mathcal{C}), \quad (b)$$

satisfait, comme il est facile de le vérifier, à l'é-
quation donnée

$$\frac{d^2y}{dt^2} = a^2 \, \frac{d^2y}{dx^2}; \quad (c)$$

A , B , α , $\mathcal{C}$, étant des constantes arbitraires. D'après
cela, si l'on prend

$$\left.\begin{aligned}
y &= \frac{2}{l} \Sigma \left(\int_0^l \sin \frac{i\pi x'}{l} \, \varphi x' dx' \right) \sin \frac{i\pi x}{l} \cos \frac{i\pi at}{l} \\
&+ \frac{2}{\pi a} \Sigma \left(\int_0^l \sin \frac{i\pi x'}{l} \, \varphi' x' dx' \right) \frac{1}{i} \sin \frac{i\pi x}{l} \sin \frac{i\pi at}{l},
\end{aligned}\right\} (d)$$

cette valeur de y satisfera à toutes les conditions du
problème, et en renfermera, conséquemment, la
solution.

En effet, chacun des termes des sommes Σ satisfera séparément à l'équation (c); par conséquent,
ces sommes y satisferont aussi, puisque cette équation est linéaire. Si l'on fait $x = 0$ ou $x = l$ dans
la formule (d), on a $y = 0$, quel que soit t; ce qui
remplit la condition de la fixité des points extrêmes
de la corde. Enfin, la formule (d) donne

$$\left.\begin{aligned}
\frac{dy}{dt} &= \frac{2}{l} \Sigma \left(\int_0^l \sin \frac{i\pi x'}{l} \, \varphi x' dx' \right) \sin \frac{i\pi x}{l} \cos \frac{i\pi at}{l} \\
&- \frac{2\pi a^2}{l^2} \Sigma \left(\int_0^l \sin \frac{i\pi x'}{l} \, \varphi x' dx' \right) i \sin \frac{i\pi x}{l} \sin \frac{i\pi at}{l};
\end{aligned}\right\} (e)$$

et si l'on fait $t = 0$ dans ces valeurs de y et $\dfrac{dy}{dt}$, elles deviennent φx et $\varphi' x$, en vertu de l'équation (a); ce qui satisfait à l'état initial de la corde, dans toute sa généralité.

Cette autre solution du problème est due à Lagrange, qui a aussi fait voir qu'elle coïncide avec celle de D'Alembert.

Avant Lagrange, D. Bernouilli avait déjà résolu le problème des cordes vibrantes, en prenant pour y une valeur composée de termes compris dans la formule (b), et assujettis à devenir nuls, quel que soit t, pour $x = o$ et pour $x = l$, c'est-à-dire, au moyen de l'expression

$$\left. \begin{aligned} y = {} & \left(A \sin \tfrac{\pi a t}{l} + B \cos \tfrac{\pi a t}{l} \right) \sin \tfrac{\pi x}{l} \\ & + \left(A' \sin \tfrac{2\pi a t}{l} + B' \cos \tfrac{2\pi a t}{l} \right) \sin \tfrac{2\pi x}{l} \\ & + \left(A'' \sin \tfrac{3\pi a t}{l} + B'' \cos \tfrac{3\pi a t}{l} \right) \sin \tfrac{3\pi x}{l} , \\ & \text{etc.,} \end{aligned} \right\} \quad (f)$$

dans laquelle A, A′, A″, etc., B, B′, B″, etc., sont des constantes arbitraires. Il manquait à cette solution, pour être complète, la détermination de ces coefficiens, d'après un état initial de la corde, donné arbitrairement; ce qui était, sous le rapport de l'analyse, la difficulté principale de la question : cette formule (f) suffisait, d'ailleurs, pour faire connaître les différens modes de vibrations transversales des cordes sonores, et les lois de ces vibrations.

490. Les formules (d) et (e) mettent en évidence les lois du mouvement de la corde vibrante, que l'on

a énoncées dans le n° 487 ; elles montrent aussi que le ton peut quelquefois s'élever, comme on l'a dit dans ce numéro, et le nombre n des vibrations dans l'unité de temps, devenir un multiple de sa valeur générale, sans que la tension de la corde ait été changée.

En effet, supposons que les valeurs de $\varphi x'$ et $\varphi' x'$ soient telles que l'on ait

$$\int_0^l \varphi x' \sin \frac{i\pi x'}{l}\, dx' = 0, \quad \int_0^l \varphi' x' \sin \frac{i\pi x'}{l}\, dx' = 0, \quad (g)$$

pour toutes les valeurs de i qui ne sont pas des multiples d'un nombre donné m ; conditions que l'on peut remplir d'une infinité de manières différentes. Les formules (d) et (e) ne renfermeront que des sinus et cosinus des multiples de $\frac{m\pi a t}{l}$; par conséquent, l'état et la position de la corde redeviendront les mêmes toutes les fois que at augmentera d'un multiple de $\frac{2l}{m\pi}$; et d'après la valeur de a, celle du nombre n, d'où dépend l'élévation du ton (n° 487), sera

$$n = \frac{m}{2} \sqrt{\frac{g\varpi}{pl}},$$

c'est-à-dire, qu'il se trouvera augmenté dans le rapport de m à l'unité.

Dans ce cas, la formule (d) ne contiendra que les sinus des multiples de $\frac{m\pi x}{l}$; on aura donc constamment $y = 0$ pour les points équidistans N , N', N'', etc , de la corde (fig. 24), qui répondent à

$$x = \frac{l}{m}, \ = \frac{2l}{m}, \ = \frac{3l}{m}, \text{ etc.};$$ en sorte que ces points, au nombre de $m - 1$, demeureront immobiles, comme les points extrêmes **A** et **B**, pendant toute la durée du mouvement. Pour cette raison, on appelle les points **N**, **N'**, **N''**, etc., des *nœuds de vibrations*. A l'origine du mouvement, ils n'auront reçu aucune vitesse, et n'auront pas été écartés de la droite **AB**. Les parties de la corde **ACN**, **NC'N'**, **N'C''N''**, etc., situés alternativement d'un côté et de l'autre de **AB**, vibreront comme des cordes isolées, dont les longueurs **AN**, **NN'**, **N'N''**, etc., sont toutes égales à $\frac{l}{m}$, et dont les vibrations isochrones et simultanées s'effectueront dans un temps égal à $\frac{2l}{ma}$.

La manière la plus simple de satisfaire aux conditions exprimées par les équations (g), est de prendre, par exemple,

$$\varphi x = h \sin \frac{m\pi x}{l}, \quad \varphi' x = 0;$$

h étant une constante donnée. Cela suppose que les points de la corde n'ont pas reçu de vitesses initiales, et qu'à l'origine du mouvement elle était formée de m parties égales et situées alternativement d'un côté et de l'autre de AB. Chacune de ces parties de courbe est ce qu'on appelle une *trochoïde*, qui a pour longueur $\frac{l}{m}$, et pour hauteur h. Dans ce cas, la formule (d) se réduit au seul terme de la première partie, qui répond à $i = m$. En effectuant l'intégration relative à x', on a simplement

$$y = h \sin \frac{m\pi x}{l} \cos \frac{m\pi a t}{l} ;$$

la figure de la corde est donc composée, pendant toute la durée du mouvement, d'un nombre m de trochoïdes, d'une largeur constante et d'une hauteur variable ; et elle coïncide avec la droite AB, toutes les fois que at est un multiple impair de $\frac{l}{2m}$. Cette solution particulière du problème des cordes vibrantes est celle que Taylor avait donnée, avant que la solution générale fût connue.

491. Tout ce que nous avons dit par rapport aux vibrations transversales s'applique immédiatement aux vibrations longitudinales. Il suffira, pour avoir à un instant quelconque l'expression de la variable u du n° 482, de mettre dans celle qu'on a trouvée pour y, la constante α du n° 483 à la place de a. On prendra alors pour φx le déplacement du point M (fig. 20) à l'origine du mouvement, suivant la longueur de la corde, c'est-à-dire, la valeur initiale de MP ; et $\varphi'x$ exprimera la vitesse initiale du point M, suivant MB ou MA, selon qu'elle sera positive ou négative. Ces fonctions φx et $\varphi'x$ seront données arbitrairement, depuis $x = 0$ jusqu'à $x = l$; et si elles changent de forme dans cet intervalle, il faudra que, pour les valeurs de x où cela arrivera, chacune de ces fonctions et son coefficient différentiel aient cependant la même valeur dans les deux parties adjacentes de la corde.

Il résulte de là que si l'on appelle T′ la durée entière d'une vibration longitudinale, c'est-à-dire, l'intervalle entre deux états identiques de la corde, et n' le nombre de ces vibrations dans l'unité de temps, nous aurons (n° 487)

$$\mathrm{T}' = \frac{2l}{a} = 2\sqrt{\frac{pl}{gq}}, \quad n' = \frac{1}{2}\sqrt{\frac{gq}{pl}}.$$

Ce nombre n' et le ton de la corde qu'il détermine, ne dépendent pas de sa tension ϖ; cependant l'observation indique que le ton longitudinal s'élève un peu quand la tension augmente; circonstance qu'on peut attribuer à ce que la longueur de la corde, comprise entre les points A et B, restant la même, son poids p diminue quand on l'étend davantage.

492. En comparant ce nombre n' à celui des vibrations transversales de la même corde, on a

$$n' = n\sqrt{\frac{q}{\varpi}};$$

en sorte que, toutes choses d'ailleurs égales, le ton provenant des vibrations longitudinales sera plus aigu que celui qui répond aux vibrations transversales, dans le rapport de $\sqrt{q}$ à $\sqrt{\varpi}$.

Le poids q est la tension qu'il faudrait employer pour doubler la longueur naturelle de la corde, en supposant que la loi de son extension fût constante. En effet, si l'on suppose que, pour une tension donnée Δ, la longueur d'une partie quelconque de la corde augmente dans le rapport de $1 + \delta$ à l'unité, l'élément adjacent au point M, qui éprouve successivement les tensions ϖ et T dans l'état d'équilibre et dans l'état de mouvement, augmentera dans les rapports de $1+\frac{\delta\varpi}{\Delta}$ et de $1+\frac{\delta T}{\Delta}$ à l'unité ; les longueurs dx et ds, dans ces deux états, seront donc entre elles comme $\Delta+\delta\varpi$ est à $\Delta+\delta T$; en sorte que l'on aura

$$\frac{ds}{dx} = \frac{\Delta + \delta T}{\Delta + \delta\varpi} ;$$

d'où l'on tire

$$\frac{ds - dx}{dx} = \frac{\delta(T - \varpi)}{\Delta} ,$$

en négligeant le carré de la fraction δ. D'après les valeurs de $ds - dx$ et de $T - \varpi$ du n° 483, on aura donc

$$q = \frac{\Delta}{\delta} ;$$

par conséquent, q sera la tension qui répondrait à $\delta = 1$, ou qui doublerait la longueur de la corde, si son allongement croissait toujours uniformément.

Comme la tension ϖ d'une corde sonore est toujours très éloignée de celle qu'il faudrait employer pour en doubler la longueur, il s'ensuit que le rapport $\sqrt{\frac{q}{\varpi}}$ de n' à n est toujours très considérable. On peut le déterminer, *à priori*, d'après l'allongement de la corde produit par la tension ϖ, et mesuré directement ; car si l'on appelle γ cet allongement, on aura

$$\varpi = \frac{\gamma\Delta}{\delta l} ,$$

puisque δl est celui qui répond à la tension Δ ; et en substituant cette valeur de ϖ et celle de q dans l'expression de $\dfrac{n'}{n}$, il vient

$$\frac{n'}{n} = \sqrt{\frac{\bar{l}}{\gamma}} \, ;$$

d'où l'on conclut, réciproquement,

$$\gamma = \left(\frac{n}{n'}\right)^2 l ,$$

pour la valeur de l'allongement γ, d'après celle de $\dfrac{n}{n'}$.

Ce rapport très simple du nombre des vibrations longitudinales à celui des vibrations transversales d'une même corde, a été vérifié par une expérience que M. Cagniard-Latour a faite sur une corde très longue, dont les vibrations transversales étaient visibles et assez lentes pour qu'on pût les compter.

§ II. *Vibrations longitudinales d'une verge élastique.*

493. Cette verge sera homogène ; et, dans son état naturel, je la supposerai prismatique ou cylindrique : la figure 25 représente alors une section faite par le filet moyen AB, c'est-à-dire, par la droite qui passe par les centres de gravité de toutes les sections de la verge perpendiculaire à sa longueur (n° 314). Si la verge est, par exemple, un cylindre à base circulaire, AB est son axe de figure ; son diamètre est très petit,

et, dans tous les cas, les dimensions des sections normales sont très petites par rapport à la longueur de cette droite ; mais elles sont, cependant, assez grandes pour que la verge résiste à la flexion, et soit ce qu'on appelle une *verge élastique* (n° 306).

Dans le mouvement longitudinal de cette verge, que nous allons d'abord considérer, tous les points appartenant à une même section normale auront, à chaque instant, la même vitesse parallèle à AB ; en sorte qu'il suffira de déterminer le mouvement d'un point quelconque M de cette droite.

Prenons sur cette droite un point fixe C ; et, dans l'état naturel de la verge, représentons par x la distance CM, qui sera positive ou négative, selon que M appartiendra à la partie CB ou à la partie CA de AB. Dans l'état de mouvement, soit M′, au bout du temps t, la position que prendra ce point M ; faisons MM′ $= u$; et considérons u comme une quantité positive ou négative, selon que ce déplacement aura lieu du côté de B ou du côté de A, de sorte qu'on ait toujours CM′ $= x + u$. Il s'agira de déterminer la valeur de u, en fonction de x et t.

Appelons p le poids de la verge, l sa longueur AB, et g la gravité. Dans l'état naturel de la verge, la masse de l'élément qui répond au point M, et qui a dx pour longueur, sera $\frac{pdx}{gl}$. Cette masse ne changera pas pendant le mouvement ; et si l'élément est sollicité par une force accélératrice X, dirigée dans le sens M′B ou M′A, selon qu'elle sera positive ou négative, sa force perdue pendant l'instant dt sera

$$\frac{pdx}{gl}\left(\mathbf{X} - \frac{d^2u}{dt^2}\right).$$

Désignons par $\mathbf{T}$ la tension du même élément qui agit à son extrémité M', et sera une quantité positive ou négative, selon qu'elle aura lieu du dedans en dehors, ou du dehors en dedans; $\mathbf{T} + \frac{d\mathbf{T}}{dt}\,dx$ exprimera la tension qui agira, en sens contraire de $\mathbf{T}$, à l'autre extrémité de cet élément; il sera donc tiré, dans le sens $M'B$, par une force égale à $\frac{d\mathbf{T}}{dx}\,dx$; et, pour l'équilibre de cette force et de la précédente, il faudra qu'on ait

$$\frac{d\mathbf{T}}{dx} + \frac{p}{gl}\left(\mathbf{X} - \frac{d^2u}{dt^2}\right) = 0;$$

ce qui s'accorde avec l'équation (a) du n° 3.6.

Aux deux bouts A et B, il faudra, en outre, que la valeur de $\mathbf{T}$ soit égale à une force particulière, qui agira suivant AB à l'extrémité A, et suivant le prolongement de AB à l'extrémité B.

494. La longueur naturelle de l'élément que nous considérons étant dx, et sa longueur devenant $dx + du$, quand il est soumis à la tension $\mathbf{T}$, on aura

$$\mathbf{T} = q\,\frac{du}{dx};$$

q désignant un coefficient constant, dont la valeur,

donnée par l'observation, sera

$$q = \frac{\Delta}{\delta},$$

si l'on représente par δl l'allongement total de la verge, lorsqu'elle est soumise à une tension constante et donnée Δ (n° 492).

Je supposerai qu'aucune force donnée n'agit sur les points de la verge ; on fera alors $X = o$ dans l'équation du mouvement ; et en y mettant pour T sa valeur, il en résultera

$$\frac{d^2 u}{dt^2} = a^2 \frac{d^2 u}{dx^2}, \qquad (1)$$

où l'on a fait, pour abréger,

$$\frac{g l q}{p} = a^2.$$

On aura, en outre,

$$v = \frac{du}{dt}, \quad s = \frac{du}{dx}, \quad T = qs,$$

en désignant par v la vitesse du point M', et par s la dilatation de la verge en ce même point. Quand la valeur de s sera négative, cette dilatation se changera en une contraction ; et la tension T agira dans le sens $M'A$ ou dans le sens $M'B$, selon qu'il y aura, effectivement, dilatation ou contraction.

L'état de la verge, à un instant quelconque, sera donc connu, lorsqu'on aura déterminé u en fonction de x et t ; mais, pour obtenir sa valeur, il faudra joindre à l'équation (1) celles qui répondent à l'état initial de la verge et à ses extrémités. Or, quand $t = 0$, je supposerai qu'on ait

$$u = \varphi x, \quad v = \varphi' x,$$

de sorte que φx et $\varphi' x$ soient des fonctions données arbitrairement, depuis $x = 0$ jusqu'à $x = l$, en prenant pour C la position initiale de A. De plus, à chaque extrémité fixe de la verge, il faudra qu'on ait $u = 0$, pendant toute la durée du mouvement ; et T exprimera la pression que ce point fixe aura à supporter. A chaque extrémité libre qui ne sera sollicitée par aucune force donnée, il faudra qu'on ait de même $T = 0$, ou $\dfrac{du}{dx} = 0$, pour toutes les valeurs de t.

495. On résoudra ce système d'équations de la même manière que celles qui répondent aux cordes vibrantes, soit en partant de l'intégrale sous forme finie de l'équation (1), soit par des formules semblables à celles du n° 489. Voici, en employant ces formules, les résultats qui répondent aux différentes hypothèses qu'on peut faire sur les extrémités de la verge.

1°. Si les deux points A et B sont fixes, il faudra que les fonctions données φx et $\varphi' x$ soient nulles pour $x = 0$ et pour $x = l$, et l'on aura, comme dans le numéro cité,

$$u = \frac{2}{l} \Sigma \left(\int_0^l \sin \frac{i\pi x'}{l} \, \varphi x' dx' \right) \sin \frac{i\pi x}{l} \cos \frac{i\pi a t}{l}$$
$$+ \frac{2}{\pi a} \Sigma \left(\int_0^l \sin \frac{i\pi x'}{l} \, \varphi' x' dx' \right) \frac{1}{i} \sin \frac{i\pi x}{l} \sin \frac{i\pi a t}{l}.$$

Toutes les fois que at augmentera de $2l$, cette valeur de u et celles de v et s qui s'en déduisent, et par suite l'état de la verge, redeviendront les mêmes qu'auparavant; par conséquent, si l'on appelle T la durée d'une vibration entière, et n le nombre des vibrations dans l'unité de temps, on aura

$$T = \frac{2l}{a} = 2\sqrt{\frac{pl}{gq}}, \quad n = \frac{1}{2}\sqrt{\frac{gq}{pl}};$$

en sorte que le ton sera le même que si la verge était une corde flexible vibrant longitudinalement.

2°. Si le point A est fixe et le point B entièrement libre, il faudra que les fonctions φx et $\varphi'x$ soient nulles, quand $x=0$, et que l'on ait aussi $\dfrac{d\varphi x}{dx} = 0$ quand $x = l$; l'expression de u sera alors

$$u = \frac{2}{l}\Sigma\left(\int_0^l \sin\frac{(2i-1)\pi x'}{2l}\varphi x'\,dx'\right)\sin\frac{(2i-1)\pi x}{2l}\cos\frac{(2i-1)\pi at}{2l}$$
$$+\frac{4}{\pi a}\Sigma\left(\int_0^l \sin\frac{(2i-1)\pi x'}{2l}\varphi'x'\,dx'\right)\frac{1}{2i-1}\sin\frac{(2i-1)\pi x}{2l}\sin\frac{(2i-1)\pi at}{2l};$$

les sommes Σ s'étendant toujours à toutes les valeurs du nombre entier i, depuis $i=1$ jusqu'à $i=\infty$. En effet, tous les termes de cette valeur de u satisfont à l'équation (1); ils remplissent, quel que soit t, les conditions $u=0$ quand $x=0$, et $\dfrac{du}{dx}=0$ quand $x=l$, qui répondent à ce second cas; et, pour $t=0$, on en déduit

$$u = \varphi x = \frac{2}{l}\Sigma\left(\int_0^l \sin\frac{(2i-1)\pi x'}{2l}\varphi x'\,dx'\right)\sin\frac{(2i-1)\pi x}{2l},$$
$$\frac{du}{dt} = \varphi'x = \frac{2}{l}\Sigma\left(\int_0^l \sin\frac{(2i-1)\pi x'}{2l}\varphi'x'\,dx'\right)\sin\frac{(2i-1)\pi x}{2l};$$

ce qui est effectivement vrai, en vertu de l'équation (7) du n° 326.

La valeur de u et celles de v et de s qu'on en déduit, redeviendront les mêmes, toutes les fois que at augmentera d'un multiple quelconque de $4l$; par conséquent, si l'on appelle T' la durée d'une vibration entière de la verge, ou l'intervalle compris entre deux retours consécutifs de la verge au même état, on aura

$$T' = \frac{4l}{a}.$$

Cette durée sera donc double de celle qui avait lieu dans le premier cas, et le nombre des vibrations dans l'unité de temps sera seulement moitié. Donc le ton longitudinal d'une verge fixe à un bout et libre à son autre extrémité, est à une *octave* au-dessous du ton de la même verge fixe par ses deux bouts; ce qui est effectivement confirmé par l'expérience.

3°. Enfin, si la verge est libre à ses deux bouts, les valeurs de $\frac{d\varphi x}{dx}$ devront être nulles pour $x = 0$ et pour $x = l$, et l'on aura, dans ce cas,

$$u = \frac{1}{l}\int_0^l \varphi x'\,dx' + \frac{2}{l}\Sigma\left(\int_0^l \cos\frac{i\pi x'}{l}\,\varphi x'\,dx'\right)\cos\frac{i\pi x}{l}\cos\frac{i\pi at}{l}$$
$$+ \frac{t}{l}\int_0^l \varphi' x'\,dx' + \frac{2}{\pi a}\Sigma\left(\int_0^l \cos\frac{i\pi x'}{l}\,\varphi' x'\,dx'\right)\frac{1}{i}\cos\frac{i\pi x}{l}\sin\frac{i\pi at}{l};$$

les sommes Σ s'étendant, comme précédemment, à toutes les valeurs du nombre entier i, depuis $i = 1$ jusqu'à $i = \infty$.

Cette valeur de u satisfait, effectivement, à l'équation (1), ainsi qu'à la condition $\dfrac{du}{dx} = 0$ pour $x = 0$ et pour $x = l$, qui doit avoir lieu, quel que soit t, dans ce troisième cas. Pour $t = 0$, elle donne

$$u = \varphi x = \frac{1}{l}\int_0^l \varphi x' dx' + \frac{2}{l}\Sigma\left(\int_0^l \cos\frac{i\pi x'}{l}\,\varphi x' dx'\right)\cos\frac{i\pi x}{l},$$

$$\frac{du}{dt} = \varphi' x = \frac{1}{l}\int_0^l \varphi' x' dx' + \frac{2}{l}\Sigma\left(\int_0^l \cos\frac{i\pi x'}{l}\varphi' x' dx'\right)\cos\frac{i\pi x}{l};$$

ce qui s'accorde avec la formule (8) du n° 326.

Lorsque $\displaystyle\int_0^l \varphi' x' dx'$ n'est pas zéro, la verge, indépendamment de ses vibrations, a un mouvement progressif et uniforme, dont la vitesse, commune à tous ses points, est égale à cette intégrale divisée par l. Si on la suppose nulle, la verge reviendra au même état, pour les valeurs de t qui différeront entre elles, d'un multiple de $\dfrac{2l}{a}$; en sorte que la durée de chacune de ses vibrations, et leur nombre dans l'unité de temps, seront les mêmes que dans le premier cas. Il en résultera donc que le ton d'une verge fixe par les deux bouts, est à l'*unisson* de celui de la même verge entièrement libre; ce qui est aussi conforme à l'expérience.

Au reste, il ne s'agit, dans ce qui précède, que du ton *fondamental*, ou le plus bas, d'une verge élastique. La remarque du n° 490 sur les nœuds de vibrations et sur les élévations de ton qui leur correspondent, s'étendra sans difficulté au mouvement de cette verge, dans chacun des cas qu'on vient d'examiner.

496. Quand la verge dont nous considérons le mouvement longitudinal, s'étendra indéfiniment de part et d'autre du point C, on n'aura plus à tenir compte de ce qui arrive à ses deux bouts, et les valeurs de la vitesse v et de la dilatation s, relatives à un point et un instant quelconques, se déduiront immédiatement de l'intégrale de l'équation (1) sous forme finie, dans laquelle il suffira de déterminer les deux fonctions arbitraires, d'après les valeurs initiales de v et s, qui seront données en fonctions de x.

Cette intégrale est

$$u = \varphi(x + at) + \psi(x - at);$$

φ et ψ indiquant les deux fonctions arbitraires. On en déduit, à un instant quelconque,

$$\frac{du}{dt} = v = a\left(\frac{d\varphi(x + at)}{dx} - \frac{d\psi(x - at)}{dx} \right),$$

$$\frac{du}{dx} = s = \frac{d\varphi(x + at)}{dx} + \frac{d\psi(x - at)}{dx}.$$

Pour $t = 0$, je suppose qu'on ait

$$v = fx, \qquad s = Fx.$$

Dans le cas que nous considérons, ces deux fonctions seront données pour toutes les valeurs positives ou négatives de la variable; en faisant $t = 0$ dans les formules précédentes, on aura

$$a\frac{d\varphi x}{dx} - a\frac{d\psi x}{dx} = fx, \qquad \frac{d\varphi x}{dx} + \frac{d\psi x}{dx} = Fx;$$

d'où l'on tire

$$\frac{d\varphi x}{dx} = \frac{1}{2}Fx + \frac{1}{2a}fx, \qquad \frac{d\psi x}{dx} = \frac{1}{2}Fx - \frac{1}{2a}fx,$$

et, par conséquent,

$$\frac{d\varphi\,(x+at)}{dx} = \frac{1}{2}\,F\,(x+at) + \frac{1}{2a}\,f(x+at),$$

$$\frac{d\psi\,(x-at)}{dx} = \frac{1}{2}\,F\,(x-at) - \frac{1}{2a}\,f(x-at).$$

Quels que soient t et x, on aura donc

$$\left.\begin{aligned}
v &= \tfrac{1}{2}\,f(x+at) + \tfrac{1}{2}\,f(x-at)\\
&\quad + \frac{a}{2}\,F\,(x+at) - \frac{a}{2}\,F\,(x-at),\\
s &= \frac{1}{2a}f(x+at) - \frac{1}{2a}f(x-at)\\
&\quad + \tfrac{1}{2}\,F\,(x+at) + \tfrac{1}{2}\,F\,(x-at);
\end{aligned}\right\} \quad (2)$$

formules qui feront connaître l'état de la verge à un instant quelconque; ce qui est la solution complète du problème.

497. Ces équations (2) renferment les lois de la propagation des ondes sonores le long d'une verge élastique, et, généralement, dans une barre solide, homogène, d'une longueur indéfinie, et dont les sections perpendiculaires à cette longueur sont partout les mêmes et d'une petite étendue.

Le son partant du point C, la barre aura été ébranlée, à l'origine du mouvement, dans une étendue peu considérable, de part et d'autre de ce point. En désignant par 2α la longueur de l'ébranlement primitif, les fonctions fx et Fx seront nulles depuis $x = \alpha$ jusqu'à $x = \infty$, et depuis $x = -\alpha$ jusqu'à $x = -\infty$; elles seront données arbitrairement et indépendamment l'une de l'autre, pour toutes les valeurs de x comprises entre $\pm\alpha$; et les fonctions $f(x+at)$, $f(x-at)$, $F(x+at)$, $F(x-at)$, n'auront aussi de valeurs différentes de zéro que quand la quantité $x+at$ ou $x-at$, contenue sous le signe f ou F, sera plus grande que $-\alpha$, et plus petite que α, en ayant égard aux signes et en regardant a comme une quantité positive.

D'après cela, dès que at aura surpassé 2α, on aura $v=0$ et $s=0$ pour tous les points compris dans l'étendue de l'ébranlement primitif; en sorte que le mouvement de cette partie de la barre ne durera que pendant un temps égal à $\frac{2\alpha}{a}$. Pour un point M situé au-delà de cet ébranlement, du côté des x positives, on aura

$$ x > \alpha, \quad f(x+at) = 0, \quad F(x+at) = 0; $$

et les équations (2) se réduiront à

$$ v = \frac{1}{2} f(x-at) - \frac{a}{2} F(x-at), $$
$$ s = -\frac{1}{2a} f(x-at) + \frac{1}{2} F(x-at); $$

d'où il résulte

$$ v = -as. $$

Tant qu'on aura $x > at + \alpha$, ces valeurs de v et s seront nulles; elles le redeviendront dès qu'on aura $x < at - \alpha$; l'ébranlement parviendra donc au point M au bout d'un temps égal à $\frac{x-\alpha}{a}$; sa durée sera $\frac{2\alpha}{a}$; et la partie de la barre qui sera ébranlée à la fois, et dont M fera partie, aura 2α pour longueur. Les mêmes résultats auront lieu du côté des x négatives.

Ainsi, de part et d'autre de l'ébranlement primitif, il se produira une *onde sonore*, d'une étendue constante et égale à celle de cet ébranlement, qui se propagera uniformément avec la vitesse a. Les vitesses propres que prendront successivement les points de la barre, ne varieront pas avec leurs distances au lieu de l'ébranlement primitif; en sorte que l'intensité du son, qui dépend de la grandeur de ces vitesses, sera constante, et ne s'affaiblira pas en se propageant; ce qui tient à ce que cette propagation a lieu dans une barre cylindrique ou prismatique.

Dans l'étendue d'une onde sonore, la vitesse ne sera pas, comme en tous les points de l'ébranlement primitif, indépendante de la dilatation correspondante : l'une sera proportionnelle à l'autre, en vertu de l'équation $v = -\,as$, qui montre que la vitesse v du point quelconque M est une fraction de la vitesse de propagation, exprimée par la dilatation s qui répond au même point, et que le mouvement propre de M aura lieu en sens contraire ou dans le sens de la propagation, selon qu'il y aura en ce point dilatation ou condensation.

Il est important de remarquer que c'est à raison de ce rapport entre v et s, que chaque onde sonore produite ne se partage pas en deux autres, et se propage dans un seul sens. Si ce rapport existait dans toute l'étendue de l'ébranlement primitif, le mouvement ne se propagerait aussi que d'un seul côté. Ainsi, en supposant qu'on ait $fx = -aFx$, les équations (2) se réduiront à

$$v = f(x - at), \qquad s = -\frac{1}{a} f(x - at);$$

pour les valeurs de x négatives et plus grandes que $-a$, abstraction faite du signe, on aura donc $v = 0$ et $s = 0$; en sorte que le mouvement ne se propagera pas au-delà de l'ébranlement primitif du côté des x négatives. Il en serait de même du côté des x positives, si l'on supposait $fx = aFx$.

D'après ce qu'on a vu dans le n° 495, la vitesse a de la propagation du son dans une barre indéfinie, pourra se conclure de la durée des vibrations longitudinales d'une verge élastique, de la même matière et d'une longueur donnée. En supposant cette verge fixe ou libre à ses deux bouts, la valeur de a sera égale au double de sa longueur divisée par la durée de chacune de ses vibrations, laquelle durée se déduira de leur nombre dans l'unité de temps, et, par conséquent, du ton le plus bas de la verge : on doublerait le résultat de cette division, si la verge était fixe à une seule extrémité.

498. Au lieu de s'étendre indéfiniment dans le sens des x positives, si la barre est terminée en un point B, situé en dehors de l'ébranlement primitif, le son, après être parvenu en B, sera réfléchi vers le point C ; et il se formera un *écho* en ce point B, soit qu'on le suppose fixe, ou qu'il soit entièrement libre.

Je représente par c la distance CB, qui sera plus

grande que α. Dans le cas où B est un point fixe, il faudra qu'on ait constamment $v=0$ pour $x=c$. Or, on remplira cette condition en remplaçant les formules (2) par celles-ci :

$$v = \tfrac{1}{2} f(x + at) + \tfrac{1}{2} f(x - at) - \tfrac{1}{2} f(2c-x-at)$$

$$+ \tfrac{a}{2} F(x + at) - \tfrac{a}{2} F(x - at) + \tfrac{a}{2} F(2c-x-at),$$

$$s = \tfrac{1}{2a} f(x + at) - \tfrac{1}{2a} f(x - at) - \tfrac{1}{2a} f(2c-x-at)$$

$$+ \tfrac{1}{2} F(x + at) + \tfrac{1}{2} F(x - at) + \tfrac{1}{2} F(2c-x-at),$$

sans que ces expressions cessent de représenter l'état initial de la barre, et sans que la valeur de u, qui s'en déduit d'après les équations

$$\frac{du}{dt} = v, \qquad \frac{du}{dx} = s,$$

cesse de satisfaire à l'équation (1).

En effet, la variable x n'étant plus grande que c pour aucun point de la barre, et c surpassant α, on a $2c - x > \alpha$, et, conséquemment, $f(2c - x) = 0$ et $F(2c - x) = 0$; d'où il résulte $v = fx$ et $s = Fx$, quand $t = 0$. A cause de $c > \alpha$, on a aussi $f(c + at) = 0$ et $F(c + at) = 0$; ce qui donne $v = 0$, pour $x = c$ et quel que soit t. Enfin, on a identiquement $\frac{dv}{dx} = \frac{ds}{dt}$; et la valeur de u, dont la différentielle complète est $v\,dt + s\,dx$, sera la somme d'une fonction de $x - at$ et d'une fonction de $x + at$, qui satisfera, par conséquent, à l'équation (1).

Cela posé, pour un point M tel que l'on ait $x > \alpha$, les quantités $f(x + at)$ et $F(x + at)$ seront nulles, et les valeurs précédentes de v et s se réduiront à

$$v = v' + v_{,}\, , \qquad s = -\frac{v'}{a} + \frac{v_{,}}{a}\, ,$$

en faisant, pour abréger,

$$\frac{1}{2} f(x - at) - \frac{a}{2} F(x - at) = v'\, ,$$

$$\frac{a}{2} F(2c - x - at) - \frac{1}{2} f(2c - x - at) = v_{,}\, .$$

La quantité v' cessera d'être nulle quand on aura $at > x - \alpha$; elle le redeviendra pour $at = x + \alpha$; le temps continuant de croître, $v_{,}$ cessera d'être zéro pour $at = 2c - x - \alpha$, et le redeviendra pour $at = 2c - x + \alpha$; d'où l'on conclut que le point M éprouvera deux ébranlemens séparés l'un de l'autre par un intervalle de temps égal à $\dfrac{2(c - x + \alpha)}{a}$. Le premier sera le son direct, et le second le son réfléchi; ils auront l'un et l'autre la même intensité, et se propageront avec la même vitesse a; et comme, d'après le sens de la propagation, l'un répondra à v' et l'autre à $-v_{,}$, on voit qu'il y aura, pour tous les deux, le même rapport entre la vitesse propre du point M et la dilatation positive ou négative dont elle sera accompagnée. On trouvera les mêmes résultats en supposant que le point B soit entièrement libre, auquel cas on devra avoir constamment $s = o$ pour $x = c$.

Ces lois de la propagation et de la réflexion du son dans une barre solide, ont également lieu dans le cas

de l'air contenu dans un canal cylindrique ou prismatique, très étroit; celles des vibrations longitudinales d'une verge élastique, qu'on a exposées dans le
n° 495, conviennent aussi aux vibrations de l'air renfermé dans un tuyau d'une longueur donnée, ouvert
ou fermé à ses extrémités, c'est-à-dire, aux sons des
flûtes, en faisant abstraction, toutefois, des modifi-
cations qui sont dues à l'embouchure (*).

§ III. *Choc longitudinal des verges élastiques.*

499. Les formules du n° 495 s'appliquent au choc
de deux ou plusieurs verges élastiques, formées
d'une même matière, ayant la même section normale, et dont les filets moyens se meuvent sur une
même ligne droite. Pour cela, pendant toute la durée du contact de ces corps, on les considérera
comme une seule verge élastique, cylindrique ou
prismatique, dont l'état, variable d'un instant à
l'autre, sera déterminé par ces formules dans toute
sa longueur, excepté dans une étendue de grandeur insensible, de part et d'autre des points de
jonction.

En effet, considérons seulement deux verges élastiques dont AE et FB (fig. 26) soient les filets
moyens. Lorsqu'en se rapprochant à raison de la

(*) *Voyez*, sur ce point, mon Mémoire sur le *Mouvement
des fluides élastiques dans les tuyaux cylindriques* et sur la
Théorie des instrumens à vent, qui fait partie du tome II des
Mémoires de l'Académie des Sciences.

différence de leurs vitesses, la distance EF de leurs extrémités E et F sera devenue insensible, et ne surpassera plus le rayon d'activité des forces moléculaires, les molécules extrêmes de l'une des deux verges commenceront à agir sur celles de l'autre, et réciproquement ; cette action mutuelle subsistera, en variant d'intensité, tant que la distance EF sera moindre que le rayon d'activité ; la force totale pourra être répulsive ou attractive ; et c'est réellement dans cette action à distance insensible , des points extrêmes des deux corps, que consiste le phénomène du choc. Or, la loi de l'action moléculaire en fonction de la distance nous étant inconnue , on ne pourra pas déterminer la valeur de EF en fonction du temps, non plus que les variations de vitesse que les points extrêmes des deux verges éprouveront en vertu de cette force; en sorte que si e et f sont des points de AE et FB, situés à des distances de E et F, insensibles et moindres que le rayon d'activité moléculaire, les vitesses des points matériels appartenant aux tranches qui ont eE et Ff pour épaisseurs, seront inconnues pendant toute la durée du choc. Mais au-delà de e et f, et dans toute l'étendue de Ae et fB, l'équation (1) du n° 494 aura lieu, et l'état de ces deux parties de la verge totale se déterminera, à un instant quelconque, au moyen de l'intégrale de cette équation, suivant l'hypothèse que l'on fera sur les deux bouts A et B, fixes ou mobiles, c'est-à-dire, au moyen des différentes formules du n° 495, dans lesquelles on n'aura plus qu'à mettre des valeurs convenables pour les fonctions arbitraires φx et $\varphi' x$.

5oo. Les forces moléculaires variant très rapidement avec la distance, il s'ensuit que les vitesses inconnues des points extrêmes des deux verges varieront de même; de sorte qu'à un instant quelconque
les vitesses des points E et F pourront différer beaucoup de celles des points e et f, quoique les distances
eE et fF soient insensibles. Il en sera de même à l'é-
gard des vitesses des points e et f, comparées l'une à
l'autre, que nous déterminerons d'après leurs valeurs
initiales, et qui seront inégales et pourront même
avoir des signes différens; mais on démontrera,
comme dans le n° 488, que la tension T, positive
ou négative, devra être sensiblement la même en ces
points e et f, sans quoi la force accélératrice de la
masse de grandeur insensible, comprise entre les
sections normales en ces mêmes points, deviendrait
extrêmement grande et comme infinie.

Avant le choc, nous supposerons que chacune des
deux verges a la même vitesse dans toute son étendue; dans cet état, la tension T sera nulle pour tous
les points des deux mobiles : au commencement du
choc, c'est-à-dire, lorsque la distance EF atteindra
le rayon d'activité moléculaire, on aura donc $T = o$
aux points e et f, comme dans tous les autres. La
tension, toujours égale pour ces deux points extrêmes, cessera ensuite d'être nulle : nous en déterminerons la valeur; et l'on verra qu'elle redeviendra
zéro après un certain intervalle de temps. Or, si à
cette époque les vitesses des points e et f permettent
que les deux verges se séparent, c'est-à-dire, si ces
· vitesses sont dirigées en sens contraires, ou bien, si

elles sont dirigées dans le même sens, et que la vitesse du point qui va devant soit la plus grande, les deux verges se sépareront effectivement, et le choc sera terminé. Mais si, à l'époque dont il s'agit, les vitesses de e et f ne remplissent pas l'une de ces deux conditions, le choc recommencera, pour ainsi dire ; la tension, égale aux points e et f, reparaîtra ; puis elle redeviendra nulle au bout d'un nouvel intervalle de temps ; et ainsi de suite, de manière que les deux verges ne se sépareront pas, et vibreront comme une verge unique, dont la longueur est AB.

Ainsi, la condition nécessaire et suffisante pour que le choc se termine, et que l'une des deux verges se détache de l'autre, est le concours de ces deux circonstances : 1°. il est nécessaire que la tension soit nulle aux points e et f, afin que les deux verges ne s'appuient pas l'une contre l'autre ; 2°. il faut, en même temps, que les vitesses de ces deux points soient dirigées en sens contraire, ou bien, qu'elles soient dirigées dans le même sens, et que celle du point qui va devant soit la plus grande.

Quant aux deux bouts A et B, nous supposerons successivement qu'ils sont libres tous les deux, et qu'un seul est libre et l'autre fixe.

501. Désignons par c et c' les longueurs AE et FB des deux verges, et par l la distance totale AB ; de sorte qu'en négligeant la distance insensible EF, on ait $c + c' = l$ pendant toute la durée du choc. Soit M un point quelconque appartenant à AE ou FB ; immédiatement avant le choc, appelons x la distance du point M à un point fixe, pris sur la

droite AB, et qui sera la position du point A à cet instant. Au bout du temps t, compté de cette époque, soit $x + u$ la distance du même point M à ce point fixe; nous aurons

$$\frac{d^2u}{dt^2} = a^2 \frac{d^2u}{dx^2}; \qquad (1)$$

a étant une constante qui représentera la vitesse de la propagation du son dans la matière dont les deux verges sont formées (n° 497).

On aura, en même temps,

$$v = \frac{du}{dt}, \quad T = q \frac{du}{dx},$$

pour la vitesse v du point M, et pour la tension T, positive ou négative, qui aura lieu en ce même point; q désignant une constante donnée. La dilatation qui accompagne la vitesse v se déduira de T, et aura $\frac{1}{q} T$ pour valeur.

Ces trois équations auront lieu pour toutes les valeurs de x, depuis $x = 0$ jusqu'à $x = l$, excepté celles qui répondraient à des points situés entre e et f, et qui différeraient, conséquemment, de c d'une quantité insensible en plus ou en moins.

502. Pour $t = 0$, on aura $u = 0$ dans toute la longueur de AB; ainsi, il faudra supprimer le terme dépendant de φx, dans les formules du n° 495. Examinons d'abord le cas où les deux bouts A et B sont entièrement libres.

Soit h la vitesse commune à tous les points de AE, à l'instant où le choc commence, laquelle vitesse sera supposée positive, ou dirigée de A vers B. Soit aussi h' la vitesse des points de FB, au même instant, qui sera positive ou négative, selon que les deux verges iront à la suite ou à la rencontre l'une de l'autre. Ces constantes h et h' seront données, et leur différence $h - h'$ devra être une quantité positive, afin que le choc ait lieu. Dans l'expression de u relative au troisième cas du n° 495, il faudra prendre pour $\varphi'x$ une fonction qui soit égale à h, depuis $x = 0$ jusqu'à une valeur de x un tant soit peu moindre que c, et égale à h', depuis une valeur de x un tant soit peu plus grande que c, jusqu'à $x = l$, ou, sensiblement, $x = c + c'$. On aura alors, sans erreur appréciable,

$$\int_0^l \varphi'x'\,dx' = hc + h'c',$$

$$\int_0^l \varphi'x' \cos \frac{i\pi x'}{l}\,dx' = \frac{l}{i\pi}\,(h - h') \sin \frac{i\pi c}{l};$$

et, à cause de $\varphi x' = 0$, l'expression de u deviendra

$$u = (hc + h'c')\frac{t}{l} + \frac{2l}{\pi^2 a}(h - h')\Sigma\,\frac{1}{i^2}\sin\frac{i\pi c}{l}\cos\frac{i\pi x}{l}\sin\frac{i\pi at}{l};$$

la somme Σ s'étendant à toutes les valeurs du nombre entier et positif i, depuis $i = 1$ jusqu'à $i = \infty$.

On aura donc, dans ce premier cas,

$$\left.\begin{aligned}
v &= \frac{1}{l}(hc + h'c') + \frac{2}{\pi}(h - h')\Sigma\,\frac{1}{i}\sin\frac{i\pi c}{l}\cos\frac{i\pi x}{l}\cos\frac{i\pi at}{l}, \\
T &= -\frac{2q}{\pi a}(h - h')\Sigma\,\frac{1}{i}\sin\frac{i\pi c}{l}\sin\frac{i\pi x}{l}\sin\frac{i\pi at}{l};
\end{aligned}\right\} \quad (2)$$

et si l'on appelle m et m' les masses des deux verges

proportionnelles à leurs longueurs c et c', le premier terme de cette valeur de v est la vitesse $\dfrac{mh + m'h'}{m + m'}$ de leur centre de gravité. Si les deux vitesses h et h' sont égales et de même signe, on aura constamment $v = h$ et $\mathrm{T} = 0$; et, en effet, les deux verges vont alors à la suite l'une de l'autre, avec une vitesse commune, et sans se comprimer.

Les séries périodiques et convergentes que ces formules renferment sont comprises parmi celles dont on sait déterminer les sommes exactement. Pour toutes les valeurs données de x et t, ces sommes se déduiront, sans difficulté, de la formule connue

$$\tfrac{1}{2}\theta = \sin\theta - \tfrac{1}{2}\sin 2\theta + \tfrac{1}{3}\sin 3\theta - \tfrac{1}{4}\sin 4\theta + \text{etc.}, \quad (3)$$

dans laquelle θ est une variable renfermée entre les limites $\pm\,\pi$ exclusivement. On pourra donc calculer les valeurs exactes de la vitesse v et de la tension T, à chaque instant et en un point quelconque de $\mathrm{A}c$ et $f\mathrm{B}$; ce qui est la solution complète du problème.

Il y a plusieurs manières de parvenir à la formule (3). On l'obtient, par exemple, en différentiant par rapport à x, l'équation (8) du n° 326, après y avoir mis x^2 pour φx; ce qui donne

$$x = -\frac{1}{l}\,\Sigma\left(\int_0^l x'^2 \cos\frac{i\pi x'}{l} \cdot \frac{i\pi\,dx'}{l}\right)\sin\frac{i\pi x}{l};$$

équation qui a lieu pour les valeurs de x moindres que l, et dans laquelle la somme Σ s'étend à toutes les valeurs du nombre entier i, depuis $i = 1$ jusqu'à

$i = \infty$. En effectuant l'intégration par les règles ordinaires, on a

$$\int_0^l x'^2 \cos \frac{i\pi x'}{l} \cdot \frac{i\pi dx'}{l} = \frac{2l^2}{i\pi} \cos i\pi \, ;$$

on aura donc

$$\frac{\pi x}{2l} = - \; \Sigma \, \frac{\cos i\pi}{i} \sin \frac{i\pi x}{l} \, ;$$

résultat qui coïncide avec l'équation (3), en faisant
$\frac{\pi x}{l} = \theta$.

503. En vertu de la seconde équation (2), la valeur de T est nulle, non-seulement quand $t = 0$,
mais aussi quand t est un multiple quelconque
de $\frac{l}{a}$; elle l'est aussi, quel que soit t, aux deux
bouts A et B, qui répondent à $x = 0$ et $x = l$.

Si t est zéro ou un multiple pair de $\frac{l}{a}$, la première
équation (2) donne

$$v = \frac{1}{l} (hc + h'c')$$
$$+ \frac{1}{\pi} (h - h') \left[\Sigma \frac{1}{i} \sin \frac{i\pi(c - x)}{l} + \Sigma \frac{1}{i} \sin \frac{i\pi(c + x)}{l} \right],$$

ou, ce qui est la même chose,

$$\left. \begin{aligned} v = \frac{1}{l} (hc + h'c') \\ - \frac{1}{\pi} (h - h') \left[\Sigma \frac{(-1)^i}{i} \sin \frac{i\pi(c' + x)}{l} + \Sigma \frac{(-1)^i}{i} \sin \frac{i\pi(c' - x)}{l} \right], \end{aligned} \right\} \; (4)$$

à cause de $c + c' = l$ et $\cos i\pi = (-1)^i$. Or, on peut prendre $\dfrac{\pi\,(c'-x)}{l}$ pour θ dans la formule (3) ; et il en résulte

$$\Sigma\,\frac{(-1)^{i}}{i}\sin\frac{i\pi\,(c'-x)}{l} = -\frac{\pi\,(c'-x)}{2l}.$$

Si l'on a $x < c$, c'est-à-dire, si le point M appartient à Ae, on pourra aussi prendre pour θ la quantité $\dfrac{\pi\,(c'+x)}{l}$, qui sera moindre que π ; on aura donc

$$\Sigma\,\frac{(-1)^{i}}{i}\sin\frac{i\pi\,(c'+x)}{l} = -\frac{\pi\,(c'+x)}{2l}\,;$$

et ces valeurs réduiront l'équation (4) à $v = h$. Si, au contraire, le point M appartient à fB, on aura $x > c$ et $2l - c' - x < l$; on pourra donc prendre

$$\theta = \frac{\pi\,(2l - c' - x)}{l}\,;$$

à cause de

$$\sin\frac{i\pi\,(c'+x)}{l} = -\sin\frac{i\pi\,(2l - c' - x)}{2l}\,,$$

la formule (3) donnera

$$\Sigma\,\frac{(-1)^{i}}{i}\sin\frac{i\pi\,(c'+x)}{l} = \frac{\pi\,(2l - c' - x)}{l}\,;$$

et, au moyen de cette valeur et de celle de $\Sigma\,\dfrac{(-1)^{i}}{i}\sin\dfrac{i\pi\,(c'-x)}{l}$, l'équation (4) se réduira à $v = h'$.

Les vitesses initiales h et h' des deux parties Ae et fB de la verge totale, sont donc ainsi vérifiées. On voit, de plus, qu'elles ont lieu non-seulement quand

$t = 0$, mais aussi toutes les fois que t est un multiple pair de $\frac{l}{a}$; et comme à ces époques T est zéro pour la verge entière, il s'ensuit que, pour toutes ces valeurs de t, les deux parties de la verge se trouveront dans le même état qu'au commencement du choc.

On peut remarquer que la première équation (2) serait en défaut, si on l'appliquait à la vitesse initiale du point E; car si l'on y fait $t = 0$, et qu'on ait exactement $x = c$, il en résultera

$$v = \frac{1}{l}(hc + h'c') + \frac{2}{\pi}(h - h')\,\Sigma\,\frac{(-1)^i}{i}\sin\frac{i\pi c}{l}.$$

Or, d'après l'équation (3), on a

$$\Sigma\,\frac{(-1)^i}{i}\sin\frac{i\pi c}{l} = -\,\frac{\pi c}{2l};$$

on aurait donc $v = h'$; ce qui ne serait vrai que dans le cas de $h' = h$, où l'état de la partie correspondante à eE ne peut différer de celui du reste de la verge. Mais nous avons dit que, dans le cas général, cette partie et celle qui répond à Ff ne sont pas comprises dans les équations du mouvement.

Si t est un multiple impair de $\frac{l}{a}$, la première équation (2) donne immédiatement

$$v = \frac{1}{l}(hc + h'c')$$
$$+ \frac{1}{\pi}(h - h')\left[\Sigma\frac{(-1)^i}{i}\sin\frac{i\pi(c - x)}{l} + \Sigma\frac{(-1)^i}{i}\sin\frac{i\pi(c + x)}{l}\right].$$

Or, en comparant cette valeur de v à la formule (4),

on voit qu'elles se déduisent l'une de l'autre par l'é-change des lettres h et h', c et c'; d'où l'on conclut, sans nouveau calcul, que quand t est un multiple impair de $\frac{l}{a}$, les points qui répondent à une valeur de x moindre que c', auront la vitesse h', et ceux qui répondent à $x > c$, la vitesse h; c'est-à-dire, que si G est un point tel que l'on ait $AG = c'$ et $GB = c$, et qu'on prenne g et g' à des distances insensibles de part et d'autre de G, la vitesse h' aura lieu dans la partie Ag, et la vitesse h dans la partie $g'B$.

504. Il résulte de cette discussion que si l'on a $c = c'$, la partie Ae aura la vitesse h' au bout du temps $t = \frac{l}{a}$, et la partie fB, la vitesse h au bout du même temps; et comme à cet instant la tension T est partout égale à zéro, et que, par hypothèse, on a $h > h'$, il s'ensuit que les deux verges se sépareront l'une de l'autre (n° 500); en sorte que, dans ce cas, la durée du choc aura été $\frac{l}{a}$, et les deux mobiles, parfaitement élastiques et égaux en masse, auront fait, après le choc, échange de leurs vitesses avant le choc.

Réciproquement, si les longueurs c et c' sont différentes, le choc ne finira pas, et les deux verges élastiques ne pourront pas se séparer; car les époques où la tension est nulle coïncideront toujours avec celles d'une vitesse commune et égale, soit à h, soit à h', pour les deux extrémités E et F, ou, plus exactement, pour les deux points e et f.

Mais si l'on a $c' > c$, auquel cas le point G appartiendra à fB, et si l'on suppose que la verge élastique soit coupée en ce point, de sorte que la partie FB soit elle-même formée de deux parties FG et GB, qui avaient une même vitesse h' avant le choc, la partie GB se séparera au bout du temps $t = \dfrac{l}{a}$. En effet, à cet instant, la tension T sera nulle, et les vitesses h' et h des points g et g' permettront la disjonction des parties AG et GB. Après le choc, dont la durée aura été $\dfrac{l}{a}$, comme dans le cas de $c' = c$, la partie GB se mouvra avec la vitesse h, et les parties AE et FG, avec la vitesse commune h'. La même chose aurait encore lieu si les trois parties AE, FG, GB, étaient elles-mêmes coupées et divisées en d'autres portions égales ou inégales, pourvu qu'avant le choc toutes les portions de AE eussent une même vitesse h, et toutes les portions de FG et GB une vitesse commune h'.

Ainsi, supposons, par exemple, qu'une verge homogène, prismatique ou cylindrique, soit coupée en un nombre $n + n'$ de parties égales ; et imprimons une vitesse h aux n premières parties, avec laquelle elles viendront choquer la série des n' autres parties, qui seront en repos avant cette percussion. Si n surpasse n', aucune partie ne se séparera, et elles seront toutes transportées dans le sens du choc, en oscillant suivant cette direction, et faisant entendre le ton correspondant à la longueur entière de la verge, libre par ses deux bouts ; mais si l'on a $n' > n$, les parties antérieures, au nombre de n, se détacheront des autres, pour se mouvoir avec une vitesse commune et égale à h, et les n' autres parties demeureront en repos et juxtaposées. Ce résultat, étendu par analogie à une série de sphères, comprend le phénomène dont il a été question dans le n° 363.

505. Considérons maintenant le cas où le point A est fixe. Avant le choc, supposons que la partie AE soit en repos, et que tous les points de la partie FB aient une vitesse commune et négative, que nous représenterons par $-k$. Il faudra alors faire usage de l'expression de u relative au second cas du n° 495, dans laquelle on fera $\varphi'x = 0$ depuis $x = 0$ jusqu'à $x = c$, et $\varphi'x = -k$ depuis $x = c$ jusqu'à $x = c + c' = l$. A cause de $\varphi x = 0$, pour toutes les valeurs de x, il en résultera

$$u = -\frac{8lk}{\pi^2 a}\Sigma\frac{1}{(2i-1)^2}\cos\frac{(2i-1)\pi c}{2l}\sin\frac{(2i-1)\pi x}{2l}\sin\frac{(2i-1)\pi at}{2l} ;$$

d'où l'on tire

$$\left.\begin{aligned}
v &= -\frac{4k}{\pi}\Sigma\frac{1}{2i-1}\cos\frac{(2i-1)\pi c}{2l}\sin\frac{(2i-1)\pi x}{2l}\cos\frac{(2i-1)\pi at}{2l} , \\
T &= -\frac{4qk}{\pi a}\Sigma\frac{1}{2i-1}\cos\frac{(2i-1)\pi c}{2l}\cos\frac{(2i-1)\pi x}{2l}\sin\frac{(2i-1)\pi at}{2l} ;
\end{aligned}\right\} (5)$$

formules dans lesquelles les séries sont du genre de celles dont on sait déterminer les sommes, et qui feront connaître exactement la vitesse et la tension, à chaque instant, en un point donné de Ae ou de fB.

On emploiera, à cet effet, la formule connue

$$\frac{\pi}{4} = \cos\theta - \frac{1}{3}\cos 3\theta + \frac{1}{5}\cos 5\theta + \text{etc.,} \qquad (6)$$

qui a lieu pour toutes les valeurs de θ comprises entre $\pm\frac{1}{2}\pi$ exclusivement, et qui se déduit, par exemple, de la formule (7) du n° 326, en la différentiant après y avoir mis x au lieu de φx, et en y faisant ensuite $\frac{\pi x}{2l} = \theta$.

506. En vertu de la seconde équation (5), la tension T est nulle en tous les points des deux verges, lorsque t est zéro ou un multiple quelconque de $\frac{2l}{a}$.

Si t est zéro ou un multiple pair de $\frac{2l}{a}$, la première équation (5) donne

$$v = -\frac{2k}{\pi}\left[\Sigma\frac{1}{2i-1}\sin\frac{(2i-1)\pi(x+c)}{2l} + \sin\frac{(2i-1)\pi(x-c)}{2l}\right],$$

ou, ce qui est la même chose,

$$v = \frac{2k}{\pi}\left[\Sigma\frac{(-1)^i}{2i-1}\cos\frac{(2i-1)\pi(x-c')}{2l} \right. \\ \left. - \Sigma\frac{(-1)^i}{2i-1}\cos\frac{(2i-1)\pi(x+c')}{2l}\right], \left.\right\} \qquad (7)$$

à cause de $c + c' = l$ et $\sin\frac{(2i-1)\pi}{2} = -(-1)^i$.
Or, d'après l'état initial des deux verges, cette formule, en tant qu'elle se rapporte à $t = 0$, doit se réduire à $v = 0$ pour $x < c$, et à $v = -k$ pour $x > c$; et c'est d'abord ce qu'il s'agit de vérifier.

En prenant $\frac{\pi(x-c')}{2l}$ pour θ dans l'équation (6), il en résulte

$$\Sigma \frac{(-1)^i}{2i-1} \cos \frac{(2i-1)\pi(x-c')}{2l} = -\frac{\pi}{4}.$$

Quand on a $x < c$, on peut aussi prendre $\frac{\pi(x+c')}{2l}$ pour θ; ce qui donne

$$\Sigma \frac{(-1)^i}{2i-1} \cos \frac{(2i-1)\pi(x+c')}{2l} = -\frac{\pi}{4};$$

et ces formules réduisent, effectivement, l'équation (7) à $v = o$. Quand on a $x > c$, on aura aussi $2l - x - c' < l$; en prenant donc

$$\theta = \frac{\pi(2l-x-c')}{2l},$$

et observant que

$$\cos \frac{(2i-1)\pi(x+c')}{2l} = -\cos \frac{(2i-1)\pi(2l-x-c')}{2l},$$

la formule (6) donnera

$$\Sigma \frac{(-1)^i}{2i-1} \cos \frac{(2i-1)\pi(x+c')}{2l} = \frac{\pi}{4};$$

au moyen de quoi et de la valeur précédente de $\Sigma \frac{(-1)^i}{2i-1} \cos \frac{(2i-1)\pi(x-c')}{2l}$, l'équation (7) se réduira à $v = -k$, comme cela doit être.

Lorsque t est un multiple impair de $\frac{2l}{a}$, la valeur de v, donnée par la première équation (5), est égale et de signe contraire à celle qui a lieu quand t est zéro ou un multiple pair de $\frac{2l}{a}$; il s'ensuit donc qu'au bout d'un temps égal à $\frac{2l}{a}$, tous les points de Ac ont des vitesses nulles, et tous ceux de fB, des vitesses positives et égales à k; et comme à cet instant la tension T est partout égale à zéro, il en résulte que la verge FB se détachera de la verge AE, et sera réfléchie avec une vitesse égale et contraire à celle qu'elle avait avant le choc.

Ainsi, le choc de la verge FB contre la verge AE, qui s'appuie en A contre un obstacle fixe, durera pendant un temps égal à $\frac{2l}{a}$, et sera conforme à ce qui a été dit, dans le n° 362, sur la réflexion d'un corps parfaitement élastique. On peut aussi remarquer qu'au milieu du choc, c'est-à-dire, au bout d'un temps égal à $\frac{l}{a}$, on aura $v = 0$, d'après la première équation (5), pour toutes les valeurs de x; en sorte qu'à cet instant la verge choquante FB aura perdu toute sa vitesse, et la verge AE n'aura aussi aucun mouvement. Au même instant, on aura, en vertu de la seconde équation (5),

$$T = \frac{2qk}{\pi a}\left[\Sigma \frac{(-1)^i}{2i-1}\cos\frac{(2i-1)\pi(x-c)}{2l}\right.$$
$$\left. + \Sigma\frac{(-1)^i}{2i-1}\cos\frac{(2i-1)\pi(x+c)}{2l}\right];$$

d'où l'on conclura, par le même calcul que pour l'équation (7), $T = -\frac{qk}{a}$ ou $T = 0$, selon qu'on aura $x < c$ ou $x > c$. Au milieu du choc, la tension est donc nulle pour toute l'étendue de la verge choquante; mais la verge choquée est condensée uniformément; et c'est la pression qu'elle exerce dans le sens AE, ou de dedans en dehors, qui fait rebondir la verge choquante.

§ IV. *Digression sur les intégrales des équations aux différences partielles.*

507. Si l'on excepte un petit nombre d'équations aux différences partielles, celles d'un ordre supérieur au premier ne sont point intégrables sous forme finie, lors même qu'il s'agit d'équations linéaires. Pour résoudre les problèmes qui conduisent à ces équations, on est donc obligé, le plus souvent, de recourir à leurs intégrales en séries ; et il faut alors qu'on soit certain, dans chaque cas, que la série dont on fait usage a toute la généralité que comporte l'équation donnée aux différences partielles, et qu'elle renferme des fonctions arbitraires en nombre suffisant pour exprimer l'intégrale complète de cette équation. Or, il n'y a pas de règle générale à ce sujet : ce nombre peut être moindre que celui qui marque l'ordre de l'équation donnée, ou des différences partielles les plus élevées qu'elle renferme; il change avec la quantité suivant les puissances de laquelle la série est ordonnée ; et il peut même arriver que toutes les fonctions arbitraires disparaissent, et que la série ne contienne plus qu'un nombre infini de constantes arbitraires, sans qu'elle cesse, néanmoins, d'exprimer l'intégrale com-

plète. Ce sont ces diverses circonstances que nous allons examiner, d'abord en général, et ensuite plus particulièrement, en ce qui concerne les équations linéaires auxquelles on est conduit dans la plupart des problèmes de Mécanique et de Physique.

508. Soit u une fonction d'un nombre quelconque de variables indépendantes t, x, y, z, etc. Supposons que cette fonction doive satisfaire à une équation donnée aux différences partielles, que nous représenterons par $L = 0$. Quelle que soit la valeur de u, on peut toujours la concevoir développée en série ordonnée suivant les puissances de l'une des variables t, x, y, z, etc., ou, plus généralement, d'une autre quantité θ dépendante d'une ou plusieurs de ces variables. Soit donc

$$u = P\theta^{\alpha} + Q\theta^{\varepsilon} + R\theta^{\gamma} + \text{etc.} ; \qquad (a)$$

α, ε, γ, etc., P, Q, R, etc., étant des exposans et des coefficiens indéterminés. Si je substitue cette valeur de u dans l'équation $L = 0$, que je développe ensuite L suivant les puissances de θ, et que j'égale séparément à zéro les coefficiens de tous les termes de ce développement, j'aurai une série d'équations, dont chacune renfermera une variable indépendante de moins que $L = 0$; et si je parviens à obtenir les valeurs les plus générales de α, ε, γ, etc., P, Q, R, etc., qui satisfassent à cette suite d'équations, la série (a) sera aussi la valeur la plus générale de u qui satisfera à l'équation $L = 0$. Selon la quantité θ qu'on choisira, on aura ainsi différentes expressions de u en série, qui seront toutes, sous des formes équivalentes, l'intégrale complète de $L = o$; en sorte que si cette intégrale peut aussi s'exprimer sous forme finie, chacune de ces séries en sera un développement différent, et pourra toujours s'en déduire. Toutefois, lorsqu'on sera parvenu, d'après les autres conditions du problème qui aura conduit à l'équation $L = o$, à déterminer toutes les quantités arbitraires que contiendra la série (a), il faudra qu'elle soit convergente pour qu'on en puisse faire usage; et si elle devient divergente pour des valeurs de θ, on devra changer cette quantité, et remplacer la série (a) par une autre, ordonnée suivant les puissances d'une variable différente.

Cela posé, en prenant pour $L = o$, des équations linéaires de différens ordres, on verra que les coefficiens P, Q, R, etc., déterminés de la manière la plus générale, peuvent néanmoins renfermer des nombres inégaux de fonctions arbitraires, selon que la série (a) sera ordonnée suivant les puissances de telle ou telle variable θ; et l'on verra même, comme nous l'avons dit plus haut, qu'il pourra arriver que toutes les fonctions arbitraires disparaissent de cette série, qui ne renfermera plus alors que des constantes arbitraires en nombre infini, et qui n'en sera pas moins l'intégrale complète de l'équation $L = o$. Le caractère distinctif de cette forme singulière de l'intégrale complète, sans aucune fonction arbitraire, d'une équation linéaire aux différences partielles, consiste en ce que tous les termes de la série qui la représente se déterminent indépendamment les uns des autres, et satisfont séparément à l'équation donnée, de manière que la valeur générale de u est la somme d'un nombre infini de valeurs particulières de cette fonction.

509. Soit, pour exemple, l'équation très simple, linéaire et aux différences partielles du second ordre,

$$\frac{du}{dt} = a\,\frac{d^2u}{dx^2}, \qquad (b)$$

dans laquelle a est une constante donnée. Si l'on développe la valeur de u suivant les puissances de t, on trouve pour la série la plus générale qui satisfasse à cette équation

$$u = \varphi x + at\,\frac{d^2\varphi x}{dx^2} + \frac{a^2t^2}{1.2}\,\frac{d^4\varphi x}{dx^4} + \frac{a^3t^3}{1.2.3}\,\frac{d^6\varphi x}{dx^6} + \text{etc.}; \qquad (c)$$

φx étant une fonction arbitraire. Sous cette forme, l'intégrale complète de l'équation (b) ne comporte donc qu'une seule fonction arbitraire, laquelle représente la valeur de u qui répond à $t = 0$. Mais si l'on développe la valeur générale de u suivant les puissances de x, on trouve

$$\left.\begin{aligned}
u = {}&\psi t + \frac{x^2}{1.2}\,\frac{d\psi t}{adt} + \frac{x^4}{1.2.3.4}\,\frac{d^2\psi t}{a^2dt^2} + \text{etc.}\\
&+ x\Psi t + \frac{x^3}{1.2.3}\,\frac{d\Psi t}{adt} + \frac{x^5}{1.2.3.4.5}\,\frac{d^2\Psi t}{a^2dt^2} + \text{etc.};
\end{aligned}\right\} \quad (d)$$

ψt et Ψt étant deux fonctions arbitraires, qui expriment les valeurs de u et $\dfrac{du}{dx}$, relatives à $x = 0$. Par conséquent, sous cette autre forme, l'intégrale complète de l'équation (*b*) renferme deux fonctions arbitraires.

Ces deux séries s'obtiennent par la méthode des coefficiens et des exposans indéterminés, en faisant successivement $\theta = t$ et $\theta = x$ dans la série (*a*). On les déduit aussi du théorème de Taylor; car on a, d'après ce théorème,

$$u = U + (t - \alpha)\, U' + \frac{(t - \alpha)^2}{1.2} U'' + \frac{(t - \alpha)^3}{1.2.3} U''' + \text{etc.} ,$$

en désignant par α une valeur particulière de t, et supposant

$$u = U, \quad \frac{du}{dt} = U', \quad \frac{d^2u}{dt^2} = U'', \quad \frac{d^3u}{dt^3} = U''', \quad \text{etc.} ,$$

pour cette valeur $t = \alpha$. Or, l'équation (*b*) et ses différentielles successives par rapport à t donnent

$$U' = a \frac{d^2U}{dx^2} ,$$
$$U'' = a \frac{d^2U'}{dx^2} = a^2 \frac{d^4U}{dx^4} ,$$
$$U''' = a \frac{d^2U''}{dx^2} = a^3 \frac{d^6U}{dx^6} ,$$

etc.

La quantité U restera donc seule arbitraire, et l'on aura

$$u = U + a (t - \alpha) \frac{dU}{dx} + \frac{a^2 (t - \alpha)^2}{1.2} \frac{d^2U}{dx^2} + \text{etc.} ;$$

ce qui coïncide avec la série (*c*), quand on prend zéro pour la constante α, c'est-à-dire, quand on développe suivant les puissances de t, et que l'on fait $U = \varphi x$. On obtiendra semblablement la série (d).

Ces deux séries (c) et (d) peuvent, au reste, se transformer l'une dans l'autre. En effet, développons φx suivant les puissances de x, et soit

$$\varphi x = A + Bx + \frac{Cx^2}{1.2} + \frac{Dx^3}{1.2.3} + \frac{Ex^4}{1.2.3.4} + \frac{Fx^5}{1.2.3.4.5} + \text{etc.},$$

où l'on désigne par A, B, C, D, E, F, etc., des constantes arbitraires; nous aurons

$$\frac{d^2\varphi x}{dx^2} = C + Dx + \frac{Ex^2}{1.2} + \frac{Fx^3}{1.2.3} + \text{etc.},$$

$$\frac{d^4\varphi x}{dx^4} = E + Fx + \text{etc.},$$

etc.;

au moyen de quoi la série (c) deviendra

$$\begin{aligned}
u = {}& A + Cat + \frac{Ea^2t^2}{1.2} + \text{etc.} \\
& + \left(B + Dat + \frac{Fa^2t^2}{1.2} + \text{etc.}\right)x \\
& + \left(C + Eat + \text{etc.}\right)\frac{x^2}{1.2} \\
& + \left(D + Fat + \text{etc.}\right)\frac{x^3}{1.2.3}, \\
& + \text{etc.}
\end{aligned}$$

Or, si l'on fait

$$A + Cat + \frac{Ea^2t^2}{1.2} + \text{etc.} = \psi t,$$

$$B + Dat + \frac{Fa^2t^2}{1.2} + \text{etc.} = \Psi t,$$

ψt et Ψt seront deux fonctions arbitraires et indépendantes l'une de l'autre ; on en déduira

$$C + Eat + \text{etc.} = \frac{d\psi t}{adt},$$

$$D + Fat + \text{etc.} = \frac{d\Psi t}{adt},$$

etc. ;

et la valeur précédente de u coïncidera avec la série (d). On transformera semblablement cette série (d) dans la série (c).

510. Maintenant, désignons, à l'ordinaire, par e la base des logarithmes népériens, et prenons $\theta = e^x$. La série (a) deviendra

$$u = Pe^{\alpha x} + Qe^{\varsigma x} + Re^{\gamma x} + \text{etc.} ;$$

les coefficiens P, Q, R, etc., seront des fonctions de t, et les exposans α, ς, γ, etc., des quantités constantes. On aura donc

$$\frac{du}{dt} = \frac{dP}{dt} e^{\alpha x} + \frac{dQ}{dt} e^{\varsigma x} + \frac{dR}{dt} e^{\gamma x} + \text{etc.} ,$$

$$\frac{d^2 u}{dx^2} = \alpha^2 Pe^{\alpha x} + \varsigma^2 Qe^{\varsigma x} + \gamma^2 Re^{\gamma x} + \text{etc.}$$

En substituant ces valeurs dans l'équation (b), et égalant ensuite les coefficiens des termes semblables dans les deux membres, on en conclut

$$\frac{dP}{dt} = a\alpha^2 P, \quad \frac{dQ}{dt} = a\varsigma^2 Q, \quad \frac{dR}{dt} = a\gamma^2 R, \quad \text{etc.} ;$$

par conséquent, les exposans α, ς, γ, etc., resteront

2.   23

arbitraires, et l'on aura

$$P = Ae^{a\alpha^2 t}, \quad Q = Be^{a6^2 t}, \quad R = Ce^{a\gamma^2 t}, \quad \text{etc.},$$

en désignant aussi par A, B, C, etc., des constantes arbitraires. Donc il en résultera

$$u = Ae^{a\alpha^2 t}e^{\alpha x} + Be^{a6^2 t}e^{6x} + Ce^{a\gamma^2 t}e^{\gamma x} + \text{etc.}, \quad (e)$$

pour l'intégrale complète de l'équation (b), ordonnée suivant les puissances de l'exponentielle e^x; série qui est aussi le développement de cette intégrale, ordonnée suivant les puissances de e^t. Or, on voit que cette série (e) ne contient explicitement aucune fonction arbitraire; qu'elle renferme seulement deux séries infinies A, B, C, etc., α, 6, γ, etc., de constantes arbitraires; et que chacun de ses termes satisfait isolément à l'équation (b).

En développant cette expression de u suivant les puissances de t, on a

$$u = Ae^{\alpha x} + Be^{6x} + Ce^{\gamma x} + \text{etc.}$$
$$+ (A\alpha^2 e^{\alpha x} + B6^2 e^{6x} + C\gamma^2 e^{\gamma x} + \text{etc.})\, at$$
$$+ (A\alpha^4 e^{\alpha x} + B6^4 e^{6x} + C\gamma^4 e^{\gamma x} + \text{etc.})\, \frac{a^2 t^2}{1 \cdot 2}$$
$$+ \text{etc.};$$

et si l'on fait

$$Ae^{\alpha x} + Be^{6x} + Ce^{\gamma x} + \text{etc.} = \varphi x,$$

φx sera une fonction arbitraire, on aura

$$A\alpha^2 e^{\alpha x} + B\mathcal{C}^2 e^{\mathcal{C}x} + C\gamma^2 e^{\gamma x} + \text{etc.} = \frac{d^2\varphi x}{dx^2},$$

$$A\alpha^4 e^{\alpha x} + B\mathcal{C}^4 e^{\mathcal{C}x} + C\gamma^4 e^{\gamma x} + \text{etc.} = \frac{d^4\varphi x}{dx^4},$$

etc. ,

et la série (e) coïncidera avec la série (c). On fera de même coïncider la série (e) avec la série (d), en développant la première suivant les puissances de x, pour la rendre comparable à la seconde.

511. Chacune des deux séries (c) et (e) peut être exprimée sous forme finie, au moyen d'une même intégrale définie.

D'abord, en désignant par n un nombre entier positif, on a évidemment

$$\int_{-\infty}^{\infty} e^{-\omega^2} \omega^{2n-1} d\omega = 0.$$

Soit aussi

$$\int_{-\infty}^{\infty} e^{-\omega^2} d\omega = k ;$$

en désignant par g une constante positive, et mettant $\omega\sqrt{g}$ et $\sqrt{g}\, d\omega$ à la place de ω et $d\omega$, les limites de cette intégrale ne seront pas changées, et l'on aura

$$\int_{-\infty}^{\infty} e^{-g\omega^2} d\omega = \frac{k}{\sqrt{g}} ;$$

d'où l'on tire

$$\int_{-\infty}^{\infty} e^{-\omega^2} \omega^{2n} d\omega = \frac{1.3.5\ldots 2n-1}{2^n} k,$$

en différentiant n fois de suite par rapport à g, et

23..

faisant ensuite $g = 1$. Au moyen de ces valeurs, la formule (c) pourra s'écrire ainsi :

$$u = \frac{1}{k} \int_{-\infty}^{\infty} \left(\varphi x + 2\omega \sqrt{at}\, \frac{d\varphi x}{dx} + \frac{4\omega^2 at}{1.2}\, \frac{d^2\varphi x}{dx^2} \right.$$

$$\left. + \frac{8\omega^3 at \sqrt{at}}{1.2.3}\, \frac{d^3\varphi x}{dx^3} + \frac{16\omega^4 a^2 t^2}{1.2.3.4}\, \frac{d^4\varphi x}{dx^4} + \text{etc.} \right) e^{-\omega^2} d\omega;$$

et, d'après le théorème de Taylor, elle se réduira à

$$u = \frac{1}{k} \int_{-\infty}^{\infty} e^{-\omega^2} \varphi\, (x + 2\omega \sqrt{at})\, d\omega. \qquad (f)$$

Quelle que soit la constante α, on ne changera pas non plus les limites de l'intégrale $\int_{-\infty}^{\infty} e^{-\omega^2} d\omega$, en y mettant $\omega - \alpha \sqrt{at}$ au lieu de ω; on aura donc

$$\int_{-\infty}^{\infty} e^{-\omega^2 + 2\omega\alpha \sqrt{at} - \alpha^2 at} d\omega = k;$$

d'où l'on tire

$$e^{\alpha^2 at} = \frac{1}{k} \int_{-\infty}^{\infty} e^{-\omega^2} e^{2\omega\alpha \sqrt{at}}\, d\omega.$$

On exprimera de même les autres exponentielles qui entrent dans la série (e), laquelle deviendra, de cette manière,

$$u = \frac{1}{k} \int_{-\infty}^{\infty} \left[A e^{\alpha\, (x + 2\omega \sqrt{at})} + B e^{\zeta(x + 2\omega \sqrt{at})} \right.$$

$$\left. + C e^{\gamma\, (x + 2\omega \sqrt{at})} + \text{etc.} \right] e^{-\omega^2} d\omega.$$

Or, si nous faisons, comme plus haut,

$$A e^{\alpha x} + B e^{\zeta x} + C e^{\gamma x} + \text{etc.} = \varphi x,$$

nous aurons, en même temps,

$$A e^{\alpha\,(x\,+\,2\omega\sqrt{\overline{at}})} + B e^{\zeta(x\,+\,2\omega\sqrt{\overline{at}})}$$
$$+\; C e^{\gamma\,(x\,+\,2\omega\sqrt{\overline{at}})} + \text{etc.} = \varphi(x + 2\omega\sqrt{\overline{at}}ial);$$

ce qui fait coïncider la valeur précédente de u avec la formule (f).

Cette équation (f) est, sous forme finie, l'intégrale complète de l'équation (b); elle ne renferme, comme on voit, qu'une seule fonction arbitraire, qui se déterminera immédiatement d'après la valeur de u relative à $t = 0$. Toutefois, cette forme de l'intégrale complète suppose que cette valeur de u, qui sera celle de φx, croisse avec la variable dans un moindre rapport que e^{x^2}, et que le produit $e^{-x^2}\varphi x$ s'évanouisse pour $x = \pm\infty$, sans quoi la quantité comprise sous le signe $\int$ croîtrait indéfiniment avec ω, pour toutes les valeurs de t différentes de zéro, et l'intégrale définie, dont les limites sont $\omega = \pm\infty$, aurait généralement une valeur infinie, ce qui est inadmissible.

Si nous faisons, pour un moment,

$$\frac{d\varphi x}{dx} = \varphi' x, \quad \frac{d^2\varphi x}{dx^2} = \varphi'' x,$$

nous déduirons de l'équation (f),

$$\frac{du}{dt} = \frac{a}{k}\int_{-\infty}^{\infty} e^{-\omega^2}\varphi'(x + 2\omega\sqrt{\overline{at}})\,\frac{\omega\,d\omega}{\sqrt{\overline{at}}},$$

$$a\,\frac{d^2 u}{dx^2} = \frac{a}{k}\int_{-\infty}^{\infty} e^{-\omega^2}\varphi''(x + 2\omega\sqrt{\overline{at}})\,d\omega;$$

en intégrant par partie, et supposant que le produit

de $e^{-\omega^2}$ et $\varphi'(x + 2\omega\sqrt{at})$ s'évanouisse aux deux limites, on a

$$\int_{-\infty}^{\infty} e^{-\omega^2}\varphi'(x + 2\omega\sqrt{at})\,\frac{\omega d\omega}{\sqrt{at}} = \int_{-\infty}^{\infty} e^{-\omega^2}\phi''(x + 2\omega\sqrt{at})\,d\omega\,;$$

ce qui fait coïncider la valeur de $\dfrac{du}{dt}$ avec celle de

$a\,\dfrac{d^2u}{dx^2}$, et satisfait, par conséquent, à l'équation (b).

En partant de la série (d), on parviendrait à une intégrale sous forme finie de cette équation, moins simple que la formule (f), et qui contiendrait deux fonctions arbitraires.

512. La valeur connue de la quantité k, renfermée dans les formules précédentes, est $\sqrt{\pi}$. On l'obtient, par exemple, en employant successivement deux variables différentes sous le signe $\int$, de manière qu'on ait

$$k = \int_{-\infty}^{\infty} e^{-x^2}\,dx, \quad k = \int_{-\infty}^{\infty} e^{-y^2}\,dy\,;$$

d'où l'on conclut

$$k^2 = \int_{-\infty}^{\infty} e^{-x^2}dx \int_{-\infty}^{\infty} e^{-y^2}dy = \int_{-\infty}^{\infty}\int_{-\infty}^{\infty} e^{-x^2-y^2}dx\,dy,$$

à cause que les deux variables x et y sont indépendantes l'une de l'autre. Si donc on fait

$$x^2 + y^2 = r^2, \quad e^{-x^2-y^2} = z,$$

d'où il résultera

$$k^2 = \int_{-\infty}^{\infty}\int_{-\infty}^{\infty} z\,dx\,dy,$$

et si l'on regarde x, y, z, comme les coordonnées courantes d'une surface, k^2 sera le volume terminé par cette surface de révolution, et prolongé indéfiniment autour de son axe de figure, qui sera l'axe des z. Or, on obtiendra la valeur de ce volume en le décomposant en un nombre infini de tranches cylindriques, dont cette droite sera l'axe commun. Le volume de l'une de ces tranches infiniment minces, dont les surfaces intérieure et extérieure auront r et $r + dr$ pour rayons, sera égal au produit de sa base $2\pi r dr$, multiplié par sa hauteur z ou e^{-r^2} ; le volume entier s'en déduira, évidemment, en intégrant depuis $r = 0$ jusqu'à $r = \infty$; par conséquent, on aura

$$ k^2 = 2\pi \int_0^\infty e^{-r^2} r\, dr = \pi , $$

et $k = \sqrt{\pi}$; ce qu'il s'agissait de trouver.

Je ferai remarquer qu'en prenant $\varphi x = \cos x$, et mettant α^2 au lieu de at dans l'équation (c), on aura

$$ u = \left(1 - \alpha^2 + \frac{\alpha^4}{1.2} - \frac{\alpha^6}{1.2.3} + \text{etc.} \right) \cos x , $$

ou, ce qui est la même chose,

$$ u = e^{-\alpha^2} \cos x . $$

L'équation (f) devient, en même temps,

$$ u = \frac{1}{\sqrt{\pi}} \int_{-\infty}^\infty e^{-\omega^2} \cos (x + 2\alpha\omega)\, d\omega ; $$

mais on a évidemment

$$\int_{-\infty}^{\infty} e^{-\omega^2} \cos 2\alpha\omega\, d\omega = 2 \int_{0}^{\infty} e^{-\omega^2} \cos 2\alpha\omega\, d\omega,$$

$$\int_{-\infty}^{\infty} e^{-\omega^2} \sin 2\alpha\omega\, d\omega = 0;$$

d'où l'on conclut

$$u = \frac{2\cos x}{\sqrt{\pi}} \int_{0}^{\infty} e^{-\omega^2} \cos 2\alpha\omega\, d\omega;$$

et en égalant cette valeur de u à l'une des précédentes, on a

$$\int_{0}^{\infty} e^{-\omega^2} \cos 2\alpha\omega\, d\omega = \frac{\sqrt{\pi}}{2} e^{-\alpha^2}.$$

On peut donner une valeur imaginaire à la constante α dans cette équation ; et si l'on y met $\alpha\sqrt{-1}$ au lieu de α, on aura

$$\int_{0}^{\infty} e^{-\omega^2}\left(e^{2\alpha\omega} + e^{-2\alpha\omega}\right) d\omega = \sqrt{\pi}\, e^{\alpha^2}.$$

On a souvent occasion d'employer ces formules, qui se présentaient ici naturellement, et que l'on obtient aussi par d'autres moyens.

513. Les équations aux différences partielles auxquelles on est conduit, dans la plupart des problèmes de Mécanique ou de Physique, sont linéaires à l'égard d'une inconnue u, du premier ou du second ordre par rapport au temps, et généralement à quatre variables indépendantes, dont u est fonction, savoir, le temps, que nous représenterons par t, et les trois coordonnées d'un point quelconque du système dont on s'occupe, que nous désignerons par x,

y, z. Si l'on excepte leur dernier terme, indépendant de u et qu'on peut toujours faire disparaître, elles ne contiennent pas cette variable t explicitement, c'est-à-dire, que dans ces équations les coefficiens ne sont fonctions que de x, y, z. Or, $L = o$ étant une de ces équations sans dernier terme, si l'on prend $\theta = e'$, la série (a) deviendra

$$u = Pe^{\alpha t} + Qe^{6t} + Re^{\gamma t} + \text{etc.} ; \qquad (g)$$

et si l'on substitue, dans L, cette série (g) au lieu de u, il est aisé de voir qu'il en résultera

$$L = (M\alpha^2 + N\alpha + O)\,e^{\alpha t} + (M'6^2 + N'6 + O')\,e^{6t}$$
$$+ (M''\gamma^2 + N''\gamma + O'')\,e^{\gamma t} + \text{etc.} ;$$

M, N, O, étant des quantités qui ne contiennent que l'inconnue P, d'où se déduiront M', N', O', en y mettant Q au lieu de P, puis M'', N'', O'', par la substitution de R à la place de Q, et ainsi de suite. Toutes les quantités M, M', M'', etc., seront nulles, lorsque l'équation $L = o$ ne sera que du premier ordre, par rapport à t. Dans tous les cas, cette équation donnée $L = o$ se décomposera en celles-ci :

$$\left.\begin{array}{l} M\alpha^2 + N\alpha + O = o, \\ M'6^2 + N'6 + O' = o, \\ M''\gamma^2 + N''\gamma + O'' = o, \\ \text{etc.} \end{array}\right\} \quad (h)$$

Par conséquent, les exposans α, 6, γ, etc., seront des constantes arbitraires; les coefficiens P, Q, R, etc., se détermineront indépendamment l'un de l'autre, au moyen de ces équations (h), qui sont toutes semblables; et tous les termes de la série (g), c'est-à-dire, de l'intégrale complète de l'équation $L = o$, ordonnée suivant les puissances de l'exponentielle e^t, seront des intégrales particulières de cette même équation.

Les équations (h) seront linéaires, comme $L = o$, par rapport à l'inconnue que chacune d'elles renfermera. Si L ne contient qu'une seule des trois coordonnées x, y, z, elles seront simplement des équations différentielles ; et alors la série (g) ne renfermera que des constantes arbitraires, savoir, α, β, γ, etc., et les constantes qui seront introduites par l'intégration des équations (h). Quand elles seront aux différences partielles, on pourra souvent les traiter comme l'équation $L = o$, et exprimer leurs intégrales complètes en séries d'intégrales particulières.

514. On peut donner une autre forme à la série (g), en y changeant les exponentielles en sinus et cosinus. Soient, en effet, λ, μ, ν, etc., d'autres constantes arbitraires, et p, q, r, etc., p', q', r', etc., d'autres inconnues. Si l'on met dans cette série $\pm \lambda \sqrt{-1}$, $\pm \mu \sqrt{-1}$, $\pm \nu \sqrt{-1}$, etc., au lieu de α, β, γ, etc. ; qu'on y remplace P, Q, R, etc., par $\frac{1}{2} p \pm \frac{1}{2} p' \sqrt{-1}$, $\frac{1}{2} q \pm \frac{1}{2} q' \sqrt{-1}$, $\frac{1}{2} r \pm \frac{1}{2} r' \sqrt{-1}$, etc. ; et que l'on prenne ensuite la somme des valeurs de u qui répondront aux deux signes de $\sqrt{-1}$, on aura

$$\left. \begin{aligned} u = {}& p \cos \lambda t + q \cos \mu t + r \cos \nu t + \text{etc.} \\ & + p' \sin \lambda t + q' \sin \mu t + r' \sin \nu t + \text{etc.} \end{aligned} \right\} (i)$$

Pour la généralité de l'intégrale de $L = o$, exprimée indifféremment par cette dernière formule ou par la série (g), il faudra que les constantes λ, μ, ν, etc., aussi bien que α, $\mathcal{C}$, γ, etc., soient réelles ou imaginaires; mais il y a des problèmes dans lesquels les valeurs déterminées de λ, μ, ν, etc., seront toutes réelles, et d'autres dans lesquels aucune des valeurs de α, $\mathcal{C}$, γ, etc., ne sera imaginaire. Dans le premier cas, il conviendra d'employer la formule (i), et dans le second, la formule (g); et lors même que l'équation $L = 0$ sera intégrable sous forme finie, il arrivera souvent, dans des problèmes de Mécanique ou de Physique, que l'expression de son intégrale, au moyen de l'une ou l'autre de ces deux séries, sera plus propre que l'intégrale sous forme finie, à faire découvrir toutes les circonstances du phénomène dont on s'occupera. Les questions relatives aux petites oscillations des points d'un corps élastique ou d'un fluide, qu'on a un peu écartés de leur état d'équilibre, sont celles où il conviendra d'employer les expressions des inconnues sous la forme de la série (i).

Lorsque les valeurs générales de P, Q, R, etc., et, par suite, celles de p, q, r, etc., p', q', r', etc., ne renfermeront que des constantes arbitraires, la formule (i) s'écrira plus brièvement de cette manière:

$$u = \Sigma p \cos \lambda t + \Sigma p' \sin \lambda t;$$

les caractéristiques Σ indiquant des sommes qui s'étendent à toutes les valeurs possibles, réelles ou imaginaires de λ et des autres constantes arbitraires, contenues dans p et p'. On pourra, si l'on veut, faire croître ces valeurs par degrés infiniment petits, et remplacer les sommes Σ par des intégrales; mais cette autre forme équivalente de l'expression de u n'a aucun avantage ; et il vaut mieux conserver la précédente.

515. Indépendamment des équations aux différences partielles qui conviennent à tous les points du système, il y a toujours, dans les divers problèmes de Physique ou de Mécanique, d'autres équations qui n'ont lieu que pour les points extrêmes ; telles sont, par exemple, dans le problème des vibrations longitudinales d'une verge élastique, les équations relatives à la fixité ou à l'entière liberté des deux bouts de cette verge. Ces équations particulières serviront, dans chaque cas, à déterminer les valeurs d'une partie des quantités arbitraires que renfermera la série (g) ou la série (i) ; quant à celles de ces quantités qui resteront encore indéterminées après qu'on aura eu égard à toutes les équations de ce genre, elles dépendront de l'état initial du système. Pour en obtenir les valeurs, j'ai suivi, dans un grand nombre de problèmes différens, un procédé uniforme, que je crois applicable à tous les cas, soit que la question ne présente qu'une seule inconnue u, et ne conduise qu'à une seule équation $L = o$, soit qu'il y ait à déterminer plusieurs inconnues dépendantes d'un égal nombre d'équations aux différences partielles, linéaires et simultanées. Ce procédé général a aussi l'avantage de fournir, dans chaque exemple, la démonstration de la réalité des constantes α, $\mathcal{C}$, γ, etc., ou des constantes λ, μ, ν, etc., qui dépendent d'équations transcendantes quelquefois très compliquées,

et dont il serait souvent difficile de déterminer autrement la nature des racines.

L'exemple que nous donnerons de l'application
de cette méthode, dans le paragraphe suivant, suffira pour l'expliquer, et pour qu'on puisse l'employer dans d'autres problèmes. Au moyen de cette
méthode, on déterminera, sans aucune difficulté,
les vibrations longitudinales des verges élastiques,
dans les trois cas du n° 495, et l'on sera conduit,
d'une manière plus directe, aux mêmes formules
que dans ce numéro. Pour exemple d'une question
dépendante de plusieurs équations aux différences
partielles, j'indiquerai le choc longitudinal de deux
ou plusieurs verges élastiques, formées de matières
différentes ; question qui a été résolue dans le paragraphe précédent, pour le cas particulier de l'homogénéité, et dont je supprime ici la solution générale, à cause de la longueur des formules qui
s'y rapportent.

516. Supposons que le temps t soit compté à
partir de l'origine du mouvement ; et soient

$$u = f(x, y, z), \quad \frac{du}{dt} = F(x, y, z),$$

les valeurs de l'inconnue u et de son coefficient différentiel par rapport à t, qui répondent à $t = 0$;
de sorte que $f(x, y, z)$ et $F(x, y, z)$ soient des fonctions données arbitrairement pour toutes les valeurs
des coordonnées x, y, z, qui répondent aux points
d'un système dont on considère les vibrations. Après
qu'on aura déterminé toutes les quantités arbitraires

que renferme la série (i), d'après l'état initial de ce système, et en ayant égard aux équations particulières qui peuvent avoir lieu à ses extrémités, il faudra que cette série et son coefficient différentiel coïncident, pour $t = o$, avec les fonctions $f(x, y, z)$ et $F(x, y, z)$, dans les limites du système. Ainsi, il faudra qu'on ait

$$\left. \begin{array}{l} f(x, y, z) = p + q + r + \text{etc.}, \\ F(x, y, z) = \lambda p' + \mu q' + \nu r' + \text{etc.}; \end{array} \right\} \quad (k)$$

ce qui fournira un développement, ou une transformation d'un genre particulier, pour chacune des fonctions quelconques $f(x, y, z)$ et $F(x, y, z)$; transformation qui ne sera pas identique, et n'aura lieu que pour des valeurs limitées des variables x, y, z.

Quoique le plus souvent on ne puisse pas démontrer directement l'exactitude de ces équations (k), cependant il ne peut rester aucun doute à cet égard. En effet, d'après les considérations précédentes, la série (i) représente certainement l'intégrale complète de l'équation $L = o$, c'est-à-dire, la valeur la plus générale de u qui puisse satisfaire à cette équation. Par hypothèse, on a déterminé les quantités arbitraires que cette série renferme, au moyen des autres conditions du problème qui a conduit à cette équation $L = o$; si ces conditions ne sont pas incompatibles, et que le problème soit susceptible d'une solution, il faut donc qu'après cette détermination, la série (i) exprime la valeur de u à un instant quelconque et en un point quelconque du système; par conséquent, en faisant $t = 0$ dans cette série et dans celle qu'on en déduit par la différentiation relative à t, elles devront représenter les valeurs initiales de u et $\frac{du}{dt}$, c'est-à-dire, les fonctions $f(x, y, z)$ et $F(x, y, z)$, quelles qu'elles soient, mais seulement pour les valeurs de x, y, z, comprises dans les limites du système que l'on considère.

Dans l'exemple du mouvement longitudinal d'une verge élastique, les séries (k) représenteront, pour toute la longueur de cette verge, et dans les différentes hypothèses relatives à ses extrémités, les deux fonctions arbitraires qu'on a désignées par φx et $\varphi' x$ dans le n° 495; et ces séries coïncideront avec les expressions de φx et $\varphi' x$, dont on a fait usage dans ce numéro, et qu'on avait démontrées auparavant.

517. La conclusion de tout ce qui précède est que, pour exprimer dans un problème relatif aux petites vibrations des corps, et dans d'autres questions de Physique, chaque inconnue, au moyen de la série (g) ou (i), il est nécessaire d'avoir démontré, préalablement, que cette série représente la valeur la plus générale de l'inconnue qui puisse satisfaire à l'équation aux différences partielles dont elle dépend, et, ensuite, de déterminer toutes les quantités arbitraires que cette série renferme, au moyen des données particulières du problème, qui répondent aux extrémités du système et à son état initial; ou bien, il faut connaître, *à priori*, comme dans le n° 495, des expressions en série de la valeur initiale et arbitraire

de chaque inconnue, dont tous les termes, multipliés par des sinus ou cosinus d'arcs proportionnels au temps, ou par des exponentielles, satisfassent isolément à l'équation donnée aux différences partielles et aux autres équations relatives aux points extrêmes du système. On doit regarder comme incomplète une solution dans laquelle on n'a pas démontré, *à priori*, la généralité de la série (*g*) ou (*i*) dont on fait usage, ou dans laquelle on ne vérifie pas, *à posteriori*, que cette série peut représenter la valeur initiale de chaque inconnue, quelle que soit cette valeur, dans toute l'étendue du système, y compris les points extrêmes. D'après ce qui précède, la première méthode sera toujours applicable ; la seconde ne le serait que dans un très petit nombre de cas particuliers.

§ V. *Vibrations transversales d'une verge élastique.*

518. Les verges élastiques sont susceptibles de quatre sortes de vibrations, auxquelles répondent des tons différens, et qui peuvent coexister dans une même verge, droite ou courbe dans son état naturel. Ces vibrations sont longitudinales, transversales, normales, tournantes ou produites par la torsion. Les vibrations normales consistent en des dilatations et condensations alternatives des sections de la verge, perpendiculaires à sa longueur ; elles n'ont pas encore été déterminées par la théorie. Les trois autres espèces de vibrations l'ont été ; et l'analyse m'a fait connaître, entre les tons qui leur correspondent, des rapports

que l'expérience a confirmés, ou que les physiciens avaient déjà remarqués. Telle est, par exemple, l'observation curieuse que l'on doit à Chladni, et suivant laquelle une verge encastrée par un bout et libre par l'autre, rend un ton plus grave d'une *quinte*, lorsqu'on la fait vibrer par torsion, que quand elle vibre longitudinalement; cela revient à dire que le ton qu'elle rend dans le premier cas est le même que celui qu'elle ferait entendre dans le second, si sa longueur était augmentée dans le rapport de 3 à 2; or, j'ai trouvé que ce rapport devrait être celui de $\sqrt{10}$ à 2; ce qui diffère à peine d'un vingtième du résultat que Chladni a énoncé en nombre rond.

Je renverrai, pour les développemens de cette partie importante de la Physique mathématique, au mémoire sur l'*Équilibre et le mouvement des corps élastiques*, que j'ai déjà cité (n° 306), et où je me suis aussi occupé des vibrations des membranes flexibles et des plaques élastiques. Il suffira, dans ce Traité, d'avoir considéré les cas les moins compliqués de ce genre de questions, qui sont ceux des cordes vibrantes et des vibrations longitudinales des verges élastiques, auxquels nous allons encore ajouter le cas des vibrations transversales.

519. Nous supposerons, comme dans le cas des vibrations longitudinales (n° 493), qu'il s'agisse d'une verge homogène, et, dans son état naturel, prismatique ou cylindrique; nous supposerons, de plus, qu'elle n'éprouve aucune torsion sur elle-même; en sorte que tous les points de chaque filet longitudinal

ne sortent pas d'un même plan pendant toute la durée du mouvement.

Soient AMB (fig. 27) la direction rectiligne du filet moyen dans l'état naturel de la verge, l sa longueur, et x la distance AM du point quelconque M à l'extrémité A. Au bout du temps t, supposons que M soit transporté en M′; abaissons de M′ la perpendiculaire M′P sur AB; et faisons

$$MP = u, \quad M'P = y.$$

Si ces deux variables u et y sont supposées constamment très petites, et qu'on néglige, en conséquence, leurs carrés et leurs produits, leurs valeurs en fonctions de t et x dépendront, comme dans le cas des cordes vibrantes (n° 483), d'équations linéaires dans lesquelles ces inconnues seront séparées; les mouvemens très petits, dans le sens longitudinal et dans le sens transversal, coexisteront donc sans s'influencer mutuellement; et comme nous avons déterminé, d'une manière complète, le mouvement longitudinal, nous pourrons maintenant en faire abstraction. Je ferai donc $u = 0$, de sorte que tous les points du filet moyen oscilleront sur des droites perpendiculaires à sa direction naturelle, et que x et y seront, à un instant quelconque, les coordonnées courantes de la courbe plane A′M′B′, formée par ce filet. Je ferai aussi abstraction des petits mouvemens de dilatation ou de condensation qui pourront avoir lieu dans chaque section de la verge, perpendiculaire à sa longueur; le mouvement qu'il s'agira de déterminer sera alors le même pour tous les points d'une même section; et il suffira de considérer celui du point qui appartient au filet moyen.

L'équation de ce mouvement transversal se déduira de l'équation (f) du n° 320, en y mettant $Y - \dfrac{d^2 y}{dt^2}$, ou simplement $- \dfrac{d^2 y}{dt^2}$, au lieu de Y, si l'on suppose qu'aucune force donnée n'est appliquée aux différens points de la verge. Cette équation sera donc

$$\frac{d^2 y}{dt^2} + b^2 \frac{d^4 y}{dx^4} = 0; \qquad (1)$$

b^2 étant une constante positive, qui dépendra de la matière de la verge, de l'étendue et de la figure de la section normale.

Outre cette équation (1), commune à tous les points du filet moyen, il y aura des équations relatives à ses extrémités, qui seront les mêmes que dans le problème de l'équilibre. A cet égard, il pourra se présenter six cas différens, selon qu'à chacun des deux bouts la verge sera encastrée, ou seulement appuyée, ou entièrement libre. Mais comme ces six cas se traiteraient de la même manière, nous nous bornerons à en considérer un seul en détail, et nous supposerons que la verge soit entièrement libre à ses deux bouts A et B, auxquels ne sera d'ailleurs appliquée aucune force particulière.

Cela étant, pour toutes les valeurs de t, nous aurons (n° 320)

$$x = 0, \quad \frac{d^2 y}{dx^2} = 0, \quad \frac{d^3 y}{dx^3} = 0, \qquad (2)$$

à l'extrémité **A′**, et

$$x = l, \quad \frac{d^2y}{dx^2} = o, \quad \frac{d^3y}{dx^3} = o, \quad (3)$$

à l'extrémité B'.

A l'origine du mouvement, la courbe du filet moyen et les vitesses imprimées à tous ses points seront connues ; si donc on compte le temps t à partir de cette origine, et qu'on représente par φx et $\varphi'x$ des fonctions données depuis $x = o$ jusqu'à $x = l$, on aura, à la fois,

$$t = o, \quad y = \varphi x, \quad \frac{dy}{dt} = \varphi'x. \quad (4)$$

Ces fonctions arbitraires φx et $\varphi'x$ devront, toutefois, remplir les conditions relatives à $x = o$ et $x = l$, qui seront exprimées par les équations (2) et (3) pour la fonction φx, et par leurs différentielles relatives à t pour la fonction $\varphi'x$.

Ainsi, la question que nous aurons à résoudre consistera à trouver la valeur de y, en fonction de t et x, qui satisfait aux équations (1), (2), (3), (4), dont la première est la seule qui ait lieu pour toutes les valeurs de ces deux variables. Mais, auparavant, il est bon de comparer, pour une même verge élastique, le coefficient b qui entre dans l'équation de son mouvement transversal, et le coefficient a contenu dans l'équation de son mouvement longitudinal.

520. En désignant par g la gravité, par p le poids de la verge, et par q la tension qu'il faudrait employer pour doubler sa longueur l, on a (n° 494)

$$a^2 = \frac{glq}{p}.$$

Le produit de la densité de la verge et de l'aire de sa section normale sera égal à $\frac{p}{gl}$; et d'après l'équation (f) du n° 320, d'où l'on a déduit l'équation (1) du mouvement transversal, on aura

$$b^2 = \frac{gl\alpha}{p} \int_{-k'}^{k} vu^2 du ; \quad (5)$$

u, v, k, k', ayant la même signification que dans le n° 314, et la constante α du même numéro étant la valeur de q, rapportée à l'unité de surface, de sorte qu'on a

$$q = \alpha\omega ,$$

en appelant ω l'aire de la section normale de la verge. Faisons aussi

$$\int_{-k'}^{k} vu^2 du = \omega h^2 ;$$

h sera une ligne dont la valeur dépendra de l'étendue et de la forme de son contour ; et il en résultera

$$b^2 = \frac{glqh^2}{p} ;$$

d'où l'on conclut

$$b = ah.$$

Si la section normale de la verge est un rectangle dont la base soit perpendiculaire au plan de la courbe A'M'B', et la hauteur égale à 2ε, on aura

$$\omega = 2v\varepsilon, \quad k' = k = \varepsilon, \quad \omega h^2 = v \int_{-\varepsilon}^{\varepsilon} u^2 du = \tfrac{2}{3} v\varepsilon^3 ;$$

et il en résultera.

$$b = \frac{a\iota}{\sqrt{3}}.$$

Dans le cas d'une verge cylindrique, dont le rayon sera représenté par ε, on aura

$$\omega = \pi\varepsilon^2, \quad k' = k = \varepsilon, \quad \nu = 2\sqrt{\varepsilon^2 - u^2};$$

d'où l'on déduira d'abord

$$\omega h^2 = \tfrac{1}{4}\pi\varepsilon^4,$$

et, ensuite,

$$b = \tfrac{1}{2}a\varepsilon.$$

Supposons encore que la section normale de la verge soit un triangle isocèle, qui ait sa base perpendiculaire au plan de la courbe $A'M'B'$; et, pour fixer les idées, supposons aussi que ce plan soit vertical, et que la base du triangle réponde à la face supérieure de la verge. Appelons λ cette base, et 2ε la hauteur; nous aurons toujours

$$\omega = \lambda\varepsilon;$$

mais la valeur de h sera différente, selon que la face supérieure de la verge tournera sa convexité par en haut ou par en bas (n° 315). Dans le premier cas, on aura

$$k = \frac{2\varepsilon}{3}, \quad k' = \frac{4\varepsilon}{3}, \quad \nu = \frac{\lambda}{2\varepsilon}\left(\frac{4\varepsilon}{3} + u\right);$$

d'où il résultera

$$\omega h^2 = \frac{2\lambda\varepsilon^3}{9},$$

et, par conséquent,

$$b = \frac{a\epsilon\sqrt{2}}{3}.$$

Dans le second cas, on aura

$$k = \frac{4\epsilon}{3}, \quad k' = \frac{2\epsilon}{3}, \quad v = \frac{\lambda}{2\epsilon}\left(\frac{2\epsilon}{3} + u\right);$$

on en déduira

$$\omega h^2 = \frac{2\lambda\epsilon^3}{3},$$

et, ensuite,

$$b = a\epsilon\sqrt{\frac{2}{3}}.$$

Ces résultats nous serviront, plus loin, à comparer entre eux les tons d'une même verge élastique, lorsqu'elle exécute des vibrations longitudinales, ou des vibrations transversales.

521. Maintenant, soient p et q des fonctions de x, et m une constante par rapport à t et à x. Pour satisfaire à l'équation (1), prenons

$$y = p\sin m^2bt + q\cos m^2bt\,;$$

cette équation devant subsister pour toutes les valeurs de t, il faudra qu'on ait

$$\frac{d^4p}{dx^4} = m^4p, \quad \frac{d^4q}{dx^4} = m^4q\,;$$

et, en intégrant ces deux équations différentielles du quatrième ordre, il vient

$$p = \text{A} \sin mx + \text{A}' \cos mx$$
$$+ \tfrac{1}{2} \text{B}(e^{mx} - e^{-mx}) + \tfrac{1}{2} \text{B}'(e^{mx} + e^{-mx}),$$
$$q = \text{C} \sin mx + \text{C}' \cos mx$$
$$+ \tfrac{1}{2} \text{D}(e^{mx} - e^{-mx}) + \tfrac{1}{2} \text{D}'(e^{mx} + e^{-mx});$$

A, A′, B, B′, C, C′, D, D′, étant les huit constantes arbitraires, et e désignant la base des logarithmes népériens.

A cause de la forme linéaire de l'équation (1), on y satisfera encore en prenant

$$y = \Sigma p \sin m^2 bt + \Sigma q \cos m^2 bt,$$

et étendant les sommes Σ à toutes les valeurs possibles, réelles ou imaginaires, de m et des huit autres constantes A, A′, etc. De plus, cette valeur de y sera l'intégrale complète de l'équation (1), d'après les considérations qu'on a exposées dans le paragraphe précédent.

Si on la substitue dans les équations (2) et (3), qui ont lieu pour toutes les valeurs de t, et, par conséquent, pour tous les termes des sommes Σ pris séparément, on aura

$$\frac{d^2 p}{dx^2} = 0, \quad \frac{d^3 p}{dx^3} = 0, \quad \frac{d^2 q}{dx^2} = 0, \quad \frac{d^3 q}{dx^3} = 0,$$

pour $x = 0$ et pour $x = l$. En mettant pour p et q leurs valeurs précédentes, il en résulte d'abord

$$\text{B}' = \text{A}', \quad \text{B} = \text{A}, \quad \text{D}' = \text{C}', \quad \text{D} = \text{C},$$

et, en outre,

$$A\,(2\sin ml - e^{ml} + e^{-ml}) = A'(e^{ml} + e^{-ml} - 2\cos ml),$$
$$A'(2\sin ml + e^{ml} - e^{-ml}) = A\,(2\cos ml - e^{ml} - e^{-ml}),$$
$$C\,(2\sin ml - e^{ml} + e^{-ml}) = C'(e^{ml} + e^{-ml} - 2\cos ml),$$
$$C'(2\sin ml + e^{ml} - e^{-ml}) = C\,(2\cos ml - e^{ml} - e^{-ml}).$$

Or, en multipliant membre à membre les deux premières ou les deux dernières de ces quatre équations, et supprimant, dans les produits, le facteur commun AA′ ou CC′, on a

$$4\sin^2 ml - (e^{ml} - e^{-ml})^2 + (2\cos ml - e^{ml} - e^{-ml})^2 = 0,$$

ou bien, en réduisant,

$$(e^{ml} + e^{-ml})\cos ml - 2 = 0 ; \qquad (a)$$

équation qui servira à déterminer les valeurs de m. Les valeurs de A, A′, etc., qu'on tirera des équations précédentes, seront d'ailleurs

$$B = A = E\,(e^{ml} + e^{-ml} - 2\cos ml),$$
$$B' = A' = E\,(2\sin 2ml - e^{ml} + e^{-ml}),$$
$$D = C = E'(e^{ml} + e^{-ml} - 2\cos ml),$$
$$D' = C' = E'(2\sin 2ml - e^{ml} + e^{-ml});$$

E et E′ étant deux nouvelles constantes qui resteront indéterminées.

En faisant, pour abréger,

$$X = (e^{ml} + e^{-ml} - 2\cos ml)(\sin mx + \tfrac{1}{2}e^{mx} - \tfrac{1}{2}e^{-mx})$$
$$+ (2\sin ml - e^{ml} + e^{-ml})(\cos mx + \tfrac{1}{2}e^{mx} + \tfrac{1}{2}e^{-mx}),$$

la valeur précédente de y deviendra

$$y = \Sigma X\,(E\sin m^2 bt + E'\cos m^2 bt); \qquad (b)$$

la somme Σ s'étendant toujours à toutes les valeurs possibles de E et E′, mais seulement à toutes valeurs de m données par l'équation (a). Pour toutes ces valeurs, on aura

$$\frac{d^2\mathrm{X}}{dx^2} = 0, \quad \frac{d^3\mathrm{X}}{dx^3} = 0, \qquad (c)$$

pour $x = 0$ et pour $x = l$; et, quelles que soient les quantités m et x, on aura identiquement

$$\frac{d^4\mathrm{X}}{dx^4} = m^4\mathrm{X}. \qquad (d)$$

522. Il ne reste plus qu'à déterminer les valeurs des coefficiens E et E′, relatives à chaque valeur de m, d'après l'état initial de la verge; ce qu'on va faire, en suivant le procédé général dont il a été parlé dans le n° 515.

Remarquons d'abord que si m est une racine de l'équation (a), il en sera de même à l'égard de $-m$, $m\sqrt{-1}$, $-m\sqrt{-1}$; de plus, les valeurs correspondantes de X ne différeront entre elles que par le signe, ou par un facteur $\sqrt{-1}$; d'où il résulte qu'on pourra réunir en un seul terme, dans la formule (b), les termes qui répondent à ces quatre racines, et n'étendre ensuite la somme Σ qu'à des valeurs réelles et positives de m, ou bien, à des valeurs composées d'une partie réelle et d'une partie imaginaire, s'il en existait, dont la partie réelle serait positive. De cette manière, si m et m' sont deux racines de l'équation (a) dont on fera usage, m' et m'^2 différeront de $\pm m$ et $\pm m^2$.

Cela étant convenu, je multiplie l'équation (1) par $\mathrm{X}dx$, puis j'intègre depuis $x=0$ jusqu'à $x=l$; ce qui donne

$$\int_0^l \frac{d^2.\mathrm{X}y}{dt^2}dx + b^2 \int_0^l \mathrm{X}\frac{d^4y}{dx^4}dx = 0.$$

En intégrant par partie, on aura

$$\int_0^l \mathrm{X}\frac{d^4y}{dx^4}dx = \left(\mathrm{X}\frac{d^3y}{dx^3} - \frac{d\mathrm{X}}{dx}\frac{d^2y}{dx^2} + \frac{d^2\mathrm{X}}{dx^2}\frac{dy}{dx} - \frac{d^3\mathrm{X}}{dx^3}y\right)$$
$$- \left[\mathrm{X}\frac{d^3y}{dx^3} - \frac{d\mathrm{X}}{dx}\frac{d^2y}{dx^2} + \frac{d^2\mathrm{X}}{dx^2}\frac{dy}{dx} - \frac{d^3\mathrm{X}}{dx^3}y\right] + \int_0^l \frac{d^4\mathrm{X}}{dx^4}ydx.$$

Les termes compris entre les parenthèses répondent à $x=l$, et ceux qui sont renfermés entre des crochets, à $x=0$; ils se détruisent les uns et les autres, en vertu des équations (2), (3), (4), relatives à ces limites; et, d'après l'équation (d), qui a lieu pour toutes les valeurs de x, si l'on met $m^4\mathrm{X}$ à la place de $\frac{d^4\mathrm{X}}{dx^4}$ sous le signe $\int$, on aura

$$\int_0^l \mathrm{X}\frac{d^4y}{dx^4}dx = m^4\int_0^l \mathrm{X}ydx.$$

Donc, à cause de

$$\int_0^l \frac{d^2.\mathrm{X}y}{dt^2}dx = \frac{d^2.\int_0^l \mathrm{X}y\,dx}{dt^2},$$

nous aurons

$$\frac{d^2.\int\mathrm{X}ydx}{dt^2} + b^2m^4\int\mathrm{X}ydx = 0.$$

L'intégrale complète de cette équation différentielle du second ordre est

$$\int_0^l \mathrm{X}y\,dx = \mathrm{H}\cos m^2bt + \mathrm{H}'\sin m^2bt\,;$$

H et H′ désignant les deux constantes arbitraires. Pour les déterminer, je fais $t = 0$ dans cette formule et dans sa différentielle par rapport à t ; et, en ayant égard aux équations (4), il en résulte

$$\mathrm{H} = \int_0^l \mathrm{X}\varphi x\,dx, \quad \mathrm{H}' = \frac{1}{bm^2}\int_0^l \mathrm{X}\varphi' x\,dx.$$

Quel que soit t, on aura donc

$$\left.\begin{aligned}\int_0^l \mathrm{X}y\,dx &= \int_0^l \mathrm{X}\varphi x\,dx\,.\cos m^2bt \\ &+ \frac{1}{bm^2}\int_0^l \mathrm{X}\varphi' x\,dx\,.\sin m^2bt.\end{aligned}\right\} \quad (e)$$

Je substitue la formule (b) à la place de y dans le premier membre de cette équation (e) ; son second membre ne contenant que $\cos m^2bt$ et $\sin m^2bt$, si m' est une racine de l'équation (a), telle que m' et m'^2 diffèrent de $\pm m$ et $\pm m^2$, comme on l'a supposé tout à l'heure, il faudra que le terme correspondant à m' disparaisse du premier membre ; ce qui exige qu'on ait

$$\int_0^l \mathrm{X}\mathrm{X}'\,dx = 0\,; \quad (f)$$

X′ désignant ce que X devient quand on y change m en m'. Mais pour le cas de $m' = m$, on conclura de cette même équation (e),

$$\mathrm{E}\int_0^l \mathrm{X}^2\,dx = \frac{1}{bm^2}\int_0^l \mathrm{X}\varphi' x\,dx,$$

$$\mathrm{E}'\int_0^l \mathrm{X}^2\,dx = \int_0^l \mathrm{X}\varphi x\,dx\,;$$

ce qui fera connaître les valeurs de E et E' en fonctions de m, au moyen desquelles la formule (b) deviendra

$$y = \Sigma X \left[\frac{\int_0^l X\varphi x\, dx}{\int_0^l X^2 dx} \cos m^2 bt + \frac{\int_0^l X\varphi' x\, dx}{bm^2 \int_0^l X^2 dx} \sin m^2 bt \right] \quad (g)$$

Cette expression de y et la valeur de $\frac{dy}{dt}$ qui s'en
déduit, ne renfermant plus rien d'inconnu, elles feront connaître, à chaque instant, l'ordonnée et la vitesse d'un point quelconque M' de la courbe A'M'B' ;
ce qui est la solution complète du problème. L'intégrale $\int_0^l X^2 dx$ s'obtiendra, sous forme finie, par
les règles ordinaires ; les valeurs des intégrales
$\int_0^l X\varphi x\, dx$ et $\int_0^l X\varphi' x\, dx$, ne pourront, généralement, se calculer que par la méthode des quadratures.

523. Si l'on fait $t = 0$ dans les expressions de y
et $\frac{dy}{dt}$, on aura, d'après les équations (4) et (g),

$$\left. \begin{aligned} \varphi x &= \Sigma \left(\frac{\int_0^l X\varphi x\, dx}{\int_0^l X^2\varphi x\, dx} \right) X, \\[2ex] \varphi' x &= \Sigma \left(\frac{\int_0^l X\varphi' x\, dx}{\int_0^l X^2 dx} \right) X. \end{aligned} \right\} \quad (h)$$

Ces deux formules semblables auront lieu pour des

fonctions quelconques φx et $\varphi' x$ continues ou discontinues, mais seulement depuis $x = 0$ jusqu'à $x = l$, et en observant qu'elles ne conviendront aux valeurs extrêmes de x que quand celles de ces fonctions rempliront la condition énoncée précédemment (n° 519). Quoique nous ne puissions pas démontrer ces formules directement, elles n'en sont pas moins certaines, ainsi qu'on l'a expliqué dans le n° 516.

Dans le cas particulier où tous les points de la verge ont reçu primitivement une vitesse commune et une vitesse proportionnelle à leurs distances à son milieu, il est évident qu'elle doit prendre un mouvement de translation et un mouvement de rotation, sans aucune courbure ni vibrations. C'est aussi ce qu'on peut conclure de ces équations (h) et de la formule (g).

En désignant par c et γ deux quantités constantes, on a alors

$$\varphi x = 0, \quad \varphi' x = c + \gamma \left(x - \tfrac{1}{2} l \right);$$

et si l'on différentie la seconde équation (h), et qu'on ait égard à l'équation (d), on en conclut

$$\Sigma \left(\frac{\int_0^l X \varphi' x \, dx}{\int_0^l X^2 dx} \right) X m^{4i} = 0;$$

i étant un nombre entier et positif. Par conséquent, le développement suivant les puissances de t, de la partie

$$\Sigma\left(\frac{\displaystyle\int_{o}^{l}\mathrm{X}\varphi'x\,dx}{\displaystyle\int_{o}^{l}\mathrm{X}^{2}dx}\right)\frac{\mathrm{X}\sin m^{2}bt}{m^{2}b},$$

de la formule (g), se réduira à son premier terme

$$t\Sigma\left(\frac{\displaystyle\int_{o}^{l}\mathrm{X}\varphi'x\,dx}{\displaystyle\int_{o}^{l}\mathrm{X}^{2}dx}\right),$$

lequel aura pour valeur $t\varphi'x$, en vertu de la seconde équation (h). Donc, à cause de $\varphi x = o$ et de la valeur de $\varphi'x$, la formule (g) sera simplement

$$y = [c + \gamma(x - \tfrac{1}{2}l)]\,t,$$

comme cela doit être.

524. Au moyen de l'équation (f), on peut prouver que l'équation (a) n'admet aucune racine composée d'une partie réelle et d'une partie imaginaire.

En effet, supposons qu'il existe une racine telle que $f + g\sqrt{-1}$; il y en aura une autre qui ne différera de celle-là que par le signe de $\sqrt{-1}$, et sera $f - g\sqrt{-1}$; on pourra donc prendre, dans l'équation (f),

$$m = f + g\sqrt{-1}, \quad m' = f - g\sqrt{-1};$$

f et g désignant des quantités réelles dont aucune n'est zéro. On aura, en même temps,

$$\mathrm{X} = \mathrm{F} + \mathrm{G}\sqrt{-1}, \quad \mathrm{X}' = \mathrm{F} - \mathrm{G}\sqrt{-1};$$

F et G étant aussi des quantités réelles. Par conséquent, l'équation (f) deviendra

$$\int_0^l (\mathrm{F}^2 + \mathrm{G}^2)\, dx = 0 \,;$$

équation impossible, puisqu'il faudrait, pour qu'elle eût lieu, qu'une intégrale dont tous les élémens sont positifs, et qui en exprime la somme (n° 13), fût égale à zéro. Donc aussi la supposition d'une racine $f + g \sqrt{-1}$ est inadmissible.

Cette dernière équation serait encore inadmissible si f ou g était zéro ; mais alors on ne pourrait plus prendre $f + g \sqrt{-1}$ et $f - g \sqrt{-1}$ pour m et m' ; car l'équation (f) suppose que m' et m'^2 diffèrent de $\pm m$ et $\pm m^2$; ce qui n'aurait pas lieu dans le cas où l'une des deux quantités f et g serait nulle.

525. Pour la racine $m = 0$ de l'équation (a), le terme correspondant de la formule (g) se présente sous la forme $\frac{0}{0}$; on obtiendra sa véritable valeur en supposant que m soit seulement une quantité infiniment petite. On aura alors

$$\mathrm{X} = 4m^3 l^2 (x - \tfrac{1}{3}l), \quad \cos m^2 bt = 1, \quad \sin m^2 bt = m^2 bt \,;$$

et le terme dont il s'agit sera

$$\left[\int_0^l (3x - l)\phi x\, dx + t \int_0^l (3x - l)\varphi' x\, dx \right] \frac{(3x - l)}{l^3}.$$

Il répond à des mouvemens de translation et de rotation communs à tous les points de la verge ; nous en ferons abstraction ; et en n'ayant point égard à la racine $m = 0$, tous les termes de la série (g) seront périodiques.

Mais si l'on fait attention que les différentes valeurs de m sont incommensurables, on voit qu'il n'arrivera pas, en général, que tous les points de la verge reviennent, en même temps, à leur état primitif, ou, autrement dit, une verge élastique n'exécutera pas dans tous les cas, comme une corde tendue, des vibrations transversales isochrones. Pour que l'isochronisme ait lieu, et pour que la verge fasse entendre un son unique et appréciable, il faudra que, d'après sa courbure et les vitesses de ses points à l'origine du mouvement, tous les termes de la formule (g) disparaissent, excepté un seul, et qu'elle se réduise à la forme

$$y = \mathrm{X}(\mathrm{E} \sin m^2 bt + \mathrm{E}' \cos m^2 bt), \qquad (i)$$

où l'on a remis, pour abréger, les constantes E et E' à la place de leurs valeurs trouvées plus haut. Lorsque la formule (g) se réduira à un petit nombre de termes, la verge fera entendre à la fois plusieurs sons distincts, dont les tons ne pourront pas être comparés entre eux exactement.

526. Désignons par λ une valeur numérique de ml tirée de l'équation (a), de sorte qu'on ait $m = \dfrac{\lambda}{l}$. Soit T la durée d'une vibration entière de la verge, correspondante à cette racine m, et n le nombre de vibrations dans l'unité de temps. D'après l'équation (i), on aura

$$\mathrm{T} = \frac{2\pi l^2}{\lambda^2 b}, \quad n = \frac{\lambda^2 b}{2\pi l^2};$$

2. 25

en sorte que les différens tons que peut faire entendre une verge pliée dans le même sens, vibrant transversalement et libre par ses deux bouts, dépendront des valeurs de λ, et le plus grave, ou le ton fondamental, répondra à la plus petite de ces valeurs.

Il est évident que la quantité b^2, donnée par la formule (5), ne dépend pas de la longueur l de la verge; s'il s'agit d'une verge cylindrique ou circulaire, on voit aussi que cette quantité est proportionnelle au carré du diamètre. Pour deux verges cylindriques et formées de la même matière, et pour le même ordre de vibrations, c'est-à-dire, pour la même valeur de λ, le nombre n sera donc en raison directe de l'épaisseur et inverse du carré de la longueur.

S'il s'agit d'une verge prismatique, elle fera entendre, en général, deux sons différens, selon qu'elle vibrera transversalement dans un sens ou dans un autre. Ainsi, en supposant, par exemple, que la section normale soit un rectangle, et qu'on fasse vibrer successivement la verge, de manière que la base ou la hauteur du rectangle soit perpendiculaire au plan de la courbe $A'M'B'$, les valeurs successives de n seront entre elles comme cette hauteur et cette base, pour le même ordre de vibrations. Lorsque la section normale sera triangulaire, comme dans le troisième exemple du n° 520, la valeur de b^2 ne sera pas la même pendant deux demi-vibrations successives; leurs durées seront donc inégales; ce qui n'empêchera pas les vibrations entières d'être isochrones, en supposant toujours que la formule (g) se réduise à un seul terme.

En égalant à zéro le facteur X de la formule (i), on déterminera les valeurs de x qui répondent aux *nœuds* de vibrations, c'est-à-dire, aux points immobiles sur la droite AB, pour chaque valeur de m, ou pour chaque ton que la verge peut faire entendre.

527. Lorsque la verge élastique que nous considérons sera encastrée à son extrémité A et libre à son autre bout, le filet moyen demeurera tangent en A, à la droite AB, pendant toute la durée du mouvement; de sorte que les équations (2) du problème précédent devront être remplacées par

$$x = 0, \quad y = 0, \quad \frac{dy}{dx} = 0.$$

On modifiera, en conséquence et sans aucune difficulté, l'analyse précédente; et l'on trouvera que la valeur générale de y sera encore exprimée par la formule (g); mais les valeurs de m, qu'on y devra employer, devront être tirées de l'équation

$$(e^{ml} + e^{-ml}) \cos ml + 2 = 0, \qquad (a')$$

qui ne diffère de l'équation (a) que par le signe du dernier terme : la valeur qu'on prendra pour X sera, en même temps,

$$X = (e^{ml} + e^{-ml} + 2\cos ml)(\sin mx - \tfrac{1}{2}e^{mx} + \tfrac{1}{2}c^{-mx})$$
$$+ (2\sin ml + e^{ml} - e^{-ml})(\cos mx - \tfrac{1}{2}e^{mx} - \tfrac{1}{2}e^{-mx}).$$

Pour que la verge, vibrant ainsi transversalement,

ne fasse entendre qu'un seul son, il faudra que, d'après son état initial, la formule (g) se réduise à un seul terme ou à la formule (i), comme dans le cas précédent. Si l'on désigne par λ' une valeur positive de ml, tirée de l'équation (a'); par T' la durée d'une vibration correspondante à $m = \dfrac{\lambda'}{l}$, et par n' le nombre de vibrations dans l'unité de temps, on aura

$$T' = \frac{2\pi l^2}{\lambda'^2 b}, \qquad n' = \frac{\lambda'^2 b}{2\pi l^2};$$

et tout ce que l'on a dit, dans le numéro précédent, sur la comparaison des tons des verges libres à leurs deux bouts, s'appliquera également au cas des verges encastrées à l'une de leurs extrémités : on déterminera aussi les nœuds de vibrations qui accompagneront chaque ton rendu par une même verge, en égalant à zéro la valeur précédente de X.

528. Pour résoudre, par approximation, les équations (a) et (a'), je désigne par i un nombre entier positif ou zéro, et je fais

$$ml = \lambda = \tfrac{1}{2}(2i + 1)\pi \mp \delta,$$

dans l'équation (a), et

$$ml = \lambda' = \tfrac{1}{2}(2i + 1)\pi \pm \delta',$$

dans l'équation (a'); δ et δ' étant des quantités positives et qui ne peuvent pas surpasser $\tfrac{1}{2}\pi$. Je prends les signes supérieurs ou inférieurs devant ces nouvelles inconnues, selon que i est pair ou impair;

et, de cette manière, les équations (a) et (a') deviennent

$$\left.\begin{aligned}
\sin\delta &= \frac{2}{e^{\frac{1}{2}(2i+1)\pi\,\mp\,\delta} + e^{-\frac{1}{2}(2i+1)\pi\,\pm\,\delta}}\,, \\[2ex]
\sin\delta' &= \frac{2}{e^{\frac{1}{2}(2i+1)\pi\,\pm\,\delta'} + e^{-\frac{1}{2}(2i+1)\pi\,\mp\,\delta'}}\,.
\end{aligned}\right\} \quad (k)$$

D'après les limites de δ et δ', il est aisé de voir
que chacune de ces inconnues n'aura qu'une seule valeur pour chaque valeur de i; celle de δ, pour $i=0$,
sera $\delta=\frac{1}{2}\pi$; et comme elle répond à $m=0$, il en
faudra faire abstraction. Pour $i=1$, on a $\delta=0{,}01797$,
en négligeant δ dans le second membre de la première équation (k); et si l'on y substitue cette première
valeur approchée de δ, on aura, plus exactement,

$$\delta = 0{,}01765.$$

Les valeurs de δ relatives à $i=2$, $i=3$, etc., seront encore plus petites que celle-ci; les valeurs de λ
différeront donc très peu des multiples impairs de
$\frac{1}{2}\pi$; et, d'après l'expression du nombre n, les tons
de la verge libre par les deux bouts formeront, à
très peu près, une série croissante comme les carrés
des nombres 3, 5, 7, etc. La plus petite valeur de λ,
correspondante au son le plus grave, est

$$\lambda = \frac{3\pi}{2} + \delta = 4{,}74503.$$

Dans le cas de $i=0$, après quelques essais, on
trouve, à un degré suffisant d'approximation,

$$\delta' = 0{,}30431.$$

La plus petite valeur de λ' sera donc

$$\lambda' = \tfrac{1}{2}\pi + \delta' = 1{,}87011.$$

En comparant donc son carré à celui de la valeur précédente de λ, et observant que ces carrés sont entre eux comme les nombres n' et n des vibrations, on aura

$$\frac{n'}{n} = 0{,}15715,$$

pour le rapport du ton le plus grave de la verge encastrée par un de ses bouts, à celui de la même verge libre à ses deux extrémités. Les autres valeurs de δ' sont très petites ; les valeurs correspondantes de λ' seront donc, à très peu près, les multiples 3, 5, 7, etc., de $\tfrac{1}{2}\pi$; et les tons de la verge encastrée, le ton le plus grave excepté, formeront une série croissante comme les carrés de ces nombres impairs.

L'expérience a confirmé depuis long-temps tout ce que la théorie a fait connaître relativement aux séries de tons que font entendre les verges élastiques, libres ou gênées par leurs extrémités, à la position des nœuds qui accompagnent ces différens modes de vibrations, et aux rapports des tons, suivant les longueurs et les épaisseurs. Nous allons maintenant comparer entre eux les tons, ou les nombres de vibrations transversales et longitudinales d'une même verge élastique. L'observation a aussi confirmé, sur ce point, les résultats du calcul.

529. Je supposerai, pour fixer les idées, que la

verge soit libre à ses deux bouts dans ces deux sortes de vibrations, et je me bornerai à considérer le ton le plus grave pour les unes et pour les autres.

En employant la plus petite valeur de λ trouvée dans le numéro précédent, on aura

$$n = \frac{(4,74503)^2 b}{2\pi l^2} = (3,56082)\,\frac{b}{l^2},$$

pour le nombre de vibrations transversales dans l'unité de temps. Si l'on désigne par $n_{\prime}$ le nombre de vibrations longitudinales dans le même temps, on aura, d'après le troisième cas du n° 495,

$$n_{\prime} = \frac{a}{2l};$$

et comme on a $b = ah$ (n° 520), il en résultera

$$n = (7,12164)\,\frac{hn_{\prime}}{l};$$

formule indépendante de la matière de la verge, au moyen de laquelle on conclura le ton transversal du ton longitudinal, ou réciproquement.

La grandeur de la ligne h qu'elle renferme dépendra de la figure de la section normale, et sera proportionnelle, toutes choses d'ailleurs égales, à l'épaisseur. Cette dimension étant très petite relativement à la longueur l, il s'ensuit que le ton des vibrations transversales sera très grave par rapport à l'autre; ce qui est conforme aux observations qu'on fait le plus communément. D'après le n° 520, si la verge est un cylindre dont le rayon soit ϵ, on a $h = \frac{1}{2}\epsilon$; et si elle est un parallélépipède, et que ϵ soit aussi la demi-épaisseur, on a $h = \dfrac{\varepsilon}{\sqrt{3}}$; on aura donc, dans ces deux cas,

$$n = (7,12164)\frac{\varepsilon n_{/}}{2l_{/}}, \qquad n = (7,12164)\frac{\varepsilon n_{/}}{l\sqrt{3}}.$$

Comme le nombre $n_{/}$ est indépendant de la figure et des dimensions de la section normale, il s'ensuit que pour les mêmes grandeurs de ε et de l, le nombre de vibrations transversales est plus petit dans le premier cas que dans le second, dans le rapport de $\sqrt{3}$ à 2 (*).

(*) Pour la comparaison de ces formules à l'observation, *voyez* les *Annales de Chimie et de Physique*, tome XXXVI, page 86.

CHAPITRE IX.

ÉQUATIONS ET PROPRIÉTÉS GÉNÉRALES DU MOUVEMENT D'UN SYSTÈME DE CORPS.

§ Ier. *Équations générales de ce mouvement.*

530. Puisque les forces perdues par tous les points du système pendant la durée de chaque instant doivent se faire continuellement équilibre (n° 550), si l'on applique à ces forces le principe des vitesses virtuelles, on obtiendra une formule générale, de laquelle on pourra déduire, dans chaque cas, toutes les équations du mouvement, de même que l'on déduit toutes celles de l'équilibre, de l'équation générale des vitesses virtuelles. Quelque naturelle que paraisse cette combinaison du principe général de la Dynamique avec celui de l'équilibre, on ne l'a pas faite cependant à l'époque où le premier de ces deux principes a été connu, et quoique le second eût été donné auparavant dans toute sa généralité. Ce rapprochement des deux principes est dû à Lagrange, qui a réduit, par là, à un procédé uniforme les solutions de tous les problèmes de Mécanique, ou du moins la formation des équations différentielles dont

ils dépendent. C'est ce procédé général que nous al_ lons maintenant exposer, en observant, toutefois, que l'ordre qui a été suivi dans ce Traité, où l'on a résolu directement les problèmes relatifs aux corps solides et aux corps flexibles, en allant du plus sim_ ple au plus composé, a paru plus propre à une étude approfondie de la Mécanique et à l'enseigne- ment de cette science, que l'on ne doit pas consi- dérer seulement sous un point de vue abstrait et in- dépendant des circonstances physiques.

531. Soient m, m', m'', etc., les masses des points du système dont nous allons nous occuper. Au bout du temps t, compté depuis l'origine du mouvement, désignons par x, y, z, les trois coordonnées rectan- gulaires de m, et par X, Y, Z, les composantes de la force accélératrice appliquée à ce point matériel, di- rigées suivant les prolongemens de x, y, z, dans le sens positif. Convenons aussi de représenter par les mêmes lettres, avec des accens, les quantités homo- logues qui répondent aux autres points m', m'', etc. Les composantes suivant les directions de X, Y, Z, de la force perdue par ce point quelconque m pendant l'instant dt, seront

$$m\left(X - \frac{d^2x}{dt^2}\right), \quad m\left(Y - \frac{d^2y}{dt^2}\right), \quad m\left(Z - \frac{d^2z}{dt^2}\right);$$

par conséquent, l'équilibre aura lieu dans le système, en supposant le point m sollicité par ces forces, et chacun des autres points m', m'', etc., par des forces semblables. Or, on formera l'équation générale de cet équilibre, en mettant dans l'équation (c) du n° 341, les trois composantes précédentes à la place de **X**, **Y**, **Z**; ce qui donne

$$\Sigma m\left(X-\frac{d^2x}{dt^2}\right)\delta x+\Sigma m\left(Y-\frac{d^2y}{dt^2}\right)\delta y+\Sigma m\left(Z-\frac{d^2z}{dt^2}\right)\delta z=0; \quad (1)$$

les sommes Σ s'étendant à tous les points m, m', m'', etc., du système, et se composant, par conséquent, d'un nombre de parties égal au nombre de ces points.

Nous supposerons, comme dans le numéro cité, que les liaisons de ces points matériels sont exprimées par les équations

$$L = 0, \quad L' = 0, \quad L'' = 0, \quad \text{etc.}, \quad (2)$$

dans lesquelles L, L', L'', etc., sont des fonctions données des variables x, y, z, x', etc., ou d'une partie d'entre elles, qui peuvent aussi renfermer le temps t explicitement. Si, par exemple, le point m est assujetti à demeurer sur une surface qui change de forme graduellement, ou qui soit en mouvement dans l'espace, et que $L = 0$ représente l'équation de cette surface, L sera alors une fonction donnée de x, y, z, t.

Quoique les forces dont l'équation (1) exprime l'équilibre répondent à des quantités de mouvement perdues pendant la durée du temps dt, et que pendant cet instant les positions des points m, m', m'', etc., changent infiniment peu, on peut, néanmoins, supposer que cet équilibre a lieu dans les positions que ces points occupent au bout du temps t, c'est-à-dire, que l'on peut faire abstraction de leur changement de position pendant l'instant dt, qui ne saurait altérer les quantités de mouvement perdues pendant qu'il s'effectue, que d'un infiniment petit du second ordre, et les forces motrices correspondantes, que d'un infiniment petit du premier ordre. Les déplacemens infiniment petits que suppose le principe des vitesses virtuelles, et qui sont exprimés, suivant les directions des coordonnées, par δx, δy, δz, pour le point m, par $\delta x'$, $\delta y'$, $\delta z'$, pour le point m', etc., doivent donc satisfaire aux conditions du système, telles qu'elles sont à la fin du temps t; par conséquent, il faudra que les équations (2) aient encore lieu quand on y mettra $x + \delta x$, $y + \delta y$, $z + \delta z$, $x' + \delta x'$, etc., à la place de x, y, z, x', etc., sans faire varier le temps t qu'elles pourraient contenir explicitement; d'où l'on conclut, comme dans le n° 341,

$$\left.\begin{array}{l} \dfrac{dL}{dx}\,\delta x + \dfrac{dL}{dy}\,\delta y + \dfrac{dL}{dz}\,\delta z + \dfrac{dL}{dx'}\,\delta x' + \text{etc.} = 0, \\[2mm] \dfrac{dL'}{dx}\,\delta x + \dfrac{dL'}{dy}\,\delta y + \dfrac{dL'}{dz}\,\delta z + \dfrac{dL'}{dx'}\,\delta x' + \text{etc.} = 0, \\[2mm] \dfrac{dL''}{dx}\,\delta x + \dfrac{dL''}{dy}\,\delta y + \dfrac{dL''}{dz}\,\delta z + \dfrac{dL''}{dx'}\,\delta x' + \text{etc.} = 0, \\[2mm] \text{etc.} \end{array}\right\} \text{(3)}$$

Au moyen de ces équations, on éliminera dans le premier membre de l'équation (1) une partie des quantités δx, δy, etc., puis on égalera à zéro les coefficiens de chacune des quantités restantes. En employant, comme dans le n° 342, la méthode des facteurs indéterminés, on sera conduit, de cette manière, aux équations

$$
\left.
\begin{aligned}
m \frac{d^2x}{dt^2} &= mX + \lambda \frac{dL}{dx} + \lambda' \frac{dL'}{dx} + \lambda'' \frac{dL''}{dx} + \text{etc.},\\[4pt]
m \frac{d^2y}{dt^2} &= mY + \lambda \frac{dL}{dy} + \lambda' \frac{dL'}{dy} + \lambda'' \frac{dL''}{dy} + \text{etc.},\\[4pt]
m \frac{d^2z}{dt^2} &= mZ + \lambda \frac{dL}{dz} + \lambda' \frac{dL'}{dz} + \lambda'' \frac{dL''}{dz} + \text{etc.},\\[4pt]
m'\frac{d^2x'}{dt^2} &= m'X' + \lambda \frac{dL}{dx'} + \lambda' \frac{dL'}{dx'} + \lambda'' \frac{dL''}{dx'} + \text{etc.},
\end{aligned}
\right\} (4)
$$

etc.,

dans lesquelles λ, λ', λ'', etc., sont des facteurs dont les valeurs feront connaître les forces provenant de la liaison des points du système, et de la résistance des surfaces ou des courbes sur lesquelles ils peuvent être astreints à se mouvoir (n° 343).

Les équations (2) et (4) seront toujours en même nombre que toutes les inconnues du problème, savoir : les quantités λ, λ', λ'', etc., en nombre égal à celui des équations (2), et les coordonnées des points m, m', m'', etc., en nombre triple de celui de ces mobiles, et égal au nombre des équations (4) ; elles suffiront donc pour déterminer, dans tous les cas, les valeurs de toutes ces inconnues en fonctions du temps.

532. Supposons que les forces données qui agissent sur tous les points du système se partagent en deux groupes, de sorte qu'on ait

$$X = P + U, \quad Y = Q + V, \quad Z = R + W,$$
$$X = P' + U', \quad Y' = Q' + V', \quad Z' = R' + W',$$

etc. ;

supposons aussi qu'on soit parvenu à intégrer les équations différentielles du problème, en ayant seulement égard aux forces P, Q, R, P', Q', R', etc.; et soient a, b, c, etc., les constantes arbitraires que renfermeront ces intégrales. On étendra cette solution aux forces complètes X, Y, Z, X', Y', Z', etc., au moyen de la méthode fondée sur la variation des constantes arbitraires, dont le principe a été exposé dans le n° 229. Les différentielles des quantités a, b, c, etc., devenues variables, seront linéaires par rapport à U, V, W, U', V', W', etc., et de la forme :

$$da = AU + BV + CW + A'U' + \text{etc.},$$
$$db = A_{,}U + B_{,}V + C_{,}W + A_{,}'U' + \text{etc.},$$
$$dc = A_{2}U + B_{2}V + C_{2}W + A_{2}'U' + \text{etc.},$$
etc. ;

A, B, etc., étant des fonctions des mêmes inconnues a, b, c, etc. Par là, les équations différentielles secondes du problème se trouveront changées en un nombre double d'équatious différentielles du premier ordre; mais cette transformation sera principalement utile, lorsque les forces secondaires U, V, W, U', etc., seront très petites par rapport aux forces primitives P, Q, R, P', etc.; ce qui permettra, dans une première approximation, de considérer comme constantes les quantités a, b, c, etc., que renferment les coefficiens A, B, etc., et, conséquemment, de déduire des formules précédentes, par l'intégration immédiate ou par la méthode des quadratures, les parties variables de ces inconnues.

C'est Lagrange qui a ainsi étendu à tous les problèmes de la Mécanique la méthode de la variation des constantes arbitraires, à laquelle il avait ramené, autrefois, la théorie des solutions particulières des équations différentielles, et dont il avait aussi fait d'autres applications moins générales. Mais il s'était borné à donner les expressions générales des quantités U, V, W, U', V', W', etc., en fonctions linéaires des différentielles da, db, dc, etc.; et il restait à trouver les formules inverses qui donnent directement, dans le cas général, les différentielles des inconnues a, b, c, etc., en fonctions linéaires des forces U, V, W, etc., et à démontrer, d'une manière directe et générale, les propriétés importantes dont jouissent leurs coefficiens A, B, C, etc. C'est ce qui a été fait dans les mémoires que j'ai insérés, sur ce sujet, dans le 15ᵉ cahier du *Journal de l'École Polytechnique*, et dans le tome Iᵉʳ des *Mémoires de l'Académie des Sciences*, et auxquels je me contente de renvoyer le lecteur, curieux de connaître cette théorie dans tous ses détails et les conséquences qu'on en a déduites. En appliquant successivement les expressions générales de da, db, dc, etc., au problème du mouvement d'un point matériel attiré vers un centre fixe suivant une fonction quelconque, et au problème du mouvement d'un corps solide autour d'un point fixe, on obtient les mêmes expressions pour les différentielles des constantes homologues dans ces deux problèmes, si différens l'un de l'autre; et par là les deux questions principales de l'Astronomie, savoir, la détermination du mouvement des corps célestes, considérés comme des points matériels isolés, et la détermination du mouvement de ces corps autour de leurs centres de gravité respectifs, se trouvent ramenées aux mêmes formules et dépendre de la même analyse.

533. Il est évident que si l'une des équations (2) est une suite des autres, l'une des quantités λ, λ', λ'', etc., devra rester indéterminée, puisque alors on pourra supprimer ou conserver arbitrairement cette équation superflue. Si a et b sont des constantes données, et qu'on ait, par exemple,

$$\mathrm{L}'' = a\mathrm{L} + b\mathrm{L}',$$

chacune des trois premières équations (2) n'ajoutera rien aux conditions exprimées par les deux autres, et, conséquemment, l'une des trois inconnues λ, λ', λ'', devra rester indéterminée. C'est effectivement ce qui aura lieu ; car si l'on fait

$$\lambda + a\lambda'' = \mu, \quad \lambda' + b\lambda'' = \mu',$$

ces trois inconnues se réduiront, dans les équations (4), aux deux quantités μ et μ', qui pourront seules être déterminées au moyen de ces équations, et dont on pourra seulement déduire les valeurs de deux des trois quantités λ, λ', λ''.

Si le point matériel m est assujetti à rester à des distances constantes et données de trois points fixes A, A', A'' (fig. 28), sa position sera complètement déterminée ; ses coordonnées auront donc des valeurs constantes ; et les trois premières équations (4) se réduiront à des équations d'équilibre, qui déter-

mineront les tensions des fils Am, A$'m$, A$''m$, par
lesquels le mobile m sera attaché aux trois points
fixes. Si ce point matériel est assujetti à demeurer à
une distance constante d'un quatrième point fixe A$'''$,
l'une des quatre distances Am, A$'m$, A$''m$, A$'''m$, sera
déterminée d'après les trois autres ; l'une des quatre
conditions données étant ainsi une suite de trois
d'entre elles, la tension de l'un des quatre fils Am,
A$'m$, A$''m$, A$'''m$, demeurera indéterminée, d'après
ce qu'on vient de dire, et conformément à ce qu'on
avait dit déjà dans le n° 292. Appelons, en effet, l,
l', l'', l''', les quatre distances données ; désignons par
a, b, c, les trois coordonnées de A, par a', b', c',
celles de A$'$, etc. ; nous aurons

$$L = \sqrt{(x-a)^2+(y-b)^2+(z-c)^2}-l=0,$$
$$L' = \sqrt{(x-a')^2+(y-b')^2+(z-c')^2}-l'=0,$$
$$L'' = \sqrt{(x-a'')^2+(y-b'')^2+(z-c'')^2}-l''=0,$$
$$L''' = \sqrt{(x-a''')^2+(y-b''')^2+(z-c''')^2}-l'''=0,$$

pour les équations (2) ; et si l'on représente par α,
β, γ, des valeurs constantes de x, y, z, qui satisfont
à ces quatre équations, on aura

$$mX+\frac{\lambda(\alpha-a)}{l}+\frac{\lambda'(\alpha-a')}{l'}+\frac{\lambda''(\alpha-a'')}{l''}+\frac{\lambda'''(\alpha-a''')}{l'''}=0,$$
$$mY+\frac{\lambda(\beta-b)}{l}+\frac{\lambda'(\beta-b')}{l'}+\frac{\lambda''(\beta-b'')}{l''}+\frac{\lambda'''(\beta-b''')}{l'''}=0,$$
$$mZ+\frac{\lambda(\gamma-c)}{l}+\frac{\lambda'(\gamma-c')}{l'}+\frac{\lambda''(\gamma-c'')}{l''}+\frac{\lambda'''(\gamma-c''')}{l'''}=0,$$

pour les équations (4), qui laisseront indéterminée

2. 26

l'une des quatre quantités λ, λ', λ'', λ''', lesquelles sont, comme on l'a dit dans le n° 345, les tensions des fils Am, $A'm$, $A''m$, $A'''m$. Mais, quelque peu extensibles que soient ces fils, si l'on a égard à cette circonstance physique, le point matériel m fera de petites vibrations, qui seront complètement déterminées, ainsi que les tensions des quatre fils, à chaque instant.

534. Pour le faire voir, supposons, pour fixer les idées, que la force qui agit sur le point m soit la pesanteur, que nous représenterons par g. En prenant l'axe des z vertical et dirigé dans le sens de cette force, ses trois composantes seront $X = 0$, $Y = 0$, $Z = g$. Appelons ϵ, ϵ', ϵ'', ϵ''', les extensions que les quatre fils l, l', l'', l''', éprouveraient si le poids mg était suspendu verticalement à leur extrémité inférieure ; soient ζ, ζ', ζ'', ζ''', les extensions de ces mêmes fils au bout du temps t, pendant le mouvement ; leurs tensions au même instant auront pour valeurs (n° 288)

$$\frac{gm\zeta}{\epsilon}, \quad \frac{gm\zeta'}{\epsilon'}, \quad \frac{gm\zeta''}{\epsilon''}, \quad \frac{gm\zeta'''}{\epsilon'''}.$$

Le mobile m n'étant plus assujetti à demeurer à des distances constantes de A, A', A'', A''', on devra supprimer les termes des équations (4), qui ont λ, λ', λ'', λ''', pour facteurs, et qui provenaient de ces conditions ; mais, d'un autre côté, il faudra joindre au poids de ce point matériel les quatre forces précédentes, dirigées de m vers A, de m vers A', de m vers A'', de m vers A''' ; ce qui revient à substituer, dans les équations (4), les valeurs précédentes de L, L',

L'', L''', en y faisant, en même temps,

$$\lambda = \frac{-gm\zeta}{\varepsilon}, \quad \lambda' = \frac{-gm\zeta'}{\varepsilon'}, \quad \lambda'' = \frac{-gm\zeta''}{\varepsilon''}, \quad \lambda''' = \frac{-gm\zeta'''}{\varepsilon'''}.$$

Au bout du temps t, soient aussi

$$x = \alpha + u, \quad y = \varepsilon + v, \quad z = \gamma + w;$$

α, ε, γ, étant les mêmes constantes que précédemment, et u, v, w, des variables très petites, dont nous négligerons les carrés et les produits; il en résultera

$$\zeta = \frac{1}{l}\left[(\alpha - a)u + (\varepsilon - b)v + (\gamma - c)w\right],$$

$$\zeta' = \frac{1}{l'}\left[(\alpha - a')u + (\varepsilon - b')v + (\gamma - c')w\right],$$

$$\zeta'' = \frac{1}{l''}\left[(\alpha - a'')u + (\varepsilon - b'')v + (\gamma - c'')w\right],$$

$$\zeta''' = \frac{1}{l'''}\left[(\alpha - a''')u + (\varepsilon - b''')v + (\gamma - c''')w\right];$$

et, relativement à ces inconnues u, v, w, les équations (4) seront linéaires, et se réduiront à

$$\frac{d^2u}{dt^2} + g\left[\frac{(\alpha - a)\zeta}{l\varepsilon} + \frac{(\alpha - a')\zeta'}{l'\varepsilon'} + \frac{(\alpha - a'')\zeta''}{l''\varepsilon''} + \frac{(\alpha - a''')\zeta'''}{l'''\varepsilon'''}\right] = 0,$$

$$\frac{d^2v}{dt^2} + g\left[\frac{(\varepsilon - b)\zeta}{l\varepsilon} + \frac{(\varepsilon - b')\zeta'}{l'\varepsilon'} + \frac{(\varepsilon - b'')\zeta''}{l''\varepsilon''} + \frac{(\varepsilon - b''')\zeta'''}{l'''\varepsilon'''}\right] = 0,$$

$$\frac{d^2w}{dt^2} + g\left[\frac{(\gamma - c)\zeta}{l\varepsilon} + \frac{(\gamma - c')\zeta'}{l'\varepsilon'} + \frac{(\gamma - c'')\zeta''}{l''\varepsilon''} + \frac{(\gamma - c''')\zeta'''}{l'''\varepsilon'''}\right] = 0.$$

Leurs intégrales s'obtiendront par les règles ordinaires; elles renfermeront six constantes arbitraires, que l'on déterminera de manière qu'à l'origine du mouvement les fils Am, $A'm$, $A''m$, $A'''m$, aient leurs longueurs naturelles l, l', l'', l''', et que la vitesse initiale de m soit zéro, c'est-à-dire, de manière que les six quantités u, v, w, $\frac{du}{dt}$, $\frac{dv}{dt}$, $\frac{dw}{dt}$, soient nulles quand $t = 0$. Cela fait, ces intégrales feront connaître, à un instant quelconque, les valeurs de u, v, w, ou la position du point m ; et les extensions ζ, ζ', ζ'', ζ''', des quatre fils, ainsi que leurs tensions au même instant, seront aussi déterminées. La même analyse peut facilement s'étendre au cas où le point m serait retenu par cinq ou un plus grand nombre de fils attachés à des points fixes.

Si l'on suppose nulles les quantités u, v, w, et qu'on supprime, en conséquence, les premiers termes des trois dernières des sept équations précédentes, les valeurs de u, v, w, ζ, ζ', ζ'', ζ''', qu'on déduira de ces sept équations, répondront à l'état d'équilibre du poids de m et des quatre fils de suspension.

535. Nous avons expliqué, dans le n° 353, comment le principe de D'Alembert a aussi lieu dans le cas d'un changement brusque de vitesse, résultant de ce que des forces qu'on nomme *impulsions* ou *percussions*, agissent sur les mobiles avec de grandes intensités, pendant des intervalles de temps extrêmement petits, et leur impriment des vitesses qui peuvent être très grandes, sans que les points de ces corps soient déplacés sensiblement. L'équation fournie par la combinaison de ce principe avec celui des vitesses virtuelles, s'appliquera donc également à ces sortes de cas. Ainsi, supposons que des forces de ce genre soient appliquées simultanément aux points

matériels m, m', m'', etc., du système que nous considérons. Désignons par A , B, C, les vitesses données et parallèles aux axes des coordonnées, que ces forces imprimeraient au point m s'il était libre, et par a, b, c, les vitesses inconnues qu'il prendra réellement, suivant ces mêmes directions. Appelons A', B', C', a', b', c', les quantités homologues relativement au point m'; A'', B'', C'', a'', b'', c'', celles qui répondent au point m''; etc. Les quantités de mouvement perdues suivant les directions des coordonnées seront

$$m\,(\mathrm{A} - a),\quad m\,(\mathrm{B} - b),\quad m(\mathrm{C} - c),$$

pour le point m, et de même pour tous les autres ; par conséquent, si l'on applique à ce système de forces l'équation (e) du n° 341, on aura

$$\Sigma m\,[(\mathrm{A}-a)\delta x + (\mathrm{B}-b)\delta y + (\mathrm{C}-c)\delta z]=0;\quad (5)$$

la somme Σ s'étendant à tous les points du système , et δx, δy, δz, étant les accroissemens qu'on attribue aux coordonnées du point quelconque m.

Si les liaisons des points du système sont toujours exprimées par les équations (2), il faudra que δx, δy, δz, et les accroissemens $\delta x'$, $\delta y'$, $\delta z'$, $\delta x''$, etc., des coordonnées des autres points m', m'', etc., satisfassent aux équations (3); au moyen de ces équations, on éliminera donc de la formule (5) une partie des quantités δx, δy, etc.; puis on égalera à zéro les coefficiens des quantités restantes. En employant, comme plus haut, la méthode des facteurs indéterminés , leurs valeurs feront connaître les percussions qu'éprouveront les liens matériels des points du système, par l'effet d'un changement brusque de vitesse, et les percussions normales aux surfaces ou aux courbes sur lesquelles ces points sont astreints à se mouvoir.

536. Lorsqu'on voudra appliquer l'équation (5) à un changement brusque de vitesse produit par le choc des corps du système entre eux, ou contre des obstacles fixes, il y aura plusieurs observations importantes à faire.

Soient M et M′ (fig. 29) deux de ces corps solides, K leur point de contact, HKH′ la normale commune à leurs surfaces en ce point. Les déplacemens des différens points de ces mobiles pendant toute la durée du choc, étant regardés comme insensibles, l'équilibre des quantités de mouvement perdues peut se rapporter à tel instant qu'on voudra de cette durée (n° 353); en sorte qu'ayant pris pour A , B , C, les composantes de la vitesse d'un point quelconque au commencement du choc, on peut prendre , en même temps, pour a, b, c, les composantes de sa vitesse à un instant quelconque de ce phénomène; et les vitesses de tous les points du système, qui varient très rapidement pendant cette durée, devront toujours satisfaire aux conditions de cet équilibre. Mais pour que ces conditions soient exprimées par l'équation des vitesses virtuelles, il faut que les déplacemens infiniment petits qu'on attribue aux points du système , soient compatibles avec sa nature et avec la disposition relative de ses parties à l'instant que l'on considère ; et, de plus, il est nécessaire que la même chose ait lieu à l'égard des déplacemens directement contraires (n° 331). Ainsi, par exemple, si un point matériel en équilibre est posé sur la surface d'un corps solide, contre lequel il s'appuie, ce point peut se mouvoir en tous sens sur le plan tangent à cette surface, et dans un sens seulement sur la normale. Cela étant, l'équation des vitesses virtuelles a lieu pour tous les déplacemens tangentiels, parce que les déplacemens opposés sont également possibles; mais elle ne subsiste pas pour le déplacement normal, à cause de l'impossibilité du déplacement contraire.

Il résulte de cette observation que si l'on veut appliquer l'équation (5) à une époque déterminée de la durée du choc, et que μ et μ' soient, à cet instant, les points matériels de M et M' qui répondent au point de contact K, on pourra attribuer à μ et μ' des déplacemens infiniment petits, tout-à-fait arbitraires et indépendans l'un de l'autre, suivant le plan tangent en K; mais les déplacemens de μ et μ' suivant la normale, devront être égaux et dirigés suivant la même partie KH ou KH' de cette droite ; car s'ils étaient inégaux, ou qu'ils n'eussent pas lieu dans un même sens, ces déplacemens ou les déplacemens contraires des points μ et μ', seraient impossibles, et l'équation (5) ne leur serait point applicable. C'est faute d'avoir fait attention à cette condition essentielle, que quelques auteurs ont mal interprété l'équation dont il s'agit.

Si un troisième corps solide M'' touche M' au point K', où la normale commune à leurs surfaces est la droite LK'L', et que m' et m'' soient les points matériels de M' et M'' qui répondront à K', à l'instant que l'on considère pendant la durée du choc, il faudra aussi que les déplacemens infiniment petits, attribués à m' et m'' suivant cette normale, soient égaux et de même sens dans l'équation (5); et de même pour tous les points de contact des corps du système, lorsque plusieurs d'entre eux viennent se choquer simultanément. Dans le cas du choc d'un de ces corps contre un obstacle fixe, le déplacement normal du point de contact devra être supposé nul, puisqu'il ne serait pas possible dans le sens opposé.

537. Quand les deux mobiles M et M' glisseront l'un sur l'autre pendant la durée du choc, il faudra avoir égard, dans l'équation (5), au frottement qui en résultera, et qui pourra être très considérable, comme on l'a dit dans le n° 353.

La quantité de mouvement infiniment petite que cette force enlevera, pendant chaque instant, aux deux mobiles M et M', en sens contraire des vitesses des points matériels μ et μ' qui répondent au point de contact K, sera proportionnelle à celle que M aura communiquée à M' suivant KH', ou M' à M suivant KH, pendant le même instant. Donc, en supposant que le frottement conserve la même direction, pour chaque mobile, pendant toute la durée du choc, et qu'on représente par U la quantité finie de mouvement communiquée par un mobile à l'autre, suivant les parties KH ou KH' de la normale, pendant cette même durée, le frottement total pourra être représenté par fU; f étant un coefficient qui ne dépendra que de la nature des deux corps près de leur point de contact. Cette force devra être appliquée à M en sens contraire du glissement de μ, et à M' en sens contraire du glissement de μ'. En supposant donc que ces mouvemens aient lieu suivant les deux parties KF et KF' d'une tangente FKF' aux deux mobiles, et qu'on représente par p et p' les projections sur cette droite, des déplacemens infiniment petits attribués, dans l'équation (5), aux points μ et μ', on aura

$$- f\mathrm{U}(p + p'),$$

pour le terme qu'il faudra ajouter au premier membre de cette équation, à raison du frottement que nous considérons ; la quantité p est positive ou négative, selon que cette projection tombera sur la direction KF du mouvement de μ ou sur son prolongement KF', et de même la projection p' sera positive ou négative, suivant qu'elle tombera sur KF' ou sur KF.

On introduira de semblables termes dans l'équation (5), pour tous les points dans lesquels deux des corps du système viendront se choquer. La considération de ces termes est nécessaire dans la pratique ; l'exemple du n° 477 suffit pour montrer l'influence que ces termes, ou les frottemens dont ils proviennent, peuvent avoir sur les percussions ; mais on en fait abstraction lorsqu'il s'agit des théorèmes généraux sur le choc des corps ; et, dans la suite, nous les supposerons nuls ou insensibles.

On néglige aussi les quantités de mouvement produites par le poids des mobiles pendant la durée du choc, attendu que ces quantités sont proportionnelles à cette durée, et, conséquemment, insensibles. Quant aux quantités de mouvement produites par les attractions moléculaires qui se développent pendant le choc, soit d'un corps à un autre, quand la distance de leur surface est devenue insensible, soit dans l'intérieur de chaque corps, à raison des compressions ou dilatations qu'il éprouve, on en a déjà tenu compte dans l'équation (5), et leurs composantes totales sont précisément les quantités qui ont été représentées par mA, mB, mC, pour le point quelconque m.

538. Lorsqu'un système de points matériels est entièrement libre dans l'espace, de sorte que les équations (2) qui expriment leur liaison, ne contiennent que les distances mutuelles de ces points, dont aucun n'est supposé fixe, ou assujetti à demeurer sur une surface ou sur une courbe donnée, on peut décomposer le mouvement d'un tel système dans l'espace, comme nous l'avons fait précédemment pour un corps solide entièrement libre (n° 433), en deux mouvemens plus simples : l'un de translation, commun à tous les points du système, et qui sera celui de son centre de gravité; l'autre de rotation autour de ce centre. Nous allons déduire successivement de la formule (1) les équations différentielles de ces deux mouvemens.

D'après la nature du système, il est évident qu'on peut déplacer à la fois tous ses points d'une même quantité, suivant une même direction quelconque. Supposons que α, ζ, γ, expriment les projections de ce déplacement commun sur les trois axes des coordonnées; on aura alors

$$\alpha = \delta x = \delta x' = \delta x'', \quad \text{etc.,}$$
$$\beta = \delta y = \delta y' = \delta y'', \quad \text{etc.,}$$
$$\gamma = \delta z = \delta z' = \delta z'', \quad \text{etc.;}$$

l'équation (1) deviendra donc

$$\alpha \Sigma m\left(X - \frac{d^2 x}{dt^2}\right) + \beta \Sigma m\left(Y - \frac{d^2 y}{dt^2}\right) + \gamma \Sigma m\left(Z - \frac{d^2 z}{dt^2}\right) = 0;$$

et comme les trois quantités α, β, γ, sont indépendantes entre elles, cette équation se décomposera en celles-ci :

$$\Sigma m\frac{d^2 x}{dt^2} = \Sigma mX, \; \Sigma m\frac{d^2 y}{dt^2} = \Sigma mY, \; \Sigma m\frac{d^2 z}{dt^2} = \Sigma mZ. \quad (6)$$

Or, si l'on appelle x_i, y_i, z_i, les trois coordonnées du centre de gravité du système, on aura

$$x_i \Sigma m = \Sigma mx, \; y_i \Sigma m = \Sigma my, \; z_i \Sigma m = \Sigma mz;$$

d'où l'on déduit

$$\frac{d^2 x_i}{dt^2} \Sigma m = \Sigma m \frac{d^2 x}{dt^2},$$
$$\frac{d^2 y_i}{dt^2} \Sigma m = \Sigma m \frac{d^2 y}{dt^2},$$
$$\frac{d^2 z_i}{dt^2} \Sigma m = \Sigma m \frac{d^2 z}{dt^2};$$

par conséquent, on aura

$$\frac{d^2 x_i}{dt^2} \Sigma m = \Sigma mX, \; \frac{d^2 y_i}{dt^2} \Sigma m = \Sigma mY, \; \frac{d^2 z_i}{dt^2} \Sigma m = \Sigma mZ, \quad (7)$$

pour les équations différentielles du mouvement du

centre de gravité, qui sera le mouvement de trans-lation du système. Elles montrent que le centre de gravité de tout système entièrement libre, est le même que si les masses de tous les mobiles y étaient réunies, et que leurs forces motrices y fussent trans-portées parallèlement à leurs directions, comme dans le cas d'un seul corps solide (n° 438).

Si, parmi les points m, m', m'', etc. , il y en avait qui fussent assujettis à se mouvoir sur des surfaces données, les équations (6) et (7) pourraient encore subsister, en joignant aux forces données , d'autres forces inconnues en grandeur, perpendiculaires à ces surfaces, et qui exprimeraient leurs résistances; ce qui permettrait ensuite de faire abstraction des surfaces données, et de considérer les points m, m', m'', etc., comme appartenant à un système entièrement libre.

539. La nature d'un tel système permet aussi de faire tourner à la fois tous ses points autour d'un même axe, et d'une même quantité angulaire , de manière que leurs distances mutuelles ne varient pas. Supposons que cette droite passe par l'origine des coordonnées. Soient λ, μ, ν, les angles que fait sa direction arbitraire avec les axes des x, y, z; si nous faisons pour un moment

$$\delta x^2 + \delta y^2 + \delta z^2 = h^2,$$

les cosinus des angles que fait la direction du dépla-cement de m, avec des parallèles aux trois axes, me-nées par ce point, seront $\dfrac{\delta x}{h}$, $\dfrac{\delta y}{h}$, $\dfrac{\delta z}{h}$; et comme cette direction est comprise dans un plan perpendiculaire à l'axe de rotation , il faudra qu'on ait

$$\frac{\delta x}{h} \cos \lambda + \frac{\delta y}{h} \cos \mu + \frac{\delta z}{h} \cos \nu = 0.$$

De plus , l'axe de rotation passant par l'origine des coordonnées, la quantité $x^2 + y^2 + z^2$ ne variera pas pendant le déplacement de m ; on aura donc aussi

$$x\delta x + y\delta y + z\delta z = 0;$$

et l'on tire sans difficulté, de ces deux dernières équations ,

$$\left.\begin{array}{l} \delta z = (y \cos \lambda - x \cos \mu)\,\varepsilon , \\ \delta y = (x \cos \nu - z \cos \lambda)\,\varepsilon , \\ \delta x = (z \cos \mu - y \cos \nu)\,\varepsilon ; \end{array}\right\} \qquad (8)$$

ε étant un facteur indéterminé. On aura de même

$$\delta z' = (y' \cos \lambda - x' \cos \mu)\,\varepsilon' ,$$
$$\delta y' = (x' \cos \nu - z' \cos \lambda)\,\varepsilon' ,$$
$$\delta x' = (z' \cos \mu - y' \cos \nu)\,\varepsilon' ;$$

ε' étant aussi un facteur indéterminé qui devra être égal à ε, pour que le mouvement de rotation soit le même pour m et pour m', et que la distance de ces deux points ne varie pas. En effet, le carré de cette distance étant $(x - x')^2 + (y - y')^2 + (z - z')^2$, et les formules précédentes rendant déjà constantes les deux parties $x^2 + y^2 + z^2$ et $x'^2 + y'^2 + z'^2$ de cette quantité , il faut que la variation de $xx' + yy' + zz'$ soit aussi nulle ; d'où il résulte

$$x'\delta x + y'\delta y + z'\delta z + x\delta x' + y\delta y' + z\delta z' = 0;$$

ou bien, en mettant pour δx, $\delta x'$, etc., leurs valeurs,

$$[(x'y - y'x) \cos \nu + (z'x - x'z) \cos \mu$$
$$+ (y'z - z'y) \cos \lambda] (\varepsilon - \varepsilon') = 0;$$

équation qui ne peut subsister pour tous les points
du système, qu'autant qu'on aura $\varepsilon' = \varepsilon$.

Je substitue les formules (8) à la place de δx, δy,
δz, dans l'équation (1). En observant que ε, $\cos \lambda$,
$\cos \mu$, $\cos \nu$, sont des quantités communes à tous les
points du système, il vient

$$\varepsilon \cos \nu \Sigma m \left[x \left(\frac{d^2 y}{dt^2} - Y \right) - y \left(\frac{d^2 x}{dt^2} - X \right) \right]$$
$$+ \varepsilon \cos \mu \Sigma m \left[z \left(\frac{d^2 x}{dt^2} - X \right) - x \left(\frac{d^2 z}{dt^2} - Z \right) \right]$$
$$+ \varepsilon \cos \lambda \Sigma m \left[y \left(\frac{d^2 z}{dt^2} - Z \right) - z \left(\frac{d^2 y}{dt^2} - Y \right) \right] = 0;$$

et à cause que les coefficiens des sommes Σ sont trois
quantités indépendantes entre elles, cette équation se
décomposera en trois autres, savoir :

$$\left. \begin{aligned}
\Sigma m \left(x \frac{d^2 y}{dt^2} - y \frac{d^2 x}{dt^2} \right) &= \Sigma m (xY - yX), \\
\Sigma m \left(z \frac{d^2 x}{dt^2} - x \frac{d^2 z}{dt^2} \right) &= \Sigma m (zX - xZ), \\
\Sigma m \left(y \frac{d^2 z}{dt^2} - z \frac{d^2 y}{dt^2} \right) &= \Sigma m (yZ - zY),
\end{aligned} \right\} \quad (9)$$

lesquelles équations seront celles du mouvement de
rotation d'un système entièrement libre, autour d'un
point fixe qu'on peut prendre arbitrairement, et où
l'on placera l'origine des coordonnées. Ces équations

subsisteront encore, lorsque tous les points m, m', m'', etc., ou une partie d'entre eux, seront assujettis à rester à des distances données de cette origine, puisque les valeurs de δx, $\delta x'$, etc., dont on a fait usage, satisfont à cette condition.

Si le système se réduit à un seul point, le mouvement de rotation ne se distinguera pas du mouvement de translation; les équations (9) ne seront effectivement qu'une combinaison des équations (6); et l'on voit, de plus, que chacune d'elles sera une suite des deux autres; car en supposant que le système se réduise au point m, et ajoutant les équations (9) après les avoir multipliées par z, y, x, il en résultera une équation identique.

Au lieu de faire tourner le système autour d'un axe quelconque, pour obtenir à la fois les trois équations (9), on obtiendrait plus simplement chacune d'elles, en faisant coïncider cette droite, comme dans le n° 540, avec l'un des axes des coordonnées; mais le calcul précédent a l'avantage de montrer que la considération d'un mouvement autour d'un axe quelconque ne peut donner que les trois équations (9), de même que la considération d'un mouvement parallèle à un axe quelconque ne peut donner que les trois équations (6).

S'il y a, dans le système, un axe fixe, et qu'on le prenne pour celui des z, par exemple, la première équation (9) subsistera seule, et sera celle du mouvement de rotation autour d'un axe fixe, comme dans le cas d'un corps solide (n° 391).

540. Dans le cas d'un système entièrement libre, où

les équations (6) et (9) ont lieu simultanément, transportons l'origine des coordonnées au point du système dont les coordonnées variables seront représentées par x_1, y_1, z_1, relativement à la première
origine; et faisons, pour cela,

$$x = x_1 + x_{,}, \quad y = y_1 + y_{,}, \quad z = z_1 + z_{,},$$
$$x' = x_1 + x_{,}', \quad y' = y_1 + y_{,}', \quad z' = z_1 + z_{,}',$$

etc. ;

en sorte que $x_{,}$, $y_{,}$, $z_{,}$, $x_{,}'$, $y_{,}'$, $z_{,}'$, etc. , soient
les coordonnées de m, m', etc., rapportées à la nou-
velle origine. La première équation (9) pourra d'a-
bord s'écrire ainsi :

$$x_1 \Sigma m\left(\frac{d^2 y}{dt^2} - Y\right) - y_1 \Sigma m\left(\frac{d^2 x}{dt^2} - X\right)$$
$$+ \Sigma m\left(x_{,}\frac{d^2 y}{dt^2} - y_{,}\frac{d^2 x}{dt^2}\right) = \Sigma m\left(x_{,}Y - y_{,}X\right);$$

les termes multipliés par x_1 et y_1 se détruisent, en
vertu des deux premières équations (6); et en ache-
vant la substitution des valeurs précédentes de x,
x', etc. , dans la partie restante du premier membre,
on aura

$$\frac{d^2 y_1}{dt^2}\Sigma m x_{,} - \frac{d^2 x_1}{dt^2}\Sigma m y_{,} + \Sigma m\left(x_{,}\frac{d^2 y_{,}}{dt^2} - y_{,}\frac{d^2 x_{,}}{dt^2}\right)$$
$$= \Sigma m\left(x_{,}Y - y_{,}X\right),$$

quelle que soit l'origine mobile des coordonnées. Mais
si ce point est le centre de gravité du système , les
sommes $\Sigma m x_{,}$ et $\Sigma m y_{,}$ seront nulles; par conséquent,
les termes multipliés par $\frac{d^2 x_1}{dt^2}$ et $\frac{d^2 y_1}{dt^2}$, disparaîtront

encore comme ceux qui avaient x_i et y_i pour facteurs;
ce qui simplifiera l'équation précédente. En faisant
des réductions semblables sur les deux autres équations (9), nous aurons

$$\left. \begin{aligned} &\Sigma m \left(x_i \frac{d^2 y_i}{dt^2} - y_i \frac{d^2 x_i}{dt^2} \right) = \Sigma m \left(x_i Y - y_i X \right), \\ &\Sigma m \left(z_i \frac{d^2 x_i}{dt^2} - x_i \frac{d^2 z_i}{dt^2} \right) = \Sigma m \left(z_i X - x_i Z \right), \\ &\Sigma m \left(y_i \frac{d^2 z_i}{dt^2} - z_i \frac{d^2 y_i}{dt^2} \right) = \Sigma m \left(y_i Z - z_i Y \right), \end{aligned} \right\} \quad (10)$$

pour les trois équations du mouvement de rotation
du système autour de son centre de gravité. En les
comparant aux équations (9), on voit que ce mouvement sera le même que si le centre de gravité était
un point fixe, et que les forces données, qui agissent
sur tous les points du système, ne fussent pas changées; propriété qui n'appartient qu'au centre de gravité, et que nous avions déjà trouvée (n° 438) dans
le cas d'un corps solide entièrement libre.

541. Si l'on donne aux quantités δx, δy, etc., que
renferme l'équation (5), les mêmes valeurs que dans
le n° 538, on en déduira

$$\Sigma ma = \Sigma m A, \quad \Sigma mb = \Sigma m B, \quad \Sigma mc = \Sigma m C; \quad (11)$$

ce qui montre que dans les changemens brusques de
vitesse, la somme des quantités de mouvement de
tous les points d'un système entièrement libre demeure la même, parallèlement à chaque axe des
coordonnées, et, par conséquent, suivant une direction quelconque. Il en résulte aussi que la grandeur et la direction de la vitesse du centre de gra-

vité ne changent pas non plus ; car les composantes de cette vitesse, avant et après le changement brusque, sont les deux membres de chacune des équations (11), divisés par la masse totale Σm. Ainsi, dans le choc de deux ou d'un plus grand nombre de corps, de nature et de forme quelconques, la vitesse de leur centre de gravité et la quantité totale de mouvement suivant chaque direction, n'éprouvent jamais aucun changement, comme nous l'avons déjà vu dans un cas particulier (n° 364).

Si a, b, c, a', b', c', etc., sont les composantes des vitesses initiales de m, m', etc., et A, B, C, A', B', C', etc., les composantes des vitesses qui leur seraient imprimées d'une manière quelconque à l'origine du mouvement, si ces points matériels étaient isolés, on aura

$$\frac{dx_i}{dt}\Sigma m = \Sigma ma, \qquad \frac{dy_i}{dt}\Sigma m = \Sigma mb, \qquad \frac{dz_i}{dt}\Sigma m = \Sigma mc,$$

et, par conséquent,

$$\frac{dx_i}{dt}\Sigma m = \Sigma mA, \qquad \frac{dy_i}{dt}\Sigma m = \Sigma mB, \qquad \frac{dz_i}{dt}\Sigma m = \Sigma mC,$$

pour $t = 0$; équations qui feront connaître les composantes de la vitesse initiale du centre de gravité, d'après les vitesses données A, A', etc., ou seulement d'après la somme totale des quantités de mouvement communiquées au système parallèlement aux trois axes des coordonnées.

Je mets encore dans l'équation (5) les formules (8) à la place de δx, δy, δz, et j'en conclus

$$\Sigma m\,(xb - ya) = \Sigma m\,(x\mathrm{B} - y\mathrm{A}), \; \left.\begin{matrix} \\ \\ \\ \end{matrix}\right\}$$

$$\Sigma m\,(za - xc) = \Sigma m\,(z\mathrm{A} - x\mathrm{C}), \qquad (12)$$

$$\Sigma m\,(yc - zb) = \Sigma m\,(y\mathrm{C} - z\mathrm{B});$$

ce qui fait voir que, dans les changemens brusques de vitesse, les momens des quantités de mouvement de tous les points d'un système entièrement libre restent les mêmes, par rapport à un axe quelconque; théorème qui subsiste encore, lorsque le système renferme un ou plusieurs points fixes, pourvu que ces points appartiennent à l'axe des momens.

En supposant que ces équations (12) répondent à l'origine du mouvement, de sorte qu'on ait

$$\frac{dx}{dt} = a, \qquad \frac{dy}{dt} = b, \qquad \frac{dz}{dt} = c,$$

pour $t = 0$, et en transportant, comme dans le numéro précédent, l'origine des coordonnées au centre de gravité du système, qu'on suppose entièrement libre, on changera ces équations en celle-ci :

$$\Sigma m\left(x_{,}\frac{dy_{,}}{dt} - y_{,}\frac{dx_{,}}{dt}\right) = \Sigma m\,(x_{,}\mathrm{B} - y_{,}\mathrm{A}),$$

$$\Sigma m\left(z_{,}\frac{dx_{,}}{dt} - x_{,}\frac{dz_{,}}{dt}\right) = \Sigma m\,(z_{,}\mathrm{A} - x_{,}\mathrm{C}),$$

$$\Sigma m\left(y_{,}\frac{dz_{,}}{dt} - z_{,}\frac{dy_{,}}{dt}\right) = \Sigma m\,(y_{,}\mathrm{C} - z_{,}\mathrm{B}),$$

dans lesquelles $x_{,}$, $y_{,}$, $z_{,}$, sont les coordonnées du point quelconque m, relativement à la nouvelle origine. Ces équations seront celles du mouvement initial du système autour de son centre de gravité ; et comme elles ne renferment pas les composantes de la vitesse de ce point, il s'ensuit que ce mouvement de rotation sera le même que si le centre de gravité était un point fixe, et que les vitesses données A, A', etc., qui sont comprises dans les seconds membres, ne fussent pas changées ; résultat conforme à celui que nous avons déjà trouvé, d'une autre manière, pour le cas d'un corps solide (n° 456).

542. Nous ferons remarquer que les équations (11) et (12) peuvent se déduire des équations (6) et (9), en supposant, dans celles-ci, que $m\mathrm{X}$, $m\mathrm{Y}$, $m\mathrm{Z}$, $m'\mathrm{X}'$, $m'\mathrm{Y}'$, $m'\mathrm{Z}'$, etc., soient les composantes de forces motrices agissant sur les points m, m', etc., avec une grande intensité, et susceptibles de produire pendant un très court intervalle de temps, que nous représenterons par θ, des quantités de mouvement données $m\mathrm{A}$, $m\mathrm{B}$, $m\mathrm{C}$, $m'\mathrm{A}'$, $m'\mathrm{B}'$, $m'\mathrm{C}'$, etc.

En effet, d'après cela, on aura

$$\int_0^\theta \mathrm{X}\,dt = \mathrm{A}, \quad \int_0^\theta \mathrm{Y}\,dt = \mathrm{B}, \quad \int_0^\theta \mathrm{Z}\,dt = \mathrm{C};$$

et si les points du système sont en repos au commencement du temps θ, et que a, b, c, a', b', c', etc., soient les composantes de leurs vitesses à la fin de cet intervalle de temps, on aura aussi

$$\int_0^\theta \frac{d^2x}{dt^2}\,dt = a, \quad \int_0^\theta \frac{d^2y}{dt^2}\,dt = b, \quad \int_0^\theta \frac{d^2z}{dt^2}\,dt = c,$$

pour le point quelconque m.

Or, en multipliant la première équation (6) par dt, et intégrant ensuite ses deux membres depuis $t = 0$ jusqu'à $t = \theta$, on a

$$\Sigma m \int_0^\theta \frac{d^2 x}{dt^2} = \Sigma m \int_0^\theta X dt \, ;$$

ce qui coïncide, d'après ce qui précède, avec la première équation (11); et de même pour les deux autres équations (6) et (11).

De plus, si l'on fait abstraction des déplacemens des points m, m', m'', etc., pendant le temps θ, et que l'on considère, en conséquence, leurs coordonnées comme constantes pendant l'action des forces données, on déduira de la première équation (9)

$$\Sigma m \left(x . \int_0^\theta \frac{d^2 y}{dt^2} dt - y . \int_0^\theta \frac{d^2 x}{dt^2} dt \right)$$
$$= \Sigma m \left(x . \int_0^\theta Y dt - y . \int_0^\theta X dt \right) ;$$

ce qui n'est autre chose que la première équation (12), en vertu des suppositions précédentes ; et l'on conclura de même les deux autres équations (12) des deux dernières équations (9).

543. Les accroissemens des coordonnées dont on a fait usage dans le n° 539, supposent que les distances des points du système entre eux et à l'origine des coordonnées, sont invariables; leurs expressions, divisées par dt, doivent donc coïncider avec les composantes de la vitesse, relatives aux élémens d'un corps solide, tournant autour d'un point fixe; ce qu'il ne sera pas inutile de vérifier.

Pour cela, soient Ox, Oy, Oz (fig. 30), les axes des coordonnées, et OI l'axe qui répond aux angles λ, μ, ν, du n° 539, autour duquel on fait tourner le système d'une quantité infiniment petite. Dans ce mouvement, les points du système décrivent des arcs de cercle semblables, et ont tous la même vitesse angulaire; pour la connaître, il suffira de déterminer celle d'un point K, qui se trouvait, par exemple, sur l'axe Oz au commencement de l'instant dt. Or, pour ce point, on a $x = 0$ et $y = 0$; ce qui réduit les formules (8) à

$$\delta x = z\varepsilon \cos\mu, \quad \delta y = -z\varepsilon \cos\lambda, \quad \delta z = 0;$$

la vitesse absolue du point K sera donc

$$\sqrt{\frac{\delta x^2 + \delta y^2 + \delta z^2}{dt^2}} = \frac{z\varepsilon \sin\nu}{dt},$$

à cause de $\cos^2\lambda + \cos^2\mu + \cos^2\nu = 1$. Sa distance à l'axe OI est $z\sin\nu$; par conséquent, on aura $\frac{\varepsilon}{dt}$ pour sa vitesse angulaire, qui sera celle de tout le système.

En la représentant par ω, on aura donc $\varepsilon = \omega dt$; et si l'on fait

$$\omega\cos\lambda = p, \quad \omega\cos\mu = q, \quad \omega\cos\nu = r,$$

les formules (8) deviendront

$$\frac{\delta z}{dt} = (yp - xq), \quad \frac{\delta y}{dt} = (xr - zp), \quad \frac{\delta x}{dt} = (zq - yr);$$

résultats qui coïncident avec ceux du n° 408, en prenant, dans ceux-ci, les directions des axes mobiles $Ox_{,}$, $Oy_{,}$, $Oz_{,}$, à l'instant que l'on considère, pour celles des axes fixes et arbitraires Ox, Oy, Oz.

On peut remarquer que si le plan mOz décrit d'abord un angle rdt autour de l'axe Oz, et que le mouvement ait lieu de Ox vers Oy, ou dans le sens indiqué par la flèche s, on aura les accroissemens des coordonnées x, y, z, du point m, en faisant $p = 0$ et $q = 0$ dans les valeurs de δx, δy, δz; par conséquent, ses trois coordonnées deviendront

$$x - yrdt, \quad y + xrdt, \quad z.$$

Après ce premier mouvement, si le plan mOy décrit un angle qdt autour de l'axe Oy, et en allant de l'axe Oz vers l'axe Ox, les accroissemens des coordonnées de m s'obtiendront en faisant $p = 0$ et $r = 0$ dans les valeurs de δx, δy, δz, et y mettant ensuite les trois coordonnées précédentes à la place de x, y, z; d'où il résulte qu'après ce second mouvement les coordonnées du point m seront

$$x - yrdt + zqdt, \quad y + xrdt, \quad z - (x - yrdt)\,qdt;$$

et la troisième se réduira à $z - xqdt$, en négligeant l'infiniment petit du second ordre. Enfin, après le second mouvement, si le plan mOx décrit un angle pdt autour de l'axe Ox, et en allant de l'axe Oy vers l'axe Oz, on trouvera, en négligeant les infiniment petits du second ordre,

$$x + (zq - yr)dt, \quad y + (xr - zp)dt, \quad z + (yp - xq)dt,$$

pour les trois coordonnées du point m, à la fin du troisième mouvement, qui étaient primitivement x, y, z.

On conclut de là que si un point m tourne successivement autour de trois axes rectangulaires, avec des vitesses angulaires p, q, r, et pendant des instans

égaux, son déplacement final sera le même que s'il
eût tourné pendant un de ces instans, avec une vitesse angulaire ω, autour d'un seul axe, faisant avec
les trois premiers des angles dont les cosinus sont
$\frac{p}{\omega}$, $\frac{q}{\omega}$, $\frac{r}{\omega}$. Cette remarque, relative aux trois vitesses de
rotation p, q, r, qu'on appelle les *composantes* de la
vitesse ω (n° 407), s'applique également aux composantes d'une vitesse de translation.

La composition des vitesses de rotation suit les
mêmes lois, et est comprise dans les mêmes formules
que celle des vitesses de translation; en partant de cette
analogie de ces deux sortes de mouvement, on en
peut déduire l'identité de la composition des momens
et de la composition des forces, que nous avons conclue (n° 281) d'une semblable analogie entre les
projections des lignes droites et les projections des
surfaces.

§ II. *Lois générales des petites oscillations.*

544. Indépendamment des mouvemens de translation et de rotation communs à tous les points d'un
système quelconque, et dans lesquels leurs distances
ne varient pas, il y a d'autres mouvemens où les
mobiles s'éloignent et se rapprochent les uns des autres. Or, si leurs déplacemens sont constamment très
petits, on peut réduire le problème à des équations
linéaires, et déterminer, par approximation, les coordonnées des mobiles en fonctions du temps. Des phénomènes très nombreux et très variés dépendent

de ces petits mouvemens oscillatoires, dont nous allons maintenant faire connaître les lois générales.

Soient i le nombre des mobiles m, m', m'', etc., et ν le nombre des équations (2) du n° 531, qui expriment les conditions du système. Le nombre des coordonnées de ces points matériels sera $3i$, et si l'on fait $3i - \nu = n$, les équations (2) détermineront un nombre ν de coordonnées en fonctions des n autres, ou, plus généralement, toutes les coordonnées pourront être déterminées au moyen de ces équations, en fonctions de n variables indépendantes. Je représenterai par α, ς, γ, etc., les valeurs initiales de ces n variables, et par $\alpha + u$, $\varsigma + v$, $\gamma + w$, etc., leurs valeurs au bout du temps t; et je supposerai que les inconnues u, v, w, etc., soient de très petites quantités pendant toute la durée du mouvement. Chacune des coordonnées des mobiles sera une fonction donnée de $\alpha + u$, $\varsigma + v$, $\gamma + w$, etc., qui pourrait, en outre, renfermer le temps t, si cette variable entrait explicitement dans les équations (2). Ces fonctions pourront se développer en séries très convergentes, ordonnées suivant les puissances et les produits de u, v, w, etc. Je représenterai ces développemens par

$$x = p + au + bv + cw + \text{etc.}$$
$$+ \tfrac{1}{2}eu^2 + \tfrac{1}{2}fv^2 + \tfrac{1}{2}gw^2 + huv + kuw + lvw + \text{etc.,}$$
$$y = p_1 + a_1u + b_1v + c_1w + \text{etc.}$$
$$+ \tfrac{1}{2}e_1u^2 + \tfrac{1}{2}f_1v^2 + \tfrac{1}{2}g_1w^2 + h_1uv + k_1uw + l_1vw + \text{etc.,}$$
$$z = p_2 + a_2u + b_2v + c_2w + \text{etc.}$$
$$+ \tfrac{1}{2}e_2u^2 + \tfrac{1}{2}f_2v^2 + \tfrac{1}{2}g_2w^2 + h_2uv + k_2uw + l_2vw + \text{etc.,}$$

$$x' = p' + a'u + b'v + c'w + \text{etc.}$$
$$+ \tfrac{1}{2} e'u^2 + \tfrac{1}{2} f'v^2 + \tfrac{1}{2} g'w^2 + h'uv$$
$$+ k'uw + l'vw + \text{etc.},$$

$$y' = p'_{,} + a'_{,}u + b'_{,}v + c'_{,}w + \text{etc.}$$
$$+ \tfrac{1}{2} e'_{,}u^2 + \tfrac{1}{2} f'_{,}v^2 + \tfrac{1}{2} g'_{,}w^2 + h'_{,}uv$$
$$+ k'_{,}uw + l'_{,}vw + \text{etc.},$$

$$z' = p'_{2} + a'_{2}u + b'_{2}v + c'_{2}w + \text{etc.}$$
$$+ \tfrac{1}{2} e'_{2}u^2 + \tfrac{1}{2} f'_{2}v^2 + \tfrac{1}{2} g'_{2}w^2 + h'_{2}uv$$
$$+ k'_{2}uw + l'_{2}vw + \text{etc.},$$

etc. ;

et je supposerai que les équations (2) ne contiennent pas le terme t explicitement, auquel cas tous les coefficiens des puissances et des produits de u, v, w, etc., dans ces séries, seront des constantes données. Si le système avait un mouvement de translation ou de rotation commun à tous ses points, il faudrait comprendre les parties variables de leurs coordonnées, qui en résulteraient, dans les premiers termes p, $p_{,}$, etc.; mais, pour plus de simplicité, je supposerai que cette circonstance n'a pas lieu; et ces premiers termes seront aussi des constantes données.

Les composantes des forces qui agissent sur les points m, m', m'', etc., étant des fonctions données de leurs coordonnées, si l'on substitue dans leurs expressions les valeurs de x, y, etc., on pourra ensuite les développer suivant les puissances et les produits de u, v, w, etc. De cette manière, on aura donc

$$X = P + Au + Bv + Cw + \text{etc.},$$
$$Y = P_1 + A_1 u + B_1 v + C_1 w + \text{etc.},$$
$$Z = P_2 + A_2 u + B_2 v + C_2 w + \text{etc.},$$
$$X' = P' + A'u + B'v + C'w + \text{etc.},$$
$$Y' = P'_1 + A'_1 u + B'_1 v + C'_1 w + \text{etc.},$$
$$Z' = P'_2 + A'_2 u + B'_2 v + C'_2 w + \text{etc.},$$

etc. ;

les premiers termes P, P_1, etc., et tous les coefficiens A, A_1, etc., étant des fonctions données de p, p_1, etc., a, b, etc., qui pourraient, en outre, renfermer le temps t, si cette variable entrait explicitement dans les expressions des forces données. Nous supposerons que cela n'a pas lieu ; et nous regarderons les quantités P, P_1, etc., A, A_1, etc., comme des constantes données.

545. Cela posé, pour appliquer l'équation (1) du n° 531 au mouvement que nous considérons, il faudra attribuer aux variables indépendantes u, v, w, etc., des accroissemens infiniment petits, qu'on représentera par δu, δv, δw, etc. ; puis substituer, dans cette équation (1), les valeurs correspondantes de δx, δy, δz, qui seront, en négligeant les infiniment petits du second ordre,

$$\delta x = (a + eu + hv + kw + \text{etc.})\delta u$$
$$+ (b + fv + hu + lw + \text{etc.})\delta v$$
$$+ (c + gw + ku + lv + \text{etc.})\delta w$$
$$+ \text{etc.},$$

$$\delta y = (a_1 + e_1 u + h_1 v + k_1 w + \text{etc.})\, \delta u$$
$$+ (b_1 + f_1 v + h_1 u + l_1 w + \text{etc.})\, \delta v$$
$$+ (c_1 + g_1 w + k_1 u + l_1 v + \text{etc.})\, \delta w$$
$$+ \text{etc.},$$

$$\delta z = (a_2 + e_2 u + h_2 v + k_2 w + \text{etc.})\, \delta u$$
$$+ (b_2 + f_2 v + h_2 u + l_2 w + \text{etc.})\, \delta v$$
$$+ (c_2 + g_2 w + k_2 u + l_2 v + \text{etc.})\, \delta w$$
$$+ \text{etc.};$$

formules d'où l'on déduira les valeurs de $\delta x'$, $\delta y'$, $\delta z'$, en ajoutant un trait supérieur à toutes les constantes; celles de $\delta x''$, $\delta y''$, $\delta z''$, en en ajoutant deux; etc. La substitution de ces valeurs de δx, δy, etc., étant effectuée, on égalera à zéro, dans le premier membre de l'équation (1), le coefficient de chacune des quantités δu, δv, δw, etc., qui sont arbitraires et indépendantes. De cette manière, on aura

$$\Sigma m \left[\left(\frac{d^2 x}{dt^2} - X \right)(a + eu + hv + kw + \text{etc.}) \right.$$
$$+ \left(\frac{d^2 y}{dt^2} - Y \right)(a_1 + e_1 u + h_1 v + k_1 w + \text{etc.})$$
$$\left. + \left(\frac{d^2 z}{dt^2} - Z \right)(a_2 + e_2 u + h_2 v + k_2 w + \text{etc.}) \right] = 0,$$

$$\Sigma m \left[\left(\frac{d^2 x}{dt^2} - X \right)(b + fv + hu + lw + \text{etc.}) \right.$$
$$+ \left(\frac{d^2 y}{dt^2} - Y \right)(b_1 + f_1 v + h_1 u + l_1 w + \text{etc.})$$
$$\left. + \left(\frac{d^2 z}{dt^2} - Z \right)(b_2 + f_2 v + h_2 u + l_2 w + \text{etc.}) \right] = 0,$$

$$\Sigma m \left[\left(\frac{d^2 x}{dt^2} - X\right)(c + gw + ku + lv + \text{etc.}) \right.$$
$$+ \left(\frac{d^2 y}{dt^2} - Y\right)(c_1 + g_1 w + k_1 u + l_1 v + \text{etc.})$$
$$+ \left.\left(\frac{d^2 z}{dt^2} - Z\right)(c_2 + g_2 w + k_2 u + l_2 v + \text{etc.})\right] = 0,$$

etc. ;

les sommes Σ s'étendant toujours à tous les points m, m', m'', etc., du système.

Il restera encore à substituer dans ces équations, à la place de x, y, etc., X, Y, etc., leurs valeurs précédentes. La substitution faite, on négligera, dans une première approximation, les carrés et les produits de u, v, w, etc., ainsi que les produits de ces inconnues et de leurs coefficiens différentiels $\frac{d^2 u}{dt^2}$, $\frac{d^2 v}{dt^2}$, $\frac{d^2 w}{dt^2}$, etc., qui sont aussi des quantités constamment très petites ; il en résultera alors un nombre n d'équations linéaires à coefficiens constans, que nous indiquerons par (a), et dont chacune sera de la forme :

$$\left. \begin{aligned} D \frac{d^2 u}{dt^2} + E \frac{d^2 v}{dt^2} + F \frac{d^2 w}{dt^2} + \text{etc.} \\ + Gu + Hv + Kw + \text{etc.} = Q ; \end{aligned} \right\} \quad (a)$$

les coefficiens D, E, F, etc., G, H, K, etc., ainsi que la quantité Q, désignant des fonctions données des constantes qui entrent dans les valeurs précédentes de x, y, etc., X, Y, etc.

Après avoir déterminé les valeurs approchées de u, v, w, etc., au moyen de ces n équations, on les substituera dans les termes des équations rigoureuses, qu'on a négligés dans cette première approximation ; les nouvelles équations qui en résulteront différeront des premières en ce que leurs seconds membres, au lieu d'être constans, seront des fonctions connues de t ; on en déduira d'autres valeurs de u, v, w, etc., plus approchées que les premières ; et ainsi de suite, par la méthode des approximations successives. Nous nous bornerons à la première approximation, suivant l'usage ordinaire dans les questions de ce genre. Quand les points matériels m, m', m'', etc., seront en nombre infini, les équations (a) se changeront en équations aux différences partielles, communes à tous les points du système, et dont le nombre sera toujours égal à celui des inconnues u, v, w, etc. C'est ce que l'on a vu, par exemple, dans le problème des cordes vibrantes (n° 485), où ces inconnues sont au nombre de trois, qui expriment les déplacemens d'un point quelconque de la corde suivant trois directions rectangulaires, et dont les valeurs dépendent de trois équations aux différences partielles, du second ordre par rapport à t.

546. Les seconds membres des équations (a) et les coefficiens qui entrent dans les premiers, étant des quantités constantes, on pourra toujours faire disparaître ces seconds membres, en augmentant chacune des inconnues u, v, w, etc., d'une quantité constante, qu'on déterminera facilement. Sans restreindre la généralité de la question, nous pouvons donc supposer qu'on a $Q = o$ dans chacune des équations (a) ; ce qui revient à dire que les valeurs ini-

tiales α, β, γ, etc., des n variables indépendantes, répondent à un état d'équilibre du système, dont on l'a écarté en déplaçant un tant soit peu les points m, m', m'', etc., et leur imprimant de très petites vitesses. Ces déplacemens et ces vitesses devant être compatibles avec les liaisons des points du système, ce ne sont pas les valeurs initiales des coordonnées x, y, etc., et de leurs premiers coefficiens différentiels $\frac{dx}{dt}$, $\frac{dy}{dt}$, etc., qui sont données arbitrairement dans chaque cas, mais seulement les valeurs initiales des inconnues indépendantes u, v, w, etc., et de leurs coefficiens différentiels $\frac{du}{dt}$, $\frac{dv}{dt}$, $\frac{dw}{dt}$, etc.

On satisfera aux équations (a) sans seconds membres, en prenant

$$\left. \begin{aligned}
u &= \mathrm{RN} \, \sin (t \sqrt{\rho} - r), \\
v &= \mathrm{RN'} \sin (t \sqrt{\rho} - r), \\
w &= \mathrm{RN''} \sin (t \sqrt{\rho} - r), \\
\text{etc.} & \; ;
\end{aligned} \right\} \quad (b)$$

R et r étant des constantes arbitraires, dont la seconde pourra être supposée positive et moindre que π, et ρ, N, N', N'', etc., désignant des constantes qu'il s'agira de déterminer. La substitution de ces valeurs de u, v, w, etc., dans les équations (a), donnera évidemment un nombre n d'équations de cette forme :

$$(\mathrm{DN} + \mathrm{EN'} + \mathrm{FN''} + \text{etc.})\rho = \mathrm{GN} + \mathrm{HN'} + \mathrm{KN''} + \text{etc.}$$

En éliminant entre elles un nombre $n - 1$ des quantités N, N', N'', etc., la $n^{i\text{ème}}$ s'en ira en même temps, et l'on aura, pour déterminer ρ, une équation du degré n, que je représenterai par

$$\Delta = 0.$$

De plus, les valeurs de $n - 1$ des quantités N, N′, N″, etc., par exemple, de N′, N″, etc., qu'on tirera de ces mêmes équations, seront des fractions rationnelles du degré n, par rapport à ρ, ayant un dénominateur commun, et multipliées toutes par la quantité N, qui restera indéterminée. En faisant celle-ci égale au dénominateur commun, les n quantités N, N′, N″, etc., seront exprimées symétriquement par des polynomes du degré n relativement à ρ. Or, à cause de la forme linéaire des équations (a), on y satisfera non-seulement par les valeurs précédentes de u, v, w, etc., relatives à telle racine qu'on voudra de l'équation $\Delta = 0$, mais aussi en prenant pour u, v, w, etc., les sommes de toutes ces valeurs particulières, dans lesquelles on pourra changer les constantes R et r en même temps que la racine de $\Delta = 0$. Si donc on appelle ρ, ρ_1, ρ_2, etc., les racines de cette équation, et qu'on représente par N, N_1, N_2, etc., les valeurs correspondantes de N; par N′, N'_1, N'_2, etc., celles de N′; etc., on satisfera aux équations (a) au moyen de

$$u = RN \sin(t\sqrt{\rho} - r) + R_1 N_1 \sin(t\sqrt{\rho_1} - r_1) + \text{etc.},$$
$$v = RN'\sin(t\sqrt{\rho} - r) + R_1 N'_1 \sin(t\sqrt{\rho_1} - r_1) + \text{etc.},$$
$$w = RN''\sin(t\sqrt{\rho} - r) + R_1 N'' \sin(t\sqrt{\rho_1} - r_1) + \text{etc.},$$

$$\left.\right\} \quad (c)$$

etc.

R, R_1, R_2, etc., r, r_1, r_2, etc., étant des constantes arbitraires; et comme elles sont au nombre de $2n$, il s'ensuit que ces formules (c) seront les n intégrales complètes des équations (a), dont chacune est du second ordre.

Dans chaque cas, on déterminera les valeurs de $R \cos r$, $R_1 \cos r_1$, etc., $R \sin r$, $R_1 \sin r_1$, etc., au moyen des valeurs données pour $t = 0$, des $2n$ quantités u, v, w, etc., $\dfrac{du}{dt}$, $\dfrac{dv}{dt}$, $\dfrac{dw}{dt}$, etc. Toutes ces valeurs étant supposées très petites, celles de R, R_1, R_2, etc., le seront aussi; par conséquent, si toutes les racines ρ, ρ_1, ρ_2, etc., de l'équation $\Delta = 0$, sont réelles et positives, les valeurs de u, v, w, etc., en fonctions de t, seront périodiques et demeureront très petites, comme on l'a supposé pendant toute la durée du mouvement. Mais si une ou plusieurs de ces racines sont imaginaires ou négatives, les termes qui leur correspondront dans les équations (8) se changeront, par les formules connues, en exponentielles, et croîtront indéfiniment; par conséquent, les valeurs de u, v, w, etc., quelque petites qu'elles aient été à l'origine du mouvement, finiront par cesser de l'être; et les formules (c) ne pourront plus représenter les valeurs approchées de ces inconnues, que pendant un temps peu considérable. Dans le premier cas, que nous allons examiner spécialement, l'état d'équilibre, d'où le système a été un peu écarté, est un état stable; dans le second cas, cet équilibre est non stable, du moins relativement aux dérangemens primitifs, pour lesquels les coefficiens R, R_1, R_2, etc., des termes non périodiques, ne sont pas égaux à zéro.

547. Lorsque tous les coefficiens R, R_1, R_2, etc., sont nuls, excepté le premier, par exemple, les formules (c) se réduisent aux formules (b). En négligeant toujours les carrés et les produits de v, u, w, etc., on aura donc simplement (n° 544)

$$
\left.
\begin{aligned}
x &= p \; + (a\mathrm{N} \; + \; b\mathrm{N}' + \; c\mathrm{N}'' + \text{etc.})\mathrm{R}\sin(t\sqrt{\bar{\rho}} - r), \\
y &= p_1 + (a_1\mathrm{N} + b_1\mathrm{N}' + c_1\mathrm{N}'' + \text{etc.})\mathrm{R}\sin(t\sqrt{\bar{\rho}} - r), \\
z &= p_2 + (a_2\mathrm{N} + b_2\mathrm{N}' + c_2\mathrm{N}'' + \text{etc.})\mathrm{R}\sin(t\sqrt{\bar{\rho}} - r), \\
x' &= p' + (a'\mathrm{N} + b'\mathrm{N}' + c'\mathrm{N}'' + \text{etc.})\mathrm{R}\sin(t\sqrt{\bar{\rho}} - r), \\
y' &= p'_1 + (a'_1\mathrm{N} + b'_1\mathrm{N}' + c'_1\mathrm{N}'' + \text{etc.})\mathrm{R}\sin(t\sqrt{\bar{\rho}} - r), \\
z' &= p'_2 + (a'_2\mathrm{N} + b'_2\mathrm{N}' + c'_2\mathrm{N}'' + \text{etc.})\mathrm{R}\sin(t\sqrt{\bar{\rho}} - r),
\end{aligned}
\right\} (d)
$$

etc.

Les premiers termes p, p_1, etc., étant constans, ainsi que les coefficiens des seconds termes, il s'ensuit que, dans ce cas, tous les points du système feront, suivant la direction de chacune de leurs coordonnées, des oscillations isochrones et d'une amplitude constante, dont la durée sera la même et égale à $\dfrac{2\pi}{\sqrt{\rho}}$, pour tous ces mobiles, et dans toutes les directions. Les rapports des amplitudes pour deux points ou deux directions différentes, seront déterminés, et dépendront de la nature du système et de la racine ρ de l'équation $\Delta = 0$. Leur grandeur absolue, dépendante du facteur R, sera arbitraire, et n'influera pas sur la durée des oscillations. Tous les mobiles reviendront à la fois à leur position d'équilibre, qui répondent, par hypothèse (n° 546), à $u = 0$, $v = 0$, $w = 0$, etc., ou à $x = p$, $y = p_\iota$, etc.; le premier retour aura lieu au bout d'un temps $t = \dfrac{r}{\sqrt{\rho}}$, qui dépendra, ainsi que R, de leur dérangement primitif.

Un système de points matériels, dans lequel la liaison de ces points laisse un nombre n de variables indépendantes, et qu'on dérangera un tant soit peu d'un état d'équilibre, pourra prendre un nombre n de mouvemens semblables au précédent, qui répondront aux n racines de l'équation $\Delta = 0$. De plus, en vertu des formules (c) et des valeurs correspondantes des coordonnées x, y, etc., tous ces petits mouvemens, ou seulement quelques uns d'entre eux, pourront avoir lieu en même temps dans ce système; et réciproquement, quel que soit son dérangement initial, on pourra toujours décomposer le mouvement de chacun de ces points, parallèlement à chaque axe des coordonnées, en un nombre n, ou moindre que n, d'oscillations simples, comme celles qui répondent aux équations (d), dont les durées indépendantes du dérangement initial seront $\dfrac{2\pi}{\sqrt{\rho}}$, $\dfrac{2\pi}{\sqrt{\rho_\iota}}$, $\dfrac{2\pi}{\sqrt{\rho_2}}$, etc. Quand ces durées seront toutes commensurables, le système entier reviendra au même état au bout de chaque intervalle de temps égal à la plus longue; c'est ce qui a lieu, par exemple, dans le mouvement des cordes vibrantes, et n'a pas lieu dans le mouvement transversal des verges élastiques (n°^{os} 490 et 525).

C'est dans ce théorème général que consiste le *principe de la coexistence des petites oscillations.* Il a encore lieu lorsque le nombre des points m, m', m'', etc., du système est infini ; le nombre des oscillations simples, qui sont alors possibles, peut être aussi infini ; mais leurs durées et les rapports de leurs amplitudes n'en sont pas moins des quantités déterminées. Ainsi, dans le mouvement transversal d'une corde tendue, dont la longueur, le poids et la tension sont l, p et ϖ, et en désignant par g la gravité, les durées des oscillations simples ne peuvent être que la quantité $2\sqrt{\dfrac{pl}{g\varpi}}$ et ses sous-multiples ; et, d'après la formule (d) du n° 489, les amplitudes de l'oscillation qui répond au sous-multiple quelconque i, sont entre elles dans le rapport de $\sin\dfrac{i\pi x}{l}$ à $\sin\dfrac{i\pi x'}{l}$, pour des points de la corde, dont x et x' sont les distances à l'une de ses extrémités.

548. Lorsque les points m, m', m'', etc., oscilleront dans un milieu résistant, les composantes X, Y, etc., des forces qui les sollicitent, renfermeront dans leurs expressions les composantes $\dfrac{dx}{dt}$, $\dfrac{dy}{dt}$, etc., des vitesses de ces mobiles. Si la résistance du milieu est proportionnelle au carré ou à une puissance supérieure de la vitesse, elle n'influera pas sur le mouvement du système, au degré d'approximation où nous nous sommes arrêté, parce que les termes $\dfrac{du^2}{dt^2}$, $\dfrac{dv^2}{dt^2}$, $\dfrac{dw^2}{dt^2}$, etc., qui en résulteraient dans les expressions

de X , Y , etc., sont du même ordre de petitesse que les quantités qui ont été négligées. Mais si les mouvemens des points m , m' , m'', etc., sont peu rapides, il faudra , comme dans le cas des très petites oscillations d'un pendule simple (n° 187), supposer la résistance proportionnelle à la première puissance de la vitesse ; supposition qui introduira dans les expressions X , Y , etc. , et par suite dans les équations (a), des termes multipliés par $\frac{dx}{dt}$, $\frac{dy}{dt}$, $\frac{dz}{dt}$, etc., qu'on ne devra pas négliger.

Ces équations, que j'indiquerai par (e), seront alors de la forme

$$
\left.
\begin{aligned}
& D \frac{d\,u}{dt^2} + E \frac{d^2v}{dt^2} + F \frac{d^2w}{dt^2} + \text{etc.} \\
& + Gu + Hv + Kw + \text{etc.} \\
& = D' \frac{du}{dt} + E' \frac{dv}{dt} + F' \frac{dw}{dt} + \text{etc.} ;
\end{aligned}
\right\} \quad (e)
$$

D' , E' , F' , etc., étant aussi des coefficiens constans, qui seront proportionnels à la densité du milieu, et généralement très petits par rapport à ceux qui entrent dans le premier membre. Or, on satisfera à ce système d'équations au moyen des formules (b) multipliées par des exponentielles, c'est-à-dire, en prenant

$$
\left.
\begin{aligned}
u &= RN \sin \left(t \sqrt{\rho} - r \right) e^{-\omega t}, \\
v &= RN'\sin \left(t \sqrt{\rho} - r \right) e^{-\omega' t}, \\
w &= RN''\sin \left(t \sqrt{\rho} - r \right) e^{-\omega'' t},
\end{aligned}
\right\} \quad (f)
$$

etc. ;

e désignant la base des logarithmes népériens, et ω, ω', ω'', etc., étant des quantités constantes et très petites. Je négligerai leurs carrés et les produits de ces inconnues et des coefficiens D', E', F', etc. Les valeurs de u, v, w, etc., satisfaisant déjà aux équations (e) sans seconds membres, lorsque l'on fait abstraction des exponentielles, leur substitution dans les équations (e) donnera un nombre n d'équations de la forme,

$$2DN\omega + 2EN'\omega' + 2FN''\omega'' + \text{etc.} = D'N + E'N' + \text{etc.},$$

d'où l'on tirera les valeurs des n inconnues ω, ω', ω'', etc.

Ces valeurs seront positives, parce que l'effet de la résistance d'un milieu est de diminuer graduellement les amplitudes des oscillations. Cette diminution sera plus ou moins rapide pour les diverses variables indépendantes u, v, w, etc. ; elle dépendra aussi de la racine ρ de l'équation $\Delta = o$, qui entre dans les valeurs de N, N', N'', etc. ; en sorte que les amplitudes des oscillations simples dont le système est susceptible, ne décroîtront pas toutes avec une même rapidité. La résistance du milieu n'aura d'ailleurs aucune influence sur la durée de chaque sorte d'oscillation, qui sera toujours $\dfrac{2\pi}{\sqrt{\rho}}$ pour celle qui répond à la racine ρ. En prenant les sommes des formules (f), relatives à toutes les racines de l'équation $\Delta = o$, on aura, comme précédemment, les valeurs les plus générales de u, v, w, etc.

549. Il résulte du principe du n° 547, que si les points d'un système sont tellement liés entre eux,

qu'il ne reste qu'une seule variable indépendante , ils ne pourront faire qu'une seule espèce d'oscillations, pour lesquelles la durée et les rapports des amplitudes relatives aux différens mobiles , dépendront des forces qui les sollicitent, et de la nature du système. Ce cas aura lieu , par exemple , dans le mouvement de deux points matériels m et m', attachés l'un à l'autre par un fil d'une longueur constante, et obligés de se mouvoir sur des courbes données.

Si, au contraire, les points m, m', m'', etc., ne sont pas liés entre eux ni assujettis à demeurer sur des surfaces ou sur des courbes données , ce qui n'empêche pas qu'ils ne soient soumis à leurs attractions ou répulsions mutuelles et à d'autres forces semblables dirigées vers des points fixes , toutes leurs coordonnées seront des variables indépendantes; et , dans ce cas, inverse du précédent , le nombre des oscillations simples qui pourront avoir lieu, sera triple de celui de ces points matériels. C'est ce qui arrive effectivement dans le problème du n° 534, relatif au mouvement très petit d'un point m, considéré comme entièrement libre, et soumis à des forces dirigées vers quatre points fixes.

Pour donner encore un exemple de l'application du principe précédent, considérons les petites oscillations d'un point matériel pesant m, sur la surface d'un ellipsoïde dont l'un des axes est vertical. Soient $2c$ la longueur de cet axe, $2a$ et $2b$ celles des deux axes horizontaux, et conséquemment

$$\frac{x^2}{a^2} + \frac{y^2}{b^2} + \frac{z^2}{c^2} = 1,$$

l'équation de la surface, quand l'origine des coordonnées est à son centre. Si l'on transporte cette origine au point le plus bas, et que les z positives soient dirigées de bas en haut, il faudra mettre $c - z$, au lieu de z, dans cette équation. Les oscillations du mobile étant supposées très petites, de part et d'autre de ce point inférieur, les abscisses horizontales x et y de m le seront aussi, et son ordonnée verticale z sera très petite par rapport à x et y. En négligeant le carré de z, après la substitution de $c - z$ à la place de z, on aura alors

$$z = \frac{cx^2}{2a^2} + \frac{cy^2}{2b^2};$$

et si l'on appelle h et k les rayons de courbure des deux sections principales de la surface, relatifs à son point le plus bas, ou à $x = 0$ et $y = 0$, on en déduira

$$h = \frac{a^2}{c}, \quad k = \frac{b^2}{c}.$$

Cela posé, dans cette question, les variables indépendantes sont au nombre de deux, savoir x et y; le mobile ne peut donc exécuter que deux sortes d'oscillations simples; et son mouvement le plus général, résultera de la coexistence de ces deux mouvemens particuliers. Or, si l'on écartait le mobile du point le plus bas de l'ellipsoïde, dans la section dont l'axe horizontal est $2a$, et qu'on lui imprimât une vitesse dirigée dans le plan de cette section, il est évident qu'il n'en sortirait pas pendant tout son mouvement. En désignant par g la gravité, la durée de ces petites oscillations serait alors $2\pi\sqrt{\frac{h}{g}}$, comme celle du pendule simple dont la longueur est h (n° 183) ; et, à un instant quelconque, on aurait

$$x = \mathrm{R}\sin\left(t\sqrt{\frac{g}{h}} - r\right), \quad y = o;$$

R et r étant, comme précédemment, deux constantes arbitraires. Dans le cas où les petites oscillations auraient lieu dans le plan de la section dont l'axe horizontal est $2b$, leur durée serait $2\pi\sqrt{\frac{k}{g}}$, et l'on aurait, à un instant quelconque ,

$$x = o, \quad y = \mathrm{R}'\sin\left(t\sqrt{\frac{g}{k}} - r'\right);$$

R' et r' étant aussi deux constantes arbitraires. Donc, les valeurs les plus générales de x et y seront les sommes de ces valeurs particulières, c'est-à-dire

$$x = \mathrm{R}\sin\left(t\sqrt{\frac{g}{h}} - r\right), \quad y = \mathrm{R}'\sin\left(t\sqrt{\frac{g}{k}} - r'\right).$$

Pour déterminer les quatre constantes arbitraires R, R', r, r', supposons qu'on a, à l'origine du mouvement,

$$t = o, \quad x = p, \quad y = q, \quad \frac{dx}{dt} = p', \quad \frac{dy}{dt} = q';$$

il en résultera

$$\mathrm{R}\sin r = -p, \quad \mathrm{R}'\sin r' = -q,$$
$$\mathrm{R}\cos r = p'\sqrt{\frac{h}{g}}, \quad \mathrm{R}'\cos r' = q'\sqrt{\frac{k}{g}};$$

par conséquent, en ayant égard aux valeurs de h et k,
nous aurons, à un instant quelconque,

$$x = p \cos t \, \frac{\sqrt{gc}}{a} + \frac{p'a}{\sqrt{gc}} \sin t \, \frac{\sqrt{gc}}{a},$$

$$y = q \cos t \, \frac{\sqrt{gc}}{b} + \frac{q'b}{\sqrt{gc}} \sin t \, \frac{\sqrt{gc}}{b}.$$

Dans le cas de $a = b = c$, ces formules doivent
coïncider avec celles du n° 207, en faisant, comme
dans celles-ci,

$$x = a\,\theta \cos \psi, \quad y = a\theta \sin \psi.$$

En effet, elles deviennent alors

$$a\,\theta \cos \psi = p \cos t \sqrt{\frac{g}{a}} + p' \sqrt{\frac{a}{g}} \sin t \sqrt{\frac{g}{a}},$$

$$a\,\theta \sin \psi = q \cos t \sqrt{\frac{g}{a}} + q' \sqrt{\frac{a}{g}} \sin t \sqrt{\frac{g}{a}};$$

mais dans ce numéro on a supposé

$$\theta = \alpha, \quad \psi = 0, \quad \frac{d\theta}{dt} = 0, \quad a\theta \frac{d\psi}{dt} = 6\sqrt{ga},$$

quand $t = 0$; ce qui exige qu'on prenne

$$p = a\alpha, \quad p' = 0, \quad q = 0, \quad q' = 6\sqrt{ga};$$

il en résultera donc

$$\theta \cos \psi = \alpha \cos t \sqrt{\frac{g}{a}}, \quad \theta \sin \psi = 6 \sin t \sqrt{\frac{g}{a}};$$

d'où l'on tire

$$\theta^2 = \frac{1}{2}(\alpha^2 + 6^2) + \frac{1}{2}(\alpha^2 - 6^2)\cos 2t \sqrt{\frac{g}{a}},$$

$$a \operatorname{tang} \psi = 6 \operatorname{tang} t \sqrt{\frac{g}{a}},$$

comme dans le numéro cité.

550. Supposons généralement qu'on ait

$$u = U, \quad v = V, \quad w = W, \quad \text{etc.},$$

pour les valeurs des variables indépendantes à un instant quelconque, quand on a

$$u = u_1, \quad v = v_1, \quad w = w_1, \quad \text{etc.},$$

$$\frac{du}{dt} = u_1, \quad \frac{dv}{dt} = v_1, \quad \frac{dw}{dt} = w_1, \quad \text{etc.},$$

à l'origine du mouvement ; supposons qu'on ait aussi, à un instant quelconque,

$$u = U', \quad v = V', \quad w = W', \quad \text{etc.},$$

lorsqu'on a

$$u = u_1', \quad v = v_1', \quad w = w_1', \quad \text{etc.},$$

$$\frac{du}{dt} = u_1', \quad \frac{dv}{dt} = v_1', \quad \frac{dw}{dt} = w_1', \quad \text{etc.},$$

pour $t = 0$; et ainsi de suite. Je dis qu'on aura, au bout du temps t quelconque,

$$\left. \begin{aligned} u &= U + U' + U'' + \text{etc.,} \\ v &= V + V' + V'' + \text{etc.,} \\ w &= W + W' + W'' + \text{etc.,} \\ \text{etc.,} & \end{aligned} \right\} \quad (g)$$

lorsqu'on suppose, à l'origine du mouvement,

$$u = u_{,} + u_{,}' + u_{,}'' + \text{etc.},$$
$$v = v_{,} + v_{,}' + v_{,}'' + \text{etc.},$$
$$w = w_{,} + w_{,}' + w_{,}'' + \text{etc.},$$
$$\text{etc.},$$

$$\frac{du}{dt} = u_{,} + u_{,}' + u_{,}'' + \text{etc.},$$
$$\frac{dv}{dt} = v_{,} + v_{,}' + v_{,}'' + \text{etc.},$$
$$\frac{dw}{dt} = w_{,} + w_{,}' + w_{,}'' + \text{etc.},$$
$$\text{etc.}$$

En effet, d'après les premières suppositions qu'on a faites sur les valeurs initiales de u, v, w, etc., $\frac{du}{dt}$, $\frac{dv}{dt}$, $\frac{dw}{dt}$, etc., les formules (g) satisferont évidemment pour $t = 0$ à ces dernières équations; de plus, les valeurs particulières de u, v, w, etc., satisfaisant, par hypothèse, aux équations différentielles du mouvement, leurs sommes ou les formules (g) y satisferont aussi, puisque ces équations sont linéaires, et ne renferment pas de termes indépendans des inconnues u, v, w, etc. (n° 546); les formules (g) rempliront donc toutes les conditions de la question, et seront, par conséquent, les valeurs des inconnues à un instant quelconque.

551. Ce théorème général peut être appelé le *principe de la superposition des petits mouvemens.* On ne doit pas le confondre avec celui de la coexistence des petites oscillations : il est indépendant des lois particulières des petits mouvemens que l'on considère, et résulte seulement de ce que les déplace-

mens et les vitesses des mobiles sont traités comme des infiniment petits, puisqu'on néglige leurs produits et leurs puissances supérieures à la première.

En vertu de ce principe, les ondes sonores qui partent de différens points, se propagent et se superposent dans l'air sans se modifier ; en sorte qu'à chaque instant le déplacement et la vitesse d'une molécule d'air, suivant une direction quelconque, sont les sommes des déplacemens et des vitesses qui répondraient à toutes ces ondes considérées isolément ; ce qui nous permet d'entendre distinctement et sans confusion plusieurs sons à la fois, produits par différens corps sonores. Les sons simultanés peuvent aussi résulter de la coexistence des petites oscillations dans un même corps sonore. Ainsi, par exemple, lorsqu'une corde tendue exécute, en même temps, les oscillations isochrones qui répondent à sa longueur entière, et celles dont la durée correspond au tiers de cette longueur, le mouvement de l'air est le même que si deux cordes, dont les longueurs seraient entre elles comme un est à trois , exécutaient simultanément les vibrations les plus lentes dont elles sont susceptibles ; et l'on entend, en même temps, le ton fondamental de la corde donnée, et un autre ton plus élevé , qui est la *quinte* de l'*octave* supérieure. C'est aussi pour cela que l'on entend distinctement les sons produits par les vibrations longitudinales et par les vibrations transversales, qui ont lieu à la fois dans une même corde tendue, ou dans une même verge élastique.

D'après le même principe, les ondes produites en

plusieurs points de la surface de l'eau, se propagent simultanément autour de ces centres différens, et peuvent se croiser en tous sens à cette surface, sans se modifier mutuellement ; de manière qu'à un instant quelconque l'élévation de l'eau, en tel point qu'on voudra, est la somme des élévations positives ou négatives qui auraient lieu en vertu de toutes ces ondes considérées isolément.

L'explication qu'on donne du phénomène des *interférences*, dans la théorie des ondulations lumineuses, est aussi fondée sur le principe de la superposition des petits mouvemens, qui est, comme on voit, susceptible de nombreuses applications.

Pour le compléter, nous ajouterons que si des forces émanées de centres mobiles agissent sur les points du système, les seconds membres des équations (a) de leurs petits mouvemens (n° 545), seront des fonctions linéaires des composantes de ces forces données. Il en sera de même à l'égard des intégrales complètes de ces mêmes équations différentielles ; d'où l'on conclut que les parties de u, v, w, etc., indépendantes de l'état initial du système, et, par suite, les parties semblables des coordonnées des mobiles, seront les sommes des valeurs qu'elles auraient si les forces données agissaient séparément. Ainsi, par exemple, dans le phénomène des marées, l'élévation totale de la mer en chaque point et à chaque instant est la somme des élévations, prises avec leurs signes, qui seraient causées par les actions isolées du soleil et de la lune ; et c'est pour cela que, toutes choses égales d'ailleurs, les hautes mers sont les plus considérables dans les *syzygies*, et les moindres dans les *quadratures*.

§ II. *Principes de la conservation du mouvement du centre de gravité, et de la conservation des aires.*

552. Puisque le mouvement du centre de gravité d'un système entièrement libre est le même que si les masses de tous les mobiles y étaient réunies, et que leurs forces motrices y fussent transportées parallèlement à leurs directions, il s'ensuit que les forces données dont les composantes parallèles à chaque coordonnée seront égales et contraires, n'entreront pas dans les équations différentielles de ce mouvement. Or, ce cas est celui des forces motrices provenant des actions mutuelles des points du système, en vertu de la loi générale de l'*action égale à la réaction*, qui s'observe toujours dans la nature, ainsi qu'on va l'expliquer.

Si un point matériel situé en M agit sur un autre point situé en M', et lui imprime ou tend à lui imprimer, dans un instant, une quantité de mouvement infiniment petite, que je représenterai par μ, on observe toujours :

1°. Que cette action est dirigée suivant la droite menée du point M' vers le point M, ou suivant son prolongement au-delà de M';

2°. Qu'en même temps le point situé en M' réagit sur le point situé en M, suivant la droite qui va de M vers M', ou suivant son prolongement au-delà de M.

3°. Que cette réaction communique ou tend à communiquer au point situé en M une quantité de mouvement précisément égale à μ.

On dit qu'il y a attraction ou répulsion entre ces deux points matériels, selon que leur action mutuelle tend à augmenter ou à diminuer la distance MM'; s'ils sont entièrement libres, et que leurs masses soient représentées par m et m', les vitesses qu'ils prendront seront $\frac{\mu}{m}$ et $\frac{\mu}{m'}$, c'est-à-dire, en raison inverse de leurs masses, et les quantités dont ils se rapprocheront ou s'écarteront, pendant un temps infiniment petit, seront égales à ces vitesses multipliées par la moitié de ce temps (n° 114) : d'ailleurs, la quantité μ pourra dépendre de la nature des corps auxquels m et m' appartiennent, ou en être indépendante et proportionnelle au produit mm' de ces masses (n° 241), comme dans le cas de l'attraction universelle.

La première des trois propositions qu'on vient d'énoncer peut être regardée comme évidente en elle-même; car des quantités de matière m et m', étant réduites à des dimensions infiniment petites, et placées à une distance finie l'une de l'autre, il n'y aurait aucune raison pour que l'action d'un de ces points sur l'autre s'exerçât d'un côté déterminé de la droite qui les joint, et autour de laquelle tout est semblable; mais les deux autres propositions ne peuvent être pour nous que les résultats de l'expérience, généralisés par induction et confirmés par toutes les conséquences qui s'en déduisent. En effet, nous ne pouvons regarder comme impossible, *à priori,* qu'un point matériel *m* agisse sur un autre *m'*, sans que celui-ci réagisse sur le premier, en sens contraire et avec une égale intensité. Ainsi, nous admettrons le principe de la réaction égale et contraire à l'action comme une loi générale de la nature, qui nous est donnée par l'observation, de même que la loi de l'attraction universelle, en raison inverse du carré de la distance.

553. Cela posé, si tous les points matériels d'un système entièrement libre ne sont soumis qu'à leurs actions mutuelles, ces forces motrices, transportées au centre de gravité du système, s'y détruiront deux à deux ; le mouvement de ce centre sera donc rectiligne et uniforme, et conservera constamment sa vitesse et sa direction initiales ; ce qui a fait donner à ce théorème le nom de *principe de la conservation du mouvement du centre de gravité.*

Ce mouvement n'est pas altéré par le choc des corps, quel que soit leur degré d'élasticité (n° 541) ; et, en effet, le phénomène du choc est produit, comme nous l'avons déjà dit (n° 499), par les actions mutuelles des molécules du corps choquant et du corps choqué, qui s'exercent à des distances insensibles, mais de grandeur finie, et pour lesquelles la loi de la réaction, égale et contraire à l'action, ne peut manquer d'avoir lieu. Par la même raison, si un corps solide est en mouvement, et qu'il soit brisé par une explosion intérieure, la direction et la vitesse du centre de gravité de toutes ses parties, après cette explosion, seront les mêmes que la direction et la vitesse du centre de gravité qui avaient lieu auparavant. En général, les changemens brusques de vitesse qui accompagnent les chocs ou les explosions, sont les effets des actions mutuelles des molécules; ces forces varient dans de très grands rapports, quand les molécules se rapprochent ou s'éloignent les unes des autres; et, par suite, elles font varier de même les vitesses des corps pendant de très courts intervalles de temps.

Le principe dont il s'agit est indépendant de la liaison des points du système, pourvu qu'aucun d'eux ne soit lié à d'autres points étrangers au système que l'on considère, et ne soit pas assujetti à se mouvoir sur une surface ou sur une courbe fixe ou mobile. Des conditions de cette espèce, s'il en existait, donneraient naissance à des forces qu'il faudrait transporter au centre de gravité, et qui pourraient faire varier sa vitesse. Il en sera de même, lorsqu'il y aura des forces appliquées aux points du système qui ne proviendront pas de leurs actions mutuelles; et, dans ce cas, les actions mutuelles pourront influer indirectement sur le mouvement du centre de gravité, en diminuant ou augmentant les distances des points du système aux points fixes ou mobiles d'où émanent les forces étrangères, et changeant, par conséquent, leurs intensités.

L'inertie d'un point matériel consiste en ce qu'il ne peut se mettre de lui-même en mouvement, ni modifier aucunement le mouvement qu'il a reçu, sans le secours de forces émanant d'autres points; l'inertie d'un système de corps consiste, de même, en ce que l'action mutuelle de ses parties ne peut produire ni modifier le mouvement de son centre de gravité, sans le secours de points d'appui ou de forces étrangères. Ainsi, le mouvement du centre de gravité du soleil, des planètes, des satellites et des comètes, doit être rectiligne et uniforme dans l'espace, abstraction faite de l'action exercée par les étoiles sur tous ces corps, et de la résistance du milieu, si elle existe.

La manière dont les différentes parties d'un muscle agissent l'une sur l'autre, pour produire ses mouvemens, nous est inconnue ; nous ignorerons peut-être toujours par quel moyen la volonté met ces parties de nature diverse dans la disposition respective, nécessaire pour qu'elles exercent actuellement leurs attractions ou répulsions mutuelles : quoi qu'il en soit, nous ne pouvons pas douter que ces actions ne soient soumises à la loi de réciprocité, comme toutes les autres forces naturelles; d'où il résulte qu'un animal, de quelque manière qu'il s'y prenne, ne peut jamais déplacer son centre de gravité par sa seule volonté, et sans le secours d'un point d'appui extérieur. L'homme et les animaux peuvent élever ou abaisser verticalement leur centre de gravité, en s'appuyant sur la terre ; ils peuvent aussi s'avancer horizontalement, à l'aide du frottement contre sa surface ; mais la locomotion leur serait impossible sur un plan parfaitement poli, où cette résistance serait tout-à-fait insensible. Dans le vol des oiseaux, c'est le centre de gravité de l'animal et de toute la masse d'air qu'il met en mouvement, qui demeure constamment en repos ;

et, dans le vide, il ne pourrait parvenir à déplacer son propre centre de gravité, quelle que fût la rapidité du mouvement de ses ailes.

Il n'y a pas de doute, non plus, que les fluides impondérables ne soient soumis à la loi de réaction égale et contraire à l'action, et que le principe de la conservation du mouvement du centre de gravité, qui en est la conséquence, ne doive aussi s'observer dans leurs mouvemens, comme dans celui de toutes les autres substances, dont ils ne diffèrent que par leur extrême ténuité. Ainsi, lorsque l'électricité, la chaleur, la lumière, s'échappent d'un mobile par un seul côté, ce corps doit reculer en sens contraire, afin que le centre de gravité du système entier demeure en repos ; mais la quantité de mouvement qu'il prendra ne sera sensible, qu'autant que celle du fluide impondérable le sera également, malgré la petitesse de sa masse, et à raison de la grandeur de sa vitesse. C'est ce qui ne peut-être décidé que par des expériences très délicates.

554. Non-seulement les forces provenant de l'action mutuelle des points m, m', m'', etc., d'un système entièrement libre, n'entrent pas dans les équations (7) de leur mouvement de translation, mais elles disparaissent aussi des équations (9) de son mouvement de rotation autour de l'origine des coordonnées (n°s 538 et 539).

En effet, soit F la force provenant de l'action mutuelle de m et m', qui est la même pour ces deux points matériels, et dirigée, si on la suppose attractive, de m vers m' pour le point m, et de m'

vers m pour le point m'. En appelant ρ la distance de ces deux points, les cosinus des angles que fait la droite mm', avec des parallèles aux axes des x, y, z, menées par le point m, seront

$$\frac{x'-x}{\rho}, \quad \frac{y'-y}{\rho}, \quad \frac{z'-z}{\rho};$$

relativement à la force F, on aura donc

$$mX = \frac{(x'-x)F}{\rho}, \quad mY = \frac{(y'-y)F}{\rho}, \quad mZ = \frac{(z'-z)F}{\rho},$$

pour les composantes de la force motrice du point m; et l'on trouvera de même

$$m'X' = \frac{(x-x')F}{\rho}, \quad m'Y' = \frac{(y-y')F}{\rho}, \quad m'Z' = \frac{(z-z')F}{\rho},$$

pour les composantes de la force motrice de m', provenant de cette force F. Or, d'après ces valeurs, nous aurons

$$m(xY - yX) + m'(x'Y' - y'X') = 0,$$
$$m(zX - xZ) + m'(z'X' - x'Z') = 0,$$
$$m(yZ - zY) + m'(y'Z' - z'Y') = 0;$$

par conséquent, les termes provenant de l'action mutuelle des points du système, se détruisent deux à deux dans les seconds membres des équations (9) du n° 539.

Si donc il n'y a pas d'autres forces motrices qui agissent sur les points m, m', m'', etc., le mouvement de rotation du système autour de l'origine des coordonnées, sera uniquement dû aux vitesses.

initiales qui ont été imprimées à ces points; en sorte que sans le secours de forces étrangères ou de points d'appui pris au dehors, c'est-à-dire, par la seule action mutuelle de ses parties, un système quelconque de corps ne peut produire aucun mouvement de translation ou de rotation commun à tous ses points, ni modifier, en aucune manière, celui qu'il a reçu primitivement.

555. Les seconds membres des équations (9) seront encore zéro, lorsque les points du système, indépendamment de leurs actions mutuelles, seront aussi sollicités par des forces dirigées vers l'origine des coordonnées; car pour une semblable force, appliquée au point m, les composantes mX, mY, mZ, sont entre elles comme les coordonnées x, y, z, de ce point; on a donc

$$x Y = y X, \quad z X = x Z, \quad y Z = z Y;$$

et le terme qui en provient disparaît de chacune des équations (9).

Ainsi, dans tout système entièrement libre, ou qui ne renferme qu'un seul point fixe, et dont les points m, m', m'', etc., sont soumis à leurs actions mutuelles et à des forces dirigées vers ce point fixe, en le prenant pour origine des coordonnées, on aura

$$\left. \begin{aligned} \Sigma m \left(x \frac{d^2 y}{dt^2} - y \frac{d^2 x}{dt^2} \right) &= 0, \\ \Sigma m \left(z \frac{d^2 x}{dt^2} - x \frac{d^2 z}{dt^2} \right) &= 0, \\ \Sigma m \left(y \frac{d^2 z}{dt^2} - z \frac{d^2 y}{dt^2} \right) &= 0. \end{aligned} \right\} \ (a).$$

S'il n'y a aucun point fixe dans le système, et que les mobiles soient uniquement soumis à leurs actions mutuelles, on pourra prendre tel point qu'on voudra pour origine des coordonnées; et comme dans ce même cas, les équations (7) du n° 538, se réduiront à

$$\Sigma m \frac{d^2 x}{dt^2} = 0, \quad \Sigma m \frac{d^2 y}{dt^2} = 0, \quad \Sigma m \frac{d^2 z}{dt^2} = 0, \quad (b),$$

il s'ensuit qu'on pourra aussi prendre pour cette origine, un point qui ait un mouvement rectiligne et uniforme dans l'espace.

En effet, en désignant par α, $\mathcal{6}$, γ, les coordonnées de ce point mobile, on aura

$$\frac{d^2 \alpha}{dt^2} = 0, \quad \frac{d^2 \mathcal{6}}{dt^2} = 0, \quad \frac{d^2 \gamma}{dt^2} = 0;$$

pour y transporter l'origine des coordonnées, il faudra faire

$$x = \alpha + x_{,}, \quad y = \mathcal{6} + y_{,}, \quad z = \gamma + z_{,},$$

relativement au point quelconque m; or, en substituant ces valeurs, dans la première équation (a), on peut la mettre sous la forme

$$\Sigma m \left(x_{,} \frac{d^2 y_{,}}{dt^2} - y_{,} \frac{d^2 x_{,}}{dt^2} \right) + \frac{d^2 \mathcal{6}}{dt^2} \Sigma m x_{,} - \frac{d^2 \alpha}{dt^2} \Sigma m y_{,}$$
$$+ \alpha \Sigma m \frac{d^2 x}{dt^2} - \mathcal{6} \Sigma m \frac{d^2 y}{dt^2} = 0;$$

au moyen des équations précédentes, elle se réduira donc à

$$\Sigma m \left(x_{,} \frac{d^2 y_{,}}{dt^2} - y_{,} \frac{d^2 x_{,}}{dt^2} \right) = 0;$$

et l'on trouvera de même que les deux autres équations (a) ne changent pas de forme, et deviennent

$$\Sigma m\left(z_{,}\frac{d^2x_{,}}{dt^2} - x_{,}\frac{d^2z_{,}}{dt^2}\right) = 0,$$

$$\Sigma m\left(y_{,}\frac{d^2z_{,}}{dt^2} - z_{,}\frac{d^2y_{,}}{dt^2}\right) = 0,$$

quand on transporte l'origine des coordonnées au point dont le mouvement est rectiligne et uniforme.

Dans le cas dont il s'agit, le mouvement du centre de gravité du système étant rectiligne et uniforme (n° 553), il en résulte que les équations (a) devront subsister en prenant ce centre pour origine des coordonnées.

556. En multipliant les équations (a) par dt, et observant qu'on a

$$x\frac{d^2y}{dt} - y\frac{d^2x}{dt} = d\left(x\frac{dy}{dt} - y\frac{dx}{dt}\right),$$

$$z\frac{d^2x}{dt} - x\frac{d^2z}{dt} = d\left(z\frac{dx}{dt} - x\frac{dz}{dt}\right),$$

$$y\frac{d^2z}{dt} - z\frac{d^2y}{dt} = d\left(y\frac{dz}{dt} - z\frac{dy}{dt}\right);$$

intégrant et désignant par c, c', c'', les constantes arbitraires, il vient

$$\left.\begin{aligned}\Sigma m\left(x\frac{dy}{dt} - y\frac{dx}{dt}\right) &= c, \\ \Sigma m\left(z\frac{dx}{dt} - x\frac{dz}{dt}\right) &= c', \\ \Sigma m\left(y\frac{dz}{dt} - z\frac{dy}{dt}\right) &= c'';\end{aligned}\right\} \quad (c)$$

équations qui montrent que dans le mouvement d'un système entièrement libre, où les mobiles ne sont soumis qu'à leurs actions mutuelles, ou à des forces dirigées vers un centre fixe, les momens des quantités de mouvement de tous les points du système, par rapport à trois axes rectangulaires qui se coupent en ce point, et par conséquent, par rapport à toute autre droite menée par ce même point, sont des quantités constantes. Ces momens ne changeront pas de valeur, dans le choc des corps du système, ou dans l'explosion d'un ou de plusieurs d'entre eux, puisque les forces qui produisent ces phénomènes, sont des actions mutuelles de leurs molécules; ce qui s'accorde avec le résultat du n° 541.

S'il n'y a pas de forces dirigées vers un point fixe, il résulte du numéro précédent, que ce théorème aura encore lieu, par rapport à un axe quelconque qui se meut parallèlement à lui-même, en passant constamment par le centre de gravité du système, ou, plus généralement, par un point dont le mouvement est rectiligne et uniforme. Dans ce même cas, on conclut des équations (b), que les sommes des quantités de mouvement de tous les points du système, suivant trois directions rectangulaires, et conséquemment suivant une direction quelconque, sont également des quantités constantes; théorème qu'on peut aussi regarder comme renfermé dans celui qui répond aux momens de ces forces, en éloignant à l'infini le centre des momens et l'origine des coordonnées.

557. Les valeurs des constantes c, c', c'', dépendront de la direction des axes rectangulaires,

qu'on prendra pour ceux des coordonnées; mais si l'on fait

$$c^2 + c'^2 + c''^2 = \gamma^2,$$

la quantité γ sera non-seulement indépendante de t, mais aussi de cette direction; car elle exprime le moment principal d'un système de forces (n° 281), dont la valeur ne peut pas dépendre de la direction arbitraire des droites suivant lesquelles ces forces sont décomposées. Lorsqu'il n'existe pas de point fixe dans le système, on trouvera donc une même valeur de γ, en la calculant à deux époques différentes du mouvement, et prenant le centre de gravité pour origine des coordonnées, quelle que soit d'ailleurs leur direction, différente ou la même, à ces deux époques. Dans ces calculs, on n'emploiera que des positions et des vitesses relatives des mobiles aux époques données, savoir, les perpendiculaires x, y, z, abaissées de chaque point m sur trois plans rectangulaires, menés arbitrairement par le centre de gravité, et les excès $\frac{dx}{dt}$, $\frac{dy}{dt}$, $\frac{dz}{dt}$, des composantes de la vitesse de m, parallèles à leurs intersections, sur les composantes de la vitesse du centre de gravité suivant les mêmes directions. Lors même qu'il serait survenu entre les deux époques pour lesquelles on aura ainsi calculé la valeur de γ, un ou plusieurs chocs ou explosions des corps du système, cette valeur ne serait pas changée, pourvu que, dans le cas d'une explosion, on comprît dans le calcul de la seconde époque toutes les parties du corps brisé. Si donc on la trouvait différente à la seconde époque de ce qu'elle était à la première, on en pourrait conclure que des forces étrangères ont agi, dans l'intervalle, sur les mobiles, ou bien qu'ils ont choqué d'autres corps qui ne font pas partie du système.

Si l'on appelle α, α', α'', les angles que fait l'axe du moment principal avec les axes des z, y, x, dont l'origine est au centre de gravité, on aura (n° 281)

$$\cos \alpha = \frac{c}{\gamma}, \quad \cos \alpha' = \frac{c'}{\gamma}, \quad \cos \alpha'' = \frac{c''}{\gamma};$$

en supposant donc que ces axes soient constamment parallèles à eux-mêmes, les quantités c, c', c'', ne changeront pas, et la direction de l'axe du moment principal sera aussi invariable, comme la grandeur du moment qui s'y rapporte. La même chose a lieu par rapport à un point fixe, lorsqu'il y en a un dans le système, et qu'on le prend pour origine des coordonnées ; ce qu'on a déjà vu dans le n° 416, relativement à un corps solide.

558. Il est important d'observer que les termes provenant de l'action mutuelle du système disparaissent dans les seconds membres des équations (9) du n° 539, lors même que l'intensité de cette action varie avec le temps, indépendamment de la distance, c'est-à-dire, lorsque les composantes de cette force renferment le temps t explicitement. Les équations (c), et, par conséquent, l'invariabilité du moment principal et de la direction de son axe, ont donc encore lieu dans ce cas, qui se présente, par exemple, quand les points du système perdent, sous forme rayonnante, une partie de leur chaleur propre ; ce qui dimi-

nue, à distance égale, l'intensité de leur action mutuelle.

Ainsi, en faisant abstraction de l'action du soleil et de la lune sur la masse de la terre, et supposant que notre planète, autrefois à l'état gazeux, s'est solidifiée par le refroidissement, sans perdre aucune partie de sa matière pondérable, on peut assurer que, dans cette transformation, le moment principal des quantités de mouvement de tous ses points n'a pas changé de grandeur, ni son axe de direction. Cette droite est devenue l'axe de figure de la terre, autour duquel elle tourne maintenant; et, dans ce mouvement, il est aisé de voir (n° 386) que l'on a

$$\gamma = \omega M k^2,$$

pour la valeur du moment principal; ω étant la vitesse angulaire de rotation, M la masse, et $M k^2$ le moment d'inertie par rapport à l'axe de figure. Si le refroidissement et la rotation de la terre continuent encore actuellement, et que son rayon diminue en conséquence, la valeur de k diminuera dans le même rapport; à cause que la quantité γ est constante, la valeur de ω augmentera donc en raison inverse du carré de k, et la durée du jour décroîtra proportionnellement au carré du rayon. Une diminution, due à cette cause, d'un dix-millionième sur la durée du jour, supposerait un décroissement d'un vingt-millionième sur la longueur du rayon; et comme on est certain que le jour n'a pas éprouvé cette diminution depuis 2500 ans (n° 443), il en résulte que le rayon moyen de la terre n'a pas varié d'un vingt-millionième, ou d'à peu près 3 mètres, dans ce long intervalle de temps, par l'effet du refroidissement, si la température moyenne de la terre n'est pas encore parvenue à un état permanent.

Les tremblemens de terre, les explosions volcaniques, le souffle des vents contre les côtes, les frottemens et les pressions de la mer sur la partie solide du sphéroïde terrestre, répondant à des actions mutuelles des parties du système, il n'en peut résulter aucune variation de la quantité γ; et les déplacemens de ces parties qui ont lieu dans toutes ces circonstances, n'étant pas assez considérables pour produire des changemens sensibles dans la valeur de k, ces causes diverses ne produiront aucune altération appréciable dans la rapidité de la vitesse ω, ni dans la durée du jour.

559. Les théorèmes qui se déduisent des équations (c) peuvent encore s'énoncer d'une autre manière.

Observons, pour cela, que la formule $\frac{1}{2}(x\,dy - y\,dx)$ est l'aire décrite pendant l'instant dt, ou la différentielle de l'aire décrite pendant le temps t, par le rayon vecteur de la projection du point m sur le plan des x et y, en allant de l'axe des x positives vers l'axe des y positives (n° 154). La formule $\frac{1}{2}(z\,dx - x\,dz)$ est de même la différentielle de l'aire décrite par le rayon vecteur de la projection du même point m, sur le plan des z et x, en allant de l'axe des z vers l'axe des x; et $\frac{1}{2}(y\,dz - z\,dy)$ exprime la différentielle de l'aire décrite par le rayon vecteur de la projection de ce point sur le plan des y et z, en allant de l'axe des y vers l'axe des z.

Cela posé, considérons les aires comme des quantités positives ou négatives, selon qu'elles sont décrites sur chaque plan, dans le sens qu'on vient d'indiquer, ou dans le sens opposé. Soit $\frac{1}{2}\lambda$ la somme des aires décrites, pendant le temps t, par les rayons vecteurs des projections de tous les points du système, et multipliées respectivement par leurs masses m, m', m'', m''', etc. Appelons $\frac{1}{2}\lambda'$ la somme des aires décrites sur le plan des z et x, pendant le même temps, par les rayons vecteurs des projections de ces points matériels, et multipliée aussi par leurs masses. Soit enfin $\frac{1}{2}\lambda''$ la somme des aires décrites sur le plan des y et z, pendant ce temps t, par les rayons vecteurs des projections de ces mêmes points, multipliées de même par leurs masses. Ces trois sommes seront des fonctions de t, dont les valeurs s'évanouiront avec cette variable, et qui auront pour différentielles

$$\frac{1}{2}d\lambda = \frac{1}{2}\Sigma m\,(xdy - ydx),$$
$$\frac{1}{2}d\lambda' = \frac{1}{2}\Sigma m\,(zdx - xdz),$$
$$\frac{1}{2}d\lambda'' = \frac{1}{2}\Sigma m\,(ydz - zdy).$$

En vertu des équations (c), on aura donc

$$d\lambda = cdt, \quad d\lambda' = c'dt, \quad d\lambda'' = c''dt;$$

et, en intégrant, on en déduit

$$\lambda = ct, \quad \lambda' = c't, \quad \lambda'' = c''t.$$

Donc, dans le mouvement d'un système entièrement

libre, dont les points ne sont soumis qu'à leurs actions mutuelles, les sommes des aires représentées par $\frac{1}{2}\lambda$, $\frac{1}{2}\lambda'$, $\frac{1}{2}\lambda''$, sont proportionnelles au temps employé à les décrire, et les sommes des aires décrites pendant l'unité de temps, conservent leurs valeurs initiales pendant toute la durée du mouvement; le centre des aires étant un point fixe, le centre de gravité du système, ou tout autre point dont le mouvement est rectiligne et uniforme.

C'est en cela que consiste le *principe de la conservation des aires*. Il a encore lieu lorsqu'il existe dans le système un point fixe vers lequel sont dirigées des forces agissant sur un ou plusieurs des mobiles, pourvu que l'on prenne alors ce point fixe pour centre des aires; ce qui comprend le théorème du n° 154, relatif à un point matériel isolé.

Nous ferons remarquer que, quand les points m, m', m'', etc., tournent dans un même sens autour du centre des aires, comme les centres des planètes autour du soleil, il en sera de même à l'égard de leurs projections sur les plans des coordonnées; de sorte que tous les termes des sommes $\frac{1}{2}\lambda$, $\frac{1}{2}\lambda'$, $\frac{1}{2}\lambda''$, auront le même signe : ils auront, au contraire, des signes différens, et ces sommes pourront être des quantités positives ou négatives, lorsqu'une partie des mobiles tournera dans un sens, et l'autre partie dans le sens opposé, comme dans le mouvement des comètes autour du soleil.

560. Maintenant, soient O (fig. 31), le centre des aires, fixe ou mobile; Ox, Oy, Oz, les directions des axes rectangulaires des coordonnées; M et M,

les positions du point quelconque m au bout des temps t et $t + dt$; P et P, les projections de M et M, sur le plan des x et y. Le triangle MOM, sera l'aire plane décrite, pendant l'instant dt, par le rayon vecteur de m, et il aura pour projection sur le plan des x et y, le triangle POP,, ou l'aire décrite pendant cet instant, par le rayon vecteur de la projection de m sur ce plan. Les projections de MOM, sur les deux autres plans des coordonnées, seront aussi les aires décrites par les rayons vecteurs des projections de m sur ces plans. Il en sera de même pour les aires décrites dans l'espace, pendant toutes les parties infiniment petites du temps t, par les rayons vecteurs de tous les points du système, et multipliées par leurs masses, ou, autrement dit, pour toutes ces aires augmentées dans le rapport des masses m, m', m'', etc., à l'unité. Par conséquent, les quantités $\frac{1}{2}\lambda$, $\frac{1}{2}\lambda'$, $\frac{1}{2}\lambda''$, qu'on vient de considérer, seront les sommes des projections de ces aires infiniment petites, sur les trois plans des coordonnées; et l'on pourra appliquer à ce système d'aires planes et à leurs projections, les théorèmes des n⁰ˢ 276 et suivans.

Ainsi, parmi tous les plans qu'on peut faire passer par le point O, il y en a un sur lequel la somme des projections des aires planes, prises avec les signes qui résultent du sens du mouvement pour chacune d'elles, est un *maximum*. Si l'on désigne par μ la valeur de cette aire *maxima*, on aura

$$\mu^2 = \lambda^2 + \lambda'^2 + \lambda''^2;$$

et, si OH est la perpendiculaire à son plan, et qu'on fasse

$$z\text{OH} = \mathcal{C}, \quad y\text{OH} = \mathcal{C}', \quad x\text{OH} = \mathcal{C}'',$$

on aura aussi

$$\cos\mathcal{C} = \frac{\lambda}{\mu}, \quad \cos\mathcal{C}' = \frac{\lambda'}{\mu}, \quad \cos\mathcal{C}'' = \frac{\lambda''}{\mu}.$$

Or, d'après les valeurs de λ, λ', λ'', ces formules sont la même chose que

$$\cos\mathcal{C} = \frac{c}{\gamma}, \quad \cos\mathcal{C}' = \frac{c'}{\gamma}, \quad \cos\mathcal{C}'' = \frac{c''}{\gamma}; \quad (d)$$

c, c', c'', γ, étant les mêmes constantes que précédemment. Il en résulte donc que la direction du plan de l'aire *maxima* demeurera constante pendant toute la durée du mouvement, et que la normale à ce plan menée par le centre des aires coïncidera toujours avec l'axe du moment principal des quantités de mouvement de tous les points du système.

On conclut de là que dans le mouvement de tout système entièrement libre, dont les points matériels ne sont soumis qu'à leurs actions mutuelles, il existe un plan, passant par le centre de gravité, qui demeure constamment parallèle à lui-même, et dont on peut, à chaque instant, déterminer la direction, au moyen des masses de tous ces points, de leurs coordonnées rapportées au centre de gravité comme origine, et des excès des composantes de leurs vitesses sur celles de la vitesse de ce centre.

Ce théorème est dû à Laplace, qui a donné au plan dont il s'agit la dénomination de *plan inva-*

riable, et qui a proposé d'en faire usage , en Astronomie, pour rapporter à sa direction constante les
directions variables (n° 244) des plans des orbites
planétaires.

561. C'est au plan de l'orbite de la terre , et à une
droite menée, dans ce plan, par le centre du soleil
et parallèlement à la ligne des équinoxes, que les
astronomes rapportent les positions des astres et les
directions des plans dans lesquels ils se meuvent.
L'écliptique vraie et la ligne des équinoxes étant en
mouvement dans l'espace , on détermine leurs positions, à un instant donné, en les comparant à celles
des étoiles ; mais on peut craindre que les mouvemens propres des étoiles, qui sont inconnus pour la
plupart, ne nous induisent en erreur sur les déplacemens absolus de l'orbite de la terre, après plusieurs siècles ; et, pour prévenir cet embarras, il est
bon de pouvoir assigner sa direction vraie à un instant quelconque.

Supposons donc que le plan des x et y soit le plan
de l'écliptique à un instant donné, ou, plus exactement, un plan parallèle à celui de cette écliptique
et mené par le centre de gravité O du système solaire. Par le point O (fig. 32), menons arbitrairement
dans ce plan les axes Ox et Oy ; et d'après les coordonnées et les vitesses actuelles de tous les points du système solaire, rapportées aux axes rectangulaires Ox,
Oy, Oz, et les masses de ces points, supposons aussi
qu'on ait calculé les valeurs des quantités c, c', c''.
Si OH est la perpendiculaire au plan invariable de
ce système, et EOE′ l'intersection de ce plan avec

celui des x et y, les équations (d) donneront

$$\cos \mathrm{HO}z = \frac{c}{\gamma}, \quad \tang \mathrm{EO}x = \frac{c'}{c''}; \quad (e)$$

ce qui fait connaître la direction du plan invariable par rapport à celui des x et y. Mais pour en conclure, réciproquement, la direction absolue du plan de l'écliptique, parallèle à celui des x et y, il faut encore qu'il existe, sur le plan invariable, une droite qui demeure constamment parallèle à elle-même, et dont la direction soit connue à chaque instant. OK étant cette droite, on connaîtra l'angle $\mathrm{KO}x$ à l'époque que l'on considère; de cet angle, joint à $\mathrm{HO}z$ et $\mathrm{EO}x$, on déduira l'angle EOK; et les deux angles $\mathrm{HO}z$ et EOK détermineront complètement la direction absolue du plan de l'écliptique.

Or, l'existence du plan invariable, dans le système solaire, suppose, implicitement, que l'on fait abstraction de l'action des étoiles sur le soleil et sur les planètes, et que toutes les parties du système sont soumises uniquement à leurs actions mutuelles. Mais, dans ce cas, le mouvement du centre de gravité O est rectiligne et uniforme; par conséquent, à moins que la direction de ce mouvement ne soit exactement perpendiculaire au plan invariable, on aura une droite OK, toujours parallèle à elle-même, en projetant sur ce plan la droite que décrit le point O dans l'espace. On ne voit pas une autre ligne qu'on puisse prendre pour la droite OK; mais pour faire usage de celle que nous indiquons, il faut qu'on ait préalablement déterminé, par l'observation, la direction

du mouvement du centre de gravité de notre uni-
vers, que nous ne connaissons encore que très im-
parfaitement.

En comparant les valeurs des angles HOz et EOK,
déterminées à deux époques différentes, on connaîtra les déplacemens réels de l'écliptique qui ont eu
lieu dans l'intervalle, et que le seul angle HOz, inclinaison du plan mobile sur le plan invariable, ne
suffirait pas pour déterminer complètement. Toutefois,
si les quantités c' et c'' sont très petites par rapport à
c, l'angle HOz sera aussi très petit, et de très petites
différences dans les valeurs de c' et c'' en produiront
de très grandes dans les valeurs de EOx, et, par
suite, de l'angle EOK; en sorte qu'il paraîtrait, dans
ce cas, que l'intersection OE de l'écliptique et du
plan invariable aurait éprouvé un déplacement très
considérable sur ce plan. Mais, en général, ce déplacement ne serait pas réel; car les petites différences
des valeurs de c' et c'' proviendront, en grande partie, des erreurs inévitables dans les observations qui
servent à déterminer ces valeurs, et des quantités
qu'on est obligé de négliger en les calculant.

Au reste, quand l'angle HOz est très petit, c'est-à-
dire, quand l'écliptique est très peu inclinée sur le
plan invariable, l'angle EOK, qu'on peut alors très
difficilement déterminer, n'a que très peu d'influence
sur la direction vraie du plan de l'orbite de la
terre.

562. Le nombre et les masses des comètes nous
étant inconnus, on sera obligé de négliger les termes
qui leur correspondent dans les valeurs de c, c', c'',

relatives au système solaire; mais les valeurs de c, c', c'', données par les formules (c) seront très peu altérées par cette omission, vu la petitesse de ces masses, et parce que les termes de ces formules, qui correspondent aux comètes, se détruisent, en grande partie, par l'opposition des signes (n° 559).

On calculera de la manière suivante les parties de c, c', c'', qui répondent au soleil, aux planètes et aux satellites.

Soient M la masse d'un de ces corps, et dm l'élément de cette masse, dont x, y, z, sont les coordonnées rapportées aux axes Ox, Oy, Oz. Appelons x_i, y_i, z_i, les coordonnées du centre de gravité de M, par rapport aux mêmes axes, et x_i, y_i, z_i, les coordonnées de dm, rapportées à des parallèles à ces axes, menées par ce centre de gravité; de sorte qu'on ait, à un instant quelconque,

$$x = x_i + x_{,}, \quad y = y_i + y_{,}, \quad z = z_i + z_{,},$$
$$\frac{dx}{dt} = \frac{dx_i}{dt} + \frac{dx_{,}}{dt}, \quad \frac{dy}{dt} = \frac{dy_i}{dt} + \frac{dy_{,}}{dt}, \quad \frac{dz}{dt} = \frac{dz_i}{dt} + \frac{dz_{,}}{dt}.$$

L'origine des coordonnées $x_{,}$, $y_{,}$, $z_{,}$, étant au centre de gravité de M, on a

$$\int x_{,} dm = 0, \quad \int y_{,} dm = 0, \quad \int z_{,} dm = 0,$$

et, par conséquent,

$$\int \frac{dx_{,}}{dt} dm = 0, \quad \int \frac{dy_{,}}{dt} dm = 0, \quad \int \frac{dz_{,}}{dt} dm = 0;$$

les intégrales s'étendant à la masse entière. D'après cela, si l'on substitue les valeurs de x, y, z, $\frac{dx}{dt}$, $\frac{dy}{dt}$, $\frac{dz}{dt}$, dans la première équation (c), et qu'on **y** change m et Σ en dm et $\int$, on trouve

$$c = \mathrm{M}\left(x_1 \frac{dy_1}{dt} - y_1 \frac{dx_1}{dt}\right) + \int\left(x_\prime \frac{dy_\prime}{dt} - y_\prime \frac{dx_\prime}{dt}\right) dm;$$

ce qui montre que le moment des quantités de mouvement de M, par rapport à l'axe Oz, se compose de deux parties : la première ne dépend que du mouvement du centre de gravité de M, et est la même que si cette masse était concentrée en ce point; la seconde est indépendante de ce mouvement, et la même que si le centre de gravité de M était en repos, et que l'axe Oz fût transporté en ce point, parallèlement à lui-même. Le même résultat s'applique aux quantités c' et c'', et a encore lieu par rapport à un axe quelconque.

Maintenant, soient A, B, C, les momens d'inertie de M, par rapport à ses trois axes principaux qui se coupent à son centre de gravité; p, q, r, les composantes de sa vitesse angulaire de rotation, relatives aux mêmes axes; λ, μ, ν, les angles que font leurs directions avec une parallèle à l'axe Oz, menée par leur point d'intersection; d'après ce qu'on a vu dans le n° 409, nous aurons

$$\int\left(x_\prime \frac{dy_\prime}{dt} - y_\prime \frac{dx_\prime}{dt}\right) dm = Ap\cos\lambda + Bq\cos\mu + Cr\cos\nu,$$

pour le moment, par rapport à cette parallèle, des quantités de mouvement de tous les points de M, provenant de sa rotation autour de son centre de gravité. Il s'ensuit que la valeur complète de c sera

$$c = \Sigma M \left(x_\iota \frac{dy_\iota}{dt} - y_\iota \frac{dx_\iota}{dt} \right) + \Sigma (Ap \cos \lambda + Bq \cos \mu + Cr \cos \nu) ; \quad (f)$$

les deux sommes Σ s'étendant au soleil, à toutes les planètes et à leurs satellites, et se composant par conséquent de 30 termes. Or, les rapports de A, B, C, à M, dépendant de la constitution intérieure de ce corps M, ils nous seront, sans doute, toujours inconnus : nous savons seulement que ces trois rapports diffèrent peu l'un de l'autre, à cause de la forme à peu près sphérique des corps célestes; et qu'ils sont moindres que si ces corps étaient homogènes, parce que les densités des couches concentriques vont en décroissant du centre à la surface de M. Il serait donc impossible de calculer la valeur de c, et de même, les valeurs de c' et c'', si l'on devait avoir égard à la partie de chacune de ces quantités, qui provient de la rotation des corps célestes. Mais quelles que soient la forme de M et sa constitution intérieure, la partie de $Ap \cos \lambda + Bq \cos \mu + Cr \cos \nu$, qui est due à l'état initial de ce corps solide, demeure constante pendant toute la durée de son mouvement (n° 416); en sorte que cette quantité ne peut varier, pour chaque corps céleste, qu'à raison des attractions des autres corps, en tant que leur résultante ne passe pas exactement par le centre de gravité de M, c'est-à-dire, en tant qu'elles s'exercent sur la partie non sphérique de M. Il en résulte que pour chaque corps céleste, la partie variable du second terme de la formule (f) est très petite, et peut être négligée par rapport à la partie du premier terme, relative au même corps. Ainsi, par exemple, en désignant par h le rayon du globe terrestre, par ω la vitesse angulaire de son mouvement de rotation, qui a lieu autour de son axe de figure, et par δ l'angle que fait cet axe avec la parallèle à l'axe Oz, le second terme de la formule (f), qui répond à la terre, sera moindre que $\frac{2Mh^2}{5}\,\omega\cos\delta$, qui en serait la valeur, si la terre était homogène; soient aussi ρ et θ le rayon moyen de l'orbite de la terre et sa vitesse moyenne dans son mouvement annuel; le premier terme de la formule (f) relatif à la terre, aura par conséquent $M\rho^2\theta$ pour valeur; or, si l'axe Oz est perpendiculaire au plan de cette orbite, auquel cas δ représentera l'obliquité de l'écliptique, on verra qu'une variation de cinq degrés dans la grandeur de cet angle, ne produirait pas une variation dans la valeur de $\frac{2Mh^2}{5}\,\omega\cos\delta$, qui soit un cent-millionième de la quantité $M\rho^2\theta$. On s'en assurera, en observant que le rapport de ω à θ excède à peine 366, que celui de ρ à h est environ 24000, et l'angle δ, à peu près $23°\,28'$. Il en sera de même à l'égard de toutes les autres planètes. Par rapport au soleil, il y a lieu de croire que la partie variable du second terme de la formule (f) qui lui correspond, est tout-à-fait insensible, à cause de sa forme sphérique qui résulte des observations, et que l'on peut aussi supposer à ses couches intérieures, à raison de la petitesse de la force centrifuge comparée à la pesanteur, dans les différens points de ce corps (n° 250); d'où l'on conclut que la résul-

tante des attractions des planètes doit passer constamment par son centre de gravité, et ne produire
aucune perturbation dans son mouvement de rotation
autour de ce point.

D'après ces considérations, si l'on fait passer dans
le premier membre de l'équation (f), le second
terme de son second membre, on pourra comprendre
dans la constante c, la partie invariable de ce second
terme, prise avec un signe contraire; et en négligeant seulement sa partie variable, et opérant de
même sur les équations qui donnent les valeurs de
c' et c'', on aura, avec une approximation bien supérieure à celle des observations,

$$\left. \begin{aligned} c &= \Sigma\mathrm{M}\left(x_1\frac{dy_1}{dt} - y_1\frac{dx_1}{dt}\right), \\ c' &= \Sigma\mathrm{M}\left(z_1\frac{dx_1}{dt} - x_1\frac{dz_1}{dt}\right), \\ c'' &= \Sigma\mathrm{M}\left(y_1\frac{dz_1}{dt} - z_1\frac{dy_1}{dt}\right). \end{aligned} \right\} \quad (g).$$

563. Les coordonnées x_1, y_1, z_1, qui entrent dans
ces formules, ont leur origine au centre de gravité
du système solaire; pour plus de commodité, il est
bon de la transporter au centre de gravité du soleil.

Pour cela, soient g, h, k, les coordonnées de ce
point rapportées aux mêmes axes que x_1, y_1, z_1;
appelons x, y, z, les coordonnées du centre de
gravité de M, rapportées à des axes parallèles, passant par le centre de gravité du soleil; nous aurons

$$x_1 = x - g, \quad y_1 = y - h, \quad z_1 = z - k;$$

en substituant ces valeurs dans la première équation (g), elle deviendra donc

$$c = \Sigma M \left(x \frac{dy}{dt} - y \frac{dx}{dt} \right) + \left(g \frac{dh}{dt} - h \frac{dg}{dt} \right) \Sigma M$$
$$- g \Sigma M \frac{dy}{dt} + h \Sigma M \frac{dx}{dt} + \frac{dg}{dt} \Sigma M y - \frac{dh}{dt} \Sigma M x \,;$$

et l'on transformera de même les expressions de c' et c''. D'ailleurs, l'origine des coordonnées $x_{\text{\tiny 1}}, y_{\text{\tiny 1}}, z_{\text{\tiny 1}}$, étant au centre de gravité du système, on en conclut

$$g \Sigma M = \Sigma M x, \quad h \Sigma M = \Sigma M y, \quad k \Sigma M = \Sigma M z,$$

et, par conséquent,

$$\frac{dg}{dt} \Sigma M = \Sigma M \frac{dx}{dt}, \quad \frac{dh}{dt} \Sigma M = \Sigma M \frac{dy}{dt}, \quad \frac{dk}{dt} \Sigma M = \Sigma M \frac{dz}{dt}.$$

Au moyen de ces équations, j'élimine g, h, k, $\frac{dg}{dt}$, $\frac{dh}{dt}$, $\frac{dk}{dt}$, des expressions de c, c', c'', qui deviennent finalement

$$\left. \begin{aligned}
c &= \Sigma M \left(x \frac{dy}{dt} - y \frac{dx}{dt} \right) \\
&\quad - \frac{1}{\Sigma M} \left(\Sigma M x . \Sigma M \frac{dy}{dt} - \Sigma M y . \Sigma M \frac{dx}{dt} \right), \\
c' &= \Sigma M \left(z \frac{dx}{dt} - x \frac{dz}{dt} \right) \\
&\quad - \frac{1}{\Sigma M} \left(\Sigma M z . \Sigma M \frac{dx}{dt} - \Sigma M x . \Sigma M \frac{dz}{dt} \right), \\
c'' &= \Sigma M \left(y \frac{dz}{dt} - z \frac{dy}{dt} \right) \\
&\quad - \frac{1}{\Sigma M} \left(\Sigma M y . \Sigma M \frac{dz}{dt} - \Sigma M z . \Sigma M \frac{dy}{dt} \right).
\end{aligned} \right\} \quad (h)$$

Les coordonnées x, y, z, du centre de gravité de chaque planète ou satellite, et les composantes $\frac{dx}{dt}$, $\frac{dy}{dt}$, $\frac{dz}{dt}$, de sa vitesse, pourront être regardées comme des données de l'observation aux différentes époques pour lesquelles on voudra calculer les valeurs de c, c', c'', et, par suite, les angles HOz et EOx relatifs à la direction du plan invariable, au moyen des équations (e). L'origine des coordonnées étant actuellement le centre du soleil, les sommes Σ qui s'y rapportent, ne contiendront pas la masse du soleil, laquelle se trouvera seulement dans ΣM, et rendra conséquemment très petit le second terme de chacune des formules (h) par rapport au premier.

§ IV. *Principes des forces vives et de la moindre action.*

564. Lorsque les équations (2) du n° 531 ne renfermeront pas le temps explicitement, on satisfera aux équations (3) du même numéro, en prenant pour δx, δy, δz, $\delta x'$, etc., les différentielles dx, dy, dz, dx', etc., relatives à cette variable ; car alors ces dernières équations deviendront les différentielles complètes des premières, savoir :

$$dL = 0, \quad dL' = 0, \quad dL'' = 0, \text{ etc.} ;$$

et les quantités L, L', L''; etc., étant nulles par hypothèse, pendant toute la durée du mouvement, leurs différentielles complètes, prises en considérant

x, y, z, x', etc., comme des fonctions de t, sont aussi égales à zéro. Mais si L, par exemple, renferme le temps explicitement, sa différentielle complète sera

$$dL = \frac{dL}{dt}\,dt + \frac{dL}{dx}\,dx + \frac{dL}{dy}\,dy + \text{etc.};$$

et en prenant

$$\delta x = dx, \quad \delta y = dy, \quad \delta z = dz, \quad \delta x' = dx', \quad \text{etc.},$$

la première équation (3) ne s'accordera avec l'équation $dL = 0$, que pour les valeurs particulières de t, s'il en existe, pour lesquelles on aura $\frac{dL}{dt} = 0$. Je supposerai dans ce qui va suivre, que les conditions du système de points matériels m, m', m'', etc., exprimées par les équations (2), sont indépendantes du temps t; les quantités L, L', L'', etc., seront, d'ailleurs, des fonctions quelconques des coordonnées de ces mobiles, qui ne contiendront pas seulement leurs distances mutuelles, et le système pourra renfermer des points fixes et des points assujettis à demeurer sur des surfaces ou sur des courbes immobiles.

Cela étant, si l'on substitue les valeurs précédentes de δx, δy, etc., dans l'équation (1) du numéro cité, elle deviendra

$$\Sigma m\left(\frac{d^2x}{dt^2}\,dx + \frac{d^2y}{dt^2}\,dy + \frac{d^2z}{dt^2}\,dz\right)$$
$$= \Sigma m\,(X\,dx + Y\,dy + Z\,dz).$$

En appelant v, v', v'', etc., les vitesses des points m, m', m'', etc., au bout du temps t, on aura, relativement au point quelconque m,

$$\frac{dx^2}{dt^2} + \frac{dy^2}{dt^2} + \frac{dz^2}{dt^2} = v^2;$$

et en différentiant par rapport à t, il en résultera

$$\tfrac{1}{2} d.v^2 = \frac{d^2x}{dt^2} dx + \frac{d^2y}{dt^2} dy + \frac{d^2z}{dt^2} dz;$$

ce qui changera l'équation précédente en celle-ci :

$$\tfrac{1}{2} d.\Sigma mv^2 = \Sigma m (X dx + Y dy + Z dz). \quad (a)$$

Maintenant, si les points du système sont attirés ou repoussés par des centres fixes, et que ces forces soient des fonctions quelconques de la distance, la formule $X dx + Y dy + Z dz$ sera une différentielle exacte (n° 158), pour chacun des mobiles en particulier. Si les points m, m', m'', etc., sont, en outre, soumis à leurs actions mutuelles, dont les intensités soient aussi des fonctions de la distance, et qui satisfassent à la loi de la réaction, égale et contraire à l'action, la somme des quantités $X dx + Y dy + Z dz$ et $X' dx' + Y' dy' + Z' dz'$, relatives à l'action mutuelle de m et m', sera encore une différentielle exacte (n° 346); et de même pour toutes les autres parties de la somme Σ, prises deux à deux. Il suit donc de là que s'il n'y a dans le système aucune force dirigée vers un centre mobile étranger, qui introduirait le temps t dans les expressions de X, Y, etc., ni aucune résistance d'un milieu, pour laquelle ces expressions renfermeraient les vitesses des mobiles, et que les points m, m', m'', etc., ne soient soumis qu'à leurs actions mutuelles, et à des attractions ou répulsions, émanant de centres fixes, on aura

$$\Sigma m\,(\mathrm{X}dx + \mathrm{Y}dy + \mathrm{Z}dz) = d\varphi(x,\,y,\,z,\,x',\,\text{etc.});$$

φ désignant une fonction donnée des coordonnées de m, m', m'', etc., qui dépendra des lois de ces forces en fonctions des distances.

Alors, en intégrant l'équation (a) et désignant par C la constante arbitraire, nous aurons

$$\Sigma m v^2 = \mathrm{C} + 2\varphi\,(x,\,y,\,z,\,x',\,\text{etc.}).$$

Pour éliminer C, soient k, k', k'', etc., les vitesses initiales de m, m', m'', etc.; désignons par a, b, c, les coordonnées initiales de m, par a', b', c', celles de m', etc.; on aura à l'origine du mouvement

$$\Sigma m k^2 = \mathrm{C} + 2\varphi\,(a,\,b,\,c,\,a',\,\text{etc.});$$

et en retranchant cette équation de la précédente, il en résultera, à un instant quelconque,

$$\Sigma m v^2 - \Sigma m k^2 = 2\varphi(x,y,z,x',\text{etc.}) - 2\varphi(a,b,c,a'). \quad (b)$$

Les quantités $\Sigma m v^2$ et $\Sigma m k^2$ sont les sommes des forces vives de tous les points du système à cet instant et à l'origine du mouvement; cette équation signifie donc que la différence de ces deux sommes ne dépend que des coordonnées des mobiles, à ces deux époques, et nullement de leurs liaisons ni des chemins qu'ils ont suivis pour passer de leurs positions initiales à celles qu'ils occupent au bout du temps t. C'est en cela que consiste la loi du mouvement, à laquelle on a donné le nom de *principe des forces vives*.

565. On en déduit comme conséquences immédiates,

1°. Que la somme des forces vives est constante, toutes les fois que les points du système ne sont soumis à aucune force motrice, et que leurs vitesses ne varient, en grandeur et en direction, qu'à raison de leurs liaisons mutuelles, ou de l'obligation où ils peuvent être de se mouvoir sur des surfaces ou sur des courbes fixes et données.

2°. Que si tous les points du système occupent les mêmes positions à deux époques différentes, les sommes de leurs forces vives seront aussi les mêmes à ces deux époques.

Les forces qui produisent le choc des corps de nature quelconque, étant les actions réciproques de leurs molécules (n° 553), il s'ensuit que l'équation (*b*) a lieu pendant toute la durée de ce phénomène. Or, dans le choc des corps doués d'une élasticité parfaite, on suppose que les mobiles reprennent exactement, après la percussion, la forme qu'ils avaient auparavant, et que tous leurs points reviennent à leurs positions primitives; si donc cela a lieu effectivement pour deux ou plusieurs corps de forme quelconque, lorsqu'ils commencent à se séparer après s'être choqués, la somme des forces vives de tous leurs points sera la même à cet instant, que dans le premier moment de la percussion, ou, autrement dit, il n'y aura aucune perte de force vive dans le système, ainsi que nous l'avons déjà vu (n° 361), dans le cas particulier de deux sphères homogènes, dont les centres se meuvent suivant une même droite.

566. Si l'on représente par R la force d'attraction ou de répulsion qui émane d'un centre fixe, et agit sur le point m, et qu'on appelle r la distance mutuelle de ces deux points, on aura (n° 158),

$$m\,(\mathrm{X}dx + \mathrm{Y}dy + \mathrm{Z}dz) = \pm\,\mathrm{R}dr;$$

le signe supérieur ayant lieu dans le cas de la force répulsive, et le signe inférieur dans le cas de la force attractive, et R désignant une fonction donnée de r, que l'on regardera toujours comme une quantité positive. Par conséquent, si la distance r est a à l'origine du mouvement, et u au bout du temps t, on aura $\pm\,2\displaystyle\int_{a}^{u}\mathrm{R}dr$ pour la variation de la force vive du système, produite par la force R, pendant le temps t, c'est-à-dire, pour la partie du second membre de l'équation (b), qui répond à cette force. Lorsqu'elle sera répulsive, il y aura donc augmentation ou diminution de force vive, selon que la distance r aura augmenté ou diminué; et le contraire aura lieu quand la force R sera attractive.

D'après ce qu'on a vu dans le n° 346, il en sera de même à l'égard des actions mutuelles des points du système; et, en effet, si l'on appelle, comme dans le n° 554, F l'action mutuelle de m et m', par exemple, et ρ la distance mm', on aura

$$m\mathrm{X} = \mp\frac{(x'-x)\mathrm{F}}{\rho},\ \ m\mathrm{Y} = \mp\frac{(y'-y)\mathrm{F}}{\rho},\ \ m\mathrm{Z} = \mp\frac{(z'-z)\mathrm{F}}{\rho},$$

$$m'\mathrm{X}' = \mp\frac{(x-x')\mathrm{F}}{\rho},\ \ m'\mathrm{Y}' = \mp\frac{(y-y')\mathrm{F}}{\rho},\ \ m'\mathrm{Z}' = \mp\frac{(z-z')\mathrm{F}}{\rho},$$

selon que la force F sera répulsive ou attractive; à cause de

$$\rho^2 = (x - x')^2 + (y - y')^2 + (z - z')^2,$$
$$\rho d\rho = (x - x')(dx - dx')$$
$$+ (y - y')(dy - dy') + (z - z')(dz - dz'),$$

il en résultera donc

$$m\,(X dx + Y dy + Z dz)$$
$$+ m'\,(X' dx' + Y' dy' + Z' dz') = \pm F d\rho,$$

pour la partie du second membre de l'équation (a), qui répond à la force F, et par conséquent, $\pm 2 \int_a^u F d\rho$ pour la variation de la force vive du système qui produira cette force, pendant que la distance ρ passera de $\rho = a$ à $\rho = u$. Le signe supérieur ayant lieu dans le cas d'un action répulsive, et la quantité F étant toujours positive, on voit qu'il y aura augmentation ou diminution de force vive, selon que l'on aura $u > a$ ou $u < a$, c'est-à-dire, selon que la distance ρ aura augmenté ou diminué : on en conclut, par exemple, que l'action mutuelle des molécules d'un gaz qui tend à augmenter leurs distances mutuelles, produit toujours une augmentation de force vive, dans le système dont ce fluide fait partie, lorsqu'il se dilate effectivement, et une diminution quand il se condense. Le signe inférieur aura lieu devant la quantité précédente, et la force F produira des effets inverses, lorsqu'elle sera attractive.

On voit encore qu'un poids P appliqué à une ma-

chine ou à un système quelconque de points matériels, y produira une augmentation de force vive, exprimée par le produit $2\mathrm{P}h$, en s'abaissant d'une hauteur verticale h, et une diminution égale aussi à $2\mathrm{P}h$,
en s'élevant de la même hauteur, quel que soit
d'ailleurs le chemin, en ligne droite ou courbe, qu'il
suivra dans ces deux cas.

567. Si le point m est assujetti à demeurer sur une
surface mobile, et que $\mathrm{L} = 0$ soit l'équation de cette
surface, L sera une fonction donnée de x, y, z, t.
En appelant N la résistance de cette surface, dirigée
suivant une des deux parties de la normale, et en
faisant, pour abréger

$$\mathrm{V} = \left[\left(\tfrac{d\mathrm{L}}{dx}\right)^2 + \left(\tfrac{d\mathrm{L}}{dy}\right)^2 + \left(\tfrac{d\mathrm{L}}{dz}\right)^2\right]^{-\frac{1}{2}},$$

il en résultera

$$m\mathrm{X} = \mathrm{NV}\,\tfrac{d\mathrm{L}}{dx}, \quad m\mathrm{Y} = \mathrm{NV}\,\tfrac{d\mathrm{L}}{dy}, \quad m\mathrm{Z} = \mathrm{NV}\,\tfrac{d\mathrm{L}}{dz},$$

pour les composantes de cette force inconnue N. La
partie du second membre de l'équation (a) qui répond à cette force, sera donc

$$m\,(\mathrm{X}dx + \mathrm{Y}dy + \mathrm{Z}dz) = \mathrm{NV}\left(\tfrac{d\mathrm{L}}{dx}\,dx + \tfrac{d\mathrm{L}}{dy}dy + \tfrac{d\mathrm{L}}{dz}\,dz\right);$$

et comme en différentiant complètement l'équation
$\mathrm{L} = 0$, par rapport à t, x, y, z, on a

$$\tfrac{d\mathrm{L}}{dt}\,dt + \tfrac{d\mathrm{L}}{dx}\,dx + \tfrac{d\mathrm{L}}{dy}\,dy + \tfrac{d\mathrm{L}}{dz}\,dz = 0,$$

on voit que cette partie peut se réduire à $-\mathrm{NV}\tfrac{d\mathrm{L}}{dt}dt$.

Pour avoir égard à la force N, dans le calcul de la force

vive du système, il faudra donc ajouter le double de l'intégrale de cette quantité au second membre de l'équation (b) ; par conséquent, la variation de force vive, qui sera produite par la force N, pendant le temps t, aura pour valeur $-2\int NV\frac{dL}{dt}\,dt$; l'intégrale étant prise de manière qu'elle soit nulle, quand $t=0$.

Cette variation pourra être positive ou négative, selon le signe de $\frac{dL}{dt}$, et selon celui de V, qui dépendra du sens dans lequel la force N s'exercera. La grandeur de cette résistance N dépendant en partie de la force centrifuge du point m, pour la connaître et calculer en conséquence la valeur de l'intégrale précédente, il faudra que la vitesse du point m et sa trajectoire aient été préalablement déterminées ; ce qui suppose le problème dont on s'occupe résolu en ce qui concerne le point m. La variation de force vive produite, par cette force inconnue, ne sera pas indépendante du chemin que ce point m aura suivi en allant d'une position à une autre ; le principe des forces vives, tel qu'on l'a énoncé plus haut, n'aura plus lieu ; et, en effet, sa démonstration suppose que l'équation $L=0$, ne contient pas le temps t explicitement.

568. Ce principe n'aura pas lieu non plus, quoique la surface dont $L=0$ est l'équation soit immobile, lorsque l'on aura égard au frottement du point m contre cette surface ; la variation de force vive produite par le frottement, dépendra de la pression, qui est égale et contraire à la force inconnue N ; on ne pourra donc pas calculer, *à priori*, la grandeur de

cette variation; mais il est facile de prouver que l'effet du frottement sera toujours une diminution de force vive.

En effet, à cause que le frottement est proportionnel à la pression, on pourra représenter celui du point m, contre la surface dont l'équation est $L = o$, par $f N$, en désignant par f une fraction donnée qui sera une quantité positive, ainsi que l'inconnue N. De plus, la direction du frottement étant tangente à la trajectoire du mobile, et dirigée en sens contraire de sa vitesse, si l'on appelle s l'arc décrit par le point m pendant le temps t, les composantes de la force $f N$, seront

$$-f N \frac{dx}{ds}, \quad -f N \frac{dy}{ds}, \quad -f N \frac{dz}{ds},$$

parallèlement aux axes des x, y, z; donc, à cause de $dx^2 + dy^2 + dz^2 = ds^2$, le terme du second membre de l'équation (a), qui provient de cette force, se réduira à $- f N ds$; et il en résultera, dans le second membre de l'équation (b), un terme $-2\int f N ds$, dans lequel on prendra l'intégrale de manière qu'elle s'évanouisse avec s, et qui exprimera évidemment une diminution de force vive.

Ce résultat conviendra également au cas où un corps du système glissera sur l'autre: en prenant pour ds l'élément de la courbe décrite par leur point de contact en vertu de ce glissement, pour N la pression réciproque de ces deux corps, et pour f un coefficient dépendant de la nature de leur surface, la quantité $-2\int f N ds$ exprimera encore la diminution de force vive due à ce frottement.

On verra de même que la résistance d'un milieu produira aussi constamment une diminution de force vive, qui dépendra de la vitesse des mobiles. Ainsi, les frottemens des parties d'un système, entre elles ou contre des obstacles fixes, et les résistances du milieu que les mobiles traversent, diminuent continuellement la somme des forces vives de tous ces corps; et c'est de cette manière que ces forces finissent toujours par réduire au repos le système entier, s'il a été mis en mouvement, puis ensuite abandonné à lui-même, sans être soumis à d'autres forces motrices qui puissent reproduire incessamment les forces vives détruites par ces résistances. C'est ce que fait, par exemple, la force du ressort dans les pendules ordinaires : son action restitue au corps oscillant la force vive qu'il aurait perdue sans cela, à chaque retour à la verticale, et le fait ainsi remonter constamment à la même hauteur, malgré la résistance de l'air et les frottemens. Dans les horloges à poids, la force vive perdue est restituée au pendule par un poids, qui descend un tant soit peu pendant chaque oscillation.

569. Si l'on représente par x_1, y_1, z_1, les coordonnées du centre de gravité du système des points matériels m, m', m'', etc., à un instant quelconque, et qu'on fasse

$$x = x_1 + x_{\prime}, \quad y = y_1 + y_{\prime}, \quad z = z_1 + z_{\prime},$$

de sorte que $x_{\prime}$, $y_{\prime}$, $z_{\prime}$, soient les coordonnées du point quelconque m, rapportées à ce centre comme origine, on aura

$$\Sigma m \frac{dx_{,}}{dt} = 0, \quad \Sigma m \frac{dy_{,}}{dt} = 0, \quad \Sigma m \frac{dz_{,}}{dt} = 0,$$

et à cause de

$$v^2 = \frac{dx^2 + dy^2 + dz^2}{dt^2},$$

il en résultera

$$\Sigma m v^2 = \left(\frac{dx_{,}^2 + dy_{,}^2 + dz_{,}^2}{dt^2}\right) \Sigma m + \Sigma m \left(\frac{dx_{,}^2 + dy_{,}^2 + dz_{,}^2}{dt^2}\right),$$

ou, ce qui est la même chose,

$$\Sigma m v^2 = v_{,}^2 \Sigma m + \Sigma m v_{,}^2,$$

en désignant par $v_{,}$ la vitesse du centre de gravité, et
par $v_{,}$ la vitesse du point m dans son mouvement
autour de ce centre. Par conséquent, on aura la
somme des forces vives absolues de tous les points
du système, en ajoutant le produit du carré de la
vitesse de leur centre de gravité et de la somme de
leurs masses, à la somme des forces vives de tous ces
mêmes points dans leur mouvement relatif autour de
ce centre.

D'après ce théorème, si l'on appelle m la masse de l'un
des corps célestes, U la somme des forces vives de tous
ses points dans son mouvement de rotation autour de
son centre de gravité, et qu'on désigne par u la vitesse
de ce centre dans l'espace, on aura $U + mu^2$, pour la
somme des forces vives absolues de m. En appliquant
l'équation (b) au système solaire, on aura donc

$$\Sigma U + \Sigma m u^2 = D + 2\varphi(x, y, z, x', \text{etc.});$$

les sommes Σ s'étendant au soleil, aux planètes, aux

satellites, et même aux comètes, si leurs masses étaient connues; D étant une constante arbitraire dépendante des positions et des vitesses de tous ces corps à un instant donné; et φ désignant une fonction relative à leurs attractions mutuelles. En vertu du même théorème, on aura aussi

$$\Sigma m u^2 = V^2 \Sigma m + \Sigma m \left(\frac{dx_,^2 + dy_,^2 + dz_,^2}{dt^2} \right),$$

en désignant par V la vitesse du centre de gravité du système solaire dans l'espace, et par $x_,$, $y_,$, $z_,$, les coordonnées du centre de figure de m, rapportées à ce centre de gravité comme origine. Par conséquent, l'équation des forces vives deviendra

$$\Sigma U + V^2 \Sigma m + \Sigma m \left(\frac{dx_,^2 + dy_,^2 + dz_,^2}{dt^2} \right)$$
$$= D + 2\varphi (x, y, z, x', \text{etc.}). \quad (c)$$

Pour obtenir l'expression de la fonction φ, observons qu'à raison de la forme à peu près sphérique des corps célestes, et de la petitesse de leurs dimensions par rapport aux distances qui les séparent, on peut les considérer comme des masses réunies à leurs centres de gravité (n° 242). Soient donc f l'intensité de l'attraction universelle à l'unité de distance et rapportée à des masses prises pour unité, m et m' les masses de deux de ces corps, et ρ la distance de leurs centres de gravité; leur attraction mutuelle sera $\frac{f m m'}{\rho^2}$, et le terme correspondant de la fonction φ aura pour valeur $-\frac{f m m'}{\rho}$; d'où il résultera

$$\varphi(x, y, z, x', \text{etc.}) = - \Sigma \frac{mm'}{\rho},$$

pour sa valeur complète; la somme Σ s'étendant à tous les corps célestes, pris deux à deux.

Observons maintenant, pour simplifier l'équation (c), que si l'on ne tient pas compte de l'action des étoiles sur les corps du système solaire, le mouvement de son centre de gravité est rectiligne et uniforme, et la vitesse V, une quantité constante; de plus, abstraction faite des perturbations du mouvement de rotation de chacun des corps célestes, qui proviennent des attractions de tous les autres sur la partie non sphérique de celui que l'on considère, la quantité U est aussi constante pour chaque corps en particulier (n° 419); si donc on néglige la partie variable de ΣU, et qu'on mette une autre constante C, à la place de $D - \Sigma mU - V^2 \Sigma m$, l'équation (c) deviendra

$$\Sigma m \left(\frac{dx_{\prime}^2 + dy_{\prime}^2 + dz_{\prime}^2}{dt^2} \right) = C - 2f \Sigma \frac{mm'}{\rho}. \quad (d)$$

Si l'on veut transporter l'origine des coordonnées au centre de figure du soleil, on désignera par g, h, k, les coordonnées de ce point, dont l'origine est au centre de gravité du système solaire; par x, y, z, les coordonnées du centre de m, rapportées à celui du soleil, de sorte qu'on ait

$$x_{\prime} = x - g, \quad y_{\prime} = y - h, \quad z_{\prime} = z - k,$$

pour les coordonnées du centre de m, dont l'origine

est au centre de gravité du système. Il en résultera

$$\frac{dg}{dt}\Sigma m = \Sigma m \frac{dx}{dt}, \quad \frac{dh}{dt}\Sigma m = \Sigma m \frac{dy}{dt}, \quad \frac{dk}{dt}\Sigma m = \Sigma m \frac{dz}{dt};$$

et à cause de

$$\Sigma m\left(\frac{dx_{\prime}^2 + dy_{\prime}^2 + dz_{\prime}^2}{dt^2}\right) = \Sigma m\left(\frac{dx^2 + dy^2 + dz^2}{dt^2}\right)$$
$$- 2\frac{dg}{dt}\Sigma m\frac{dx}{dt} - 2\frac{dh}{dt}\Sigma m\frac{dy}{dt} - 2\frac{dk}{dt}\Sigma m\frac{dz}{dt}$$
$$+ \left(\frac{dg^2 + dh^2 + dk^2}{dt^2}\right)\Sigma m,$$

l'équation (d) se changera en celle-ci :

$$\Sigma m\left(\frac{dx^2 + dy^2 + dz^2}{dt^2}\right) - \frac{1}{\Sigma m}\left[\left(\Sigma m\frac{dx}{dt}\right)^2 + \left(\Sigma m\frac{dy}{dt}\right)^2\right.$$
$$\left. + \left(\Sigma m\frac{dz}{dt}\right)^2\right] = C - 2f\Sigma\frac{mm'}{\rho},$$

après l'élimination des quantités $\frac{dg}{dt}, \frac{dh}{dt}, \frac{dk}{dt}.$

Les sommes Σ, excepté Σm et $\Sigma\frac{mm'}{\rho}$, ne comprendront plus la masse du soleil. On peut aussi séparer de ces deux sommes les termes relatifs à cet astre, lesquels sont

$$M, \quad \frac{Mm}{r}, \quad \frac{Mm'}{r'}, \quad \frac{Mm''}{r''}, \quad \text{etc.,}$$

en appelant M la masse du soleil, et r, r', r'', etc., les distances des centres de m, m', m'', etc., au centre de M. De cette manière l'équation des forces vives, appliquée au système solaire, deviendra fina-lement

$$\Sigma m \left(\frac{dx^2 + dy^2 + dz^2}{dt^2} \right)^2 - \frac{1}{M + \Sigma m} \left[\left(\Sigma m \frac{dx}{dt} \right)^2 + \left(\Sigma m \frac{dy}{dt} \right)^2 \right.$$
$$\left. + \left(\Sigma m \frac{dz}{dt} \right)^2 \right] = C - 2f M \Sigma \frac{m}{r} - 2f \Sigma \frac{mm'}{\rho} ;$$

les sommes Σ ne s'étendant plus qu'aux planètes, aux satellites et aux comètes, s'il est possible ; et l'origine de leurs coordonnées étant actuellement au centre du soleil.

Nous ferons remarquer, à cette occasion, que le moyen le plus direct de savoir si l'ensemble des actions des comètes exerce une influence sensible dans le système du monde, serait de calculer, à des époques éloignées l'une de l'autre, la valeur de la quantité C, déduite de cette équation, d'après les vitesses relatives, les distances mutuelles, et les masses des autres corps célestes, à ces différentes époques : si l'on trouvait des valeurs de C sensiblement inégales, on pourrait attribuer leurs variations à l'action des comètes, en négligeant toujours l'action des étoiles, et en supposant qu'il n'y ait eu ni choc, ni explosion dans l'intervalle ; car on verra bientôt que les changemens brusques de vitesse altèrent la somme des forces vives du système, et font changer, par conséquent, la valeur de la quantité C.

570. D'après ce qu'on a vu dans le n° 546, la fonction désignée par φ dans l'équation (b), est un *maximum* ou un *minimum* pour les valeurs des coordonnées x, y, z, x', etc., qui répondent à une position d'équilibre du système ; il s'ensuit donc que la somme des forces vives de tous ses points cesse

d'augmenter ou de diminuer, toutes les fois que le système, pendant son mouvement, passe dans une position où il demeurerait en équilibre, si ses points n'avaient pas de vitesses acquises; et comme les *maxima* et les *minima* de cette fonction du temps devront être alternatifs, il en résulte aussi que les positions d'équilibre par lesquelles le système passera, seront alternativement *stables* et *non stables*; celles-ci répondant aux *minima* de la fonction φ, et celles-là à ses *maxima*.

Toutefois, le caractère distinctif des deux états d'équilibre a été seulement énoncé dans le n° 347; et il nous reste à prouver qu'en effet, la stabilité de l'équilibre a lieu, quand la fonction φ est un *maximum*; ce que nous allons faire au moyen de l'équation (*b*).

Pour cela supposons que a, b, c, a', b', c', etc., soient les coordonnées des points m, m', m'', etc., dans un état d'équilibre du système; supposons aussi qu'on les écarte un tant soit peu de leurs positions, et qu'on leur imprime de très petites vitesses k, k', k'', etc.; au bout du temps t, soient

$$x = a + p, \quad y = b + q, \quad z = c + r,$$
$$x' = a' + p', \quad y' = b' + q', \quad z' = c' + r',$$
$$\text{etc.},$$

les coordonnées des mêmes points; il s'agira de faire voir que les variables p, q, r, p', etc., demeureront toujours très petites, si la quantité $\varphi\,(a, b, c, a', \text{etc.})$, est un *maximum*.

En effet, je développe $\varphi\,(x, y, z, x', \text{etc.})$, suivant les puissances et les produits de p, q, r,

p', etc. Par la propriété commune aux *maxima* et aux *minima*, la somme des termes dépendans des premières puissances de ces variables sera toujours nulle, quel que soit le nombre des variables indépendantes que la question comporte. On démontre aussi, dans le calcul différentiel, que la somme des termes dépendans des carrés et des produits de p, q, r, p', etc., c'est-à-dire, la somme des termes du second ordre par rapport à ces quantités, pourra se décomposer dans le cas du *maximum*, en plusieurs carrés, pris avec le signe —, et dont le nombre est celui des variables indépendantes. En désignant par R, le reste de la série comprenant les termes du troisième ordre et des ordres supérieurs, on aura donc

$$\varphi\,(x,\,y,\,z,\,x',\,\text{etc.}) = \varphi\,(a,\,b,\,c,\,a',\,\text{etc.})$$
$$- (s^2 + s'^2 + s''^2 + \text{etc.}) + \text{R};$$

s, s', s'', etc., étant des fonctions linéaires de p, q, r, p', etc., qui seront toutes nulles en même temps que ces variables. La substitution de cette valeur de φ dans l'équation (a) donne

$$\tfrac{1}{2}\,\Sigma m v^2 = \tfrac{1}{2}\,\Sigma m k^2 - (s^2 + s'^2 + s''^2 + \text{etc.}) + \text{R}.$$

Or, au commencement du mouvement, les variables p, q, r, p', etc., sont d'abord très petites; tant qu'il en est ainsi, les quantités s, s', s'', etc., sont également très petites; et, réciproquement, à des valeurs très petites de s, s', s'', etc., correspondent toujours de semblables valeurs de p, q, r, p', etc. D'ailleurs, pour de telles valeurs, chaque terme du second ordre est plus grand, abstraction faite de signe, que R, qui ne renferme que des termes d'un ordre supérieur au second ; par conséquent, tant que tous les carrés s^2, s'^2, s''^2, etc., sont encore très petits, chacun d'eux surpasse la valeur de R.

Cela posé, nous sommes en droit de conclure que toutes les quantités s, s', s'', etc., demeureront toujours très petites, et que chacune d'elles ne surpassera jamais $\sqrt{\frac{1}{2}\Sigma k^2}$; car, ces quantités variant par degrés continus, cela ne pourrait arriver avant que la plus grande d'entre elles, qui sera s, par exemple, ne soit devenue égale à $\sqrt{\frac{1}{2}\Sigma k^2}$; et comme cette valeur de s serait encore très petite, puisque toutes les quantités k, k', k'', etc., sont très petites, par hypothèse, on aurait à la fois

$$s^2 = \tfrac{1}{2}\Sigma k^2, \quad s'^2 > R, \quad s''^2 > R, \quad \text{etc.,}$$
$$\tfrac{1}{2}\Sigma m v^2 = -(s'^2 + s''^2 + \text{etc.}) + R ;$$

ce qui serait absurde, puisque $\frac{1}{2}\Sigma m v^2$ est essentiellement une quantité positive. Donc aussi les variables p, q, r, p', etc., resteront constamment très petites, et le système ne fera qu'osciller autour de sa position d'équilibre, qui est alors un équilibre stable ; ce qu'on se proposait de démontrer.

Lorsque la quantité $\varphi(a, b, c, a', \text{etc.})$ est un *minimum,* la somme des termes du second ordre, dans le développement de $\varphi(x, y, z, x', \text{etc.})$, est une quantité positive ; l'équation des forces vives peut alors subsister, sans que les variables p, q, r, p', etc., soient toujours très petites ; mais cela ne suffit pas pour en conclure qu'elles cesseront, en effet, de l'être au bout d'un certain temps, quelque petites qu'on les suppose à l'origine du mouvement, ainsi que les vitesses initiales k, k', k'', etc.; et ce n'est qu'en déterminant, dans chaque problème, leurs valeurs en fonctions de t, qu'on pourra s'assurer qu'elles ne sont pas limitées.

571. Les vitesses initiales, dont les composantes ont été représentées par a, b, c, a', b', c', etc., dans le n° 535, et que les points m, m', m'', etc., ont prises effectivement, quand le mouvement du système a commencé, satisfont nécessairement aux conditions données qui lient les mobiles entre eux et à d'autres points de l'espace; et comme, par hypothèse, ces conditions sont exprimées par des équations, savoir, par les équations (2) du n° 531, il s'ensuit que si l'on désigne par ε un temps infiniment petit, et qu'on prenne

$$\delta x = a\varepsilon, \quad \delta y = b\varepsilon, \quad \delta z = c\varepsilon, \quad \delta x' = a'\varepsilon, \quad \text{etc.,}$$

les déplacemens des points m, m', m'', etc., qui répondent à ces accroissemens de leurs coordonnées, et aussi les déplacemens contraires, satisferont aux conditions données, c'est-à-dire, aux équations (3), qui ont été déduites des équations (2) dans le n° 531. On pourra donc employer ces valeurs de δx, δy, etc., dans l'équation (5) du n° 535; en sorte qu'à l'origine du mouvement, et en supprimant le facteur ε commun à tous les termes, on aura cette équation

$$\Sigma m \left[(\mathrm{A} - a)\, a + (\mathrm{B} - b)\, b + (\mathrm{C} - c)\, c \right] = 0, \quad (e)$$

entre les composantes A , B, C, A′, etc., des vitesses que les points m, m', m'', etc., prendraient s'ils étaient libres et isolés, et celles des vitesses qu'ils prennent réellement.

Il est facile de vérifier cette équation dans le mouvement initial de rotation d'un corps solide autour d'un point fixe. En effet, changeons m en dm et Σ en f, et faisons

$$f(a^2 + b^2 + c^2)\,dm = h\,;$$

de sorte que h représente la somme des forces vives de tous les points du corps. L'équation précédente deviendra

$$f(\mathrm{A}a + \mathrm{B}b + \mathrm{C}c)\,dm = h. \qquad (f)$$

D'ailleurs, on aura (n° 408)

$$a = qz_{,} - ry_{,}, \quad b = rx_{,} - pz_{,}, \quad c = py_{,} - qx_{,}\,;$$

$x_{,}$, $y_{,}$, $z_{,}$, étant les trois coordonnées de dm, rapportées aux axes principaux du corps qui se coupent au point fixe, et p, q, r, désignant les composantes de la vitesse de rotation autour de ces mêmes axes. De plus, en appelant k le moment principal, relatif au point fixe, des quantités de mouvement imprimées à tous les points du corps, et α, ϵ, γ, les angles que l'axe de ce moment fait avec les axes de $x_{,}$, $y_{,}$, $z_{,}$, on aura

$$S\,(\mathrm{B}x_{,} - \mathrm{A}y_{,})\,dm = k\cos\gamma\,,$$
$$S\,(\mathrm{A}z_{,} - \mathrm{C}x_{,})\,dm = k\cos\epsilon\,,$$
$$S\,(\mathrm{C}y_{,} - \mathrm{B}z_{,})\,dm = k\cos\alpha\,;$$

car il est évident que les premiers membres de ces équations sont les momens, par rapport aux axes des $z_{,}$, $y_{,}$, $x_{,}$, des quantités de mouvement dont k est le moment principal; en sorte que les valeurs de ces intégrales doivent se déduire de la valeur de k, en la multipliant par $\cos\gamma$, $\cos\mathcal{C}$, $\cos\alpha$ (n° 281). Or, si l'on substitue les valeurs de a, b, c, dans l'équation (f), et qu'on ait égard à ces dernières équations, il vient

$$k\,(p\cos\alpha + q\cos\mathcal{C} + r\cos\gamma) = h;$$

donc, en désignant par ϖ la composante de la vitesse angulaire de rotation autour de l'axe du moment principal, de sorte qu'on ait

$$\varpi = p\cos\alpha + q\cos\mathcal{C} + r\cos\gamma,$$

il en résultera

$$k\varpi = h;$$

ce qui s'accorde avec le théorème du n° 419, d'après lequel cette composante de la vitesse de rotation est égale à la somme des forces vives, divisée par le moment principal des quantités de mouvement.

572. Maintenant, s'il survient pendant le mouvement un changement brusque dans les vitesses des mobiles, on pourra prendre pour δx, δy, etc., dans l'équation (5) du n° 535, les déplacemens infiniment petits de tous les points du système, qui ont effectivement lieu à une époque quelconque de ce changement, pourvu qu'à cet instant, comme on l'a expliqué dans le numéro suivant, les points par lesquels les parties du

système sont en contact, aient une même vitesse, pour les deux parties adjacentes, dans le sens normal à leur surface commune. Cela étant, il y aura deux cas distincts à examiner.

1°. Si le changement brusque est produit par la rencontre de deux ou plusieurs corps du système, ou par le choc de ces mobiles contre des obstacles fixes, la condition dont il s'agit sera remplie à l'instant de la plus grande compression (n° 468). En supposant donc que les composantes a, b, c, a', etc., des vitesses des mobiles se rapportent à cet instant, et A, B, C, A', etc., au commencement du choc, on pourra prendre, comme dans le numéro précédent,

$$\delta x = a\varepsilon, \quad \delta y = b\varepsilon, \quad \delta z = c\varepsilon, \quad \delta x' = a'\varepsilon, \quad \text{etc.} ;$$

et l'équation (e) aura lieu entre les composantes des vitesses à ces deux époques, qui seront celles du commencement et de la fin du choc, lorsque les mobiles n'auront aucune élasticité. Or, cette équation (e) donne

$$\Sigma m (Aa + Bb + Cc) = \Sigma m (a^2 + b^2 + c^2) ;$$

et comme on a identiquement

$$\Sigma m [(A - a)^2 + (B - b)^2 + (C - c)^2]$$
$$= \Sigma m (A^2 + B^2 + C^2) + \Sigma m (a^2 + b^2 + c^2)$$
$$- 2\Sigma m (Aa + Bb + Cc),$$

il en résulte

$$\Sigma m (A^2 + B^2 + C^2) - \Sigma m (a^2 + b^2 + c^2)$$
$$= \Sigma m [(A - a)^2 + (B - b)^2 + (C - c)^2] ;$$

en sorte que l'excès de la somme des forces vives de tous les points du système avant le choc, sur la somme des forces vives après le choc, est une certaine somme de forces vives, et, conséquemment, une quantité positive. Par conséquent, dans les change-mens brusques de vitesse, provenant du choc des corps dénués d'élasticité, entre eux ou contre des obstacles fixes, il y a toujours perte de force vive, ainsi que nous l'avons déjà vu, dans le choc de deux corps sphériques et homogènes, dont les centres se meuvent sur une même droite (n° 361).

2°. Lorsque le changement brusque sera produit par des explosions intérieures qui briseront un ou plusieurs corps du système, ce sont les composantes A, B, C, A′, etc., des vitesses au commencement du phénomène, et non pas les composantes a, b, c, $a′$, etc., des vitesses finales, qui satisferont à la condition du n° 536 ; en sorte que, dans ce cas, on ne pourra plus employer les valeurs précédentes de δx, δy, etc., dans l'équation (5) du n° 535. Mais en désignant toujours par ε un temps infiniment petit, on pourra prendre

$$\delta x = A\varepsilon, \quad \delta y = B\varepsilon, \quad \delta z = C\varepsilon, \quad \delta x′ = A′\varepsilon, \quad \text{etc.} ;$$

ce qui changera l'équation (5) en celle-ci :

$$\Sigma m \left[(A - a)\,A + (B - b)\,B + (C - c)\,C \right] = 0 ;$$

d'où l'on déduit

$$\Sigma m\,(a^2 + b^2 + c^2) - \Sigma m\,(A^2 + B^2 + C^2)$$
$$= \Sigma m\,[a - A)^2 + (b - B)^2 + (c - C)^2] ;$$

ce qui montre que la somme des forces vives de tous les points des parties des mobiles, après l'explosion, est toujours plus grande que la somme de leurs forces vives avant l'explosion. Il est évident, en effet, que si les mobiles sont en repos avant la séparation de leurs parties, cette séparation sera toujours suivie d'une augmentation de force vive; mais, en vertu du théorème qu'on vient d'énoncer, quels que soient les mouvemens de translation et de rotation d'un corps, le changement brusque produit par une explosion intérieure, donnera toujours lieu à une augmentation de force vive, et non pas à une diminution, comme dans le cas d'une rencontre de corps dénués d'élasticité.

Sans qu'il soit nécessaire de rien ajouter à ce que nous avons dit, dans le n° 469, sur le choc des corps élastiques, on voit que la première partie de ce phénomène, depuis le commencement jusqu'à l'instant de la plus grande compression, peut être assimilée au premier des deux cas précédens, et la seconde partie, depuis cet instant jusqu'à la séparation des mobiles, au second de ces deux cas : il y a donc perte de force vive pendant la première partie, et accroissement pendant la seconde. De plus, si les mobiles sont parfaitement élastiques, de sorte qu'ils reprennent, en se séparant, la même forme qu'ils avaient avant le choc, et que les deux parties du phénomène soient exactement semblables, l'augmentation de force vive, pendant la seconde partie, sera égale à la diminution qui aura eu lieu pendant la première; par conséquent, la somme des forces vives du système sera la même avant et après le choc, conformément à ce qu'on a vu dans le n° 565. Cela suppose, toutefois, qu'on fasse abstraction de la perte de force vive, qui aura toujours lieu (n° 568), s'il y a glissement et frottement des corps l'un contre l'autre pendant la durée de leur contact.

573. Le *principe de la moindre action,* qu'il nous reste à considérer, consiste en ce que, dans le mouvement d'un système de corps pour lequel le principe des forces vives a lieu, si l'on fait le produit de la vitesse de chaque point matériel du système, de sa masse et de l'élément de sa trajectoire; que l'on prenne la somme des produits semblables pour tous les mobiles; et qu'on intègre cette somme, depuis une position donnée du système jusqu'à une autre position aussi donnée, la valeur de cette intégrale sera généralement un *minimum.*

Ce théorème est une extension de celui du n° 160, et se démontre de la même manière; c'est pourquoi nous en supprimerons la démonstration, pour abréger. Si l'on appelle ds l'élément de la trajectoire de m, dont la vitesse est v, ce sera l'intégrale de $\Sigma mv\,ds$ qui aura, en général, une valeur *minima;* mais dans quelques cas, comme dans celui du mouvement d'un point matériel sur une surface fermée, le *minimum* pourra être remplacé par le *maximum;* et ce que l'on démontre seulement, c'est que la variation infiniment petite de $\int \Sigma mv\,ds$ est toujours égale à zéro.

A cause de $ds = v\,dt$, l'intégrale dont il s'agit est la même chose que $\int V\,dt$, en faisant $V = \Sigma mv^2$. Le principe de la moindre action revient donc à dire que l'intégrale du produit de la force vive du système et de l'élément du temps, est généralement un *minimum;* en sorte que, dans la nature, un système de corps est transporté d'une position dans une autre, en dépensant la moindre quantité possible de force vive. Lorsque les mobiles ne sont soumis à aucune force motrice, la quantité V est constante (n° 565), et c'est le temps du trajet qui est un *minimum.*

Si l'on compare le principe de la moindre action aux principes des forces vives, de la conservation du mouvement du centre de gravité, et de la conservation des aires, on voit que le premier n'est qu'une règle pour former les équations différentielles du mouvement, maintenant inutile, puisqu'on obtient ces équations d'une manière plus directe et plus générale, au moyen de la formule (1) du n° 531; tandis que les autres principes, outre qu'ils renferment des propriétés importantes du mouvement, ont encore l'avantage de fournir des intégrales de ces équations différentielles, qui sont les seules que l'on connaisse dans la plupart des problèmes.

Le principe de la conservation du mouvement du centre de gravité fournit trois intégrales en quantités finies, savoir :

$$\Sigma mx = a\Sigma m + At,$$
$$\Sigma my = b\Sigma m + Bt,$$
$$\Sigma mz = c\Sigma m + Ct;$$

$a,\ b,\ c,\ A,\ B,\ C,$ étant les six constantes arbitraires, dont les trois premières représentent les coordonnées du centre de gravité du système à l'origine du mouvement, et les trois autres sont les sommes des quantités de mouvement imprimées, à cette époque, à tous les points du système, parallèlement aux axes des coordonnées.

Les intégrales qui résultent du principe de la conservation des aires sont trois intégrales premières, savoir :

$$\Sigma m\,(x\,dy - y\,dx) = c\,dt,$$
$$\Sigma m\,(z\,dx - x\,dz) = c'\,dt,$$
$$\Sigma m\,(y\,dz - z\,dy) = c''\,dt;$$

c, c', c'', étant les trois constantes arbitraires qui expriment les momens des quantités de mouvement initiales de tous les points du système, par rapport aux axes des z, y, x, ou le double des aires décrites, dans l'unité de temps, autour de ces mêmes axes.

Enfin, le principe des forces vives ne fournit qu'une seule intégrale, qui est l'équation (b) du n° 564, et qu'on peut écrire ainsi :

$$\tfrac{1}{2}\,\Sigma m\left(\frac{dx^2 + dy^2 + dz^2}{dt^2}\right) = D + \varphi\,(x,\ y,\ z,\ x',\ \text{etc.});$$

D étant une constante arbitraire.

LIVRE CINQUIÈME.

HYDROSTATIQUE.

CHAPITRE PREMIER.

NOTIONS PRÉLIMINAIRES.

574. L'*Hydrostatique* est la partie de la Statique qui traite de l'équilibre des fluides. On y considère un fluide comme un amas de points matériels qui cèdent au moindre effort que l'on fait pour les séparer les uns des autres. Les fluides que la nature nous présente approchent plus ou moins de cet état de fluidité parfaite; l'adhérence qui existe entre les molécules de plusieurs de ces substances, et qui produit ce qu'on appelle leur *viscosité*, s'oppose à la séparation de leurs parties; mais, dans la théorie que nous allons exposer, nous ne nous occuperons que des fluides parfaits; et, si l'on excepte quelques liquides où la viscosité est très considérable, les lois de l'équilibre auxquelles nous parviendrons s'appliqueront, sans erreur sensible, à tous les autres fluides.

Ces substances, comme les corps solides, sont composées de molécules disjointes, et séparées par des espaces vides; mais si l'on divise un fluide en parties d'une étendue insensible, dont chacune renferme, néanmoins, un nombre immense de molécules, on pourra admettre que les conditions d'équilibre de chaque partie sont les mêmes que si elle était infiniment petite, qu'elle conservât toujours sa fluidité, et qu'elle eût pour densité celle du corps, telle qu'on l'a définie dans le n° 98. Cela revient à considérer un fluide comme une masse continue, dont la densité est constante, ou variable par degrés insensibles.

575. On distingue deux sortes de fluides, savoir : les *liquides* et les fluides *aériformes*.

On appelle aussi les liquides des fluides *incompressibles;* mais, dans la réalité, ce sont des substances qui ne se compriment sensiblement que sous des pressions extrêmement grandes. Si, par exemple, un cylindre vertical est rempli d'eau jusqu'à une certaine hauteur; que cette eau n'éprouve d'abord aucune pression à sa partie supérieure, et qu'elle soit ensuite chargée d'un poids équivalent à la pression atmosphérique, l'observation a fait voir que la hauteur primitive de l'eau diminue seulement de 46 millionièmes, en supposant que le cylindre conserve son diamètre, et que ses parois ne cèdent pas à la pression qui leur est transmise par le liquide. En augmentant la charge du liquide, et la portant à plusieurs centaines de pressions atmosphériques, l'expérience a donné une condensation de l'eau croissante dans le même rapport que cette charge. Le mercure est en-

core moins compressible que l'eau ; et, quelque effort
que l'on ait fait, on n'est pas parvenu à diminuer son
volume d'une manière appréciable.

Les fluides aériformes, comprenant l'air atmosphérique et les différens gaz, sont compressibles et doués
d'une parfaite élasticité; en sorte qu'ils peuvent changer, à la fois, de forme et de volume par la compression, et revenir exactement à leur forme primitive dès
que cette compression a cessé. On les nomme aussi,
pour cette raison, des *fluides élastiques*.

Les *vapeurs* sont également des fluides élastiques;
mais, pour une température donnée, un espace aussi
donné ne peut contenir qu'une quantité déterminée
de vapeur; de manière que si la vapeur a atteint
cette limite, et qu'on diminue un tant soit peu, soit
l'espace, soit la température, une portion de vapeur
se liquéfie. L'expérience a prouvé que ce *maximum*
de vapeur est le même, à température égale, dans un
espace vide d'air et dans un espace rempli d'air plus ou
moins dilaté ou comprimé. La densité de la vapeur
est, en général, peu considérable, relativement à
celle du liquide dont elle provient; mais, quand un
liquide est contenu dans un vase fermé, dont il occupe, par exemple, le tiers ou la moitié, et qu'on
élève sa température à un très haut degré, le liquide tout entier, après s'être dilaté, se réduit subitement en une vapeur transparente dont la densité
est le tiers ou la moitié de la densité primitive de
ce même liquide.

L'air et les gaz sont appelés des fluides *permanens*,
par opposition aux vapeurs ; mais il y a lieu de croire

qu'ils peuvent être liquéfiés par une très grande compression ou par un très grand refroidissement ; et c'est, en effet, ce que l'on a vérifié à l'égard de plusieurs d'entre eux.

576. La propriété caractéristique des fluides, qui les distingue essentiellement des corps solides et qui servira de base à la théorie de leur équilibre, est la faculté qu'ils ont de transmettre également, en tous sens, les pressions exercées à leurs surfaces. Dans mon Mémoire sur les *Équations générales de l'équilibre et du mouvement des corps élastiques et des fluides* (*), j'ai fait voir comment cette propriété provient d'une disposition respective des molécules du fluide, à laquelle il revient très rapidement quand il a été comprimé ou dilaté ; et comment la résultante des attractions et répulsions moléculaires, qui produit les pressions intérieures, peut varier dans un très grand rapport, pour les très petites variations de distance des molécules, qui ont lieu dans les liquides. Mais, dans cet ouvrage, on regardera la propriété dont il s'agit comme une donnée de l'expérience, admise par tous les physiciens et les géomètres qui se sont occupés de l'Hydrostatique, et dont l'exactitude ne peut laisser aucun doute. C'est ainsi qu'en traitant de l'équilibre de la lame élastique (n° 3o6), nous sommes partis d'un principe secondaire, au lieu de remonter aux actions moléculaires dont il dérive.

(*) *Journal de l'École Polytechnique,* 2o^e cahier.

577. Pour nous former une idée précise du principe de l'égalité de pression en tous sens, considérons d'abord les fluides incompressibles.

Supposons qu'un vase prismatique, droit et posé sur un plan horizontal, dont ABCD (fig. 33) représente une section verticale, soit rempli jusqu'en EF d'un liquide, tel que l'eau, par exemple ; supposons aussi que l'on recouvre cette eau d'un piston horizontal qui ferme le vase exactement. Pour simplifier la question, faisons abstraction de la pesanteur de l'eau, de sorte que ce fluide n'exerce, par lui-même, aucune pression sur les parois du vase ; enfin, posons sur le piston un poids donné P, comprenant le poids même du piston. Il est évident que la base horizontale du prisme sera pressée de la même manière que si le poids P était posé immédiatement sur cette base, et qu'il fût distribué uniformément sur toute son étendue. Tous ses points éprouveront des pressions verticales égales entre elles ; la pression qui en résultera, pour une portion quelconque α de cette base, sera proportionnelle à α : elle équivaudra à une force verticale, appliquée au centre de gravité de l'aire α, et exprimée par $\dfrac{P\alpha}{a}$, en désignant par a l'aire de la base entière du prisme, qui est aussi celle de la base du piston en contact avec le liquide. Or, le principe de l'égalité de pression en tous sens, consiste en ce que la pression que le poids P exerce à la partie supérieure de l'eau, se transmet, par l'intermédiaire du fluide, non-seulement sur la base du vase, mais encore sur ses faces latérales : tous les points du vase sont également pressés dans des directions perpendiculaires aux parois; et une aire α, prise sur une des faces latérales du prisme, éprouve la même pression $\dfrac{P\alpha}{a}$, que si elle faisait partie de sa base horizontale.

Généralement, supposons que le vase ait la forme d'un polyèdre quelconque, dont la figure 34 représente une section. Ce vase étant fermé de toutes parts, et fixement attaché, concevons qu'il soit rempli exactement d'un liquide sans pesanteur. Si l'on enlève une face de ce vase, et qu'on la remplace par un piston, auquel on applique une force donnée P, perpendiculaire à la surface du liquide adjacent, le vase et le fluide demeureront en repos, et, d'après le principe que nous expliquons, la pression que la force P exerce sur la surface adjacente, se transmettra, par l'intermédiaire du liquide, sur toutes les faces du polyèdre. Tous les points du vase, en y comprenant les points de la base du piston, seront également pressés de dedans en dehors, suivant les directions perpendiculaires aux parois; et, relativement à une aire α, prise sur une de ces parois, ou sur la surface du piston, la pression sera une force perpendiculaire à son plan, appliquée à son centre de gravité, et égale à $\dfrac{P\alpha}{a}$; a étant l'aire entière de la base du piston, en contact avec le liquide.

Cette pression transmise s'exerce de la même manière dans l'intérieur du liquide; et si l'on y considère une portion du liquide terminée par des faces planes, ou un polyèdre solide qui y soit plongé, chaque partie α de l'une des faces éprouvera aussi, de dehors en dedans, la pression normale égale à $\dfrac{P\alpha}{a}$.

On étend, sans difficulté, ces résultats au cas où la surface pressée n'est plus supposée plane ; il suffit alors de la décomposer en élémens infiniment petits, que l'on regardera comme les faces planes d'un polyèdre infinitésimal ; et si l'on désigne par ω l'aire d'un de ces élémens, on aura $\dfrac{P\omega}{a}$ pour la pression normale qu'il éprouve ; a étant toujours l'aire du piston, et P la force perpendiculaire qui y est appliquée. En désignant par p la pression constante qu'éprouverait une aire plane égale à l'unité, on aura $\dfrac{P}{a} = p$, et les produits $p\omega$ et $p\alpha$ exprimeront les pressions sur l'élément ω et sur l'aire plane égale à α.

Si le liquide a un certain degré de viscosité, la propriété de presser également en tous sens a encore lieu ; seulement, il arrive que la pression ne se transmet pas latéralement avec la même rapidité que suivant la direction même de la force P ; mais, après un temps convenable, la pression latérale devient égale à la pression directe ; et c'est à cet instant que l'on considère l'équilibre du liquide.

578. Quand le liquide contenu dans un vase est pesant, il transmet les pressions que l'on exerce à sa surface, de la même manière que quand il est dénué de pesanteur ; mais il exerce en outre, sur les parois du vase, une pression due à son poids et variable

d'un point à un autre : il en est de même à l'égard d'un liquide dont les points sont sollicités par la pesanteur et par d'autres forces données, et qui demeure en équilibre dans un vase. Si les parois du vase sont nécessaires à l'équilibre, en sorte qu'on n'y puisse pas faire une ouverture sans que le liquide ne s'échappe aussitôt, il en faudra conclure que les parois éprouvent, en chaque point, une pression particulière, dirigée de dedans en dehors, suivant une normale à la surface du vase ; car ce n'est que suivant cette direction qu'une surface peut empêcher de se mouvoir un point matériel en contact avec elle, et détruire, par sa résistance, la force motrice de ce mobile.

La même chose a lieu dans l'intérieur du liquide, comme on l'a dit dans le numéro précédent, soit sur des portions du liquide même, soit sur des corps qui y sont plongés. La pression en un point quelconque est une quantité inconnue, que nous déterminerons dans la suite, et qui dépendra de la position de ce point et des forces motrices appliquées au fluide. Comme elle change, en général, d'un point à un autre, on ne peut la supposer rigoureusement constante que dans une étendue infiniment petite ; or, pour mesurer la pression exercée sur un élément déterminé d'une surface, on conçoit une aire plane, que l'on prend pour unité, et qui éprouve, dans toute son étendue, la même pression que cet élément : p étant la pression totale que cette aire supporte, et ω l'étendue infiniment petite de cet élément, le produit $p\omega$ sera la pression correspondante à cet élément, et normale à la surface dont il fait partie. Le coefficient p sera une fonction des coordonnées de ce même élément, que nous appellerons la *pression rapportée à l'unité de surface.*

Cela posé, si l'on enlève une portion plane de la surface du vase, qu'on la remplace par un piston de même étendue, et qu'on applique à ce piston une force égale et contraire à celle que cette portion du vase éprouvait, il est évident que l'équilibre subsistera comme auparavant. De plus, si le vase est fermé de toutes parts, partout en contact avec le liquide, et fixement attaché, l'équilibre ne sera pas non plus troublé en ajoutant à cette première force une autre force quelconque P ; car les forces appliquées aux points du fluide étant en équilibre, tout doit se passer, relativement à cette force P, comme si ces forces n'existaient pas, et de même que dans le numéro précédent. Par conséquent, la pression exercée par cette force P, sur la surface du liquide en contact avec le piston, sera transmise également en tous sens, par l'intermédiaire du fluide, et la pression p, rapportée à l'unité de surface, se trouvera augmentée, en chaque point, d'une quantité constante et égale à $\dfrac{P}{a}$; a étant toujours l'aire du piston, en contact avec le liquide.

Il est important de distinguer, comme nous le faisons ici, les deux sortes de pressions qui sont exercées sur les parois d'un vase contenant un liquide en équilibre, ou que supportent les parties mêmes de ce fluide : l'une de ces pressions, qui varie d'un point à un autre, est due au poids et aux autres forces motrices de la masse fluide; l'autre, qui est partout la même, provient des forces appliquées à sa surface, et transmises par son intermédiaire. Ces deux pressions s'ajoutent en chaque point, pour former la pression totale.

579. D'après la propriété de transmettre également en tous sens les pressions exercées sur sa surface, un fluide incompressible, contenu dans un vase fixement attaché, doit être regardé comme une véritable machine; car une *machine* est, en général, un appareil au moyen duquel une force agit sur des points qui sont hors de sa direction, et exerce sur ces points des efforts plus grands ou plus petits que si elle y était immédiatement appliquée, ce qui est le cas de la force P, que nous avons considérée dans les numéros précédens.

Le principe des vitesses virtuelles s'observe dans l'équilibre de cette machine, comme dans celui de toutes les autres machines connues. Pour le prouver, considérons un vase immobile et de forme quelconque (fig. 35), qui ait un nombre quelconque d'ouvertures; à chacune de ces ouvertures, appliquons un cylindre qui se prolonge indéfiniment en dehors du vase; emplissons ce vase d'un liquide, tel que l'eau, dont nous ne considérerons pas la pesanteur; supposons que l'eau s'étende dans tous les cylindres, jusqu'à une certaine distance de leurs orifices, et qu'elle y soit terminée par des surfaces planes, perpendiculaires aux longueurs des cylindres; enfin, posons sur ces surfaces EF, E'F', E''F'', etc., des pistons qui les recouvrent exactement, et qui puissent, néanmoins, glisser sans frottement le long des cylindres. Soient a, a', a'', etc., les bases de ces pistons, qui sont aussi celles des cylindres; appliquons à ces corps des forces P, P', P'', etc., perpendiculaires à leurs bases, et dirigées de dehors en dedans; et supposons que ces forces données, qui agiront l'une sur l'autre par l'intermédiaire de l'eau, se fassent équilibre. Dans cet état, la pression rapportée à l'unité de surface doit être la même sur toutes les parois du vase, en y comprenant les bases des pistons (n° 577). Si donc on la représente par p, on aura pa, $p'a$, $p''a$, etc., pour les pressions totales que supportent de dedans en dehors les bases des pistons. Pour l'équilibre, ces pressions doivent être respectivement égales aux forces P, P', P'', etc.; par conséquent, on aura

$$P = ap, \quad P' = a'p, \quad P'' = a''p, \quad \text{etc.} \quad (a)$$

L'une de ces équations servira à déterminer la valeur de p; et en la substituant dans toutes les autres, on aura les équations d'équilibre du système, qui seront en nombre égal à celui des pistons moins un.

Maintenant, imaginons, conformément à l'énoncé du principe des vitesses virtuelles, que l'on déplace les parties du système, de manière que les pistons répondent actuellement aux sections CD, C'D', C''D'', etc., des cylindres. Une partie de ces corps aura avancé, et l'autre partie aura reculé; je représenterai leurs déplacemens par h, h', h'', etc.; et je considérerai ces quantités comme positives ou comme négatives, selon que les pistons auront avancé ou reculé. Ainsi, dans la figure, la distance h comprise entre les sections EF et CD, est positive, et la distance h' comprise entre les sections E'F' et C'D', est négative. Les volumes d'eau qui sortent des cylindres pour entrer dans le vase, répondent aux valeurs positives de h, h', h'', etc., et ceux qui sortent du vase pour entrer dans les cylindres, à leurs valeurs négatives ; les uns et les autres seront exprimés par les produits ah, $a'h'$, $a''h''$, etc., abstraction faite des signes. Par conséquent, l'eau étant considérée comme incompressible, et la figure du vase comme invariable, la somme de ces produits, positifs ou négatifs, devra être nulle, et l'on aura

$$ah + a'h' + a''h'' + \text{etc.} = 0. \qquad (b)$$

Je multiplie cette équation par p ; et en ayant égard aux équations (a), il vient

$$Ph + P'h' + P''h'' + \text{etc.} = 0 ; \qquad (c)$$

ce qui est l'équation résultante du principe des vitesses virtuelles, appliqué aux forces P, P', P'', etc., et aux déplacemens h, h', h'', etc., de leurs points d'application.

La condition du système, qui est ici l'invariabilité du volume du liquide, est exprimée par l'équation (b). Non-seulement les déplacemens h, h', h'', etc., remplissent cette condition, mais aussi les déplacemens contraires $-h$, $-h'$, $-h''$, etc., ainsi que l'exige le principe des vitesses virtuelles (n° 331). Les quantités h, h', h'', etc., peuvent avoir des grandeurs finies, pourvu qu'aucun des pistons n'entre dans le vase, et ne sorte du cylindre où il doit être contenu.

580. Le principe de l'égalité de pression en tous sens convient aux fluides élastiques comme aux liquides ; mais relativement aux premiers, il n'est pas nécessaire que des forces motrices agissent sur leurs molécules, ou qu'on exerce des pressions sur leurs surfaces, pour qu'ils pressent eux-mêmes les parois des vases qui les contiennent ; il suffit pour cela de leur élasticité, en vertu de laquelle ces fluides font continuellement effort pour occuper un plus grand volume. En supposant donc qu'une masse d'air, d'un gaz ou d'une vapeur, soit contenue dans un vase fermé de toutes parts, et qu'on fasse abstraction de la pesanteur du fluide, les parois du vase éprouveront des pressions égales en tous leurs points, et dirigées de dedans en dehors, suivant les normales à ces parois. La pression rapportée à l'unité de surface sera la même dans toute l'étendue du vase ; pour la déterminer, on fera une ouverture en un endroit du vase, pris au hasard ; on y appliquera un piston, et à ce corps, la force nécessaire pour le maintenir en équilibre ; en divisant cette force par l'aire de la base du piston en contact avec le fluide, on aura la pression demandée ; et l'on trouvera toujours le même quotient, quel que soit l'endroit où le piston aura été appliqué. Si, par exemple, le vase représenté par la figure 35, est rempli d'un fluide élastique, les forces P, P', P'', etc., qu'on devra appliquer aux pistons qui ferment les cylindres, pour les empêcher

de glisser, seront proportionnelles aux bases a, a', a'', etc.; le rapport de chaque force à la base correspondante, sera le même pour tous les pistons; et l'équation (c) aura encore lieu, mais seulement pour les mouvemens du système dans lesquels le volume total du fluide ne changera pas.

Cette pression constante qu'un fluide élastique exerce sur les parois du vase qui le renferme, dépend de sa matière, de sa densité et de sa température. On la nomme aussi la *force élastique* du fluide. L'expérience prouve que pour un même fluide, et la température ne changeant pas, la force élastique est proportionnelle à la densité; de sorte qu'en désignant par p la mesure de la force élastique, c'est-à-dire, la pression rapportée à l'unité de surface, et par ρ la densité, on a dans chaque fluide,

$$p = k\rho;$$

k étant un coefficient qui ne dépend plus que de la matière et de la température du fluide.

Lorsqu'on aura égard à la pesanteur du fluide, ou plus généralement, lorsque ses molécules seront sollicitées par des forces données, la pression p variera d'un point à un autre du vase, suivant une loi dépendante de ces forces, et qu'on déterminera dans la suite.

CHAPITRE II.

ÉQUATIONS GÉNÉRALES DE L'ÉQUILIBRE DES FLUIDES.

581. Pour traiter la question de la manière la plus générale , considérons une masse fluide ABCD (fig. 36), homogène ou hétérogène, compressible ou incompressible, dont tous les points matériels sont sollicités par des forces données, et proposons-nous d'exprimer par des équations les conditions de son équilibre.

Soient x, y, z, les coordonnées d'un point quelconque M de cette masse, parallèles aux axes rectangulaires Ox, Oy, Oz; nous supposerons, pour fixer les idées, le plan des x et y horizontal, l'axe Oz dirigé dans le sens de la pesanteur, et la masse ABCD comprise au-dessous du plan des x et y, dans l'angle trièdre des trois plans des coordonnées positives. Partageons la masse fluide en parties que nous traiterons comme des élémens infiniment petits , d'après ce qu'on a dit précédemment (n° 574); supposons ces élémens compris entre des plans infiniment rapprochés l'un de l'autre, et parallèles à ceux des coordonnées ; de sorte que ces élémens soient des parallélepipèdes rectangles, dont les côtés adjacens seront parallèles aux axes et égaux aux différentielles des coordonnées : les deux bases horizontales de celui qui répond au point quelconque M, et qui est représenté dans la figure, seront égales à $dxdy$; il aura dz pour sa hauteur verticale MM', et $dxdydz$ pour son volume.

En appelant ρ, la densité du fluide en ce point M, telle qu'elle a été définie dans le n° 98, et désignant par dm l'élément différentiel de la masse correspondant à ce même point, on aura donc

$$dm = \rho\,dxdydz.$$

Le facteur ρ sera une quantité constante dans les liquides homogènes, abstraction faite des petites compressions qu'ils éprouveront et qui pourront être inégales en des points différens; ρ sera une fonction connue ou inconnue des coordonnées x, y, z, dans les liquides hétérogènes, et dans les fluides élastiques qui ne seront pas partout également comprimés.

Soient aussi Xdm, Ydm, Zdm, les composantes parallèles aux axes des x, y, z, de la force motrice donnée qui agit sur l'élément dm, de sorte que X, Y, Z, soient les composantes de cette force rapportée à l'unité de masse, ou de la force accélératrice relative au point M. Chacune de ces trois quantités sera une fonction de x, y, z, dont on regardera les valeurs comme positives ou comme négatives, selon que la force qu'elle représente tendra à augmenter ou à diminuer la coordonnée à laquelle elle est parallèle. L'élément dm sera, en outre, pressé de dehors en dedans sur ses six faces, par le fluide environnant; et, pour qu'il demeure en repos, ces pressions extéricures devront faire équilibre aux forces intérieures $X dm$, $Y dm$, $Z dm$.

Cela étant, désignons par $p\,dx\,dy$, la pression verticale qui s'exerce sur la base supérieure $dx\,dy$, dans le sens de la pesanteur, de manière que p exprime la pression rapportée à l'unité de surface, qui répond à cette base infiniment petite (n° 577). Cette quantité p sera une fonction inconnue des coordonnées x, y, z; au point M', dont les coordonnées sont x, y, $z + dz$, elle deviendra $p + \frac{dp}{dz} dz$, et elle exprimera la pression verticale, rapportée à l'unité de surface et relative à la base inférieure de dm. Cette seconde base éprouvera donc, dans le sens de la pesanteur, une pression égale à $\left(p + \frac{dp}{dz} dz \right) dx\,dy$; la résistance du fluide sur lequel l'élément dm est appuyé, sera une force égale et contraire à cette pression; en sorte que cet élément sera poussé verticalement par les deux forces contraires $p\,dx\,dy$ et $\left(p + \frac{dp}{dz} dz \right) dx\,dy$, ou par une force égale à leur différence $\frac{dp}{dz} dx\,dy\,dz$ et dirigée du bas en haut. Or, pour que cet élément dm ne s'élève ni ne s'abaisse, il faudra que cette force soit égale à la composante verticale $Z dm$ de la force motrice, qui agit dans le sens opposé; par conséquent, on aura d'abord

$$\frac{dp}{dz} dx\,dy\,dz = Z dm.$$

On trouvera de même les équations

$$\frac{dq}{dy}\,dx\,dy\,dz = Ydm, \qquad \frac{dr}{dx}\,dx\,dy\,dz = Xdm,$$

qui seront nécessaires pour que l'élément dm ne se meuve ni dans le sens des y, ni dans le sens des x, et dans lesquelles q et r représentent les pressions rapportées à l'unité de surface, qui répondent aux faces de dm, parallèles aux plans des x et z et des y et z, et les plus voisines de ces plans. En substituant dans ces trois équations, la valeur précédente de dm, et supprimant le facteur commun $dx\,dy\,dz$, elles deviennent

$$\frac{dp}{dz} = \rho Z, \quad \frac{dq}{dy} = \rho Y, \quad \frac{dr}{dx} = \rho X. \qquad (1)$$

582. Observons actuellement que si les élémens dans lesquels nous avons partagé la masse ABCD, étaient solides, de sorte que cette masse fût un assemblage de parallélépipèdes rectangles, solides et juxtaposés, il n'y aurait aucune relation nécessaire entre les pressions que chacun de ces parallélépipèdes éprouverait sur ses faces non parallèles; l'élément dm pourrait, par exemple, éprouver une pression quelconque sur ses bases horizontales, et n'en éprouver aucune sur ses faces verticales; mais cet élément infiniment petit devant être considéré comme fluide, aussi bien que toutes les parties de la masse totale, qui auraient une grandeur finie (n° 574), il suit de la propriété fondamentale des fluides, que les trois quantités p, q, r, doivent être égales entre elles, ou du moins, qu'il ne peut exister entre elles qu'une diffé-

rence infiniment petite, négligeable dans les équations (1).

En effet, la pression que le fluide environnant exerce sur chacune des faces du parallélépipède $dx\,dy\,dz$, se transmet sur les autres faces, par l'intermédiaire du fluide, dont l'élément dm est composé; cette transmission se fait de la manière que l'on a expliquée précédemment, et d'où il résulte qu'ayant appelé $pdx\,dy$ la pression qui a lieu de dehors en dedans, sur la base horizontale supérieure, il faudra représenter, en même temps, par $pdx\,dz$ et $pdy\,dz$, les pressions transmises sur les faces latérales, et qui s'exerceront de dedans en dehors; de plus, à ces pressions transmises, il faudra ajouter celles qui résultent de la force motrice du fluide dm; par conséquent, si l'on appelle γ la pression due à cette force, et exercée, par exemple, sur la face $dy\,dz$, la plus voisine du plan des y et z, on aura $pdy\,dz + \gamma$ pour la pression totale, qui a lieu de dedans en dehors, ou de droite à gauche, sur cette même face. D'un autre côté, la pression provenant du fluide environnant, et exercée de dehors en dedans, ou de gauche à droite, sur cette face $dy\,dz$, a été représentée par $rdy\,dz$; cette force est la résistance que le fluide environnant oppose à la pression intérieure $pdy\,dz + \gamma$; par conséquent il faut qu'on ait

$$ rdy\,dz = pdy\,dz + \gamma. $$

Or, quoique la valeur de γ soit inconnue, nous sommes certain, néanmoins, que cette quantité ne peut être qu'un infiniment petit du troisième ordre, comme la force motrice de dm, dont elle provient; en négligeant donc γ par rapport à $p\,dy\,dz$, nous aurons $r = p$; et l'on prouvera de même que l'on doit aussi avoir $q = p$.

La conclusion serait encore la même, si l'élément dm, au lieu d'être un parallélépipède rectangle, était un polyèdre quelconque dont toutes les dimensions fussent toujours infiniment petites; et l'on démontrerait de la même manière, que la pression extérieure exercée normalement sur toutes ses faces par le fluide environnant, est proportionnelle à leurs aires respectives, et indépendante de la force motrice du polyèdre. Il s'ensuit donc que tous les élémens de surface qui passent par le point M, éprouvent une même pression rapportée à l'unité de surface, et que si ω est l'aire de l'un d'entre eux, la pression normale qu'il supporte, sur l'un ou l'autre de ses deux côtés, est égale à $p\omega$, quelle que soit la direction du plan auquel il appartient.

D'après la condition $r = q = p$, les équations (1) deviennent

$$\frac{dp}{dx} = \rho X, \quad \frac{dp}{dy} = \rho Y, \quad \frac{dp}{dz} = \rho Z; \qquad (2)$$

et elles sont maintenant les équations générales de l'Hydrostatique, qu'il s'agissait de trouver.

583. Les conditions d'équilibre qu'elles expriment se réduisent, dans chaque cas particulier, à ce qu'on puisse trouver pour p une fonction de x, y, z, qui satisfasse en même temps à ces trois équations. Or, si on les ajoute après les avoir multipliées par dx,

dy, dz, il vient

$$dp = \rho\,(\mathrm{X}dx + \mathrm{Y}dy + \mathrm{Z}dz)\,; \qquad (3)$$

il faudra donc, pour que la valeur de p soit possible, que le produit de ρ et de la formule $\mathrm{X}dx + \mathrm{Y}dy + \mathrm{Z}dz$, soit une différentielle exacte d'une fonction de trois variables indépendantes x, y, z. Réciproquement, quand cette condition sera remplie, on prendra pour p l'intégrale de ce produit, et l'on satisfera de cette manière aux équations (2).

En mettant dans cette valeur de p, à la place de x, y, z, les coordonnées d'un point quelconque de la surface de ABCD, on aura la pression qui aura lieu en ce point sur la paroi du vase dans lequel cette masse fluide sera contenue; pression qui sera toujours détruite, pourvu que cette paroi soit fixe et susceptible d'une résistance indéfinie; mais dans les endroits où le vase est ouvert, et où le fluide est entièrement libre, rien ne pourra détruire la pression p; par conséquent, il faudra que sa valeur soit nulle, pour tous les points de la surface libre d'une masse fluide en équilibre; ce qui donne

$$\mathrm{X}dx + \mathrm{Y}dy + \mathrm{Z}dz = 0, \qquad (4)$$

pour l'équation différentielle de cette surface.

Cette équation subsistera encore lorsqu'on exercera une pression constante à la surface libre du fluide; car alors il faudra qu'on ait $dp = 0$, pour tous ses points; et la densité ρ n'étant pas nulle, l'équation (4) résulte alors de la formule (3). Si l'on exerçait, par un moyen quelconque, une pression variable d'un point à un autre de la surface libre d'un fluide, et que cette pression rapportée à l'unité de surface, fût représentée par $f(x, y, z)$, il faudrait que la valeur de p, tirée de l'équation (4), coïncidât, pour tous les points de la surface libre, avec cette fonction donnée de x, y, z; et, dans ce cas, l'équation différentielle de cette surface serait

$$\rho(X dx + Y dy + Z dz) = df(x, y, z).$$

Dans la suite, nous supposerons toujours que la pression extérieure est nulle ou constante dans toute l'étendue de la surface libre d'un fluide en équilibre.

La pression p étant proportionnelle à la densité, dans les fluides élastiques (n° 580), il s'ensuit que cette pression ne peut jamais être zéro dans un fluide de cette nature, tant que la densité n'est pas nulle, c'est-à-dire, tant que le fluide existe, et qu'il n'a pas perdu, par le froid, toute sa force élastique. Un fluide élastique ne peut donc être en équilibre que quand il est contenu dans un vase fermé de toutes parts, ou bien lorsqu'on exerce à sa surface des pressions dirigées de dehors en dedans.

584. Il suit de l'équation (4), que la résultante des forces accélératrices X, Y, Z, qui agissent sur chaque point d'un liquide en équilibre, appartenant à sa surface libre, est perpendiculaire à cette surface, soit qu'il n'y ait aucune pression extérieure, soit qu'on exerce à cette surface une pression constante d'un point à un autre. En effet, traçons sur la surface libre une courbe quelconque, et soit ds l'élément différentiel de cette courbe, correspondant au point

dont les coordonnées sont x, y, z, de sorte que $\frac{dx}{ds}$, $\frac{dy}{ds}$, $\frac{dz}{ds}$, soient les cosinus des angles que la tangente à cette courbe, en ce même point, fait avec des parallèles aux axes des coordonnées. Appelons R la résultante des forces X, Y, Z ; les cosinus des angles que fait sa direction avec ces parallèles, seront $\frac{X}{R}$, $\frac{Y}{R}$, $\frac{Z}{R}$; or, si l'on divise l'équation (4) par Rds, on aura

$$\frac{X}{R}\frac{dx}{ds} + \frac{Y}{R}\frac{dy}{ds} + \frac{Z}{R}\frac{dz}{ds} = 0 ;$$

ce qui montre que la direction de la force R, et la tangente à la courbe qu'on a tracée arbitrairement sur la surface, sont perpendiculaires l'une à l'autre, et, par conséquent, que cette direction coïncide avec la normale au point que l'on considère. Cette force agira, en général, de dehors en dedans ; mais quand la pression extérieure ne sera pas nulle, elle pourra être dirigée, au contraire, de dedans en dehors.

Si l'on intègre l'équation (4), et qu'on donne à la constante arbitraire, contenue dans son intégrale, autant de valeurs particulières qu'on voudra, les équations déterminées qui en résulteront, appartiendront à autant de surfaces, dont chacune aura l'équation (4) pour équation différentielle, et jouira, par conséquent, des propriétés d'être également pressée dans toute son étendue et de couper à angle droit, en tous ses points, la direction de la résultante des forces X, Y, Z. Celles de ces surfaces qui passent dans l'intérieur du fluide, d'après la valeur de la constante arbitraire, sont ce qu'on appelle des *sur-faces de niveau*. Si l'on fait croître cette constante par degrés infiniment petits, on divisera la masse fluide en une infinité de couches infiniment minces, et comprises entre deux surfaces de niveau consécutives, que l'on nomme, pour cette raison, des *couches de niveau*.

La valeur de la constante qui répond à la surface extérieure se déterminera, dans chaque cas, d'après le volume donné du liquide; en sorte que la pression extérieure n'aura aucune influence, ni sur la figure d'équilibre, ni sur les dimensions de ce fluide regardé comme incompressible. L'équilibre ne sera pas troublé si le liquide vient à se solidifier; il s'ensuit donc qu'une pression constante et normale, exercée de dehors en dedans sur tous les élémens de la surface d'un corps liquide ou solide, se détruit d'elle-même, et ne peut imprimer à ce corps aucun mouvement de translation ou de rotation. Pour un liquide, cet équilibre des pressions extérieures résulte de la propriété caractéristique des fluides, de transmettre également en tous sens les pressions exercées à leur surface (n° 577); on vérifiera, par la suite, qu'il est indépendant de cette propriété, et qu'il a également lieu pour un corps solide de forme quelconque.

585. Supposons actuellement que le fluide en équilibre soit formé d'une matière homogène, et qu'il ait partout la même température et la même densité. La quantité ρ étant constante, il faudra, d'après l'équation (3), que la formule $X\,dx + Y\,dy + Z\,dz$ soit la différentielle exacte d'une fonction de trois varia-

bles indépendantes. Si cela n'a pas lieu, l'équilibre est impossible dans la masse fluide, quelque forme qu'on lui donne, et lors même qu'elle serait renfermée dans un vase fermé de toutes parts.

Mais la condition d'intégrabilité est toujours remplie à l'égard des forces de la nature, qui sont des attractions ou des répulsions, dont les intensités varient en fonctions des distances aux centres dont elles émanent (n° 158). L'équilibre d'un liquide homogène, soumis à de semblables forces, sera donc possible; et pour qu'il ait lieu effectivement, il faudra donner au fluide une forme, telle que sa surface libre coupe à angle droit, dans toute son étendue, la résultante de ces forces attractives ou répulsives.

Si, par exemple, la masse fluide est entièrement libre; que l'on exerce à sa surface une pression constante, et qu'il n'y ait qu'une seule force dirigée vers un centre fixe, la figure de la masse ABCD, en équilibre autour de ce point, sera une sphère qui aura ce point pour centre, et dont le rayon se déduira du volume donné de cette masse. En supposant que la force dirigée vers le centre fixe soit une attraction en raison inverse du carré de la distance, désignant par g l'intensité de cette force accélératrice à la surface du liquide, par a son rayon, et par ϖ la pression extérieure, $\frac{ga^2}{r^2}$ sera l'attraction à la distance r, et l'on conclura de l'équation (4)

$$ p = \varpi + \frac{g\rho a^2}{r} - g\rho a, $$

pour la pression à la même distance. La même chose

aura lieu si l'on remplace le centre fixe par une sphère solide dont tous les points attirent ceux du liquide en raison inverse du carré de la distance; mais alors c étant le rayon de cette sphère, la valeur de p ne s'appliquera qu'aux valeurs de r comprises depuis $r = c$ jusqu'à $r = a$. Lorsqu'on changera l'attraction en une force répulsive, il suffira de changer le signe de g; en sorte que l'on aura

$$p = \varpi + g\rho a - \frac{g\rho a^2}{r}.$$

La plus petite valeur de p répondra à $r = c$, et sera

$$p = \varpi - \frac{g\rho a(a - c)}{c}.$$

Il faudra qu'elle soit positive, sans quoi la couche liquide se détacherait du corps solide, et serait dispersée dans l'espace; par conséquent, il faudra que la pression extérieure ϖ surpasse la quantité $\frac{g\rho a(a - c)}{c}$. En général, il est nécessaire, dans l'équilibre d'un fluide, que la pression p ait une valeur positive dans toute l'étendue de sa masse, afin que les parties contiguës s'appuient partout l'une contre l'autre, et que le fluide ne se divise pas.

Quand le rayon c est très grand, la force attractive dirigée vers le centre de la sphère est sensiblement parallèle, et la surface du liquide, sensiblement plane et perpendiculaire à la direction de cette force, dans une étendue peu considérable. Ce cas est celui d'un liquide pesant, que nous considérerons spécialement dans le chapitre suivant.

586. Quelles que soient les forces d'attraction ou de répulsion dirigées vers des centres fixes qui agissent sur tous les points d'une masse fluide ABCD, faisons

$$Xdx + Ydy + Zdz = d\varphi;$$

φ désignant une fonction des coordonnées x, y, z, dépendante des lois de ces forces en fonctions des distances.

L'équation (3) deviendra alors

$$dp = \rho d\varphi.$$

Pour qu'elle subsiste quand la densité ρ sera variable, il faudra que cette densité soit une fonction de la quantité φ; et, réciproquement, lorsque cette condition sera remplie, il y aura toujours une valeur de p qui satisfera à cette équation d'équilibre. Or, d'après l'équation (4), la quantité φ est constante dans toute l'étendue de chaque couche de niveau; dans un fluide hétérogène et dans un fluide compressible en équilibre, il est donc nécessaire que la densité soit constante dans toute l'étendue d'une même couche; et la couche superficielle, soumise à une pression constante et donnée, étant une couche de niveau, il faut aussi qu'elle ait une même densité dans toute son étendue.

Si le fluide est incompressible, la densité ρ pourra être une fonction quelconque, continue ou discontinue, de la quantité φ; quand elle sera donnée, on en conclura la valeur de p en fonction de ρ, en intégrant la formule $\rho d\varphi$, et déterminant la constante arbitraire d'après la grandeur constante, et aussi donnée, de la pression extérieure.

Dans le cas d'un liquide hétérogène soumis à une force centrale, il faudra, pour l'équilibre, que sa masse soit formée de couches sphériques et concentriques, dont la densité sera la même dans toute l'étendue de chacune d'elles, et pourra varier arbitrairement d'une couche à une autre. De même, si plusieurs liquides pesans sont contenus dans un vase, il faudra, pour l'équilibre, que chaque couche horizontale et infiniment mince ne contienne qu'un seul liquide ; condition qui sera remplie, si la surface supérieure, qu'on suppose soumise à une pression constante, et les surfaces de séparation de deux liquides consécutifs, sont toutes planes et horizontales. La stabilité de l'équilibre exigera, de plus, que les densités des liquides superposés décroissent, en allant du liquide le plus bas au liquide le plus élevé, afin que le centre de gravité de ce système de corps pesans, soit le plus bas possible (n° 348).

587. Dans un fluide élastique, la densité est liée à la pression (n° 580), et ne peut plus être donnée arbitrairement, comme dans un fluide incompressible et hétérogène. En divisant les équations $dp = \rho d\varphi$ et $p = k\rho$ l'une par l'autre, il vient

$$\frac{dp}{p} = \frac{d\varphi}{k}. \qquad (5)$$

Si la température est partout la même, k sera une quantité constante ; et, en intégrant, on aura

$$p = \varpi e^{\frac{\varphi}{k}}, \quad \rho = \frac{\varpi}{k} e^{\frac{\varphi}{k}}, \qquad (6)$$

pour exprimer les lois de la pression et de la densité, dans l'état d'équilibre du fluide ; e désignant la base des logarithmes népériens, et ϖ étant une constante arbitraire, qui exprimera une certaine pression, et se déterminera d'après la pression qui aura lieu en un point donné.

Si la température varie d'un point à un autre, k variera également ; mais pour que l'équation (5) subsiste, il faudra que cette quantité soit une fonction de φ, qui pourra être donnée arbitrairement. La température devra donc être aussi une fonction de φ ; par conséquent, la température est constante dans toute l'étendue de chaque couche de niveau d'un fluide élastique en équilibre. Cette condition étant remplie, il faudra remplacer les équations (6) par celles-ci :

$$p = \varpi e^{\int \frac{d\varphi}{k}}, \quad \rho = \frac{\varpi}{k} e^{\int \frac{d\varphi}{k}}.$$

Abstraction faite de la force centrifuge et de la non-sphéricité de la terre, la pesanteur des molécules d'air est dirigée vers le centre de la terre, et les couches de niveau de la terre sont sphériques et concentriques. Pour que l'atmosphère demeurât en équilibre, il faudrait donc que la température fût partout la même, à une même hauteur au-dessus de la surface de la terre, et qu'elle ne variât qu'avec l'élévation des couches concentriques. Or, il n'en est pas ainsi ; et le soleil échauffe inégalement les différens points de la surface de la terre et de chaque couche atmosphérique. La température dépendant de la latitude, cette circonstance empêche l'équilibre d'avoir lieu, et produit des vents permanens, que l'on observe, en effet, près de l'équateur. Au reste, la condition de l'équilibre des couches atmosphériques ne pourrait rien nous apprendre, relativement à la variation de la température dans le sens vertical; car l'équation (5) a lieu, quelle que soit la valeur de k en fonction de φ, et, par conséquent, quelle que soit la loi de cette variation.

Lorsque la masse ABCD est composée de plusieurs gaz de nature diverse, les conditions d'équilibre peuvent être remplies de deux manières différentes : quand ces gaz sont parfaitement mêlés ensemble, de sorte qu'ils forment un fluide homogène dans toutes ses parties; et quand ils sont, au contraire, disposés en couches superposées, dont les surfaces de séparation sont toutes des surfaces de niveau. Le premier cas a lieu dans l'atmosphère dont la composition a été trouvée la même à toutes les hauteurs. Cet état d'un mélange parfait est celui de l'équilibre le plus stable; et quand deux gaz différens sont superposés dans un vase fermé de toutes parts, ils finissent, à la longue, par se mêler exactement, à moins qu'on ne parvienne à garantir le vase qui contient ces fluides, des plus petites agitations.

588. Les centres des forces attractives ou répulsives, qui agissent sur chaque point M de la masse fluide ABCD, peuvent être tous les autres points ma-

tériels de cette masse. Dans ce cas, les composantes X, Y, Z, de la force accélératrice totale du point M, se composeront d'une infinité de termes; ce qui n'empêchera pas qu'elles ne soient de certaines fonctions de x, y, z, communes à tous les points des fluides, en supposant que la loi naturelle de l'action égale et contraire à la réaction, ait lieu dans leurs attractions et répulsions mutuelles, et que tous ces points soient d'ailleurs soumis aux mêmes forces étrangères.

Dans la nature, ces actions mutuelles sont de deux sortes différentes : les unes varient en raison inverse du carré de la distance, et les intensités des autres sont exprimées par des fonctions qui décroissent avec une extrême rapidité et n'ont de valeurs sensibles que pour des distances insensibles. On calculera les composantes totales X, Y, Z, des forces de la première espèce, en partageant la masse de ABCD en élémens infiniment petits (n° 98), et faisant ensuite, par le calcul intégral, les sommes des attractions ou répulsions de tous ces points, suivant chaque direction. Quant aux actions de la seconde espèce, que l'on appelle proprement les forces *moléculaires*, et qui sont attractives ou répulsives, selon que l'attraction de la matière pondérable est plus grande ou plus petite que la répulsion calorifique, on ne devra pas en tenir compte dans le calcul des forces X, Y, Z, relatives à un point intérieur M; car ce sont précisément ces forces moléculaires qui produisent la pression p, égale en tous sens autour de M, à laquelle on a déjà eu égard en formant les équations d'équilibre.

Il résulte de cette dernière considération, que les équations (2) auxquelles on est parvenu, sont les conditions d'équilibre, *nécessaires* et *suffisantes*, de toutes les forces, y compris les actions moléculaires, qui agissent sur un élément quelconque dm de la masse fluide; en sorte que l'équilibre a lieu, certainement, quand il existe une valeur de p qui satisfait à ces équations pour tous les points du fluide, qui coïncide avec la valeur donnée directement de la pression à la surface libre, et qui ne devient négative en aucun point, afin que les parties du fluide restent contiguës.

Si la loi des forces moléculaires, en fonction de la distance, était donnée, et qu'on pût déduire de ces forces l'expression de la quantité p en fonction de l'intervalle moyen des molécules (n° 98), on substituerait cette expression dans les équations (2); l'une d'elles déterminerait la grandeur de cet intervalle, qui a lieu, dans l'état d'équilibre, autour du point M; et les deux autres exprimeraient les conditions de cet équilibre. La valeur numérique de p résulterait ensuite de celle de l'intervalle moyen, ou de la valeur correspondante de la densité; et j'ai expliqué, dans le mémoire cité précédemment (n° 576), comment cette pression p peut varier, dans de très grands rapports, pour les très petites variations de la densité qu'on observe dans les liquides. Mais la détermination directe de la pression p étant impossible, on est obligé de déduire sa valeur des conditions mêmes de l'équilibre, ou de la formule (3), qui en est la conséquence.

Lorsque le point M est situé à la surface du fluide, ou qu'il n'en est éloigné que d'une distance moindre que le rayon d'activité des forces moléculaires, on doit avoir égard à ces forces et à la variation rapide de la densité superficielle, dans le calcul des composantes X, Y, Z, et, par suite, de la valeur de p, déduite de la formule (3). Il en résulte une influence des forces moléculaires sur la figure du liquide en équilibre, qui n'est pas sensible, en général, et qui ne le devient que dans les espaces capillaires. On n'y aura point égard dans ce Traité; et, pour tout ce qui concerne les phénomènes de la capillarité, je renverrai à la *Nouvelle théorie de l'Action capillaire,* que j'ai publiée il y a deux ans.

589. Si un liquide homogène ou hétérogène tourne uniformément autour d'un axe fixe, les formules précédentes feront connaître les conditions nécessaires et suffisantes pour qu'il conserve une figure permanente, et se meuve comme un corps solide. Il suffira pour cela, de joindre aux composantes X, Y, Z, celles de la force centrifuge qui résulte de cette rotation.

Prenons alors l'axe de rotation pour celui des z. Soit r la distance du point quelconque M à cette droite, de sorte qu'on ait

$$r^2 = x^2 + y^2.$$

Appelons α la vitesse angulaire constante et commune à tous les points du fluide; $r\alpha$ sera la vitesse absolue du point M; et comme il décrira un cercle dont le rayon est r, la force centrifuge aura $r\alpha^2$ pour valeur (n° 174). Cette force étant dirigée suivant le prolongement de r, on obtiendra ses composantes parallèles aux axes des x et des y en la multipliant par $\frac{x}{r}$ et $\frac{y}{r}$; ce qui donne $x\alpha^2$ et $y\alpha^2$, qu'il faudra ajouter aux forces X et Y; et comme la force Z ne changera pas, la formule (3) deviendra

$$dp = \rho\,(Xdx + Ydy + Zdz + \alpha^2 xdx + \alpha^2 ydy). \qquad (a)$$

La quantité comprise entre les parenthèses sera encore une différentielle exacte, savoir, la différentielle de la fonction φ du n° 586, augmentée de $\frac{1}{2}\alpha^2(x^2 + y^2)$, ou de $\frac{1}{2}\alpha^2 r^2$. Par conséquent, la forme permanente sera possible; et si la surface libre du liquide éprouve une pression constante dans toute son étendue, l'équation commune à cette surface et à toutes les surfaces de niveau sera

$$Xdx + Ydy + Zdz + \alpha^2(xdx + ydy) = 0. \qquad (b)$$

Dans le cas d'un liquide homogène, il suffira que la surface libre soit déterminée par l'intégrale de cette équation différentielle, dont on déterminera la constante arbitraire, d'après le volume entier du liquide, comme on le verra tout à l'heure par un exemple. Dans le cas d'un liquide hétérogène, il faudra, de plus, qu'il se compose de couches homogènes, dont les figures seront aussi déterminées par l'intégrale de cette même équation, et qui ne différeront de la figure extérieure, que par les valeurs de la constante arbitraire.

590. Appliquons l'équation (b) au cas d'un liquide homogène, soumis à la pesanteur, tournant autour d'un axe vertical, et contenu dans un vase ouvert à sa partie supérieure.

En appelant g la gravité, et comptant les z positives dans le sens contraire à cette force, nous aurons

$$X = 0, \quad Y = 0, \quad Z = -g.$$

L'équation (b) deviendra donc

$$gdz = \alpha^2 (xdx + ydy);$$

d'où l'on tire en intégrant, et désignant par c la constante arbitraire

$$z = \frac{\alpha^2}{2g}(x^2 + y^2) + c;$$

ce qui montre que la figure libre du liquide sera celle d'un paraboloïde de révolution dont l'axe sera celui de la rotation.

Pour déterminer la constante c, supposons que le vase soit un cylindre vertical à base circulaire, dont l'axe de figure soit l'axe des z ou de rotation. Appelons a son rayon, et h la hauteur due à la vitesse absolue $a\alpha$ de la surface, de sorte qu'on ait $a^2\alpha^2 = 2gh$, et par conséquent $z = \dfrac{hr^2}{a^2} + c$. Soit aussi b la hauteur de l'eau avant le mouvement; $\pi a^2 b$ sera le volume du liquide qui ne changera pas pendant la rotation; or, en divisant le paraboloïde en couches cylindriques et infiniment minces, qui aient pour axe commun celui des z, on aura $2\pi rdr$ pour la base, et $2\pi z r dr$ pour le volume de la couche dont le rayon est r et l'épaisseur dr; ce volume total s'obtiendra donc en intégrant $2\pi z r dr$, depuis $r = 0$ jusqu'à $r = a$; d'où l'on conclut

$$a^2 b = 2\int_{0}^{a} z r dr.$$

En substituant pour r sa valeur et effectuant l'intégration, on en déduit

$$c = b - \tfrac{1}{2}h,$$

pour la valeur de c.

L'équation de la surface supérieure du liquide sera donc

$$z = \frac{hr^2}{a^2} + b - \tfrac{1}{2}h.$$

La plus petite et la plus grande valeur de z qui répondent à $r = 0$ et $r = a$, seront $b - \tfrac{1}{2}h$ et $b + \tfrac{1}{2}h$; en sorte que l'abaissement du liquide dans l'axe et son élévation à la circonférence, qui résulteront de la rotation, seront les mêmes, et auront pour valeur la moitié de la hauteur due à la vitesse de la circonférence.

591. Quand les forces dont X, Y, Z, sont les composantes, proviennent des attractions de tous les points du liquide, en raison inverse du carré des distances, ou suivant d'autres lois, les valeurs totales de X, Y, Z, dépendent, en général, de la forme du liquide et de ses couches de niveau; et, réciproquement, cette forme dépend des valeurs de ces composantes. Cette dépendance mutuelle des attractions du fluide et de sa figure, rend la détermination de celle-

ci très difficile au moyen de l'équation (b). Lors même que le liquide est homogène, on n'est parvenu à résoudre ce problème, dans le cas ordinaire de l'attraction en raison inverse du carré des distances, qu'en supposant la force centrifuge peu considérable, de manière que le fluide s'écarte peu de la forme sphérique qu'il pourrait prendre si cette force était tout-à-fait nulle, c'est-à-dire, si le fluide était en repos. On démontre alors, par une analyse fondée sur la considération des séries, et qui ne peut pas trouver place ici, que la figure du fluide est nécessairement celle d'un ellipsoïde de révolution, dont on détermine l'aplatissement, d'après la grandeur de la force centrifuge à l'équateur, comparée à l'attraction du fluide au même point.

Mais, il est facile de vérifier que la figure elliptique satisfait toujours à l'équation (b), lorsque la vitesse α ne dépasse pas une certaine limite, et qu'il y a alors deux ellipsoïdes de révolution qui répondent à une même valeur de cette vitesse de rotation. Supposons, en effet, que la surface du fluide, dans son état permanent, a pour équation

$$\frac{z^2}{c^2} + \frac{x^2 + y^2}{c^2(1 + \gamma^2)} = 1, \qquad (c)$$

qui est celle d'un ellipsoïde de révolution, dont l'axe de figure et le diamètre de l'équateur ont $2c$ et $2c\sqrt{1 + \gamma^2}$ pour longueurs. Appelons X, Y, Z, les composantes de la force accélératrice provenant de l'attraction totale de ce corps sur le point de sa surface qui répond à x, y, z, et dirigées suivant les prolongemens de ces coordonnées, c'est-à-dire, en sens contraire des composantes dont on a donné les expressions dans le n° 106. En changeant les signes de ces expressions, et observant que $\frac{4}{3}\pi\rho c^3\,(1+\gamma^2)$ est la masse de l'ellipsoïde, nous aurons

$$X = \frac{2\pi f\rho x}{\gamma^3}\left[\gamma-(1+\gamma^2)\,\mathrm{arc}\,(\mathrm{tang}=\gamma)\right],$$

$$Y = \frac{2\pi f\rho y}{\gamma^3}\left[\gamma-(1+\gamma^2)\,\mathrm{arc}\,(\mathrm{tang}=\gamma)\right],$$

$$Z = \frac{4\pi f\rho(1+\gamma^2)z}{\gamma^3}\left[\mathrm{arc}\,(\mathrm{tang}=\gamma)-\gamma\right];$$

f étant, comme dans le n° cité, l'intensité de l'attraction à l'unité de distance, et entre des masses dont chacune est égale à l'unité. Il s'agira donc de prouver que ces valeurs, jointes à l'équation (c), satisfont à l'équation (b). Or, en les substituant dans cette équation, multipliant tous ses termes par γ^3, ce qui suppose que γ ne soit pas zéro, et faisant pour abréger

$$\frac{a^2}{4\pi f\rho}=\varepsilon,$$

il vient

$$\left[\tfrac{1}{2}\gamma-\tfrac{1}{2}(1+\gamma^2)\,\mathrm{arc}\,(\mathrm{tang}=\gamma)+\varepsilon\gamma^3\right](xdx+ydy)$$
$$+\,(1+\gamma^2)\left[\mathrm{arc}\,(\mathrm{tang}=\gamma)-\gamma\right]zdz=0;$$

en différentiant l'équation (c), on a

$$xdx+ydy+(1+\gamma^2)\,zdz=0;$$

et, pour que cette équation différentielle coïncide avec la précédente, il est nécessaire et il suffit qu'on ait

$$\tfrac{1}{2}\gamma - \tfrac{1}{2}(1+\gamma^2)\,\mathrm{arc\,(tang} = \gamma) + \varepsilon\gamma^3 = \mathrm{arc\,(tang} = \gamma) - \gamma,$$

ou bien en réduisant

$$\frac{3\gamma + 2\varepsilon\gamma^3}{3 + \gamma^2} - \mathrm{arc\,(tang} = \gamma) = 0; \qquad (d)$$

en sorte qu'il ne restera plus qu'à s'assurer si cette équation a des racines réelles, et à en déterminer le nombre.

Pour cela, je représente par $\mathcal{6}$ son premier membre, et je suppose que l'on trace la courbe dont γ et $\mathcal{6}$ sont l'abscisse et l'ordonnée courantes : cette courbe coupera l'axe des abscisses à l'origine ; mais la racine $\gamma = 0$ est étrangère à la question, tant que la vitesse α et par suite ε n'est pas zéro. Les autres racines de l'équation (d) sont deux à deux égales et de signes contraires ; mais il suffira de considérer ses racines positives, par exemple, attendu que l'équation (c) ne contient que le carré de γ.

Cela étant, si l'on égale à zéro la différentielle de $\mathcal{6}$, on trouve

$$\varepsilon\gamma^4 + 2(5\varepsilon - 1)\gamma^2 + 9\varepsilon = 0, \qquad (e)$$

pour déterminer les abscisses correspondantes aux *maxima* et aux *minima* de cette ordonnée. Or, cette équation étant du second degré par rapport à γ^2, il s'ensuit qu'il ne peut exister qu'un *maximum* et un *minimum* de chaque côté de l'origine des abscisses ; d'où l'on conclut d'abord que la courbe ne pourra couper qu'en deux points l'axe des abscisses positives, au-delà de cette origine ; en sorte qu'il existera, au plus, deux racines réelles et positives de l'équation (d). Observons en outre, que si les équations (d) et (e) ont lieu pour une même valeur de γ, la courbe touchera l'axe des abscisses en un point qui répondra à une racine double de l'équation (d). Or, on tire de l'équation (e),

$$\varepsilon = \frac{\gamma^2}{(1+\gamma^2)(9+\gamma^2)};$$

en substituant cette valeur dans l'équation (d), il vient

$$\frac{7\gamma^5 + 30\gamma^3 + 27\gamma}{(1+\gamma^2)(3+\gamma^2)(9+\gamma^2)} = \text{arc}\,(\text{tang} = \gamma);$$

équation qui ne peut avoir qu'une seule racine positive, outre $\gamma = 0$. Cette racine existe effectivement; et par des essais, on trouve pour sa valeur approchée

$$\gamma = 2,5293.$$

La valeur correspondante de ε est

$$\varepsilon = 0,1123;$$

d'où nous pouvons conclure que pour des valeurs de ε plus petites que cette fraction, il y a deux intersections distinctes de l'axe des abscisses positives, et deux racines inégales de l'équation (d); que pour cette valeur de ε, ces intersections se changent en un contact, et les deux racines deviennent égales; et qu'enfin, pour des valeurs plus grandes de ε, les intersections n'ont plus lieu, non plus que les racines réelles de l'équation (d). Il est certain que ces racines répondent aux moindres valeurs de ε, et non pas aux plus grandes; car pour $\varepsilon = \infty$, l'équation (d) n'a aucune racine différente de zéro; et, au contraire, quand ε est une très petite fraction, on détermine aisément les deux racines réelles de cette équation.

Lorsqu'on aura déterminé, au moyen de l'équation (d), les deux valeurs approchées de γ qui répondent à une valeur donnée de ε moindre que la fraction précédente, les valeurs précédentes de X, Y, Z, feront connaître l'attraction du fluide en un point quelconque de son intérieur ou de sa surface, et on déduira les valeurs de c, du volume aussi donné du liquide. Quand la valeur de ε surpassera cette fraction, on ne sera pas en droit d'en conclure que la figure permanente du liquide soit impossible, mais seulement qu'elle ne peut pas être un ellipsoïde de révolution; car si l'on excepte le cas où l'on suppose cette figure très peu différente d'une sphère, on n'a point encore démontré que la figure elliptique de révolution soit la seule qui convienne à l'équilibre des forces centrifuges et des actions mutuelles des molécules : on n'a même pas prouvé que la sphère soit la seule figure que puisse prendre une masse fluide en repos, dont les molécules s'attirent mutuellement, quelque naturel que cela paraisse.

592. Si la quantité ε est une très petite fraction, on satisfait à l'équation (d) en prenant pour γ une quantité très petite. On a alors

$$\text{arc (tang} = \gamma) = \gamma - \tfrac{1}{3}\gamma^3 + \text{etc.,}$$
$$\frac{1}{3 + \gamma^2} = \frac{1}{3} - \frac{\gamma^2}{9} + \text{etc.;}$$

et en substituant ces valeurs dans l'équation (d), supprimant le facteur γ, commun à tous les termes, et négligeant ensuite les puissances de γ supérieures à la première, on trouve

$$\gamma^2 = \frac{15\varepsilon}{2};$$

ce qui répond à un ellipsoïde très peu aplati. L'aplatissement sera à peu près $\frac{1}{2}\gamma^2$, puisque les deux demi-axes sont c et $c\sqrt{1+\gamma^2}$. On pourra prendre $\alpha^2 c$ pour la force centrifuge à l'équateur, et $\frac{4}{3}\pi f\rho c$ pour l'attraction en un point de la surface; ce qui serait les valeurs exactes de ces deux forces, si le corps était exactement sphérique. Le rapport de la première à la seconde est égal à 3ε; par conséquent, lorsqu'un fluide homogène tourne autour d'un axe fixe, et s'écarte très peu de la figure sphérique, son aplatissement est égal à cinq fois la force centrifuge à l'équation divisée par quatre fois l'attraction à la surface. On démontre aussi que si le fluide est composé de couches très peu aplaties, dont les densités décroissent du centre à la surface, l'aplatissement sera toujours plus petit que dans le cas de l'homogénéité, et cependant plus grand que les deux cinquièmes de celui qui répond à ce cas.

Dans le mouvement de rotation de la terre, le rapport de la force centrifuge à la pesanteur, ou à l'attraction terrestre, est environ $\frac{1}{288}$ (n° 177) à l'équateur. Si la terre était une masse fluide homogène, son aplatissement serait donc $\frac{1}{232}$, dont les deux cinquièmes sont $\frac{1}{580}$; sa valeur $\frac{1}{290}$, qui résulte de l'observation, est comprise entre ces deux limites, comme dans le cas d'une masse fluide dont la densité décroît du centre à la surface.

En faisant

$$z = c, \quad \sqrt{x^2 + y^2} = c \sqrt{1 + \gamma^2},$$

dans les valeurs de Z et $\sqrt{X^2 + Y^2}$, et développant ensuite suivant les puissances de γ, on trouve

$$Z = -\frac{4\pi f \rho c}{3}\left(1 + \frac{4\gamma^2}{10} + \text{etc.}\right),$$

$$\sqrt{X^2 + Y^2} = -\frac{4\pi f \rho c}{3}\left(1 + \frac{3\gamma^2}{10} + \text{etc.}\right),$$

pour les attractions qui ont lieu aux pôles et à l'équateur. J'ajoute à la seconde la force centrifuge $\alpha^2 c$, dont la valeur est $\frac{4}{3} f \pi \rho c \varepsilon$, ou le produit de $\frac{4}{3}\pi f \rho c$ et de $\frac{4\gamma^2}{10}$, d'après ce qui précède ; il vient

$$\sqrt{X^2 + Y^2} + \alpha^2 c = -\frac{4\pi f \rho c}{3}\left(1 - \frac{\gamma^2}{10} + \text{etc.}\right),$$

pour la pesanteur à l'équateur. En en retranchant la pesanteur Z au pôle, et divisant par celle-ci, on a

$$\frac{\sqrt{X^2 + Y^2} + \alpha^2 c - Z}{Z} = \frac{1}{2}\gamma^2 - \text{etc.};$$

en sorte qu'en négligeant le carré de γ^2, ce rapport est égal à l'aplatissement $\frac{1}{2}\gamma^2$, et par conséquent, la somme de ces deux quantités a pour valeur cinq fois la force centrifuge divisée par le double de la pesanteur à l'équateur, conformément au théorème cité dans le n° 193.

Dans ce même cas d'une très petite valeur de ϵ, on satisfait encore à l'équation (d) au moyen d'une très grande valeur de γ. On a identiquement

$$\operatorname{arc}(\operatorname{tang} = \gamma) = \tfrac{1}{2}\pi - \operatorname{arc}\left(\operatorname{tang} = \frac{1}{\gamma}\right);$$

pour une semblable valeur de γ, on aura donc, en série convergente,

$$\operatorname{arc}(\operatorname{tang} = \gamma) = \frac{1}{2}\pi - \frac{1}{\gamma} + \frac{1}{3}\frac{1}{\gamma^3} - \frac{1}{5}\frac{1}{\gamma^5} + \text{etc.};$$

on a de même

$$\frac{1}{\gamma^2 + 3} = \frac{1}{\gamma^2} - \frac{3}{\gamma^4} + \text{etc.};$$

et en substituant ces développemens dans l'équation (d), on en déduira ensuite une valeur de γ ordonnée suivant les puissances croissantes de ϵ, savoir,

$$\gamma = \frac{\pi}{4\epsilon} - \frac{8}{\pi} + \text{etc.},$$

qui sera la seconde racine réelle de cette équation.

Pour de plus grands détails sur cette importante théorie et sur son application à la figure de la terre, je renverrai aux tomes II et V de la *Mécanique céleste*.

593. Il y a une différence essentielle entre les surfaces de niveau, tracées dans l'intérieur d'un liquide soumis à l'action mutuelle de tous ses points, et celles qui sont décrites dans un fluide dont les points

ne sont sollicités que par des forces étrangères, c'est-à-dire, par des attractions ou répulsions qui émanent de centres fixes, et sont fonctions des distances à ces centres. Supposons que ABCD (fig. 37) soit la surface libre d'un liquide en repos, ou tournant, pour plus de généralité, autour d'un axe fixe. Soit EFGH une surface de niveau tracée dans son intérieur ; et appelons R la résultante de toutes les forces qui agissent au point quelconque M de cette surface. Dans les deux cas qu'on vient de distinguer, cette force sera dirigée suivant la normale NMP en ce point ; or, dans le second cas, sa grandeur et sa direction ne dépendant d'aucune action des points du fluide, elle restera encore perpendiculaire à la surface EFGH, si l'on enlève la couche du liquide comprise entre EFGH et ABCD ; de sorte qu'après cette soustraction, le liquide terminé par EFGH demeurera encore en équilibre : mais dans le cas des actions mutuelles des points du système, la force R dépendra de l'action de ce liquide intérieur et de celle de la couche extérieure ; elle changera, en général, de grandeur et de direction, lorsqu'on supprimera la couche comprise entre ABCD et EFGH, et l'équilibre du liquide terminé par EFGH n'aura plus lieu. Pour qu'il se rétablisse, il faudra que la surface EFGH change, et devienne perpendiculaire, en chaque point M, à la seule partie de la force R qui subsistera.

L'action de la couche extérieure, comprise entre ABCD et EFGH, sera nulle sur tous les points du fluide intérieur et de la surface EFGH, lorsque la

35..

masse entière du fluide sera homogène, qu'elle s'é-
cartera peu de la figure sphérique, et que ses points
ne seront sollicités que par leurs attractions mutuelles
en raison inverse du carré des distances, et par la
force centrifuge. En effet, toutes les surfaces de niveau sont alors des ellipsoïdes semblables, et, conséquemment, la couche comprise entre deux de ces surfaces ABCD et EFGH, n'exerce aucune action sur les
points situés dans l'espace intérieur (n° 105). Mais
cette nullité de l'action d'une couche terminée par
deux surfaces de niveau, sur le fluide intérieur, n'est
pas une condition de l'équilibre des fluides; les forces
étant toujours celles qu'on vient de supposer, elle n'a
plus lieu, par exemple, lorsque le liquide est hétérogène ; ce qui rend dissemblables les surfaces de niveau, qui sont encore elliptiques, et telles que l'el-
lipticité de la surface quelconque EFGH dépend de
l'épaisseur et de la constitution de la couche extérieure (*).

Dans le cas particulier de l'homogénéité, on peut
enlever ou rétablir à volonté la couche elliptique comprise entre ABCD et EFGH, sans troubler l'équilibre
ni changer la forme du fluide intérieur, en supposant
que la vitesse de rotation soit toujours la même. Mais
il y a aussi d'autres couches qu'on peut ajouter au
fluide terminé par EFGH, et qui ne troublent pas
son équilibre, quoique leur attraction ne soit pas
nulle sur les points de ce liquide. Il est évident que la

(*) *Mécanique céleste,* tome II, pages 85 et suivantes.

surface extérieure de la couche additive peut être un ellipsoïde semblable à EFGH, et ayant pour centre un point de l'axe de rotation différent du point O. La surface extérieure de cette couche peut aussi avoir ce point pour centre, et être un ellipsoïde dont l'aplatissement soit différent de celui de la surface intérieure. Pour le faire voir, soient ABCD et A′B′C′D′ (fig. 38) les deux ellipsoïdes différens qui satisfont à la condition d'équilibre d'un même fluide homogène, tournant autour d'un axe fixe avec une vitesse angulaire donnée (n° 591); soient aussi EFGH et E′F′G′H′ deux surfaces de niveau, tracées dans l'intérieur de ces ellipsoïdes, semblables aux surfaces extérieures, ayant le même centre O que celles-ci, et se coupant au point M : sans troubler l'équilibre du liquide terminé par EFGH, on y pourra ajouter la couche comprise entre les deux surfaces EFGH et A′B′C′D′, dissemblables et concentriques. On remarquera que non-seulement l'action de cette couche additive sur les points du liquide intérieur et de la surface EFGH, n'est pas nulle, mais que cette action sur chaque point de la surface n'est pas dirigée suivant la normale. Ainsi, au point M, l'action de la couche comprise entre les surfaces EFGH et A′B′C′D′, n'est pas dirigée suivant la normale NMP à la première surface ; car déjà l'action du liquide intérieur, terminé par cette surface, est dirigée suivant NMP ; et si l'action de la couche additive avait aussi cette direction, l'action de la masse totale, terminée par la surface A′B′C′D′, serait encore dirigée suivant cette normale, tandis qu'elle doit l'être suivant la normale N'MP' à l'autre surface de niveau E'F'G'H'.

Quelles que soient les forces qui agissent sur un fluide homogène ou hétérogène tournant autour d'un axe fixe, on ne doit pas perdre de vue que la seule condition d'équilibre est l'existence d'une quantité p qui satisfasse à l'équation (a), et qui soit nulle ou constante à la surface libre du liquide. Toute autre condition qu'on y voudrait ajouter est déjà comprise dans celle-là, ou ne se vérifiera pas.

594. Parmi les différentes lois d'attraction, il y en a une qui n'est pas celle de la nature, mais qui jouit d'une propriété remarquable. Cette loi est celle d'une action mutuelle en raison directe de la distance, et la propriété dont il s'agit consiste en ce que la résultante des actions de tous les points d'un corps, sur un point quelconque, est indépendante de la forme et de la constitution de ce corps, homogène ou hétérogène, et la même que si la masse entière était réunie à son centre de gravité.

En effet, soient x, y, z, les coordonnées du point attiré, x', y', z', celles d'un point attirant, μ la masse de ce second point matériel, u la distance des deux points, $k\mu u$ la force accélératrice dirigée du premier point vers le second; k étant un coefficient constant. Les composantes de cette force suivant des parallèles aux axes des coordonnées, menées par le point attiré, seront $k\mu(x'-x)$, $k\mu(y'-y)$, $k\mu(z'-z)$, puisque les cosinus des angles que fait sa direction avec ces droites sont les différences $x'-x$, $y'-y$, $z'-z$, divisées par u. Par conséquent, si l'on appelle $\mathbf{X}$, $\mathbf{Y}$, $\mathbf{Z}$, les composantes totales de la force accélératrice du point attiré, on aura

$$\mathbf{X} = k\Sigma\mu x' - kx\Sigma\mu,$$
$$\mathbf{Y} = k\Sigma\mu y' - ky\Sigma\mu,$$
$$\mathbf{Z} = k\Sigma\mu z' - kz\Sigma\mu;$$

les sommes Σ s'étendant à tous les points du corps attirant. Or, si l'on appelle m la masse entière de ce corps, et x_i, y_i, z_i, les trois coordonnées de son centre de gravité, on aura

$$\Sigma\mu = m,$$
$$\Sigma\mu x' = mx_i,$$
$$\Sigma\mu y' = my_i,$$
$$\Sigma\mu z' = mz_i;$$

il en résultera donc

$$\mathbf{X} = km(x_i - x),$$
$$\mathbf{Y} = km(y_i - y),$$
$$\mathbf{Z} = km(z_i - z);$$

équations qui renferment évidemment la proposition qu'il s'agissait de démontrer.

En substituant ces valeurs de $\mathbf{X}$, $\mathbf{Y}$, $\mathbf{Z}$, dans l'équation (b), et faisant, pour abréger, $\dfrac{a^2}{km} = \varepsilon$, il vient

$$(x_i - x)\,dx + (y_i - y)\,dy + (z_i - z)\,dz$$
$$+ \varepsilon(x\,dx + y\,dy) = 0;$$

d'où l'on tire, en intégrant et désignant par c la constante arbitraire,

$$(x - x_{\prime})^2 + (y - y_{\prime})^2 + (z - z_{\prime})^2 - \varepsilon(x^2 + y^2) = c.$$

Cette équation sera celle des surfaces de niveau dans un liquide tournant autour de l'axe des z, dont les points s'attirent en raison directe de la distance ; elle fait voir que toutes ces surfaces seront concentriques et du second degré. De plus, si l'on transporte l'origine des coordonnées à leur centre commun, c'est-à-dire, au centre de gravité du fluide, les premières puissances des coordonnées courantes devront disparaître ; ce qui ne peut avoir lieu, à moins qu'on n'ait $x_{\prime} = 0$, $y_{\prime} = 0$, $z_{\prime} = 0$. L'équation précédente se réduit donc à

$$z^2 + (1 - \varepsilon)(x^2 + y^2) = c ; \qquad (f)$$

par conséquent, les surfaces de niveau sont des ellipsoïdes ou des hyperboloïdes de révolution, selon qu'on a $\varepsilon < 1$ ou $\varepsilon > 1$; et, dans les deux cas, elles ont toutes le même axe de figure, qui est l'axe de rotation.

Le volume du liquide étant donné, l'hyperboloïde n'est possible que quand le fluide est contenu dans un vase, et alors l'équation (f) s'applique seulement à la partie libre de sa surface. Lors donc qu'on a $\varepsilon > 1$, la figure permanente d'un liquide libre de toutes parts est impossible, dans le cas des forces que nous considérons. Si l'on a $\varepsilon < 1$, toutes les surfaces de niveau sont des ellipsoïdes qui diffèrent par les valeurs de c. Pour déterminer la valeur de cette quantité qui répond à la surface extérieure, on égalera le volume de l'ellipsoïde, dont l'expression est $\frac{4\pi c\sqrt{c}}{3(1-\epsilon)}$, au volume donné du liquide. Il est remarquable que, dans cet exemple, la loi des densités des couches du fluide n'a aucune influence sur sa figure extérieure et sur celle de ses couches de niveau.

CHAPITRE III.

DE L'ÉQUILIBRE DES FLUIDES PESANS.

595. Soit ABCD (fig. 39) un vase ouvert à sa partie supérieure, et dont la base horizontale AB est posée sur un plan fixe. Supposons qu'un liquide pesant et homogène s'élève dans ce vase jusqu'en A′B′. Pour l'équilibre de ce liquide, il faudra que la surface libre A′B′ soit horizontale ou perpendiculaire à la direction de la pesanteur, et cet équilibre ne sera pas troublé, si l'on exerce sur cette surface une pression constante et de grandeur quelconque.

La pression rapportée à l'unité de surface sera la même dans toute l'étendue de chaque section horizontale du liquide ; en la désignant par p à la profondeur z au-dessous de A′B′, et appelant ρ la densité constante du liquide, et g la gravité, on aura $dp = \rho g\, dz$, d'après l'équation (3) du n° 583. En intégrant, on aura donc

$$p = \rho g z + \varpi ;$$

ϖ étant la pression extérieure, qui sera généralement la pression atmosphérique qui répond à $z = o$. Cette pression constante se transmettra, sans altération, sur tous les élémens des parois du vase et des corps plongés dans le liquide ; elle s'ajoutera, en chaque point (n° 578), à la pression variable due à la pesanteur du liquide. Il sera donc toujours facile d'y avoir égard ; et, pour plus de simplicité, nous pouvons la supposer nulle, et réduire l'équation précédente à

$$p = \rho g z.$$

Soient b la base AB du vase, P la pression totale exercée sur cette base, h la distance de A'B' à cette même base, ou la hauteur du liquide ; nous aurons à la fois

$$z = h, \quad P = bp = \rho g b h ;$$

ce qui montre que la pression exercée sur la base horizontale du vase est égale au poids d'un cylindre rempli du liquide, qui aurait pour base celle du vase, pour hauteur celle du liquide, et dont le volume et la masse seraient, conséquemment, bh et ρbh.

Cette pression P est donc indépendante de la forme du vase ; en sorte que pour les trois vases représentés par la figure 40, qui ont des bases équivalentes, posées sur un même plan horizontal, et dans lesquels un même liquide s'élève à une hauteur qui est aussi la même, les pressions exercées sur leurs bases sont égales, quoique l'un des vases soit un cylindre droit, qu'un autre s'élargisse en partant de la base, et que le troisième aille en se rétrécissant. Cette pression est, pour chacune des trois bases, le poids du liquide contenu dans le vase cylindrique ; résultat très remarquable, qui est pleinement confirmé par l'expérience.

Dans le cas de plusieurs liquides superposés dans

un vase, il suffira, et il sera nécessaire pour leur équilibre, que la surface de séparation de deux liquides consécutifs soit horizontale (n° 586); et, en effet, si cela est, chaque nouveau liquide superposé exercera sur tous les points de sa base une pression constante, qui ne troublera pas l'équilibre du liquide inférieur. Voici comment on pourra déterminer la pression totale exercée sur le fond du vase.

596. Versons sur le fluide en équilibre dans le vase ABCD (fig. 39) un nouveau liquide, dont la densité soit ρ', qui ait sa surface supérieure $A''B''$ horizontale, comme celle du premier, et qui s'élève à une hauteur h' au-dessus du niveau $A'B'$ du premier; ces deux fluides demeureront en équilibre dans le vase. En appelant b' l'aire de $A'B'$, qui est la base du second fluide, il exercera sur cette base une pression égale à $\rho'gh'b'$. Cette pression sera transmise, par l'intermédiaire du liquide inférieur, sur le fond AB du vase; et l'aire de AB étant b, il en résultera, sur cette surface plane, une pression exprimée par $\rho'gh'b$ (n° 577); par conséquent, la pression totale exercée par les deux fluides sur la base horizontale du vase, sera $\rho ghb + \rho'gh'b$.

Si l'on verse un troisième liquide dans le vase, dont la surface $A'''B'''$ soit encore horizontale, l'équilibre ne sera pas troublé; ρ'' étant sa densité, h'' la hauteur de son niveau $A'''B'''$ au-dessus de la surface supérieure $A''B''$ du second liquide, et b'' l'aire de cette dernière surface, ce troisième liquide exercera sur sa base $A''B''$, une pression égale à $\rho''gh''b''$, qui sera transmise par le second liquide, et deviendra $\rho''gh''b'$ sur la surface supérieure $\mathbf{A'B'}$ ou b' du liquide inférieur; cette pression sera transmise de même, par l'intermédiaire du liquide inférieur, et deviendra $\rho''gh''b$ sur le fond $\mathbf{AB}$ du vase; par conséquent, les trois liquides superposés exerceront sur le fond du vase une pression égale à $\rho ghb + \rho'gh'b + \rho''gh''b$, ou $(\rho h + \rho'h' + \rho''h')gb$.

En continuant ainsi, on voit que quand un nombre quelconque de liquides de différentes densités, sont superposés et en équilibre dans un vase, la pression qu'ils exercent sur la base horizontale de ce vase, ne dépend que de l'étendue de cette base, des épaisseurs des différens fluides, et de leurs densités. Dans le cas d'un vase cylindrique et vertical, elle sera égale à la somme des poids de tous les fluides; et elle ne variera pas quand on changera la forme du vase, pourvu que sa base ne change pas d'étendue, non plus que l'épaisseur et la densité de chaque liquide.

Ce résultat étant indépendant de l'épaisseur des couches horizontales, il subsiste encore lorsque ces couches sont infiniment minces, c'est-à-dire, lorsque la densité de la masse fluide varie par degrés continus dans le sens vertical, et convient, par conséquent, aux fluides compressibles. Il est également vrai quand la pesanteur varie d'une couche à l'autre avec la densité; ce qui arrive lorsque la hauteur du fluide n'est pas négligeable par rapport au rayon de la terre. C'est aussi ce que l'on peut déduire de l'équation $dp = \rho g dz$, qui convient à l'équilibre de tous les fluides pesans, compressibles ou non, et dans laquelle on peut supposer la gravité g et la densité ρ, fonctions de l'ordonnée verticale z.

597. Considérons actuellement l'équilibre des liquides pesans contenus dans plusieurs vases, et qui peuvent s'écouler de l'un dans l'autre par des ouvertures latérales. Si l'on ferme à la fois toutes ces ouvertures, l'équilibre ne sera pas troublé; il faudra donc d'abord que les liquides soient disposés, dans chaque vase, par couches horizontales; mais cette condition ne suffira pas; et il faudra encore, quand les ouvertures ne seront plus fermées, qu'il existe un certain rapport entre les élévations des liquides dans les vases différens, qui dépendra du rapport de leurs densités.

S'il n'y a qu'un seul liquide répandu dans plusieurs vases communiquans, il faudra que le niveau de ce liquide soit le même dans tous ces vases. En effet, considérons un liquide homogène contenu dans deux vases, par exemple, qui communiquent latéralement par le canal EF (fig. 41), et qui sont posés sur des plans fixes horizontaux. Supposons que ce liquide s'élève jusqu'en AB dans l'un des vases, et jusqu'en CD dans l'autre, et que ces deux sections horizontales ne soient pas dans un même plan, de sorte qu'en prolongeant le plan de la section CD de l'un des vases, il vienne couper l'autre vase, suivant une section $\alpha\delta$ située à une distance δ au-dessous de AB. Si l'équilibre existe dans cet état, il ne sera pas troublé en remplaçant la section ouverte CD par une paroi fixe : le fluide compris entre AB et $\alpha\delta$, exercera sur $\alpha\delta$ une pression égale à $\rho g \gamma \delta$, en appelant ρ sa densité, et γ l'aire de cette section $\alpha\mathcal{6}$; cette pression se transmettra, par l'intermédiaire du liquide contenu dans les deux vases, jusque sur la paroi CD; et il en résultera, sur ce plan horizontal, une pression dirigée de bas en haut et exprimée par $\rho g \gamma c$, en désignant par c l'aire de CD. Par conséquent, l'équilibre n'aura plus lieu dès que l'on enlevera la paroi CD, à moins que la différence de niveau δ du liquide dans les deux vases, ne soit nulle; ce qu'il s'agissait de démontrer.

Les deux sections AB et CD étant comprises dans un même plan, si l'on verse au-dessus de AB un liquide qui s'élève jusqu'en A'B', et dont la densité soit ρ', il exercera sur AB une pression égale à $\rho'gbh$; b et h étant l'aire de AB et la distance comprise entre les sections horizontales AB et A'B'. Cette pression se transmettra sur CD, où elle sera égale à $\rho'gch$, et s'exercera de bas en haut; et pour la détruire, il faudra fermer le vase en CD par une paroi fixe, ou verser au-dessus de CD un fluide dont la pression sur CD soit égale et contraire à $\rho'gch$. Dans ce dernier cas, si le fluide s'élève jusqu'en C'D', que l'on représente par $\rho_{,}$ sa densité, et par k la distance comprise entre C'D' et CD, la pression exercée par ce fluide sur CD, sera $\rho_{,}gkc$; et pour l'équilibre, il faudra qu'on ait $\rho_{,}k = \rho'h$.

On voit donc que pour l'équilibre des liquides différens contenus dans des vases communiquans, il est nécessaire que leurs densités soient en raison inverse de leurs élévations au-dessus des sections de ces vases, faites par un même plan horizontal. Si l'on verse de nouveaux liquides au-dessus de ceux qu'on vient de considérer, on verra de même qu'en désignant par h, h', h'', etc., les épaisseurs de ces liquides dans l'un des vases, et par ρ', ρ'', ρ''', etc., leurs densités, et en représentant par k, $k_{,}$, $k_{,,}$, etc., $\rho_{,}$, $\rho_{,,}$, $\rho_{,,,}$, etc., les quantités analogues dans un autre vase, il faudra qu'on ait l'équation

$$\rho' h + \rho'' h' + \rho''' h'' + \text{etc.} = \rho_{,} k_{,} + \rho_{,,} k_{,} + \rho_{,,,} k_{,,} + \text{etc.};$$

d'où il résultera que les pressions rapportées à l'unité de surface seront égales sur les deux surfaces supérieures AB et CD du liquide homogène qui va d'un vase à l'autre, et qui peut être celui dont la densité est ρ', ou celui dont la densité est $\rho_{,}$, ou plus généralement un autre liquide quelconque, pourvu que les deux surfaces AB et CD, qui le terminent, soient comprises dans un même plan horizontal.

On peut remarquer que des couches infiniment minces, comprises dans des vases différens, et contenues entre les mêmes plans horizontaux, éprouveront la même pression rapportée à l'unité de surface; mais au-dessus du plan qui termine le liquide inférieur, elles pourront contenir des liquides différens; en sorte que les propriétés des couches de niveau, ou perpendiculaires à la direction de la pesanteur, ont bien lieu, quant à l'égalité des pressions, mais non plus quant à l'homogénéité du liquide (n° 586), lorsque ses couches sont interrompues par des parois fixes.

598. Les lois de l'équilibre des fluides pesans, dans des vases communiquans, sont susceptibles d'un grand

nombre d'applications dont nous nous bornerons à indiquer les plus communes.

Celle qui se présente la première, et que nous ne ferons qu'énoncer, est la théorie des nivellemens et des instrumens qu'on appelle des *niveaux*.

Dans le *siphon*, dont les deux branches s'ouvrent à leur partie supérieure, et qui contient de l'eau ou un autre liquide, l'équilibre a lieu quand les deux extrémités du fluide sont comprises dans un même plan, quelle que soit la grandeur de la pression atmosphérique en ces deux points. L'équilibre peut aussi exister dans le siphon renversé, pourvu qu'alors la pression atmosphérique ait une grandeur convenable.

Soient ABC (fig. 42), ce tube renversé, B son point le plus haut, E et F les points où le liquide s'arrête dans ses deux branches, et qui sont situés dans un même plan horizontal. Si l'on appelle ρ la densité du liquide et h la hauteur du point B au-dessus de ce plan, la pression rapportée à l'unité de surface, exercée par le liquide en ces points E et F sera égale à $\rho g h$; et en appelant ϖ la pression atmosphérique qui s'exerce de bas en haut en chacun de ces points, il faudra donc qu'on ait $\varpi > \rho g h$, ou tout au plus, $\varpi = \rho g h$, pour que cette pression empêche le liquide de s'écouler. Dans le second cas, la pression au point B sera nulle; dans le premier, elle sera égale à $\varpi - \rho g h$; et si l'on avait $\varpi < \rho g h$, la pression au point B serait négative, le liquide se diviserait en ce point, et s'écoulerait par les deux branches du siphon. Au reste, dans le siphon renversé, l'équilibre du liquide n'est qu'instantané, et ne peut s'observer qu'à raison de l'adhérence de ses molécules entre elles ou contre l'intérieur du tube; dès que son extrémité F est un peu au-dessous ou au-dessus de son extrémité E, l'excès de la pression atmosphérique sur la pression du liquide, est plus grand ou plus petit au point E qu'au point F, et le liquide s'écoule par la branche BC ou par la branche BA du siphon. Dans l'usage ordinaire de ce tube renversé, la branche la plus courte BA est plongée dans un vase H, contenant un liquide qui s'élève jusqu'au point D du tube; on fait le vide, en aspirant l'air que ce tube renferme; le liquide s'élève au-dessus de son niveau primitif, jusqu'à ce qu'il ait atteint le sommet B du tube; il descend ensuite jusqu'au point C, puis il s'écoule par cette extrémité du tube. L'écoulement s'arrêterait, lorsque le point D, en s'abaissant dans la branche BA, se trouverait au-dessous du point C; ce qui ne peut arriver, puisqu'on suppose que AB est la plus courte des deux branches du tube.

La *presse hydraulique*, dont l'invention est attribuée à Pascal, consiste en une caisse prismatique et verticale H (fig. 43), ouverte à sa partie supérieure, et remplie d'eau jusqu'en AB. Un couvercle placé sur AB, ferme exactement la caisse, et peut cependant glisser le long de ses parois. Au-dessous de AB se trouve une ouverture C, à laquelle on adapte un tube coudé CDE, dont la branche verticale DE est ouverte à sa partie supérieure E. L'eau de la caisse s'écoule par l'orifice C; et, à cause du couvercle posé sur AB, ce liquide s'élève, dans le tube DE, jusqu'au point F, situé au-dessus du prolongement de cette section horizontale AB. Cela étant, si l'on ajoute au poids du couvercle un nouveau poids X, le liquide s'abaissera en A'B' dans la caisse H, et s'élevera en F' dans le tube DE. Par cette addition de X, la pression rapportée à l'unité de surface sera plus grande en A'B' qu'en AB, de la quantité $\frac{X}{b}$, en désignant par b l'aire de la section horizontale de H; en même temps, la pression, aussi rapportée à l'unité de surface, et due au poids de l'eau contenue dans le tube vertical DE, augmentera d'une quantité ρgx, en désignant par ρ la densité du liquide, et par x l'élévation du point F' au-dessus du point F. Pour que l'équilibre subsiste, il faudra donc qu'on ait

$$X = \rho gbx ;$$

équation qui fera connaître le poids X d'après l'observation de x. On a soin que b soit une très grande surface, afin que des élévations peu considérables de l'eau dans le tube vertical, puissent répondre à de très grandes charges du couvercle mobile, et servir à les mesurer. La section horizontale du tube est très petite par rapport à b, et il en résulte que les abaissemens du couvercle dans la caisse H sont très petits, par rapport aux élévations du liquide dans le tube; car si l'on appelle y la distance comprise entre AB et A'B', et c la section horizontale du tube, on aura $by = cx$, puisque le volume total de l'eau doit être invariable. Le tube DE pourrait, au reste, n'être ni vertical, ni cylindrique; et la formule précédente donnerait toujours la valeur de X, pourvu que x fût

la distance comprise entre les deux niveaux du liquide en F et en F'.

Un *baromètre* est, en général, un tube ABC
(fig. 44), dont les deux branches BA et BC sont verticales, et qui est fermé à l'extrémité A de BA, et
ouvert à l'extrémité C de BC. On fait exactement le
vide dans ce tube, puis on y verse du mercure, qui
s'élève jusqu'en D dans la branche AB, et à une moindre hauteur, jusqu'en E, dans la branche ouverte CB.
Si l'on mène par le point E un plan horizontal qui
coupe en F la branche AB, le mercure situé au-dessous de ce plan sera de lui-même en équilibre ; et,
pour que cet état subsiste, il faudra que les pressions
rapportées à l'unité de surface, qui sont exercées en
F par le mercure FD, et en E par l'atmosphère,
soient égales entre elles. D'après cela, j'appelle ϖ la
pression atmosphérique, je désigne par m la densité
du mercure, et par h la hauteur verticale du point D
au-dessus du point F, c'est-à-dire, la différence des
niveaux D et F du fluide dans les deux branches du
baromètre ; la pression du mercure au point F aura
pour valeur le produit mgh, et l'on aura, conséquemment,

$$mgh = \varpi.$$

L'équilibre du mercure ne sera pas troublé, si l'on
imagine que la branche BC se prolonge verticalement jusqu'à l'extrémité de l'atmosphère ; par conséquent, la pression atmosphérique ϖ, qui fait équilibre à celle du mercure, n'est autre chose que le
poids de l'air contenu dans un cylindre vertical

ayant pour base l'unité de surface, et s'étendant indéfiniment dans l'atmosphère : il dépend du décroissement de la pesanteur, à mesure que l'on s'élève au-dessus de la surface de la terre, de la densité et de la température des couches d'air, et des quantités de vapeur d'eau qu'elles peuvent contenir. Ce poids pouvant varier dans un même lieu de la terre, la hauteur barométrique h varie aussi ; elle change encore de grandeur, à raison des vents verticaux, qui rendent la pression atmosphérique plus grande ou plus petite qu'elle ne serait dans l'état de repos de l'air : à Paris, la valeur la plus commune de h est $0^m,76$.

Si l'on remplaçait le mercure par un autre liquide dans le baromètre, la hauteur h changerait en raison inverse de la densité de ce liquide, comparée à celle du mercure, en supposant toujours qu'il y ait un vide sensiblement parfait, au-dessus du niveau D, dans la branche fermée du baromètre. Pour l'eau, cette élévation h est d'environ $10^m,4$; et c'est aussi la plus grande hauteur à laquelle l'eau puisse s'élever dans une *pompe*, au-dessus de son niveau extérieur. Quand il existe une couche d'air entre la surface du liquide et le *piston*, cet air se dilate ; il exerce sur le liquide intérieur une pression moindre que celle de l'atmosphère, mais qui diminue l'élévation de l'eau, et la réduit à une grandeur que nous déterminerons dans un autre chapitre.

599. Nous allons maintenant nous occuper du calcul des pressions exercées par les liquides pesans

sur les parois inclinées ou courbes des vases qui les contiennent, et sur les surfaces des corps solides qui y sont plongés.

La pression exercée par un liquide homogène sur une paroi plane inclinée, est égale au poids d'un prisme de ce liquide qui aurait pour base cette paroi, et pour hauteur la distance de son centre de gravité au niveau du liquide. En effet, soient ω un élément de cette paroi, et z sa distance au niveau du liquide ; la pression sur cet élément sera $p\omega$ ou $\rho g z\omega$, en mettant pour p sa valeur précédente (n° 595) ; et comme les pressions sur tous les élémens sont perpendiculaires à la paroi plane, la résultante de ces forces parallèles aura pour valeur le produit de ρg et de l'intégrale de $z\omega$, étendue à la paroi entière. Or, cette intégrale est égale à $b z_{,}$, en appelant b l'aire de la paroi, et $z_{,}$ la distance de son centre de gravité au niveau du liquide ; la valeur de la pression sur le plan incliné sera donc $\rho g b z_{,}$, conformément à l'énoncé du théorème.

Dans le cas de plusieurs liquides superposés dans le vase, on déterminera séparément les pressions exercées ou transmises sur la paroi inclinée, par chacun de ces liquides ; et leur somme sera la pression totale que cette surface plane aura à supporter. La pression ϖ de l'atmosphère augmentera cette pression totale d'une quantité égale à $b\varpi$.

Tous les points de la base horizontale du vase éprouvant des pressions égales, la résultante de ces forces parallèles passe par le centre de gravité de cette base ; mais, dans le cas d'une paroi inclinée, les élémens inférieurs éprouveront des pressions plus grandes que celles des élémens supérieurs ; et le point où la résultante totale vient percer la paroi, qu'on peut appeler le *centre de pression,* sera toujours plus bas que le centre de gravité de cette même surface. Quand une paroi plane, plongée dans un liquide homogène, tourne autour de son centre de gravité, la pression qu'elle éprouve ne change pas de grandeur, mais le point d'application de cette force normale et constante change de position sur cette surface.

600. Pour donner un exemple de la détermination du centre de pression, supposons que la paroi plane soit un trapèze ABCD (fig. 45), dont les deux bases AB et CD sont horizontales. Si nous partageons cette surface en élémens parallèles à ces bases et d'une hauteur infiniment petite, chacun de ces élémens éprouvera la même pression dans toute sa longueur, et son centre de pression sera situé à son milieu ; or, si l'on prolonge les côtés AC et BD du trapèze, jusqu'en leur point de rencontre K, et qu'on mène la droite KH, qui va de ce point au milieu H de AB, cette droite passera aussi par le milieu G de CD, et par les milieux de tous les élémens du trapèze ; elle renfermera donc le centre de pression demandé ; et il ne s'agira que de déterminer la distance de ce point à AB.

Soient x' cette distance, x celle d'un élément quelconque à la même base AB, u la longueur MN de cet élément, z sa distance au niveau du fluide, h la hauteur du trapèze. L'aire de cet élément et la pression qu'il éprouve seront udx et $\rho gzudx$; la pression totale aura pour valeur $\int_0^h \rho g z u dx$; et d'après la théorie des momens des forces parallèles, on aura

$$x' \int_0^h \rho g z u dx = \int_0^h x \rho g z u dx.$$

Soit aussi c la distance de AB au niveau du liquide ; appelons α l'angle compris entre le plan vertical, qui va de cette droite au niveau du liquide, et le prolongement du plan du trapèze ; on aura

$$z = c + x \cos \alpha ;$$

et si l'on substitue cette valeur de z dans l'équation précédente, et qu'on supprime le facteur $g\rho$ constant et commun à ses deux membres, il en résultera

$$x' \left(c \int_0^h u dx + \cos \alpha . \int_0^h x u dx \right)$$
$$= c \int_0^h x u dx + \cos \alpha . \int_0^h x^2 u dx.$$

Je désignerai par a et b les longueurs des deux bases AB et CD, et par k la perpendiculaire abaissée du point K sur CD ou b. La perpendiculaire abaissée du même point sur AB ou a sera $k + h$, et sur MN ou u, elle sera $k + h - x$; et ces droites a, b, u, étant parallèles, on aura

$$u : b :: k + h - x : k,$$
$$a : b :: k + h : k.$$

Je tire la valeur de k, de la seconde proportion, puis je la substitue dans la première ; ce qui donne

$$k = \frac{bh}{a - b}, \quad u = \frac{ah - (a - b)\,x}{h}.$$

En mettant cette valeur de u dans l'équation précédente, et effectuant les intégrations, on en déduit

$$x' = \frac{2hc\,(a + 2b) + h^2\,(a + 3b)\cos\alpha}{6c\,(a + b) + 2h\,(a + 2b)\cos\alpha}.$$

Par conséquent, si l'on mène à cette distance x', une parallèle EF à la droite AB, le point P, où elle coupera la ligne GH, qui va du milieu de AB à celui de CD, sera le centre de pression du trapèze.

La figure 45 suppose que la base supérieure AB soit la plus grande; si le contraire avait lieu, il est aisé de voir qu'il suffirait de remplacer l'angle α par son supplément, ou de changer le signe de $\cos\alpha$, dans cette formule.

Dans le cas de $\alpha = 90°$, la paroi est horizontale, et la formule se réduit à

$$x' = \frac{h\,(a + 2b)}{3\,(a + b)},$$

ce qui coïncide, effectivement, avec la distance du centre de gravité du trapèze à sa base a.

Quel que soit l'angle α, si cette base est *à fleur d'eau*, on a $c = 0$, et la valeur générale de x' devient

$$x' = \frac{h\,(a + 3b)}{2\,(a + 2b)};$$

de sorte qu'elle est, dans ce cas, indépendante de l'inclinaison de la paroi. Le trapèze se changera en un parallélogramme, quand on suppose $b = a$; et l'on a alors

$$x = \tfrac{2}{3} h.$$

Il se change en un triangle dans les deux cas de $b = 0$ et $a = 0$; pour lesquels on aura

$$x' = \tfrac{1}{2} h, \quad x' = \tfrac{3}{4} h.$$

Dans le premier cas, c'est la base du triangle qui est *à fleur d'eau*, et x' est la distance du centre de pression à cette base; dans le second cas, x' est la distance au sommet qui se trouve à la surface du liquide.

601. Sur une portion de surface courbe, les pressions se détermineront en décomposant d'abord la pression normale à chaque élément, en trois forces parallèles aux axes des coordonnées, et calculant ensuite par des intégrales doubles, les composantes totales suivant ces trois directions, lesquelles composantes se réduiront au moins à deux forces, qui pourront, le plus souvent, n'être pas réductibles à une seule (n° 264). Mais quand il s'agira des pressions exercées sur la surface entière d'un corps plongé dans un fluide, la réduction à une seule force aura toujours lieu, et cette résultante unique sera verticale, ainsi qu'on va le voir.

Soit AMB (fig. 46) le corps dont il est question; désignons par x, y, z, les coordonnées rectangulaires du point quelconque M de sa surface, et prenons le niveau du fluide pour le plan des x et y, et l'axe des z vertical et dirigé dans le sens de la pesanteur.

Appelons ω l'élément différentiel de la surface, et p la pression rapportée à l'unité de surface, qui répondent au point M, de sorte que $p\omega$ soit la pression exercée sur cet élément, et dirigée suivant la normale intérieure MN. La valeur de p sera la même pour tous les points qui sont à la même distance z du niveau du liquide, soit que ce fluide stagnant soit homogène, ou qu'il soit seulement composé de couches horizontales dont la densité ne varie que d'une couche à une autre. Soient encore α, β, γ, les angles que fait la normale MN avec des parallèles aux axes des x, y, z, menées par le point M dans l'intérieur du corps. Enfin, projetons ω sur les trois plans des coordonnées, et désignons les projections de cet élément, par a sur le plan des y et z, par b sur celui des z et x, et par c sur celui des x et y. En observant que α, β, γ, sont aussi les inclinaisons du plan tangent en M sur ces trois plans, nous aurons (n° 10)

$$a = \omega \cos \alpha, \quad b = \omega \cos \beta, \quad c = \omega \cos \gamma;$$

et si l'on multiplie ces équations par p, il en résultera

$$pa = p\omega \cos \alpha, \quad pb = p\omega \cos \beta, \quad pc = p\omega \cos \gamma;$$

ce qui montre que les produits pa, pb, pc, sont les composantes parallèles aux axes des x, y, z, de la pression normale $p\omega$; en sorte que la composante perpendiculaire à chaque plan des coordonnées, et, généralement à un plan quelconque, se déduit de $p\omega$, en y remplaçant l'élément ω par sa projection sur ce plan.

Cela posé, le corps AMB étant terminé de toutes parts, il y a, au moins, un second élément de sa surface qui a la même projection sur chaque plan donné, que l'élément ω. Ainsi, en abaissant du point M, une perpendiculaire MP sur le plan des y et z, cette perpendiculaire, ou son prolongement, rencontrera la surface du corps en un point M′, et la projection de l'élément ω' qui répond à ce point, sera égale à a sur ce plan, comme celle de ω. Les deux élémens étant situés à la même distance du niveau du liquide, éprouveront les pressions normales $p\omega$ et $p\omega'$, qui seront entre elles comme les aires ω et ω', dont le rapport peut avoir une grandeur quelconque. Mais leurs composantes parallèles à l'axe des x, auront une valeur commune pa, et les forces $p\omega$ et $p\omega'$ agissant suivant les normales intérieures MN et M′N′, ces composantes égales agiront évidemment en sens contraire l'une de l'autre, savoir, de M vers M′ au point M, et de M′ vers M au point M′. Par conséquent la composante parallèle à l'axe des x, de la pression exercée sur ω, sera détruite par la composante suivant la même direction, de la pression exercée sur un autre élément ω'. On verra de même que la composante de $p\omega$, parallèle à l'axe des y, sera aussi détruite par la composante suivant cette direction, de la pression relative à un troisième élément, lequel répondra au point où la perpendiculaire abaissée du point M sur le plan des x et z, rencontrera une seconde fois la surface du corps. Or, on conclut de là que ces composantes horizontales des pressions exercées sur les élémens de la surface du corps plongé, se détruisent dans chacune des sections horizontales et infiniment minces, et, conséquemment, sur sa surface entière. Il s'ensuit donc aussi que toutes ces pressions se réduisent à une seule force, qui est la résultante de leurs composantes verticales, et qui provient de la prépondérance de la valeur de p dans la partie inférieure du corps.

Si p résultait d'une pression exercée à la surface du liquide, sa valeur serait constante dans toute l'étendue de la surface AMB; et les composantes des pressions se détruiraient deux à deux, dans le sens vertical aussi bien que suivant les directions horizontales. Quelle que soit la forme d'un corps solide ou fluide, une pression constante et normale, exercée en tous les points de sa surface, ne peut donc produire ni un mouvement de translation, ni un mouvement de rotation, comme nous l'avons dit précédemment (n° 584).

602. Pour déterminer la résultante des pressions verticales exercées sur AMB, j'abaisse du point quelconque M une perpendiculaire sur le plan horizontal des x et y, qui rencontre en M, cette surface AMB. Les élémens ω et $\omega_{\prime}$, qui répondent aux points M et M$_{\prime}$, auront une même projection c sur ce plan; mais les pressions rapportées à l'unité de surface y seront différentes; et si on les désigne par p et $p_{\prime}$, le filet du corps que terminent ces deux élémens, et dont la longueur est MN, sera poussé verticalement de bas en haut par une force $pc - p_{\prime}c$. Je suppose, pour plus de simplicité, que le liquide dans lequel le corps est plongé soit homogène; je représente par ρ sa densité, et par l la longueur de MM$_{\prime}$, on aura

$p - p_{,} = \rho g l$, et la pression verticale $\rho g l c$ sera le poids du volume lc du liquide, c'est-à-dire, le poids du volume du liquide dont ce filet du corps occupe la place. En décomposant le corps en filets verticaux et infiniment minces, chacun de ces filets sera poussé de bas en haut par une semblable force ; d'où l'on conclut que la résultante de toutes les pressions verticales ne différera du poids des filets fluides remplacés par ceux du corps plongé, que par le sens de son action ; en sorte qu'elle sera égale au poids total du volume du fluide que déplace ce corps solide, et appliquée en sens contraire de la pesanteur, au centre de gravité de ce volume ; lequel centre de gravité se confondra avec celui du corps même, lorsque celui-ci sera homogène.

Si le corps n'était pas entièrement plongé dans le liquide, on pourrait, dans le calcul de la pression qu'il éprouve, faire abstraction de sa partie située au-dessus du niveau du liquide ; le point M, appartiendrait alors à la section du corps faite par le prolongement du plan de ce niveau ; et, en prenant $p_{,} = 0$, ce cas rentrerait dans le précédent. La résultante des pressions verticales, qui sera toujours celle de toutes les pressions, aura alors pour valeur le poids du volume du liquide déplacé par la partie plongée du corps flottant, et pour point d'application le centre de gravité de ce même volume.

603. Ces résultats ont encore lieu, lorsque le liquide est composé de couches horizontales. On y parvient aussi par une considération indirecte, qu'il est bon d'indiquer.

L'équilibre ayant lieu dans ce liquide, il ne sera pas troublé si l'on solidifie une partie quelconque du liquide, de sorte que cette partie devienne un corps plongé ou flottant. Or, pour que les pressions normales exercées sur la surface de ce corps par le liquide environnant, fassent équilibre au poids de cette partie solide, il faudra qu'elles se réduisent à une seule force égale et directement contraire à son poids. D'ailleurs, si l'on remplace la partie solidifiée du liquide par un autre corps qui ait exactement la même surface, il est évident que rien ne sera changé aux pressions du fluide environnant ; par conséquent, les pressions exercées sur la surface d'un corps plongé en tout ou en partie dans un liquide stagnant, homogène ou hétérogène, se réduisent toujours à une force unique, égale au poids total des couches horizontales du liquide, dont ce corps occupe la place, et appliquée, en sens contraire de la pesanteur, au centre de gravité de ces mêmes couches.

On conclut de là que, pour l'équilibre d'un corps entièrement plongé dans un liquide, il faut que sa densité moyenne soit égale à celle du liquide dont il occupe la place, et que son centre de gravité, et celui de cette portion de liquide, soient situés sur une même verticale. La seconde condition est toujours remplie, quand le corps est homogène, ainsi que le liquide. Quant aux corps qui ne sont immergés qu'en partie, et qui flottent à la surface du liquide, nous examinerons les conditions de leur équilibre dans le chapitre suivant.

604. Ordinairement, on énonce le principe de

l'Hydrostatique qu'on vient de démontrer, en disant qu'un corps plongé dans un liquide, y perd une partie de son poids, égale au poids du fluide qu'il déplace (n° 191).

Il en résulte que pour avoir le véritable poids d'un corps, il doit être pesé dans le vide. Deux corps pesés dans l'air, dans l'eau, ou dans tout autre fluide, et qui se font équilibre au moyen d'une balance exacte, ont des poids réellement différens, à moins que leurs volumes ne soient équivalens. Le poids le plus grand est celui du corps qui a le plus grand volume, puisque ayant éprouvé une plus grande perte dans le fluide, il y fait encore équilibre à l'autre.

Si un même corps est pesé successivement dans le vide et dans l'eau, et que P soit son poids dans le vide, et P′ son poids dans l'eau, P et P — P′ seront les poids absolus de ce corps et de l'eau sous un même volume ; ils sont donc entre eux comme les densités de ces deux substances (n° 60). Par conséquent, si l'on prend pour unité la densité de l'eau, et qu'on appelle D celle du corps, on aura

$$D = \frac{P}{P - P'}.$$

C'est d'après cette formule qu'on détermine les densités des corps qui peuvent être pesés dans l'eau, sans s'y dissoudre, au moyen de la balance hydrostatique.

605. La démonstration du n° 601 s'applique également aux parois latérales d'un vase qui contient un liquide ; et l'on en conclura que les composantes ho-

rizontales des pressions exercées de dedans en dehors, sur toute la surface intérieure du vase, se détruisent deux à deux; en sorte que si le fond du vase est posé sur un plan fixe et horizontal, l'action des fluides qu'il contient ne pourra pas le mettre en mouvement; ce qui résulte aussi du principe de la conservation du mouvement du centre de gravité (n° 553). Mais si l'on fait une ouverture à l'une des parois latérales, au-dessous du niveau du liquide, celui-ci s'écoulera par cet orifice; et la pression n'ayant plus lieu sur la partie de la paroi qu'on a enlevée, celle qui est exercée à la partie opposée du vase ne sera plus détruite; par conséquent, ce vase sera mis en mouvement en sens contraire de l'écoulement du fluide. Ce principe est celui des différentes sortes de machines à réaction, et sur lequel est fondé le moyen proposé par D. Bernouilli, pour mouvoir les bateaux sans le secours des rames ni du vent.

On verra aussi, par le même raisonnement que dans le n° 602, que la pression totale exercée sur le fond du vase et sur ses parois latérales, est toujours égale au poids du fluide qu'il contient, et appliquée, dans le sens de la pesanteur, au centre de gravité de ce fluide. Chaque filet vertical du fluide, qui va, sans interruption, de son niveau à un point quelconque du vase, exerce sur ce point une pression normale, dont la composante est égale au poids de ce même filet. Celui qui rencontre en deux points la surface intérieure du vase, comprenant le fond et les parois latérales, exerce en ces deux points des pressions dont les composantes verticales sont dirigées en sens contraire l'une de l'autre. La composante qui répond au point inférieur, est dirigée dans le sens de la pesanteur, et l'emporte sur l'autre d'une quantité égale au poids de ce filet ; et, de cette manière, la résultante des pressions verticales de tous ces filets fluides, n'est autre chose que le poids même du fluide en question.

Il faut distinguer cette pression de celle qui a lieu seulement sur le fond du vase (n° 595), et qui n'est égale au poids du fluide que quand le vase est un cylindre ou un prisme droit. Elle est moindre que ce poids, lorsque le vase s'élargit en allant du fond à sa partie supérieure, parce que les filets verticaux du fluide, qui partent de son niveau, et sont interceptés par les parois latérales, ne pressent pas sur le fond du vase ; elle est, au contraire, plus grande que le poids du liquide, quand le vase va en se rétrécissant, parce que les filets verticaux qui partent du fond du vase, et sont interceptés par les parois latérales, exercent néanmoins la même pression verticale sur le fond du vase, que s'ils s'étendaient jusqu'au niveau du liquide ; ce qui manque au poids de chacun de ces filets incomplets, étant remplacé par la résistance de la paroi à laquelle ils viennent aboutir.

CHAPITRE IV.

DE L'ÉQUILIBRE ET DU MOUVEMENT DES CORPS FLOTTANS.

606. Pour qu'un corps pesant puisse se tenir en équilibre à la surface d'un liquide stagnant, il est nécessaire que son poids soit moindre que celui d'un volume de ce fluide égal au sien; toutefois, il y a des cas où il se forme autour d'un corps flottant un espace vide de peu d'étendue, qui doit être ajouté à son volume, et qui diminue, conséquemment, sa densité moyenne; de sorte que des corps d'un petit volume peuvent surnager, quoique leur densité propre surpasse celle du liquide. Nous ferons abstraction de cette circonstance, qui se rapporte à la théorie des phénomènes capillaires, dont il ne sera pas question dans ce Traité (n° 588).

La densité du corps solide, s'il est homogène, ou sa densité moyenne, s'il ne l'est pas, étant moindre que celle du liquide, le corps s'enfonce dans le fluide, jusqu'à ce que le poids du liquide qu'il déplace soit devenu égal à son poids entier; et quand cette égalité a lieu, le corps reste en équilibre, si son centre de gravité et celui du fluide déplacé sont situés sur une même verticale; car la pression du liquide qui doit faire équilibre au poids du corps, est égale au poids du liquide déplacé, et appliquée à son centre de gravité, en sens contraire de la pesanteur (n° 602).

Si le corps flottant est homogène, aussi bien que le liquide, le centre de gravité du liquide déplacé coïncide avec celui de la portion immergée du corps. Dans l'état d'équilibre, le volume de cette partie du corps est à celui du corps entier, comme la densité du corps est à celle du liquide; et la détermination des positions d'équilibre d'un corps flottant se réduit à un problème de Géométrie, dont voici l'énoncé. Couper un corps par un plan, de manière que le volume d'un segment soit à celui du corps, dans un rapport donné, et que les centres de gravité du segment et du corps se trouvent sur une même perpendiculaire au plan coupant. Quand on a déterminé une section du corps qui satisfait à ces deux conditions, on la place au niveau du liquide, de manière que le segment dont on a considéré le volume, soit situé au-dessous, et l'on a une des positions d'équilibre du corps flottant.

Dans chaque cas particulier, on exprimera ces deux conditions par des équations, dont la solution complète fera connaître toutes les positions d'équilibre de ce corps. Quelquefois leur nombre sera infini, comme dans le cas des solides de révolution dont l'axe est horizontal; d'autres fois, ce nombre sera fini et déterminé; mais il serait difficile de démontrer, *à priori*, qu'il y a toujours une position d'équilibre, quelle que soit la forme du corps.

607. Je choisirai, pour exemple du problème

qu'on vient d'énoncer, le cas d'un prisme droit et triangulaire, dont les arêtes sont horizontales. Le plan coupant leur sera évidemment parallèle; de plus, sa direction sera indépendante de la distance comprise entre les deux bases. On pourra donc faire abstraction de la longueur du prisme, et déterminer seulement l'intersection du plan coupant et de l'une des deux bases; de sorte que le problème se rapportera à la Géométrie plane; ce qui aurait lieu également ment dans le cas d'un prisme ou d'un cylindre horizontal à base quelconque.

Soit ABC (fig. 47) l'une des bases du prisme donné. Il peut arriver que deux sommets de ce triangle soient plongés dans le liquide, ou qu'il n'y en ait qu'un seul au-dessus du niveau. J'examinerai d'abord le cas d'un seul sommet immergé; on verra ensuite comment l'autre cas se ramène à celui-là. Soient donc C ce sommet immergé, et MN l'intersection du plan coupant et de la base ABC, qu'il s'agit de déterminer, et qui représentera le niveau du liquide. J'appellerai a, b, c, les côtés donnés de ce triangle ABC, qui sont respectivement opposés aux angles A, B, C; et je désignerai par x et y les côtés inconnus CM et CN du triangle MNC; de sorte qu'on ait

$$BC = a, \quad AC = b, \quad AB = c, \quad CM = x, \quad CN = y.$$

L'aire d'un triangle quelconque est égale au produit de deux de ses côtés et du sinus de l'angle compris; on aura donc

$$ABC = \tfrac{1}{2} ab \sin C, \quad MNC = \tfrac{1}{2} xy \sin C.$$

Le prisme entier et le prisme plongé dans le liquide
sont entre eux comme leurs bases ABC et MNC; on
doit donc avoir

$$\text{MNC} : \text{ABC} :: r : 1;$$

r étant une quantité plus petite que l'unité, qui représente le rapport de la densité du corps flottant à
celle du liquide. En mettant pour ABC et MNC leurs
valeurs précédentes, cette proportion donne

$$xy = rab. \qquad (1)$$

Maintenant, soit D le milieu de la base AB; me-
nons la droite CD, et prenons sur cette ligne DG$=\frac{1}{3}$DC;
le point G sera le centre de gravité du triangle ABC.
De même, E étant le milieu de MN, si l'on prend
sur CE une partie EF $= \frac{1}{3}$ CE, le point F sera le
centre de gravité de MNC. La droite GF devra donc
être perpendiculaire à MN; mais, à cause que les lignes CD et CE sont coupées en parties proportionnelles aux points G et F, les droites DE et GF sont
parallèles; par conséquent, la droite DE, qui joint
les milieux des deux bases AB et MN, est aussi perpendiculaire à MN; et il en résulte que les deux obliques DM et DN sont égales.

Réciproquement, si l'on a DM $=$ DN, la droite
DE sera perpendiculaire à MN, ainsi que sa parallèle
GF; donc, pour que la droite qui joint les deux
centres de gravité G et F soit perpendiculaire à l'intersection MN, il est nécessaire et il suffit que les valeurs de DM et DN soient égales.

Cela étant, faisons CD $= h$, et désignons par α

et $\mathcal{C}$ les deux parties DCA et DCB de l'angle ACB. En considérant les deux triangles DCM et DCN, nous aurons

$$\overline{\text{DM}}^2 = h^2 + x^2 - 2hx \cos \alpha ,$$
$$\overline{\text{DN}}^2 = h^2 + y^2 - 2hy \cos \mathcal{C} ;$$

et en égalant ces deux valeurs, il en résultera

$$x^2 - 2hx \cos \alpha = y^2 - 2hy \cos \mathcal{C}. \quad (2)$$

Les équations (1) et (2) sont celles qui devront servir à déterminer x et y. Par l'élimination de y, on en déduit

$$x^4 - 2hx^3 \cos \alpha + 2hrabx \cos \mathcal{C} - r^2 a^2 b^2 = 0. \quad (3)$$

On tirera donc la valeur de x de cette équation du quatrième degré ; et l'on aura $y = \dfrac{rab}{x}$ pour la valeur correspondante de y.

L'équation (3) étant d'un degré pair, et ayant son dernier terme négatif, il s'ensuit qu'elle a une racine positive et une négative. Les deux autres racines peuvent être réelles ou imaginaires. Si elles sont réelles, la règle de *Descartes* fait voir que l'équation (3) aura trois racines positives, et une racine négative ; car en considérant les signes de ses termes, et soit qu'on donne le signe $+$ ou le signe $-$ au troisième terme, qu'on y peut comprendre avec un coefficient nul, on trouve toujours trois *variations* et une *permanence*. Les inconnues x et y, qui sont les côtés du triangle MNC, ne pouvant être que des quantités positives, respectivement moindres que les côtés CA et CB du triangle ABC, on rejettera donc, comme étrangères à la question, la racine négative de l'équation (3), les valeurs de x plus grandes que a, et celles qui donneraient une valeur de y plus grande que b. Ainsi, il y aura, au plus, trois positions d'équilibre pour lesquelles le sommet C est seul plongé dans le liquide.

608. Si l'on suppose ce sommet hors du fluide, et les deux points A et B au-dessous du niveau MN, le problème sera le même que dans le cas précédent, avec cette seule différence que la quantité r devra être remplacée par $1 - r$ dans les équations (1) et (3). En effet, le triangle ABC, et ses deux parties MNC et MNBA, ayant leurs centres de gravité sur une même droite, et ceux de ABC et de la seconde partie devant être situés sur une perpendiculaire à MN, il faudra toujours que les triangles ABC et MNC aient aussi leurs centres de gravité sur cette perpendiculaire; en sorte que l'on aura d'abord, sans aucun changement, l'équation (2), qui exprime cette condition. D'ailleurs, la proportion

$$\text{MNBA} : \text{ABC} :: r : 1,$$

qui doit avoir lieu maintenant, peut être changée en celle-ci :

$$\text{MNC} : \text{ABC} :: 1 - r : 1;$$

ce qui change aussi l'équation (1) en cette autre:

$$xy = (1 - r)\,ab.$$

En s'en servant pour éliminer y de l'équation (2), on retrouvera l'équation (3), dans laquelle le rapport r sera remplacé par $1 - r$, c'est-à-dire, que l'on aura

$$x^4 - 2hx^3 \cos \alpha + 2h(1 - r) abx \cos \zeta - (1-r)^2 a^2 b^2 = 0. \quad (4)$$

En raisonnant comme précédemment, on conclura de cette équation, qu'il y a au plus trois positions d'équilibre, pour lesquelles les deux sommets **A** et **B** du solide sont plongés dans le fluide.

Si l'on considère successivement les trois sommets **A**, **B**, **C**, et si l'on examine, pour chaque sommet, les cas où il est seul plongé dans le fluide et seul hors du fluide, on déterminera toutes les positions horizontales d'équilibre du prisme donné; et il résulte de ce qui précède, que ce nombre ne pourra jamais être plus grand que dix-huit.

609. Lorsque le triangle ABC est isoscèle, on peut se passer de l'équation (3) ou (4), et résoudre directement les équations en x et y. Je suppose qu'on ait $b = a$, les triangles CAD et CBD seront rectangles et égaux; on aura

$$\zeta = \alpha, \quad h^2 = a^2 - \tfrac{1}{4}c^2, \quad a \cos \alpha = h;$$

et les équations (1) et (2) deviendront

$$xy = ra^2, \quad y^2 - x^2 - \frac{(4a^2 - c^2)}{2a}(y - x) = 0. \quad (5)$$

On y satisfait d'abord, en prenant

$$x = y = a\sqrt{r};$$

valeurs qui sont admissibles, à cause de $r < 1$ et $a\sqrt{r} < a$. Il en résulte une première position d'équilibre, dans laquelle le triangle MNC est isoscèle, et où la base AB du triangle ABC sera parallèle à MN ou horizontale. En changeant r en $1 - r$, on aura une seconde position, où le point C sera situé hors du liquide, et la base AB toujours horizontale. Mais il peut aussi exister d'autres positions d'équilibre, pour lesquelles cette base sera inclinée.

En effet, si l'on supprime le facteur $y - x$ de la seconde équation (5), il vient

$$y + x = \frac{4a^2 - c^2}{2a}.$$

Celle-ci et la première équation (5) donnant la somme et le produit des deux inconnues x et y, il s'ensuit que ces quantités seront les deux racines d'une même équation du second degré, lesquelles racines auront pour expression

$$\frac{1}{4a}\left[4a^2 - c^2 \pm \sqrt{(4a^2 - c^2)^2 - 16ra^4}\right].$$

On prendra successivement chacune d'elles pour x et l'autre pour y; et quand elles seront toutes deux réelles et moindres que a, il en résultera deux nouvelles positions d'équilibre, dans lesquelles la base AB sera située hors du liquide. En mettant $1 - r$ au lieu de r, et supposant toujours les racines réelles plus petites que a, on aura deux autres positions où cette base sera immergée.

Lorsque les deux racines qu'on vient d'écrire sont égales, la base AB est horizontale, et ces nouvelles positions d'équilibre doivent rentrer dans les précédentes; et, effectivement, on a alors $4a^2 - c^2 = 4a^2\sqrt{r}$, ce qui donne $y = x = a\sqrt{r}$.

610. Dans le cas du triangle équilatéral, on fera $c = a$, dans les formules précédentes. Les valeurs égales de x et y ne seront pas changées; leurs valeurs inégales deviendront

$$\frac{a}{4}\left(3 \pm \sqrt{9 - 16r}\right),$$

dans le cas d'un seul sommet immergé, et

$$\frac{a}{4}\left(3 \pm \sqrt{16r - 7}\right),$$

dans le cas d'un seul sommet hors du liquide. Il s'agira donc de savoir quelle doit être la fraction r, pour que ces valeurs soient réelles et moindres que a.

Or, si l'on a $r < \frac{9}{16}$ et $> \frac{1}{2}$, la première formule sera réelle, et ses deux valeurs seront moindres que a; hors de ces limites, cette formule sera imaginaire, ou bien une de ses valeurs surpassera a; et de même, pour que les valeurs de la seconde formule soient réelles et plus petites que a, il est nécessaire et il suffit que l'on ait $r < \frac{1}{2}$ et $> \frac{7}{16}$. On voit donc que depuis $r = \frac{9}{16}$ jusqu'à $r = \frac{1}{2}$, la première formule sera seule admissible; que ce sera, au contraire, la seconde qui sera seule admissible depuis $r = \frac{1}{2}$ jusqu'à $r = \frac{7}{16}$; et que pour $r > \frac{9}{16}$ ou $r < \frac{7}{16}$, les deux formules devront être rejetées.

Comme tout est semblable par rapport aux trois sommets du triangle équilatéral, le nombre des positions d'équilibre sera toujours un multiple de trois, et ce nombre total pourra être six ou dix-huit, suivant la valeur de r.

611. Outre leurs positions horizontales d'équilibre, les prismes et les cylindres homogènes ont aussi des positions d'équilibre, dans lesquelles leurs arêtes sont verticales, et leurs bases, parallèles au niveau du liquide, et qui sont doubles pour chaque corps, parce que l'une ou l'autre des deux bases peut être plongée dans le fluide. Un prisme vertical et sa partie immergée ont leurs centres de gravité sur une même perpendiculaire au niveau; le rapport de leurs volumes est le même que celui de leurs hauteurs; et, par conséquent, la hauteur du prisme immergé est à celle du prisme entier, comme la densité du corps est à celle du liquide, ce qui suffit pour déterminer l'enfoncement du corps dans son état d'équilibre.

Les solides de révolution, et généralement tous les corps symétriques autour d'un axe, ont de même deux positions d'équilibre dans lesquelles cette droite est verticale, et qu'on déterminera sans difficulté. Supposons qu'il s'agisse, par exemple, d'un ellipsoïde homogène, dont les trois demi-axes soient a, b, c; plaçons l'axe $2c$ verticalement, et soit u la distance du plan des deux autres axes à la section à *fleur d'eau*; u étant une inconnue positive ou négative, selon que cette section se trouvera au-dessous ou au-dessus du centre de l'ellipsoïde. Soit aussi $\mathbf{Z}$ l'aire de la section horizontale de ce corps, faite à une distance quelconque z de son centre; le volume du demi-ellipsoïde étant $\frac{2\pi}{3} abc$, on aura celui du segment plongé, en retranchant de $\frac{2\pi}{3} abc$, l'intégrale $\int_0^u Zdz$, qui exprime la valeur de la tranche comprise entre la section à *fleur d'eau* et la section horizontale faite par le centre du corps, et qui aura le même signe que u. Dans le cas d'équilibre, on aura donc

$$\frac{2\pi}{3} abc - \int_0^u Zdz = \frac{4\pi}{3} abcr;$$

r étant toujours le rapport de la densité du corps flottant à celle du liqnide. Ce corps étant un ellipsoïde, on aura (n° 89)

$$Z = \frac{\pi ab}{c^2}(c^2 - z^2);$$

et l'équation d'équilibre deviendra

$$u^3 - 3c^2u - 2(2r - 1)c^3 = 0.$$

Elle aura toujours une seule racine réelle, comprise entre $\pm c$, qui sera positive ou négative, selon que l'on aura $r > \frac{1}{2}$ ou $r < \frac{1}{2}$. Dans les cas extrêmes de $r = 0$ et $r = 1$, cette racine sera $u = c$ et $u = -c$.

Un corps symétrique autour d'un axe vertical, étant plongé successivement et par la même partie, dans différens liquides, s'y enfoncera de quantités dont les volumes seront en raison inverse des densités de ces fluides. C'est sur ce principe qu'est fondé l'usage du *pèse-liqueur* ou *aréomètre*, pour comparer entre elles les densités de divers fluides.

612. Parmi les différentes positions d'équilibre d'un même corps solide flottant à la surface d'un liquide, il y en a qui sont stables, et d'autres qui ne le sont pas ; et d'après ce qu'on a vu dans le n° 570, si l'on fait tourner ce corps autour d'un axe horizontal, pour fixer les idées, ses positions successives d'équilibre seront alternativement stables et instantanées. Il importe de distinguer avec soin les premières des dernières, qui ne subsistent assez de temps pour être observées, qu'à raison d'une petite adhérence du corps flottant, au liquide avec lequel il est en contact.

Supposons d'abord que le corps flottant soit parfaitement symétrique, pour la forme et pour la densité de ses parties, de part et d'autre d'une section verticale ABCD (fig. 48). Soit G son centre de gravité, qui appartiendra à cette section. Dans son état d'équilibre, soit aussi AC la droite où cette section est coupée par le niveau du liquide, prolongé dans l'intérieur du corps, et H le centre de gravité du volume du fluide déplacé par le corps ; ce point appartiendra aussi à la section ABCD, et se trouvera sur la perpendiculaire BGK, abaissée du point G sur la droite AC. Quand le corps sera homogène, H sera au-dessous de G, comme la figure le suppose ; mais quand on aura *lesté* le corps flottant, c'est-à-dire, quand on aura augmenté la densité de sa partie inférieure, le point G pourra tomber au-dessous du point H.

Cela étant, concevons que l'on écarte un peu le corps flottant de sa position d'équilibre, en le faisant tourner autour d'un axe perpendiculaire à ABCD, et l'abandonnant ensuite à lui-même sans vitesse initiale. Quel que soit le mouvement que le corps prendra, la section ABCD demeurera toujours verticale, et comprendra constamment le centre de gravité G. Dans cette nouvelle position, soit A'C' (fig. 49), la droite qui représente le niveau du liquide, et qui coupe AC au point E, de manière que le segment du corps qui répond à AEA', soit entré dans le liquide, et que celui qui répond à CEC', en soit sorti. Je supposerai égaux les volumes de ces deux segmens; il en résulte que le volume du liquide déplacé par le corps n'aura pas changé; le poids de ce volume de fluide sera donc encore égal à celui du corps, comme dans l'état d'équilibre; or, le centre de gravité G du corps flottant doit se mouvoir comme si la masse de ce corps y était réunie, et que le poids de ce corps et la pression du fluide y fussent appliquées (n° 438); et ces deux forces verticales agissant en sens contraire l'une de l'autre, et étant égales dans notre hypothèse, on n'aura point à considérer le mouvement du point G.

Soient H' le centre de gravité du volume du liquide déplacé, après que le corps a été écarté de sa position d'équilibre. Ce point appartiendra, comme le centre de gravité G, à la section ABCD; mais ils ne seront plus situés, en général, sur la même verticale; la pression du fluide fera donc tourner le corps autour d'une droite passant par le point G, et perpendiculaire à la section ABCD; et il s'agira de savoir si ce mouvement tendra à ramener le corps à sa position d'équilibre, ou à l'en écarter davantage, et à le faire *chavirer*.

Or, si l'on mène par le point H′ la verticale H′M, qui rencontre la droite BGK perpendiculaire à AC, au point M, il est évident que la pression du fluide qui s'exerce de bas en haut suivant la direction H′M, tendra à ramener la droite BGK à sa position verticale, correspondante à l'équilibre, ou à l'en écarter davantage, selon que le point M sera situé au-dessus ou au-dessous du point G. Dans le premier cas, l'équilibre sera stable, et dans le second, il ne le sera pas. Quand le point M et le point G coïncideront, le corps restera encore en équilibre, dans la position voisine de la première, où on l'aura placé.

Si le centre de gravité G tombe au-dessous de celui du volume du liquide déplacé, qui était H, dans l'état d'équilibre, c'est-à-dire, si ce point G se trouve entre les points B et H, sur la ligne BK, le point M se trouvera au-dessus de G, et l'équilibre sera nécessairement stable. Si, au contraire, le point G est au-dessus de H, comme dans le cas d'un corps homogène, le point M pourra se trouver au-dessus ou au-dessous de G, et l'équilibre pourra être stable ou non stable. Le point M, dont la considération sert à distinguer l'un de l'autre, les deux états d'équilibre d'un corps flottant, symétrique par rapport à une section verticale, est ce qu'on appelle le *métacentre*. Mais nous allons donner une autre règle, déduite du principe des forces vives pour s'assurer, dans tous les cas, de la stabilité de cet équilibre.

613. Pour cela, considérons un corps d'une forme quelconque, homogène ou hétérogène, en équilibre à la surface de l'eau. Soient ABCD (fig. 50), la section de ce corps par le niveau de l'eau prolongé dans son intérieur, G le centre de gravité du mobile, H celui du volume d'eau déplacé par la partie immergée de ce corps, V le volume de cette partie, et M la masse du corps entier; puisqu'on le suppose en équilibre, la droite GH est perpendiculaire au plan ABCD, et la masse d'eau déplacée est égale à celle du corps, de sorte qu'en appelant ρ la densité de l'eau, on a

$$M = V\rho.$$

Supposons qu'on élève la section ABCD au-dessus du niveau de l'eau (fig. 51), ou qu'on l'abaisse au-dessous, d'une quantité très petite; qu'en même temps, on incline un tant soit peu le plan de cette section; et, pour plus de généralité, qu'on imprime aussi de petites vitesses aux points du mobile. L'équilibre sera troublé; et la question de la stabilité consistera à examiner si, par suite du mouvement que le corps prendra, la section ABCD, fixe dans l'intérieur du mobile, s'écartera de plus en plus du niveau de l'eau, ou si elle tendra à y revenir, en oscillant de part et d'autre de ce niveau. Pendant le mouvement qui aura lieu, le niveau naturel de l'eau coupe le corps flottant suivant une section variable dans son intérieur, qu'on appelle le *plan de flottaison*. A un instant quelconque, soient A'B'C'D' cette section; AB″CD″ une autre section variable de ce corps, faite par un plan horizontal qui passe par le centre de gravité de la section ABCD; AC l'intersection de ABCD et AB″CD″, variable sur ABCD; θ l'inclinaison mutuelle de ces deux sections; ζ la distance de AB″CD″ au plan de flottaison, laquelle distance sera regardée comme positive ou comme négative, suivant que cette section se trouvera au-dessous ou au-dessus du niveau de l'eau. Les quantités variables θ et ζ sont supposées très-petites à l'origine du mouvement; il s'agira de savoir si elles resteront très petites pendant toute sa durée.

614. En appelant u la vitesse variable d'un élément quelconque dm de la masse du mobile, la somme des forces vives de tous ses points sera donnée par l'intégrale $\int u^2 dm$ étendue à la masse entière, et l'équation qui résulte du principe général des forces vives, sera de la forme (n° 564)

$$\int u^2 dm = c + 2\varphi; \qquad (a)$$

c étant une constante arbitraire, et φ une fonction dépendante des forces qui sont appliquées aux points du mobile.

Ces forces sont la gravité, qui agit sur tous ses points, et les pressions verticales que le fluide exerce sur la partie immergée de la surface du corps; or, on peut substituer à ces pressions des forces motrices agissant sur tous les élémens dm de sa masse, qui sont situés au-dessous du niveau de l'eau, en prenant pour chaque élément une force dirigée en sens contraire de la pesanteur, et égale au poids du volume d'eau qu'il remplace; car la résultante de ces forces motrices aura la même grandeur, la même direction et le même point d'application, que celle des pressions verticales (n° 602). De cette manière, en désignant par g la gravité et par dv l'élément du volume du mobile qui correspond à l'élément dm de sa masse, la force motrice de dm sera $gdm - g\rho dv$, si ce point matériel se trouve au-dessous du niveau de l'eau, et gdm s'il se trouve au-dessus. Soit de plus z la distance variable de dm au plan de flottaison, positive ou négative, suivant que dm sera au-dessous ou au-dessus de ce plan; il résulte de la valeur générale de la fonction φ, donnée dans le n° 564, que dans la question qui nous occupe, on devra avoir

$$\varphi = \int zgdm - \int zg\rho dv;$$

la première de ces deux intégrales s'étendant à la masse entière du corps flottant, et la seconde, seulement à la partie immergée de son volume.

En abaissant du centre de gravité G de la masse M, une perpendiculaire GE sur le plan A'B'C'D', et faisant $GE = z_{,}$, on aura d'abord

$$\int zgdm = gMz_{,},$$

pour la valeur de la première intégrale. Je partage la seconde en deux parties, l'une relative au volume V situé au-dessous de ABCD, dans l'état d'équilibre, l'autre relative au volume compris entre les sections ABCD et A'B'C'D'. J'ai alors $gV\rho z'$ pour la valeur de la première partie; z' étant la distance variable du centre de gravité H du volume V au plan de flottaison, c'est-à-dire, la longueur de la perpendiculaire HF abaissée du point H sur le plan A'B'C'D'. En représentant donc pour un moment par k la valeur de l'intégrale $\int z\,dv$, étendue à tous les élémens dv du volume contenu entre ABCD et A'B'C'D', $g\rho k$ sera la seconde partie de la seconde intégrale comprise dans l'expression de φ, et nous aurons

$$\varphi = g\mathrm{M}z_{\prime} - g\rho \mathrm{V}z' - g\rho k,$$

pour la valeur complète de cette quantité. Mais la droite GH étant perpendiculaire au plan ABCD, l'angle qu'elle fait avec la verticale GE est l'inclinaison θ du plan ABCD sur un plan horizontal; si donc on appelle a la longueur constante de GH, on aura

$$z_{\prime} = z' \pm a\cos\theta;$$

le signe supérieur ayant lieu quand le point G est au-dessous du point H, et le signe inférieur dans le cas contraire. En substituant cette valeur de $z_{\prime}$ dans celle de φ, et observant que $\mathrm{M} = \mathrm{V}\rho$, il vient

$$\varphi = \pm g\rho a \,\mathrm{V}\cos\theta - g\rho k;$$

et il ne restera plus qu'à déterminer la valeur de l'intégrale représentée par k.

615. Pour l'obtenir, je décompose l'aire de la section ABCD en élémens infiniment petits; je les projette tous sur le plan de flottaison A'B'C'D'; ce qui divise le volume compris entre ces deux sections du corps, en une infinité de cylindres verticaux qui ont pour bases les projections horizontales des élémens de ABCD. Je coupe ensuite un cylindre quelconque par

une infinité de plans horizontaux, et je prends pour l'élément dv du volume que je considère, la partie de ce cylindre comprise entre deux plans consécutifs, dont les distances au plan de flottaison sont z et $z + dz$, de sorte que cet élément soit égal à la base du cylindre, multipliée par dz. Or, $d\lambda$ étant l'élément différentiel de la section ABCD, la projection horizontale, ou la base du cylindre correspondant, sera $d\lambda \cos \theta$, puisque θ est l'inclinaison du plan de $d\lambda$ sur le plan de projection ; on aura donc

$$dv = dz\, d\lambda \cdot \cos \theta ;$$

par conséquent, l'intégrale $\int z\, dv$, relative à l'un des cylindres verticaux, sera le produit de $d\lambda \cdot \cos \theta$, et de $\int z\, dz$, ou égale à $\frac{1}{2} y^2 \cos \theta \cdot d\lambda$, en appelant y la hauteur de ce cylindre, ou la perpendiculaire abaissée de $d\lambda$ sur le plan de flottaison. La quantité qu'on a représentée par k sera donc

$$k = \frac{1}{2} \cos \theta \int y^2 d\lambda ;$$

l'intégrale s'étendant à l'aire entière de ABCD.

La perpendiculaire y se compose de deux parties : l'une comprise entre les deux plans parallèles A′B′C′D′ et AB″CD″, qu'on a représentée par ζ, l'autre comprise entre $d\lambda$ et le second plan, qui sera égale à $l \sin \theta$, en désignant par l la distance de cet élément à l'intersection AC des deux plans ABCD et AB″CD″ ; on aura donc

$$y = \zeta + l \sin \theta,$$

où l'on regardera l comme une quantité positive ou négative, selon que $d\lambda$ se trouvera au-dessous ou au-dessus du second plan. En substituant cette valeur dans l'équation précédente, et observant que ζ et θ sont constantes dans l'intégration indiquée, il vient

$$k = \tfrac{1}{2}\,\zeta^2 \cos\theta \textstyle\int d\lambda + \sin\theta\cos\theta \int l\,d\lambda + \tfrac{1}{2}\sin^2\theta\cos\theta \int l^2 d\lambda.$$

J'appelle b l'aire de la section ABCD, où la valeur de $\int d\lambda$; la droite AB renfermant, par hypothèse, le centre de gravité de cette section, l'intégrale $\int l\,d\lambda$ est nulle; et si l'on fait

$$\int l^2 d\lambda = b\gamma^2,$$

de sorte que γ soit une ligne dépendante de la figure et de l'étendue de ABCD, on aura finalement

$$k = \tfrac{1}{2}\,b\cos\theta\,(\zeta^2 + \gamma^2\sin^2\theta).$$

Cette formule n'est pas rigoureusement la valeur de k; pour qu'elle le fût, il faudrait que le volume compris entre les sections A'B'C'D' et ABCD fût un cylindre vertical, tronqué par le plan de la section ABCD; mais quelle que soit sa forme, on conçoit que la valeur exacte de k doit différer très peu de la précédente, tant que les variables ζ et θ sont très petites; et il est facile de s'assurer que la différence de ces valeurs est une quantité du troisième ordre à l'égard de ζ et θ. En substituant la valeur approchée de k dans l'expression de φ, faisant aussi

$$\sin\theta = \theta - \frac{\theta^3}{2.3} + \text{etc.}, \quad \cos\theta = 1 - \frac{\theta^2}{2} + \text{etc.},$$

et négligeant tous les termes du troisième ordre par

rapport à ces variables θ et ζ, nous aurons donc

$$\varphi = \pm\, g\rho Va \mp \tfrac{1}{2}\, g\rho Va\theta^2 - \tfrac{1}{2}\, g\rho b\, (\zeta^2 + \gamma^2\theta^2),$$

ce qui change l'équation (a) en celle-ci :

$$\int u^2 dm + g\rho\, [b\zeta^2 + (b\gamma^2 \pm Va)\theta^2] = c, \quad (b)$$

en comprenant le terme $\pm\, 2g\rho Va$ dans la constante arbitraire c.

616. La valeur de cette constante se déterminera d'après les valeurs de u, ζ, θ, à l'origine du mouvement, qui sont supposées très petites; c est donc aussi une quantité très petite; et, de plus, l'équation (b) montre que sa valeur est positive, si le coefficient $b\gamma^2 \pm Va$ est positif, quand le mouvement commence. Si ce coefficient reste positif pendant toute la durée du mouvement, on peut conclure de cette même équation, par le raisonnement déjà employé dans le n° 570, que les variables ζ et θ demeureront constamment très petites; de manière qu'on aura à un instant quelconque,

$$\theta < \sqrt{\frac{c}{g\rho(b\gamma^2 \pm Va)}}, \quad \zeta < \sqrt{\frac{c}{g\rho b}};$$

ce qui fait voir que la stabilité de l'équilibre du corps flottant tient au signe de la quantité $b\gamma^2 \pm Va$, et que cet équilibre sera stable toutes les fois que cette quantité sera positive à l'origine et pendant toute la durée du mouvement.

L'intégrale $\int l^2 d\lambda$, qui est représentée par $b\gamma^2$, ne peut être qu'une quantité positive, puisque tous ses élémens sont positifs. Le terme $\pm Va$ doit être pris avec le signe $+$, quand le point G est plus bas que le point H; donc, dans ce cas, le coefficient $b\gamma^2 \pm Va$ est positif, et l'équilibre est stable. Lors donc que le centre de gravité de la masse entière d'un corps flottant est plus bas que celui du volume d'eau qu'il déplace dans sa position d'équilibre, on peut être certain de la stabilité de cet équilibre par rapport à tous les petits mouvemens qu'il est possible d'imprimer à ce corps.

Si, au contraire, le point H est plus bas que le point G, le terme $\pm Va$ doit être pris avec le signe $-$; il faut alors qu'on ait $b\gamma^2 > Va$, pour que le coefficient $b\gamma^2 \pm Va$ soit positif, et qu'on puisse assurer la stabilité de l'équilibre. Or, la grandeur de la ligne γ varie avec la position de la droite AC, qui passe toujours par le centre de gravité de la section ABCD, et peut tourner autour de ce point pendant la durée du mouvement; mais en faisant faire à la droite AC, une révolution entière, il est évident qu'il y aura une position dans laquelle la ligne γ sera plus petite que dans toute autre position; si donc on calcule cette plus petite valeur de γ, et qu'on trouve $b\gamma^2 > Va$, il sera certain que le coefficient $b\gamma^2 \pm Va$ ne peut devenir négatif, et, par conséquent, que l'équilibre est stable.

Dans un vaisseau, par exemple, il est aisé de voir que la droite AC, à laquelle répond le *minimum* de l'intégrale $\int l^2 d\lambda$, est la ligne qui va de la *proue* à la *poupe*. On partagera donc l'aire de la section à *fleur d'eau* en élémens infiniment petits; puis on déterminera par le calcul intégral la somme de tous ces élémens, multipliés respectivement par le carré de leurs distances à cette ligne; et pourvu que cette intégrale surpasse le produit du volume d'eau déplacé par le vaisseau, et de la distance du centre de gravité de ce volume à celui du vaisseau, on pourra assurer que l'équilibre est stable, par rapport à tous les petits mouvemens du vaisseau, lors même que le second centre de gravité sera plus élevé que le premier.

617. Après nous être occupé de l'équilibre et de la stabilité des corps flottans, nous allons actuellement déterminer leur mouvement, lorsqu'on les a un peu écartés d'une position d'équilibre stable. Pour résoudre la question d'une manière complète, il faudrait avoir égard à la fois à ce mouvement et à celui du liquide; c'est ce que je tâcherai de faire dans un autre ouvrage. Maintenant, je ne tiendrai pas compte du mouvement du fluide; et pour simplifier le problème, relativement au corps solide, je supposerai qu'il soit symétrique de part et d'autre d'un plan, qui restera vertical pendant tout le mouvement.

Ce plan renferme les centres de gravité G et H du mobile et du volume de fluide qu'il déplace dans son état d'équilibre. Dans cet état, la droite GH est verticale; on l'incline en la faisant tourner dans ce plan autour du point G; puis on abaisse ou on élève, parallèlement à elle-même, cette droite dans ce même plan; on abandonne ensuite le mobile à l'action de la pesanteur et du fluide environnant, sans lui imprimer aucune vitesse initiale; et il est évident que la section du mobile faite par le plan dont il s'agit, et qui le coupe en deux parties symétriques, demeurera constamment verticale. L'intersection AC des sections ABCD et AB"CD", restera toujours perpendiculaire à ce plan vertical; et comme la droite AC renferme, par hypothèse, le centre de gravité de ABCD, il s'ensuit que ce centre sera le point K où elle coupe ce même plan, et que la droite AC rencontrera toujours le contour de ABCD dans les mêmes points A et C. Indépendamment de la symétrie du corps par rapport au plan perpendiculaire à AC, je supposerai, en outre, pour simplifier encore plus la question, que la droite GK soit perpendiculaire au plan de la section ABCD; ce qui aura lieu, par exemple, lorsque le plan des deux droites GK et AC coupera aussi le mobile en deux parties symétriques.

Au bout du temps quelconque t, compté de l'origine du mouvement, je représenterai par $z_{\prime}$ la distance GE du point G au plan fixe A'B'C'D', par ζ la distance mutuelle des deux plans horizontaux AB"CD" et A'B'C'D', par θ l'angle KGE compris entre la droite GK et la verticale GE, par y la distance de l'élément quelconque $d\lambda$ de la section ABCD au plan A'B'C'D', et par x sa distance au plan vertical mené par le point G et parallèle à la droite AKC. Je désignerai aussi par l la distance constante de cet élément à cette droite, et par h la longueur donnée de GK. Il est aisé de voir qu'on aura

$$z_{\prime} = \zeta + h\cos\theta, \quad y = \zeta + l\sin\theta, \quad x = l\cos\theta + h\sin\theta,$$

où l'on regardera l, h, ζ, comme des quantités positives ou négatives, selon que l'élément $d\lambda$ est à droite ou à gauche de la droite AKC, que la droite GK se trouve à droite ou à gauche de la verticale GE, et que le plan AB''CD'' est au-dessous ou au-dessus de A'B'C'D'. Enfin, b étant l'aire de la section ABCD, et γ la même ligne que précédemment, on aura aussi

$$\int d\lambda = b, \quad \int l\, d\lambda = 0, \quad \int l^2 d\lambda = b\gamma^2; \quad (1)$$

les intégrales s'étendant à tous les élémens de b.

Les variables ζ et θ feront connaître la position du mobile à chaque instant. Pour $t = 0$, on aura

$$\theta = \alpha, \quad \zeta = \mathcal{C}, \quad \frac{d\theta}{dt} = 0, \quad \frac{d\zeta}{dt} = 0,$$

parce qu'on suppose nulles les vitesses initiales de tous les points du corps, et en désignant par α et $\mathcal{C}$ des quantités très petites et données. Le problème consistera à déterminer les valeurs de θ et ζ en fonctions de t, en supposant que ces variables demeurent très petites pendant toute la durée du mouvement ; supposition qui permet de négliger le carré de θ et le produit de θ et ζ, et de considérer comme un cylindre tronqué, le volume compris entre ABCD et A'B'C'D'.

6i8. Le centre de gravité G se mouvra comme si la masse M du mobile y était réunie, et que le poids Mg du corps et la résultante des pressions du fluide y fussent appliqués. Cette résultante est dirigée en sens contraire de Mg ; elle est égale à $(V+U)\mathfrak{f}g$, en désignant par V le volume d'eau déplacé par le mobile dans son état d'équilibre, et par V+U ce volume au bout du temps t. La force motrice du point G, dirigée dans le sens de la pesanteur, sera donc $Mg - (V + U)\rho g$, ou simplement $- U\rho g$, à cause de $M = V\rho$; sa vitesse initiale étant nulle, il ne sortira pas de la verticale où il se trouve à l'origine du mouvement, et l'équation de son mouvement sur cette droite sera

$$M \frac{d^2 z_{\prime}}{dt^2} = - \rho g U.$$

Abstraction faite du signe, U est le volume compris entre les deux sections $ABCD$ et $A'B'C'D'$; de sorte qu'en décomposant ce volume en prismes verticaux, comme précédemment, on aura

$$U = \int y \cos \theta \, d\lambda \, ;$$

l'intégrale s'étendant à tous les élémens de b. En mettant pour y sa valeur précédente, on en conclut

$$U = b\zeta \cos \theta.$$

Si donc on prend l'unité pour $\cos \theta$ dans cette valeur et dans celle de $z_{\prime}$, qu'on les substitue ensuite dans l'équation du mouvement du point G, et qu'on y mette aussi $V\rho$ au lieu de M, il vient

$$\frac{d^2 \zeta}{dt^2} + \frac{g b \zeta}{V} = 0. \qquad (2)$$

En même temps, le mobile tournera autour du point G, comme s'il était fixe, et que les forces qui le sollicitent ne fussent pas changées (n° 438). Ce mouvement de rotation aura donc lieu autour de l'axe mené par le point G, et perpendiculaire au plan qui coupe le mobile en deux parties symétriques, et il sera dû uniquement aux pressions du fluide environnant, puisque le poids du corps passe constamment par ce point; par conséquent, l'équation de ce mouvement sera (n° 392)

$$M k^2 \frac{d\omega}{dt} = \mu,$$

en désignant par Mk^2 le moment d'inertie du corps par rapport à l'axe de rotation, par ω sa vitesse angulaire de rotation au bout du temps t, et par μ le moment total des pressions au même instant et par rapport au même axe. On regardera la vitesse ω comme positive ou comme négative, selon que le mouvement aura lieu dans le sens indiqué par la flèche s, ou dans le sens opposé; de sorte que l'on aura

$$\omega = - \frac{d\theta}{dt}, \quad \frac{d\omega}{dt} = - \frac{d^2\theta}{dt^2};$$

et, cela étant, on devra prendre avec le signe $+$ ou avec le signe $-$, dans la valeur de μ, les momens des pressions qui tendront à faire tourner dans le sens de la flèche s, ou dans le sens opposé.

Or, le moment total μ pourra se diviser en deux parties, l'une relative au volume constant V, et l'autre au volume variable U. La partie de la pression correspondante au premier volume est égale à $V \rho g$, appliquée au point H, et dirigée suivant HF; la perpendiculaire abaissée du point G sur cette droite prolongée, s'il est nécessaire, a pour valeur

$a \sin \theta$, en désignant par a la distance GH : la première partie du moment μ sera donc $\pm \mathrm{V} a \rho g \sin \theta$, où l'on prendra le signe supérieur ou le signe inférieur, selon que le point H sera plus haut ou plus bas que le point G. Quant à la partie de μ qui répond à U, si l'on décompose toujours ce volume en prismes verticaux, et que l'on considère la pression correspondante au prisme quelconque $y \cos\theta d\lambda$, laquelle est égale et contraire au poids du volume d'eau qu'il déplace, on aura $\rho g x y \cos \theta d\lambda$ pour le moment de cette pression, et, par conséquent, $\rho g \int x y \cos \theta \, d\lambda$ pour la seconde partie de μ; l'intégrale s'étendant à l'aire b tout entière. En mettant pour x et y leurs valeurs, et ayant égard aux équations (1), cette quantité deviendra $(y^2 \cos \theta + h\zeta) \rho g b \cos \theta \sin \theta$; par conséquent, la valeur complète de μ sera

$$\mu = (b y^2 \cos^2 \theta \pm \mathrm{V} a + b h\zeta \cos \theta)\, \rho g \sin \theta.$$

Je réduis, dans cette valeur, $\cos \theta$ et $\sin \theta$ à l'unité et à θ, et je néglige le produit de ζ et θ; puis je la substitue, avec les valeurs de M et de ω, dans l'équation du mouvement de rotation, qui devient, de cette manière,

$$\frac{d^2\theta}{dt^2} + \frac{(b y^2 \pm \mathrm{V} a)\, g\theta}{\mathrm{V} k^2} = 0. \qquad (3)$$

Le problème dépend donc des deux équations différentielles (2) et (3); et comme les variables θ et ζ y sont séparées, il s'ensuit que le mouvement de rotation du corps flottant et celui de son centre de gravité seront indépendans l'un de l'autre : circonstance qui tient a ce qu'on a supposé la droite GK, qui va du centre de gravité du mobile à celui de **ABCD**, perpendiculaire à cette section.

En intégrant ces deux équations, et déterminant les constantes arbitraires d'après les valeurs initiales de ζ, θ, $\frac{d\zeta}{dt}$, $\frac{d\theta}{dt}$, on a

$$\zeta = \mathfrak{C} \cos t \sqrt{\frac{gb}{V}}, \qquad \theta = \alpha \cos\left[\frac{t}{k} \sqrt{\frac{g(b\gamma^2 \pm Va)}{V}}\right].$$

L'ordonnée verticale du centre de gravité étant égale à $h + \zeta$, quand on néglige le carré de θ, il s'ensuit que le mouvement de ce point sera le même que celui d'un pendule simple dont la longueur serait $\frac{V}{b}$. Pour que la valeur de θ ne croisse pas indéfiniment, c'est-à-dire, pour que l'équilibre, d'où l'on a écarté le corps flottant, soit stable, il faudra et il suffira que la quantité $b\gamma^2 \pm Va$ soit positive ; ce qui s'accorde avec le théorème du n° 616. Cette condition étant remplie, les oscillations de la droite GK, de part et d'autre de la verticale GE, seront les mêmes que celles d'une pendule simple qui aurait $\frac{Vk^2}{\mathfrak{C}\gamma^2 \pm Va}$ pour longueur.

Si le corps flottant n'était pas symétrique de part et d'autre du plan des droites GK et AKC, et que la perpendiculaire abaissée du point G sur la section ABCD différât de la droite GK, les variables ζ et θ ne seraient plus séparées dans les équations (2) et (3) ; la première renfermerait un terme multiplié par $\frac{d^2\theta}{dt^2}$ et la seconde un terme qui aurait ζ pour facteur ; les mou-vemens de rotation et du point G ne seraient plus indépendans l'un de l'autre ; et le mobile pourrait exécuter quatre sortes d'oscillations simples, dans les-quelles son mouvement se décomposerait toujours, conformément au principe de la coexistence des petites oscillations, et qui se réduisent à deux dans le cas particulier que nous venons de considérer.

CHAPITRE V.

DE LA MESURE DES HAUTEURS PAR L'OBSERVATION DU BAROMÈTRE.

619. D'après ce qu'on a vu dans le n° 598, l'équation d'équilibre du mercure contenu dans la branche fermée du baromètre, et de la pression atmosphérique qui a lieu dans la branche ouverte, est

$$mgh = \varpi; \qquad (1)$$

ϖ désignant cette pression rapportée à l'unité de surface, g la gravité, m la densité du mercure, et h la différence de niveau de ce fluide dans les deux branches du baromètre ; et en supposant qu'il n'y ait aucune pression sensible au-dessus de son niveau dans la branche fermée.

De ce que l'équilibre ne doit pas être troublé, si l'on suppose que la branche ouverte du baromètre se prolonge jusqu'aux limites de l'atmosphère, nous avons conclu que la pression ϖ est le poids d'une colonne verticale et cylindrique de l'atmosphère, qui aurait pour base l'unité de surface et pour hauteur celle de ce fluide. Ce poids est donc celui d'un cylindre de mercure, de même base, et dont la hauteur est environ $0^m,76$; et il en résulte que la pression de l'atmosphère sur chaque mètre carré de la surface de la terre, est à peu près dix mille kilogrammes.

Quand on s'élève au-dessus de cette surface, la hauteur et le poids de la colonne d'air qui presse sur le mercure du baromètre, diminuent de plus en plus ; la hauteur h doit donc aussi diminuer, et il doit exister un rapport entre cette hauteur et celle dont on s'est élevé, qui fera connaître l'une au moyen de l'autre. Cette détermination sera l'objet spécial de ce chapitre ; mais auparavant, il convient de tirer quelques conséquences de l'équation (1), et d'exposer les lois de la pression de l'air ou d'un gaz quelconque, relativement à sa densité et à sa température.

620. En appelant S la surface totale de la terre, exprimée en mètres carrés, la masse de l'atmosphère sera égale à $mS\,(0^m,76)$; m étant toujours la densité du mercure. La masse de la terre est $\frac{1}{3}\delta S r$, en désignant par r son rayon, et par δ sa densité moyenne. Si donc la fraction f représente le rapport de la première masse à la seconde, on aura

$$ f = \frac{3m\,(0^m,76)}{\delta r}\,; $$

et comme on a

$$ 2\pi r = 40000000^m, \quad m = 13^m,5975, \quad \delta = 5^m,5o, $$

on en conclura

$$ f = 0,0000008854\,; $$

en sorte que la masse de l'atmosphère est un peu moindre qu'un millionième de celle de la terre.

Si l'air avait la même densité dans toute la hauteur de la colonne atmosphérique, la hauteur de cette colonne et la hauteur h du mercure dans le baromètre seraient en raison inverse des densités de l'air et du mercure ; en appelant l la hauteur de l'atmosphère, dans cette hypothèse, et désignant par ρ la densité de l'air à la température zéro et sous la pression barométrique $0^m,76$, on aura donc

$$l = \frac{m}{\rho}(0^m,76);$$

et à cause de (n° 61)

$$\frac{m}{\rho} = 10462,$$

il en résulte, à très peu près,

$$l = 7950^m.$$

L'atmosphère doit évidemment s'étendre beaucoup plus haut, puisque la densité et le poids de ses couches diminuent à mesure qu'elles s'élèvent au-dessus de la surface de la terre. On fixera une limite qu'elle ne peut atteindre, en déterminant la hauteur à laquelle la force centrifuge est égale à la pesanteur ; car au-delà, la force centrifuge disperserait les molécules d'air dans l'espace. C'est à l'équateur que cette limite est le moins élevée ; or, en ce lieu, la force centrifuge est $\frac{g}{289}$ (n° 178) à la surface de la terre ; à une hauteur z au-dessus de cette surface, elle devient $\frac{g(r+z)}{289r}$, et l'intensité de la pesanteur est $\frac{gr^2}{(r+z)^2}$, en désignant par r le rayon de la terre ; la limite dont il s'agit sera donc déterminée par l'équation

$$\frac{r+z}{289r} = \frac{r^2}{(r+z)^2};$$

de laquelle on tire, pour cette limite,

$$z = r\left(\sqrt[3]{289} - 1 \right),$$

c'est-à-dire, à peu près cinq fois le rayon de la terre. Mais il y a lieu de croire que, bien avant d'atteindre à une si grande hauteur, l'air est liquéfié par le froid, qui augmente rapidement à mesure qu'on s'élève dans l'atmosphère. Nous ne connaissons pas la loi de cette augmentation à l'air libre, qu'il ne faut pas confondre avec celle que l'on observe sur les montagnes, où la température de l'air et celle du sol s'influencent mutuellement ; la seule donnée que nous ayons sur ce sujet, est celle qui résulte de l'ascension aérostatique de M. Gay-Lussac, dans laquelle il s'est élevé à une hauteur de 6980^{m} : les températures de l'air à la surface de la terre et à cette hauteur étaient de $30°,75$ et $-9°,50$, du thermomètre centigrade ; ce qui fait une diminution d'environ un degré pour 175^{m} d'élévation, en supposant le décroissement de la chaleur uniforme.

621. Si l'on ferme en C (fig. 44), la branche ouverte du baromètre, ou, plus généralement, si l'on place cette branche dans un vase H fermé de toutes parts (fig. 52), l'équilibre du système ne sera pas troublé : ce sera alors la pression exercée en E par l'air contenu dans ce vase, qui fera équilibre à celle de la colonne DF du mercure, suspendue dans la branche fermée, au-dessus de son niveau E dans la branche ouverte. Cette pression rapportée à l'unité de surface, ou ce qu'on appelle la force élastique de l'air, aura donc pour mesure la pression mgh du mercure, et elle sera équivalente au poids ϖ de la colonne at-

mosphérique. Un baromètre qui s'ouvre ainsi dans un vase fermé, et qui sert à mesurer la force élastique de l'air ou d'un fluide quelconque, contenu dans ce vase, s'appelle alors un *manomètre.* Le poids mgh du mercure dépend de la nature, de la densité et de la température de ce fluide élastique.

Si l'on transporte un *manomètre* d'un lieu dans un autre, et que la température et la densité de l'air contenu dans le vase H soient les mêmes en ces deux endroits, il faudra que la hauteur du mercure varie en raison inverse de la gravité, afin que le poids de la colonne de mercure reste le même. L'observation de cette hauteur à des latitudes différentes pourrait donc servir à mesurer les variations de la pesanteur ; mais, pour l'exactitude de cette mesure, il faudra avoir égard à l'augmentation du volume occupé par l'air contenu dans H, qui résultera d'une augmentation de hauteur du mercure dans la branche fermée.

Ainsi, supposons que g et h soient la gravité et la hauteur DF du mercure, en un lieu de la terre ; le manomètre étant transporté en un autre lieu, et la température étant restée la même, supposons que le mercure se soit élevé de D en D' dans la branche fermée, et qu'il se soit abaissé, en même temps, de E en E' dans la branche ouverte ; menons par le point E' un plan horizontal, qui coupe en F' la branche fermée ; désignons par h' la différence D'F' de niveau du mercure dans les deux branches, et par g' la gravité correspondante. Les pressions barométriques seront entre elles comme gh et $g'h'$, dans les deux observations ; elles seront proportionnelles aux densités du fluide contenu dans **H**, et, par conséquent, en raison inverse des volumes qu'il occupera dans ce vase ; en appelant ces volumes **V** et **V'**, on aura donc

$$\frac{g'h'}{gh} = \frac{V}{V'}.$$

Or, si l'on appelle c l'aire de la section horizontale du tube au point **D**, le volume du mercure compris entre **D** et **D'** sera $(h'-h)\,c$; mais, à cause de l'incompressibilité de ce fluide, il faudra, quelle que soit la forme du vase **H**, que le volume **V'** surpasse **V** de cette quantité $(h'-h)\,c$; on aura donc

$$V' = V + (h'-h)\,c\,;$$

et l'on conclura de l'équation précédente

$$\frac{g'}{g} = \frac{Vh}{[V + (h'-h)\,c]\,h'}\,,$$

pour le rapport des intensités de la pesanteur dans les deux lieux des observations. Mais, quelque soin que l'on apporte dans la mesure des quantités que cette formule renferme, ce procédé sera toujours beaucoup moins susceptible d'exactitude que celui qui est fondé sur les expériences du pendule.

622. Maintenant, fermons en **C** (fig. 44) la branche ouverte du baromètre, et ouvrons en **A** la branche qui était fermée ; la pression atmosphérique s'ajoutant à celle du mercure, l'air contenu dans EC va se comprimer, et, conséquemment, le niveau du mercure s'élevera dans cette branche et s'abaissera dans l'autre. Ajoutons dans cette autre branche une nouvelle quantité de mercure, de manière que la différence de niveau dans les deux branches soit encore

égale à h, comme auparavant. Dans cet état, si le mercure s'est élevé de D en D' et de E en E', et que l'on mène
par le point E' un plan horizontal qui coupe l'autre
branche en F', on aura D'F' = DF. Au point F', la
pression du mercure sera mgh; en ajoutant la pression
atmosphérique ϖ, qui a lieu au niveau D', on aura
$mgh + \varpi$, ou $2mgh$; par conséquent, la force élastique de l'air contenu dans CE', qui s'exerce sur le
niveau E' et qui fait équilibre à cette pression totale,
sera double de celle qui avait lieu quand l'air occupait
l'espace CE. Or, l'expérience prouve que l'espace CE'
est moitié de CE; elle fait voir aussi que si l'on triple
la pression par une addition convenable de mercure,
l'espace occupé par l'air est réduit au tiers; et, généralement, on trouve que le volume du fluide varie
en raison inverse de la pression qu'il éprouve, ou,
autrement dit, que la densité croît dans le même
rapport que la force élastique.

Cette proportionnalité est ce qu'on appelle la *loi de
Mariotte*, du nom du physicien qui l'a déduite de
l'observation. Elle suppose que le fluide n'éprouve
aucune variation de température; en sorte que, pour
l'observer exactement, il faut donner à l'air contenu
dans CE, le temps de perdre l'augmentation de température qu'il acquiert par la compression, et de revenir à sa température primitive. Elle a lieu pour
tous les gaz, et aussi pour les vapeurs, en supposant
la pression moindre que celle qui les réduit en liquides. Enfin, elle subsiste également pour les mélanges de différens fluides; et si, par exemple, deux
gaz ont la même température et un même volume V,

que p soit la force élastique de l'un et p' celle de l'autre, et qu'on les réunisse sous le volume V, la température du mélange sera encore la même, et la force élastique, ou la pression qu'il exerce sur l'unité de surface, deviendra $p + p'$.

623. Au moyen de la loi de Mariotte, on peut facilement calculer l'élévation de l'eau dans une pompe, lorsqu'il existe de l'air entre ce liquide et le piston ; laquelle élévation serait $10^m,4$, comme nous l'avons dit précédemment (n° 598), si l'eau était en contact avec le piston.

Pour cela, soient ABCD (fig. 53) le tuyau cylindrique et vertical d'une pompe, plongé dans l'eau jusqu'en EF, et GH la base horizontale du piston. La pression atmosphérique s'exerce sur le niveau extérieur de l'eau, qui est le même que le niveau intérieur EF. Cette pression, rapportée à l'unité de surface, sera égale à gl, en prenant la densité de l'eau pour unité, et désignant par l la hauteur $10^m,4$ de la colonne d'eau qui lui ferait équilibre. L'espace contenu entre EF et GH est rempli d'air, dont la force élastique fait équilibre à la pression extérieure, et a aussi gl pour mesure. Dans cet état, j'appelle a la hauteur donnée de GH au-dessus de EF ; je suppose ensuite qu'on élève le piston jusqu'en G'H', et je désigne par c la hauteur aussi donnée de G'H' au-dessus de GH. L'eau s'élevera, dans l'intérieur de la pompe, jusqu'en E'F', à une hauteur x au-dessus de EF, et s'abaissera en dehors, au niveau d'une section $E_,F_,$ de pompe, située à une distance y au-dessous de EF. En appelant b la section horizontale de la pompe, et $\mathscr{C}$

celle du réservoir dans lequel elle est plongée, on aura
d'abord

$$y = \frac{bx}{c},$$

à raison de l'incompressibilité du liquide ; et la question se réduira à déterminer la valeur de x.

Or, l'air qui occupait l'espace **EFHG**, occupera
maintenant l'espace **E'F'H'G'** ; et celui-ci étant à l'autre comme $a + c - x$ est à a, il s'ensuit que la force
élastique gl du fluide sera diminuée dans le rapport
inverse, et deviendra $\dfrac{gla}{a + c - x}$. Ce sera la pression
rapportée à l'unité de surface qui aura lieu sur **E'F'** ;
en l'ajoutant à la pression de l'eau comprise entre
E'F' et **E,F,**, dont la valeur est $g(x + y)$, on aura la
pression totale exercée sur le niveau intérieur **E,F,**,
qui devra faire équilibre à la pression extérieure gl ;
ce qui exige qu'on ait

$$\frac{la}{a + c - x} + x + \frac{bx}{c} = l,$$

en supprimant le facteur commun g, et substituant
pour y sa valeur précédente. Cette équation est du
second degré, et peut s'écrire ainsi :

$$x^2 - x(lf + a + c) + clf = 0,$$

en réduisant, et faisant, pour abréger,

$$\frac{c}{c + b} = f.$$

En résolvant cette équation, on trouvera deux valeurs réelles et positives de x ; mais il est aisé de voir que
l'une d'elles sera toujours inadmissible. En effet, l'élévation $x + y$ de l'eau au-dessus du niveau extérieur, ne

peut pas surpasser l; à cause de $x + y = \dfrac{x}{f}$, on a donc $x < fl$; d'ailleurs, il est évident qu'on doit aussi avoir $x < a + c$; or, la somme des deux racines de l'équation précédente étant $fl + a + c$, si l'une est plus petite que $a + c$, l'autre sera plus grande que fl, ou bien, si l'une est moindre que fl, l'autre surpassera $a + c$; par conséquent, l'une des deux racines sera seule admissible, et l'autre devra être rejetée comme étrangère à la question.

En vertu de l'équation d'équilibre, la force élastique $\dfrac{gla}{a + c - x}$, de l'air contenu entre E′F′ et G′H′, est égale à $gl - g(x + y)$. Il en résulte sur la base inférieure du piston, une pression dirigée en sens contraire de la pesanteur, et égale à $glb - g(x + y)b$. La base supérieure de ce corps est poussée en sens contraire par la pression atmosphérique, égale à glb; la charge que le piston supporte, ou l'excès de cette seconde force sur la première, est donc $g(x + y)b$, c'est-à-dire, le poids de l'eau contenue entre E,F, et E′F′, et élevée au-dessus du niveau extérieur; ce qu'on peut regarder, *à priori,* comme évident.

624. Il nous reste actuellement à considérer la loi de la force élastique de l'air, relativement à sa température.

Si l'air et différens gaz, soumis à une pression constante, et la même pour tous, sont placés dans une enceinte dont la température varie d'un instant à l'autre, l'observation prouve que tous ces fluides se dilatent également. En prenant l'un d'eux, l'air, par exemple, pour thermomètre, c'est-à-dire, en

divisant sa dilatation totale en parties égales, qui
marqueront les degrés de la température, il en résulte que les accroissemens de volume de tous ces
gaz seront les mêmes pour des augmentations égales
de température, et proportionnels à ces augmentations. L'observation prouve aussi que, dans une
étendue très considérable, les indications du thermomètre à air diffèrent très peu de celles du thermomètre à mercure ; en sorte que, dans cette
étendue, la dilatation d'un gaz quelconque est proportionnelle à son accroissement de température,
indiquée par les degrés du thermomètre ordinaire.
Enfin, de zéro à 100°, c'est-à-dire, de la température de la glace fondante à celle de l'eau bouil-
lante, M. Gay-Lussac a trouvé que le volume de
l'air soumis à une pression constante, et, par conséquent, celui d'un gaz quelconque, augmentent dans le
rapport de l'unité à 1,375; ce qui donne une dilatation de 0,00375, pour chaque degré du thermomètre
centigrade.

D'après cela, soient V le volume d'un gaz quelconque, à la température zéro, ϖ sa force élastique, et
D sa densité. La pression ϖ, rapportée à l'unité de
surface, restant la même, et le nombre de degrés de
la température devenant θ, désignons par V' et D' ce
que deviendront le volume et la densité du gaz;
nous aurons

$$V' = V(1 + \alpha\theta),$$

en faisant

$$\alpha = 0,00375;$$

et comme la densité varie en raison inverse du volume, nous aurons aussi

$$D' = \frac{D}{1 + \alpha\theta}.$$

Maintenant, supposons qu'on fasse varier la pression sans changer la température θ. Soient p et ρ ce que deviennent simultanément la pression et la densité, qui étaient ϖ et D'; d'après la loi de Mariotte, on aura

$$p = \frac{\rho\,\varpi}{D'};$$

et en mettant pour D' sa valeur précédente, et faisant

$$\frac{\varpi}{D} = k,$$

il en résultera

$$p = k\rho\,(1 + \alpha\theta), \qquad (2)$$

pour l'expression de la force élastique d'un gaz quelconque, en fonction de sa densité et de sa température.

625. Cette formule convient aux gaz, aux vapeurs, et à leurs mélanges. La température θ étant indiquée par le thermomètre à mercure, elle a lieu pour les valeurs négatives de θ, jusqu'à environ $-36°$, ou un peu moindres que la température de la congélation de ce fluide. Elle a aussi été vérifiée pour des températures qui surpassaient beaucoup $100°$; et la différence entre les lois de dilatation de l'air et du mercure, ne commence à devenir un peu considérable que quand x s'élève à environ $300°$ (*).

(*) *Voyez*, sur ce point, le Mémoire de MM. Petit et Dulong, inséré dans le 18e cahier du *Journal de l'École Polytechnique*.

Le coefficient k est différent pour les différens fluides. Relativement à l'air atmosphérique, MM. Biot et Arago ont trouvé, à l'Observatoire de Paris,

$$\frac{m}{D} = 10462,$$

pour le rapport de la densité du mercure à celle de l'air, sous la pression barométrique de $0^m,76$, et à la température zéro (n° 61). En faisant donc, en même temps,

$$\varpi = mGh, \qquad h = 0^m,76,$$

la valeur de k sera

$$k = (7951,12)G;$$

et, dans cette valeur, il faudra prendre pour G la gravité au lieu où le rapport $\frac{m}{D}$ a été déterminé, c'est-à-dire, à la latitude de Paris, pour laquelle on a

$$G = 9^m,80896.$$

Le coefficient de G se rapporte à l'air parfaitement sec ; si l'air était humide, sa densité serait moindre, sous la même pression et à la même température, et la valeur de k varierait en raison inverse de cette densité. Sous la pression barométrique de $0^m,76$, et à la température zéro, soit, par exemple, δ le rapport de la densité de l'air au *maximum* d'humidité, à la densité de l'air parfaitement sec ; on aura, comme on le verra plus loin,

$$\delta = \frac{0^m,76 - 0^m,00508}{0^m,76} + \frac{10}{16} \cdot \frac{0^m,00508}{0^m,76} = 0,99749 ;$$

par conséquent, en divisant la valeur précédente de k par cette valeur de δ, on aura la valeur de k qui répond au *maximum* d'humidité de l'air, savoir :

$$k = 7971^{m},09.$$

626. Maintenant, nous formerons sans difficulté les différentes équations d'équilibre d'une colonne atmosphérique. Supposons que cette colonne soit cylindrique et verticale, et qu'elle ait sa base à la surface de la terre et s'étende jusqu'à la limite de l'atmosphère. Soit A l'aire de sa section horizontale. Divisons cette colonne en couches horizontales infiniment minces, et supposons la surface A assez peu étendue pour que la densité et la température ne varient pas sensiblement d'un point à un autre d'une couche quelconque. Appelons p, ρ, θ, la force élastique de l'air, sa densité et sa température, qui ont lieu à la distance z de la surface de la terre. Soit aussi g' la gravité à cette même distance; $Ag'\rho dz$ sera le poids de la couche dont l'épaisseur est dz, et dont les deux faces répondent à z et $z - dz$. La pression qu'elle éprouve sur sa face supérieure sera Ap; celle qui aura lieu sur sa face inférieure aura pour expression $A\left(p - \dfrac{dp}{dz}\,dz\right)$. Mais en passant de la première à la seconde face, la pression doit augmenter du poids $Ag'\rho dz$; il faudra donc qu'on ait

$$A\left(p - \frac{dp}{dz}\,dz\right) = Ap + Ag'\rho dz,$$

ou simplement

$$dp = - g'\rho dz; \qquad (3)$$

ce qui coïncide avec l'équation qu'on déduira de la formule (3) du n° 583, en y faisant

$$\mathbf{X} = 0, \quad \mathbf{Y} = 0, \quad \mathbf{Z} = - g'.$$

En éliminant ρ au moyen de l'équation (2), il vient

$$\frac{dp}{p} = - \frac{g'dz}{k(1 + \alpha\theta)}.$$

Si l'on appelle r le rayon de la terre et g la pesanteur à sa surface, on aura

$$g' = \frac{gr^2}{(r+z)^2},$$

à la hauteur z, en négligeant la variation de la force centrifuge, ainsi que l'action de la masse d'air comprise entre les deux surfaces sphériques et concentriques dont les rayons sont r et $r+z$, laquelle action n'entre pas dans la valeur de g, et devrait s'ajouter à celle de g' (n° 101). Nous aurons, de cette manière,

$$\frac{dp}{p} = - \frac{gr^2 dz}{k(1 + \alpha\theta)(r + z)^2}.$$

Pour intégrer cette formule, il faudrait encore connaître l'expression de θ en fonction de z; mais la loi des températures étant inconnue, on est obligé de considérer θ comme une constante; et l'on prend dans chaque cas, pour sa valeur, la moyenne des températures qui répondent aux points extrêmes de la colonne d'air à laquelle on applique cette équation.

Son intégrale est alors

$$\log p = \frac{g r^2}{k\,(1 + \alpha\theta)\,(r + z)} + \mathrm{C};$$

C étant la constante arbitraire. En désignant par ϖ la pression atmosphérique qui a lieu à la surface de la terre, on aura à la fois

$$z = 0, \quad p = \varpi, \quad \log \varpi = \frac{g r}{k\,(1 + \alpha\theta)} + \mathrm{C};$$

et il en résultera, à une hauteur quelconque z au-dessus de cette surface,

$$\log \frac{p}{\varpi} = - \frac{g r z}{k\,(1 + \alpha\theta)\,(r + z)}. \qquad (4)$$

En vertu de cette équation et de la formule (2), et en désignant par e la base des logarithmes népériens, on aura maintenant

$$p = \varpi e^{\dfrac{-\,g r z}{k\,(1 + \alpha\theta)\,(r + z)}}, \quad \rho = \frac{\varpi}{k\,(1 + \alpha\theta)} e^{\dfrac{-\,g r z}{k\,(1 + \alpha\theta)\,(r + z)}},$$

pour les expressions de la force élastique et de la densité de l'air, depuis la surface du globe jusqu'à la hauteur où ce fluide a perdu par le froid toute son élasticité.

D'après ce qu'on a dit dans le n° 619, le poids de la colonne atmosphérique qui a pour base l'unité de surface, doit être équivalent à la pression ϖ relative au point le plus bas; et, en effet, ce poids est donné par l'intégrale $\displaystyle\int_{0}^{\infty} \rho g' dz$, dont la valeur est ϖ, d'après les expressions de ρ et de g'.

627. La force motrice d'un ballon qui s'élève verticalement dans l'atmosphère, est l'excès du poids de l'air qu'il déplace à chaque instant, sur son propre poids. En appelant μ sa masse et V son volume, cette force sera donc $V\rho g' - \mu g'$, à la hauteur z au-dessus de la terre; par conséquent, on aura

$$\mu \frac{d^2 z}{dt^2} = V\rho g' - \mu g',$$

pour l'équation différentielle du mouvement vertical de ce corps, au bout du temps quelconque t. Si l'on appelle c sa densité moyenne, de sorte qu'on ait $\mu = cV$, et qu'on substitue pour ρ et g' leurs valeurs précédentes, cette équation deviendra

$$c \frac{d^2 z}{dt^2} = \frac{\varpi g r^2}{k(1+\alpha\theta)(r+z)^2} e^{\frac{-grz}{k(1+\alpha\theta)(r+z)}} - \frac{cgr^2}{(r+z)^2}.$$

En multipliant par $2dz$, intégrant et désignant par C la constante arbitraire, il vient

$$\frac{cdz^2}{dt^2} = C - 2\varpi e^{\frac{-grz}{k(1+\alpha\theta)(r+z)}} + \frac{2cgr^2}{r+z}.$$

Si l'on suppose que le mobile soit parti de la surface de la terre avec une vitesse nulle, on aura à la fois $z = 0$ et $\frac{dz}{dt} = 0$; il faudra donc qu'on ait

$$C = 2\varpi - 2cgr;$$

et il en résultera

$$\frac{dz^2}{dt^2} = \frac{2\varpi}{c}\left[1 - e^{\frac{-grz}{k(1+\alpha\theta)(r+z)}}\right] - \frac{2grz}{r+z},$$

pour le carré de la vitesse à une hauteur quelconque.

En résolvant cette équation par rapport à dt, on déterminera ensuite par la méthode des quadratures, le temps que le mobile emploiera à parvenir à une hauteur donnée.

En égalant à zéro la valeur de $\dfrac{d^2z}{dt^2}$, on déterminera la hauteur à laquelle le mobile demeurerait en équilibre, s'il y parvenait sans vitesse acquise; et de même l'équation $\dfrac{dz^2}{dt^2} = 0$, fera connaître la plus grande hauteur à laquelle le ballon s'élèverait dans l'atmosphère, en supposant que sa masse et son volume ne varient pas. La première de ces deux hauteurs s'exprimera au moyen d'un logarithme; la seconde dépendra d'une équation transcendante, et ne pourra se calculer que par approximation.

628. Proposons-nous maintenant d'appliquer l'équation (4) à la mesure des hauteurs verticales.

Soient h et h' les hauteurs du mercure dans le baromètre, à la station inférieure et à la station supérieure; T et T′ les températures correspondantes du mercure; t et t' celles de l'air, qui seront différentes de T et T′, lorsque le mercure du baromètre n'aura pas eu le temps de se mettre, pendant les observations, en équilibre de température avec l'air environnant. Si m est la densité du mercure à la station inférieure, $\left(1 + \dfrac{T - T'}{5550}\right)m$ sera sa densité à la station supérieure, parce que la densité de ce fluide augmente de $\dfrac{1}{5550}$ pour chaque degré de diminution dans la température. Pour plus de simplicité, nous comprendrons le facteur $1 + \dfrac{T - T'}{5550}$ dans la hauteur h', qui sera alors la hauteur observée, multipliée par cette quantité, et nous supposerons ensuite que m soit la densité du mercure aux deux stations. De cette manière, nous aurons

$$\varpi = mgh, \quad p = mg'h' = \frac{mgr^2h'}{(r+z)^2};$$

au moyen de quoi l'équation (4) deviendra

$$\log \frac{h}{h'} + 2 \log \frac{r+z}{r} = \frac{grz}{k\,(1+\alpha\theta)\,(r+z)}. \qquad (5)$$

Ainsi qu'on l'a dit plus haut, il faudra prendre $\frac{1}{2}(t+t')$ pour θ. La valeur de α est $0{,}00375$ pour l'air sec, aussi bien que pour celui qui renferme la vapeur d'eau en quantité constante, et dans une proportion quelconque. Mais il faut observer que, quand la température s'élève, la quantité de vapeur augmente, en général, dans l'atmosphère; et comme la densité de la vapeur serait à celle de l'air comme 10 est à 16, sous la pression ordinaire $0^{m}{,}76$, il s'ensuit que la densité de l'air libre, dont la température augmente, doit diminuer dans un plus grand rapport que celui qui répond au coefficient $0{,}00375$. Pour tenir compte, autant qu'il est possible, de la quantité de vapeur qui se trouve dans l'atmosphère, nous augmenterons donc le coefficient α; et, pour la commodité du calcul, nous le ferons égal à $0{,}004$; en sorte que nous aurons

$$\alpha\theta = \frac{2(t+t')}{1000}.$$

Les logarithmes qui entrent dans le premier membre de l'équation précédente, sont népériens; pour les convertir en logarithmes ordinaires, je multiplie cette équation par le module de ceux-ci, que j'appelle M, et dont la valeur est

$$M = 0,4342945.$$

La gravité g que renferme son second membre, est celle qui répond à la station inférieure et à la latitude du lieu de l'observation. En désignant cet angle par ψ, et comparant la gravité g à celle qui entre dans les valeurs de k du n° 625 et qui répond à la latitude de Paris, on aura

$$g = \frac{(1 - 0,002588 \cos 2\psi)\, G}{1 - 0,002588 \cos 2\,(48° 50' 14'')}.$$

D'ailleurs, les coefficiens de G dans ces deux valeurs de k répondant, l'un à l'extrême sécheresse de l'air, et l'autre à son extrême humidité, on peut prendre la demi-somme de ces deux quantités, ou $7961^{m},10$, pour le coefficient qui convient à l'état ordinaire de l'atmosphère. On aura alors

$$\frac{k}{M}\left[1 - 0,002588 \cos 2\,(48° 50' 14'')\right] = (18337^{m},46)\, G;$$

et, au moyen de cette valeur, jointe à celle de g, on tirera de l'équation (5)

$$z = \frac{(18337^{m},46)\left[1 + \frac{2(t + t')}{1000}\right]}{1 - 0,002588 \cos 2\psi}\left[\log \frac{h}{h'} + 2 \log\left(1 + \frac{z}{r}\right)\right]\left(1 + \frac{z}{r}\right); \qquad (6)$$

formule dans laquelle les logarithmes sont actuellement ceux qui ont pour base le nombre 10.

Pour faire usage de cette équation, on négligera d'abord la fraction $\frac{z}{r}$ contenue dans son second membre; ce qui fera connaître une première valeur approchée de z : en la substituant dans ce second membre, on obtiendra une seconde valeur de z, plus approchée que la première, et à laquelle on pourra toujours s'arrêter.

En remplaçant le nombre 18337,46 par un coefficient inconnu a dans cette équation, et déterminant a d'après la moyenne d'un grand nombre de hauteurs z, mesurées trigonométriquement, on trouve

$$a = 18336^{\mathrm{m}};$$

ce qui diffère très peu du coefficient 18337,46, que nous avons calculé directement.

629. Si l'on veut employer la formule (6) à déterminer l'élévation d'un lieu de la terre, au-dessus du niveau de la mer, on supposera que T', t', h', se rapportent à ce lieu, et T, t, h, au bord de la mer qui en est le moins éloigné; et, pour plus d'exactitude, on devra prendre pour ψ une latitude moyenne entre celles de ces deux points. D'après la remarque du n° 255, il faudra aussi avoir égard, dans l'expression de la pesanteur g', à l'action de la couche de la terre dont la hauteur est z; en supposant sa densité égale à la moitié de la densité moyenne de la terre, on a alors

$$g' = \frac{gr^2}{(r+z)^2} + \frac{3gz}{4r};$$

et, à cause de la petitesse de la fraction $\frac{z}{r}$, on trouvera qu'en faisant usage de cette pesanteur g', la quantité $1 + \frac{z}{r}$, contenue dans la formule (6), devra être remplacée par $1 + \frac{5z}{8r}$.

Pour donner un exemple du calcul de cette formule, ainsi modifiée, je prends celui qui est cité dans l'*Annuaire du Bureau des Longitudes*, et qui se rapporte à la hauteur de Guanaxuato au-dessus du niveau de la mer.

Les données de cet exemple sont :

$$h = 0^{\mathrm{m}},76315 , \quad \mathrm{T} = t = 25°3,$$
$$h' = 0^{\mathrm{m}},60095 , \quad \mathrm{T}' = t' = 21°3, \quad \downarrow = 21°.$$

La hauteur h', corrigée et multipliée par le facteur $1 + \dfrac{\mathrm{T} - \mathrm{T}'}{5550}$, qui doit être employée dans la formule (6), devient

$$h' = 0^{\mathrm{m}},60158.$$

En négligeant la fraction $\frac{z}{r}$ dans cette formule, on trouve

$$z = 2077^{\mathrm{m}},98 ,$$

pour la première valeur approchée de z; et en substituant cette valeur dans la même formule, prenant $1 + \frac{5z}{8r}$ au lieu de $1 + \frac{z}{r}$, comme il vient d'être dit, et observant qu'on a

$$r = 6366198^{\mathrm{m}},$$

on obtient

$$z = 2081^{m},96,$$

pour la hauteur demandée, laquelle est moindre que celle de l'*Annuaire*, d'à peu près 2 mètres et demi.

630. Lorsque la hauteur z n'est pas très considérable, on peut négliger la fraction $\frac{z}{r}$ dans la formule (6), et remplacer en même temps le nombre $18337^{m},46$, par un coefficient plus grand. Celui qui résulte d'observations nombreuses que Ramond a faites dans le midi de la France, est 18393 mètres. La latitude correspondante est à peu près $\psi = 45°$; et, cela étant, l'équation (6) se réduit à

$$z = 18393^{m} \left[1 + \frac{2(t + t')}{1000} \right] \log \frac{h}{h'};$$

ce qui est la formule barométrique dont on fait le plus communément usage.

Dans un même vase, et sous la même pression atmosphérique, l'ébullition de l'eau distillée commence toujours à une même température, et cette température s'abaisse à mesure que la pression extérieure diminue. Si donc on avait formé, par l'expérience, une table des températures où l'eau commence à bouillir, sous des pressions décroissantes par des différences très petites, et qu'on portât un vase contenant de l'eau, à différentes hauteurs au-dessus de la terre, les températures où cette eau commencerait à bouillir, feraient connaître, au moyen de la table que nous supposons, les hauteurs barométriques correspondantes, que l'on pourrait employer dans la formule précédente. C'est de cette manière qu'on a proposé de déterminer les différences de hauteur au-dessus de la terre, par l'observation de l'ébullition de l'eau, et sans recourir explicitement aux mesures du baromètre.

631. Je terminerai ce chapitre par quelques remarques relatives au poids et à la force élastique des vapeurs, laquelle force est aussi ce qu'on appelle la *tension* de ces fluides.

Si un vase fermé renferme un liquide en quantité suffisante pour fournir toute la vapeur qui peut s'y former, celle qui s'élève de ce liquide atteint, plus ou moins vite, un *maximum* qui ne dépend que de la température, et qui est le même quand le vase est vide d'air, ou quand il contient de l'air ou un gaz quelconque, condensé ou dilaté. Soit que cette quantité de vapeur ait atteint son *maximum*, ou qu'elle soit encore au-dessous, sa tension s'ajoute à la force élastique du gaz sec, et la somme forme la force élastique du mélange. A la même température, la tension *maxima* est différente pour les différentes vapeurs ; et la loi qu'elle suit, pour une même vapeur, n'est pas encore connue en fonction de la température. Relativement à la vapeur d'eau, les expériences les plus étendues qu'on a faites, jusqu'à présent, sont celles des commissaires de l'Académie des Sciences, dont il est rendu compte dans les tomes X et XI de ses Mémoires.

La force élastique *maxima* de la vapeur d'eau, formée dans le vide, à la température de $18°,75$, par exemple, est mesurée par une hauteur barométrique de $0^m,016$. Quand elle se produit dans l'air sec, à cette température et sous la pression ordinaire $0^m,76$, sa force élastique s'ajoute à cette pression, et l'expérience donne effectivement $0^m,776$ pour la pression exercée par le mélange.

Si l'on pouvait, sans liquéfier la vapeur isolée, élever sa tension de $0^m,016$ à $0^m,76$, sa densité, d'après la détermination de M. Gay-Lussac, serait à celle de l'air sec, sous la même pression et à la même température, dans le rapport de 10 à 16. En vertu de la loi de Mariotte, la densité de la vapeur que nous prenons pour exemple est donc $\frac{10}{16} \cdot \frac{0,016}{0,76}$; celle de l'air, à la température de $18°,75$ et sous la pression de $0^m,76$, étant prise pour unité. Par conséquent, si l'on appelle P le poids d'un litre de cet air, et P′ celui d'un litre de la vapeur d'eau, on aura

$$P' = \frac{P}{76}.$$

A la température zéro, P serait égal à 1000 grammes, divisé par $769,4$ (n° 61); pour obtenir sa valeur à la température de $18°,75$, il faut diviser ce quotient par $1 + (18,75)(0,00375)$, d'après la loi de la densité de l'air; il en résulte

$$P = 1^{gr},21433,$$

et l'on en déduit

$$P' = 0^{gr},01597.$$

Le poids d'un litre de vapeur, à la température de

18°,75, et à son *maximum* de densité, doit aussi être celui de la plus grande quantité de vapeur que peut contenir un litre d'air à cette température, et quelle que soit sa densité. Or, par une expérience di‑recte, Saussure a trouvé 10 grains pour le plus grand poids de la vapeur d'eau qui peut se former dans un pied cube d'air, sous la pression ordinaire et à la température donnée; d'où il résulte (o,o1546) gram‑mes pour le décimètre cube; ce qui diffère peu du résultat précédent.

Généralement, sous une pression barométrique h, et à une température quelconque, si l'on appelle Δ la densité de l'air sec, Δ' celle de l'air mouillé, et a la tension de l'air qu'il renferme, on aura

$$\Delta' = \frac{\Delta}{h}\left(h - a + \frac{10}{16}a\right);$$

car un volume quelconque A d'air mouillé se com‑posera d'un pareil volume d'air sec, dont la force élastique serait réduite à $h - a$, et la densité à $\frac{\Delta}{h}(h - a)$, joint à un égal volume de vapeur qui aurait $\frac{10}{16}\frac{a}{h}\Delta$ pour densité; par conséquent, la somme de ces deux densités, multipliées par A, exprimera la masse AΔ' du mélange; et en suppri‑mant le facteur commun A, on aura l'équation précédente. Cette équation servira à déterminer le poids d'un volume donné d'air mouillé, d'après le poids de ce volume d'air sec à la même tempé‑rature, et la tension de la vapeur contenue dans l'air mouillé. En y faisant $h = $ o^m,76, supposant que la température soit zéro, et observant qu'à cette température la tension *maxima* de la vapeur d'eau est $0^m,00508$, on en déduira la valeur de δ du n° 625.

632. Si l'atmosphère qui nous enveloppe n'existait pas, elle serait remplacée par une autre atmosphère formée de la vapeur d'eau qui s'éleverait de la mer. La loi des densités de ses couches et sa hauteur totale dépendraient de la loi de la température, qui aurait lieu dans cette atmosphère de vapeur aqueuse, et que nous ne pouvons aucunement connaître; mais, quelle qu'elle soit, le poids total d'une colonne verticale cylindrique de cette vapeur, ayant pour base l'unité de surface, sera toujours égal à sa force élastique qui répond à son point le plus bas (n° 626); et quand sa densité en ce point aura atteint son *maximum*, cette force ne dépendra plus que de la température correspondante. A la vérité, nous ignorons aussi quelle pourrait être cette température; et il y a lieu de croire qu'elle serait beaucoup inférieure à celle qui a lieu maintenant à la surface de la terre, parce que le fluide qui se trouverait en contact avec cette surface, aurait une densité beaucoup moindre que celle de l'air ordinaire. Pour fixer les idées, supposons que la température dont il s'agit soit encore $18°,75$. Le poids de la colonne d'atmosphère aqueuse ayant pour base un décimètre carré, ne pourra pas excéder celui d'un prisme de mercure qui aurait la même base, et $0^m,016$ pour hauteur, c'est-à-dire, le poids de 16 centièmes d'un litre de mercure, ou à peu près 2300 grammes. Le poids de toute la vapeur d'eau qui peut être con-

tenue dans une colonne d'air de notre atmosphère, dépend de la loi du décroissement de la température dans le sens vertical, et ne saurait être calculé ; mais si la base de la colonne est un décimètre carré, et la température inférieure $18°,75$, on s'assurera aisément que ce poids doit surpasser 2300 grammes, en observant que, dans toute la partie de cette colonne dont la température différera peu de $18°,75$, et jusqu'à la hauteur où la pression ne sera pas réduite à $0^m,016$, chaque litre d'air peut renfermer environ 16 milligrammes de vapeur.

Ainsi, l'atmosphère qui presse sur la surface de la terre, n'est pas, comme on le disait autrefois, la cause qui empêche les liquides de se vaporiser et de se disperser dans l'espace ; au contraire, sa présence permet aux vapeurs de se maintenir, au-dessus de la terre, en plus grande quantité que si l'atmosphère n'existait pas.

CHAPITRE VI.

DE LA FORCE ÉLASTIQUE ET DE LA CHALEUR DES GAZ.

633. La loi de Mariotte suppose, comme nous l'avons dit (n° 622), qu'on a laissé au fluide, dilaté ou condensé, le temps de revenir à sa température primitive. Si l'on ne prend pas cette précaution, la température augmente ou diminue en même temps que la densité, et la force élastique croissant ou décroissant ainsi, à raison de la densité et à raison de la température, on conçoit qu'elle doit varier, pour un même fluide, dans un plus grand rapport que sa densité. Lorsque le fluide est contenu dans un vase dont les parois sont imperméables à la chaleur, il conserve tout son calorique, en se condensant ou en se dilatant, et sa température augmente ou diminue en conséquence. Il en est de même toutes les fois que ses variations de densité sont assez rapides pour que sa chaleur propre n'ait pas le temps, dans le cas de la condensation, de s'échapper sous forme rayonnante, ou de se communiquer, par le contact, aux corps voisins, et pour que, dans le cas de la dilatation, ces corps ne puissent communiquer au fluide, par le rayonnement ou par le contact, une quantité sensible de calorique. C'est ce qu'on suppose,

par exemple, comme on l'expliquera par la suite, relativement aux variations de densité qui ont lieu dans les ondes sonores, et dont la durée n'est que de quelques millièmes de seconde. Dans cette question, et dans beaucoup d'autres, il serait important de connaître l'expression de la force élastique d'un gaz, en fonction de la densité, et l'élévation ou l'abaissement correspondant de la température, lorsque la quantité de chaleur de la masse fluide demeure invariable. Mais nous manquons, dans l'état actuel de la science, des données nécessaires pour la solution complète de ce problème; et je vais exposer, dans ce chapitre, ce que le calcul et l'expérience nous ont appris, jusqu'à présent, sur cette matière.

634. Soient ρ la densité d'un gaz, θ sa température en degrés du thermomètre centigrade, et p la pression qu'il exerce sur chaque unité de surface, ou la mesure de sa force élastique; on aura (n° 624)

$$p = k\rho\,(1 + \alpha\theta); \qquad (1)$$

α et k étant deux coefficiens indépendans de ρ et θ, dont le premier est le même pour tous les gaz et égal à 0,00375, et dont le second doit être donné pour chaque gaz en particulier.

La quantité totale de chaleur contenue dans un poids donné d'un corps, dans un gramme, par exemple, ne saurait être calculée; on la regarde comme inépuisable, et comme extrêmement grande par rapport aux quantités dont elle varie quand ce corps change de densité ou de température; et ce sont ces quantités additives ou soustractives que l'on compare entre elles, et que l'on soumet au calcul. Ainsi, nous désignerons par q l'excès de la quantité de chaleur contenue dans un gramme du gaz que nous considérons, sur celle que ce gramme renferme, lorsque le gaz a une température et une densité choisies arbitrairément, qui seront, pour fixer les idées, la température zéro et la densité correspondante à la pression ordinaire de $0^m,76$. Cette quantité q sera une fonction de p, ρ, θ, ou simplement de p et ρ, puisque ces trois variables sont liées entre elles par l'équation précédente. On aura donc

$$q = f(p, \rho);$$

f indiquant une fonction dont il s'agira de déterminer la forme.

La chaleur spécifique de ce gramme de fluide est la quantité de chaleur qu'il faudrait lui communiquer pour élever sa température d'un degré, ou, pour ainsi dire, la vitesse de l'accroissement de q par rapport à θ, dont l'expression sera $\dfrac{dq}{d\theta}$. Mais on pourra la considérer sous deux points de vue différens : en supposant la pression p constante, et laissant au gaz la liberté de se dilater, ou bien en le tenant sous un volume constant, et supposant que la pression p augmente avec la température. En vertu de l'équation (1), on a

$$\frac{d\rho}{d\theta} = -\frac{\alpha\rho}{1 + \alpha\theta},$$

quand on regarde p comme une constante, et

$$\frac{dp}{d\theta} = \frac{\alpha p}{1 + \alpha\theta},$$

lorsqu'on suppose ρ invariable. Si donc on appelle c la chaleur spécifique du gaz à pression constante, et $c_{\prime}$ sa chaleur spécifique à volume constant, de sorte qu'on ait

$$c = \frac{dq}{d\rho}\,\frac{d\rho}{d\theta}, \quad c_{\prime} = \frac{dq}{dp}\,\frac{dp}{d\theta},$$

il en résultera

$$c = -\frac{dq}{d\rho}\,\frac{\alpha\rho}{1 + \alpha\theta}, \qquad c_{\prime} = \frac{dq}{dp}\,\frac{\alpha p}{1 + \alpha\theta}, \qquad (2)$$

et, par conséquent,

$$\rho\,\frac{dq}{d\rho} + \gamma p\,\frac{dq}{dp} = 0, \qquad (3)$$

en désignant par γ le rapport des deux chaleurs spécifiques, c'est-à-dire, en faisant

$$\gamma = \frac{c}{c_{\prime}}.$$

Il est évident, *à priori*, que ce rapport γ doit surpasser l'unité ; car il faut plus de chaleur pour augmenter la température d'un gaz, et le dilater en même temps, que pour augmenter sa température d'une même quantité, sans écarter ses molécules. Mais l'expérience peut seule faire connaître la valeur de γ pour les différens gaz, et comment cette valeur dépend de la pression et de la densité.

Cette valeur se déduit, comme on le verra tout à l'heure, de l'accroissement de la température correspondant à une petite condensation du gaz, sans aucune perte de chaleur.

635. Représentons toujours par θ la température du gaz ; et soit $\theta + \omega$ ce qu'elle devient après que la densité du fluide a été augmentée, par une compression très rapide, dans le rapport de $1 + \delta$ à l'unité ; δ étant une très petite fraction. Si la perte de chaleur, pendant la durée de cette compression, a été insensible, l'accroissement de température ω correspondant à la très petite condensation δ, est la quantité qu'il s'agira d'abord de déterminer par l'expérience suivante.

Pour cela, supposons que le gaz soit de l'air atmosphérique contenu dans un vaisseau fermé, et dont la pression, la densité et la température soient les mêmes qu'à l'extérieur, où nous supposerons qu'elles sont représentées par p, ρ, θ, pendant toute la durée de l'observation. On enlève une petite portion de l'air intérieur ; et, après que l'air restant a repris sa température primitive, on désigne par p' et ρ' sa pression et sa densité. On rétablit ensuite la communication avec l'air extérieur ; la pression, la densité et la température augmentent en même temps ; en sorte qu'après un temps très court, la pression intérieure est égale à la pression qui a lieu au dehors. A cet instant, on interrompt la communication, et l'on désigne par ρ'' et $\theta + \omega$ la densité et la température intérieures. Enfin, cet accroissement ω de la température se dissipe ; et, sans que la densité ρ'' varie, la pression intérieure diminue, et devient p''.

La densité de l'air intérieur ayant passé très rapidement de ρ' à ρ'', si l'on prend,

$$\delta = \frac{\rho'' - \rho'}{\rho'},$$

et qu'on fasse abstraction de la petite quantité de chaleur qui a pu être absorbée par le vase, pendant le temps de ce passage, l'accroissement de température ω sera celui qui répond à la condensation δ, et dont on cherche la valeur. L'indication d'un thermomètre plongé dans l'air intérieur, serait trop lente pour faire connaître cette augmentation de température, qui ne subsiste que pendant un temps très court; mais on peut conclure la valeur de ω, des trois pressions p, p', p'', ou des trois hauteurs barométriques correspondantes, que l'on a le temps d'observer.

En effet, il y a deux époques, dans l'expérience qu'on vient de décrire, où la même température θ répond à des densités différentes ρ' et ρ'', et aux pressions données p' et p''. D'après la loi de Mariotte, on a donc

$$\frac{\rho''}{\rho'} = \frac{p''}{p'},$$

et, conséquemment,

$$\delta = \frac{p'' - p'}{p'};$$

ce qui fait connaître la condensation δ. De plus, il y a aussi deux époques où la même densité ρ'' a lieu pour les températures $\theta + \omega$ et θ, sous les pressions p et p''. D'après la loi des forces élastiques à égale densité, on aura donc aussi

$$\frac{p}{p''} = \frac{1 + \alpha(\theta + \omega)}{1 + \alpha\theta} ; \qquad (4)$$

d'où l'on tirera la valeur de ω correspondante à la condensation δ.

Dans une expérience faite par MM. Desormes et Clément, où le passage de la densité ρ' à la densité ρ'' s'est effectué en moins d'une demi-seconde, on a eu

$$p = 0^m,7665, \quad p' = 0^m,7527, \quad p'' = 0^m,7629;$$

ce qui donne

$$\delta = 0,0133.$$

On avait aussi $\theta = 12°,5$; et, à cause de $\alpha = 0,00375$, on déduit de l'équation (4)

$$\omega = 1°,3173;$$

d'où il résulte que pour une condensation de $0,0133$, sans perte de chaleur, la température de l'air augmenterait de $1°,3173$, ou d'à peu près un degré pour une condensation

$$\delta = \frac{0,0133}{1,3173} = 0,0101.$$

Cet accroissement de température peut aussi se déduire de la vitesse du son; et de cette manière j'avais trouvé, autrefois, un accroissement d'un degré pour une condensation $\frac{1}{116}$, sans perte de chaleur ; résultat dont l'expérience que nous citons ne s'écarte pas beaucoup.

636. Maintenant, je dis que le rapport γ du n° 634 a pour expression

$$\gamma = 1 + \frac{\alpha\omega}{(1 + \alpha\theta)\delta'}. \qquad (5)$$

Supposons, en effet, que la force élastique et la température d'un gaz étant, comme précédemment, p et θ, la condensation δ' soit équivalente à celle que le fluide éprouve, lorsqu'on diminue un tant soit peu sa température, sans changer la pression. En désignant par ε cette petite variation de température, on aura

$$\delta' = \frac{\alpha\varepsilon}{1 + \alpha\theta}.$$

Appelons Γ la quantité de chaleur qu'il faudrait communiquer à un gramme du gaz que l'on considère, pour élever sa température, de $\theta - \varepsilon$ à θ, sans changer la pression p ; la chaleur spécifique, à pression constante, étant c, on aura aussi

$$\Gamma = c\varepsilon.$$

Après cette communication de chaleur, supposons que l'on comprime subitement ce fluide, de manière à le ramener à son volume primitif ; il éprouvera alors la condensation δ' ; et s'il n'a perdu aucune quantité de chaleur, sa température aura augmenté de ω, et sera devenue $\theta + \omega$. Dans cet état, la pression du fluide sera devenue plus grande que p ; mais, sans changer le volume, si on laisse la température s'abaisser jusqu'à $\theta - \epsilon$, cette pression diminuera aussi, et redeviendra égale à p. Pendant cet abaissement, le gaz perdra une quantité de chaleur proportionnelle à la petite diminution de température $\epsilon + \omega$, et exprimée par $c_{\prime}(\epsilon + \omega)$, puisque $c_{\prime}$ est sa chaleur spécifique à volume constant. Le volume, la température et la pression étant les mêmes, après cette perte de chaleur, qu'ils étaient avant que la quantité de chaleur Γ eût été communiquée au fluide, il est nécessaire que la perte $c_{\prime}(\epsilon + \omega)$ de chaleur soit égale à Γ; on a donc

$$c\epsilon = c_{\prime}(\epsilon + \omega);$$

d'où l'on tire

$$\gamma = \frac{c}{c_{\prime}} = 1 + \frac{\omega}{\epsilon};$$

et, en ayant égard à la valeur précédente de δ, cette valeur de γ coïncide avec la formule (5).

637. Si nous mettons, dans cette formule, $\dfrac{p'' - p'}{p'}$ au lieu de δ, et pour ω sa valeur tirée de l'équation (4), nous aurons

$$\gamma = 1 + \frac{(p - p'')\,p'}{(p'' - p')\,p''};$$

ce qui fera connaître la valeur de γ, d'après les pressions p, p', p'', ou les hauteurs barométriques correspondantes, qui résultera de l'expérience ci-dessus décrite.

En faisant usage des valeurs numériques de p, p', p'', précédemment citées, on trouve

$$\gamma = 1,3482,$$

pour la valeur du rapport des deux chaleurs spé-cifiques c et $c_{,}$, dans le cas de l'air atmosphérique.

MM. Gay-Lussac et Welter ont obtenu, par un procédé analogue, une valeur de ce rapport un peu différente, savoir :

$$\gamma = 1,3748;$$

et ils se sont assurés que cette quantité est indé-pendante de la température et de la pression de l'air ; en sorte que dans l'équation (3), appliquée à ce fluide, on pourra considérer γ comme une quantité constante. Par un procédé différent, M. Du-long a trouvé, pour l'air parfaitement sec (*),

$$\gamma = 1,421,$$

et une valeur sensiblement égale à celle-ci pour le gaz oxigène et pour le gaz hydrogène. Mais pour d'autres fluides, tels que l'acide carbonique et le gaz oléfiant, ce procédé, que nous indiquerons par la suite, a donné des valeurs très inégales de γ, et moindres que la précédente ; de manière que ce rap-port dépend, en général, de la nature du gaz au-quel il répond.

638. En regardant γ comme une quantité cons-tante, l'intégrale de l'équation (3) aux différences partielles est

$$q = f\left(\frac{p^{\frac{1}{\gamma}}}{\rho}\right);$$

(*) *Mémoires de l'Académie des Sciences,* tome X.

f désignant la fonction arbitraire. On aura réciproquement

$$p = \rho^{\gamma}\varphi q ,$$

et, à cause de l'équation (1),

$$\theta = \frac{1}{ak}\rho^{\gamma-1}\varphi q - \frac{1}{a} ;$$

φ étant une fonction inverse de f.

La quantité q restant la même, si p, ρ, θ, deviennent p', ρ', θ', on aura de même

$$p' = \rho'^{\gamma}\varphi q , \quad \theta' = \frac{1}{ak}\rho'^{\gamma-1}\varphi q - \frac{1}{a}.$$

On a $\frac{1}{a} = 266,67$; et pour que θ et θ' soient des degrés centigrades, il faudra que ce facteur de leurs expressions exprime de semblables degrés. En éliminant, en outre, φq entre ces dernières équations et les précédentes, il en résultera

$$\left. \begin{aligned} p' &= p \left(\tfrac{\rho'}{\rho}\right)^{\gamma} , \\ \theta' &= (266°,67 + \theta)\left(\tfrac{\rho'}{\rho}\right)^{\gamma-1} - 266°,67 \end{aligned} \right\}. \quad (6)$$

Ces équations (6) contiennent les lois de la force élastique et de la température des gaz, comprimés ou dilatés sans aucune variation dans leur quantité de chaleur ; elles sont fondées sur la seule hypothèse que le rapport γ des deux chaleurs spécifiques ne varie pas, pour un même fluide, avec la pression et la température ; hypothèse qui a été vérifiée, quant à l'air atmosphérique, par les expériences citées dans le numéro précédent.

639. Il faut faire une seconde supposition pour déterminer la fonction arbitraire f que renferme la valeur de q. La plus simple est d'admettre que, sous une pression constante, un gaz se dilate uniformément pour des augmentations égales de quantité de chaleur; ce qui revient à dire que la chaleur spécifique c est constante, lorsque l'accroissement d'un degré de température auquel elle répond (n° 634) est mesuré par un thermomètre à air. Dans cette hypothèse, q devra être une fonction linéaire de θ; or, si l'on substitue, dans la fonction f, la valeur de ρ tirée de l'équation (1), on a

$$q = f\left[\, \alpha k p^{\frac{1}{\gamma}-1} \left(\tfrac{1}{\alpha} + \theta\right)\right];$$

on aura donc

$$q = A + B\,(266°,67 + \theta)\, p^{\frac{1}{\gamma}-1}; \qquad (7)$$

A et B étant des quantités indépendantes de p et θ, et relatives à la nature du gaz que l'on considère.

D'après les équations (2), on aura

$$c = B p^{\frac{1}{\gamma}-1}, \quad c_{,} = \frac{B}{\gamma}\, p^{\frac{1}{\gamma}-1};$$

et pour connaître la chaleur spécifique d'un gaz, à pression constante ou à densité constante, sous toutes les pressions, il suffira qu'elle soit connue sous une pression déterminée. Selon MM. Laroche et Bérard, on a, par exemple, $c = 0,2669$ pour l'air sec, sous la pression de $0^m,76$; la chaleur spécifique de l'eau étant prise pour unité. En appelant ϖ la pression correspondante à cette hauteur barométrique, on aura donc

$$0,2669 = B\varpi^{\frac{1}{\gamma} - 1};$$

et si l'on appelle aussi h la hauteur du baromètre, exprimée en mètres, et qui répond à la pression quelconque p, de sorte qu'on ait $\dfrac{p}{\varpi} = \dfrac{h}{0,76}$, il en résultera

$$c = 0,2669.\left(\frac{0,76}{h}\right)^{1 - \frac{1}{\gamma}};$$

d'où l'on déduira la valeur de $c_{\prime}$, en divisant par la constante γ. Comme cette constante est plus grande que l'unité, ce qui rend positif l'exposant $1 - \dfrac{1}{\gamma}$, on voit que la chaleur spécifique d'un gramme d'air diminuera, quand sa force élastique ou la hauteur h augmentera.

Si l'on désigne par m la quantité de chaleur perdue par un gramme d'air, quand sa température s'abaissera de n degrés, sans que la force élastique varie, on aura

$$m = n(0,2669)\left(\frac{0,76}{h}\right)^{1 - \frac{1}{\gamma}}.$$

A volume égal, et pour une même température primitive, le poids de cet air sera augmenté dans le rapport de h' à h, sous une pression mesurée par une autre hauteur h' du baromètre. En appelant m' la quantité de chaleur perdue par ce même volume sous cette autre pression, et pour l'abaissement n de température, nous aurons donc

$$m' = \frac{h'n}{h}\,(0,2669)\left(\frac{0,76}{h'}\right)^{1-\frac{1}{\gamma}};$$

d'où l'on déduit

$$\frac{m'}{m} = \left(\frac{h'}{h}\right)^{\frac{1}{\gamma}},$$

pour le rapport des quantités de chaleur perdue par un même volume d'air, sous des pressions différentes.

Dans un cas où l'on avait

$$h' = 1^{\mathrm{m}},0058, \quad h = 0^{\mathrm{m}},7405,$$

MM. Laroche et Bérard ont trouvé

$$\frac{m'}{m} = 1,2396;$$

en prenant la moyenne de deux observations. Pour ces valeurs de h et h', et en faisant $\gamma = 1,421$, la formule donne

$$\frac{m'}{m} = 1,2405;$$

ce qui ne diffère pas sensiblement du résultat de l'expérience.

640. Si l'on veut appliquer la formule (7) à la vapeur d'eau, il faudra supposer :

1°. Que quand un gramme de vapeur est formé, et qu'il ne s'en précipite aucune partie, ni ne s'en ajoute de nouvelle, le rapport représenté par γ, de sa chaleur spécifique à pression constante, à sa chaleur spécifique sous un volume constant, ne varie pas avec la température et la densité ;

2°. Que la quantité de chaleur nécessaire pour élever la température de ce gramme de vapeur, d'un nombre quelconque de degrés, soit sous une pression constante, soit sous un volume invariable, est proportionnelle à ce nombre, la température étant marquée par un thermomètre à air.

Cela posé, si l'on appelle C la quantité de chaleur nécessaire pour convertir en vapeur, sous la pression barométrique de $0^m,76$, et à une température de 100°, un gramme d'eau dont la température primitive était zéro ; que l'on désigne par q la quantité de chaleur qu'il faudrait employer pour vaporiser ce même gramme d'eau, et donner à la vapeur une température θ sous la pression quelconque p ; enfin, que l'on désigne par c la chaleur spécifique de la vapeur d'eau sous la pression constante de $0^m,76$, et que l'on remplace dans l'équation (7), la pression p par la hauteur barométrique qui lui sert de mesure, et que nous représenterons par h, il faudra que cette formule donne $q = C$, quand $h = 0^m,76$ et $\theta = 100°$, et $\dfrac{dq}{d\theta} = c$, lorsque $h = 0^m,76$. Or, en déterminant, d'après ces conditions, les deux constantes arbitraires A et B qu'elle renferme, elle devient ensuite

$$q = C + c\left[(266°,67 + \theta)\left(\frac{0^m,76}{h}\right)^{\frac{\gamma-1}{\gamma}} - 366°,67 \right]. \quad (8)$$

Il serait à désirer que le degré d'exactitude de cette formule fût vérifié par l'expérience, et que les trois constantes C, c, γ, qu'elle renferme, fussent déterminées avec précision. Si l'on prend pour unité la chaleur spécifique d'un gramme d'eau à la température zéro, on a

$$C = 550,$$

en adoptant pour C la moyenne des valeurs de cette quantité, que différens physiciens ont obtenues. En même temps, on aura

$$c = 0,847,$$

d'après une expérience assez peu concluante, et qui mériterait d'être répétée. Quant à la valeur de γ, elle nous est, jusqu'à présent, tout-à-fait inconnue.

641. Soit que la densité ρ de la vapeur d'eau correspondante à la pression p et à la température θ, ait atteint son *maximum*, ou qu'elle soit au-dessous, l'équation (1), qui convient aux vapeurs et aux gaz permanens, fera toujours connaître la valeur de ρ, quand celles de p et θ seront données. En appelant D la densité à la température de 100° et sous la pression ordinaire de $0^m,76$, et désignant, comme précédemment, par h la hauteur barométrique qui répond à p, on déduira de cette équation (2)

$$\rho = \frac{Dh}{0^m,76} \frac{366°,67}{266°,67 + \theta}.$$

Le poids d'un litre d'air sec, à la température zéro et sous la pression de $0^m,76$, étant $1^{gr},21433$ (n° 631), il deviendra $\dfrac{1^{gr},21433}{1,375}$, ou $0^{gr},883$, à la température de 100°; et le poids d'un litre de vapeur d'eau, à la même température et sous la même pression, sera $\frac{10}{16}$ (0^{gr},883), ou 0^{gr},55; par conséquent, on aura

$$\frac{v \rho}{D} \left(0^{gr},55 \right) = \frac{vh}{0^m,76} \cdot \frac{201^{gr},66}{266,67 + \theta},$$

pour le poids d'un volume v de vapeur, à la température θ et sous la pression quelconque h. Donc, en appelant V la quantité de chaleur nécessaire pour former ce poids de vapeur, l'eau étant primitivement à la température zéro, V sera le produit de ce nombre de grammes et de la quantité q donnée par la formule (8); en sorte que nous aurons

$$V = \frac{vhq}{0^m,76} \cdot \frac{201^{gr},66}{266,67 + \theta}.$$

L'unité à laquelle cette quantité V se trouve rapportée, est la quantité de chaleur nécessaire pour élever, de zéro à un degré, la température d'un gramme d'eau; et cette unité est, comme on sait, égale à soixante-quinze fois la quantité de chaleur qu'il faut employer pour liquéfier un gramme de glace à la température zéro, sans élever cette température.

Diverses observations ont porté plusieurs physiciens à penser que quand la vapeur d'eau a atteint le *maximum* de densité, correspondant à sa température, la quantité de chaleur que nous avons désignée par q ne varie plus avec cette température. C'est à cet état que l'on emploie ce fluide dans les machines à vapeur : le rapport de la quantité de chaleur produite V à sa tension h, serait donc alors, toutes choses d'ailleurs égales, en raison inverse de $266°,67 + \theta$; par conséquent, le rapport de la dépense de chaleur à l'effort exercé sur le piston, qui a h pour mesure, diminuerait quand la température deviendrait plus grande, et ce rapport serait le moindre dans les machines à haute pression. Mais l'économie de combustible qui en résulterait en leur faveur serait loin de répondre à celle que l'expérience paraît indiquer; et c'est sans doute à d'autres circonstances que ces machines doivent leur avantage relatif.

642. Concevons que la partie du cylindre vertical ABCD (fig. 53), qui est comprise entre la surface EF de l'eau et la base GH d'un piston, soit remplie par de la vapeur d'eau au *maximum* de densité, correspondant à la température θ de cette vapeur, de l'eau inférieure, du cylindre et du piston. Dans cet état, supposons que la force élastique de la vapeur fasse équilibre au poids du piston, de sorte qu'en appelant p cette force, P ce poids, y compris la pression extérieure que le piston supporte, et λ l'aire de sa base horizontale, on ait

$$P = \lambda p.$$

Si l'on augmente le poids P, et qu'il devienne $P + \Pi$, le piston descendra, et l'espace occupé par la vapeur diminuera; mais comme on l'a supposé à son *maximum* de densité, une partie se liquéfiera; et si la température θ est invariable, la pression p le sera aussi. A la vérité, dans le premier moment de la compression, la température θ augmentera, de telle sorte que la liquéfaction pourra n'avoir pas lieu d'abord, et la pression p pourra augmenter. Mais si le mouvement du piston n'est pas extrêmement rapide, cette augmentation de température disparaîtra avant que le déplacement de ce mobile soit appréciable, et l'on devra considérer θ et p comme constantes pendant tout son mouvement. Il faut aussi remarquer que la condensation du fluide, qui le réduit en eau, et qui est produite immédiatement à la partie supérieure GH en contact avec le piston, se transmet jusqu'en EF, dans un temps extrêmement court, pendant lequel le déplacement du piston est insensible; d'où il suit que la densité du fluide est sensiblement la même dans toute sa hauteur, pendant la chute du piston. Cela étant, la force motrice de ce corps sera constante et égale à l'excès de $P + \Pi$ sur λp, ou à Π; abstraction faite du frottement contre les parois du cylindre, son mouvement sera donc uniformément accéléré; et si l'on fait aussi abstraction du mouvement communiqué à la vapeur, c'est-à-dire, si l'on néglige sa masse par rapport à celle du poids Π, la force accélératrice de ce mouvement sera la pesanteur diminuée dans le rapport de Π à $P + \Pi$. Par conséquent, si l'on appelle l la hauteur de GH au-dessus de EF, la force vive produite par la chute totale du piston aura $2\,\Pi\,l$ pour valeur.

Le piston étant d'abord arrêté en GH, supposons que la température de l'eau inférieure soit subitement abaissée et devienne θ', moindre que θ. La couche de vapeur en contact avec EF se liquéfiera par le froid; elle sera remplacée par une autre qui se liquéfiera de même; et, si la masse d'eau est assez grande pour que ces couches successives de vapeur ne fassent pas varier sensiblement sa température, les liquéfactions continueront jusqu'à ce que la masse entière de la vapeur ait la force élastique p', qui répond à la température θ' et à son *maximum* de densité relatif à cette température. Cependant, la température de la colonne de vapeur ne sera pas la même, non plus que la densité, dans toute sa hauteur; et ce serait un problème curieux que de déterminer les lois de sa température et de sa densité d'après les températures θ et θ', qui ont lieu constamment à ses deux extrémités, et en regardant la densité de chaque couche comme une fonction de sa température, telle que la force élastique soit constante et égale à p'. Cette constance de la pression dans toute la hauteur de la colonne de vapeur est évidemment la condition d'équilibre de ses couches successives; et quand l'équilibre s'est établi, il est également évident que la valeur de la pression constante ne peut pas excéder celle qui répond à la plus petite des deux températures θ et θ', tandis qu'elle peut être moindre que la force élastique correspondante à la plus grande. L'expérience montre, au reste, que la vapeur parvient, dans un temps extrêmement court, à l'état d'équilibre dont il s'agit; en sorte que si une vapeur d'eau, à son *maximum* de densité et de pression, est contenue dans un espace fermé dont les parois aient partout sa propre température, et qu'on vienne à abaisser inégalement la température d'une partie de ces parois, une partie de la vapeur se liquéfiera, et la partie restante prendra dans toute son étendue, avec une très grande rapidité, la force élastique *maxima* qui répond à la moindre température.

Cela posé, lorsque le piston ne sera plus retenu, il descendra, et l'on verra, comme dans le cas précédent, que son mouvement sera uniformément accéléré, sa force motrice égale à $P - \lambda p'$ ou $\lambda(p - p')$, sa force accélératrice égale à la pesanteur multipliée par le rapport $\dfrac{p - p'}{P}$, et enfin, la force vive produite par la chute totale, égale à $2\lambda(p - p')l$. Quand le piston est parvenu en EF, si l'on élève la température de l'eau inférieure, et que ce liquide produise une vapeur dont la pression constante sur la base du piston soit plus grande que le poids de ce corps, il remontera d'un mouvement uniformément accéléré, et la force vive produite, quand il aura parcouru une longueur l', sera égale au double de l' multiplié par l'excès de cette pression sur ce poids, en faisant toujours abstraction du frottement.

C'est d'après ces considérations que l'on calcule la force vive due à la chute ou à l'ascension du piston dans les machines à vapeur; laquelle force se distribue ensuite dans le système auquel la machine est appliquée, et s'y trouve en partie détruite par les frottemens, et en partie employée à produire un effet utile. Le calcul serait différent, si la densité de la vapeur contenue dans le corps de pompe n'était pas au *maximum;* ce qui arrive, en effet, pendant ce qu'on appelle la *détente* de la vapeur, c'est-à-dire, pendant qu'on interrompt la communication de ce fluide avec la chaudière, et que la vapeur se dilate, sans qu'il s'en ajoute de nouvelle : le mouvement du piston est alors celui que nous avons considéré dans le n° 358 ; et d'après ce que nous avons vu dans le numéro suivant, la force vive produite pendant qu'il parcourt une longueur quelconque, a pour valeur $2pv \log \frac{p'}{p}$, en désignant par v le volume primitif du fluide, et par p et p' ses forces élastiques au commencement et à la fin du mouvement.

643. Il nous reste maintenant à considérer les forces élastiques et les quantités de chaleur des mélanges de plusieurs gaz, comparées à celles de ces fluides.

Supposons qu'on ait deux gaz différens, à la même température θ et sous la même pression p, dont les volumes soient a et a'. Si on les superpose dans un vase fermé, dont la capacité soit $a + a'$, il est évident qu'ils pourront s'y tenir en équilibre, puisqu'ils ont la même température, et qu'ils exerceront l'un contre l'autre la même pression ; mais l'expérience prouve que cet équilibre n'est pas stable : elle fait voir que ces deux fluides se pénètrent graduellement jusqu'à ce qu'ils soient parfaitement mêlés ; et elle montre aussi que, dans cette opération, il n'y a aucune variation de température, ni aucune perte ou absorption de chaleur ; en sorte qu'après un certain temps, différent pour les différens fluides, on a un mélange homogène dans lequel la proportion des deux gaz est partout la même, et dont la température et la force élastique sont toujours θ et p. De ces faits, constatés par l'observation, on peut conclure un autre résultat que l'expérience vérifie également.

Si l'on a deux gaz mêlés ensemble et remplissant un volume v, à la température θ, et si l'on désigne par p et p' les pressions rapportées à l'unité de surface, que ces deux gaz supportent séparément à la même température et sous ce volume v, la force élastique du mélange sera $p + p'$. En effet, supposons d'abord que les deux gaz soient séparés, et qu'on ait $p' > p$. Si l'on dilate le gaz soumis à la pression p', sans changer sa température, et de manière que sa force élastique se réduise à p, son volume sera alors $\dfrac{vp'}{p}$, d'après la loi de Mariotte. Supposons ensuite qu'on superpose les deux gaz dans un vase fermé, dont la capacité soit $v + \dfrac{vp'}{p}$, ou $\dfrac{v}{p}(p + p')$; ces gaz se mêleront sans variation de température, d'après ce qu'on vient de dire; et il en résultera un mélange homogène à la température θ et sous la pression p. Or, la loi de Mariotte s'appliquant aux mélanges des gaz, aussi bien qu'aux gaz simples, si l'on comprime ce mélange sans changement de température, jusqu'à ce que son volume $\dfrac{v}{p}(p + p')$ soit réduit à v, sa force élastique p deviendra $p + p'$; ce qu'il s'agissait de démontrer. Le même principe aura également lieu pour trois ou un plus grand nombre de gaz, et pour un mélange de gaz et de vapeurs : la pression du mélange sera toujours la somme des pressions que ces fluides supporteraient isolément, à la même température et sous le même volume que le mélange.

644. Soient actuellement n et n' les nombres de grammes de deux gaz, mêlés ensemble et remplissant un volume v, à la température θ et sous la pression p; désignons par c et c' les chaleurs spécifiques d'un gramme de ces gaz, sous une pression constante et égale à p, et par c'' la chaleur spécifique d'un gramme du mélange sous la même pression; on aura

$$(n + n')\,c'' = nc + n'c'. \qquad (9)$$

En effet, je suppose que les deux gaz, au lieu d'être parfaitement mêlés, ne soient que superposés, de sorte qu'ils occupent des portions séparées a et a' du volume v; d'après ce qu'on a dit tout à l'heure, la quantité de chaleur sera la même dans les deux gaz séparés et dans le mélange de ces deux gaz; et cette égalité de chaleur subsistera encore, si l'on augmente d'un degré la température θ des deux gaz et du mélange. Or, pour cette augmentation, il faudra communiquer, la pression p restant la même, une quantité $(n + n')\,c''$ de chaleur au mélange, et des quantités nc et $n'c'$ aux deux gaz. La première quantité devra donc être égale à la somme des deux autres; ce qui donne l'équation (9), que l'on étendra sans peine à un nombre quelconque de fluides élastiques. Elle donnera la chaleur spécifique d'un mélange, lorsque celles de tous les gaz ou vapeurs qui le composent, et les proportions de ces fluides, seront connues; réciproquement, on pourra s'en servir pour déterminer la chaleur spécifique de l'un des composans, d'après celles de tous les autres et du mélange; et l'on peut remarquer qu'elles ne supposent pas que

les chaleurs spécifiques des gaz mélangés soient indépendantes de leur commune température.

Au lieu de considérer les chaleurs spécifiques c,
c', c'', des gaz et du mélange sous une pression
constante, on aurait pu considérer, de la même
manière, leurs chaleurs spécifiques à volume constant; et en les désignant par $c_,$, $c_,'$, $c_,''$, on serait
parvenu à une équation semblable à la précédente,
savoir :

$$(n + n')\, c_,'' = nc_, + n'c_,'. \qquad (10)$$

Or, si l'on fait

$$\frac{c}{c_,} = \gamma, \quad \frac{c'}{c_,'} = \gamma', \quad \frac{c''}{c_,''} = \gamma'',$$

on tirera des équations (9) et (10)

$$\gamma'' = \frac{n\gamma c_, + n'\gamma'c_,'}{nc_, + n'c_,'}; \qquad (11)$$

équation qui fera connaître le rapport γ'' relatif au
mélange, quand les quantités semblables γ et γ', et
les valeurs de $c_,$ et $c_,'$, seront connues pour les deux
gaz mélangés. Soit qu'on prenne $\gamma = 1,375$ ou
$\gamma = 1,421$ (n° 637) pour la valeur de γ relative à l'air
sec, et quelle que soit la valeur inconnue de γ' qui répond à la vapeur d'eau, la valeur de γ'' relative à
l'air ordinaire différera peu de γ, à cause de la petite
proportion de vapeur que cet air renferme.

D'après ce qu'on a vu dans le n° 639, si les rapports γ et γ' sont indépendans de la pression p,
mais différens pour les deux gaz, les quantités $c_,$
et $c_,'$ seront exprimées par des puissances inégales

de p; d'où il résultera, en vertu de l'équation (11), que le rapport γ'' relatif au mélange ne pourra pas être aussi indépendant de la pression. L'hypothèse de l'invariabilité du rapport de la chaleur spécifique d'un même fluide sous une pression constante, à sa chaleur spécifique sous un même volume, et les formules que nous en avons déduites, ne peuvent donc convenir en même temps aux gaz simples, pour lesquels ce rapport n'est pas le même, et à leurs mélanges en proportion quelconque; et si ce rapport a paru constant dans les expériences faites sur l'air à différentes pressions (n° 637), c'est parce qu'il est sensiblement le même pour l'air et l'oxigène, et, par conséquent aussi, pour l'oxigène et l'azote dont l'air est composé.

LIVRE SIXIÈME.

HYDRODYNAMIQUE.

CHAPITRE PREMIER.

ÉQUATIONS GÉNÉRALES DU MOUVEMENT DES FLUIDES.

645. Les équations de l'équilibre des fluides que nous avons trouvées dans le n° 582, sont fondées sur la propriété caractéristique commune aux liquides et aux fluides aériformes, de transmettre également en tous sens les pressions appliquées à leur surface, et d'exercer autour de chaque point de leur masse, en vertu de l'action moléculaire, des pressions égales suivant toutes les directions. Cette propriété, comme nous l'avons dit précédemment (n° 576), tient à ce que les molécules d'un fluide qu'on a comprimé ou dilaté reviennent très promptement à une disposition semblable à celle qui avait lieu primitivement autour d'un point quelconque, de telle sorte qu'après sa compression ou sa dilatation, un fluide est un

système de·points matériels semblable à ce qu'il était auparavant, et seulement construit sur une plus petite ou une plus grande échelle. Le temps de ce retour à un état semblable n'influe pas sur les lois de l'équilibre, que l'on n'observe jamais qu'après qu'il est écoulé; mais, quelque petit qu'il soit, on comprend qu'il peut influer sur les lois de leur mouvement, surtout dans le cas où les vibrations des molécules fluides s'exécutent avec une grande rapidité; de manière que le principe de l'égalité de pression en tous sens peut convenir à l'Hydrostatique, et n'être pas toujours applicable à l'*Hydrodynamique,* c'est-à-dire, à la partie de la Mécanique qui traite du mouvement des fluides.

Une différence analogue entre l'état d'équilibre et l'état de mouvement, a déjà été remarquée par Laplace, relativement à la loi de Mariotte. Cette loi exige que la température du fluide soit redevenue la même, après la compression, qu'elle était auparavant; et le principe de l'égalité de pression en tous sens suppose, de même, que les molécules du fluide ont eu le temps de revenir à une disposition respective semblable à leur disposition première. Elle n'a plus lieu, ou doit être modifiée, dans les vibrations très rapides des gaz, où la température primitive n'a pas le temps de se rétablir; et, de même, le principe de l'égalité de pression en tous sens n'est pas rigoureusement et toujours applicable aux mouvemens des liquides et des fluides aériformes. On a reconnu dans la vitesse de propagation du son, l'influence de cette modification de la loi de Mariotte;

et il y a sans doute aussi des phénomènes du mouvement des fluides, en général, qui dépendent de la non-égalité parfaite de pression en tous sens, résultant de la cause que nous indiquons. Cette circonstance introduit dans les équations générales du mouvement des fluides, des termes qui ne peuvent se déduire de leurs équations d'équilibre ; j'y ai eu égard dans le Mémoire déjà cité (n° 576), et je me propose de revenir, par la suite, sur cette importante considération. Mais dans ce Traité, je supposerai, suivant la méthode qu'on suit ordinairement, la propriété de l'égalité de pression en tous sens, commune à l'état d'équilibre et à l'état de mouvement ; et, dans cette hypothèse, les équations de l'Hydrostatique, fondées sur cette propriété, s'étendront immédiatement à l'Hydrodynamique, au moyen du principe de D'Alembert, qui est applicable à tous les systèmes de points matériels.

646. Considérons de nouveau la masse fluide ABCD (fig. 36), dont nous avons déterminé les équations d'équilibre ; supposons maintenant qu'elle soit en mouvement, et que toutes les notations du n° 581 répondent à la fin du temps quelconque t, compté depuis l'origine de ce mouvement. Ainsi, la masse fluide est homogène ou hétérogène, liquide ou aériforme ; x, y, z, sont, au bout du temps t, les coordonnées d'un élément quelconque dm de cette masse ; ρ représente la densité du fluide qui a lieu en ce point et à cet instant ; et Xdm, Ydm, Zdm, sont les composantes parallèles aux axes des x, y, z, de la force motrice de dm à ce même instant. Les

quantités X, Y, Z, seront des fonctions données de x, y, z, quand elles proviendront d'attractions ou de répulsions qui émanent de centres fixes; ces fonctions données renfermeront le temps explicitement, quand les centres des forces seront en mouvement. Lorsque ces points seront ceux du fluide, X, Y, Z, seront des fonctions de x, y, z, t, dépendantes de sa figure à chaque instant, et de la loi des densités dans son intérieur.

Les coordonnées x, y, z, varieront avec le temps; elle varieront aussi d'un point à un autre du fluide; et si l'on désigne par x', y', z', leurs valeurs initiales, c'est-à-dire, les coordonnées du point de l'espace qu'occupait l'élément dm à l'origine du mouvement, les coordonnées x, y, z, de ce même élément au bout du temps t, seront des fonctions inconnues de x', y', z', t : la solution complète du problème consisterait à déterminer ces trois fonctions de quatre variables indépendantes.

Si l'on appelle u, v, w, les composantes parallèles aux axes Ox, Oy, Oz, de la vitesse dont l'élément dm est animé au bout du temps t, on aura

$$u = \frac{dx}{dt}, \quad v = \frac{dy}{dt}, \quad w = \frac{dz}{dt}; \qquad (1)$$

on pourra regarder u, v, w, comme des fonctions inconnues, soit de t, x', y', z', soit de t, x, y, z; c'est sous ce second point de vue que nous considérerons ces trois quantités; et alors, pour avoir leurs accroissemens dans l'instant dt, il faudra les différentier par rapport à t et par rapport aux coordonnées

x, y, z. Or, si l'on désigne par q une fonction quelconque de t, x, y, z, et par $q'dt$ sa différentielle prise par rapport à t et aux variables x, y, z, considérées comme des fonctions de t, on aura, par la règle connue de la différentiation des fonctions de fonctions,

$$q' = \frac{dq}{dt} + \frac{dq}{dx}\frac{dx}{dt} + \frac{dq}{dy}\frac{dy}{dt} + \frac{dq}{dz}\frac{dz}{dt},$$

ou bien, en ayant égard aux équations (1),

$$q' = \frac{dq}{dt} + u\frac{dq}{dx} + v\frac{dq}{dy} + w\frac{dq}{dz}. \qquad (2)$$

En désignant les accroissemens de u, v, w, par $u'dt$, $v'dt$, $w'dt$, nous aurons donc

$$u' = \frac{du}{dt} + u\frac{du}{dx} + v\frac{du}{dy} + w\frac{du}{dz},$$

$$v' = \frac{dv}{dt} + u\frac{dv}{dx} + v\frac{dv}{dy} + w\frac{dv}{dz},$$

$$w' = \frac{dw}{dt} + u\frac{dw}{dx} + v\frac{dw}{dy} + w\frac{dw}{dz};$$

et, de cette manière, les composantes de la vitesse d'un même élément dm, dans les deux positions qu'il occupe successivement, seront u, v, w, et $u + u'dt$, $v + v'dt$, $w + w'dt$.

Quant à la densité ρ, ce sera une constante donnée, si le fluide est homogène et considéré comme incompressible; s'il s'agit d'un liquide hétérogène, la densité ρ, qui répond à un élément déterminé dm, sera une fonction donnée de ses trois coordonnées initiales x', y', z'; enfin, si le fluide est compressible, cette densité ρ sera une fonction inconnue de t, x', y', z', dont la valeur initiale sera seulement donnée. Excepté le cas où ρ est une constante, cette densité, rapportée à la position de dm au bout du temps t, devra toujours être considérée comme une fonction inconnue de x, y, z, t. Si l'on désigne alors par $\rho' dt$, son accroissement pendant l'instant dt, on aura, d'après la formule (2),

$$\rho' = \frac{d\rho}{dt} + u\,\frac{d\rho}{dx} + v\,\frac{d\rho}{dy} + w\,\frac{d\rho}{dz};$$

et dans le cas d'un fluide incompressible, homogène ou hétérogène, cette valeur de ρ' devra se réduire à zéro.

647. Les composantes de la force perdue par l'élément dm pendant l'instant dt, seront

$$(X - u')\,dm, \quad (Y - v')\,dm, \quad (Z - w')\,dm;$$

en substituant donc $X - u'$, $Y - v'$, $Z - w'$, à la place de X, Y, Z, dans les équations (2) du n° 582, il en résultera ces trois équations de son mouvement :

$$\frac{dp}{dx} = \rho(X - u'), \quad \frac{dp}{dy} = \rho(Y - v'), \quad \frac{dp}{dz} = \rho(Z - w');$$

p étant la pression rapportée à l'unité de surface, qui a lieu au bout du temps t, au point qui répond aux coordonnées x, y, z, et qu'on suppose la même suivant toutes les directions.

Si ce point appartient à une paroi fixe, p exprimera la pression normale que cette surface aura à supporter, et qui devra être détruite par sa résistance.

Si ce point appartient à la surface libre d'un liquide, il faudra qu'on ait $p = 0$, ou plus généralement, $dp = 0$; en sorte que l'équation différentielle de la surface libre du liquide en mouvement, sera

$$(X - u') \, dx + (Y - v') \, dy + (Z - w') \, dz = 0.$$

D'après la remarque du n° 585, il faudra que la valeur de p, quand on l'aura déterminée, soit constamment positive dans l'intérieur de ce liquide, si l'on veut que sa masse ne se divise pas pendant le mouvement : quand elle sera négative en un point d'une paroi, ce qui ne pourra avoir lieu que pour un liquide, cette surface cessera d'être pressée de dehors en dedans, et le liquide s'en détachera.

Au moyen des valeurs de u', v', w', les équations précédentes deviennent

$$\left.\begin{aligned}
\frac{1}{\rho} \frac{dp}{dx} &= X - \frac{du}{dt} - u \frac{du}{dx} - v \frac{du}{dy} - w \frac{du}{dz}, \\
\frac{1}{\rho} \frac{dp}{dy} &= Y - \frac{dv}{dt} - u \frac{dv}{dx} - v \frac{dv}{dy} - w \frac{dv}{dz}, \\
\frac{1}{\rho} \frac{dp}{dz} &= Z - \frac{dw}{dt} - u \frac{dw}{dx} - v \frac{dw}{dy} - w \frac{dw}{dz}.
\end{aligned}\right\} \quad (5)$$

Comme la quantité p qu'elle renferme est, ainsi que chacune des vitesses u, v, w, une fonction inconnue de x, y, z, t, il y faudra joindre une quatrième équation, lorsque la quantité ρ sera une constante donnée, et deux autres équations, dans le cas général où cette quantité est aussi une fonction inconnue de x, y, z, t. Ces équations s'obtiendront de la manière suivante.

648. Chacun des élémens dm de la masse fluide

changera de forme pendant l'instant dt, et il changera même de volume, si le fluide est compressible; mais comme sa masse devra toujours rester la même, il s'ensuit que le produit de son volume au bout du temps $t + dt$, et de sa densité $\rho + \rho' dt$ qui répond au même instant, devra être le même qu'au bout du temps t; par conséquent, la variation de ce produit dans l'instant dt sera égale à zéro; ce qui fournira une nouvelle équation générale du mouvement.

Pour la former, considérons le parallélépipède rectangle dont le volume était $dx\, dy\, dz$, à la fin du temps t, et cherchons la forme que prendra cet élément du fluide à la fin du temps $t + dt$. Soit M (fig. 54) le sommet de ce parallélépipède qui répond aux coordonnées x, y, z; soient aussi MA, MB, MC, les trois côtés adjacens à ce sommet et respectivement parallèles aux axes Ox, Oy, Oz; en sorte qu'on ait

$$\mathrm{MA} = dx, \quad \mathrm{MB} = dy, \quad \mathrm{MC} = dz;$$

supposons que D, E, F, G, sont les quatre autres sommets, et que pendant l'instant dt, les huit points M, A, B, C, D, E, F, G, soient transportés en M′, A′, B′, C′, D′, E′, F′, G′; je dis que le polyèdre dont ces derniers points sont les sommets, sera un parallélépipède obliquangle; et pour le prouver, je vais déterminer et comparer entre elles les longueurs de ses douze côtés M′A′, M′B′, etc.

Les coordonnées x, y, z, du point M deviennent

$$x + u\,dt, \quad y + v\,dt, \quad z + w\,dt,$$

au bout de l'instant dt; ces quantités sont donc les

coordonnées du point M'; on en déduira celles de tout autre sommet, en y remplaçant x, y, z, par les coordonnées primitives de ce sommet; ainsi, l'on aura les coordonnées de C', en y conservant x et y, et mettant $z + dz$ à la place de z, parce que x, y, $z+dz$ sont les coordonnées de C. De cette manière, les coordonnées de C', seront

$$x \; + \; u dt \; + \; \frac{du}{dz} \, dz \, dt,$$

$$y \; + \; v dt \; + \; \frac{dv}{dz} \, dz \, dt,$$

$$z \; + \; dz \; + \; w dt \; + \; \frac{dw}{dz} \, dz \, dt;$$

et, en les comparant à celles de M', on en conclura

$$\mathrm{M'C'} = \sqrt{\left(\frac{du}{dz}\right)^2 dz^2 dt^2 + \left(\frac{dv}{dz}\right)^2 dz^2 dt^2 + \left(dz + \frac{dw}{dz} dz \, dt\right)^2};$$

en extrayant la racine carrée et négligeant les infiniment petits du troisième ordre, on aura donc

$$\mathrm{M'C'} = dz \; + \; \frac{dw}{dz} dz \, dt.$$

Les coordonnées de D' se déduiront de celles de M', et les coordonnées de G', de celles de C', en y mettant $x + dx$ et $y + dy$ à la place de x et y; par conséquent, la longueur du côté D'G' se déduira de même de celle du côté M'C'; ce qui donne

$$\mathrm{D'G'} = dz \; + \; \frac{dw}{dz} dz dt \; + \; \frac{d^2 w}{dx\,dz} dx\,dz\,dt \; + \; \frac{d^2 w}{dy\,dz} dy\,dz\,dt;$$

donc, en négligeant les deux derniers termes, qui

sont du troisième ordre, la valeur de D′G′ sera la même que celle de M′C′. On trouvera de la même manière, que les côtés A′E′ et B′F′ sont égaux au côté M′C′, aux quantités près du troisième ordre ; en sorte que l'on aura

$$M'C' = A'E' = B'F' = D'G'.$$

Si l'on change z en y, et w en v, dans la valeur de M′C′, elle deviendra celle de M′B′, savoir :

$$M'B' = dy + \frac{dv}{dy}\, dy\, dt;$$

en changeant de même z en x et w en u, on aura la valeur de M′A′, qui sera

$$M'A' = dx + \frac{du}{dx}\, dx\, dt;$$

et l'on trouvera aussi

$$M'B' = A'D' = C'F' = E'G',$$
$$M'A' = B'D' = C'E' = F'G'.$$

Nous voyons donc que les côtés égaux entre eux dans le parallélépipède primitif, sont encore restés égaux après son changement de forme : le parallélisme de ses côtés est une conséquence de leur égalité ; par conséquent, l'élément de volume que nous considérons conserve, à la fin de dt, la forme d'un parallélépipède, mais qui n'est pas rectangle, comme au commencement de cet instant.

On aura le volume de ce parallélépipède obliquangle, en multipliant l'une de ses faces, par exemple, la face M′A′D′B′, par la perpendiculaire C′P′ abais-

sée du point C′ sur cette face; l'aire du parallélogramme M′A′D′B′ est égale au produit de ses deux
côtés M′A′ et M′B′, multiplié par le sinus de l'angle
A′M′B′; et la perpendiculaire C′P′ se déduit du côté
C′M′, en le multipliant par $\sin$ C′M′P′; par conséquent,
le volume du nouveau parallélépipède aura pour
valeur

$$\text{M′A′} \cdot \text{M′B′} \cdot \text{M′C′} \cdot \sin \text{A′M′B′} \cdot \sin \text{C′M′P′}.$$

Or, les angles A′M′B′ et C′M′P′ étaient droits dans le
parallélépipède primitif; chacun d'eux ne peut donc
maintenant différer d'un angle droit, que d'une quantité infiniment petite; le sinus de chacun de ces
angles ne différera donc de l'unité, que d'un infiniment petit du second ordre; par conséquent, si l'on
néglige les infiniment petits du cinquième ordre, il
faudra faire $\sin$ A′M′B′ $= 1$ et $\sin$ C′M′P′ $= 1$, dans
le produit précédent; ce qui le réduit à

$$\text{M′A′} \cdot \text{M′B′} \cdot \text{M′C′}.$$

Donc, en mettant pour chacun des facteurs sa
valeur précédente, effectuant la multiplication, et
négligeant toujours les infiniment petits du cinquième ordre, ce produit sera

$$\left(1 + \frac{du}{dx}\, dt + \frac{dv}{dy}\, dt + \frac{dw}{dz}\, dt \right) dx\,dy\,dz.$$

Tel est donc, à la fin du temps $t + dt$, le volume
de l'élément qui était $dx\,dy\,dz$, à la fin du temps t.
En même temps, la densité ρ est devenue $\rho + \rho' dt$:
en multipliant donc ce volume par $\rho + \rho' dt$, et re-

tranchant du produit la masse primitive $\rho\, dx\, dy\, dz$, on aura la variation de cette masse pendant l'instant dt; et cette variation devant être nulle, il en résultera l'équation

$$\rho' + \rho \left(\frac{du}{dx} + \frac{dv}{dy} + \frac{dw}{dz} \right) = 0,$$

en négligeant les infiniment petits du cinquième ordre, et supprimant ensuite le facteur $dt\, dx\, dy\, dz$, commun à tous les termes. Par conséquent, d'après la valeur de ρ' du numéro précédent, la quatrième équation du mouvement qu'il s'agissait de former, sera

$$\frac{d\rho}{dt} + \frac{d.\rho u}{dx} + \frac{d.\rho v}{dy} + \frac{d.\rho w}{dz} = 0. \qquad (4)$$

649. Cette équation appartiendra aux liquides et aux fluides aériformes; mais la quantité ρ' étant nulle, dans le cas des liquides regardés comme incompressibles, cette équation se partagera en deux autres, savoir :

$$\left. \begin{array}{l} \dfrac{d\rho}{dt} + u\,\dfrac{d\rho}{dx} + v\,\dfrac{d\rho}{dy} + w\,\dfrac{d\rho}{dz} = 0, \\[2mm] \dfrac{du}{dx} + \dfrac{dv}{dy} + \dfrac{dw}{dz} = 0. \end{array} \right\} \qquad (5)$$

En les joignant aux trois équations (3), on aura un nombre d'équations égal à celui des cinq inconnues ρ, p, u, v, w, qu'elles doivent servir à déterminer en fonctions de x, y, z, t. Quand le liquide est homogène, la densité ρ est une constante donnée; ce qui réduit les inconnues à quatre, et fait en même temps disparaître la première équation (5).

Relativement aux fluides élastiques, on n'a aussi que quatre équations, savoir, les équations (3) et (4); mais alors la densité est liée à la pression; ce qui réduit à une seule les deux inconnues ρ et p. Si l'on suppose que la température soit la même dans toute la masse du fluide à l'état de repos, les dilatations ou compressions des élémens de ce fluide, qui auront lieu pendant son mouvement, feront varier cette température, et la pression p ne sera plus proportionnelle à la densité ρ, dans l'état de mouvement, comme elle l'est dans l'état d'équilibre. On verra, dans la suite, comment on peut avoir égard à cette circonstance, dans le cas d'un mouvement très rapide. Maintenant je supposerai qu'il s'agisse d'un mouvement assez lent pour qu'elle n'ait aucune influence sensible; en sorte que l'expression de p en fonction de ρ, soit celle qui convient à l'état d'équilibre, savoir (n° 624),

$$p = k\rho(1 + \alpha\theta); \qquad (6)$$

θ désignant la température commune à tous les points du fluide, α le coefficient $0,00375$ de la dilatation des gaz, et k une constante relative à la matière du fluide que l'on considère.

Lorsque les valeurs de ρ, p, u, v, w, auront été déterminées, soit au moyen des cinq équations (3) et (5), soit d'après les cinq équations (3), (4), (6), on en déduira les valeurs de x, y, z, en fonctions de t, et de leurs valeurs initiales x', y', z', au moyen des équations (1). Les intégrales de toutes ces équations aux différences partielles renfermeront des fonctions arbitraires, qui resteront encore à déterminer, d'après l'état initial du fluide, et au moyen de certaines conditions relatives à sa surface dont il sera question plus bas.

650. Quand la température n'est pas la même dans toute la masse fluide à l'origine du mouvement, elle varie ensuite d'un point à un autre, et, pour un même point, d'un instant à l'autre; en sorte que si l'on désigne, au bout du temps t, par θ, la température qui répond aux points dont x, y, z, sont les coordonnées, cette quantité θ est une fonction inconnue de t, x, y, z, et pour la déterminer il faut joindre une nouvelle équation aux précédentes. Cette équation sera différente dans les deux cas d'un liquide et d'un fluide aériforme, que nous allons successivement considérer.

1°. Supposons qu'il s'agisse d'un liquide homogène, tel que l'eau, pour fixer les idées. La température θ variant d'un point à un autre, la densité ρ variera de même, et sera une fonction déterminée de θ, que je représenterai par $f\theta$ (*). La quantité ρ' ne sera plus nulle, et l'équation (4) ne se décomposera plus dans les deux équations (5). La chaleur spécifique du liquide et la mesure de sa conductibilité seront aussi des fonctions déterminées de θ; mais si l'on suppose que la communication de la chaleur dans

____

(*) Pour la forme de cette fonction, *voyez* le *Traité de Physique* de M. Biot, tome Ier, chapitre XI.

l'intérieur de l'eau, ait lieu comme dans un corps solide, par un rayonnement à distance insensible, l'équation relative au mouvement de la chaleur dans un corps hétérogène, que j'ai trouvée autrefois, s'appliquera à la masse d'eau que nous considérons; car elle fait connaître l'accroissement instantané de température qui a lieu en un point quelconque d'un corps, dans lequel la chaleur spécifique et la conductibilité varient arbitrairement d'un point à un autre; et d'après la manière dont elle a été formée, elle ne dépend pas du mouvement du point matériel que l'on considère, non plus que du mouvement des points circonvoisins. Ainsi, en appelant $\theta'dt$ l'accroissement de θ pendant l'instant dt, on aura (*)

$$g\theta' = \frac{d.h\frac{d\theta}{dx}}{dx} + \frac{d.h\frac{d\theta}{dy}}{dy} + \frac{d.h\frac{d\theta}{dz}}{dz}; \qquad (7)$$

équation dans laquelle on fera, d'après la formule (2),

$$\theta' = \frac{d\theta}{dt} + u\frac{d\theta}{dx} + v\frac{d\theta}{dy} + w\frac{d\theta}{dz},$$

et où g et h sont des fonctions de θ, qui représentent la chaleur spécifique rapportée à l'unité de masse, et la mesure de la conductibilité. Chacune de ces fonctions est censée connue, ainsi que $f\theta$, de manière que les équations (3), (4), (7), seront en nombre égal à celui des inconnues θ, p, u, v, w, qu'elles renferment. Dans le cas d'un liquide hétérogène, les

---

(*) *Journal de l'École Polytechnique,* 19ᵉ cahier, page 87.

trois quantités ρ, g, h, relatives au point de sa masse dont les coordonnées sont x, y, z, dépendraient de la température θ et de la matière du fluide en ce point, et seraient, par conséquent, des fonctions données de θ et des coordonnées initiales x', y', z', de ce même point.

2°. Si le fluide que l'on considère est une masse d'air ou d'un gaz quelconque, dont la température θ varie d'un point à une autre, et que dans l'état de mouvement, la pression soit toujours supposée proportionnelle à la densité, comme dans le n° précédent, l'équation (6) aura toujours lieu ; mais l'équation (7) ne subsistera plus ; car elle est fondée sur l'hypothèse que la communication de la chaleur dans l'intérieur du corps se fait par un rayonnement à distance insensible ; et, au contraire, la chaleur rayonnante traverse les fluides aériformes, dans de très grandes épaisseurs ; en sorte qu'il y a échange de chaleur entre des molécules très éloignées l'une de l'autre. Cette équation devra donc être remplacée par une autre, que l'on joindra aux équations (3), (4), (6), afin d'en avoir un nombre égal à celui des inconnues ρ, p, θ, u, v, w. Dans le problème des vents alisés, par exemple, qui sont produits par les différences de température des couches atmosphériques, on formera cette sixième équation de la manière suivante, qu'il nous suffira maintenant d'indiquer.

La quantité de chaleur reçue pendant l'instant dt, par l'élément quelconque dm de la masse fluide, et qu'on peut supposer proportionnelle à $dm\,dt$, se compose de la chaleur solaire absorbée par dm pendant cet instant dt, à laquelle il faut d'abord ajouter la chaleur rayonnante que cet élément reçoit, dans ce même instant, d'une partie de la surface de la terre et de la partie de l'atmosphère dont la communication avec dm n'est point interrompue par cette surface, et, en outre, la portion de chaleur qui peut être communiquée à dm par les élémens circonvoisins, comme dans les corps solides. En retranchant de cette somme la quantité de chaleur émise au dehors par l'élément dm, pendant l'instant dt, soit par communication, soit par rayonnement à grande distance, on aura l'augmentation instantanée de la chaleur de dm, que l'on peut représenter par $\Delta\,dmdt$; Δ étant un coefficient dont je me borne à indiquer l'origine. D'un autre côté, cette augmentation de chaleur est égale à $g\theta'dtdm$, en désignant toujours par g et $\theta'dt$, la chaleur spécifique rapportée à l'unité de masse, et l'accroissement instantané de température; on aura donc $\theta dmdt = g\theta'dmdt$, ou $\Delta = g\theta'$, pour l'équation demandée, qu'on devra substituer à l'équation (7).

651. Avant d'aller plus loin, il y a une remarque importante à faire relativement à l'équation (4).

D'après la manière dont elle a été formée, elle exprime que la masse de l'élément différentiel dm du fluide ne varie pas pendant l'instant dt; mais c'est pour abréger que l'on a considéré le volume de cette partie du fluide comme infiniment petit; et si l'on divise le volume total en parties de grandeur finie, mais insensible, dont chacune renferme néanmoins un nombre extrêmement grand de molécules, l'équation (4) exprime réellement que chacune de ces parties renferme toujours les mêmes molécules, et que, par conséquent, sa masse est invariable. C'est pour cela qu'elle est désignée sous la dénomination d'*équation de la continuité du fluide*. Or, il existe des mouvemens dans lesquels cette continuité n'a pas lieu, et où l'on ne doit plus faire usage de l'équation qui s'y rapporte.

Supposons, par exemple, que de l'eau soit contenue dans un cylindre vertical, ouvert à sa partie supérieure. Si l'on échauffe le liquide par en haut, la température sera croissante, et la densité décroissante, en allant du fond à la surface ; la masse fluide s'allongera, les couches horizontales se remplaceront successivement, et l'équation de la continuité s'appliquera à ce mouvement. Mais si le liquide est échauffé par en bas, la densité sera croissante, et la température décroissante de bas en haut : à la rigueur, les couches horizontales pourront encore se remplacer successivement ; mais un pareil mouvement ne serait pas stable ; et l'observation montre que les molécules d'eau s'élèvent du fond vers la surface, en traversant les couches supérieures. Toutes les parties très petites du liquide ne sont pas constamment formées des mêmes molécules ; l'équation (4) n'a donc pas lieu dans ce genre de mouvement ; et il est même douteux que les équations (3), fondées sur le principe de l'égalité de pression en tous sens, puissent s'y appliquer ; en sorte que, dans l'état actuel de la science, nous n'avons aucun moyen de déterminer le mouvement d'un liquide dont les couches se traversent mutuellement; les unes en montant, les autres en descendant. La même remarque s'applique aux mouvemens verticaux qui peuvent exister dans chaque colonne atmosphérique, dont les couches inférieures, échauffées par le contact avec la terre, et devenues plus légères, s'élèvent en traversant les couches supérieures. La détermination de ces mouvemens, d'un genre différent de ceux qu'on a considérés jusqu'à présent, et leur influence sur les variations diurnes du baromètre, sont des questions sur lesquelles il importe d'appeler l'attention des géomètres.

652. Dans les mouvemens des fluides que l'on soumet au calcul, on a coutume de supposer que les points qui se trouvent, à une époque déterminée, sur une paroi fixe ou mobile, ou qui appartiennent à la surface libre d'un liquide, demeureront sur cette paroi, ou appartiendront à cette surface, pendant toute la durée du mouvement; en sorte que l'on exclut les mouvemens très compliqués dans lesquels des points d'un fluide, après avoir appartenu à sa superficie, rentreraient dans l'intérieur de la masse, ou réciproquement; et l'on exclut même les cas ou des points d'un liquide passeraient alternativement de la surface libre à la surface en contact avec une paroi fixe ou mobile. Ces conditions particulières auxquelles on assujettit les mouvemens que l'on considère, s'expriment par les équations suivantes.

Soient toujours x, y, z, les coordonnées variables d'un point du fluide, et

$$f(t, x, y, z) = o,$$

l'équation d'une surface fixe ou mobile qui passe par ce point au bout du temps t, et que nous appellerons S, pour abréger. Désignons aussi par x', y', z', les coordonnées initiales du même point, de sorte que x, y, z, soient des fonctions de t, x', y', z'. Si l'on substitue leurs valeurs dans l'équation donnée, elle se changera en

$$\mathrm{F}\,(t,\, x',\, y',\, z') = 0;$$

et tous les points du fluide dont les coordonnées initiales satisferont à cette équation, seront ceux qui appartiennent, au bout du temps t, à la surface S; par conséquent, pour que ces points soient constamment les mêmes, il faudra que la fonction F ne renferme pas la variable t. Si donc S est la surface libre, ou celle d'une paroi fixe ou mobile, il faudra que la fonction $f(t,\, x,\, y,\, z)$ soit indépendante de t, en y regardant x, y, z, comme des fonctions de ces variables; sa différentielle complète par rapport à t devra donc être nulle; et d'après la formule (2), on aura

$$\frac{df}{dt} + u\,\frac{df}{dx} + v\,\frac{df}{dy} + w\,\frac{df}{dz} = 0, \qquad (8)$$

pour exprimer la condition ci-dessus énoncée.

Dans le cas d'une paroi fixe, la fonction f ne renfermera pas explicitement le temps t; en la représentant par L, de sorte que $L = 0$ soit l'équation donnée de la paroi, l'équation (8) deviendra

$$u\,\frac{d\mathrm{L}}{dx} + v\,\frac{d\mathrm{L}}{dy} + w\,\frac{d\mathrm{L}}{dz} = 0. \qquad (9)$$

Si l'on désigne par ζ la résultante des vitesses u, v, w, et par α, ε, γ, les angles qu'elle fait avec les directions des x, y, z; si l'on appelle aussi a, b, c, les angles que fait la normale à la paroi avec les mêmes directions, et qu'on fasse

$$\left(\frac{d\mathrm{L}}{dx}\right)^2 + \left(\frac{d\mathrm{L}}{dy}\right)^2 + \left(\frac{d\mathrm{L}}{dz}\right)^2 = \lambda^2,$$

on aura, en même temps,

$$u = \zeta \cos\alpha, \quad v = \zeta \cos\varepsilon, \quad w = \zeta \cos\gamma,$$

$$\frac{d\mathrm{L}}{dx} = \lambda \cos a, \ \frac{d\mathrm{L}}{dy} = \lambda \cos b, \ \frac{d\mathrm{L}}{dz} = \lambda \cos c;$$

et, en substituant ces valeurs dans l'équation (9), et supprimant ensuite le facteur commun $\zeta\lambda$, elle deviendra

$$\cos\alpha \cos a + \cos\varepsilon \cos b + \cos\gamma \cos c = 0.$$

Cette équation (9) signifie donc que la vitesse de chaque point de fluide adjacent à une paroi fixe, est normale à cette surface; et, en effet, c'est la condition nécessaire et suffisante pour que ce point ne se détache pas de la paroi, et ne fasse que glisser sur sa surface.

A la surface libre d'un liquide, la pression p est, en général, une quantité constante; mais elle pourrait dépendre de t et être seulement indépendante de x, y, z, si la pression extérieure, commune à tous les points de cette surface, variait avec le temps; en la désignant par T, l'équation de la surface libre sera donc $p - \mathrm{T} = 0$; et en mettant $p - \mathrm{T}$ à la place de f dans l'équation (8) on aura

$$\frac{dp}{dt} + u\,\frac{dp}{dx} + v\,\frac{dp}{dy} + w\,\frac{dp}{dz} = \frac{dT}{dt}, \qquad (10)$$

pour l'équation qui aura lieu en même temps que $p - T = 0$, ou en même temps que l'équation différentielle de la surface libre, qui a été donnée dans le n° 647.

Nous ferons remarquer que les équations (8), (9), (10) auront encore lieu, sans erreur sensible, lorsque les points du fluide ne s'écarteront de sa superficie, que de quantités insensibles. Par conséquent, si l'on considère, comme dans le numéro précédent, une portion du fluide dont les dimensions soient de grandeur finie, mais insensibles, et qui contienne néanmoins un nombre immense de molécules, et si l'on suppose qu'une partie de sa surface appartienne à celle du fluide, à une époque déterminée, ces équations exprimeront, en réalité, que cela aura lieu pendant toute la durée du mouvement. Cette partie commune aux deux surfaces, pourra, d'ailleurs, varier en étendue dans des rapports quelconques; et la petite portion de fluide dont il s'agit, en se déplaçant à la superficie du fluide, pourra s'étendre ou se rétrécir sans que son volume change dans le cas d'un liquide, ou sa masse dans le cas d'un fluide quelconque. Ainsi, par exemple, lorsqu'un liquide pesant oscille dans un vase ouvert à sa partie supérieure, l'étendue de sa surface libre et celle de sa surface de contact avec les parois du vase varient pendant le mouvement, de sorte que le nombre des points matériels du liquide, qui sont situés à l'une ou l'autre de ces deux surfaces, n'est pas constamment le même; mais les équations (9) et (10) peuvent avoir lieu néanmoins, si l'on considère qu'elles ne répondent pas seulement à des points isolés, mais qu'elles se rapportent à de petites portions du liquide, de grandeur insensible et de forme variable.

Ces équations particulières que Lagrange a introduites dans la théorie des fluides, concourront, dans chaque cas, avec l'état initial du système, à déterminer les fonctions arbitraires qui seront contenues dans les équations du mouvement.

653. Dans un cas très étendu, on peut réduire les trois équations (3) à une équation aux différences partielles du premier ordre, et faire dépendre d'une seule quantité, les trois inconnues u, v, w. Ce cas a lieu, lorsque la formule $udx + vdy + wdz$ est une différentielle exacte d'une fonction de x, y, z, regardées comme des variables indépendantes, et que le fluide dont on s'occupe est homogène et partout à la même température, dans son état d'équilibre.

Soit alors

$$udx + vdy + wdz = d\varphi;$$

φ désignant une fonction inconnue des quatre variables t, x, y, z, mais la différentielle $d\varphi$ étant prise seulement par rapport à x, y, z, de sorte qu'on ait

$$u = \frac{d\varphi}{dx}, \quad v = \frac{d\varphi}{dy}, \quad w = \frac{d\varphi}{dz}. \qquad (a)$$

D'après la nature des forces $\mathbf{X}$, $\mathbf{Y}$, $\mathbf{Z}$, qui proviennent toujours d'attractions ou de répulsions, dont les centres sont des points fixes ou mobiles, ou les points mêmes du fluide, on a aussi

$$X dx + Y dy + Z dz = dV,$$

et, par conséquent,

$$X = \frac{dV}{dx}, \quad Y = \frac{dV}{dy}, \quad Z = \frac{dV}{dz};$$

V étant une fonction de t, x, y, z, qui n'est différentiée que par rapport à x, y, z. Dans le cas d'un fluide élastique dont la densité est constante à l'état de repos, l'intégrale $\int \frac{dp}{\rho}$ s'exprimera par un logarithme, si l'on suppose que la loi de Mariotte ait encore lieu à l'état de mouvement; si l'on tient compte des variations de température qui accompagnent celles de la densité pendant le mouvement, cette intégrale sera une autre fonction de p; et dans le cas d'un liquide homogène, elle se réduira à $\frac{1}{\rho} p$, abstraction faite de la constante arbitraire. Pour comprendre tous ces cas en un seul, je ferai

$$\int \frac{dp}{\rho} = P;$$

il en résultera

$$\frac{1}{\rho} \frac{dp}{dx} = \frac{dP}{dx}, \quad \frac{1}{\rho} \frac{dp}{dy} = \frac{dP}{dy}, \quad \frac{1}{\rho} \frac{dp}{dz} = \frac{dP}{dz};$$

et au moyen de ces valeurs et des précédentes, les

équations (3) deviendront

$$\frac{d\mathrm{P}}{dx} = \frac{d\mathrm{V}}{dx} - \frac{d^2\varphi}{dxdt} - \frac{d\varphi}{dx}\frac{d^2\varphi}{dx^2} - \frac{d\varphi}{dy}\frac{d^2\varphi}{dxdy} - \frac{d\varphi}{dz}\frac{d^2\varphi}{dxdz},$$

$$\frac{d\mathrm{P}}{dy} = \frac{d\mathrm{V}}{dy} - \frac{d^2\varphi}{dydt} - \frac{d\varphi}{dy}\frac{d^2\varphi}{dy\,dx} - \frac{d\varphi}{dy}\frac{d^2\varphi}{dy^2} - \frac{d\varphi}{dz}\frac{d^2\varphi}{dy\,dz},$$

$$\frac{d\mathrm{P}}{dz} = \frac{d\mathrm{V}}{dz} - \frac{d^2\varphi}{dzdt} - \frac{d\varphi}{dx}\frac{d^2\varphi}{dzdx} - \frac{d\varphi}{dy}\frac{d^2\varphi}{dzdy} - \frac{d\varphi}{dz}\frac{d^2\varphi}{dz^2}.$$

Je les ajoute après les avoir multipliées par dx, dy, dz; il vient

$$d\mathrm{P} = d\mathrm{V} - d.\frac{d\varphi}{dt} + \tfrac{1}{2}d.\left[\left(\frac{d\varphi}{dx}\right)^2 + \left(\frac{d\varphi}{dy}\right)^2 + \left(\frac{d\varphi}{dz}\right)^2\right];$$

et tous les termes de cette équation étant des différentielles exactes à trois variables x, y, z, on en déduit immédiatement

$$\mathrm{V} - \mathrm{P} = \frac{d\varphi}{dt} + \tfrac{1}{2}\left[\left(\frac{d\varphi}{dx}\right)^2 + \left(\frac{d\varphi}{dy}\right)^2 + \left(\frac{d\varphi}{dz}\right)^2\right]. \quad (b)$$

La constante arbitraire qu'on devrait ajouter dans cette intégration, peut être censée contenue dans la quantité inconnue φ, et l'on peut regarder les intégrales V et P comme des quantités entièrement déterminées.

Cette équation, qui remplacera les trois équations (3), fera connaître la valeur de p, quand celle de φ sera déterminée; les équations (a) détermineront aussi les trois inconnues u, v, w; et quant à la valeur de φ, elle se déduira de l'équation (4), qui devient

$$\frac{d\rho}{dt} + \frac{d.\rho\frac{d\varphi}{dx}}{dx} + \frac{d.\rho\frac{d\varphi}{dy}}{dy} + \frac{d.\rho\frac{d\varphi}{dz}}{dz} = 0. \qquad (c)$$

Dans le cas d'un fluide incompressible, cette équation se réduira à

$$\frac{d^2\varphi}{dx^2} + \frac{d^2\varphi}{dy^2} + \frac{d^2\varphi}{dz^2} = 0;$$

dans le cas d'un fluide aériforme, on y mettra pour ρ sa valeur en fonction de p, et pour p sa valeur tirée de l'équation (b).

654. Pour que la formule $udx + vdy + wdz$ soit une différentielle exacte pendant toute la durée du mouvement, il faut qu'elle le soit à l'origine, et que les valeurs initiales de u, v, w, qui sont données arbitrairement en fonctions de x, y, z, satisfassent aux conditions d'intégrabilité. Réciproquement, on admet qu'il suffit que cette formule soit une différentielle exacte relativement à une valeur déterminée de t, pour qu'elle le soit aussi pour toutes les valeurs de cette quantité; mais cette proposition n'a pas toute la généralité qu'on lui suppose. Voici comment on la démontre.

Soit $t_{,}$ une valeur particulière de t; supposons que pour cette valeur on ait

$$udx + vdy + wdz = d\varphi_{,};$$

$\varphi_{,}$ étant une fonction de x, y, z. Si l'on désigne par ε un intervalle de temps infiniment petit, et que le temps t devienne $t_{,} + \varepsilon$, les quantités u, v, w, varieront aussi; et en supposant que leurs expressions en fonctions de t soient développables suivant les puissances de ε, on aura

$$u = \frac{d\varphi_{\prime}}{dx} + \varepsilon u_{\prime}, \quad v = \frac{d\varphi_{\prime}}{dy} + \varepsilon v_{\prime}, \quad w = \frac{d\varphi_{\prime}}{dz} + \varepsilon w_{\prime},$$

et, par conséquent,

$$u\,dx + v\,dy + w\,dz = d\varphi_{\prime} + \varepsilon(u_{\prime}dx + v_{\prime}dy + w_{\prime}dz),$$

en désignant par $u_{\prime}$, $v_{\prime}$, $w_{\prime}$, des fonctions de x, y, z. Pour avoir les valeurs des différences partielles $\frac{du}{dt}$, $\frac{dv}{dt}$, $\frac{dw}{dt}$, qui entrent dans les équations (3), il faudra différentier ces valeurs de u, v, w, par rapport à ε; ce qui donne

$$\frac{du}{dt} = u_{\prime}, \quad \frac{dv}{dt} = v_{\prime}, \quad \frac{dw}{dt} = w_{\prime}.$$

En les substituant avec celles de u, v, w, et de leurs différences partielles relatives à x, y, z, dans ces équations, et supprimant ensuite les termes multipliés par ε, il vient

$$\frac{1}{\rho}\frac{dp}{dx} = X - u_{\prime} - \frac{d\varphi_{\prime}}{dx}\frac{d^2\varphi_{\prime}}{dx^2} - \frac{d\varphi_{\prime}}{dy}\frac{d^2\varphi_{\prime}}{dx\,dy} - \frac{d\varphi_{\prime}}{dz}\frac{d^2\varphi_{\prime}}{dx\,dz},$$

$$\frac{1}{\rho}\frac{dp}{dy} = Y - v_{\prime} - \frac{d\varphi_{\prime}}{dx}\frac{d^2\varphi_{\prime}}{dy\,dx} - \frac{d\varphi_{\prime}}{dy}\frac{d^2\varphi_{\prime}}{dy^2} - \frac{d\varphi_{\prime}}{dz}\frac{d^2\varphi_{\prime}}{dy\,dz},$$

$$\frac{1}{\rho}\frac{dp}{dz} = Z - w_{\prime} - \frac{d\varphi_{\prime}}{dx}\frac{d^2\varphi_{\prime}}{dz\,dx} - \frac{d\varphi_{\prime}}{dy}\frac{d^2\varphi_{\prime}}{dz\,dy} - \frac{d\varphi_{\prime}}{dz}\frac{d^2\varphi_{\prime}}{dz^2};$$

d'où l'on tire, d'après les notations précédentes,

$$u_{\prime}dx + v_{\prime}dy + w_{\prime}dz$$
$$= dV - dP - \frac{1}{2}d\cdot\left[\left(\frac{d\varphi_{\prime}}{dx}\right)^2 + \left(\frac{d\varphi_{\prime}}{dy}\right)^2 + \left(\frac{d\varphi_{\prime}}{dz}\right)^2\right];$$

et d'où il résulte que la quantité $(u_{\prime}dx + v_{\prime}dy + w_{\prime}dz)\varepsilon$, dont s'accroît la formule $udx + vdy + wdz$ pendant le temps ε, sera une différentielle exacte. Par conséquent, cette formule sera une différentielle exacte au bout du temps $t_{\prime} + \varepsilon$, puisqu'on suppose qu'elle l'est au bout du temps $t_{\prime}$; elle le sera au bout du temps $t_{\prime} + 2\varepsilon$, puisqu'elle l'est au bout du temps $t_{\prime} + \varepsilon$; et ainsi de suite. Et comme on peut prendre ε positif ou négatif, on en conclut que cette formule $udx + vdy + wdz$ est une différentielle exacte pour toutes les valeurs de t, si l'on s'est assuré qu'elle le soit pour telle valeur qu'on voudra de cette variable.

Mais cette démonstration suppose que les valeurs de u, v, w, qui répondent à $t + \varepsilon$, peuvent se développer suivant les puissances de ε, ou, ce qui revient au même, elle suppose que les expressions de u, v, w, en fonctions de t, satisfont aux équations du problème et à toutes celles qui s'en déduisent par des différentiations relatives à t. Or, cela n'a pas toujours lieu à l'égard des expressions de u, v, w, en séries d'exponentielles et de sinus ou cosinus, dont les exposans et les arcs sont proportionnels à t; et la démonstration étant en défaut, la proposition peut aussi être, et elle est effectivement en défaut, dans certains cas dont j'ai rencontré des exemples. Dans chaque problème, les expressions de u, v, w, dont il s'agit, satisfont aux équations relatives à la masse et à la surface du fluide en mouvement; en y déterminant convenablement les coefficiens des exponentielles et des sinus ou cosinus, elles représentent l'état initial et donné de tous les points du fluide ; et si les séries qui en résultent sont d'ailleurs convergentes, cela suffit pour qu'elles renferment la solution de la question, quoiqu'un de leurs caractères particuliers soit de ne pas toujours satisfaire aux équations qui se déduisent de celles du mouvement, par de nouvelles différentiations.

655. La condition d'intégrabilité de la formule $udx + vdy + wdz$ n'a pas lieu dans le mouvement d'un fluide qui tourne, sans changer de forme, autour d'un axe fixe. En effet, les composantes de la vitesse d'un point quelconque sont alors les mêmes que dans le cas d'un corps solide ; en prenant donc l'axe fixe pour celui des z, et désignant par ω la vitesse angulaire de rotation, on aura (n° 387)

$$u = -y\omega, \quad v = x\omega, \quad w = 0 ;$$

d'où il résulte

$$udx + vdy + wdv = \omega\,(xdy - ydx) ;$$

quantité qui n'est point une différentielle exacte, puisque le facteur ω est indépendant des coordonnées x et y.

Il en résulte que pour déterminer la pression p en un point quelconque, il faudra recourir, dans cet exemple, aux équations (3). Or, en y mettant les valeurs de u, v, w, et considérant ω comme une quantité constante par rapport à t, aussi bien que par rapport à x, y, z, il vient

$$\frac{1}{\rho}\frac{dp}{dx} = \mathrm{X} + \omega^2 x, \quad \frac{1}{\rho}\frac{dp}{dy} = \mathrm{Y} + \omega^2 y, \quad \frac{1}{\rho}\frac{dp}{dz} = \mathrm{Z};$$

d'où l'on tire

$$\frac{1}{\rho}\,dp = \mathrm{X}dx + \mathrm{Y}dy + \mathrm{Z}dz + \omega^2(xdx + ydy);$$

équation qui coïncide avec celle qu'on a trouvée dans le n° 589, par la considération de l'équilibre des forces données qui agissent sur tous les points du fluide, et de leurs forces centrifuges résultant de son mouvement de rotation.

CHAPITRE II.

DE LA PROPAGATION DU SON.

656. Il n'entre pas dans le plan de cet ouvrage, de faire connaître les résultats nombreux qui ont été déduits des équations générales du mouvement des fluides qu'on vient de donner ; je me contenterai d'indiquer les ouvrages dans lesquels on peut les trouver. Dans le chapitre suivant, je déterminerai le mouvement d'un fluide qui s'écoule dans un vase, d'après une hypothèse particulière et approximative, généralement suffisante pour la pratique ; et, dans celui-ci, je prendrai pour exemples de l'application des équations générales, les cas les plus simples de la théorie du son.

1°. On trouvera, dans les tomes II et V de la *Mécanique céleste*, tout ce qui est connu jusqu'à présent sur les oscillations de la mer et de l'atmosphère, produites par les attractions de la lune et du soleil.

2°. Le tome II de la *Mécanique analytique* renferme la détermination, par le moyen de séries convergentes, du mouvement d'un liquide pesant, soit dans un canal très étroit, soit dans un vase très profond.

3°. Relativement aux oscillations de ce liquide dans un vase d'une profondeur quelconque, je renverrai au Mémoire que j'ai inséré, sur ce sujet, dans le tome XIX du Journal de M. Gergonne.

4°. Pour le problème de la propagation des ondes à la surface et dans l'intérieur d'une eau stagnante, je renverrai de même à mon Mémoire inséré dans le tome Ier de l'Académie des Sciences.

5°. Sur l'écoulement des fluides élastiques dans les vases et dans les tuyaux, on peut consulter le Mémoire de M. Navier, qui fait partie du tome IX de cette Académie.

6°. Enfin, pour tout ce qui concerne la théorie du son, et, généralement, la propagation du mouvement dans un milieu élastique ou dans plusieurs milieux superposés, j'indiquerai les Mémoires que j'ai écrits sur ce sujet, et qui font partie du 14e cahier du *Journal de l'École Polytechnique*, et des tomes II et X de l'Académie des Sciences.

657. Pour donner une application des équations générales, considérons un fluide élastique homogène, dont la température et la densité soient partout les mêmes dans son état d'équilibre, et qu'on ait écarté un tant soit peu de cet état, de sorte que pendant tout le mouvement qui en résultera, les vitesses de ses différens points soient très petites, et les condensations ou dilatations dont elles seront accompagnées soient aussi de très petites fractions. Nous négligerons, en conséquence, les carrés et les produits de ces quantités ; ce qui réduira les équations du mouvement à la forme linéaire, et permettra d'en obtenir les intégrales sous forme finie. Nous ferons aussi les forces X, Y, Z, égales à zéro, afin que la densité du fluide,

dans l'état d'équilibre, soit constante, comme nous le supposons.

Soit D cette densité ; ρ étant celle qui a lieu dans l'état de mouvement, au bout du temps t et au point dont les coordonnées sont x, y, z, on aura

$$\rho = D\left(1 + s\right),$$

en désignant par s une fraction positive ou négative, qu'on suppose très petite. Soient aussi h et gmh la hauteur et la pression barométriques qui répondent à la densité D ; g représentant la gravité, et m la densité du mercure. Dans l'état de mouvement, la pression p, qui répond à la densité ρ, serait $gmh(1+s)$, d'après la loi de Mariotte, si la température du fluide était invariable ; mais, à raison de la condensation positive ou négative s, la température augmente ou diminue ; et si le mouvement est assez rapide pour que le fluide n'ait pas le temps de revenir à sa température primitive, la pression variera dans un plus grand rapport que la densité. Nous supposerons donc qu'on ait, en général,

$$p = gmh\left(1 + s + \sigma\right);$$

σ désignant une quantité de même signe que s, et qui en est une certaine fonction. A cause de la petitesse de s, on peut supposer cette quantité σ proportionnelle à s, et faire

$$\sigma = \mathcal{C}s;$$

$\mathcal{C}$ étant un coefficient positif et indépendant de s.

Au moyen de ces valeurs, on aura

$$dp = gmh\left(1 + \mathcal{C}\right)ds;$$

et il en résultera

$$\int \frac{dp}{\rho} = a^2 \log\,(1 + s),$$

en supposant que l'intégrale s'évanouisse avec s, et faisant, pour abréger,

$$\frac{gmh\,(1 + \delta)}{D} = a^2.$$

Si l'on néglige le carré de s et qu'on prenne cette intégrale pour la valeur de la quantité P comprise dans l'équation (b) du n° 653, on aura

$$P = a^2 s;$$

en négligeant aussi les carrés des vitesses $\dfrac{d\varphi}{dx}$, $\dfrac{d\varphi}{dy}$, $\dfrac{d\varphi}{dz}$, et supprimant le terme V qui provient des forces X, Y, Z, cette équation (b) deviendra

$$s = -\frac{1}{a^2}\,\frac{d\varphi}{dt}; \qquad (1)$$

et en la joignant aux équations (a), savoir,

$$u = \frac{d\varphi}{dx}, \quad v = \frac{d\varphi}{dy}, \quad w = \frac{d\varphi}{dz}, \qquad (2)$$

ces quatre équations feront connaître la condensation, la grandeur et la direction de la vitesse du fluide, au bout du temps t et au point dont les coordonnées sont x, y, z, lorsque la fonction φ aura été déterminée en fonction de x, y, z, t.

Si les déplacemens des points du fluide sont aussi supposés très petits, c'est-à-dire, si les points du fluide ne font que de très petites oscillations, et n'ont pas un mouvement commun de translation ou de rotation, les variables x, y, z, différeront très peu des coordonnées initiales x', y', z', du point auquel elles répondent; on pourra les regarder comme égales à x', y', z', en intégrant les valeurs de udt, vdt, wdt, pour en déduire, à un instant quelconque, les déplacemens de ce point suivant les trois axes des coordonnées; et alors, on aura

$$x - x' = \textstyle\int udt, \quad y - y' = \textstyle\int vdt, \quad z - z' = \textstyle\int wdt;$$

les intégrales étant prises de manière qu'elles s'évanouissent quand $t = 0$.

Quant à la quantité φ, pour obtenir l'équation dont elle dépend, je mets $D(1 + s)$ à la place de ρ dans l'équation (c) du numéro cité; et en négligeant les produits de s et de $\dfrac{d\varphi}{dx}$, $\dfrac{d\varphi}{dy}$, $\dfrac{d\varphi}{dz}$, il vient

$$\frac{ds}{dt} + \frac{d^2\varphi}{dx^2} + \frac{d^2\varphi}{dy^2} + \frac{d^2\varphi}{dz^2} = 0,$$

ou bien, en substituant pour s sa valeur précédente,

$$\frac{d^2\varphi}{dt^2} = a^2 \left(\frac{d^2\varphi}{dx^2} + \frac{d^2\varphi}{dy^2} + \frac{d^2\varphi}{dz^2} \right). \qquad (3)$$

Ces équations (1), (2), (3), sont celles de la théorie du son dans un air dont la température et la densité sont constantes. Elles supposent que la formule $udx + vdy + wdz$ soit une différentielle exacte; ce qui a lieu, effectivement, dans les deux cas particuliers auxquels nous allons les appliquer.

658. Supposons, d'abord, que l'air soit contenu dans un tuyau cylindrique, et que ses points se

meuvent parallèlement à l'axe, qui sera horizontal, afin que la pesanteur ne fasse pas varier la densité. En prenant l'axe des x dans cette direction, on aura $v = o$ et $w = o$; la quantité φ ne sera fonction que de x et t ; et l'équation (3) se réduira à

$$\frac{d^2\varphi}{dt^2} = a^2 \frac{d^2\varphi}{dx^2}.$$

On en déduira les mêmes conséquences que de l'équation (1) du n° 494, relative aux vibrations longitudinales d'une verge élastique. Quand le tuyau se prolongera indéfiniment, a sera la vitesse de la propagation du son suivant sa longueur ; quand il sera terminé, et d'une longueur l, le nombre des vibrations du fluide, dans l'unité de temps, correspondant au son le plus grave, sera en raison inverse de l ; quand le ton s'élevera, ce nombre croîtra dans le même rapport que celui des nœuds de vibrations; et en désignant par λ la distance comprise entre deux nœuds consécutifs, et par n le nombre correspondant des vibrations, on aura

$$n = \frac{a}{2\lambda}.$$

En ces points, la vitesse des molécules d'air est nulle, et la condensation s ne l'est pas ; il y a, au contraire, d'autres points où cette condensation est zéro, et où le fluide est en mouvement. Les distances qui séparent ces autres points sont les mêmes que pour les premiers, comme on peut le voir par les formules du n° 495. Ils jouissent d'une propriété qui sert à les déterminer par l'expérience, et qui n'appartient qu'à eux. Si l'on fait une ouverture à la paroi du tuyau en l'un de ces points où la condensation est nulle, et qu'on établisse la communication avec l'air extérieur, le mouvement du fluide intérieur n'est aucunement changé, non plus que le ton qu'il fait entendre. En prenant pour λ la distance de deux de ces points consécutifs, et pour n le nombre correspondant au ton observé, l'équation précédente fera connaître la valeur de a, et par suite celle de la quantité $\mathcal{C}$, contenue dans l'expression de cette vitesse. L'usage, pour cet objet, du ton élevé qui répond à une partie aliquote de l, est préférable à celui du ton fondamental, qui peut être influencé par le mode d'insufflation du tuyau et par les circonstances relatives à l'embouchure. C'est de cette manière que M. Dulong a déterminé, pour l'air et différens gaz, les valeurs de la quantité γ du n° 637; laquelle quantité est égale à $1 + \mathcal{C}$, comme on le verra tout à l'heure.

659. Pour second exemple, je supposerai que la masse d'air s'étende indéfiniment en tous sens, et qu'elle soit ébranlée semblablement, suivant toutes les directions, autour d'un point fixe que je prendrai pour origine des coordonnées. Si l'on appelle r, au bout du temps t, le rayon vecteur du point qui répond à x, y, z, et ζ sa vitesse, elle sera dirigée suivant ce rayon, et sa grandeur sera une fonction de r et t, ainsi que la condensation s; car il est évident que tout doit être symétrique autour de l'origine des coordonnées, pendant toute la durée du mouvement. On aura

$$u = \frac{\zeta x}{r}, \quad v = \frac{\zeta y}{r}, \quad w = \frac{\zeta z}{r};$$

et à cause de

$$x^2 + y^2 + z^2 = r^2, \quad xdx + ydx + zdz = rdr;$$

il en résultera

$$udx + vdy + wdz = \zeta dr;$$

en sorte que cette formule sera la différentielle exacte
d'une fonction de r et t. Cette fonction étant la
quantité φ, déterminée par l'équation (3), on aura

$$\zeta = \frac{d\varphi}{dr},$$

pour la résultante des vitesses u, v, w.

En la différentiant par rapport à x, y, z, on aura
aussi

$$\frac{d\varphi}{dx} = \frac{d\varphi}{dr}\frac{x}{r}, \quad \frac{d\varphi}{dy} = \frac{d\varphi}{dr}\frac{y}{r}, \quad \frac{d\varphi}{dz} = \frac{d\varphi}{dr}\frac{z}{r};$$

en différentiant une seconde fois, il vient

$$\frac{d^2\varphi}{dx^2} = \frac{d^2\varphi}{dr^2}\frac{x^2}{r^2} + \frac{d\varphi}{dr}\frac{y^2 + z^2}{r^3},$$

$$\frac{d^2\varphi}{dy^2} = \frac{d^2\varphi}{dr^2}\frac{y^2}{r^2} + \frac{d\varphi}{dr}\frac{z^2 + x^2}{r^3},$$

$$\frac{d^2\varphi}{dz^2} = \frac{d^2\varphi}{dr^2}\frac{z^2}{r^2} + \frac{d\varphi}{dr}\frac{x^2 + y^2}{r^3};$$

et, d'après ces valeurs, l'équation (3) devient

$$\frac{d^2\varphi}{dt^2} = a^2\left(\frac{d^2\varphi}{dr^2} + \frac{2}{r}\frac{d\varphi}{dr}\right),$$

ou, ce qui est la même chose,

$$\frac{d^2.r\varphi}{dt^2} = a^2 \frac{d^2.r\varphi}{dr^2}. \qquad (4)$$

Son intégrale complète est (n° 484)

$$r\varphi = f(r + at) + F(r - at);$$

f et F désignant les deux fonctions arbitraires. Si donc on fait

$$\frac{dfz}{dz} = f'z, \quad \frac{dFz}{dz} = F'z,$$

pour une variable quelconque z, on déduira de cette intégrale

$$\left. \begin{aligned} \zeta &= \frac{1}{r} \left[f'(r + at) + F'(r - at) \right] \\ &\quad - \frac{1}{r^2} \left[f(r + at) + F(r - at) \right], \\ s &= \frac{1}{ar} \left[F'(r - at) - f'(r + at) \right]; \end{aligned} \right\} \quad (5)$$

et ces formules feront connaître la vitesse et la condensation en un point et à un instant quelconques, après qu'on aura déterminé les fonctions f et f' pour toutes les valeurs de $r + at$, qui est une variable positive, et les fonctions F et F' pour toutes les valeurs positives ou négatives de $r - at$.

660. Tout étant semblable, par hypothèse, autour de l'origine des coordonnées, il faut que le centre de l'ébranlement du fluide demeure immobile pendant toute la durée du mouvement; il est donc nécessaire que la première formule (5) s'évanouisse avec r; ce

qui exige que quand ce rayon est infiniment petit, on ait

$$f\,(r + at) + \mathrm{F}(r - at) = \mathrm{T}r,$$
$$f'(r + at) + \mathrm{F}'(r - at) = \mathrm{T};$$

T désignant une fonction inconnue de t. En faisant le rayon r tout-à-fait nul dans la première de ces équations et dans sa différentielle par rapport à at, savoir,

$$f'(r + at) - \mathrm{F}'(r - at) = \frac{r}{a}\frac{d\mathrm{T}}{dt},$$

et mettant z au lieu de at, on aura donc

$$fz + \mathrm{F}(-z) = 0, \quad f'z - \mathrm{F}'(-z) = 0, \quad (6)$$

mais seulement pour les valeurs positives de z. Ces équations feront connaître les valeurs de $\mathrm{F}(-z)$ et $\mathrm{F}'(-z)$, d'après celle de fz et $f'z$; en sorte qu'il ne restera plus qu'à déterminer les valeurs de fz, $f'z$, $\mathrm{F}z$, $\mathrm{F}'z$, pour toutes les valeurs positives de z.

Pour cela, soient ψr et $\frac{1}{a}\Psi r$ les valeurs initiales de ζ et s, de sorte que ψr et Ψr désignent des fonctions données depuis $r = 0$ jusqu'à $r = \infty$, dont la première devra être nulle pour $r = 0$, et qui sont toutes deux de certaines vitesses. En faisant $t = 0$, dans les équations (5), nous aurons

$$\psi r = \frac{d.\frac{1}{r}fr}{dr} + \frac{d.\frac{1}{r}\mathrm{F}r}{dr},$$
$$r\Psi r = \frac{d\mathrm{F}r}{dr} - \frac{dfr}{dr};$$

d'où l'on tire

$$\frac{1}{r}fr + \frac{1}{r}Fr = \psi_{,}r + b, \atop Fr - fr = \Psi_{,}r + c; \Bigg\} \quad (7)$$

en représentant par b et c deux constantes arbitraires, et faisant

$$\int \psi r dr = \psi_{,}r, \quad \int r\Psi r dr = \Psi_{,}r :$$

on pourra supposer que ces deux intégrales s'évanouissent pour telle valeur qu'on voudra de r; nous prendrons tout à l'heure $r = \infty$ pour cette valeur.

Si l'on a seulement égard aux constantes b et c, les équations précédentes donneront

$$fr = \tfrac{1}{2}br - \tfrac{1}{2}c, \quad f'r = \tfrac{1}{2}b,$$
$$Fr = \tfrac{1}{2}br + \tfrac{1}{2}c, \quad F'r = \tfrac{1}{2}c;$$

on en conclut

$$f(r + at) = \tfrac{1}{2}b(r + at) - \tfrac{1}{2}c,$$
$$f'(r + at) = \tfrac{1}{2}b;$$

pour $r > at$, on aura aussi

$$F(r - at) = \tfrac{1}{2}b(r - at) + \tfrac{1}{2}c,$$
$$F'(r - at) = \tfrac{1}{2}b;$$

pour $r < at$, on aura

$$f(at - r) = \tfrac{1}{2}b(at - r) - \tfrac{1}{2}c,$$
$$f'(at - r = \tfrac{1}{2}b;$$

et en vertu des équations (6) il en résultera

$$\mathrm{F}\,(r - at) = \tfrac{1}{2} b\,(r - at) + \tfrac{1}{2} c,$$
$$\mathrm{F}'(r - at) = \tfrac{1}{2} b,$$

comme dans le cas de $r > at$. Or, en substituant ces différentes valeurs dans les formules (5), on trouvera qu'elles se réduisent à zéro; de sorte que les deux constantes arbitraires b et c disparaissent des expressions de ζ et s.

En en faisant donc abstraction, et mettant z au lieu de r dans les équations (7) et dans leurs différentielles, il vient

$$\left. \begin{aligned}
f z &= \tfrac{1}{2} z \psi_{,} z - \tfrac{1}{2} \Psi_{,} z, \\
f' z &= \tfrac{1}{2} \psi_{,} z + \tfrac{1}{2} z (\psi z - \Psi z), \\
\mathrm{F} z &= \tfrac{1}{2} z \psi_{,} z + \tfrac{1}{2} \Psi_{,} z, \\
\mathrm{F}' z &= \tfrac{1}{2} \psi_{,} z + \tfrac{1}{2} z (\psi z + \Psi z),
\end{aligned} \right\} \qquad (8)$$

pour les valeurs qui restaient à trouver.

Les formules (5) ne contiendront plus rien d'inconnu, et renfermeront, par conséquent, la solution complète du problème. On peut remarquer que rien, dans la question, ne pourrait servir à déterminer les valeurs de $f(-z)$, dont les formules (5) n'exigent pas la connaissance.

661. Voici maintenant les conséquences relatives à la théorie du son, qui se déduisent de ces formules.

Soit ε le rayon de l'ébranlement primitif, en sorte que ψr et Ψr aient des valeurs données arbitrairement depuis $r = 0$ jusqu'à $r = \varepsilon$, et soient zéro depuis $r = \varepsilon$ jusqu'à $r = \infty$. Les intégrales $\psi_{,} r$ et $\Psi_{,} r$ seront des quantités constantes pour toutes les valeurs de z qui surpassent ε; et comme on les suppose nulles pour $r = \infty$, elles le seront aussi depuis $r = \varepsilon$ jusqu'à $r = \infty$.

Cela posé, si l'on considère d'abord un point du fluide compris dans l'étendue de l'ébranlement primitif, on aura $r < \varepsilon$. Tant que t sera moindre que $\dfrac{\varepsilon - r}{a}$, les valeurs de $f(r + at)$ et $f'(r + at)$ ne seront pas nulles, et on les déduira des équations (8); il en sera de même à l'égard des valeurs de $F(r - at)$ et $F'(r - at)$, tant qu'on aura $t < \dfrac{r}{a}$; quand t surpassera $\dfrac{r}{a}$, celles-ci se déduiront de celles de $f(at - r)$ et $f'(at - r)$, au moyen des équations (6); enfin, quand le temps t sera devenu plus grand que $\dfrac{r + \varepsilon}{a}$, tous les termes des formules (5) seront nuls, et tous les points contenus dans l'étendue de l'ébranlement primitif seront revenus à l'état de repos. Ainsi, pour tous les points compris dans la sphère dont le rayon est ε, la durée du mouvement décroîtra, du centre à la surface, entre les limites $\dfrac{\varepsilon}{a}$ et $\dfrac{2\varepsilon}{a}$.

En dehors de l'ébranlement primitif, on aura $r + at > \varepsilon$; ce qui fera disparaître $f(r + at)$ et $f'(r + at)$ des formules (5), et les réduira à

$$\zeta = \frac{1}{r} F'(r - at) - \frac{1}{r^2} F(r - at),$$

$$s = \frac{1}{ar} F'(r - at),$$

quand on a $r > at$, ou bien, en vertu des équations (6), à

$$\zeta = \frac{1}{r} f'(at - r) + \frac{1}{r^2} f(at - r),$$

$$s = \frac{1}{ar} f'(at - r),$$

lorsqu'on a $at > r$. Les valeurs des quantités comprises dans ces expressions de ζ et s seront données par les formules (8); elles seront nulles tant qu'on aura $r > at + \varepsilon$, et le redeviendront dès qu'on aura $r < at - \varepsilon$; d'où l'on conclut que le son se propagera à l'air libre avec la même vitesse a que dans l'intérieur d'un tuyau cylindrique; que le mouvement de chaque molécule d'air subsistera pendant un intervalle de temps égal à $\frac{2\varepsilon}{a}$, et que la largeur de l'onde sonore sera égale au diamètre 2ε de l'ébranlement primitif.

A une grande distance du centre de cet ébranlement, on pourra négliger les seconds termes des valeurs de ζ, qui sont divisés par r^2, par rapport aux premiers qui ne le sont que par r; on aura alors, pendant toute la durée du mouvement,

$$s = \frac{\zeta}{a},$$

comme dans le n° 497, où s représentait la dilatation au lieu de la condensation. La vitesse propre des molécules d'air décroîtra alors en raison inverse de r. On suppose l'intensité du son proportionnelle au carré de cette vitesse; en sorte qu'à une grande distance du lieu de l'ébranlement primitif, elle décroîtra en raison inverse du carré de cette distance; ce qui paraît conforme à l'expérience.

Ces résultats ont encore lieu, lorsque l'ébranlement n'est pas le même en tous sens. A une distance considérable par rapport à son diamètre, la vitesse du son est uniforme et égale à la constante a, les ondes ont une forme à peu près sphérique, et, suivant la direction de chaque rayon, l'intensité du son varie en raison inverse du carré de la distance, quelle que soit, d'ailleurs, sa variation en passant d'un rayon à un autre. Cette intensité décroît aussi avec la densité du milieu où le son est produit; en sorte que, par exemple, elle diminue à mesure qu'on approche du sommet d'une haute montagne. En considérant la propagation du son dans un air composé de couches de différentes densités, on trouve qu'à distance égale, son intensité ne dépend que de la densité au lieu de l'ébranlement primitif; d'où il résulte qu'une personne placée dans un ballon, doit entendre le bruit qu'on fait à la surface de la terre, comme si elle était à cette surface; tandis que le bruit qu'elle ferait serait entendu, à cette surface, comme si l'on était dans la couche atmosphérique où se trouve l'aérostat.

Si l'intensité du son dépend de la grandeur des vitesses des molécules d'air qui frappent l'organe de l'ouïe, si l'élévation du ton est réglée sur le nombre de ces coups dans un même temps, c'est-à-dire, sur la répétition plus ou moins fréquente des vibrations de l'air, on peut se demander ce qui fait la différence d'une syllabe à une autre, chantées avec une même force et sur un même ton. Selon Euler, cette différence doit être attribuée à la forme de la fonction qui exprime la loi des vitesses successives de l'air pendant chaque vibration ; de manière que l'organe de la voix aurait la faculté de donner à cette fonction la forme convenable, et l'organe de l'ouïe, la faculté d'en apprécier les formes diverses.

662. Sans que la forme de l'équation (4) soit changée, on peut transporter l'origine des coordonnées en d'autres points du fluide. D'après cela, si l'on désigne par $r_{,}$, $r_{,,}$, $r_{,,,}$, etc., les rayons vecteurs d'un même point, comptés de ces diverses origines, et si l'on suppose successivement que φ soit fonction de t et de chacun de ces rayons, on satisfera à l'équation (4) au moyen de la valeur de φ du n° 659, et des valeurs qui s'en déduisent, en y mettant $r_{,}$, $r_{,,}$, $r_{,,,}$, etc., au lieu de r, et changeant à chaque fois les fonctions arbitraires. A cause de la forme linéaire de cette équation, on y satisfera donc aussi en prenant pour φ la somme de toutes ces valeurs particulières ; ce qui donne

$$\varphi = \frac{1}{r}\left[f\left(r + at\right) + \mathrm{F}\left(r - at\right)\right] \\ \left. \begin{array}{l} + \frac{1}{r_{,}}\left[f_{,}(r_{,} + at) + \mathrm{F}_{,}(r_{,} - at)\right] \\ + \frac{1}{r_{,,}}\left[f_{,,}(r_{,,} + at) + \mathrm{F}_{,,}(r_{,,} - at)\right] \\ + \text{etc.} \end{array} \right\} \quad (9)$$

Or, on conclura de cette formule, que si l'air est ébranlé simultanément autour de chacune des origines de r, $r_{,}$, $r_{,,}$, etc., la condensation $\frac{d\varphi}{dt}$ en un point et à un instant quelconques, qui sera toujours donnée par l'équation (1), aura pour valeur la somme des condensations qui auraient lieu en vertu de tous ces ébranlemens isolés. De plus, en vertu des équations (2), les composantes de la vitesse au bout du temps t, et en un point M, dont x, y, z, sont les coordonnées par rapport à l'origine de r, auront pour expressions

$$u = \frac{d\varphi}{dx} = \frac{d\varphi}{dr}\frac{dr}{dx} + \frac{d\varphi}{dr_{,}}\frac{dr_{,}}{dx} + \frac{d\varphi}{dr_{,,}}\frac{dr_{,,}}{dx} + \text{etc.,}$$

$$v = \frac{d\varphi}{dy} = \frac{d\varphi}{dr}\frac{dr}{dy} + \frac{d\varphi}{dr_{,}}\frac{dr_{,}}{dy} + \frac{d\varphi}{dr_{,,}}\frac{dr_{,,}}{dy} + \text{etc.,}$$

$$w = \frac{d\varphi}{dz} = \frac{d\varphi}{dr}\frac{dr}{dz} + \frac{d\varphi}{dr_{,}}\frac{dr_{,}}{dz} + \frac{d\varphi}{dr_{,,}}\frac{dr_{,,}}{dy} + \text{etc.;}$$

les différences partielles $\frac{d\varphi}{dr}$, $\frac{d\varphi}{dr_{,}}$, $\frac{d\varphi}{dr_{,,}}$, etc., étant prises en regardant r, $r_{,}$, $r_{,,}$, etc., comme des variables indépendantes. Mais, si l'on appelle $x_{,}$, $y_{,}$, $z_{,}$, les coordonnées de M rapportées à l'origine de $r_{,}$ et à des axes parallèles à ceux des x, y, z, ces coordonnées $x_{,}$, $y_{,}$, $z_{,}$, ne différeront de x, y, z, que d'une quantité constante; de sorte que l'on aura

$$\frac{dr_{,}}{dx} = \frac{dr_{,}}{dx_{,}} = \frac{x_{,}}{r_{,}}, \qquad \frac{dr_{,}}{dy} = \frac{dr_{,}}{dy_{,}} = \frac{y_{,}}{r_{,}}, \qquad \frac{dr_{,}}{dz} = \frac{dr_{,}}{dz_{,}} = \frac{z_{,}}{r_{,}};$$

on aura de même

$$\frac{dr_{,,}}{dx} = \frac{x_{,,}}{r_{,,}}, \quad \frac{dr_{,,}}{dy} = \frac{y_{,,}}{r_{,,}}, \quad \frac{dr_{,,}}{dz} = \frac{z_{,,}}{r_{,,}},$$

en désignant par $x_{,,}$, $y_{,,}$, $z_{,,}$, les coordonnées du même point, dont l'origine est celle de $r_{,,}$; et ainsi de suite. Les formules précédentes deviendront donc

$$u = \frac{d\varphi}{dr}\frac{x}{r} + \frac{d\varphi}{dr_{,}}\frac{x_{,}}{r_{,}} + \frac{d\varphi}{dr_{,,}}\frac{x_{,,}}{r_{,,}} + \text{etc.},$$

$$v = \frac{d\varphi}{dr}\frac{y}{r} + \frac{d\varphi}{dr_{,}}\frac{y_{,}}{r_{,}} + \frac{d\varphi}{dr''}\frac{y_{,,}}{r_{,,}} + \text{etc.},$$

$$w = \frac{d\varphi}{dr}\frac{z}{r} + \frac{d\varphi}{dr_{,}}\frac{z_{,}}{r_{,}} + \frac{d\varphi}{dr_{,,}}\frac{z_{,,}}{r_{,,}} + \text{etc.};$$

d'où l'on conclut que la résultante de u, v, w, sera la même que celle des vitesses $\frac{d\varphi}{dr}$, $\frac{d\varphi}{dr_{,}}$, $\frac{d\varphi}{dr_{,,}}$, etc., dirigées suivant les rayons vecteurs r, $r_{,}$, $r_{,,}$, etc., et, par conséquent, en vertu de la formule (9), la même, en grandeur et en direction, que si tous les ébranlemens autour des centres de ces rayons avaient lieu isolément; ce qui s'accorde avec le principe de la superposition des petits mouvemens.

663. Cette formule (9) servira aussi à déterminer la réflexion du son sur un plan fixe.

Pour cela, supposons que la masse d'air soit terminée par un plan fixe AB (fig. 55), et que l'ébranlement primitif ait eu lieu autour du point C, origine du rayon vecteur r, et ne se soit pas étendu jusqu'au plan AB. De ce point, abaissons la perpendiculaire CD sur ce plan; prolongeons-la d'une quantité $DC_{,}$, égale à CD; supposons que $C_{,}$ soit l'origine de $r_{,}$; et prenons la droite $CDC_{,}$ pour axe des x et des $x_{,}$. En appelant h la longueur de CD, on aura $x = h$ et $x_{,} = -h$, pour tous les points du plan AB; pour ces valeurs de x et $x_{,}$, il faudra donc que la vitesse u, perpendiculaire à ce plan, soit constamment nulle (n° 652). Or, on satisfera à cette condition et à l'état initial du fluide, en prenant pour φ la formule (9) réduite à ses deux premiers termes, savoir :

$$\varphi = \frac{1}{r}\left[f(r+at)+F(r-at)\right]$$
$$+ \frac{1}{r_{,}}\left[f_{,}(r_{,}+at)+F_{,}(r_{,}-at)\right],$$

et déterminant convenablement les fonctions arbitraires f, F, $f_{,}$, $F_{,}$.

En effet, on déterminera les deux premières, comme précédemment, d'après l'état initial du fluide autour du point C; les points qui répondent à $r_{,}<h$, n'appartenant pas au fluide, on pourra donner telle valeur qu'on voudra à chacune des fonctions $f_{,}r_{,}$ et $F_{,}r_{,}$ sans altérer cet état initial; on pourra donc prendre pour les fonctions indiquées par $f_{,}$, et $F_{,}$ les mêmes fonctions qu'on aura trouvées pour celles dont les indices sont f et F; la formule précédente deviendra alors

$$\left.\begin{array}{l}\varphi = \frac{1}{r}\left[f(r+at)+F(r-at)\right] \\[2mm] + \frac{1}{r_{,}}\left[f(r_{,}+at)+F(r_{,}-at)\right],\end{array}\right\} \quad (10)$$

et ne renfermera plus rien d'inconnu. De plus, pour tous les points du plan AB, on a $r_{,}=r$; on aura donc $\frac{d\varphi}{dr}=\frac{d\varphi}{dr_{,}}$; et comme on a aussi pour ces mêmes points $x=h$ et $x_{,}=-h$, il en résultera $u=0$; en sorte que la formule (10) représentera l'état initial du fluide, et remplira la condition relative aux points adjacens au plan AB; ce qu'il s'agissait d'obtenir.

Soit M le point du fluide dont les rayons vecteurs CM et $C_{,}M$ sont r et $r_{,}$; en vertu des deux parties de la formule (10), ce point sera d'abord ébranlé au bout d'un temps égal à $\frac{r-\epsilon}{a}$, et ensuite au bout d'un temps égal à $\frac{r_{\prime}-\epsilon}{a}$, en désignant toujours par ϵ le rayon de l'ébranlement primitif. Le premier mouvement produira le son direct, et le second le son réfléchi. Celui-ci sera le même que si le plan AB n'existait pas, et qu'un second ébranlement identique avec celui qui a lieu autour du point C, ait eu lieu simultanément autour du point $C_{\prime}$. Il se propagera avec la même vitesse a que le son direct, et aura l'intensité correspondante à la distance $C_{\prime}M$, ou à la ligne brisée CEM, en supposant que E soit le point où le rayon $C_{\prime}M$ coupe le plan AB. Enfin EF étant la normale à ce plan, les deux parties CE et ME du rayon sonore qui se réfléchit au point E, feront l'angle d'incidence CEF égal à l'angle de réflexion MEF. Ainsi, il résulte de la formule (10) que les lois de la réflexion du son sur un plan fixe sont exactement les mêmes que celles de la lumière.

664. Comparons maintenant la vitesse a, donnée par la théorie, à celle qui a été déterminée par l'expérience; et pour cela, voyons d'abord ce que signifie la quantité $\mathscr{C}$ contenue dans son expression.

D'après les valeurs de ρ, p, σ, du n° 657, on a

$$p = \frac{gmh\rho\,(1 + s + \mathscr{C}s)}{D\,(1 + s)},$$

ou plus simplement

$$p = \frac{gmh}{D}\,f(1 + \mathscr{C}s), \qquad (a)$$

en négligeant le carré de s. Supposons que n soit l'augmentation de température qui répond à cette condensation s; de sorte que la température, qui était θ dans l'état d'équilibre, devienne $\theta + n$ au bout du temps t, dans l'état de mouvement. A cet instant, la pression p, la densité ρ et la température $\theta + n$, auront lieu simultanément; d'après l'équation (1) du n° 624, on aura donc

$$p = k\rho\left[1 + \alpha\left(\theta + n\right)\right],$$

en désignant par k un coefficient indépendant de la densité et de la température, et par α le coefficient 0,00375 de la dilatation des gaz. Dans l'état d'équilibre, on a

$$p = gmh, \quad \rho = \mathbf{D}, \quad n = 0;$$

appliquée à cet état, l'équation précédente sera donc

$$gmh = k\mathbf{D}\left(1 + \alpha\theta\right);$$

par conséquent, on aura, dans l'état de mouvement,

$$p = \frac{gmh}{D}\rho\left(1 + \frac{\alpha n}{1 + \alpha\theta}\right);$$

et, en comparant cette valeur de p à la formule (a), il en résultera

$$\mathcal{E} = \frac{\alpha n}{(1 + \alpha\theta)s}.$$

Or, si l'on suppose les vibrations de l'air assez rapides pour que la condensation s ait lieu sans aucune perte de chaleur, on pourra mettre s et n à la place de δ et ω dans l'équation (5) du n° 636; ce qui donne

$$1 + \delta = \gamma;$$

γ étant le rapport de la chaleur spécifique de l'air sous une pression constante, à sa chaleur spécifique sous un volume constant.

La valeur de a^2 du n° 657 deviendra, de cette manière,

$$a^2 = \frac{gmh\gamma}{D}.$$

Si l'on appelle Δ la densité de l'air sous la pression gmh et à la température zéro, on aura (n° 624)

$$D = \frac{\Delta}{1 + \alpha\vartheta},$$

et par conséquent,

$$a = \sqrt{\frac{gmh\gamma}{\Delta}(1 + \alpha\theta)}. \qquad (b)$$

Puisque la quantité γ est regardée comme indépendante de la température et de la pression (n° 657), on voit, 1°. que la vitesse a croîtra avec la température θ dans le rapport de $\sqrt{1 + \alpha\theta}$ à l'unité; 2°. qu'elle ne variera pas avec les hauteurs barométriques, puisque h et Δ croissent en même temps et dans le même rapport. Les académiciens français envoyés au Pérou, pour la mesure d'un arc du méridien, ont, en effet, trouvé à peu près la même vitesse du son à Quito, où la pression barométrique n'était pas tout-à-fait de $0^m,55$, qu'à Paris, où elle s'élève à $0^m,76$. L'état hygrométrique de l'air doit influer un peu sur

la valeur de a : la densité diminuant, toutes choses
d'ailleurs égales, à mesure que l'air contient une plus
grande quantité de vapeur, la vitesse a augmentera
avec le degré d'humidité ; mais d'après les données
du n° 631, à la température de 18°,75, par exemple,
la densité de l'air sec excède à peine de $\frac{1}{125}$, celle de
l'air chargé du *maximum* de vapeur ; ce qui ne fait
qu'une variation de $\frac{1}{250}$ pour la vitesse du son dans
ces deux états extrêmes de l'hygromètre.

Dans l'expérience la plus récente que l'on a faite
sur la vitesse du son, les commissaires du Bureau
des Longitudes ont trouvé

$$a = 340^{\mathrm{m}},89,$$

en prenant la seconde pour unité, et la température
de l'air étant 15°,9 du thermomètre centigrade. Or,
si l'on fait dans la formule (b)

$$g = 9^{\mathrm{m}},80896, \quad h = 0^{\mathrm{m}},76, \quad \frac{m}{\Delta} = 10,462,$$
$$\alpha = 0,00375, \quad \theta = 15°,9, \quad \gamma = 1,3748,$$

on en déduit

$$a = 337^{\mathrm{m}},07;$$

ce qui diffère peu du résultat de l'observation. En
prenant (n° 637),

$$\gamma = 1,421,$$

et conservant toutes les autres données, on trouve

$$a = 342^{\mathrm{m}},69,$$

dont la différence avec l'observation est en sens coutraire de la précédente, et toujours très petite. Si l'on se sert de la vitesse observée, pour déterminer la valeur de γ au moyen de la formule

$$\gamma = \frac{a^2 \Delta}{gmh(1 + a\theta)},$$

on obtient, d'après les données précédentes,

$$\gamma = 1,4061.$$

665. Il ne faut pas perdre de vue, en comparant cette dernière valeur de γ à celle qui la précède, qu'elles supposent l'une et l'autre la dilatation ou la condensation de l'air assez rapide pour que la quantité de chaleur du fluide n'ait pas le temps de varier sensiblement. Or, dans la propagation du son à l'air libre, d'où l'on a déduit la valeur $\gamma = 1,4061$, il est possible que la chaleur s'échappe ou revienne plus facilement sous forme rayonnante, que dans le son produit par l'air renfermé dans un tube, dont la considération a donné l'autre valeur $\gamma = 1,421$, et où la quantité de chaleur de chaque couche d'air ne peut guère varier que par le contact avec les parois du tube. Cette remarque pourrait expliquer la différence des deux résultats, et porterait à penser que la plus grande valeur de γ est la plus exacte.

En n'ayant point égard à cette quantité, la vitesse du son, réduite à $\sqrt{\dfrac{gmh}{D}}$, est celle que Newton a donnée. Elle est trop petite de plus d'un sixième. Pour qu'elle s'accordât avec l'expérience, Lagrange avait remarqué qu'il faudrait supposer que la pression variât dans un plus grand rapport que la densité, et fût proportionnelle à peu près à la puissance $\frac{4}{3}$; et, en effet, en négligeant le carré de s, la valeur de p, dont nous avons fait usage, est

$$p = gmh(1 + s)^{1 + \epsilon},$$

pour la densité $D(1 + s)$. Mais il n'a assigné aucune cause de cette variation plus rapide de la force élastique de l'air; et c'est Laplace qui l'a attribuée, le premier, à la variation de température dont les condensations et les dilatations alternatives de l'air sont accompagnées dans le phénomène du son.

C'est à cette même cause qu'est due la propagation du son dans la vapeur d'eau au *maximum* de densité. Si l'on fait vibrer un corps sonore dans un vaisseau fermé, qui contienne cette vapeur non mélangée d'air, l'expérience prouve que le son se produit dans cette vapeur et s'entend au dehors. Or, si la température de la couche de vapeur adjacente à ce corps sonore n'était pas augmentée, quand elle est condensée par les vibrations de ce corps, elle se réduirait en eau et se précipiterait sur ce corps, puisqu'on la suppose au *maximum* de densité relatif à la température de l'espace où elle se trouve; mais sa température augmentant par la compression, la couche adjacente au corps sonore peut se maintenir à l'état de vapeur: elle condense ensuite la couche suivante, celle-ci, la couche qui vient après, et ainsi de suite; de sorte que le son se propage, comme dans un gaz permanent, jusqu'à la paroi intérieure du vase. Les dilatations des couches de vapeur, qui suivent leurs condensations, sont accompagnées d'une diminution de température, qui ne les réduit pas non plus en eau, puisque leur densité diminue en même temps, et descend au-dessous du *maximum* relatif à la température de l'espace où se passe le phénomène.

666. En considérant l'eau comme un fluide un peu compressible et parfaitement élastique, le son s'y propagera suivant les mêmes lois que dans une masse d'air. Parvenu à la surface de l'eau, le son sera en partie transmis dans l'air extérieur, et en partie réfléchi dans l'eau; dans ce partage, la direction des ondes sonores, transmise et réfléchie, se déterminera suivant les lois de la réfraction et de la réflexion de la lumière. La vitesse du son réfléchi sera la même que celle du son direct, et les rapports des intensités du son transmis et du son réfléchi entre elles et avec l'intensité du son direct, dépendront du rapport des vitesses de la propagation du son dans les deux milieux superposés, c'est-à-dire, dans l'air et dans l'eau. C'est ce qu'on peut voir dans les mémoires cités au commencement de ce chapitre; ici, nous nous bornerons à calculer la valeur numérique de la vitesse du son dans une masse d'eau.

D'après ce qu'on a vu, dans le cas d'un fluide élastique, cette vitesse sera la même que si l'eau était contenue dans un tube très étroit et d'une largeur constante; et, dans ce cas, cette vitesse est aussi la même que celle de la propagation du mouvement, suivant la longueur d'une verge élastique de la même matière que l'eau. Or, supposons qu'une colonne d'eau contenue dans un cylindre vertical, soit chargée d'un poids Δ à sa partie supérieure ; soient l sa longueur naturelle, et $l - \delta l$, ce qu'elle devient par l'effet de cette pression ; de sorte que δ soit une fraction très petite, qui exprime la condensation du liquide ; soient aussi p son poids, et g la gravité ; si l'on fait, comme dans le n° 494,

$$\frac{\Delta}{\delta} = q, \quad \frac{glq}{p} = a^2,$$

a sera la vitesse demandée, ainsi qu'on l'a vu dans le n° 497.

Appelons b la section horizontale de la colonne d'eau ; supposons que la charge Δ soit égale au poids d'une colonne de mercure qui aurait b pour base, et dont la hauteur serait représentée par h ; désignons aussi par m la densité du mercure, et par ρ celle de l'eau ; nous aurons

$$\Delta = gmhb, \quad p = g\rho lb ;$$

et il en résultera

$$a^2 = \frac{gmh}{\rho\delta} ;$$

en sorte qu'il suffira pour calculer la valeur de a, de connaître la fraction δ relative à une hauteur donnée h.

A la température de 10 degrés centigrades, le physicien anglais Canton a trouvé

$$\delta = 0,000046,$$

sous une charge équivalente à la pression ordinaire de l'atmosphère. Ce résultat a été confirmé, comme on l'a dit précédemment (n° 575), par les expériences récentes qu'on a faites sous des pressions plus considérables, et qui ont donné une condensation proportionnelle à la pression et égale à la valeur précédente de δ, pour chaque pression atmosphérique. De plus, ces expériences, quelque grande qu'ait été la pression, n'ont indiqué aucune augmentation sensible de température; en sorte qu'il n'y a pas lieu de croire que la propagation du son dans l'eau, soit accompagnée, comme dans l'air, d'une variation de température qui puisse influer sur sa vitesse. Cela étant, si l'on substitue cette valeur de δ dans la formule précédente, et qu'on y fasse

$$g = 9^m,80896, \quad h = 0^m,76, \quad \frac{m}{\rho} = 13,5975,$$

on en déduit

$$a = 1484^m;$$

de manière que la vitesse du son dans l'eau surpasse le quadruple de sa vitesse dans l'air.

CHAPITRE III.

DU MOUVEMENT DES FLUIDES, DANS UNE HYPOTHÈSE PARTICULIÈRE.

667. La supposition que nous admettons dans ce chapitre est connue sous la dénomination d'*hypothèse du parallélisme des tranches*. Elle consiste à supposer que quand un fluide pesant, de l'eau, par exemple, s'écoule dans un vase, et sort par un orifice horizontal pratiqué au fond du vase, les tranches horizontales et infiniment minces se remplacent successivement, en demeurant parallèles à elles-mêmes. Cela revient à négliger les différences des vitesses verticales des points qui appartiennent à une même tranche horizontale, et à regarder chaque tranche comme composée des mêmes points du fluide pendant toute la durée du mouvement. On néglige aussi les vitesses horizontales, qu'on suppose très petites par rapport aux vitesses verticales, et qui influent peu sur la vitesse verticale commune à tous les points d'une même tranche. Ces suppositions sont d'autant plus conformes à l'observation, que les dimensions horizontales du vase varient moins, et que leurs différences, d'une tranche à une autre, sont plus petites, eu égard à la hauteur du liquide au-dessus de l'orifice. Quand ces conditions sont remplies, on observe, en effet,

que des parcelles d'une poussière légère, jetées dans le liquide et entraînées par son mouvement, se meuvent, à peu près verticalement, avec une vitesse à peu près égale pour toutes les parcelles qui se trouvent dans une même tranche horizontale. Elles conservent ces directions tant qu'elles ne sont pas très rapprochées de l'orifice; quand elles en sont à de petites distances, et que l'étendue de l'orifice diffère notablement de celle des sections intérieures du vase, elles prennent des directions obliques, qui montrent qu'alors le parallélisme des tranches cesse d'être admissible; car il y a lieu de croire que ces légères particules s'attachent au liquide, et prennent exactement le mouvement des points auxquels elles répondent.

Dans l'hypothèse du parallélisme des tranches, telle que nous l'expliquons, on aura donc seulement deux inconnues à déterminer, en fonctions de deux variables, savoir: la vitesse d'une tranche quelconque et la pression qu'elle éprouve, en fonctions de la distance à un plan horizontal et du temps. La question sera ainsi réduite à sa plus grande simplicité, et susceptible, comme on va le voir, d'une solution complète, dans le cas d'un fluide homogène et incompressible.

668. Soient ABCD (fig. 56) le vase, AB l'orifice horizontal, EF le niveau du liquide, Ox un axe vertical, sur lequel on compte les distances des tranches horizontales à un point fixe O, ou au plan horizontal mené par ce point. Soit aussi MNM'N' une tranche quelconque, comprise entre deux sections horizontales MN et M'N' du vase, dont la distance au point O est x au bout du temps t quelconque, et

dont l'épaisseur est dx. Appelons v sa vitesse au même instant, et p la pression rapportée à l'unité de surface, qui a lieu sur la base supérieure MN, et est transmise, par le fluide, sur la base inférieure M'N' et sur les parois MM' et NN' du vase. Désignons par y l'aire de la section MN du vase, qui sera donnée, dans chaque exemple, en fonction de x. Enfin, soient g la gravité et ρ la densité constante du fluide ; la question consistera, comme on vient de le dire, à déterminer les valeurs de v et p en fonctions de t et x.

La masse de la tranche que nous considérons sera le produit $\rho y dx$ de la densité ρ et de son volume $y dx$. Si elle était libre, sa vitesse augmenterait de $g dt$ pendant l'instant dt ; elle augmente réellement de dv ; la vitesse perdue est donc $g dt - dv$; et l'on a

$$\left(g - \frac{dv}{dt} \right) \rho y dx ,$$

pour la force perdue, c'est-à-dire, pour la partie du poids $g\rho y dx$ détruite par la pression des autres tranches. D'après le principe de D'Alembert, il y aura donc équilibre dans le fluide, si l'on suppose toutes ses tranches sollicitées par de semblables forces ; dans cet état, la pression py qui a lieu sur la base supérieure MN de la tranche $\rho y dx$, se transmettra, en raison des surfaces (n° 577), sur la base inférieure M'N', et deviendra, conséquemment, py', en désignant par y' l'aire de M'N' ; par conséquent, si l'on ajoute à cette pression transmise, la force motrice précédente, on aura la pression totale exercée sur

M'N'; et en représentant par p' cette pression, rapportée à l'unité de surface, il en résultera

$$p'\gamma' = p\gamma' + \left(g - \frac{d\nu}{dt}\right)\rho\, y\, dx.$$

Or, les quantités p' et γ' sont ce que deviennent p et γ, quand on y met $x + dx$ au lieu de x; en négligeant les infiniment petits du second ordre, on aura donc

$$p' = p + \frac{dp}{dx}dx, \quad \gamma' = \gamma + \frac{d\gamma}{dx}dx,$$

et, conséquemment,

$$(p' - p)\gamma' = \frac{dp}{dx}y\, dx\,;$$

ce qui réduit l'équation précédente à celle-ci :

$$\frac{dp}{dx} = \rho\left(g - \frac{d\nu}{dt}\right), \qquad (1)$$

que l'on obtient aussi en mettant $g - \dfrac{d\nu}{dt}$ à la place de **X** dans la troisième équation d'équilibre du n° 582.

669. La seconde équation nécessaire pour déterminer les deux inconnues p et ν, sera fournie par la considération de l'incompressibilité du fluide. Il en résulte que le volume du fluide qui passe, pendant l'instant dt, par chaque section horizontale du vase, doit être le même pour toutes les sections; par conséquent, les vitesses du fluide qui répondent, en même temps, à deux sections différentes du vase, doivent être réci-

proquement proportionnelles aux aires de ces sections. Si donc on appelle u, au bout du temps t, la vitesse qui a lieu à l'orifice horizontal AB; que l'on représente par α l'aire de cet orifice, et que l'on compare cette vitesse à celle qui répond à la section quelconque MN, on aura

$$v : u :: \alpha : y;$$

d'où l'on tire

$$v = \frac{\alpha u}{y}. \qquad (2)$$

Dans cette valeur de v, u est une fonction de t, et y une fonction de x; on peut donc en prendre la différentielle par rapport à l'une ou à l'autre de ces deux variables : la différentielle relative à x exprimerait la différence entre les vitesses de deux tranches consécutives, qui ont lieu au même instant; en différentiant par rapport à t, on aurait la différence entre les vitesses de deux tranches du fluide, qui répondent successivement à la même section du vase; mais pour avoir la différence entre les vitesses successives d'une même tranche, qui se déplace pendant l'instant dt, il faut différentier à la fois la valeur de v par rapport aux deux variables t et x, en considérant la seconde comme une fonction de la première; ce qui donne

$$\frac{dv}{dt} = \frac{\alpha}{y}\frac{du}{dt} - \frac{\alpha u}{y^2}\frac{dy}{dx}\frac{dx}{dt}.$$

On a d'ailleurs $\dfrac{dx}{dt} = v$; et en ayant égard à l'équation (2), il en résulte

$$\frac{dv}{dt} = \frac{\alpha}{y}\frac{du}{dt} - \frac{\alpha^2 u^2}{y^3}\frac{dy}{dx}.$$

C'est cette valeur de $\frac{dv}{dt}$ qu'il faut employer dans l'équation (1), qui devient, en conséquence,

$$\frac{dp}{dx} = g\rho - \frac{\alpha\rho}{y}\frac{du}{dt} + \frac{\alpha^2 u^2}{y^3}\frac{dy}{dx}.$$

Je multiplie ses deux membres par dx; j'intègre ensuite par rapport à x; et en observant qu'alors les quantités u et $\frac{du}{dt}$ doivent être regardées comme des constantes, il vient

$$p = \varepsilon + g\rho x - \alpha\rho\frac{du}{dt}\int\frac{dx}{y} - \frac{\alpha^2\rho u^2}{2y^2};$$

ε étant la constante arbitraire qui peut être une fonction de t. Pour la déterminer, je représente par ϖ la pression atmosphérique, et je suppose que ce soit celle qui a lieu à la surface supérieure EF du liquide. Avant que le mouvement commence, cette surface est horizontale; et comme on admet que chaque tranche horizontale se compose constamment des mêmes points du fluide, il s'ensuit que la surface EF demeurera horizontale pendant toute la durée du mouvement. Au bout du temps t, je désigne par θ la distance de EF au point O, et par ω l'aire de cette section variable du vase, de sorte que ω soit la même fonction de θ que y est de x; on aura à la fois

$$p = \varpi, \quad x = \theta, \quad y = \omega;$$

et si l'on suppose que l'intégrale $\int \dfrac{dx}{y}$ commence à $x = \theta$, l'équation précédente donnera

$$\varepsilon = \varpi + \frac{\alpha^2 \rho u^2}{2\omega^2} - g\rho\theta;$$

au moyen de quoi, cette équation deviendra

$$p = \varpi + g\rho(x - \theta) - \alpha\rho \frac{du}{dt}\int \frac{dx}{y} - \frac{\rho u^2}{2}\left(\frac{\alpha^2}{y^2} - \frac{\alpha^2}{\omega^2}\right). \quad (3)$$

Les équations (2) et (3) feront connaître immédiatement les valeurs des deux inconnues v et p, lorsqu'on aura déterminé la valeur de u.

670. Pour cela, j'observe que la pression qui a lieu à l'orifice AB sera donnée : si le liquide s'écoule dans l'air libre, elle sera la pression atmosphérique, comme à son niveau EF; s'il s'écoule dans le vide, elle sera zéro; pour plus de généralité, je supposerai que l'écoulement a lieu dans un air dont la force élastique est égale à la pression ϖ, diminuée de la pression $g\rho c$ correspondante à une hauteur donnée c du liquide; en sorte qu'en appelant l la distance de l'orifice AB au point O, on aura constamment

$$p = \varpi - g\rho c,$$

pour $x = l$. J'appelle aussi h la hauteur du niveau EF du liquide au-dessus de cet orifice, ou la différence $l - \theta$, et je représente par $\dfrac{1}{\lambda}$ la valeur de l'intégrale $\int \dfrac{dx}{y}$, étendue au volume entier du liquide; de manière que λ soit une ligne, dont la longueur sera une fonction de h, dépendante de la figure du vase, et donnée dans chaque exemple. A l'orifice, on aura donc, en même temps, la valeur précédente de p, et

$$y = a, \quad x = l = \theta + h, \quad \int_\theta^{\theta + h} \frac{dx}{y} = \frac{1}{\lambda};$$

par conséquent, l'équation (3), appliquée à cette section du vase, deviendra

$$g(h + c) - \frac{a}{\lambda} \frac{du}{dt} - \frac{1}{2} \mathscr{C}^2 u^2 = 0, \qquad (4)$$

en faisant, pour abréger,

$$1 - \frac{a^2}{\omega^2} = \mathscr{C}^2.$$

On peut remarquer que cette quantité numérique $\mathscr{C}^2$ sera toujours une quantité positive et moindre que l'unité; car, pour qu'elle devînt négative, il faudrait que l'aire de la plus petite section du vase surpassât celle de l'orifice, et le liquide se détacherait du vase à l'endroit de cette section *minima*, qui deviendrait le véritable orifice par lequel l'écoulement aurait lieu.

Lorsque le niveau du liquide sera entretenu à une hauteur constante au-dessus de l'orifice, les trois quantités h, θ, λ, seront des constantes données, et l'équation (4) suffira pour déterminer la valeur de u en fonction de t. Quand le niveau EF s'abaissera pendant l'écoulement du liquide, h sera une variable qu'il faudra aussi déterminer en fonction de t. Or, à ce niveau, on a $y = \omega$ et $v = \frac{d\theta}{dt}$; et à cause que la somme $\theta + h$ est une constante l, on a aussi $\dfrac{d\theta}{dt} = -\dfrac{dh}{dt}$; en vertu de l'équation (2) on aura donc

$$\frac{dh}{dt} + \frac{\alpha u}{\omega} = 0; \qquad (5)$$

et les valeurs de u et h dépendront des deux équations différentielles (4) et (5), qui sont du premier ordre. On déterminera les deux constantes arbitraires que leurs intégrales contiendront, au moyen de la hauteur initiale du liquide, et en observant qu'on a $u = 0$, à l'origine du mouvement.

Soit que le niveau s'abaisse ou qu'il ne varie pas, si l'on appelle q le volume du liquide sorti du vase au bout du temps t, sa différentielle sera égale au volume $\alpha u dt$ de la tranche qui traverse l'orifice AB pendant l'instant dt; on aura donc

$$dq = \alpha u dt, \quad q = \alpha \int u dt;$$

l'intégrale étant prise de manière qu'elle s'évanouisse quand $t = 0$.

Nous allons appliquer successivement ces différentes formules aux deux cas du niveau constant et du niveau variable.

671. Dans le premier cas, l'équation (4) donne

$$\lambda dt = \frac{2\alpha du}{2g(h+c) - \mathfrak{G}^2 u^2};$$

d'où l'on tire, en mettant h au lieu de $h + c$,, et intégrant

$$\lambda t = \frac{\alpha}{\mathfrak{G}\sqrt{2gh}} \log \frac{\sqrt{2gh} + \mathfrak{G}u}{\sqrt{2gh} - \mathfrak{G}u}:$$

on n'ajoute pas de constante arbitraire, parce qu'on doit avoir $u=0$, quand $t=0$. On pourra, sans changer cette formule, regarder, à volonté, $\mathfrak{G}$ et $\sqrt{2gh}$, comme des quantités positives ou négatives ; nous les supposerons positives. L'on aura réciproquement,

$$\sqrt{2gh} - \mathfrak{G}u = (\sqrt{2gh} + \mathfrak{G}u)\, e^{-\frac{\mathfrak{G}\lambda t \sqrt{2gh}}{\alpha}}, \quad (6)$$

en désignant, comme à l'ordinaire, par e la base des logarithmes népériens. A mesure que t augmentera, le second membre de cette équation diminuera ; au bout d'un certain temps, il sera sensiblement nul ; et à partir de cette époque, la vitesse u aura une valeur à peu près constante, savoir :

$$u = \frac{1}{\mathfrak{G}}\, \sqrt{2gh}.$$

En chaque point du vase, la pression p et la vitesse v varieront avec la vitesse u, et deviendront sensiblement constantes en même temps que u. Si l'on fait $\frac{du}{dt} = 0$, dans la formule (3), et qu'on y mette pour u sa valeur précédente, on aura

$$p = \varpi + g\rho\,(x - \theta) + \frac{g\rho h}{\mathfrak{G}^2}\left(\frac{\alpha^2}{\omega^4} - \frac{\alpha^2}{y^2}\right),$$

pour la valeur finale de p, relative au point quelconque M.

Dans l'état d'équilibre, la pression en ce point serait $\varpi + g\rho(x - \theta)$; elle est donc augmentée ou diminuée par le mouvement du liquide, selon que le dernier terme de cette formule est positif ou négatif, c'est-à-dire, selon que la section horizontale **MN** ou y, est plus grande ou plus petite que la section **EF** ou ω.

L'équation (6) donne

$$u = \frac{\sqrt{2gh}}{\mathfrak{G}}\left(\frac{e^{\frac{\mathfrak{G}\lambda t\sqrt{2gh}}{2\alpha}} - e^{-\frac{\mathfrak{G}\lambda t\sqrt{2gh}}{2\alpha}}}{e^{\frac{\mathfrak{G}\lambda t\sqrt{2gh}}{2\alpha}} + e^{-\frac{\mathfrak{G}\lambda t\sqrt{2gh}}{2\alpha}}} \right);$$

à cause de $q = \omega\!\int u\,dt$, et de $q = 0$ quand $t = 0$, on aura donc

$$q = \frac{2\alpha^2}{\mathfrak{G}^2\lambda} \log \frac{1}{2}\left(e^{\frac{\mathfrak{G}\lambda t\sqrt{2gh}}{2\alpha}} + e^{-\frac{\mathfrak{G}\lambda t\sqrt{2gh}}{2\alpha}} \right),$$

pour le volume de liquide sorti du vase pendant le temps t. Au bout d'un certain temps, on pourra négliger la seconde exponentielle, par rapport à la première, et l'on aura simplement

$$q = \frac{t\alpha\sqrt{2gh}}{\mathfrak{G}} - \frac{2\alpha^2}{\mathfrak{G}^2\lambda} \log 2.$$

Le premier terme est le volume correspondant à la vitesse constante $\frac{1}{\mathfrak{G}}\sqrt{2gh}$ de l'écoulement; le volume total est plus petit, parce qu'au commencement la valeur variable de u est moindre que cette vitesse finale.

672. Dans le cas du niveau variable, je considère u comme une fonction de h, et j'élimine dt entre les équations (4) et (5); ce qui donne

$$gh + \frac{\alpha^2 u\,du}{\lambda\omega\,dh} - \frac{1}{2}\mathfrak{G}^2 u^2 = 0,$$

en comprenant toujours la constante c dans h. J'appelle z la hauteur due à la vitesse u, de sorte qu'on ait

$$u^2 = 2gz, \quad udu = gdz.$$

L'équation précédente se change en une équation linéaire, savoir :

$$\frac{dz}{dh} - \frac{C^2\lambda\omega}{\alpha^2}\,z + \frac{\lambda\omega h}{\alpha^2} = 0, \qquad (7)$$

dont l'intégrale s'obtiendra, comme on sait, sous forme finie.

Connaissant z et u en fonctions de h, l'équation (5) donnera t en fonction de h, par une intégration immédiate ; en sorte que l'on connaîtra le temps écoulé, quand le niveau du liquide sera à une hauteur h au-dessus de l'orifice, et, réciproquement, la hauteur h du niveau EF au bout d'un temps quelconque t. On aura le temps entier de l'écoulement de tout le liquide, en intégrant la valeur de dt depuis la valeur initiale de h jusqu'à $h = 0$. Quant au volume q du fluide écoulé, il sera, à chaque instant, égal au volume du vase compris entre le niveau variable et le niveau initial.

673. Supposons, par exemple, que le vase soit un cylindre vertical, terminé par un segment de surface dont la flèche est très petite et dans lequel est percé l'orifice horizontal AB. Soient a l'aire constante de la section horizontale du cylindre, et n le rapport de a à α, de sorte qu'on ait

$$\alpha = \frac{a}{n}, \quad C^2 = \frac{n^2-1}{n^2}.$$

En faisant abstraction du segment inférieur du vase qu'on suppose très petit, on pourra prendre

$$\omega = a, \quad y = a, \quad \frac{1}{\lambda} = \frac{h}{a},$$

dans l'équation (7), qui deviendra alors

$$\frac{dz}{dh} - \frac{(n^2 - 1)z}{h} + n^2 = 0.$$

Son intégrale complète est

$$z = C h^{n^2 - 1} - \frac{n^2 h}{2 - n^2},$$

en désignant par C la constante arbitraire. Si on appelle H la valeur initiale de h, il faudra que z s'évanouisse pour $h = H$; ce qui exige qu'on ait

$$C = \frac{n^2}{2 - n^2} H^{2 - n^2},$$

d'où il résultera, à un instant quelconque,

$$z = \frac{n^2}{2 - n^2} (H^{2-n^2} h^{n^2-1} - h).$$

On aura, en même temps,

$$u = n \sqrt{2gh} \sqrt{\frac{H^{2-n^2} h^{n^2-2} - 1}{2 - n^2}}, \qquad (8)$$

et, en vertu de l'équation (5),

$$dt = - \frac{dh}{\sqrt{2gh}} \sqrt{\frac{2 - n^2}{H^{2-n^2} h^{n^2-2} - 1}}. \qquad (9)$$

C'est donc cette formule qu'il faudra intégrer pour obtenir t en fonction de h. Dans le cas de $n = 1$, ou aura

$$dt = -\frac{dh}{\sqrt{2g}\sqrt{H-h}};$$

d'où l'on tire

$$t = \sqrt{\frac{2}{g}}\ \sqrt{H-h},$$

et, par conséquent,

$$H - h = \tfrac{1}{2}gt^2,$$

comme cela doit être, puisque l'orifice étant alors égal à la base du cylindre, le mouvement du fluide doit être le même que celui d'un corps solide pesant qui tombe dans le vide. La formule (9) s'intègre encore sous forme finie, lorsqu'on a $n^2 = 3$; et cela n'a lieu que pour cette valeur et pour $n^2 = 1$. Mais son intégrale définie, prise depuis $h = H$ jusqu'à $h = 0$, qui exprime le temps de l'écoulement entier du liquide, pourra toujours se réduire à des transcendantes que M. Legendre a nommées *intégrales Eulériennes* de la seconde espèce, et dont il a donné des tables numériques. J'ai effectué ailleurs cette réduction (*); ici je me bornerai à appliquer la formule (9) au cas de $n^2 = 2$, où elle se présente sous la forme $\frac{0}{0}$.

D'après la règle ordinaire, sa véritable valeur est

$$dt = -\frac{dh}{\sqrt{2gh}}\left(\log.\frac{H}{h}\right)^{-\frac{1}{2}}.$$

(*) *Correspondance sur l'École Polytechnique*, tome III, page 284.

Or, si l'on fait

$$ h = \mathrm{H}e^{-2x^2}, \quad dh = -4\mathrm{H}e^{-2x^2}x\,dx ; $$

il en résultera

$$ dt = 2\sqrt{\frac{2\mathrm{H}}{g}}\,e^{-x^2}dx. $$

Les limites relatives à x, qui répondent à $h = \mathrm{H}$ et $h = \mathrm{o}$, seront $x = \mathrm{o}$ et $x = \infty$; si donc on appelle T le temps de l'écoulement total, on aura

$$ \mathrm{T} = 2\sqrt{\frac{2\mathrm{H}}{g}}\int_{\mathrm{o}}^{\infty} e^{-x^2}dx = \sqrt{\frac{2\pi\mathrm{H}}{g}}, $$

en observant que l'intégrale $\int_{\mathrm{o}}^{\infty} e^{-x^2}dx$ est la moitié de $\int_{-\infty}^{\infty} e^{-x^2}dx$, qui a $\sqrt{\pi}$ pour valeur, comme on l'a vu dans le n° 512. Il s'ensuit que le temps T est celui des petites oscillations d'un pendule simple, dont la longueur serait $\frac{2}{\pi}\mathrm{H}$.

674. Lorsque l'orifice AB est très petit par rapport aux sections horizontales du vase, on peut négliger le terme multiplié par α dans l'équation (4), à moins que le facteur $\frac{du}{dt}$ ne soit très grand ; ce qui a lieu, en effet, au commencement du mouvement, où la vitesse u varie avec une grande rapidité. On peut aussi y mettre l'unité à la place de $\mathcal{G}$; et alors, soit que le niveau EF s'abaisse ou qu'il ne varie pas, l'équation (4) se réduit à

$$ g(h + c) - \tfrac{1}{2}u^2 = \mathrm{o} ; $$

d'où l'on tire

$$n = \sqrt{2g\,(h + c)}.$$

Il en résulte ce théorème : que la vitesse d'un liquide qui sort d'un vase par un très petit orifice, est égale à celle qu'un corps pesant acquerrait en tombant dans le vide, d'une hauteur égale à celle du niveau du liquide au-dessus de cet orifice, quand les pressions supérieure et inférieure sont égales, ou, plus généralement, de la hauteur du niveau, augmentée de la constante c, quand ces deux pressions sont inégales.

Dans le cas du niveau constant, ce théorème résulte de la valeur finale de u, trouvée dans le n° 671, en y faisant $6 = 1$. Il résulte aussi de la formule (8), appliquée au cas où n est un très grand nombre, afin que l'orifice α soit une très petite partie de la section horizontale a du cylindre. On peut alors mettre n^2 à la place de $n^2 - 2$; ce qui change d'abord la formule (8) en celle-ci :

$$u = \sqrt{2gh}\,\sqrt{1 - \left(\frac{h}{\mathrm{H}}\right)^{n^2}}.$$

Or, dès que h sera notablement moindre que H, la puissance n^2 du rapport $\dfrac{h}{\mathrm{H}}$ sera une très petite fraction, et cette valeur de u se réduira, à très peu près, à $u = \sqrt{2gh}$.

L'orifice AB étant très petit, si la section MN n'est pas très voisine de cette ouverture, le rapport $\dfrac{\alpha^2}{\gamma^2}$, qui entre dans la formule (3), sera très petit ; le rapport $\dfrac{\alpha^2}{\omega^2}$ l'est également ; on pourra donc supprimer le dernier terme de cette formule; et si l'on néglige aussi le terme multiplié par α, elle se réduira à

$$p = \varpi + g\rho(x - \theta);$$

d'où l'on conclut que, dans le cas d'un très petit orifice, la pression en tous les points du vase éloignés de cette ouverture, est sensiblement la même pendant le mouvement que dans l'état d'équilibre.

675. L'hypothèse du parallélisme des tranches exige, en général, que l'orifice soit horizontal; mais, dans le cas d'un très petit orifice, on l'admet encore lorsque le liquide s'écoule par une ouverture latérale, dont le plan a une inclinaison quelconque, et peut même être vertical. L'observation fait voir qu'alors le liquide situé à peu de distance au-dessous de cette petite ouverture, demeure stagnant, et que les tranches horizontales situées à une pareille distance au-dessus de cette même ouverture, descendent parallèlement à elles-mêmes; en sorte que le parallélisme des tranches n'est troublé, comme dans le cas d'un petit orifice horizontal, que pour la partie du liquide très voisine de l'orifice. On pourra donc prendre $\sqrt{2g(h + c)}$, pour la vitesse d'un liquide qui s'écoule par une très petite ouverture, quelle que soit l'inclinaison de cet orifice; h étant la hauteur variable ou constante du niveau du liquide au-dessus du centre de l'orifice, et c la constante provenant de la différence des pressions extérieures qui répondent à ce niveau et à cette ouverture. Si le vase est placé dans le vide, de sorte que les deux pressions et cette

constante soient nulles, les molécules du liquide auront, en sortant du vase, la vitesse $\sqrt{2gh}$ due à la hauteur h, qui est aussi la vitesse nécessaire pour s'élever, dans le vide, à cette hauteur (n° 130). Par conséquent, si l'on donne au fluide, au moyen d'un tuyau, une direction verticale, il remontera, au dehors, à la hauteur de son niveau intérieur; ce qui est, en effet, conforme à l'expérience. Généralement, les molécules du fluide décriront dans le vide, après un très court intervalle de temps, des paraboles dont la tangente à leur point de départ dépendra de la direction du jet, et le paramètre, de la hauteur h ou $h + c$, si la constante c n'est pas nulle.

La pression p sera sensiblement la même que dans l'état d'équilibre, excepté à l'orifice, où elle sera égale à $\varpi - g\rho c$, au lieu de $\varpi + g\rho h$. Or, si elle était aussi égale à $\varpi + g\rho h$ sur cette partie du vase, les pressions horizontales se détruiraient, les pressions verticales se réduiraient au poids du liquide, augmenté de la pression $\varpi\omega$ qui a lieu sur la surface du niveau; d'où l'on peut conclure que, dans l'état de mouvement, la charge totale que le vase aura à supporter se composera de la pression verticale qui aurait lieu dans l'état d'équilibre, et d'une force normale au plan de l'orifice, dirigée de dehors en dedans du vase, et égale à l'excès de la pression $(\varpi + g\rho h)\,\alpha$ sur la pression $(\varpi - g\rho c)\,\alpha$, ou à $g\rho(h+c)\,\alpha$, en désignant toujours par α l'aire très petite de cet orifice.

676. Dans le cas d'un niveau constant et d'un orifice très petit, horizontal ou incliné, la *dépense* pen-

dant le temps t, c'est-à-dire, le volume q du liquide qui sort du vase avec la vitesse $\sqrt{2gh}$, sera

$$q = at\sqrt{2gh};$$

ce qui résulte aussi de la valeur finale de q trouvée dans le n° 671, en y négligeant le carré de α. Mais on ne doit pas oublier que l'hypothèse du parallélisme des tranches, sur laquelle cette valeur de q est fondée, n'est qu'une approximation dont le degré d'exactitude ne peut pas être évalué *à priori*, et dont les résultats ne doivent pas être employés sans restriction. Or, l'expérience ne s'accorde pas toujours avec cette valeur théorique de la dépense.

Si la paroi du vase n'est pas très mince, et que l'ouverture pratiquée dans son épaisseur soit évasée intérieurement, de telle sorte que le fluide qui s'écoule hors du vase soit un cylindre vertical, ou un cylindre recourbé dont les sections normales soient constantes et égales à l'aire α de l'orifice, prise sur la surface extérieure du vase; dans ce cas, disons-nous, la dépense observée s'accorde avec la valeur précédente de q. Mais dans le cas d'un orifice en *mince paroi*, la dépense observée est toujours proportionnelle à l'aire de l'orifice, et à la racine carrée de l'élévation du niveau, comme dans la formule théorique; mais elle s'écarte de cette formule dans sa valeur absolue, qui en diffère par un facteur à peu près constant et moindre que l'unité. D'après les expériences qui méritent le plus de confiance, ce facteur est 0,62; en sorte que la valeur de q, dont on fait usage dans la pratique, est

$$q = (0{,}62)\, \alpha t \sqrt{2gh},$$

pour un très petit orifice en mince paroi, et une hauteur du niveau assez grande par rapport aux dimensions de cette ouverture, horizontale ou inclinée.

On attribue cette différence aux directions inclinées que prennent les molécules du liquide en approchant de l'orifice, que je suppose horizontal, pour fixer les idées; directions qu'elles conservent après avoir traversé la mince paroi du vase. Il en résulte que la veine fluide extérieure se rétrécit, jusqu'à une petite distance du vase, où la section transversale est à son *minimum*, pour devenir ensuite constante. Ce phénomène est ce qu'on appelle la *contraction de la veine fluide*. L'écoulement du fluide est le même que si l'orifice était la section de la veine à l'endroit de sa plus grande contraction, de manière que si l'on désigne par α' l'aire de cette section, et par h' sa distance constante au niveau du liquide, la dépense sera exprimée par $\alpha' t\sqrt{2gh'}$, ou, à très peu près, par $\alpha' t \sqrt{2gh}$, à cause du peu de différence de h' et h; or, en effet, par des mesures directes de la section α' comparée à l'orifice α, on trouve que ces deux quantités sont dans un rapport à peu près indépendant de h, et que l'on a constamment $\alpha' = (0{,}62)\, \alpha$.

Si l'on adapte à l'orifice en mince paroi, un *ajutage* cylindrique en dehors du vase, perpendiculaire au plan de l'orifice, et par lequel l'écoulement aura lieu, l'expérience montre que la dépense est augmentée, et peut s'élever aux quatre cinquièmes du résultat de la théorie. Si cet ajutage est enfoncé dans l'intérieur du vase, la dépense est, au contraire, diminuée, et réduite à moitié de la dépense théorique ; en sorte que, dans la valeur précédente de q, le facteur 0,62 doit être remplacé par 0,80 dans le premier cas, et par 0,50 dans le second. Je me borne à citer succinctement ces résultats de l'observation, qui n'ont été ramenés, jusqu'à présent, à aucune théorie.

677. On admet aussi l'hypothèse du parallélisme des tranches dans le mouvement d'un fluide élastique qui sort d'un vase par un orifice quelconque ; et elle s'écarte peu de la vérité, quand les sections du vase, parallèles au plan de l'orifice, ne diffèrent pas beaucoup l'une de l'autre, et que la longueur du vase est assez grande par rapport à leurs dimensions.

Dans ce cas, on peut faire abstraction de la pesanteur, et supposer que le mouvement soit uniquement dû à la force élastique du fluide, plus grande ou plus petite à l'intérieur du vase qu'en dehors. On supprimera donc le terme dépendant de g dans l'équation (1), qui convient aux liquides et aux fluides élastiques. De plus, la différentielle de v, qu'elle renferme, devant être prise par rapport à t et à la variable x considérée comme fonction de t, on aura

$$dv = \frac{dv}{dt} dt + \frac{dv}{dx} \frac{dx}{dt} dt ;$$

et, comme on a aussi $\frac{dx}{dt} = v$, cette équation deviendra

$$\frac{dp}{dx} + \rho\,\frac{dv}{dt} + \rho v\frac{dv}{dx} = 0. \qquad (a)$$

Le fluide étant compressible, il n'en passera plus un même volume, à chaque instant, par toutes les sections du vase, et l'équation (2) n'aura pas lieu. La masse de fluide qui passe pendant l'instant dt par la section MN, sera égale à $\rho \gamma v dt$; ce sera cette même masse qui passera, l'instant d'après, en changeant de volume, par la section M′N′; et pendant toute la durée du mouvement, sa grandeur ne variera pas. La différentielle du produit $\rho\gamma v$, prise par rapport à t et à la variable x considérée comme une fonction de t, sera donc nulle; et à cause que γ n'est fonction que de x, et qu'on a $\frac{dx}{dt} = v$, on en conclura

$$\rho v^{2}\frac{d\gamma}{dx} + \gamma\,\frac{d.\rho v}{dt} + \gamma v\,\frac{d.\rho v}{dx} = 0. \qquad (b)$$

Enfin, si l'on suppose que la température demeure constante pendant le mouvement, dans toute la masse du fluide, on aura

$$p = \rho k;$$

k étant un coefficient constant et donné.

Cela posé, en mettant $\frac{p}{k}$ au lieu de ρ dans les équations (a) et (b), on aura deux équations aux différences partielles du premier ordre, pour déterminer, en fonctions de x et t, les deux inconnues v et p du problème. Elles ne sont pas intégrables sous forme finie, et les valeurs de v et p ne pourront s'ob-

tenir que par approximation. Ces valeurs renfermeront deux fonctions arbitraires, que l'on déterminera d'après deux conditions particulières; pour cela,
je supposerai, d'une part, que l'écoulement ait lieu
à l'air libre, en sorte qu'en désignant par ϖ la pression atmosphérique, rapportée à l'unité de surface,
on ait constamment $p = \varpi$, à l'orifice AB. D'un autre
côté, je supposerai aussi que le vase soit en communication avec un gazomètre d'une grande capacité,
au moyen duquel on entretienne une pression constante et donnée, sur une section EF du fluide, parallèle à AB et de position fixe, de manière qu'en
désignant par ϖ' cette pression rapportée à l'unité de
surface, on ait aussi $p = \varpi'$, en cet endroit du vase,
pendant toute la durée du mouvement. Si donc on
compte la distance x à partir du plan EF, et qu'on
appelle l la distance comprise entre AB et EF, on
aura, quel que soit t, $p = \varpi'$ pour $x = 0$, et $p = \varpi$
pour $x = l$; ce qui servira à déterminer les deux
fonctions arbitraires, et à compléter la solution du
problème. Mais cette solution est trop compliquée
pour qu'on en puisse déduire aucun résultat utile; et,
dans la pratique, il suffit de connaître la vitesse
constante de l'écoulement du fluide par l'orifice AB,
lorsque la pression p et la vitesse v sont devenues constantes en chaque point du vase; ce qui
arrive, en général, après un très court intervalle
de temps.

678. Faisons donc $\dfrac{dv}{dt} = 0$ et $\dfrac{dp}{dt} = 0$, dans les
équations (a) et (b); elles se réduiront à deux équa-

tions différentielles, savoir :

$$\frac{k}{p}\frac{dp}{dx} + v\frac{dv}{dx} = 0, \quad pv\frac{dy}{dx} + y\frac{d.pv}{dx} = 0, \quad (c)$$

à cause de $p = k\rho$.

L'intégrale de la seconde de ces équations est

$$ypv = c;$$

c étant la constante arbitraire. En désignant toujours par α l'orifice AB, et par u la vitesse du fluide à cet orifice, de sorte qu'on ait à la fois $y = \alpha$, $v = u$, $p = \varpi$, et, par conséquent, $c = \alpha\varpi u$, il en résultera, en un point quelconque du vase,

$$v = \frac{\alpha\varpi u}{yp}. \qquad (d)$$

En substituant cette valeur de v dans la première équation (c), il vient

$$\frac{k}{p}\frac{dp}{dx} + \frac{\alpha^2\varpi^2 u^2}{py}\frac{d.\frac{1}{py}}{dx} = 0;$$

d'où l'on tire, en intégrant et désignant par c' la constante arbitraire,

$$k \log p + \frac{\alpha^2\varpi^2 u^2}{2p^2 y^2} = c'.$$

Je désigne par a l'aire de la section EF, de sorte qu'on ait, en même temps, $y = a$ et $p = \varpi'$; on aura donc

$$k \log \varpi' + \frac{\alpha^2\varpi^2 u^2}{2\varpi'^2 a^2} = c',$$

et, en retranchant cette équation de la précédente,

$$k \log \frac{p}{\varpi'} + \frac{1}{2} \alpha^2 \varpi^2 u^2 \left(\frac{1}{p^2 y^2} - \frac{1}{\varpi'^2 \alpha^2} \right) = 0. \quad (e)$$

Les équations (d) et (e) feront connaître la vitesse et la pression en un point quelconque du vase, dès que l'on connaîtra la vitesse u relative à l'orifice. Or, en faisant $p = \varpi$ et $y = \alpha$, dans l'équation (e), on en conclut

$$u^2 \left(1 - \frac{\alpha^2 \varpi^2}{a^2 \varpi'^2} \right) = 2k \log \frac{\varpi'}{\varpi} ; \quad (f)$$

d'où l'on tirera la valeur de u. On fera, dans cette formule,

$$k = grh,$$

en appelant g la gravité, et r le rapport de la densité du mercure à celle du fluide intérieur, sous une pression barométrique dont la hauteur est h, le volume du fluide qui sortira du vase pendant le temps t aura pour valeur aut.

Quand l'orifice sera très petit, on remarquera, comme dans le n° 675, qu'il ne sera plus nécessaire qu'il soit parallèle à la section EF, c'est-à-dire, qu'il pourra être pratiqué à la partie latérale du vase, et avoir une inclinaison quelconque sur le plan de cette section. On pourra alors négliger le terme dépendant de $\frac{\alpha^2}{a^2}$, dans le premier membre de l'équation (f) qui deviendra

$$u^2 = 2grh . \log \frac{\varpi'}{\varpi} ;$$

par conséquent, la vitesse de l'écoulement du fluide

par un très petit orifice, sera celle qui serait due à une hauteur rh, multipliée par le logarithme népérien du rapport $\frac{\varpi'}{\varpi}$. La supposition qu'on a faite d'une température invariable pendant toute la durée du mouvement exige que la vitesse u ne soit pas très considérable, sans quoi la température varierait comme dans la propagation du son.

ADDITION

Relative à l'usage du principe des forces vives, dans le calcul des machines en mouvement.

679. Le principe des vitesses virtuelles donne immédiatement les conditions d'équilibre des forces appliquées aux machines ; celui des forces vives renferme de même la théorie de leur mouvement, et fournit le moyen le plus direct de calculer les effets des forces qui leur sont appliquées. Cet usage du principe des forces vives forme, pour ainsi dire, le point de jonction de la Mécanique rationnelle et de la Mécanique industrielle. C'est pourquoi j'ai cru devoir donner succinctement, dans cette *addition,* les notions les plus générales sur cette matière. Pour de plus grands développemens, j'indiquerai les leçons de M. Navier, à l'École des Ponts-et-Chaussées, et de M. Poncelet, à l'École de l'Artillerie et du Génie, qui ont été seulement lithographiées, mais auxquelles ces savans professeurs donneront sans doute plus de publicité.

680. Les *machines* sont des instrumens ou des systèmes de corps solides, propres à transporter l'action des forces, d'une partie à une autre de ces assemblages.

Quand une machine est en mouvement, certains

points sont donc soumis à des forces données, et d'autres parties exercent des pressions sur les corps extérieurs, ou sont pressées réciproquement par ces corps que la machine est destinée à déplacer ou à déformer. Les premières forces s'appellent *forces mouvantes;* leurs points d'application se meuvent suivant leurs directions, ou, plus généralement, les directions des mouvemens de ces points font des angles aigus avec celles de ces forces. Par opposition, on nomme *forces resistantes*, les pressions exercées par les corps extérieurs; et les directions des mouvemens de leurs points d'application sont contraires à celles de ces forces, ou, du moins, elles font avec celles-ci des angles obtus.

La liaison des parties d'une machine est telle, qu'elle ne peut prendre, en général, que deux mouvemens directement opposés l'un à l'autre; il s'ensuit donc que, quand le sens du mouvement qu'elle prend effectivement est connu, il suffit d'une seule équation pour déterminer ce mouvement d'une manière complète. Cette équation est celle que l'on obtient en intégrant les deux membres de l'équation (*a*) du n° 564, savoir :

$$\tfrac{1}{2}\, d.\, \Sigma m v^{2} = \Sigma m(\mathrm{X} dx + \mathrm{Y} dy + \mathrm{Z} dz). \quad (a)$$

Au bout d'un temps quelconque t, compté depuis l'origine du mouvement, v représente la vitesse du point dont x, y, z, sont les trois coordonnées rapportées à des axes fixes et rectangulaires; m est la masse de ce point; dx, dy, dz, sont les projections, sur ces axes, de l'espace qu'il parcourt pendant l'instant dt; on désigne par $m\mathrm{X}$, $m\mathrm{Y}$, $m\mathrm{Z}$, les composantes de sa force motrice parallèles à ces mêmes axes, et les sommes Σ s'étendent à tous les points m du système.

681. Avant d'aller plus loin, il importe de distinguer, dans le second membre de l'équation (a), les termes qui proviennent des forces mouvantes et ceux qui résultent des forces résistantes, et de leur donner une autre forme.

Pour cela, soient P une des forces mouvantes, et α, ς, γ, les angles que fait sa direction avec des parallèles aux axes des x, y, z; relativement à cette force, on aura

$$m\mathrm{X} = \mathrm{P}\cos\alpha, \quad m\mathrm{Y} = \mathrm{P}\cos\varsigma, \quad m\mathrm{Z} = \mathrm{P}\cos\gamma.$$

Soient aussi ds l'espace décrit par son point d'application pendant l'instant dt, et λ, μ, ν, les angles que fait la direction de ds avec ses projections dx, dy, dz, de sorte qu'on ait

$$dx = ds\cos\lambda, \quad dy = ds\cos\mu, \quad dz = ds\cos\nu.$$

Désignons enfin par dp la projection de ds sur la direction de la force P, et par σ l'angle compris entre dp et ds; nous aurons

$$dp = ds\cos\sigma, \quad \cos\sigma = \cos\alpha\cos\lambda + \cos\varsigma\cos\mu + \cos\gamma\cos\nu;$$

et, de ces diverses équations, on déduira

$$m(\mathrm{X}dx + \mathrm{Y}dy + \mathrm{Z}dz) = \mathrm{P}dp,$$

pour le terme du second membre de l'équation (a), qui répond à la force P.

En désignant par Q une des forces résistantes, et

par dq la projection sur le prolongement de sa direction, de l'espace parcouru pendant l'instant dt par son point d'application, on trouvera de même $-Qdq$ pour le terme de ce second membre qui provient de la force Q. De cette manière, l'équation (a) prendra la forme

$$\tfrac{1}{2}\,d.\Sigma mv^{2} = \Sigma Pdp - \Sigma Qdq; \quad (b)$$

l'une des sommes Σ contenues dans son second membre s'étendant à toutes les forces mouvantes de la machine, et l'autre à toutes les forces résistantes. D'après les hypothèses qu'on a faites sur les directions de ces deux sortes de forces, eu égard au sens des mouvemens des points où elles agissent, les quantités dp et dq sont positives, ainsi que P et Q, et conséquemment, les sommes Σ ne se composent que de termes positifs.

682. En désignant par k la vitesse initiale du point quelconque m, ou la valeur de v qui répond à $t = 0$, et intégrant les deux membres de l'équation (b), on aura

$$\tfrac{1}{2}\Sigma mv^{2} - \tfrac{1}{2}\Sigma mk^{2} = \int \Sigma Pdp - \int \Sigma Qdq; \quad (c)$$

les intégrales étant prises de manière qu'elles s'évanouissent à l'origine du mouvement.

C'est sous cette forme qu'on emploie l'équation des forces vives, pour calculer les effets des machines en mouvement; elle coïncide avec l'équation (b) du n° 564, lorsqu'on peut effectuer les intégrations indiquées dans son second membre.

Les produits Pdp et Qdq, dont les sommes sont soumises à ces intégrations, ont reçu différentes dénominations : on les appelle *quantités d'action*, *momens d'activité, effets dynamiques*, des forces P et Q. Il serait à désirer qu'on les désignât toujours par un même nom. M. Coriolis a proposé de les nommer *quantités de travail élémentaire*; nous adopterons cette dénomination. Les sommes $\Sigma P dp$ et $\Sigma Q dq$ seront donc les quantités de travail élémentaire, produites pendant un même instant par toutes les forces mouvantes et toutes les forces résistantes; et leurs intégrales $\int \Sigma P dp$ et $\int \Sigma Q dq$ exprimeront le *travail moteur* et le *travail résistant* qui ont eu lieu dans la machine, depuis l'origine du mouvement jusqu'à l'instant que l'on considère.

Ainsi, l'équation (c) signifiera que, dans une machine en mouvement, l'accroissement, pendant un temps quelconque, de la demi-somme des forces vives de toutes ses parties, est toujours égal à l'excès du travail moteur sur le travail résistant, pendant le même temps.

683. Si la force mouvante P, ou la force résistante Q, est un poids Π, qui descende, dans le premier cas, d'une hauteur verticale h, ou qui monte, dans le second cas, à la même hauteur, le travail moteur ou résistant qui en résultera, aura pour valeur le produit Ph, quel que soit le chemin parcouru par ce poids, de manière que h soit toujours la projection verticale de la ligne droite ou courbe que son centre de gravité a suivie. Si cette ligne est fermée ou présente des sinuosités, il y aura eu alternativement travail moteur et travail résistant; et h étant la différence de niveau du point de départ et du point d'ar-

rivée, Πh sera l'excès du premier travail sur le second. Dans le cas où il n'y a pas d'alternatives, la quantité de travail correspondante à un poids Π élevé à une hauteur h, équivaut à la quantité de travail qui répond à un autre poids Π' élevé à une hauteur h', telle que l'on ait $h' = \dfrac{\Pi h}{\Pi'}$.

Quelle que soit la force P ou Q, l'intégrale $\int P dp$ ou $\int Q dq$ est toujours équivalente au produit d'un poids Π et d'une hauteur h; et pour comparer entre eux et exprimer en nombres des travaux de différente nature, on peut ainsi les assimiler à des poids donnés, élevés à des hauteurs données. On prend alors pour unité de travail, que l'on appelle communément *unité dynamique*, le travail correspondant à un poids de 1000 kilogrammes, qu'on élève à la hauteur d'un mètre, ou qui descend d'un mètre de hauteur verticale. Cela étant, si l'on calcule les valeurs numériques des intégrales $\int P dp$ et $\int Q dq$, en prenant 1000 kilogrammes pour unité de force, et le mètre pour unité linéaire, les nombres que l'on obtiendra de cette manière exprimeront, en unités dynamiques, les quantités de travail représentées par ces intégrales. Une somme quelconque de force vive, telle que $\frac{1}{2}\Sigma m v^2$, par exemple, pourra aussi être exprimée en unités dynamiques; car si l'on appelle l la hauteur due à la vitesse v, g la gravité, et p le poids de m, on aura

$$v^2 = 2gl, \quad p = gm, \quad \tfrac{1}{2}\Sigma m v^2 = \Sigma p l;$$

et cette somme est de la même nature que les intégrales $\int P dp$ et $\int Q dq$, ou que le produit Πh.

684. Lorsque la machine part du repos, l'équation (c) se réduit à

$$\tfrac{1}{2}\Sigma mv^2 = \int \Sigma P dp - \int \Sigma Q dq. \qquad (d)$$

Son premier membre étant une quantité essentiellement positive, il faut que dans les premiers momens le travail moteur l'emporte sur le travail résistant. Mais les vitesses des points de la machine ne pouvant pas croître indéfiniment, ce premier membre atteint son *maximum* au bout d'un certain temps, qui est généralement peu considérable. Par un moyen qui sera indiqué tout-à-l'heure, on fait en sorte qu'à partir de cet instant du *maximum*, la demi–somme $\tfrac{1}{2}\Sigma mv^2$ des forces vives demeure constante, ou n'éprouve plus que de très petites variations; et l'on dit alors que la machine est parvenue à son état permanent. Dans cet état constant, on a, en différentiant l'équation précédente,

$$\Sigma P dp = \Sigma Q dq;$$

de manière que la machine n'a plus d'autre effet que de changer, à chaque instant, le travail moteur élémentaire en une quantité égale de travail résistant. Mais il importe d'observer que la quantité $\int \Sigma Q dq$ de travail résistant dans lequel se change le travail moteur $\int \Sigma P dp$, pendant un temps quelconque, ne comprend pas seulement le travail qu'on veut exécuter au moyen de cet instrument; l'intégrale $\int \Sigma Q dq$ comprend aussi le travail résistant qui provient du frottement des parties de la machine, entre elles ou

2..   48

contre des corps étrangers, et de la résistance du milieu dans lequel la machine est en mouvement.

Pour avoir égard, par exemple, aux frottemens, il faut, d'après ce qu'on a vu dans le n° 568, ajouter à l'intégrale $\int \Sigma Q dq$, provenant du travail résistant proprement dit, une autre intégrale $\int \Sigma f N ds$, dans laquelle f est le coefficient du frottement, N la pression mutuelle des parties frottantes, et ds l'élément de la courbe décrite par leur point de contact. Cette addition changera l'équation (d) en celle-ci :

$$\tfrac{1}{2}\Sigma mv^2 = \int \Sigma P dp - \int \Sigma Q dq - \int \Sigma f N ds. \qquad (e)$$

Il suit de là que quand une machine a atteint son état permanent, la quantité de travail $\int \Sigma P dp$, produite pendant un temps donné, par les forces mouvantes, n'est pas représentée en totalité par la partie utile $\int \Sigma Q dq$ du travail résistant, laquelle partie est toujours moindre que le travail moteur $\int \Sigma P dp$, de toute la quantité de travail correspondante aux frottemens et aux autres résistances. Une machine est d'autant meilleure que le travail utile $\int \Sigma Q dq$ approche davantage d'être égal au travail moteur $\int \Sigma P dp$; mais la première intégrale ne peut, quelle que soit la combinaison des parties de la machine, être égale à la seconde, ni, à plus forte raison, la surpasser. Parmi les machines imparfaites, où le travail utile n'était qu'une très petite fraction du travail moteur, et où la plus grande partie de celui-ci se trouvait absorbée par les frottemens, on peut citer, pour exemple, l'ancienne machine de Marly : le travail moteur consistait en une chute d'une partie considérable des eaux de la Seine, et le travail utile était l'élévation d'une quantité d'eau à une hauteur qui était bien loin de compenser l'exiguité de son volume.

685. Les quantités qui constituent essentiellement une machine sont la partie à laquelle sont appliquées les forces mouvantes, celle qui est en contact avec le corps que l'on a pour objet de mouvoir ou de déformer, et la partie intermédiaire qui transmet l'action des forces mouvantes. Quand on a satisfait aux conditions de la solidité, il importe, pour l'économie des frais de construction et pour la diminution des frottemens, que la masse totale de la machine soit la plus petite possible; mais il y a une autre considération, qui exige que l'on augmente cette masse, et qu'on ajoute aux trois parties essentielles dont elle se compose, une autre pièce qu'on appelle un *volant*, et qui consiste, en général, en un corps solide tournant autour d'un axe fixe horizontal.

Les mouvemens des trois premières parties d'une machine étant alternatifs ou révolutifs, la demi-somme $\frac{1}{2}\Sigma mv^2$ des forces vives qui s'y rapportent, après qu'elle a atteint son *maximum*, devient une quantité périodique; il en est de même, par conséquent, à l'égard du second membre de l'équation (e); en sorte que si la machine était réduite à ses trois parties essentielles, le travail moteur et le travail résistant, en comprenant dans celui-ci les effets des frottemens, l'emporteraient alternativement l'un sur l'autre; et si les variations alternatives du travail moteur $\int\Sigma\mathrm{P}dp$, et de la partie $\int\Sigma f\mathrm{N}ds$ du travail résistant, n'étaient pas réglées exactement sur les périodes de la machine, la quantité $\int\Sigma\mathrm{Q}dq$ de travail utile varierait continuellement. Or, pour la bonne exécution des ouvrages que l'on veut effectuer au moyen d'une machine, il est indispensable, le plus souvent, que le travail utile approche, autant que possible, de l'uniformité; et c'est à remplir cette condition que le volant est destiné.

En effet, soient dm un élément de la masse du volant, et r sa distance à l'axe de rotation; appelons ω la vitesse angulaire autour de cet axe, commune à tous les élémens dm, et qui peut varier d'un instant à un autre; $r\omega$ sera la vitesse absolue de dm; par conséquent, la somme des forces vives de toute la masse du volant aura pour valeur $\int r^2\omega^2 dm$, ou, ce qui est la même chose, le produit $\mu\omega^2$, en désignant par μ le moment d'inertie du volant par rapport à son axe, c'est-à-dire, l'intégrale $\int r^2 dm$ étendue à sa masse entière. Si donc on ajoute $\frac{1}{2}\mu\omega^2$ au premier membre de l'équation (e), et si l'on suppose que la demi-somme $\frac{1}{2}\Sigma mv^2$ se rapporte aux trois autres parties de la machine, on aura

$$\tfrac{1}{2}\mu\omega^2 + \tfrac{1}{2}\Sigma mv^2 = \int\Sigma\mathrm{P}dp - \int\Sigma\mathrm{Q}dq - \int\Sigma f\mathrm{N}ds;$$

d'où l'on tire

$$\int\Sigma\mathrm{Q}dq = \mathrm{R} - \tfrac{1}{2}\mu\omega^2,$$

en faisant, pour abréger,

$$\mathrm{R} = \int\Sigma\mathrm{P}dp - \int\Sigma f\mathrm{N}ds - \tfrac{1}{2}\Sigma mv^2.$$

Or, on conçoit que les variations de ω peuvent être réglées sur celles de cette quantité R, de manière que la variation totale de $R - \frac{1}{2}\mu\omega^2$ soit réduite à de très petites amplitudes, et que, par conséquent, le travail résistant soit à peu près invariable dans l'état permanent de la machine : on conçoit aussi que, toutes choses d'ailleurs égales, les variations de la vitesse ω du volant seront d'autant moindres, que son moment d'inertie μ sera plus grand.

686. Par l'addition d'un volant, la dépense de travail moteur nécessaire pour mettre la machine en mouvement et pour accroître la force vive totale jusqu'à ce qu'elle soit parvenue au *maximum*, se trouve augmentée; mais quand la machine est arrivée à son état permanent, les masses de ses différentes parties n'ont plus d'influence sur son travail, si ce n'est celle de leur poids sur les frottemens.

Pendant le mouvement de la machine, s'il survient un choc de ses parties entre elles ou contre des corps étrangers, et qu'après le choc les points de contact aient une vitesse commune dans le sens normal aux surfaces, il y aura diminution de force vive dans le système; si les parties qui se sont choquées se séparent, en vertu de leur élasticité, il y aura encore perte de force vive, quand ces parties ne seront pas parfaitement élastiques; et quand elles le seront, il y aura perte de force vive dans la première partie du choc, puis une augmentation précisément égale à cette perte dans la seconde partie (n° 572). Par conséquent, pour ramener la machine à son état permanent, sans qu'il y ait diminution dans la quantité de travail résistant, il faudra que les forces mouvantes fassent une nouvelle dépense de travail moteur, semblable à celle qui a eu lieu à l'origine du mouvement, et égale à la moitié de la force vive perdue dans le choc. C'est pourquoi, indépendamment du dommage que les chocs produisent dans les machines, il est encore nécessaire de les éviter, pour l'économie des forces mouvantes.

687. En général, le travail résistant qui provient des frottemens et de l'action du milieu, est une quantité continuellement croissante ; pour qu'il y ait un travail utile, ou, seulement, pour que le mouvement de la machine soit entretenu, il est donc nécessaire que la quantité de travail moteur croisse également avec le temps, dans un rapport au moins égal à celui de l'accroissement du travail résistant. Si cela n'a pas lieu, le travail résistant finira par être égal au travail moteur : à cet instant, la demi-somme des forces vives de tous les points du système sera nulle ; les vitesses de tous ces points seront zéro, et la machine s'arrêtera et se trouvera réduite au repos.

Aux frottemens et aux résistances des milieux qui produisent cet épuisement graduel de la force vive, on peut encore ajouter la communication d'une partie du mouvement de la machine à ses supports, laquelle partie va ensuite se perdre dans le sol sur lequel la machine est établie. Cette communication ne provient pas seulement du défaut de solidité des supports ; elle a aussi lieu en vertu de leur élasticité, qui permet au mouvement de s'y propager de la même manière que le son; et il peut résulter de cette propagation une diminution de vitesse des parties de la machine, semblable à celle qui serait produite par la résistance d'un milieu. J'ai donné un exemple de cet effet singulier, dans le mouvement d'un pendule suspendu à l'extrémité d'une verge élastique et horizontale, d'une longueur indéfinie (*).

Quand on supprime l'action des forces mouvantes, et que le travail utile de la machine a aussi cessé, l'équation des forces vives se change en celle-ci :

$$\tfrac{1}{2}\,\Sigma mv^{2} = \tfrac{1}{2}\,\Sigma mk^{2} - \int \Sigma f \mathrm{N} ds\,;$$

Σmk^{2} étant la somme des forces vives de tous les points du système à cet instant, Σmv^{2} cette somme à une époque subséquente, et $\int \Sigma f \mathrm{N} ds$ comprenant le travail qui provient des frottemens, de la résistance du milieu et de la perte du mouvement par les supports. Or, ce dernier terme sera bientôt égal à $\tfrac{1}{2}\,\Sigma mk^{2}$; la force vive de la machine se trouvera complètement épuisée, et la machine cessera de se mouvoir, comme on l'a déjà dit dans le n° 568.

688. Quand un homme transporte son propre poids, que j'appellerai Π, à une hauteur verticale h au-dessus de son point de départ, la quantité de travail produite est exprimée par Πh, d'après la règle du n° 683; mais cette quantité donnerait une idée très imparfaite des efforts musculaires qui ont été faits, et de la force totale que cet homme a déve-

---

(*) *Additions à la Connaissance des Tems* pour l'année 1833, page 26.

loppée. Il serait difficile d'en obtenir une mesure exacte; on peut seulement faire voir qu'elle doit surpasser, souvent de beaucoup, la quantité précédente, qui serait nulle si la hauteur h était zéro, quoique, certainement, il y ait une quantité de travail mécanique correspondante à la marche d'un homme sur un plan horizontal.

Dans cette marche, je suppose que l'homme ait d'abord le pied gauche en avant du pied droit; son centre de gravité est alors abaissé, au-dessous de sa position naturelle, d'une quantité que je désignerai par ε. En s'appuyant sur son pied gauche, et s'aidant du frottement de ce pied contre le sol, l'homme ramène son pied droit au niveau du pied gauche, puis le pied droit devance le pied gauche, et va se poser sur le sol; ce qui fait un pas entier, composé de deux parties. Or, dans la première partie, l'homme soulève son centre de gravité de la hauteur ε, et produit par là une quantité de travail égale à $\Pi\varepsilon$; il imprime, au même instant, à ce point une vitesse horizontale, que je désignerai par a, à la fin du premier demi-pas; ce qui répond à une autre quantité de travail équivalente à la demi-force vive $\frac{1}{2}\frac{\Pi a^2}{g}$, en désignant par g la gravité. On devrait encore ajouter à $\frac{1}{2}\frac{\Pi a^2}{g}$, la partie de la demi-somme des forces vives provenant des vitesses relatives de tous les autres points du corps (n° 569); mais j'en ferai abstraction dans cette évaluation, qui ne peut être qu'un aperçu. Je supposerai aussi que le second demi - pas a lieu en vertu de la vitesse acquise à la fin du premier, et du poids du corps qui retombe sur le sol, de manière que, pendant le second demi - pas, l'homme n'exerce plus aucun effort, et que les vitesses verticale et horizontale, dont son centre de gravité se trouve encore animé à la fin du pas entier, soient détruites par le choc et le frottement de son pied droit contre le sol. Dans cette hypothèse, la quantité de travail de l'homme pendant le pas entier sera la somme $\Pi\varepsilon + \frac{1}{2}\frac{\Pi a^2}{g}$, ou $\Pi(\varepsilon + \alpha)$, en appelant α la hauteur due à la vitesse a, de sorte qu'on ait $a^2 = 2g\alpha$.

Il suit de là que dans un nombre n de pas égaux et semblables, la quantité de travail d'un homme ou d'un animal, portant un fardeau et marchant sur une route horizontale, aura pour valeur $n\mathrm{K}(\varepsilon + \alpha)$, en désignant par K son poids Π augmenté de celui du fardeau. Si le poids total a été élevé verticalement à une hauteur h au-dessus du point de départ, il faudra ajouter $\mathrm{K}h$ à la quantité $n\mathrm{K}(\varepsilon + \alpha)$; et si le fardeau est traîné sur une route, où il éprouve un frottement qui soit représenté par une partie F de son poids, il en résultera une autre augmentation de travail égale à $\mathrm{F}l$, en appelant l la longueur du trajet.

689. Dans le calcul des effets des machines en mouvement, il est souvent utile de distinguer les vitesses communes et les vitesses relatives de leurs différens points. Pour cela, soient toujours x, y, z, au bout du temps t, les coordonnées du point

quelconque dont la masse est m; à cet instant, les composantes de sa vitesse absolue seront $\frac{dx}{dt}$, $\frac{dy}{dt}$, $\frac{dz}{dt}$; et, au bout du temps $t + dt$, les coordonnées de ce même point deviendront $x + dx$, $y + dy$, $z + dz$. Or, on peut décomposer le mouvement du système, pendant l'instant dt, en un mouvement de translation et de rotation commun à tous ses points, dans lequel leurs distances soient invariables, et en des mouvemens particuliers où ces distances varient convenablement. J'appellerai $d'x$, $d'y$, $d'z$, les accroissemens de x, y, z, qui proviennent du mouvement commun, et $d_{,}x$, $d_{,}y$, $d_{,}z$, ceux qui résultent du mouvement relatif de m, de sorte qu'on ait

$$dx = d'x + d_{,}x, \quad dy = d'y + d_{,}y, \quad dz = d'z + d_{,}z.$$

Pour ce point m, j'appellerai aussi u', v', w', les trois composantes de la vitesse commune qu'on regardera comme des fonctions données de t, x, y, z, et qui seront

$$u' = \frac{d'x}{dt}, \quad v' = \frac{d'y}{dt}, \quad w' = \frac{d'z}{dt};$$

celles de sa vitesse relative seront aussi $\frac{d_{,}x}{dt}$, $\frac{d_{,}y}{dt}$, $\frac{d_{,}z}{dt}$; on aura

$$\frac{dx}{dt} = u' + \frac{d_{,}x}{dt}, \quad \frac{dy}{dt} = v' + \frac{d_{,}y}{dt}, \quad \frac{dz}{dt} = w' + \frac{d_{,}z}{dt},$$

pour les composantes de sa vitesse absolue; et en différentiant, il en résultera

$$\left.\begin{aligned}
\frac{d^2x}{dt^2} &= \frac{du'}{dt} + \frac{dd_{,}x}{dt^2}, \\
\frac{d^2y}{dt^2} &= \frac{dv'}{dt} + \frac{dd_{,}y}{dt^2}, \\
\frac{d^2z}{dt^2} &= \frac{dw'}{dt} + \frac{dd_{,}z}{dt^2},
\end{aligned}\right\} \qquad (f)$$

pour les forces accélératrices de ce point m, suivant les axes des coordonnées ; les différentielles relatives à t qui sont indiquées, étant prises par rapport à cette variable et aux coordonnées x, y, z, regardées comme des fonctions de t.

Si ce point m est astreint à se mouvoir sur une sur-face qui peut être fixe ou mobile, mais dont la forme est invariable, il devra demeurer constam-ment sur cette surface, en vertu de sa vitesse absolue, et l'on pourra aussi supposer qu'il y resterait cons-tamment, en vertu du mouvement commun du sys-tème. En représentant par $L = 0$, l'équation de la surface, L sera une fonction donnée des coordonnées de m, rapportées à des axes mobiles qui participent au mouvement commun, et cette quantité pourra être changée en une fonction du temps et des coor-données de m rapportées à des axes fixes, c'est-à-dire, en une fonction de t, x, y, z. L'équation $L = 0$ devra subsister, lorsqu'on y remplacera ces quatre variables, soit par $t + dt$, $x + dx$, $y + dy$, $z + dz$, dans le mouvement absolu de m, soit par $t + dt$, $x + d'x$, $y + d'y$, $z + d'z$, dans le mou-vement commun du système. En négligeant les infi-niment petits du second ordre, on aura donc simul-tanément

$$\frac{dL}{dt} + \frac{dL}{dx}(d'x + d_,x)$$
$$+ \frac{dL}{dy}(d'y + d_,y) + \frac{dL}{dz}(d'z + d_,z) = 0,$$
$$\frac{dL}{dt} + \frac{dL}{dx}d'x + \frac{dL}{dy}d'y + \frac{dL}{dz}d'z = 0,$$

et, par conséquent,

$$\frac{dL}{dx}d_,x + \frac{dL}{dy}d_,y + \frac{dL}{dz}d_,z = 0. \qquad (g)$$

Cela posé, nous allons chercher la somme des forces vives dues aux vitesses relatives de tous les points du système, et la comparer à la somme des forces vives qui résultent de leurs vitesses absolues.

690. Reprenons, pour cela, la formule générale du n° 531, de laquelle on a déduit l'équation (a) du n° 680, et formons successivement les termes de cette formule, relatifs aux différentes sortes de forces qui peuvent agir sur le système que l'on considère.

Désignons d'abord par P une des forces extérieures et données; δp étant la projection du déplacement de son point d'application, sur sa direction, et en regardant cette projection comme une quantité positive ou négative, selon qu'elle tombe sur la direction même de P ou sur son prolongement, on aura, comme dans le n° 681,

$$m(X\delta x + Y\delta y + Z\delta z) = P\delta p,$$

pour la partie de la formule citée, qui résulte de cette force P.

Soit aussi R l'action mutuelle de deux points du

système dont les masses sont m et m' ; appelons r la distance mm', dont R est une certaine fonction ; x, y, z, x', y', z', étant les coordonnées de m et m', on aura

$$r^2 = (x - x')^2 + (y - y')^2 + (z - z')^2 ;$$

et si δr exprime la variation de r qui résulte de leurs accroissemens $\delta x, \delta y, \delta z, \delta x', \delta y', \delta z'$, on aura aussi

$$r\delta r = (x - x')(\delta x - \delta x')$$
$$+ (y - y')(\delta y - \delta y') + (z - z')(\delta z - \delta z').$$

Les composantes de la force R appliquée au point m, seront

$$mX = \pm \frac{(x - x')R}{r},$$
$$mY = \pm \frac{(y - y')R}{r},$$
$$mZ = \pm \frac{(z - z')R}{r},$$

et celles de la même force appliquée au point m',

$$m'X' = \pm \frac{(x' - x)R}{r},$$
$$m'Y' = \pm \frac{(y' - y)R}{r},$$
$$m'Z' = \pm \frac{(z' - z)R}{r};$$

d'où l'on conclut

$$m(X\delta x + Y\delta y + Z\delta z)$$
$$+ m'(X'\delta x' + Y'\delta y' + Z'\delta z') = \pm R\delta r,$$

pour la partie de la formule générale, provenant

de la force R; le signe supérieur ou le signe inférieur ayant lieu, selon que cette force est répulsive
ou attractive.

Si le point m est astreint à demeurer sur la surface
dont on a représenté l'équation par L $=$ o, dans le
numéro précédent, et que l'on appelle ω l'élément
de cette surface auquel le point m répond au bout
du temps t, et ωU la résistance qu'il en éprouve,
cette force sera normale à la position actuelle de ω;
on aura donc pour ses composantes

$$m\mathrm{X} = \omega\mathrm{UV}\,\frac{d\mathrm{L}}{dx}, \quad m\mathrm{Y} = \omega\mathrm{UV}\,\frac{d\mathrm{L}}{dy}, \quad m\mathrm{Z} = \omega\mathrm{UV}\,\frac{d\mathrm{L}}{dz},$$

en faisant, pour abréger,

$$\mathrm{V} = \left[\left(\frac{d\mathrm{L}}{dx}\right)^2 + \left(\frac{d\mathrm{L}}{dy}\right)^2 + \left(\frac{d\mathrm{L}}{dz}\right)^2 \right]^{-\frac{1}{2}};$$

et si l'on fait aussi

$$\mathrm{V}\left(\frac{d\mathrm{L}}{dx}\,\delta x + \frac{d\mathrm{L}}{dy}\,\delta y + \frac{d\mathrm{L}}{dz}\,\delta z\right) = \delta u,$$

il en résultera $\omega\mathrm{U}\delta u$, pour le terme de la formule générale qui provient de la résistance ωU.
Le facteur U exprimera cette résistance rapportée à l'unité de surface; δu sera la projection du
déplacement de m sur la normale à l'élément ω;
elle aura un signe ambigu, à cause du radical V, et l'on
regardera δu comme une quantité positive ou négative, selon que la projection du déplacement de m
tombera sur la direction même de la résistance ωU,
ou sur son prolongement.

Outre la résistance normale de la surface sur laquelle le point m est assujetti à se mouvoir, il éprouvera encore une résistance tangentielle provenant du frottement contre cette surface; et si l'on désigne cette force par ωF, et par δs la projection du déplacement du point matériel m sur sa trajectoire, il en résultera $\omega F \delta s$, pour le terme correspondant de la formule du n° 531.

D'après cela, cette formule pourra s'écrire ainsi :

$$\Sigma m\left(\frac{d^2 x}{dt^2}\delta x + \frac{d^2 y}{dt^2}\delta y + \frac{d^2 z}{dt^2}\delta z\right) \left. \right\}$$
$$= \Sigma P\delta p \pm \Sigma R\delta r + \Sigma \omega U\delta u - \Sigma \omega F\delta s; \left. \right\} \quad (h)$$

la somme Σ du premier membre répondant à tous les points du système, et les sommes Σ du second membre s'étendant, la première aux points qui sont soumis à des forces motrices extérieures, la seconde aux actions mutuelles de tous les points du système pris deux à deux, la troisième et la quatrième à tous les élémens des surfaces résistantes et frottantes. Cela posé, si l'obligation d'une partie des points du système, de demeurer sur ces surfaces, est la seule condition qui restreigne les mouvemens du système entier, on pourra maintenant considérer tous ces points comme entièrement libres, et faire telle hypothèse qu'on voudra sur les variations $\delta x, \delta y, \delta z,$ des coordonnées d'un point quelconque.

691. Je supposerai d'abord qu'on prenne

$$\delta x = dx, \quad \delta y = dy, \quad \delta z = dz;$$

de sorte que le déplacement du point quelconque m

soit celui qui a lieu effectivement pendant l'instant dt. On aura, en même temps, $\delta r = dr$; et l'on remplacera δp, δu, δs, par dp, du, ds, qui représentent les projections du déplacement réel du point m sur les directions des forces P, ωU, ωF. En appelant v, la vitesse d'un point quelconque m, et observant qu'on a

$$\frac{d^2x}{dt^2}\, dx + \frac{d^2y}{dt^2}\, dy + \frac{d^2z}{dt^2}\, dz = \tfrac{1}{2}\, d \cdot v^2,$$

l'équation (h) deviendra

$$\tfrac{1}{2} d . \Sigma m v^2 = \Sigma P dp \pm \Sigma R dr + \Sigma \omega U du - \Sigma \omega F ds.$$

En intégrant, on aura donc

$$\tfrac{1}{2}\Sigma m v^2 - \tfrac{1}{2}\Sigma m k^2 = \int\Sigma P dp \pm \int\Sigma R dr + \int\Sigma\omega U du - \int\Sigma\omega F ds; \left.\right\} (i)$$

k étant la valeur initiale de v, et les intégrales commençant à l'origine du mouvement.

Le terme $\int\Sigma P dp$ comprendra la partie du travail moteur qui répond au poids du système ; et si l'on appelle Π ce poids, et ζ la hauteur verticale dont le centre de gravité sera tombé pendant le temps t, cette partie sera égale à $\Pi\zeta$.

Lorsque les distances des points du système que l'on considère demeureront invariables pendant le mouvement, on aura $dr = 0$, et le terme $\int\Sigma R dr$ disparaîtra de l'équation (i). S'il s'agit d'un fluide, ce terme comprendra les attractions ou répulsions mutuelles de ses points, qui s'étendent à de grandes distances ; il comprendra aussi les actions mutuelles qu'on appelle proprement *forces moléculaires* (n° 588), qui ne s'étendent qu'à des distances insensibles, et qui produisent les pressions intérieures, auxquelles on n'a point eu égard en formant l'équation (i). La valeur de cette intégrale $\int \Sigma R\, dr$ dépendra du changement de forme et des condensations ou dilatations du fluide pendant son mouvement; et pour les très petites variations de densité qui ont lieu dans le liquide, elle pourra varier dans de très grands rapports, à raison des forces moléculaires ou des pressions intérieures qui en résultent (n° 576).

Les sommes $\Sigma \omega U\, du$ et $\Sigma \omega F\, ds$ comprises sous les deux dernières intégrales, sont elles-mêmes des intégrales doubles étendues à tous les élémens ω des surfaces résistantes et frottantes. Si la partie du système qui frotte contre une de ces surfaces est un corps solide, la force ωF sera indépendante de la vitesse de ce corps, et proportionnelle, pour chaque élément ω, à la pression correspondante, laquelle est égale et contraire à la résistance ωU. Si cette partie frottante du système est un fluide, la force ωF dépendra de sa vitesse relative, et sera indépendante de la pression (n° 456). Lorsque la surface dont $L = 0$ est l'équation, sera immobile, la projection du déplacement de m sur la normale à cette surface sera nulle, puisque le point m est assujetti à demeurer sur cette surface ; on aura donc $du = 0$; ce qui fera disparaître l'intégrale $\int \Sigma \omega U\, du$; et si l'on fait, de plus, abstraction du frottement, l'équation (i) se réduira à l'équation ordinaire des forces vives.

692. Prenons actuellement

$$\delta x = d_{\prime}x, \quad \delta y = d_{\prime}y, \quad \delta z = d_{\prime}z;$$

de manière que les déplacemens des points du système que suppose l'équation (h), soient leurs dépla-
cemens relatifs. Désignons par $d_{\prime}p, d_{\prime}u, d_{\prime}s$, les projections des déplacemens relatifs des points où sont
appliquées les forces P, U, F, sur leurs directions.
Les valeurs de δp, δu, δs, qui répondent à celles
de δx, δy, δz, que nous employons, seront $d_{\prime}p$,
$d_{\prime}u, d_{\prime}s$. De plus, les autres parties $d'x$, $d'y$, $d'z$,
des différentielles totales dx, dy, dz, n'influant pas,
par hypothèse, sur les distances mutuelles des points
du système, δr se changera dans la différentielle dr,
comme dans le numéro précédent. L'équation (h)
deviendra donc

$$\left. \begin{aligned} &\Sigma m \left(\frac{d^2x}{dt^2} d_{\prime}x + \frac{d^2y}{dt^2} d_{\prime}y + \frac{d^2z}{dt^2} d_{\prime}z \right) \\ &= \Sigma P d_{\prime}p \pm \Sigma R dr + \Sigma \omega U d_{\prime}u - \Sigma \omega F d_{\prime}s. \end{aligned} \right\} \quad (k)$$

Si l'on appelle $v_{\prime}$ la vitesse relative du point m, dont

les composantes sont $\dfrac{d_{\prime}x}{dt}$, $\dfrac{d_{\prime}y}{dt}$, $\dfrac{d_{\prime}z}{dt}$, on aura

$$v_{\prime}^2 = \left(\frac{d_{\prime}x}{dt} \right)^2 + \left(\frac{d_{\prime}y}{dt} \right)^2 + \left(\frac{d_{\prime}z}{dt} \right)^2,$$

et, en différentiant,

$$\tfrac{1}{2} d \cdot v_{\prime}^2 = \frac{dd_{\prime}x}{dt^2} d_{\prime}x + \frac{dd_{\prime}y}{dt^2} d_{\prime}y + \frac{dd_{\prime}z}{dt^2} d_{\prime}z.$$

En vertu des équations (f), on aura donc

$$\frac{d'x}{dt^2}\, d_{,}x + \frac{d'y}{dt^2}\, d_{,}y + \frac{d'z}{dt^2}\, d_{,}z$$

$$= \tfrac{1}{2}\, d.v_{,}^2 + \frac{du'}{dt}\, d_{,}x + \frac{dv'}{dt}\, d_{,}y + \frac{dw'}{dt}\, d_{,}z.$$

D'ailleurs, si l'on met $d_{,}x,\ d_{,}y,\ d_{,}z$, dans l'expression de δu du n° 690, pour avoir celle de $d_{,}u$, on aura

$$d_{,}u = V\left(\frac{dL}{dx}\, d_{,}x + \frac{dL}{dy}\, d_{,}y + \frac{dL}{dz}\, d_{,}z\right);$$

quantité nulle, en vertu de l'équation (g). Au moyen de ces valeurs, l'équation (k) prendra la forme

$$\tfrac{1}{2}\, d.\Sigma m v_{,}^2 + \Sigma m\left(\frac{du'}{dt}\, d_{,}x + \frac{dv'}{dt}\, d_{,}y + \frac{dw'}{dt}\, d_{,}z\right)$$
$$= \Sigma P d_{,}p \pm \Sigma R d_{,}r - \Sigma \omega F d_{,}s;$$

et, en intégrant, il en résultera

$$\tfrac{1}{2}\Sigma m v_{,}^2 - \tfrac{1}{2}\Sigma m k_{,}^2 = \int \Sigma P d_{,}p \pm \int \Sigma R d_{,}r - \int \Sigma \omega F d_{,}s$$
$$- \int \Sigma m\left(\frac{du'}{dt}\, d_{,}x + \frac{dv'}{dt}\, d_{,}y + \frac{dw'}{dt}\, d_{,}z\right); \qquad \left.\right\}(l)$$

$k_{,}$ étant la valeur initiale de $v_{,}$, et les intégrales commençant à l'origine du mouvement.

693. Cette équation (l) fera connaître l'accroissement, pendant le temps t, de la demi-somme des forces vives, dues aux vitesses relatives de tous les points du système.

En faisant directement dans la formule générale du n° 551, l'hypothèse qui nous a conduits à l'équation (l), c'est-à-dire, en y mettant $d_{,}x,\ d_{,}y,\ d_{,}z$, au lieu de $\delta x,\ \delta y,\ \delta z$, on aura

$$\Sigma m\left(\frac{d^{2}x}{dt^{2}}\,d_{,}x+\frac{d^{2}y}{dt^{2}}\,d_{,}y+\frac{d^{2}z}{dt^{2}}\,d_{,}z\right)$$
$$=\Sigma m\left(\mathrm{X}d_{,}x+\mathrm{Y}d_{,}y+\mathrm{Z}d_{,}z\right),$$

ou bien , d'après ce qui précède,

$$\tfrac{1}{2}\,d.m v_{,}^{2}$$
$$=\Sigma m\left[\left(\mathrm{X}-\frac{du'}{dt}\right)d_{,}x+\left(\mathrm{Y}-\frac{dv'}{dt}\right)d_{,}y+\left(\mathrm{Z}-\frac{dw'}{dt}\right)d_{,}z\right];$$

la somme Σ du second membre s'étendant à toutes les forces qui agissent sur les points du système, excepté les forces provenant des résistances normales des surfaces fixes ou mobiles, que les valeurs prises pour δx, δy, δz, ont la propriété de faire disparaître. Or, si l'on appelle H la force dont les trois composantes sont

$$m\left(\mathrm{X}-\frac{du'}{dt}\right),\quad m\left(\mathrm{Y}-\frac{dv'}{dt}\right),\quad m\left(\mathrm{Z}-\frac{dw'}{dt}\right),$$

et $d_{,}h$ la projection du déplacement relatif de son point d'application sur sa direction, on aura

$$m\left(\mathrm{X}-\frac{du'}{dt}\right)d_{,}x+m\left(\mathrm{Y}-\frac{dv'}{dt}\right)d_{,}y$$
$$+m\left(\mathrm{Z}-\frac{dw'}{dt}\right)d_{,}z=\pm\,\mathrm{H}d_{,}h,$$

selon que cette projection $d_{,}h$ tombera sur la direction même de la force H, ou sur son prolongement. Donc, en conservant H et $d_{,}h$ dans le premier cas, et employant L et $d_{,}l$ dans le second, on en conclura

$$\tfrac{1}{2}\Sigma m v_{,}^{2}-\tfrac{1}{2}\Sigma m k_{,}^{2}=\int\Sigma\mathrm{H}d_{,}h-\int\Sigma\mathrm{L}d_{,}l;$$

la somme $\Sigma\mathrm{H}d_{,}h$ s'étendant à toutes les forces mouvantes du système, et la somme $\Sigma L d_{/} l$ à toutes les forces résistantes.

Cette dernière équation n'est autre chose que l'équation (l) présentée sous une forme différente. En la comparant à l'équation (d), on voit que le principe des forces vives a encore lieu à l'égard des vitesses relatives des points du système, telles qu'elles ont été définies dans le n° 689, pourvu que l'on remplace les forces données P et Q, par d'autres forces H et L, qui dépendent des premières et du mouvement commun du système.

Ce théorème est dû à M. Coriolis. Il peut être employé utilement dans beaucoup de questions étrangères à ce traité de Mécanique rationnelle, et pour lesquelles nous renverrons au mémoire de l'auteur sur le *principe des forces vives dans les mouvemens relatifs des machines* (*).

694. Le terme $\int\Sigma R dr$, qui provient des forces moléculaires, est le même dans les deux équations (i) et (l); le plus souvent, le terme qui répond aux frottemens est aussi le même dans le mouvement absolu et dans le mouvement relatif du système, et ne change pas, par conséquent, en passant d'une équation à l'autre ; alors, en retranchant la seconde de ces équations de la première, on aura

$$\tfrac{1}{2}\Sigma m(v^2 - v_{/}^2) - \Sigma m(k^2 - k_{/}^2) = \int\Sigma P(dp - d_{/}p) \left.\right\}$$
$$+\tfrac{2}{1}\int\Sigma m\left(\frac{du'}{dt}d_{/}x + \frac{dv'}{dt}d_{/}y + \frac{dw'}{dt}d_{/}z\right) + \int\Sigma\omega U du. \left.\right\} \quad (m)$$

(*) *Journal de l'École Polytechnique*, 21ᵉ cahier.

Si les forces P se réduisent aux poids des différentes parties du système; que l'on appelle Π le poids total, et ζ' la hauteur verticale que décrit son centre de gravité pendant le temps t, dans le mouvement commun à tous ses points, il est aisé de voir que l'on aura aussi

$$\int \Sigma P \, (dp - d_{\prime}p) = \Pi\zeta'.$$

De plus, s'il n'y a qu'une seule surface résistante, et que ce soit, par exemple, un plan qui se meut parallèlement à lui-même, on pourra prendre, pour le mouvement commun du système, le mouvement donné de ce plan, car il satisfait aux deux conditions du n° 689 : il ne changera pas les distances mutuelles des points du système, et il n'empêchera pas les points qui sont en contact avec ce plan mobile, de demeurer à sa surface. D'ailleurs, il est évident que ce mouvement étant perpendiculaire au plan mobile, il n'influera aucunement sur les vitesses relatives des points qui glissent sur ce plan, non plus que sur les trajectoires qu'ils y décrivent; d'où il résulte que le travail résistant dû au frottement contre ce plan, sera le même dans le mouvement absolu et dans le mouvement relatif, comme le suppose l'équation (m).

Pour simplifier encore cette équation, je suppose que le mouvement du plan résistant soit uniforme; en sorte que tous ses points décrivent des perpendiculaires à sa position initiale, avec une vitesse commune, qui sera rendue, par un moyen quelconque, invariable et indépendante de l'action du système sur ce plan. Ses composantes u', v', w', seront constantes, et l'on aura

$$\int \Sigma m \left(\frac{du'}{dt} d_{,}x + \frac{dv'}{dt} d_{,}y + \frac{dw'}{dt} d_{,}z \right) = 0.$$

En désignant cette vitesse par a, et par α l'angle que sa direction fait avec celle de la pesanteur, on aura aussi

$$\zeta' = at \cos \alpha.$$

Soit, en outre, Q la pression exercée, au bout du temps t, sur la surface entière du plan donné, et dans le sens de la vitesse a. Le travail résistant qui répond à cette force prise en sens contraire de sa direction, c'est-à-dire, à la résistance du plan, sera $-\int Qadt$, pendant la durée du temps t, en supposant que l'intégrale s'évanouisse avec cette variable. En faisant passer le facteur a en dehors du signe $\int$, nous aurons donc

$$\int \Sigma \omega U du = - a \int Q dt,$$

pour la valeur du dernier terme de l'équation (m), laquelle deviendra

$$\tfrac{1}{2} \Sigma m(k^2 - k_{,}^2) - \tfrac{1}{2} \Sigma m(v^2 - v_{,}^2) + \Pi at \cos \alpha = a \int Q dt. \quad (n)$$

La vitesse $v_{,}$ est la résultante de v et de la vitesse a prise en sens contraire de sa direction; si donc, on représente par ε, l'angle que fait la direction de la vitesse v avec celle de a, on aura

$$v_{,}^2 = v^2 - 2av \cos \varepsilon + a^2;$$

et si l'on désigne par δ la valeur initiale de ε, on aura de même

$$k_{,}^{2} = k^{2} - 2ak \cos \delta + a^{2};$$

d'où il résulte

$$\tfrac{1}{2}\, \Sigma m(k^{2} - k_{,}^{2}) = a\, \Sigma mk \cos \delta - \tfrac{1}{2} a^{2}\Sigma m\,,$$
$$\tfrac{1}{2}\, \Sigma m(v^{2} - v_{,}^{2}) = a\, \Sigma mv \cos \varepsilon - \tfrac{1}{2} a^{2}\Sigma m\,;$$

ce qui change l'équation (n) en celle-ci ,

$$\Sigma mk \cos\delta - \Sigma mv \cos \varepsilon + \Pi t \cos \alpha = \int Q dt, \quad (o)$$

après qu'on a supprimé le facteur a commun à tous ses termes.

Les sommes $\Sigma mk \cos \delta$ et $\Sigma mv \cos \varepsilon$ expriment, au commencement et à la fin du temps t, les quantités de mouvement de tous les points du système , dans le sens perpendiculaire au plan donné ; le produit $\Pi t \cos \alpha$ est la quantité de mouvement produite suivant la même direction par le poids Π du système , pendant la durée du temps t ; et l'intégrale $\int Q dt$ est la quantité de mouvement détruite pendant ce temps par la résistance du plan donné. Or, il est évident que cette dernière quantité doit être égale à l'excès de la première somme sur la seconde, augmenté de la quantité $\Pi t \cos \alpha$; en sorte que l'équation précédente, qui exprime cette égalité, peut être regardée comme une vérification de notre analyse.

695. Lorsque la vitesse k de chaque point du système se changera brusquement dans la vitesse v, l'action du système sur le plan donné sera une percussion ; pendant sa durée très courte, on pourra

négliger l'effet $\Pi t \cos \alpha$ de la pesanteur ; et la quantité de mouvement détruite par le plan sera l'excès de $\Sigma m k \cos \delta$ sur $\Sigma m v \cos \varepsilon$.

Si le système est un corps solide situé au-dessus du plan, et qui demeure juxta-posé à sa surface après le choc, la composante $v \cos \varepsilon$ de la vitesse v sera la même, à cet instant, pour tous les points du corps, et égale à la constante a ; en différentiant l'équation (o) par rapport à t, on aura donc

$$\Pi \cos \alpha = Q \, ;$$

et, en effet, la vitesse du plan étant invariable, par hypothèse, il faut que sa résistance détruise incessamment les accélérations de la gravité, qui auraient lieu perpendiculairement à sa surface ; il faut donc que cette force soit égale et contraire à la composante du poids Π suivant cette direction, et que la pression Q soit égale à cette composante.

On peut remarquer que, quand l'angle α est obtus, la valeur précédente de Q a le signe —. Mais on a supposé plus haut que la pression exercée sur ce plan était dirigée dans le sens de la vitesse a ; et, si le contraire avait lieu, il faudrait changer le signe de Q dans toutes les équations précédentes. Or, la pression Q s'exerce effectivement en sens contraire de la vitesse a, lorsque l'angle α est obtus ; la valeur de Q est donc alors $- \Pi \cos \alpha$; ou, autrement dit, cette valeur est toujours $\Pi \cos \alpha$, abstraction faite du signe.

696. L'équation (o), évidente en elle-même, peut

servir à déterminer la pression d'une veine fluide en mouvement sur un plan AB (fig. 57), animé de la vitesse a perpendiculaire à ce plan, et dont la direction fait, avec celle de la pesanteur, un angle α.

Pour fixer les idées, supposons que le liquide sorte d'un vase par un orifice horizontal, et qu'il forme, au-dessous de la contraction de la veine (n° 676), un cylindre vertical dont tous les points ont une vitesse commune et verticale, que nous désignerons par γ. Supposons aussi que le niveau du liquide soit entretenu à une hauteur constante dans le vase ; ce qui rendra la vitesse γ indépendante du temps.

Jusqu'à une section horizontale CD, faite à une petite distance au-dessus du plan AB , la veine conservera sa forme cylindrique et sa vitesse γ ; elle s'étendra ensuite sur ce plan, et finira par le déborder. Au bout d'un certain temps, le fluide parviendra à un état permanent, dans lequel la vitesse de chaque molécule ne dépendra plus que du lieu qu'elle occupe, et où la pression en un point quelconque du plan AB sera aussi indépendante du temps. C'est dans cet état qu'il s'agira de déterminer la pression totale Q, exercée sur la surface entière du plan.

La partie de cette pression due au poids du liquide, sera la composante de ce poids, perpendiculaire au plan AB, défalcation faite de la partie de ce même poids, qui est soutenue par les parois du vase d'où le liquide s'écoule. Comme il sera toujours facile d'y avoir égard, dans chaque cas particulier, nous en ferons abstraction, et nous ferons, en conséquence, $\Pi = o$, dans l'équation (o). Il est évident qu'on pourra aussi, dans les sommes $\Sigma mk \cos \delta$ et $\Sigma mv \cos \varepsilon$, ne pas tenir compte des molécules du liquide situées au-dessus de CD, puisqu'elles conservent toujours la même vitesse, ce qui fait disparaître la différence de ces deux sommes. Enfin, si le diamètre de la veine fluide est très petit, l'épaisseur de la couche liquide sera aussi très petite, à une petite distance autour de l'axe de la veine. A cette distance, les vitesses relatives des points de la couche seront sensiblement parallèles au plan AB, dans toute l'épaisseur de la couche, ou, ce qui est la même chose, leurs composantes perpendiculaires à ce plan seront égales à a. De plus, cette partie du fluide comprise entre AB et CD sera beaucoup plus considérable que la partie voisine de l'axe de la veine, si la surface du plan AB est très grande par rapport à la section CD ; on pourra donc alors prendre a, sans erreur sensible, pour la composante $v \cos \varepsilon$ de la vitesse v de chaque point du fluide contenu entre AB et CD.

Cela posé, soit C'D' une autre section de la veine fluide, faite au-dessus de CD, et telle que le volume compris entre CD et C'D' soit équivalent au volume de fluide compris entre AB et CD. Appelons θ le temps que le premier volume du liquide emploie à traverser la section CD et à se changer dans le second volume. Supposons que les sommes $\Sigma mk \cos \delta$ et $\Sigma mv \cos \varepsilon$, de l'équation (o), étendues à tous les points du second volume, se rapportent au commencement et à la fin du temps θ. Au commencement, tous ces points étaient situés au-dessus de CD, et avaient, conséquemment, une vitesse γ, faisant un angle α avec la vitesse a; pour un point quelconque m, on a donc

$$k = \gamma, \quad \delta = \alpha, \quad k \cos \delta = \gamma \cos \alpha.$$

A la fin du temps θ, on a, comme on vient de le dire,

$$\nu \cos \varepsilon = a,$$

pour un point quelconque m du liquide contenu entre AB et CD. Si donc on appelle μ la masse de ce liquide, il en résultera

$$\Sigma mk \cos \delta - \Sigma m\nu \cos \varepsilon = \mu (\gamma \cos \alpha - a).$$

D'ailleurs, la pression Q étant constante, l'intégrale $\int Q dt$ est égale au produit $Q\theta$, pour la durée du temps θ; d'après l'équation (o), nous aurons donc

$$\mu (\gamma \cos \alpha - a) = Q\theta.$$

Soit n le nombre de fois que le temps θ est contenu dans un temps t quelconque; $n\mu$ sera la masse du liquide qui traversera la section CD pendant le temps t. Mais cette masse sera aussi $\rho c \gamma t$, en appelant ρ la densité du liquide, c l'aire de la section CD, et observant que γ est la vitesse constante de l'écoulement à travers cette section; ou aura, par conséquent ,

$$n\mu = \varsigma c\gamma t\,;$$

si l'on multiplie l'équation précédente par n, que l'on y substitue cette valeur de $n\mu$, et qu'on supprime ensuite le facteur t, commun à tous ses termes, on a finalement

$$Q = \varsigma c\gamma\,(\gamma\cos\alpha - a)\,,$$

pour la valeur de la pression qu'on se proposait de déterminer.

On devra se rappeler que cette formule suppose l'angle α aigu; quand il sera obtus, il faudra, comme on l'a dit plus haut, changer le signe de Q; en sorte que l'on aura alors

$$Q = \varsigma c\gamma(\gamma\cos\alpha + a).$$

Ces deux expressions de Q supposent aussi que le plan AB est entièrement recouvert par la veine fluide épanouie sur sa surface; ce qui exige que α ne soit pas un angle droit, et, qu'en général, il s'écarte sensiblement de 90°. Quand le mouvement du plan est vertical, on a $\alpha = 0$, ou $\alpha = 180°$, et, conséquemment ,

$$Q = \varsigma c\gamma(\gamma \mp a)\,;$$

le signe supérieur ayant lieu lorsque le plan se meut dans le sens de la pesanteur, et le signe inférieur dans le cas contraire. Si l'on a $a = 0$, et que γ soit la vitesse due à la hauteur h, et g la gravité, on aura

$$Q = 2g\rho ch;$$

en sorte que la pression Q sera, dans ce cas, le poids d'une portion de la veine cylindrique égale en longueur à h.

FIN.

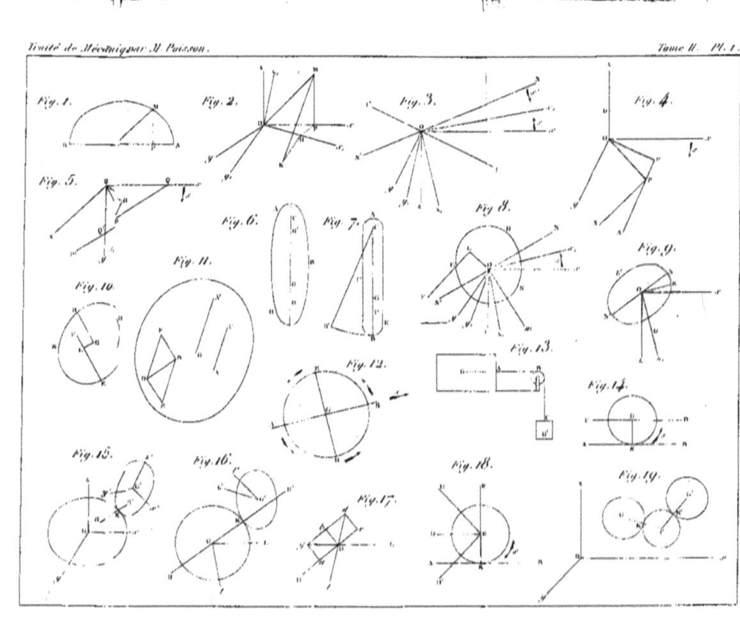
Fig. 1.
Fig. 2.
Fig. 3.
Fig. 4.
Fig. 5.
Fig. 6.
Fig. 7.
Fig. 8.
Fig. 9.
Fig. 10.
Fig. 11.
Fig. 12.
Fig. 13.
Fig. 14.
Fig. 15.
Fig. 16.
Fig. 17.
Fig. 18.
Fig. 19.

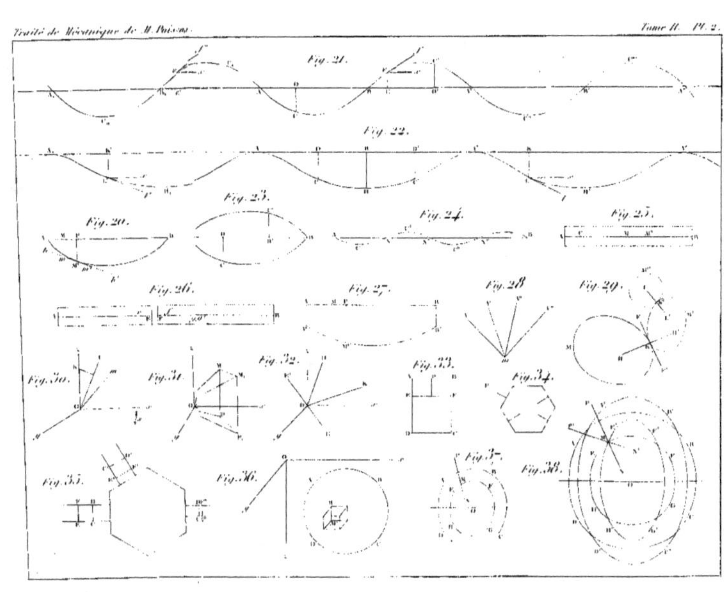
Fig. 21.
Fig. 22.
Fig. 20.
Fig. 23.
Fig. 24.
Fig. 25.
Fig. 26.
Fig. 27.
Fig. 28.
Fig. 29.
Fig. 30.
Fig. 31.
Fig. 32.
Fig. 33.
Fig. 34.
Fig. 35.
Fig. 36.
Fig. 37.
Fig. 38.

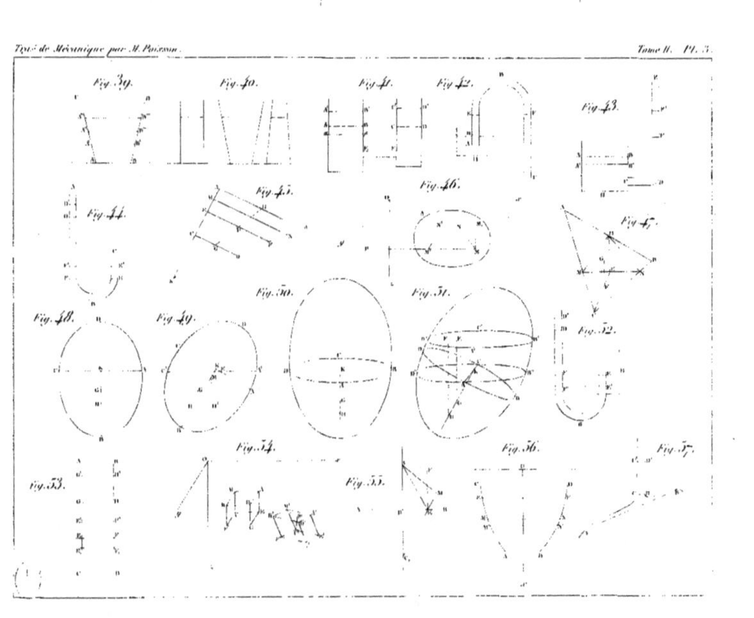

Fig. 39.
Fig. 40.
Fig. 41.
Fig. 42.
Fig. 43.
Fig. 44.
Fig. 45.
Fig. 46.
Fig. 47.
Fig. 48.
Fig. 49.
Fig. 50.
Fig. 51.
Fig. 52.
Fig. 53.
Fig. 54.
Fig. 55.
Fig. 56.
Fig. 57.

www.ingramcontent.com/pod-product-compliance
Lightning Source LLC
LaVergne TN
LVHW021917060726
842528LV00001B/11